工程数学

——线性代数、概率论、数理统计

（第4版）

黄柏琴　张继昌　张有方　编著

ZHEJIANG UNIVERSITY PRESS
浙江大学出版社
·杭州·

内 容 提 要

本书根据高等专科学校《工程数学》教学大纲，在多年教学经验基础上编写而成。

全书分3篇10章。内容包括行列式与矩阵、线性方程组、方阵的对角化与二次型、概率的基本概念及计算、随机变量、随机变量的数字特征和几个极限定理、数理统计的基本概念、参数估计、假设检验、方差分析和回归分析。全书取材得当，结构合理，每章配有复习思考题和习题，书末附有习题答案，便于自学和教学。

本书适合作为高等工科院校各专业专科生、夜大生、函授生等学习《工程数学》课程的教材，亦可作为各高等工科院校本科生和工程技术人员学习《工程数学》的参考书。

图书在版编目（CIP）数据

工程数学：线性代数、概率论、数理统计／黄柏琴，张继昌，张有方编著．—4版．—杭州：浙江大学出版社，2022.8

ISBN 978-7-308-22876-3

Ⅰ.①工… Ⅱ.①黄… ②张… ③张… Ⅲ.①工程数学—教材 Ⅳ.①TB11

中国版本图书馆CIP数据核字（2022）第139520号

工程数学：线性代数、概率论、数理统计（第4版）
GONGCHENGSHUXUE XIANXINGDAISHU GAILÜLUN SHULITONGJI
黄柏琴　张继昌　张有方　编著

责任编辑　徐素君
责任校对　丁佳雯
封面设计　雷建军
出版发行　浙江大学出版社
（杭州市天目山路148号　邮政编码310007）
（网址：http://www.zjupress.com）
排　　版　杭州青翊图文设计有限公司
印　　刷　杭州宏雅印刷有限公司
开　　本　787mm×1092mm　1/16
印　　张　20.5
字　　数　550千
版 印 次　2022年8月第4版　2022年8月第1次印刷
书　　号　ISBN 978-7-308-22876-3
定　　价　60.00元

第 4 版前言

本书承蒙读者厚爱，自 1993 年 10 月出版至今已经有 25 次印刷了，受此鼓舞，编者对本书作了进一步的整理与修改，使其编排更加合理，内容更加完善。

学习是一个循序渐进的过程，我们尊重了读者，尊重了这个过程，希望读者能从中收到预期的效果。

随着中学教学内容的不断变化，在上次前言中提到的本书各章节必学与选学的内容也应随着学生的基础及各专业的要求而取舍。

书中有不妥之处，恳请指正。

编　者

2022 年 5 月于浙江大学

第 3 版前言

本书承蒙读者厚爱，自 1993 年 10 月出版至今已经有 18 次印刷了，受此鼓舞，编者对本书作了进一步的整理与修改，使其编排更加合理，内容更加完善。

学习是一个循序渐进的过程，我们尊重了读者，尊重了这个过程，希望读者能从中收到预期的效果。

随着中学教学内容的不断变化，在上次前言中提到的本书各章节必学与选学的内容也应随着学生的基础及各专业的要求而取舍。

书中有不妥之处，恳请指正。

编　者

2012 年 5 月于浙江大学

第2版前言

自从本书于1993年10月出版至今，已经第10次印刷，深受读者欢迎。为适应当前高等工科院校对《工程数学》开拓创新、与时俱进的教学要求，今对本书作适当的修订补充，以使它更有利于教学。

本书的编写有以下特色：

(1)为适应当前高等工科院校对《工程数学》的教学要求，在编写时，力求按照少而精和实用性的原则，适当精选《线性代数》、《概率论》和《数理统计》中最基本的内容，以期读者能花较少的时间，系统地、清晰地理解并掌握其中的基本概念、基本理论和基本方法。

(2)根据多年教学实践经验，对所精选的内容，在编排上力求紧凑合理，循序渐进；在叙述上力求深入浅出，简明扼要，前后呼应，条理清楚，便于自学。

(3)书中精选的典型例题多，解题演算详尽规范，只要细心研读，定能融会贯通，举一反三。

(4)能否顺利解题是检验读者有否理解所学内容的标准之一。书中各章均配有一定数量的合适的各种类型的复习思考题和习题，解题有助于读者深入理解所学的内容。书末附有习题答案，有利于教学。

经过修订补充后，本书仍分3篇10章。第1篇线性代数，内容有行列式与矩阵、线性方程组、方阵的对角化与二次型。本篇中第1章和第2章是必学的内容，对于少学时的专业，第3章与带*号的内容可供选学。第2篇概率论，内容有概率的基本概念及计算、随机变量、随机变量的数字特征和几个极限定理等，对于少学时的专业，本篇中§5.5和§5.6的内容可供选学。第3篇数理统计，内容有数理统计的基本概念、参数估计、假设检验、方差分析和回归分析。

本书可作为高等工科院校工科各专业及经贸、商务、管理、医药、农林各专业本科生学习《工程数学》的教材，也是成人教育学院、远程教育学院及职业技术教育学院本科生、夜大生、函授生学习《工程数学》的理想教材，还可作为工程技术人员、考研人员学习《工程数学》的合适的参考书。

本书按各篇顺序依次由张有方、黄柏琴、张继昌编写，书中如有不妥之处，恳请指教。

编　者

2003年5月于浙江大学

前　言

《工程数学》是高等工科院校中继《微积分》之后又一门重要的基础课程。本书是作者在多年教学实践的基础上根据高等专科学校《工程数学》教学大纲编写而成，编写时力求讲清“线性代数”、“概率论”、“数理统计”中最基本的概念、理论和方法。本书取材少而精且实用性强，内容编排紧凑合理，叙述深入浅出、简明扼要、条理清楚，典型例题多，便于自学。书中各章配有一定数量的复习思考题和习题，通过解题可深入理解所学内容，书末附有习题答案，有利于教学。

本书分 3 篇 10 章。第 1 篇线性代数，内容有行列式与矩阵、线性方程组、方阵的对角化与二次型。该篇中带 * 号的内容可供选学。第 2 篇概率论，内容有概率的基本概念及计算、随机变量、随机变量的数字特征和几个极限定理。对于少学时的专业，本篇中 § 5.5 和 § 5.6 的内容可供选学。第 3 篇数理统计，内容有数理统计的基本概念、参数估计、假设检验、方差分析和回归分析。

本书适合作为高等工科院校各专业专科生、夜大生、函授生等学习《工程数学》课程的教材，亦可作为各高等工科院校本科生和工程技术人员学习《工程数学》的参考书。

本书按各篇顺序依次由张有方、黄柏琴、张继昌编写，限于水平，书中不妥之处，恳请读者指正。

编　者

1993 年 3 月于浙江大学

目　录

第1篇　线性代数

第1章　行列式与矩阵

第2篇　概率论

第4章　概率的基本概念及计算

第5章　随机变量

第 3 篇　数理统计

第 1 章　行列式与矩阵

研究线性方程组的求解问题是线性代数的主要内容之一，而行列式和矩阵不仅在研究线性方程组的求解理论中扮演着极其重要且不可缺少的角色，还在工程技术各个领域中有着极其广泛的应用。正确理解行列式与矩阵的基本概念，熟练掌握计算 n 阶行列式的基本方法和矩阵中常用的基本的运算法则，将对今后的学习带来很多方便。

本章将根据三阶行列式的展开式的规律，通过 n 级排列的奇偶性来定义 n 阶行列式的展开式，并介绍 n 阶行列式的一些基本性质和 n 阶行列式的按行(列)展开定理，从而使我们能把一个高阶行列式转化为低阶行列式来求值。本章还将介绍矩阵中最基本的概念和一些常用的基本的运算法则。这些基本的概念和基本的运算法则都是极其有用的。

§1.1　n 阶行列式及其基本性质

1.1.1　n 级排列及其奇偶性

定义 1　由 n 个数 $1,2,\cdots,n$ 组成的一个有序数组称为一个 n 级排列。

例 1　2 3 1 是一个 3 级排列，3 4 1 2 是一个 4 级排列，2 5 3 1 4 是一个 5 级排列。

我们知道，由 n 个数 $1,2,\cdots,n$ 组成的所有不同的 n 级排列共有 $n!$ 个，而在这 $n!$ 个不同的 n 级排列中，$1\ 2\ \cdots\ n$ 是唯一的一个按从小到大次序组成的 n 级排列，称它为 n 级标准排列。

例 2　由三个数 1,2,3 组成的所有不同的 3 级排列共有 6 个，即

1 2 3　　　2 3 1　　　3 1 2

1 3 2　　　2 1 3　　　3 2 1

其中 1 2 3 是一个 3 级标准排列。

定义 2　在一个排列中的两个数，如果排在前面的数大于排在它后面的数，则称这两个数构成一个逆序。一个排列中逆序的总数称为此排列的逆序数。逆序数为奇数的排列称为奇排列，逆序数为偶数的排列称为偶排列。

例 3　在 3 级排列 2 3 1 中，2 与 3 不构成逆序，但是 2 与 1 构成一个逆序，这是因为此时 $2>1$，且 2 在 1 的前面。同理，3 与 1 也构成一个逆序，因此 3 级排列 2 3 1 的逆序数为 2，是一个偶排列。

一般地,设 $j_1 j_2 \cdots j_n$ 是由 n 个数 $1,2,\cdots,n$ 所组成的一个 n 级排列,我们若将 n 级排列 $j_1 j_2 \cdots j_n$ 的逆序数记为 $\tau(j_1 j_2 \cdots j_n)$,则按定义 2 知

$$\tau(j_1 j_2 \cdots j_n)=(j_1\text{ 后面比 }j_1\text{ 小的数的个数})+(j_2\text{ 后面比 }j_2\text{ 小的数的个数})+\cdots$$
$$+(j_{n-1}\text{后面比 }j_{n-1}\text{小的数的个数})$$

例 4 (1)因 $\tau(3\ 4\ 1\ 2)=2+2+0=4$,故 4 级排列 3 4 1 2 是偶排列。

(2)因 $\tau(2\ 5\ 3\ 1\ 4)=1+3+1+0=5$,故 5 级排列 2 5 3 1 4 是奇排列。

(3)因 $\tau(1\ 2\ \cdots\ n)=0$,故 n 级标准排列 $1\ 2\ \cdots\ n$ 是偶排列。

1.1.2 *n* 阶行列式的展开式

考察以下等式(1.1)

$$\begin{vmatrix} a_{11} & a_{12} & a_{13} \\ a_{21} & a_{22} & a_{23} \\ a_{31} & a_{32} & a_{33} \end{vmatrix}=a_{11}a_{22}a_{33}+a_{12}a_{23}a_{31}+a_{13}a_{21}a_{32}-a_{11}a_{23}a_{32}-a_{12}a_{21}a_{33}-a_{13}a_{22}a_{31} \tag{1.1}$$

可见:

(1)等式的左边表示一个三阶行列式,横的称为行(row),纵的称为列(column),其中 a_{ij} $(i,j=1,2,3)$是数,称它为此行列式的第 i 行第 j 列的元素。

(2)等式的右边表示此三阶行列式的展开式,亦表示此行列式的值。它是 3! 项的代数和,其中每一项都是取自三阶行列式中属于不同的行与不同的列的三个元素的乘积,可写成如下形式

$$a_{1j_1}\ a_{2j_2}\ a_{3j_3} \tag{1.2}$$

这里 $j_1 j_2 j_3$ 是 1,2,3 的一个排列。

(3)容易验证,每个乘积项(1.2)前面所取的正负号与 $\tau(j_1 j_2 j_3)$有关。当 $\tau(j_1 j_2 j_3)$是偶数时;乘积项(1.2)的前面取“+”号,当 $\tau(j_1 j_2 j_3)$是奇数时,乘积项(1.2)的前面取“-”号。例如,在等式(1.1)中有乘积项 $a_{12}a_{21}a_{33}$,因 $\tau(2\ 1\ 3)=1$ 是奇数,故此乘积项的前面取“-”号。

若采用$\sum$的记号,则可将式(1.1)写成如下形式

$$\begin{vmatrix} a_{11} & a_{12} & a_{13} \\ a_{21} & a_{22} & a_{23} \\ a_{31} & a_{32} & a_{33} \end{vmatrix}=\sum_{j_1j_2j_3}(-1)^{\tau(j_1j_2j_3)}a_{1j_1}a_{2j_2}a_{3j_3}$$

这里 $j_1 j_2 j_3$ 是 1,2,3 的一个排列,$\sum\limits_{j_1j_2j_3}$ 表示对所有的 3 级排列求和。

定义 3　n 阶行列式

$$\begin{vmatrix} a_{11} & a_{12} & \cdots & a_{1n} \\ a_{21} & a_{22} & \cdots & a_{2n} \\ \vdots & \vdots & & \vdots \\ a_{n1} & a_{n2} & \cdots & a_{nn} \end{vmatrix} \tag{1.3}$$

等于所有取自(1.3)中属于不同的行与不同的列的 n 个元素的乘积

$$a_{1j_1} a_{2j_2} \cdots a_{nj_n} \tag{1.4}$$

的代数和。这里 $j_1 j_2 \cdots j_n$ 是 $1,2,\cdots,n$ 的一个排列。当 $\tau(j_1 j_2 \cdots j_n)$是偶数时，乘积项(1.4)的前面取"＋"号；当 $\tau(j_1 j_2 \cdots j_n)$是奇数时，乘积项(1.4)的前面取"－"号。

若采用$\sum$的记号，则可将这一定义写成

$$\begin{vmatrix} a_{11} & a_{12} & \cdots & a_{1n} \\ a_{21} & a_{22} & \cdots & a_{2n} \\ \vdots & \vdots & & \vdots \\ a_{n1} & a_{n2} & \cdots & a_{nn} \end{vmatrix} = \sum_{j_1 j_2 \cdots j_n} (-1)^{\tau(j_1 j_2 \cdots j_n)} a_{1j_1} a_{2j_2} \cdots a_{nj_n} \tag{1.5}$$

这里 $j_1 j_2 \cdots j_n$ 是 $1,2,\cdots,n$ 的一个排列，$\sum\limits_{j_1 j_2 \cdots j_n}$ 表示对所有的 n 级排列求和。等式(1.5)的右边表示此 n 阶行列式的展开式，亦表示此 n 阶行列式的值。

规定一阶行列式$|a|$的值等于 a。

为了叙述方便，今采用记号$|\boldsymbol{A}|$，$|\boldsymbol{B}|$，…来表示某一个 n 阶行列式。

1.1.3　n 阶行列式的基本性质

计算 n 阶行列式的值是一个重要的问题，由定义 3 知，n 阶行列式的值是 $n!$ 个乘积项的代数和，计算它需要做 $n!\times(n-1)$次乘法运算。当 n 较大时，$n!$ 是一个相当大的数，因此，直接按定义来计算高阶行列式的值是很困难的。在这里，我们要介绍 n 阶行列式的基本性质，只要能灵活地应用这些性质，就可以大大地简化 n 阶行列式的计算。事实上，这些基本性质都是三阶行列式的基本性质的推广。

性质 1　行列式经转置后其值不变。

若设

$$|\boldsymbol{A}| = \begin{vmatrix} a_{11} & a_{12} & \cdots & a_{1n} \\ a_{21} & a_{22} & \cdots & a_{2n} \\ \vdots & \vdots & & \vdots \\ a_{n1} & a_{n2} & \cdots & a_{nn} \end{vmatrix}, \qquad |\boldsymbol{A}|^{\mathrm{T}} = \begin{vmatrix} a_{11} & a_{21} & \cdots & a_{n1} \\ a_{12} & a_{22} & \cdots & a_{n2} \\ \vdots & \vdots & & \vdots \\ a_{1n} & a_{2n} & \cdots & a_{nn} \end{vmatrix}$$

则$|\boldsymbol{A}| = |\boldsymbol{A}|^{\mathrm{T}}$。

我们称$|\boldsymbol{A}|^{\mathrm{T}}$ 为$|\boldsymbol{A}|$的转置行列式，按此规定可知$|\boldsymbol{A}|$也是$|\boldsymbol{A}|^{\mathrm{T}}$ 的转置行列式，即有

$(|\boldsymbol{A}|^{\mathrm{T}})^{\mathrm{T}}=|\boldsymbol{A}|$。

性质 2 行列式中任意两行(列)互换后,行列式的值仅改变符号。

若设

$$|\boldsymbol{A}|=\begin{vmatrix} a_{11} & a_{12} & \cdots & a_{1n} \\ \vdots & \vdots & & \vdots \\ a_{i1} & a_{i2} & \cdots & a_{in} \\ \vdots & \vdots & & \vdots \\ a_{j1} & a_{j2} & \cdots & a_{jn} \\ \vdots & \vdots & & \vdots \\ a_{n1} & a_{n2} & \cdots & a_{nn} \end{vmatrix}\begin{matrix} \\ \\ i\text{ 行} \\ \\ j\text{ 行} \\ \\ \\ \end{matrix}, \qquad |\boldsymbol{A}_1|=\begin{vmatrix} a_{11} & a_{12} & \cdots & a_{1n} \\ \vdots & \vdots & & \vdots \\ a_{j1} & a_{j2} & \cdots & a_{jn} \\ \vdots & \vdots & & \vdots \\ a_{i1} & a_{i2} & \cdots & a_{in} \\ \vdots & \vdots & & \vdots \\ a_{n1} & a_{n2} & \cdots & a_{nn} \end{vmatrix}\begin{matrix} \\ \\ i\text{ 行} \\ \\ j\text{ 行} \\ \\ \\ \end{matrix}$$

则 $|\boldsymbol{A}_1|=-|\boldsymbol{A}|$。

性质 3 若行列式中有两行(列)元素完全相同,则此行列式的值等于零。

性质 4 以数 k 乘行列式的某一行(列)中所有元素,就等于用 k 去乘此行列式。或者说,如果行列式的某一行(列)中所有元素有公因子 k,则可将此公因子 k 提到行列式记号的外面。

若设

$$|\boldsymbol{A}|=\begin{vmatrix} a_{11} & a_{12} & \cdots & a_{1n} \\ \vdots & \vdots & & \vdots \\ a_{i1} & a_{i2} & \cdots & a_{in} \\ \vdots & \vdots & & \vdots \\ a_{n1} & a_{n2} & \cdots & a_{nn} \end{vmatrix}, \qquad |\boldsymbol{A}_1|=\begin{vmatrix} a_{11} & a_{12} & \cdots & a_{1n} \\ \vdots & \vdots & & \vdots \\ ka_{i1} & ka_{i2} & \cdots & ka_{in} \\ \vdots & \vdots & & \vdots \\ a_{n1} & a_{n2} & \cdots & a_{nn} \end{vmatrix}$$

则 $|\boldsymbol{A}_1|=k|\boldsymbol{A}|$。

性质 5 若行列式中有一行(列)的元素全为零,则此行列式的值等于零。

性质 6 若行列式中有两行(列)元素成比例,则此行列式的值等于零。

性质 7 行列式具有分行(列)相加性,即

$$\begin{vmatrix} a_{11} & a_{12} & \cdots & a_{1n} \\ \vdots & \vdots & & \vdots \\ b_{i1}+c_{i1} & b_{i2}+c_{i2} & \cdots & b_{in}+c_{in} \\ \vdots & \vdots & & \vdots \\ a_{n1} & a_{n2} & \cdots & a_{nn} \end{vmatrix}=\begin{vmatrix} a_{11} & a_{12} & \cdots & a_{1n} \\ \vdots & \vdots & & \vdots \\ b_{i1} & b_{i2} & \cdots & b_{in} \\ \vdots & \vdots & & \vdots \\ a_{n1} & a_{n2} & \cdots & a_{nn} \end{vmatrix}+\begin{vmatrix} a_{11} & a_{12} & \cdots & a_{1n} \\ \vdots & \vdots & & \vdots \\ c_{i1} & c_{i2} & \cdots & c_{in} \\ \vdots & \vdots & & \vdots \\ a_{n1} & a_{n2} & \cdots & a_{nn} \end{vmatrix}$$

性质 8 若在行列式的某一行(列)元素上加上另一行(列)对应元素的 k 倍,则此行列式的值不变,即

$$\begin{vmatrix} a_{11} & a_{12} & \cdots & a_{1n} \\ \vdots & \vdots & & \vdots \\ a_{i1} & a_{i2} & \cdots & a_{in} \\ \vdots & \vdots & & \vdots \\ a_{j1} & a_{j2} & \cdots & a_{jn} \\ \vdots & \vdots & & \vdots \\ a_{n1} & a_{n2} & \cdots & a_{nn} \end{vmatrix} = \begin{vmatrix} a_{11} & a_{12} & \cdots & a_{1n} \\ \vdots & \vdots & & \vdots \\ a_{i1}+ka_{j1} & a_{i2}+ka_{j2} & \cdots & a_{in}+ka_{jn} \\ \vdots & \vdots & & \vdots \\ a_{j1} & a_{j2} & \cdots & a_{jn} \\ \vdots & \vdots & & \vdots \\ a_{n1} & a_{n2} & \cdots & a_{nn} \end{vmatrix}$$

在计算行列式时，为了便于检查运算的正确性，最好能对每一步运算注明计算的依据，为此我们约定采用如下的记号：

用 $R_i \pm kR_j$ 表示在行列式的第 i 行元素上加上(减去)第 j 行对应元素的 k 倍。

用 $C_i \pm kC_j$ 表示在行列式的第 i 列元素上加上(减去)第 j 列对应元素的 k 倍。

例 5　计算行列式

解　由观察可知

$$|\boldsymbol{A}| = \begin{vmatrix} a^2 & (a+1)^2 & (a+2)^2 & (a+3)^2 \\ b^2 & (b+1)^2 & (b+2)^2 & (b+3)^2 \\ c^2 & (c+1)^2 & (c+2)^2 & (c+3)^2 \\ d^2 & (d+1)^2 & (d+2)^2 & (d+3)^2 \end{vmatrix} \xlongequal[c_4-c_1]{\substack{c_2-c_1 \\ c_3-c_1}} \begin{vmatrix} a^2 & 2a+1 & 4a+4 & 6a+9 \\ b^2 & 2b+1 & 4b+4 & 6b+9 \\ c^2 & 2c+1 & 4c+4 & 6c+9 \\ d^2 & 2d+1 & 4d+4 & 6d+9 \end{vmatrix}$$

$$\xlongequal[c_4-3c_2]{c_3-2c_2} \begin{vmatrix} a^2 & 2a+1 & 2 & 6 \\ b^2 & 2b+1 & 2 & 6 \\ c^2 & 2c+1 & 2 & 6 \\ d^2 & 2d+1 & 2 & 6 \end{vmatrix} \xlongequal{性质6} 0$$

例 6　试证

$$\begin{vmatrix} au+cv & as+ct \\ bu+dv & bs+dt \end{vmatrix} = (ad-bc)(ut-vs)$$

证明

$$\begin{vmatrix} au+cv & as+ct \\ bu+dv & bs+dt \end{vmatrix} \xlongequal{性质7} \begin{vmatrix} au & as+ct \\ bu & bs+dt \end{vmatrix} + \begin{vmatrix} cv & as+ct \\ dv & bs+dt \end{vmatrix}$$

$$\xlongequal{性质7} \begin{vmatrix} au & as \\ bu & bs \end{vmatrix} + \begin{vmatrix} au & ct \\ bu & dt \end{vmatrix} + \begin{vmatrix} cv & as \\ dv & bs \end{vmatrix} + \begin{vmatrix} cv & ct \\ dv & dt \end{vmatrix}$$

$$\xlongequal[性质6]{性质4} ut\begin{vmatrix} a & c \\ b & d \end{vmatrix} + vs\begin{vmatrix} c & a \\ d & b \end{vmatrix}$$

$$= ut(ad-bc)+vs(bc-ad)=(ad-bc)(ut-vs)$$

例 7　设 n 阶行列式

$$|\boldsymbol{A}|=\begin{vmatrix}0 & a_{12} & a_{13} & \cdots & a_{1n}\\ -a_{12} & 0 & a_{23} & \cdots & a_{2n}\\ -a_{13} & -a_{23} & 0 & \cdots & a_{3n}\\ \vdots & \vdots & \vdots & & \vdots\\ -a_{1n} & -a_{2n} & -a_{3n} & \cdots & 0\end{vmatrix}$$

它们的元素之间满足条件

$$a_{ji}=-a_{ij}\qquad(i,j=1,2,\cdots,n)$$

称它为反对称行列式。今证明当 n 为奇数时,它的值等于零。

证明

$$|\boldsymbol{A}|=\begin{vmatrix}0 & a_{12} & a_{13} & \cdots & a_{1n}\\ -a_{12} & 0 & a_{23} & \cdots & a_{2n}\\ -a_{13} & -a_{23} & 0 & \cdots & a_{3n}\\ \vdots & \vdots & \vdots & & \vdots\\ -a_{1n} & -a_{2n} & -a_{3n} & \cdots & 0\end{vmatrix}\xlongequal{\text{转置}}\begin{vmatrix}0 & -a_{12} & -a_{13} & \cdots & -a_{1n}\\ a_{12} & 0 & -a_{23} & \cdots & -a_{2n}\\ a_{13} & a_{23} & 0 & \cdots & -a_{3n}\\ \vdots & \vdots & \vdots & & \vdots\\ a_{1n} & a_{2n} & a_{3n} & \cdots & 0\end{vmatrix}$$

$$\xlongequal[\text{公因子}(-1)]{\text{对每一行提取}}(-1)^n\begin{vmatrix}0 & a_{12} & a_{13} & \cdots & a_{1n}\\ -a_{12} & 0 & a_{23} & \cdots & a_{2n}\\ -a_{13} & -a_{23} & 0 & \cdots & a_{3n}\\ \vdots & \vdots & \vdots & & \vdots\\ -a_{1n} & -a_{2n} & -a_{3n} & \cdots & 0\end{vmatrix}=(-1)^n|\boldsymbol{A}|$$

所以,当 n 为奇数时得 $|\boldsymbol{A}|=-|\boldsymbol{A}|$,移项后得 $|\boldsymbol{A}|=0$。

例如,五阶行列式

$$\begin{vmatrix}0 & 1 & -1 & 3 & 4\\ -1 & 0 & 2 & 1 & 0\\ 1 & -2 & 0 & -2 & 7\\ -3 & -1 & 2 & 0 & -1\\ -4 & 0 & -7 & 1 & 0\end{vmatrix}$$

是一个奇数阶的反对称行列式,由上述证明可立即知道它的值等于零。

§1.2 n 阶行列式的按行(列)展开定理

我们知道,在计算 n 阶行列式的值时,阶数愈低,计算它的值愈容易。然而在应用行列式的基本性质后,我们还不能把高阶行列式转化为低阶行列式来处理。在这一节里,我们再介绍 n 阶行列式的按行(列)展开定理,从而可以把高阶行列式转化为低阶行列式来求值。

1.2.1　造零降阶法

定义 4　在 n 阶行列式 $|\boldsymbol{A}|=\begin{vmatrix} a_{11} & a_{12} & \cdots & a_{1n} \\ a_{21} & a_{22} & \cdots & a_{2n} \\ \vdots & \vdots & & \vdots \\ a_{n1} & a_{n2} & \cdots & a_{nn} \end{vmatrix}$

中，任意一个元素 $a_{ij}(i,j=1,2,\cdots,n)$ 都称为 $|\boldsymbol{A}|$ 的一阶子式，把元素 a_{ij} 所在的第 i 行第 j 列的元素划去后所得的 $n-1$ 阶行列式称为元素 a_{ij} 的余子式，记为 M_{ij}。我们把 $(-1)^{i+j}M_{ij}$ 称为元素 a_{ij} 的代数余子式，记为 $\boldsymbol{A}_{ij}$。

由定义 4 知，元素 a_{ij} 的余子式 M_{ij} 与它的代数余子式 $\boldsymbol{A}_{ij}$ 或者相等，或者相差一个符号。

例 8　设

$$|\boldsymbol{A}|=\begin{vmatrix} a_{11} & a_{12} & a_{13} & a_{14} \\ a_{21} & a_{22} & a_{23} & a_{24} \\ a_{31} & a_{32} & a_{33} & a_{34} \\ a_{41} & a_{42} & a_{43} & a_{44} \end{vmatrix}$$

(1)　若取 $|\boldsymbol{A}|$ 的一阶子式为 a_{23}，则它的余子式为

$$\boldsymbol{M}_{23}=\begin{vmatrix} a_{11} & a_{12} & a_{14} \\ a_{31} & a_{32} & a_{34} \\ a_{41} & a_{42} & a_{44} \end{vmatrix}$$

而 a_{23} 的代数余子式为

$$\boldsymbol{A}_{23}=(-1)^{2+3}\boldsymbol{M}_{23}=-\boldsymbol{M}_{23}$$

(2)　若取 $|\boldsymbol{A}|$ 的一阶子式为 a_{42}，则它的余子式为

$$\boldsymbol{M}_{42}=\begin{vmatrix} a_{11} & a_{13} & a_{14} \\ a_{21} & a_{23} & a_{24} \\ a_{31} & a_{33} & a_{34} \end{vmatrix}$$

而 a_{42} 的代数余子式为

$$\boldsymbol{A}_{42}=(-1)^{4+2}\boldsymbol{M}_{42}=\boldsymbol{M}_{42}$$

定理 1　如果在 n 阶行列式 $|\boldsymbol{A}|$ 的第 i 行中，除元素 a_{ij} 外，其余元素都等于零，则 $|\boldsymbol{A}|$ 等于 a_{ij} 与它的代数余子式 $\boldsymbol{A}_{ij}$ 的乘积，即 $|\boldsymbol{A}|=a_{ij}\boldsymbol{A}_{ij}$。

* **证明**　证明分两步：

(1)　首先证明当 $|\boldsymbol{A}|$ 的第一行元素除 a_{11} 外，其余元素都等于零时，有 $|\boldsymbol{A}|=a_{11}\boldsymbol{A}_{11}$。

已知

$$|\boldsymbol{A}|=\begin{vmatrix} a_{11} & 0 & \cdots & 0 \\ a_{21} & a_{22} & \cdots & a_{2n} \\ \vdots & \vdots & & \vdots \\ a_{n1} & a_{n2} & \cdots & a_{nn} \end{vmatrix}$$

由定义 4 知,a_{11}的余子式为

$$\boldsymbol{M}_{11}=\begin{vmatrix} a_{22} & a_{23} & \cdots & a_{2n} \\ a_{32} & a_{33} & \cdots & a_{3n} \\ \vdots & \vdots & & \vdots \\ a_{n2} & a_{n3} & \cdots & a_{nn} \end{vmatrix}$$

a_{11}的代数余子式为

$$\boldsymbol{A}_{11}=(-1)^{1+1}\boldsymbol{M}_{11}=\boldsymbol{M}_{11} \tag{1.6}$$

所以,只要能证明$|\boldsymbol{A}|=a_{11}\boldsymbol{M}_{11}$,即有$|\boldsymbol{A}|=a_{11}\boldsymbol{A}_{11}$。

因行列式$|\boldsymbol{A}|$的展开式中的每一项都包含有第一行上的元素,现知第一行上的元素除a_{11}外其余元素都等于零,故有

$$|\boldsymbol{A}|\xlongequal{(1.5)}\sum_{1j_2\cdots j_n}(-1)^{\tau(1j_2\cdots j_n)}a_{11}a_{2j_2}\cdots a_{nj_n}=\sum_{j_2j_3\cdots j_n}(-1)^{\tau(j_2j_3\cdots j_n)}a_{11}a_{2j_2}\cdots a_{nj_n} \tag{1.7}$$

这里 $j_2\,j_3\cdots\,j_n$ 是 $2,3,\cdots,n$ 的一个排列。

另一方面,由展开式(1.5)知

$$\boldsymbol{M}_{11}=\sum_{j_2j_3\cdots j_n}(-1)^{\tau(j_2j_3\cdots j_n)}a_{2j_2}a_{3j_3}\cdots a_{nj_n}$$

这里 $j_2\,j_3\cdots\,j_n$ 是 $2,3,\cdots,n$ 的一个排列,于是

$$a_{11}\boldsymbol{M}_{11}=a_{11}\sum_{j_2j_3\cdots j_n}(-1)^{\tau(j_2j_3\cdots j_n)}a_{2j_2}a_{3j_3}\cdots a_{nj_n}=\sum_{j_2j_3\cdots j_n}(-1)^{\tau(j_2j_3\cdots j_n)}a_{11}a_{2j_2}a_{3j_3}\cdots a_{nj_n} \tag{1.8}$$

由(1.6),(1.7),(1.8)知

$$|\boldsymbol{A}|=a_{11}\boldsymbol{M}_{11}=a_{11}\boldsymbol{A}_{11}$$

(2)其次,设

$$|\boldsymbol{A}|=\begin{vmatrix} a_{11} & \cdots & a_{1,j-1} & a_{1j} & a_{1,j+1} & \cdots & a_{1n} \\ \vdots & & \vdots & \vdots & \vdots & & \vdots \\ a_{i-1,1} & \cdots & a_{i-1,j-1} & a_{i-1,j} & a_{i-1,j+1} & \cdots & a_{i-1,n} \\ 0 & \cdots & 0 & a_{ij} & 0 & \cdots & 0 \\ a_{i+1,1} & \cdots & a_{i+1,j-1} & a_{i+1,j} & a_{i+1,j+1} & \cdots & a_{i+1,n} \\ \vdots & & \vdots & \vdots & \vdots & & \vdots \\ a_{n1} & \cdots & a_{n,j-1} & a_{nj} & a_{n,j+1} & \cdots & a_{nn} \end{vmatrix}$$

要证$|\boldsymbol{A}|=a_{ij}\boldsymbol{A}_{ij}$。

首先,将$|\boldsymbol{A}|$中第 i 行元素顺次与第$(i-1),(i-2),\cdots,2,1$ 行元素对调,然后再将第 j 列元素顺次与第$(j-1),(j-2),\cdots,2,1$ 列元素对调,这样就可以将元素 a_{ij} 调到第一行第一列的位置,记调换后所得的新行列式为$|\boldsymbol{A}_1|$,则

$$|\boldsymbol{A}_1|=\begin{vmatrix} a_{ij} & 0 & \cdots & 0 & 0 & \cdots & 0 \\ a_{1j} & a_{11} & \cdots & a_{1,j-1} & a_{1,j+1} & \cdots & a_{1n} \\ \vdots & \vdots & & \vdots & \vdots & & \vdots \\ a_{i-1,j} & a_{i-1,1} & \cdots & a_{i-1,j-1} & a_{i-1,j+1} & \cdots & a_{i-1,n} \\ a_{i+1,j} & a_{i+1,1} & \cdots & a_{i+1,j-1} & a_{i+1,j+1} & \cdots & a_{i+1,n} \\ \vdots & \vdots & & \vdots & \vdots & & \vdots \\ a_{nj} & a_{n1} & \cdots & a_{n,j-1} & a_{n,j+1} & \cdots & a_{nn} \end{vmatrix}$$

由(1)的证明可知$|\boldsymbol{A}_1|=a_{ij}M_{ij}$，这里 M_{ij} 就是$|\boldsymbol{A}|$中元素 a_{ij} 的余子式，因为$|\boldsymbol{A}_1|$是由$|\boldsymbol{A}|$经过$(i-1)+(j-1)=i+j-2$ 次关于行、列的对调而得，所以

$$|\boldsymbol{A}|=(-1)^{i+j-2}|\boldsymbol{A}_1|=(-1)^{i+j}|\boldsymbol{A}_1|=(-1)^{i+j}a_{ij}M_{ij}=a_{ij}\boldsymbol{A}_{ij}$$

定理 1 表明，如果在 n 阶行列式的某一行中，除一个元素外其余元素都等于零，则此行列式的值就等于该元素与它的代数余子式的乘积，即此时一个 n 阶行列式的值，可以通过计算一个 $n-1$ 阶行列式的值来得到，这就是降阶。因此，在计算高阶行列式时，往往先利用行列式的性质，使行列式的某一行(列)中除一个元素外，其余元素都变为零，这叫做造零，然后再降阶计算。这种造零降阶法是求行列式的值的最基本的方法。

例 9　试证下三角形行列式

$$|\boldsymbol{A}|=\begin{vmatrix} a_{11} & 0 & \cdots & 0 & 0 \\ a_{21} & a_{22} & \cdots & 0 & 0 \\ \vdots & \vdots & & \vdots & \vdots \\ a_{n-1,1} & a_{n-1,2} & \cdots & a_{n-1,n-1} & 0 \\ a_{n1} & a_{n2} & \cdots & a_{n,n-1} & a_{nn} \end{vmatrix}=a_{11}a_{22}\cdots a_{nn}$$

解　对第一行应用定理 1 降阶，可得

$$|\boldsymbol{A}|=a_{11}(-1)^{1+1}\begin{vmatrix} a_{22} & 0 & \cdots & 0 & 0 \\ a_{32} & a_{33} & \cdots & 0 & 0 \\ \vdots & \vdots & & \vdots & \vdots \\ a_{n-1,2} & a_{n-1,3} & \cdots & a_{n-1,n-1} & 0 \\ a_{n2} & a_{n3} & \cdots & a_{n,n-1} & a_{nn} \end{vmatrix}$$

继续应用定理 1 使行列式多次降阶，可得

$$|\boldsymbol{A}|=a_{11}a_{22}\cdots a_{nn}$$

同理可知，上三角形行列式

$$|\boldsymbol{A}|=\begin{vmatrix} a_{11} & a_{12} & \cdots & a_{1,n-1} & a_{1n} \\ 0 & a_{22} & \cdots & a_{2,n-1} & a_{2n} \\ \vdots & \vdots & & \vdots & \vdots \\ 0 & 0 & \cdots & a_{n-1,n-1} & a_{n-1,n} \\ 0 & 0 & \cdots & 0 & a_{nn} \end{vmatrix}\xlongequal{\text{转置}}\begin{vmatrix} a_{11} & 0 & \cdots & 0 & 0 \\ a_{12} & a_{22} & \cdots & 0 & 0 \\ \vdots & \vdots & & \vdots & \vdots \\ a_{1,n-1} & a_{2,n-1} & \cdots & a_{n-1,n-1} & 0 \\ a_{1n} & a_{2n} & \cdots & a_{n-1,n} & a_{nn} \end{vmatrix}$$

$$=a_{11}a_{22}\cdots a_{nn}$$

说明　凡是上(下)三角形行列式的值都等于该行列式主对角线上元素的乘积。

例 10 若将 n 阶行列式 $|\boldsymbol{A}|$ 按反时针方向或顺时针方向旋转 90°后所得之行列式记为 $|B|$,试证

$$|\boldsymbol{B}|=(-1)^{\frac{n(n-1)}{2}}|\boldsymbol{A}|$$

证明 由题意知,若

$$|\boldsymbol{A}|=\begin{vmatrix} a_{11} & a_{12} & \cdots & a_{1n} \\ a_{21} & a_{22} & \cdots & a_{2n} \\ \vdots & \vdots & & \vdots \\ a_{n1} & a_{n2} & \cdots & a_{nn} \end{vmatrix}$$

应有

$$|\boldsymbol{B}| \xlongequal[\text{旋转 }90^\circ]{|\boldsymbol{A}|\text{按反时针方向}} \begin{vmatrix} a_{1n} & a_{2n} & \cdots & a_{nn} \\ a_{1,n-1} & a_{2,n-1} & \cdots & a_{n,n-1} \\ \vdots & \vdots & & \vdots \\ a_{12} & a_{22} & \cdots & a_{n2} \\ a_{11} & a_{21} & \cdots & a_{n1} \end{vmatrix}$$

$$\xlongequal[\text{旋转 }90^\circ]{|\boldsymbol{A}|\text{按顺时针方向}} \begin{vmatrix} a_{n1} & a_{n-1,1} & \cdots & a_{21} & a_{11} \\ a_{n2} & a_{n-1,2} & \cdots & a_{22} & a_{12} \\ \vdots & \vdots & & \vdots & \vdots \\ a_{nn} & a_{n-1,n} & \cdots & a_{2n} & a_{1n} \end{vmatrix}=(-1)^{\frac{n(n-1)}{2}}|\boldsymbol{A}|$$

下面对按反时针方向旋转 90°的结论加以证明,对于按顺时针方向旋转 90°的结论,读者可类似自行证明。

$$|\boldsymbol{B}|=\begin{vmatrix} a_{1n} & a_{2n} & \cdots & a_{nn} \\ a_{1,n-1} & a_{2,n-1} & \cdots & a_{n,n-1} \\ \vdots & \vdots & & \vdots \\ a_{12} & a_{22} & \cdots & a_{n2} \\ a_{11} & a_{21} & \cdots & a_{n1} \end{vmatrix} \xlongequal{\text{转置}} \begin{vmatrix} a_{1n} & a_{1,n-1} & \cdots & a_{12} & a_{11} \\ a_{2n} & a_{2,n-1} & \cdots & a_{22} & a_{21} \\ \vdots & \vdots & & \vdots & \vdots \\ a_{nn} & a_{n,n-1} & \cdots & a_{n2} & a_{n1} \end{vmatrix}=|\boldsymbol{B}|^{\mathrm{T}}$$

现将行列式 $|\boldsymbol{B}|^{\mathrm{T}}$ 中第 n 列元素顺次与第 $(n-1),(n-2),\cdots,1$ 列元素对调,然后再将新得的行列式中第 n 列元素顺次与第 $(n-1),(n-2),\cdots,2$ 列元素对调,这样继续做下去,最后将新得的行列式中第 n 列元素与第 $(n-1)$ 列元素对调,这样最终所得的新行列式恰好是 $|\boldsymbol{A}|$。因 $|\boldsymbol{A}|$ 可由 $|\boldsymbol{B}|^{\mathrm{T}}$ 经过 $(n-1)+(n-2)+\cdots+1=\dfrac{n(n-1)}{2}$ 次关于列的对调而得,故有

$$|\boldsymbol{B}|^{\mathrm{T}}=(-1)^{\frac{n(n-1)}{2}}|\boldsymbol{A}|$$

由于 $|\boldsymbol{B}|=|\boldsymbol{B}|^{\mathrm{T}}$，于是证得

$$|\boldsymbol{B}|=(-1)^{\frac{n(n-1)}{2}}|\boldsymbol{A}|$$

例如：n 阶行列式

$$\begin{vmatrix} a_{11} & a_{12} & \cdots & a_{1,n-1} & a_{1n} \\ a_{21} & a_{22} & \cdots & a_{2,n-1} & 0 \\ \vdots & \vdots & & \vdots & \vdots \\ a_{n-1,1} & a_{n-1,2} & \cdots & 0 & 0 \\ a_{n1} & 0 & \cdots & 0 & 0 \end{vmatrix} \xlongequal[\text{旋转 }90^\circ]{\text{按反时针方向}} (-1)^{\frac{n(n-1)}{2}} \begin{vmatrix} a_{1n} & 0 & \cdots & 0 & 0 \\ a_{1,n-1} & a_{2,n-1} & \cdots & 0 & 0 \\ \vdots & \vdots & & \vdots & \vdots \\ a_{12} & a_{22} & \cdots & a_{n-1,2} & 0 \\ a_{11} & a_{21} & \cdots & a_{n-1,1} & a_{n1} \end{vmatrix}$$

$$=(-1)^{\frac{n(n-1)}{2}}a_{1n}a_{2,n-1}\cdots a_{n-1,2}a_{n1}$$

本例的解题方法和例 10 的结论非常有用。

例 11　计算 n 阶行列式

$$|\boldsymbol{A}|=\begin{vmatrix} x_1+b & x_2 & \cdots & x_n \\ x_1 & x_2+b & \cdots & x_n \\ \vdots & \vdots & & \vdots \\ x_1 & x_2 & \cdots & x_n+b \end{vmatrix}$$

解　这个行列式的特点是每一行元素的和都相同，因此可应用性质 8，在第一列元素上加上其余各列相应的元素，于是得

$$|\boldsymbol{A}| \xlongequal{c_1+(c_2+c_3+\cdots+c_n)} \begin{vmatrix} x_1+x_2+\cdots+x_n+b & x_2 & \cdots & x_n \\ x_1+x_2+\cdots+x_n+b & x_2+b & \cdots & x_n \\ \vdots & \vdots & & \vdots \\ x_1+x_2+\cdots+x_n+b & x_2 & \cdots & x_n+b \end{vmatrix}$$

$$\xlongequal[\text{提公因子}]{\text{对第一列}} (x_1+x_2+\cdots+x_n+b)\begin{vmatrix} 1 & x_2 & \cdots & x_n \\ 1 & x_2+b & \cdots & x_n \\ \vdots & \vdots & & \vdots \\ 1 & x_2 & \cdots & x_n+b \end{vmatrix}$$

$$\xlongequal[\substack{\vdots \\ R_n-R_1}]{\substack{R_2-R_1 \\ R_3-R_1}} \left(\sum_{i=1}^{n}x_i+b\right)\begin{vmatrix} 1 & x_2 & x_3 & \cdots & x_n \\ 0 & b & 0 & \cdots & 0 \\ 0 & 0 & b & \cdots & 0 \\ \vdots & \vdots & \vdots & & \vdots \\ 0 & 0 & 0 & \cdots & b \end{vmatrix}$$

$$=\!=\!=\!=\; b^{n-1}\left(\sum_{i=1}^{n}x_i+b\right)$$

本题的解法是利用基本性质，把原行列式转化为一个与它等值的上三角形行列式来求出它的值。

例 12 计算行列式

$$|\boldsymbol{A}|=\begin{vmatrix}3 & 1 & -1 & 2\\ -4 & 1 & 3 & -4\\ 2 & 0 & 1 & -1\\ 1 & -5 & 3 & -3\end{vmatrix}$$

解 采用造零降阶法求值。先对第三行造零,则有

$$|\boldsymbol{A}|\xlongequal[C_4+C_3]{C_1-2C_3}\begin{vmatrix}5 & 1 & -1 & 1\\ -10 & 1 & 3 & -1\\ 0 & 0 & 1 & 0\\ -5 & -5 & 3 & 0\end{vmatrix}\xlongequal[\text{用定理 1}]{\text{对第三行}}\begin{vmatrix}5 & 1 & 1\\ -10 & 1 & -1\\ -5 & -5 & 0\end{vmatrix}$$

$$\xlongequal{R_2+R_1}\begin{vmatrix}5 & 1 & 1\\ -5 & 2 & 0\\ -5 & -5 & 0\end{vmatrix}\xlongequal[\text{用定理 1}]{\text{对第三列}}\begin{vmatrix}-5 & 2\\ -5 & -5\end{vmatrix}=25-(-10)=35$$

说明 造零降阶法是计算数字行列式的有效的典型方法。

例 13 计算行列式

$$|\boldsymbol{A}|=\begin{vmatrix}1 & 2 & 3 & 4 & 5\\ 1 & -1 & 0 & 0 & 0\\ 0 & 2 & -2 & 0 & 0\\ 0 & 0 & 3 & -3 & 0\\ 0 & 0 & 0 & 4 & -4\end{vmatrix}$$

解 这个行列式的特点是从第2行起到末行止,每一行元素的和都等于零,故可应用性质8,在第一列元素上加上其余各列相应的元素,于是可得

$$|\boldsymbol{A}|\xlongequal{C_1+(C_2+\cdots+C_5)}\begin{vmatrix}1+2+\cdots+5 & 2 & 3 & 4 & 5\\ 0 & -1 & 0 & 0 & 0\\ 0 & 2 & -2 & 0 & 0\\ 0 & 0 & 3 & -3 & 0\\ 0 & 0 & 0 & 4 & -4\end{vmatrix}$$

$$\xlongequal[\text{用定理 1}]{\text{对第一列}}15\begin{vmatrix}-1 & 0 & 0 & 0\\ 2 & -2 & 0 & 0\\ 0 & 3 & -3 & 0\\ 0 & 0 & 4 & -4\end{vmatrix}=15\times(4!)=360$$

本题解法仍是造零降阶法,但针对本题的特点,造零方法更巧妙。

例 14　设

$$|\boldsymbol{A}_n|=\begin{vmatrix}1 & 1 & \cdots & 1\\ x_1 & x_2 & \cdots & x_n\\ x_1^2 & x_2^2 & \cdots & x_n^2\\ \vdots & \vdots & & \vdots\\ x_1^{n-1} & x_2^{n-1} & \cdots & x_n^{n-1}\end{vmatrix}$$

称此$|\boldsymbol{A}_n|$为 n 阶范德蒙(Vandermonde)行列式。求证

$$\begin{aligned}|\boldsymbol{A}_n|&=(x_2-x_1)(x_3-x_1)\cdots(x_n-x_1)\times(x_3-x_2)\cdots(x_n-x_2)\times\cdots\times(x_n-x_{n-1})\\&=\prod_{1\leqslant i<j\leqslant n}(x_j-x_i)\end{aligned}$$

这里$\prod$为连乘号。

* **证明**　应用数学归纳法来证明。

当 $n=2$ 时,知

$$|\boldsymbol{A}_2|=\begin{vmatrix}1 & 1\\ x_1 & x_2\end{vmatrix}=x_2-x_1$$

故命题正确。

今设命题对于 $n-1$ 阶范德蒙行列式来说是正确的,现在证明命题对于 n 阶范德蒙行列式来说也是正确的。

这里根据此行列式的特点,先由$|\boldsymbol{A}_n|$中第 n 行减去第 $n-1$ 行的 x_1 倍,再由第 $n-1$ 行减去第 $n-2$ 行的 x_1 倍,这样继续做下去,最后由第 2 行减去第 1 行的 x_1 倍,于是可得

$$|\boldsymbol{A}_n|\xlongequal[\substack{\vdots\\ R_2-x_1R_1}]{\substack{R_n-x_1R_{n-1}\\ R_{n-1}-x_1R_{n-2}}}\begin{vmatrix}1 & 1 & \cdots & 1\\ 0 & x_2-x_1 & \cdots & x_n-x_1\\ 0 & x_2(x_2-x_1) & \cdots & x_n(x_n-x_1)\\ \vdots & \vdots & & \vdots\\ 0 & x_2^{n-2}(x_2-x_1) & \cdots & x_n^{n-2}(x_n-x_1)\end{vmatrix}$$

根据定理 1 降阶,再用性质 4 把每一列的公因子提出来,就可得

$$|\boldsymbol{A}_n|=(x_2-x_1)(x_3-x_1)\cdots(x_n-x_1)\begin{vmatrix}1 & 1 & \cdots & 1\\ x_2 & x_3 & \cdots & x_n\\ x_2^2 & x_3^2 & \cdots & x_n^2\\ \vdots & \vdots & & \vdots\\ x_2^{n-2} & x_3^{n-2} & \cdots & x_n^{n-2}\end{vmatrix}$$

等式右边有一个 $n-1$ 阶范德蒙行列式,根据归纳法的假设,有

$$\begin{vmatrix}1 & 1 & \cdots & 1\\ x_2 & x_3 & \cdots & x_n\\ x_2^2 & x_3^2 & \cdots & x_n^2\\ \vdots & \vdots & & \vdots\\ x_2^{n-2} & x_3^{n-2} & \cdots & x_n^{n-2}\end{vmatrix}$$

$$=(x_3-x_2)(x_4-x_2)\cdots(x_n-x_2)\times(x_4-x_3)\cdots(x_n-x_3)\times\cdots\times(x_n-x_{n-1})$$

代入上式,得
$$|\boldsymbol{A}_n|=\prod_{1\leqslant i<j\leqslant n}(x_j-x_i)$$
由上可知,n 阶范德蒙行列式等于零的充分必要条件是 $x_1,x_2,\cdots,x_n$ 中至少有两个数相等。n 阶范德蒙行列式是一种特殊类型的行列式,它的求值方法应牢记。

1.2.2 按一行(列)展开定理

定理 2 n 阶行列式$|\boldsymbol{A}|$的值等于其任一行(列)中各个元素与其对应的代数余子式的乘积之和,即

$$|\boldsymbol{A}|=\begin{vmatrix} a_{11} & \cdots & a_{1j} & \cdots & a_{1n} \\ \vdots & & \vdots & & \vdots \\ a_{i1} & \cdots & a_{ij} & \cdots & a_{in} \\ \vdots & & \vdots & & \vdots \\ a_{n1} & \cdots & a_{nj} & \cdots & a_{nn} \end{vmatrix}$$

$$=a_{i1}\boldsymbol{A}_{i1}+a_{i2}\boldsymbol{A}_{i2}+\cdots+a_{in}\boldsymbol{A}_{in}=\sum_{k=1}^{n}a_{ik}\boldsymbol{A}_{ik}\quad(i=1,2,\cdots,n)$$

或者

$$|\boldsymbol{A}|=a_{1j}\boldsymbol{A}_{1j}+a_{2j}\boldsymbol{A}_{2j}+\cdots+a_{nj}\boldsymbol{A}_{nj}=\sum_{k=1}^{n}a_{kj}\boldsymbol{A}_{kj}\quad(j=1,2,\cdots,n)$$

证明

$$|\boldsymbol{A}|=\begin{vmatrix} a_{11} & a_{12} & \cdots & a_{1n} \\ \vdots & \vdots & & \vdots \\ a_{i1} & a_{i2} & \cdots & a_{in} \\ \vdots & \vdots & & \vdots \\ a_{n1} & a_{n2} & \cdots & a_{nn} \end{vmatrix}=\begin{vmatrix} a_{11} & a_{12} & \cdots & a_{1n} \\ \vdots & \vdots & & \vdots \\ a_{i1}+0+\cdots+0 & 0+a_{i2}+\cdots+0 & \cdots & 0+\cdots+0+a_{in} \\ \vdots & \vdots & & \vdots \\ a_{n1} & a_{n2} & \cdots & a_{nn} \end{vmatrix}$$

$$\xlongequal{\text{性质 7}}\begin{vmatrix} a_{11} & a_{12} & \cdots & a_{1n} \\ \vdots & \vdots & & \vdots \\ a_{i1} & 0 & \cdots & 0 \\ \vdots & \vdots & & \vdots \\ a_{n1} & a_{n2} & \cdots & a_{nn} \end{vmatrix}+\begin{vmatrix} a_{11} & a_{12} & \cdots & a_{1n} \\ \vdots & \vdots & & \vdots \\ 0 & a_{i2} & \cdots & 0 \\ \vdots & \vdots & & \vdots \\ a_{n1} & a_{n2} & \cdots & a_{nn} \end{vmatrix}+\cdots+\begin{vmatrix} a_{11} & a_{12} & \cdots & a_{1n} \\ \vdots & \vdots & & \vdots \\ 0 & 0 & \cdots & a_{in} \\ \vdots & \vdots & & \vdots \\ a_{n1} & a_{n2} & \cdots & a_{nn} \end{vmatrix}$$

$$\xlongequal{\text{定理 1}}a_{i1}\boldsymbol{A}_{i1}+a_{i2}\boldsymbol{A}_{i2}+\cdots+a_{in}\boldsymbol{A}_{in}=\sum_{k=1}^{n}a_{ik}\boldsymbol{A}_{ik}\qquad(i=1,2,\cdots,n)$$

用本定理的方法求一般行列式的值不见得方便,但对计算某些特殊行列式的值还是很有用的。

例 15　计算行列式

$$
|\boldsymbol{A}|=\begin{vmatrix}
x & y & 0 & \cdots & 0 & 0 \\
0 & x & y & \cdots & 0 & 0 \\
\vdots & \vdots & \vdots & & \vdots & \vdots \\
0 & 0 & 0 & \cdots & x & y \\
y & 0 & 0 & \cdots & 0 & x
\end{vmatrix}
$$

解　对第一列用定理 2 的方法展开,可得

$$
|\boldsymbol{A}|=x\begin{vmatrix}
x & y & 0 & \cdots & 0 & 0 \\
0 & x & y & \cdots & 0 & 0 \\
\vdots & \vdots & \vdots & & \vdots & \vdots \\
0 & 0 & 0 & \cdots & x & y \\
0 & 0 & 0 & \cdots & 0 & x
\end{vmatrix}+(-1)^{n+1}y\begin{vmatrix}
y & 0 & \cdots & 0 & 0 \\
x & y & \cdots & 0 & 0 \\
\vdots & \vdots & & \vdots & \vdots \\
0 & 0 & \cdots & y & 0 \\
0 & 0 & \cdots & x & y
\end{vmatrix}
$$
$$
=x^n+(-1)^{n+1}y^n
$$

定理 3　n 阶行列式$|\boldsymbol{A}|$的某一行(列)的元素与另一行(列)对应元素的代数余子式的乘积之和等于零,即若设

$$
|\boldsymbol{A}|=\begin{vmatrix}
a_{11} & \cdots & a_{1i} & \cdots & a_{1j} & \cdots & a_{1n} \\
\vdots & & \vdots & & \vdots & & \vdots \\
a_{i1} & \cdots & a_{ii} & \cdots & a_{ij} & \cdots & a_{in} \\
\vdots & & \vdots & & \vdots & & \vdots \\
a_{j1} & \cdots & a_{ji} & \cdots & a_{jj} & \cdots & a_{jn} \\
\vdots & & \vdots & & \vdots & & \vdots \\
a_{n1} & \cdots & a_{ni} & \cdots & a_{nj} & \cdots & a_{nn}
\end{vmatrix}
$$

则有

$$
a_{i1}\boldsymbol{A}_{j1}+a_{i2}\boldsymbol{A}_{j2}+\cdots+a_{in}\boldsymbol{A}_{jn}=\sum_{k=1}^{n}a_{ik}\boldsymbol{A}_{jk}=0\quad(i\neq j)
$$
$$
a_{1i}\boldsymbol{A}_{1j}+a_{2i}\boldsymbol{A}_{2j}+\cdots+a_{ni}\boldsymbol{A}_{nj}=\sum_{k=1}^{n}a_{ki}\boldsymbol{A}_{kj}=0\quad(i\neq j)
$$

证明　由性质 8 知

$$
\begin{vmatrix}
a_{11} & a_{12} & \cdots & a_{1n} \\
\vdots & \vdots & & \vdots \\
a_{i1} & a_{i2} & \cdots & a_{in} \\
\vdots & \vdots & & \vdots \\
a_{j1} & a_{j2} & \cdots & a_{jn} \\
\vdots & \vdots & & \vdots \\
a_{n1} & a_{n2} & \cdots & a_{nn}
\end{vmatrix}=\begin{vmatrix}
a_{11} & a_{12} & \cdots & a_{1n} \\
\vdots & \vdots & & \vdots \\
a_{i1} & a_{i2} & \cdots & a_{in} \\
\vdots & \vdots & & \vdots \\
a_{j1}+a_{i1} & a_{j2}+a_{i2} & \cdots & a_{jn}+a_{in} \\
\vdots & \vdots & & \vdots \\
a_{n1} & a_{n2} & \cdots & a_{nn}
\end{vmatrix}
$$

根据定理 2,把等式两边的行列式都按第 j 行元素展开,可得

$$
a_{j1}\boldsymbol{A}_{j1}+a_{j2}\boldsymbol{A}_{j2}+\cdots+a_{jn}\boldsymbol{A}_{jn}=(a_{j1}+a_{i1})\boldsymbol{A}_{j1}+(a_{j2}+a_{i2})\boldsymbol{A}_{j2}+\cdots+(a_{jn}+a_{in})\boldsymbol{A}_{jn}
$$

移项后得

$$a_{i1}\boldsymbol{A}_{j1}+a_{i2}\boldsymbol{A}_{j2}+\cdots+a_{in}\boldsymbol{A}_{jn}=0 \qquad (i\neq j)$$

定理 2 和定理 3 的结论很有用,应牢记。今综述如下:

$$\sum_{k=1}^{n}a_{ik}\boldsymbol{A}_{jk}=\sum_{k=1}^{n}a_{ki}\boldsymbol{A}_{kj}=\begin{cases}|\boldsymbol{A}| & (i=j)\\ 0 & (i\neq j)\end{cases}$$

*1.2.3 拉普拉斯定理

定义 5 在 n 阶行列式

$$|\boldsymbol{A}|=\begin{vmatrix}a_{11} & a_{12} & \cdots & a_{1n}\\ a_{21} & a_{22} & \cdots & a_{2n}\\ \vdots & \vdots & & \vdots\\ a_{n1} & a_{n2} & \cdots & a_{nn}\end{vmatrix}$$

中,任意选定 k 行和 k 列($k<n$),位于这些行和列的交点上的 k^2 个元素按照原来的位置组成一个 k 阶行列式,称为行列式 $|\boldsymbol{A}|$ 的一个 k 阶子式,记为 M。在 $|\boldsymbol{A}|$ 中划去这 k 行 k 列后余下的元素按照原来的位置组成一个 $n-k$ 阶行列式,称为 k 阶子式 $\boldsymbol{M}$ 的余子式,记为 $\boldsymbol{N}$。

定义 6 设 n 阶行列式 $|\boldsymbol{A}|$ 的一个 k 阶子式 $\boldsymbol{M}$ 是由 $|\boldsymbol{A}|$ 的第 $i_1,i_2,\cdots,i_k$ 行与第 $j_1,j_2,\cdots,j_k$ 列相交处的元素所组成,又设 $\boldsymbol{N}$ 为 $\boldsymbol{M}$ 的余子式,则称

$$(-1)^{(i_1+i_2+\cdots+i_k)+(j_1+j_2+\cdots+j_k)}\boldsymbol{N}$$

为 $\boldsymbol{M}$ 的代数余子式。

由定义 6 知,$|\boldsymbol{A}|$ 的一个 k 阶子式的余子式与它的代数余子式或者相等,或者相差一个符号。

例 16 设

$$|\boldsymbol{A}|=\begin{vmatrix}a_{11} & a_{12} & a_{13} & a_{14} & a_{15}\\ a_{21} & a_{22} & a_{23} & a_{24} & a_{25}\\ a_{31} & a_{32} & a_{33} & a_{34} & a_{35}\\ a_{41} & a_{42} & a_{43} & a_{44} & a_{45}\\ a_{51} & a_{52} & a_{53} & a_{54} & a_{55}\end{vmatrix}$$

若取 $|\boldsymbol{A}|$ 的二阶子式为

$$\boldsymbol{M}=\begin{vmatrix}a_{21} & a_{23}\\ a_{51} & a_{53}\end{vmatrix}$$

则 $\boldsymbol{M}$ 的余子式为

$$\boldsymbol{N}=\begin{vmatrix}a_{12} & a_{14} & a_{15}\\ a_{32} & a_{34} & a_{35}\\ a_{42} & a_{44} & a_{45}\end{vmatrix}$$

而 $\boldsymbol{M}$ 的代数余子式为 $(-1)^{(2+5)+(1+3)}\boldsymbol{N}=-\boldsymbol{N}$

拉普拉斯(Laplace)定理 设在 n 阶行列式 $|\boldsymbol{A}|$ 中任取 k 行(列)($k<n$),则由这 k 行(列)元素所组成的一切 k 阶子式与它们所对应的代数余子式的乘积之和等于行列式 $|\boldsymbol{A}|$ 的值。

即,若在 $|\boldsymbol{A}|$ 中取定 k 行后所得到的一切 k 阶子式为 $\boldsymbol{M}_1,\boldsymbol{M}_2,\cdots,\boldsymbol{M}_t$,它们所对应的代数余子式依次为 $\boldsymbol{N}_1,\boldsymbol{N}_2,\cdots,\boldsymbol{N}_t$,则

$$|\boldsymbol{A}| = \boldsymbol{M}_1\boldsymbol{N}_1 + \boldsymbol{M}_2\boldsymbol{N}_2 + \cdots + \boldsymbol{M}_t\boldsymbol{N}_t$$

其中

$$t = \mathrm{C}_n^k = \frac{n(n-1)\cdots(n-k+1)}{k!} = \frac{n!}{k!(n-k)!}$$

（证明略）

例 17　计算行列式

$$|\boldsymbol{A}| = \begin{vmatrix} 1 & 2 & 0 & 0 & 0 \\ 3 & 1 & 2 & 0 & 0 \\ 0 & 3 & 1 & 2 & 0 \\ 0 & 0 & 3 & 1 & 2 \\ 0 & 0 & 0 & 3 & 1 \end{vmatrix}$$

解　今对第一行、第二行应用拉普拉斯定理，此时由这两行元素所组成的一切二阶子式共有 $C_5^2=10$ 个，但其中有 7 个二阶子式的值都等于零，而其余三个二阶子式为

$$\boldsymbol{M}_1 = \begin{vmatrix} 1 & 2 \\ 3 & 1 \end{vmatrix},\quad \boldsymbol{M}_2 = \begin{vmatrix} 1 & 0 \\ 3 & 2 \end{vmatrix},\quad \boldsymbol{M}_3 = \begin{vmatrix} 2 & 0 \\ 1 & 2 \end{vmatrix}$$

它们所对应的代数余子式为

$$\boldsymbol{N}_1 = (-1)^{(1+2)+(1+2)}\begin{vmatrix} 1 & 2 & 0 \\ 3 & 1 & 2 \\ 0 & 3 & 1 \end{vmatrix} = -11$$

$$\boldsymbol{N}_2 = (-1)^{(1+2)+(1+3)}\begin{vmatrix} 3 & 2 & 0 \\ 0 & 1 & 2 \\ 0 & 3 & 1 \end{vmatrix} = 15$$

$$\boldsymbol{N}_3 = (-1)^{(1+2)+(2+3)}\begin{vmatrix} 0 & 2 & 0 \\ 0 & 1 & 2 \\ 0 & 3 & 1 \end{vmatrix} = 0$$

由拉普拉斯定理知

$$|\boldsymbol{A}| = \boldsymbol{M}_1\boldsymbol{N}_1 + \boldsymbol{M}_2\boldsymbol{N}_2 + \boldsymbol{M}_3\boldsymbol{N}_3 = (-5)\times(-11) + 2\times 15 + 4\times 0 = 85$$

说明　拉普拉斯定理是按一行(列)展开定理的推广。当 n 阶行列式中含有较多的零时，若应用拉普拉斯定理来求此行列式的值，会给计算带来极大的方便。例 17 既可应用拉普拉斯定理来求值，也可用造零降阶法求值。而下面例 18 的解法更显拉普拉斯定理的优越性。

例 18　计算行列式

$$|\boldsymbol{A}| = \begin{vmatrix} 1 & 1 & 0 & 0 & 0 & 1 \\ x_1 & x_2 & 0 & 0 & 0 & x_3 \\ a_1 & b_1 & 1 & 1 & 1 & c_1 \\ a_2 & b_2 & x_1 & x_2 & x_3 & c_2 \\ x_1^2 & x_2^2 & 0 & 0 & 0 & x_3^2 \\ a_3 & b_3 & x_1^2 & x_2^2 & x_3^2 & c_3 \end{vmatrix}$$

解　对 $|\boldsymbol{A}|$ 的第一行、第二行、第五行应用拉普拉斯定理，此时由这三行元素所组成的一切三

阶子式共有 $C_6^3=20$ 个,但其中有19个三阶子式的值都等于零,而余下的一个三阶子式为

$$\boldsymbol{M}=\begin{vmatrix}1&1&1\\x_1&x_2&x_3\\x_1^2&x_2^2&x_3^2\end{vmatrix}$$

它所对应的代数余子式为

$$\boldsymbol{N}=(-1)^{(1+2+5)+(1+2+6)}\begin{vmatrix}1&1&1\\x_1&x_2&x_3\\x_1^2&x_2^2&x_3^2\end{vmatrix}=-\begin{vmatrix}1&1&1\\x_1&x_2&x_3\\x_1^2&x_2^2&x_3^2\end{vmatrix}$$

由拉普拉斯定理知

$$|\boldsymbol{A}|=\boldsymbol{MN}=-\begin{vmatrix}1&1&1\\x_1&x_2&x_3\\x_1^2&x_2^2&x_3^2\end{vmatrix}^2$$

等式右边是一个三阶范德蒙行列式的平方,故得

$$|\boldsymbol{A}|=-(x_2-x_1)^2(x_3-x_1)^2(x_3-x_2)^2$$

§1.3 矩阵及其基本运算

1.3.1 矩阵与 n 元向量

定义7 由 $m\times n$ 个数 $a_{ij}(i=1,2,\cdots,m;j=1,2,\cdots,n)$ 排成的 m 行 n 列的表

$$\begin{pmatrix}a_{11}&a_{12}&\cdots&a_{1n}\\a_{21}&a_{22}&\cdots&a_{2n}\\\vdots&\vdots&&\vdots\\a_{m1}&a_{m2}&\cdots&a_{mn}\end{pmatrix}$$

称为 m 行 n 列矩阵,简称 $m\times n$ 矩阵。数 a_{ij} 称为此矩阵的第 i 行第 j 列的元素,元素都是实数的矩阵称为实矩阵,元素是复数的矩阵称为复矩阵。

通常以大写字母 $\boldsymbol{A},\boldsymbol{B},\cdots$,或者用圆括号 $(a_{ij}),(b_{ij}),\cdots$,或者用方括号 $[a_{ij}],[b_{ij}],\cdots$ 来表示矩阵。有时为表明所讨论矩阵的行数与列数,也常写成 $\boldsymbol{A}_{m\times n}$ 或 $(a_{ij})_{m\times n}$ 或 $[a_{ij}]_{m\times n}$。据此,上面这个矩阵可记为 $\boldsymbol{A}$ 或 $\boldsymbol{A}_{m\times n}$ 或 (a_{ij}) 或 $(a_{ij})_{m\times n}$ 或 $[a_{ij}]_{m\times n}$ 等。

$n\times n$ 矩阵 $(a_{ij})_{n\times n}$ 称为 n 阶方阵或 n 阶矩阵。一个 n 阶方阵从左上角到右下角元素间的连线(由 $a_{11},a_{22},\cdots,a_{nn}$ 组成)称为它的主对角线。

形式为

$$\begin{pmatrix}a_1&0&\cdots&0\\0&a_2&\cdots&0\\\vdots&\vdots&&\vdots\\0&0&\cdots&a_n\end{pmatrix}$$

的方阵(其中 a_i 是数,$i=1,2,\cdots,n$)称为 n 阶对角矩阵,简称为对角阵。记为 $\mathrm{diag}[a_1,a_2,\cdots,a_n]$,这里字母 diag 是 diagonal(对角线)的略写。此对角阵也可以记为

$$\begin{pmatrix} a_1 & & & \\ & a_2 & & \\ & & \ddots & \\ & & & a_n \end{pmatrix}$$

这表示此矩阵中除主对角线上元素 $a_1,a_2,\cdots,a_n$ 外,其余元素都等于零。

形式为

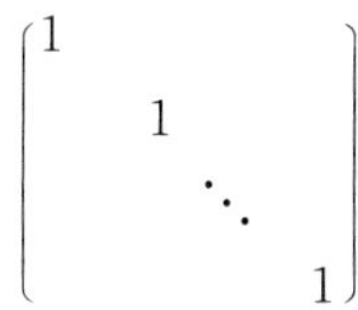

的 n 阶方阵称为 n 阶单位矩阵,记为 $\boldsymbol{E}_n$ 或简记为 $\boldsymbol{E}$。

$1\times n$ 矩阵$(a_1,a_2,\cdots,a_n)$称为 n 元行矩阵,但习惯上常称它为 n 元行向量,其中 $a_i(i=1,2,\cdots,n)$称为此 n 元行向量的第 i 个分量。

$n\times 1$ 矩阵

$$\begin{pmatrix} a_1 \\ a_2 \\ \vdots \\ a_n \end{pmatrix}$$

称为 n 元列矩阵,习惯上常称它为 n 元列向量,其中 $a_i(i=1,2,\cdots,n)$称为此 n 元列向量的第 i 个分量。

所谓 n 元向量,或者指 n 元行向量,或者指 n 元列向量,它们的区别只是写法上的不同而已。

对于一个 $m\times n$ 矩阵 $\boldsymbol{A}$ 来说,我们可以把 $\boldsymbol{A}$ 的每一行看成是 $\boldsymbol{A}$ 的一个 n 元行向量,把 $\boldsymbol{A}$ 的每一列看成是 $\boldsymbol{A}$ 的一个 m 元列向量。

例 19　若将线性方程组

$$\begin{cases} 2x_1 - x_2 + x_3 + x_4 = 1 \\ x_1 + 2x_2 - x_3 + 4x_4 = 2 \\ x_1 + 7x_2 - 4x_3 + 11x_4 = 5 \end{cases} \tag{1.9}$$

的未知量的全部系数如下

$$\begin{pmatrix} 2 & -1 & 1 & 1 \\ 1 & 2 & -1 & 4 \\ 1 & 7 & -4 & 11 \end{pmatrix}$$

它称为线性方程组(1.9)的系数矩阵。若将线性方程组(1.9)的未知量的全部系数与常数项如下

$$\begin{pmatrix} 2 & -1 & 1 & 1 & 1 \\ 1 & 2 & -1 & 4 & 2 \\ 1 & 7 & -4 & 11 & 5 \end{pmatrix}$$

它称为线性方程组(1.9)的增广矩阵。在研究线性方程组(1.9)的解时,这两个矩阵将起重要的作用。

定义 8　设两个矩阵 $\boldsymbol{A}$ 和 $\boldsymbol{B}$ 有相同的行数和相同的列数,且所有对应的元素都相等,则称 $\boldsymbol{A}$ 与 $\boldsymbol{B}$ 相等,记为 $\boldsymbol{A}=\boldsymbol{B}$。

例如　设有

$$\begin{pmatrix} x_{11} & x_{12} & x_{13} \\ x_{21} & x_{22} & x_{23} \end{pmatrix} = \begin{pmatrix} 1 & 0 & -2 \\ 3 & -1 & 3 \end{pmatrix}$$

则由定义 8 知

$$x_{11}=1,\quad x_{12}=0,\quad x_{13}=-2,\quad x_{21}=3,\quad x_{22}=-1,\quad x_{23}=3$$

必须注意,矩阵与行列式是两个完全不同的概念,在学习中要注意它们的差别。

1.3.2　矩阵的加(减)法与数量乘法

定义 9　设

$$\boldsymbol{A}=\begin{pmatrix} a_{11} & a_{12} & \cdots & a_{1n} \\ a_{21} & a_{22} & \cdots & a_{2n} \\ \vdots & \vdots & & \vdots \\ a_{m1} & a_{m2} & \cdots & a_{mn} \end{pmatrix},\qquad \boldsymbol{B}=\begin{pmatrix} b_{11} & b_{12} & \cdots & b_{1n} \\ b_{21} & b_{22} & \cdots & b_{2n} \\ \vdots & \vdots & & \vdots \\ b_{m1} & b_{m2} & \cdots & b_{mn} \end{pmatrix}$$

则

$$\boldsymbol{A}+\boldsymbol{B}=\begin{pmatrix} a_{11}+b_{11} & a_{12}+b_{12} & \cdots & a_{1n}+b_{1n} \\ a_{21}+b_{21} & a_{22}+b_{22} & \cdots & a_{2n}+b_{2n} \\ \vdots & \vdots & & \vdots \\ a_{m1}+b_{m1} & a_{m2}+b_{m2} & \cdots & a_{mn}+b_{mn} \end{pmatrix}$$

矩阵的加法就是两个矩阵的对应元素相加,但并非任意两个矩阵都可以相加,只有具有相同的行数和相同的列数的两个矩阵才能相加。

元素全为零的矩阵

$$\begin{pmatrix} 0 & 0 & \cdots & 0 \\ 0 & 0 & \cdots & 0 \\ \vdots & \vdots & & \vdots \\ 0 & 0 & \cdots & 0 \end{pmatrix}_{m\times n}$$

称为零矩阵,记为 $0_{m\times n}$。在不致引起混淆的情况下,常把它简记为 0。

对于任意一个矩阵 $\boldsymbol{A}_{m\times n}$,按加法定义可得

$$\boldsymbol{A}_{m\times n}+\boldsymbol{0}_{m\times n}=\boldsymbol{0}_{m\times n}+\boldsymbol{A}_{m\times n}=\boldsymbol{A}_{m\times n}$$

矩阵

$$\begin{pmatrix} -a_{11} & -a_{12} & \cdots & -a_{1n} \\ -a_{21} & -a_{22} & \cdots & -a_{2n} \\ \vdots & \vdots & & \vdots \\ -a_{m1} & -a_{m2} & \cdots & -a_{mn} \end{pmatrix}$$

称为矩阵 $\boldsymbol{A}=(a_{ij})$ 的负矩阵，记为 $-\boldsymbol{A}$。

按加法定义可得

$$\boldsymbol{A}+(-\boldsymbol{A})=0$$

矩阵的减法定义如下：

$$\boldsymbol{A}-\boldsymbol{B}=\boldsymbol{A}+(-\boldsymbol{B})$$

即若设 $\boldsymbol{A}=(a_{ij})$，$\boldsymbol{B}=(b_{ij})$，则

$$\boldsymbol{A}-\boldsymbol{B}=\begin{pmatrix} a_{11}-b_{11} & a_{12}-b_{12} & \cdots & a_{1n}-b_{1n} \\ a_{21}-b_{21} & a_{22}-b_{22} & \cdots & a_{2n}-b_{2n} \\ \vdots & \vdots & & \vdots \\ a_{m1}-b_{m1} & a_{m2}-b_{m2} & \cdots & a_{mn}-b_{mn} \end{pmatrix}$$

例 20　计算

$$\begin{pmatrix} 3 & -1 & 2 \\ 0 & 4 & 1 \end{pmatrix}+\begin{pmatrix} 3 & 0 & 2 \\ -3 & -4 & 0 \end{pmatrix}-\begin{pmatrix} 1 & 0 & -2 \\ -2 & 1 & -1 \end{pmatrix}$$

解

$$\begin{pmatrix} 3 & -1 & 2 \\ 0 & 4 & 1 \end{pmatrix}+\begin{pmatrix} 3 & 0 & 2 \\ -3 & -4 & 0 \end{pmatrix}-\begin{pmatrix} 1 & 0 & -2 \\ -2 & 1 & -1 \end{pmatrix}=\begin{pmatrix} 6 & -1 & 4 \\ -3 & 0 & 1 \end{pmatrix}-\begin{pmatrix} 1 & 0 & -2 \\ -2 & 1 & -1 \end{pmatrix}$$
$$=\begin{pmatrix} 5 & -1 & 6 \\ -1 & -1 & 2 \end{pmatrix}$$

定义 10　设

$$\boldsymbol{A}=\begin{pmatrix} a_{11} & a_{12} & \cdots & a_{1n} \\ a_{21} & a_{22} & \cdots & a_{2n} \\ \vdots & \vdots & & \vdots \\ a_{m1} & a_{m2} & \cdots & a_{mn} \end{pmatrix}$$

则称矩阵

$$\begin{pmatrix} ka_{11} & ka_{12} & \cdots & ka_{1n} \\ ka_{21} & ka_{22} & \cdots & ka_{2n} \\ \vdots & \vdots & & \vdots \\ ka_{m1} & ka_{m2} & \cdots & ka_{mn} \end{pmatrix}$$

为矩阵 $\boldsymbol{A}$ 与数 k 的数量乘积，记为 $k\boldsymbol{A}$。

由定义 10 知，数与任意一个矩阵总是可以相乘的。而数 k 与矩阵 $\boldsymbol{A}=(a_{ij})$ 的数量乘积等于用数 k 去乘矩阵 $\boldsymbol{A}$ 的每一个元素后所得之矩阵，这与 n 阶行列式的基本性质 4 的意思不一样，请注意区别。

例如，设

$$\boldsymbol{A}=\begin{pmatrix} 2 & 1 & -3 \\ -1 & 0 & 4 \end{pmatrix}$$

则

$$(-1)\boldsymbol{A}=\begin{pmatrix}-2 & -1 & 3\\ 1 & 0 & -4\end{pmatrix},\qquad 3\boldsymbol{A}=\begin{pmatrix}6 & 3 & -9\\ -3 & 0 & 12\end{pmatrix}$$

矩阵的加(减)法及数量乘法适合下列运算规律：

(1) $\boldsymbol{A}+\boldsymbol{B}=\boldsymbol{B}+\boldsymbol{A}$　　(交换律)

(2) $(\boldsymbol{A}+\boldsymbol{B})+\boldsymbol{C}=\boldsymbol{A}+(\boldsymbol{B}+\boldsymbol{C})$　　(结合律)

(3) $k(\boldsymbol{A}+\boldsymbol{B})=k\boldsymbol{A}+k\boldsymbol{B}$

(4) $(k_1+k_2)\boldsymbol{A}=k_1\boldsymbol{A}+k_2\boldsymbol{A}$

(5) $(k_1k_2)\boldsymbol{A}=k_1(k_2\boldsymbol{A})$

(6) $(-1)\boldsymbol{A}=-\boldsymbol{A}$，　$1\boldsymbol{A}=\boldsymbol{A}$

以上 k_1,k_2,k 都是数，而 $\boldsymbol{A},\boldsymbol{B},\boldsymbol{C}$ 表示矩阵。

1.3.3　矩阵的乘法

定义 11　设

$$\boldsymbol{A}=(a_{ik})_{m\times s},\quad \boldsymbol{B}=(b_{kj})_{s\times n}$$

则矩阵

$$\boldsymbol{C}=(c_{ij})_{m\times n}$$

其中

$$c_{ij}=a_{i1}b_{1j}+a_{i2}b_{2j}+\cdots+a_{is}b_{sj}=\sum_{k=1}^{s}a_{ik}b_{kj}\quad(i=1,2,\cdots,m;j=1,2,\cdots,n)$$

称为矩阵 $\boldsymbol{A}$ 与 $\boldsymbol{B}$ 的乘积，记为 $\boldsymbol{C}=\boldsymbol{A}\boldsymbol{B}$。

由定义知，矩阵 $\boldsymbol{A}$ 与 $\boldsymbol{B}$ 的乘积 $\boldsymbol{C}$ 的第 i 行第 j 列的元素等于第一个矩阵 $\boldsymbol{A}$ 的第 i 行元素与第二个矩阵 $\boldsymbol{B}$ 的第 j 列的对应元素乘积之和。这时乘积 $\boldsymbol{A}_{m\times s}\boldsymbol{B}_{s\times n}$ 是一个 $m\times n$ 矩阵。由定义还可知，并非任意两个矩阵的乘积都存在，只有当第一个矩阵 $\boldsymbol{A}_{m\times s}$ 的列数等于第二个矩阵 $\boldsymbol{B}_{s\times n}$ 的行数时，$\boldsymbol{AB}$ 才存在。

例 21　设

$$\boldsymbol{A}_{3\times 2}=\begin{pmatrix}a_{11} & a_{12}\\ a_{21} & a_{22}\\ a_{31} & a_{32}\end{pmatrix},\qquad \boldsymbol{B}_{2\times 2}=\begin{pmatrix}b_{11} & b_{12}\\ b_{21} & b_{22}\end{pmatrix}$$

由定义知，因 $\boldsymbol{A}$ 的列数是 2，$\boldsymbol{B}$ 的行数也是 2，故 $\boldsymbol{AB}$ 存在，且 $\boldsymbol{AB}$ 是一个 3×2 矩阵，若记 $\boldsymbol{AB}=\boldsymbol{C}=(c_{ij})_{3\times 2}$，则有

$$\boldsymbol{C}=\boldsymbol{AB}=\begin{pmatrix}a_{11} & a_{12}\\ a_{21} & a_{22}\\ a_{31} & a_{32}\end{pmatrix}\begin{pmatrix}b_{11} & b_{12}\\ b_{21} & b_{22}\end{pmatrix}$$

$$=\begin{pmatrix}a_{11}b_{11}+a_{12}b_{21} & a_{11}b_{12}+a_{12}b_{22}\\ a_{21}b_{11}+a_{22}b_{21} & a_{21}b_{12}+a_{22}b_{22}\\ a_{31}b_{11}+a_{32}b_{21} & a_{31}b_{12}+a_{32}b_{22}\end{pmatrix}=\begin{pmatrix}c_{11} & c_{12}\\ c_{21} & c_{22}\\ c_{31} & c_{32}\end{pmatrix}$$

这里

$$c_{ij} = a_{i1}b_{1j} + a_{i2}b_{2j} \quad (i = 1,2,3; j = 1,2)$$

但因 **B** 的列数是 2，而 **A** 的行数是 3，故 **BA** 不存在。

例 22　如果在线性方程组(1.9)中，令

$$\boldsymbol{A} = \begin{pmatrix} 2 & -1 & 1 & 1 \\ 1 & 2 & -1 & 4 \\ 1 & 7 & -4 & 11 \end{pmatrix}, \quad \boldsymbol{X} = \begin{pmatrix} x_1 \\ x_2 \\ x_3 \\ x_4 \end{pmatrix}, \quad \boldsymbol{b} = \begin{pmatrix} 1 \\ 2 \\ 5 \end{pmatrix}$$

则按矩阵乘法定义知，可将线性方程组(1.9)写成矩阵形式

$$\begin{pmatrix} 2 & -1 & 1 & 1 \\ 1 & 2 & -1 & 4 \\ 1 & 7 & -4 & 11 \end{pmatrix} \begin{pmatrix} x_1 \\ x_2 \\ x_3 \\ x_4 \end{pmatrix} = \begin{pmatrix} 1 \\ 2 \\ 5 \end{pmatrix}$$

或

$$\boldsymbol{A}\boldsymbol{X} = \boldsymbol{b}$$

例 23　设

$$\boldsymbol{A} = [1, -1, 2], \quad \boldsymbol{B} = \begin{pmatrix} 3 \\ 1 \\ -2 \end{pmatrix}$$

求 **BA** 与 **AB**。

解　因 **A** 是 1×3 矩阵，**B** 是 3×1 矩阵，所以 **BA** 是 3×3 矩阵，**AB** 为 1×1 矩阵。

$$\boldsymbol{BA} = \begin{pmatrix} 3 \\ 1 \\ -2 \end{pmatrix} [1, -1, 2]$$

$$= \begin{pmatrix} 3\times 1 & 3\times(-1) & 3\times 2 \\ 1\times 1 & 1\times(-1) & 1\times 2 \\ (-2)\times 1 & (-2)\times(-1) & (-2)\times 2 \end{pmatrix}$$

$$= \begin{pmatrix} 3 & -3 & 6 \\ 1 & -1 & 2 \\ -2 & 2 & -4 \end{pmatrix}$$

在计算乘法时，上面算式中的第二个等式可省略不写。于是按定义计算可知。

$$\boldsymbol{AB} = [1, -1, 2] \begin{pmatrix} 3 \\ 1 \\ -2 \end{pmatrix} = [-2]$$

例 24 设

$$\boldsymbol{A}=\begin{pmatrix}1 & 1\\ -1 & -1\end{pmatrix},\quad \boldsymbol{B}=\begin{pmatrix}1 & -1\\ -1 & 1\end{pmatrix},\quad \boldsymbol{C}=\begin{pmatrix}-1 & 1\\ 1 & -1\end{pmatrix}$$

求 $\boldsymbol{AB}$,$\boldsymbol{BA}$ 与 $\boldsymbol{AC}$。

解

$$\boldsymbol{AB}=\begin{pmatrix}1 & 1\\ -1 & -1\end{pmatrix}\begin{pmatrix}1 & -1\\ -1 & 1\end{pmatrix}=\begin{pmatrix}0 & 0\\ 0 & 0\end{pmatrix}$$

$$\boldsymbol{BA}=\begin{pmatrix}1 & -1\\ -1 & 1\end{pmatrix}\begin{pmatrix}1 & 1\\ -1 & -1\end{pmatrix}=\begin{pmatrix}2 & 2\\ -2 & -2\end{pmatrix}$$

$$\boldsymbol{AC}=\begin{pmatrix}1 & 1\\ -1 & -1\end{pmatrix}\begin{pmatrix}-1 & 1\\ 1 & -1\end{pmatrix}=\begin{pmatrix}0 & 0\\ 0 & 0\end{pmatrix}$$

特别注意

(1)矩阵的乘法不满足交换律。即,一般来说,$\boldsymbol{AB}\neq\boldsymbol{BA}$。在例 24 中就有 $\boldsymbol{AB}\neq\boldsymbol{BA}$。

(2)因两个非零矩阵的乘积可能等于零矩阵,故一般来说不能由 $\boldsymbol{AB}=0$ 推出 $\boldsymbol{A}=0$ 或 $\boldsymbol{B}=0$。如在例 24 中就有 $\boldsymbol{AB}=0$,但 $\boldsymbol{A}\neq 0$,$\boldsymbol{B}\neq 0$。

(3)一般地,不能从 $\boldsymbol{AB}=\boldsymbol{AC}$ 且 $\boldsymbol{A}\neq 0$ 推出 $\boldsymbol{B}=\boldsymbol{C}$。如在例 24 中就有 $\boldsymbol{AB}=\boldsymbol{AC}$ 且 $\boldsymbol{A}\neq 0$,但 $\boldsymbol{B}\neq\boldsymbol{C}$。

由矩阵的乘法定义可知,对于单位矩阵有

$$\boldsymbol{A}_{m\times n}\boldsymbol{E}_n=\boldsymbol{E}_m\boldsymbol{A}_{m\times n}=\boldsymbol{A}_{m\times n}$$

矩阵的乘法适合下列运算规律:

(1)$(\boldsymbol{AB})\boldsymbol{C}=\boldsymbol{A}(\boldsymbol{BC})$　　结合律

(2)$\boldsymbol{A}(\boldsymbol{B}+\boldsymbol{C})=\boldsymbol{AB}+\boldsymbol{AC}$　　分配律

(3)$(\boldsymbol{B}+\boldsymbol{C})\boldsymbol{A}=\boldsymbol{BA}+\boldsymbol{CA}$　　分配律

(4)$k(\boldsymbol{AB})=(k\boldsymbol{A})\boldsymbol{B}=\boldsymbol{A}(k\boldsymbol{B})$

以上 $\boldsymbol{A}$,$\boldsymbol{B}$,$\boldsymbol{C}$ 表示矩阵,k 是数。

必须注意:在对矩阵作分配律运算时,从

$$\boldsymbol{AB}-3\boldsymbol{A}=0$$

只能推得

$$\boldsymbol{A}(\boldsymbol{B}-3\boldsymbol{E})=0$$

而不能推得

$$\boldsymbol{A}(\boldsymbol{B}-3)=0$$

这是因为 $\boldsymbol{B}$ 是矩阵,3 是数,因此 $\boldsymbol{B}-3$ 没有意义,只有先把 $3\boldsymbol{A}$ 变成 $3\boldsymbol{AE}$ 后才能使用分配律。

设 $\boldsymbol{A}$ 是一个 n 阶方阵，定义

$$\boldsymbol{A}^0=\boldsymbol{E},\qquad \boldsymbol{A}^k=\underbrace{\boldsymbol{A}\boldsymbol{A}\cdots\boldsymbol{A}}_{k\text{个}}\qquad (k\text{ 是正整数})$$

称 $\boldsymbol{A}^k$ 为 $\boldsymbol{A}$ 的k 次方幂。

易知，设 k,i 为正整数或零，则有

$$\boldsymbol{A}^k\boldsymbol{A}^i=A^{k+i},\qquad (\boldsymbol{A}^k)^i=A^{ki}$$

因为矩阵的乘法不满足交换律，故一般来说

$$(\boldsymbol{A}\boldsymbol{B})^k\neq\boldsymbol{A}^k\boldsymbol{B}^k$$

设 $f(\lambda)=a_0\lambda^m+a_1\lambda^{m-1}+\cdots+a_{m-1}\lambda+a_m$ 是λ 的一个多项式，$\boldsymbol{A}$ 为任意方阵，则称

$$f(\boldsymbol{A})=a_0\boldsymbol{A}^m+a_1\boldsymbol{A}^{m-1}+\cdots+a_{m-1}\boldsymbol{A}+a_m\boldsymbol{E}$$

为矩阵 $\boldsymbol{A}$ 的多项式。

例 25　设　$f(\lambda)=\lambda^2-3\lambda+2$，而

$$\boldsymbol{A}=\begin{pmatrix}1 & 3\\-2 & -1\end{pmatrix}$$

求 $f(\boldsymbol{A})$。

解法 1

$$\begin{aligned}f(\boldsymbol{A})&=\boldsymbol{A}^2-3\boldsymbol{A}+2\boldsymbol{E}\\&=\begin{pmatrix}1 & 3\\-2 & -1\end{pmatrix}^2-3\begin{pmatrix}1 & 3\\-2 & -1\end{pmatrix}+2\begin{pmatrix}1 & 0\\0 & 1\end{pmatrix}\\&=\begin{pmatrix}-5 & 0\\0 & -5\end{pmatrix}-\begin{pmatrix}3 & 9\\-6 & -3\end{pmatrix}+\begin{pmatrix}2 & 0\\0 & 2\end{pmatrix}=\begin{pmatrix}-6 & -9\\6 & 0\end{pmatrix}\end{aligned}$$

解法 2

$$f(\boldsymbol{A})=\boldsymbol{A}^2-3\boldsymbol{A}+2\boldsymbol{E}=(\boldsymbol{A}-2\boldsymbol{E})(\boldsymbol{A}-\boldsymbol{E})=\begin{pmatrix}-1 & 3\\-2 & -3\end{pmatrix}\begin{pmatrix}0 & 3\\-2 & -2\end{pmatrix}=\begin{pmatrix}-6 & -9\\6 & 0\end{pmatrix}$$

1.3.4　矩阵的转置

设

$$\boldsymbol{A}=\begin{pmatrix}a_{11} & a_{12} & \cdots & a_{1n}\\a_{21} & a_{22} & \cdots & a_{2n}\\\vdots & \vdots & & \vdots\\a_{m1} & a_{m2} & \cdots & a_{mn}\end{pmatrix}$$

则 $n\times m$ 矩阵

$$\begin{pmatrix} a_{11} & a_{21} & \cdots & a_{m1} \\ a_{12} & a_{22} & \cdots & a_{m2} \\ \vdots & \vdots & & \vdots \\ a_{1n} & a_{2n} & \cdots & a_{mn} \end{pmatrix}$$

称为 $\boldsymbol{A}$ 的转置矩阵,记为 $\boldsymbol{A}^{\mathrm{T}}$。

按转置的概念可知,$\boldsymbol{A}$ 中第 i 行第 j 列的元素 a_{ij} 与 $\boldsymbol{A}^{\mathrm{T}}$ 中第 j 行第 i 列的元素相同。

例如,设

$$\boldsymbol{A}=\begin{pmatrix} 1 & 0 & 3 \\ -1 & 1 & 2 \\ 2 & 4 & -6 \\ 0 & -2 & 1 \end{pmatrix}, \quad \boldsymbol{X}=\begin{pmatrix} x_1 \\ x_2 \\ \vdots \\ x_n \end{pmatrix}$$

则

$$\boldsymbol{A}^{\mathrm{T}}=\begin{pmatrix} 1 & -1 & 2 & 0 \\ 0 & 1 & 4 & -2 \\ 3 & 2 & -6 & 1 \end{pmatrix}$$

$$\boldsymbol{X}^{\mathrm{T}}=[x_1,x_2,\cdots,x_n]$$

设 $\boldsymbol{A}$ 为 n 阶方阵,如果 $\boldsymbol{A}^{\mathrm{T}}=\boldsymbol{A}$,即有

$$a_{ji}=a_{ij} \quad (i,j=1,2,\cdots,n)$$

则称 $\boldsymbol{A}$ 为对称矩阵。如果 $\boldsymbol{A}^{\mathrm{T}}=-\boldsymbol{A}$,则称 $\boldsymbol{A}$ 为反对称矩阵。

例如,矩阵

$$\begin{pmatrix} 1 & 0 & -3 \\ 0 & 2 & 1 \\ -3 & 1 & -5 \end{pmatrix}$$

是对称矩阵,而矩阵

$$\begin{pmatrix} 0 & 1 & -2 \\ -1 & 0 & \frac{1}{2} \\ 2 & -\frac{1}{2} & 0 \end{pmatrix}$$

是反对称矩阵。

矩阵的转置也是一种运算,它具有以下性质,**请牢记**:

(1)$(\boldsymbol{A}^{\mathrm{T}})^{\mathrm{T}}=\boldsymbol{A}$

(2)$(\boldsymbol{A}+\boldsymbol{B})^{\mathrm{T}}=\boldsymbol{A}^{\mathrm{T}}+\boldsymbol{B}^{\mathrm{T}}$

(3)$(k\boldsymbol{A})^{\mathrm{T}}=k\boldsymbol{A}^{\mathrm{T}}$ (k 是数)

(4)$(\boldsymbol{A}\boldsymbol{B})^{\mathrm{T}}=\boldsymbol{B}^{\mathrm{T}}\boldsymbol{A}^{\mathrm{T}}$,且有$(\boldsymbol{A}_1\boldsymbol{A}_2\cdots\boldsymbol{A}_s)^{\mathrm{T}}=\boldsymbol{A}_s^{\mathrm{T}}\boldsymbol{A}_{s-1}^{\mathrm{T}}\cdots\boldsymbol{A}_1^{\mathrm{T}}$

例 26　已知

$$\boldsymbol{A}=\begin{pmatrix}2&0&1\\1&-3&-2\end{pmatrix},\qquad \boldsymbol{B}=\begin{pmatrix}1&0&2&4\\2&-3&1&0\\-1&0&3&-2\end{pmatrix}$$

求$(\boldsymbol{AB})^{\mathrm{T}}$。

解法 1　因为

$$\boldsymbol{AB}=\begin{pmatrix}2&0&1\\1&-3&-2\end{pmatrix}\begin{pmatrix}1&0&2&4\\2&-3&1&0\\-1&0&3&-2\end{pmatrix}=\begin{pmatrix}1&0&7&6\\-3&9&-7&8\end{pmatrix}$$

所以

$$(\boldsymbol{AB})^{\mathrm{T}}=\begin{pmatrix}1&-3\\0&9\\7&-7\\6&8\end{pmatrix}$$

解法 2

$$\begin{aligned}(\boldsymbol{AB})^{\mathrm{T}}&=\boldsymbol{B}^{\mathrm{T}}\boldsymbol{A}^{\mathrm{T}}\\&=\begin{pmatrix}1&2&-1\\0&-3&0\\2&1&3\\4&0&-2\end{pmatrix}\begin{pmatrix}2&1\\0&-3\\1&-2\end{pmatrix}=\begin{pmatrix}1&-3\\0&9\\7&-7\\6&8\end{pmatrix}\end{aligned}$$

1.3.5　方阵的行列式

由 n 阶方阵 $\boldsymbol{A}=(a_{ij})_{n\times n}$ 的全部元素所确定的 n 阶行列式

$$\begin{vmatrix}a_{11}&a_{12}&\cdots&a_{1n}\\a_{21}&a_{22}&\cdots&a_{2n}\\\vdots&\vdots&&\vdots\\a_{n1}&a_{n2}&\cdots&a_{nn}\end{vmatrix}$$

称为n 阶方阵 $\boldsymbol{A}$ 的行列式，记为$|\boldsymbol{A}|$或 $\det\boldsymbol{A}$。这里字母 det 是 determinant(行列式)的略写。

方阵的行列式有下列运算规律：

(1)设 $\boldsymbol{A}$ 为 n 阶方阵，则$|\boldsymbol{A}^{\mathrm{T}}|=|\boldsymbol{A}|$。

(2)设 $\boldsymbol{A}$ 为 n 阶方阵，k 是数，则$|k\boldsymbol{A}|=k^n|\boldsymbol{A}|$。

(3)设 $\boldsymbol{A},\boldsymbol{B}$ 为 n 阶方阵，则有$|\boldsymbol{AB}|=|\boldsymbol{A}||\boldsymbol{B}|$。一般地，设 $\boldsymbol{A}_1,\boldsymbol{A}_2,\cdots,\boldsymbol{A}_s$ 都是 n 阶方阵，则有$|\boldsymbol{A}_1\boldsymbol{A}_2\cdots\boldsymbol{A}_s|=|\boldsymbol{A}_1||\boldsymbol{A}_2|\cdots|\boldsymbol{A}_s|$。

例如，设

$$\boldsymbol{A}=\begin{pmatrix}1&0&5\\4&1&-2\\0&1&-1\end{pmatrix}$$

则

$$|2\boldsymbol{A}|=\begin{vmatrix}2&0&10\\8&2&-4\\0&2&-2\end{vmatrix}=2^3\begin{vmatrix}1&0&5\\4&1&-2\\0&1&-1\end{vmatrix}=2^3|\boldsymbol{A}|$$

必须注意

(1)一般地,$|2\boldsymbol{A}|\neq 2|\boldsymbol{A}|$;同理,$|k\boldsymbol{A}|\neq k|\boldsymbol{A}|$。

(2)设 $\boldsymbol{A}$ 和 $\boldsymbol{B}$ 为 n 阶方阵,一般地,$|\boldsymbol{A}+\boldsymbol{B}|\neq|\boldsymbol{A}|+|\boldsymbol{B}|$,$|\boldsymbol{A}-\boldsymbol{B}|\neq|\boldsymbol{A}|-|\boldsymbol{B}|$。

例如,设

$$\boldsymbol{A}=\begin{pmatrix}1&0\\0&1\end{pmatrix},\qquad \boldsymbol{B}=\begin{pmatrix}-1&0\\0&-1\end{pmatrix}$$

则由计算可知

$$|\boldsymbol{A}+\boldsymbol{B}|=0,\quad |\boldsymbol{A}-\boldsymbol{B}|=4,\quad |\boldsymbol{A}|=1,\quad |\boldsymbol{B}|=1$$

故

$$|\boldsymbol{A}+\boldsymbol{B}|\neq|\boldsymbol{A}|+|\boldsymbol{B}|,\quad |\boldsymbol{A}-\boldsymbol{B}|\neq|\boldsymbol{A}|-|\boldsymbol{B}|$$

§1.4 矩阵的分块运算

把所给高阶矩阵划分成若干小块后再进行运算是一种有用的技巧。通过适当的分块,可使高阶矩阵的运算转化为低阶矩阵的运算。由于矩阵经分块后,表达形式简明,因此不论在理论的证明中或是在实际的计算中,矩阵的分块运算方法已得到广泛的应用。

设 $\boldsymbol{A}$ 是一个 $m\times n$ 矩阵,我们可以用一些纵横虚线把它划分成若干个小矩阵,每一个小矩阵称为 $\boldsymbol{A}$ 的子块(或称为 $\boldsymbol{A}$ 的子矩阵),以子块为元素的形式上的矩阵称为分块矩阵。

例如,设

$$\boldsymbol{A}=\left(\begin{array}{c:ccc}a_{11}&a_{12}&a_{13}&a_{14}\\ \hdashline a_{21}&a_{22}&a_{23}&a_{24}\\a_{31}&a_{32}&a_{33}&a_{34}\end{array}\right)=\begin{pmatrix}\boldsymbol{A}_{11}&\boldsymbol{A}_{12}\\\boldsymbol{A}_{21}&\boldsymbol{A}_{22}\end{pmatrix}$$

其中

$$\boldsymbol{A}_{11}=[a_{11}],\qquad \boldsymbol{A}_{12}=[a_{12},a_{13},a_{14}]$$

$$\boldsymbol{A}_{21}=\begin{pmatrix}a_{21}\\a_{31}\end{pmatrix},\qquad \boldsymbol{A}_{22}=\begin{bmatrix}a_{22}&a_{23}&a_{24}\\a_{32}&a_{33}&a_{34}\end{bmatrix}$$

都称为 $\boldsymbol{A}$ 的子块,而

$$\boldsymbol{A}=\begin{bmatrix}\boldsymbol{A}_{11}&\boldsymbol{A}_{12}\\\boldsymbol{A}_{21}&\boldsymbol{A}_{22}\end{bmatrix}$$

就是分块矩阵。

由于用纵横虚线来划分矩阵的方法可以不同,所以同一个矩阵可以根据需要划分为多种形式的分块矩阵。当然,它们都是与原矩阵相等的。

例如,上面的矩阵 $\boldsymbol{A}$ 又可划分为下列分块矩阵

(1)　$$\boldsymbol{A}=\left(\begin{array}{c:c:c:c} a_{11} & a_{12} & a_{13} & a_{14} \\ a_{21} & a_{22} & a_{23} & a_{24} \\ a_{31} & a_{32} & a_{33} & a_{34} \end{array}\right)=(\boldsymbol{\alpha}_1,\boldsymbol{\alpha}_2,\boldsymbol{\alpha}_3,\boldsymbol{\alpha}_4)$$

这里是对 $\boldsymbol{A}$ 的列进行分块，其中子块

$$\boldsymbol{\alpha}_1=\begin{pmatrix} a_{11} \\ a_{21} \\ a_{31} \end{pmatrix},\quad \boldsymbol{\alpha}_2=\begin{pmatrix} a_{12} \\ a_{22} \\ a_{32} \end{pmatrix},\quad \boldsymbol{\alpha}_3=\begin{pmatrix} a_{13} \\ a_{23} \\ a_{33} \end{pmatrix},\quad \boldsymbol{\alpha}_4=\begin{pmatrix} a_{14} \\ a_{24} \\ a_{34} \end{pmatrix}$$

(2)　$$\boldsymbol{A}=\left(\begin{array}{cccc} a_{11} & a_{12} & a_{13} & a_{14} \\ \hdashline a_{21} & a_{22} & a_{23} & a_{24} \\ \hdashline a_{31} & a_{32} & a_{33} & a_{34} \end{array}\right)=\begin{pmatrix} \boldsymbol{\beta}_1 \\ \boldsymbol{\beta}_2 \\ \boldsymbol{\beta}_3 \end{pmatrix}$$

这里是对 $\boldsymbol{A}$ 的行进行分块，其中子块

$$\boldsymbol{\beta}_1=(a_{11},a_{12},a_{13},a_{14}),\quad \boldsymbol{\beta}_2=(a_{21},a_{22},a_{23},a_{24}),\quad \boldsymbol{\beta}_3=(a_{31},a_{32},a_{33},a_{34})$$

在划分矩阵时，纵横虚线必须始终贯穿整个矩阵，中途不得转折或停止。由此可知，一个矩阵被划分成若干个子块后，在同一行上的子块有相同的行数，在同一列上的子块有相同的列数。下面将看到把矩阵适当分块后，在运算时可以将每一个子块当作一个元素来处理，同样有行列的称呼与区别。

1.4.1　分块矩阵的加(减)法与数量乘法

设 $\boldsymbol{A}$ 和 $\boldsymbol{B}$ 都是 $m\times n$ 矩阵，且对 $\boldsymbol{A}$ 和 $\boldsymbol{B}$ 用同样的方法分块，即设

$$\boldsymbol{A}=\begin{array}{c} \begin{array}{cccc} n_1 & n_2 & \cdots & n_s \end{array} \\ \begin{pmatrix} \boldsymbol{A}_{11} & \boldsymbol{A}_{12} & \cdots & \boldsymbol{A}_{1s} \\ \boldsymbol{A}_{21} & \boldsymbol{A}_{22} & \cdots & \boldsymbol{A}_{2s} \\ \vdots & \vdots & & \vdots \\ \boldsymbol{A}_{r1} & \boldsymbol{A}_{r2} & \cdots & \boldsymbol{A}_{rs} \end{pmatrix} \end{array}\begin{array}{c} m_1 \\ m_2 \\ \vdots \\ m_r \end{array},\quad \boldsymbol{B}=\begin{array}{c} \begin{array}{cccc} n_1 & n_2 & \cdots & n_s \end{array} \\ \begin{pmatrix} \boldsymbol{B}_{11} & \boldsymbol{B}_{12} & \cdots & \boldsymbol{B}_{1s} \\ \boldsymbol{B}_{21} & \boldsymbol{B}_{22} & \cdots & \boldsymbol{B}_{2s} \\ \vdots & \vdots & & \vdots \\ \boldsymbol{B}_{r1} & \boldsymbol{B}_{r2} & \cdots & \boldsymbol{B}_{rs} \end{pmatrix} \end{array}\begin{array}{c} m_1 \\ m_2 \\ \vdots \\ m_r \end{array}$$

这里矩阵右边的数 $m_1,m_2,\cdots,m_r$ 表示在它们左边的子矩阵的行数，而矩阵上面的数 n_1，$n_2,\cdots,n_s$ 表示在它们下面的子矩阵的列数，且有 $m_1+m_2+\cdots+m_r=m$，$n_1+n_2+\cdots+n_s=n$，那么可得

$$\boldsymbol{A}+\boldsymbol{B}=\begin{array}{c} \begin{array}{cccc} n_1 & n_2 & \cdots & n_s \end{array} \\ \begin{pmatrix} \boldsymbol{A}_{11}+\boldsymbol{B}_{11} & \boldsymbol{A}_{12}+\boldsymbol{B}_{12} & \cdots & \boldsymbol{A}_{1s}+\boldsymbol{B}_{1s} \\ \boldsymbol{A}_{21}+\boldsymbol{B}_{21} & \boldsymbol{A}_{22}+\boldsymbol{B}_{22} & \cdots & \boldsymbol{A}_{2s}+\boldsymbol{B}_{2s} \\ \vdots & \vdots & & \vdots \\ \boldsymbol{A}_{r1}+\boldsymbol{B}_{r1} & \boldsymbol{A}_{r2}+\boldsymbol{B}_{r2} & \cdots & \boldsymbol{A}_{rs}+\boldsymbol{B}_{rs} \end{pmatrix} \end{array}\begin{array}{c} m_1 \\ m_2 \\ \vdots \\ m_r \end{array}$$

$$A-B=\begin{pmatrix} A_{11}-B_{11} & A_{12}-B_{12} & \cdots & A_{1s}-B_{1s} \\ A_{21}-B_{21} & A_{22}-B_{22} & \cdots & A_{2s}-B_{2s} \\ \vdots & \vdots & & \vdots \\ A_{r1}-B_{r1} & A_{r2}-B_{r2} & \cdots & A_{rs}-B_{rs} \end{pmatrix}\begin{matrix} m_1 \\ m_2 \\ \vdots \\ m_r \end{matrix}$$

（列块宽度依次为 $n_1, n_2, \cdots, n_s$）

$$kA=\begin{pmatrix} kA_{11} & kA_{12} & \cdots & kA_{1s} \\ kA_{21} & kA_{22} & \cdots & kA_{2s} \\ \vdots & \vdots & & \vdots \\ kA_{r1} & kA_{r2} & \cdots & kA_{rs} \end{pmatrix}\begin{matrix} m_1 \\ m_2 \\ \vdots \\ m_r \end{matrix} \quad (\text{这里 } k \text{ 是数})$$

（列块宽度依次为 $n_1, n_2, \cdots, n_s$）

例如,设

$$A=\begin{pmatrix} 1 & 0 & 2 & 3 \\ 3 & 1 & 0 & -1 \\ 2 & 4 & 1 & 2 \end{pmatrix}, \qquad B=\begin{pmatrix} -3 & 1 & 0 & 5 \\ 4 & 1 & 2 & 2 \\ 0 & -1 & 3 & 4 \end{pmatrix}$$

若令

$$A=\left(\begin{array}{cc:cc} 1 & 0 & 2 & 3 \\ 3 & 1 & 0 & -1 \\ \hdashline 2 & 4 & 1 & 2 \end{array}\right)=\begin{pmatrix} A_{11} & A_{12} \\ A_{21} & A_{22} \end{pmatrix}, \qquad B=\left(\begin{array}{cc:cc} -3 & 1 & 0 & 5 \\ 4 & 1 & 2 & 2 \\ \hdashline 0 & -1 & 3 & 4 \end{array}\right)=\begin{pmatrix} B_{11} & B_{12} \\ B_{21} & B_{22} \end{pmatrix}$$

则因 A,B 都是 2×2 的分块矩阵,且它们的分块方法相同,故有

$$A+B=\begin{pmatrix} A_{11} & A_{12} \\ A_{21} & A_{22} \end{pmatrix}+\begin{pmatrix} B_{11} & B_{12} \\ B_{21} & B_{22} \end{pmatrix}=\begin{pmatrix} A_{11}+B_{11} & A_{12}+B_{12} \\ A_{21}+B_{21} & A_{22}+B_{22} \end{pmatrix}$$

$$3A=3\begin{pmatrix} A_{11} & A_{12} \\ A_{21} & A_{22} \end{pmatrix}=\begin{pmatrix} 3A_{11} & 3A_{12} \\ 3A_{21} & 3A_{22} \end{pmatrix}$$

若令

$$A=\left(\begin{array}{cc:cc} 1 & 0 & 2 & 3 \\ \hdashline 3 & 1 & 0 & -1 \\ 2 & 4 & 1 & 2 \end{array}\right)=\begin{pmatrix} A_1 & A_2 \\ A_3 & A_4 \end{pmatrix}$$

这时虽然 A 和 B 仍都是 2×2 的分块矩阵,但因它们的分块方法不同,故

$$A+B=\begin{pmatrix} A_1 & A_2 \\ A_3 & A_4 \end{pmatrix}+\begin{pmatrix} B_{11} & B_{12} \\ B_{21} & B_{22} \end{pmatrix}\neq\begin{pmatrix} A_1+B_{11} & A_2+B_{12} \\ A_3+B_{21} & A_4+B_{22} \end{pmatrix}$$

1.4.2 分块矩阵的乘法

在对分块矩阵 A 和 B 作乘法运算时,首先要求分块矩阵 A 的列数与分块矩阵 B 的行数必须相同,即若 A 是 $p\times t$ 的分块矩阵,则 B 应该是 $t\times q$ 的分块矩阵。其次,要求分块矩阵 A 中第 1 列、第 2 列、……、第 t 列子块的列数必须依次与分块矩阵 B 中第 1 行、第 2 行、……、第 t 行子块的行数相同,此时才能把分块矩阵 A 和 B 中的各子块看成矩阵的元素,然后按照通常的矩阵乘法来进行运算。

即，若设 $\boldsymbol{A}$ 是 $m\times s$ 矩阵，$\boldsymbol{B}$ 是 $s\times n$ 矩阵，可把 $\boldsymbol{A}$ 和 $\boldsymbol{B}$ 分成

$$\boldsymbol{A}=\begin{matrix} s_1 & s_2 & \cdots & s_t & \\ \end{matrix}\begin{pmatrix} \boldsymbol{A}_{11} & \boldsymbol{A}_{12} & \cdots & \boldsymbol{A}_{1t} \\ \boldsymbol{A}_{21} & \boldsymbol{A}_{22} & \cdots & \boldsymbol{A}_{2t} \\ \vdots & \vdots & & \vdots \\ \boldsymbol{A}_{p1} & \boldsymbol{A}_{p2} & \cdots & \boldsymbol{A}_{pt} \end{pmatrix}\begin{matrix} m_1 \\ m_2 \\ \vdots \\ m_p \end{matrix},\quad \boldsymbol{B}=\begin{matrix} n_1 & n_2 & \cdots & n_q \end{matrix}\begin{pmatrix} \boldsymbol{B}_{11} & \boldsymbol{B}_{12} & \cdots & \boldsymbol{B}_{1q} \\ \boldsymbol{B}_{21} & \boldsymbol{B}_{22} & \cdots & \boldsymbol{B}_{2q} \\ \vdots & \vdots & & \vdots \\ \boldsymbol{B}_{t1} & \boldsymbol{B}_{t2} & \cdots & \boldsymbol{B}_{tq} \end{pmatrix}\begin{matrix} s_1 \\ s_2 \\ \vdots \\ s_t \end{matrix}$$

这里 $\boldsymbol{A}$ 是 $p\times t$ 的分块矩阵，$\boldsymbol{B}$ 是 $t\times q$ 的分块矩阵，且 $\boldsymbol{A}_{11},\boldsymbol{A}_{12},\cdots,\boldsymbol{A}_{1t}$ 的列数依次与 $\boldsymbol{B}_{11}$，$\boldsymbol{B}_{21},\cdots,\boldsymbol{B}_{t1}$ 的行数相同，$m_1+m_2+\cdots+m_p=m$，$s_1+s_2+\cdots+s_t=s$，$n_1+n_2+\cdots+n_q=n$，则有

$$\boldsymbol{AB}=\begin{matrix} n_1 & n_2 & \cdots & n_q \end{matrix}\begin{pmatrix} \boldsymbol{C}_{11} & \boldsymbol{C}_{12} & \cdots & \boldsymbol{C}_{1q} \\ \boldsymbol{C}_{21} & \boldsymbol{C}_{22} & \cdots & \boldsymbol{C}_{2q} \\ \vdots & \vdots & & \vdots \\ \boldsymbol{C}_{p1} & \boldsymbol{C}_{p2} & \cdots & \boldsymbol{C}_{pq} \end{pmatrix}\begin{matrix} m_1 \\ m_2 \\ \vdots \\ m_p \end{matrix}$$

其中

$$\boldsymbol{C}_{uv}=\boldsymbol{A}_{u1}\boldsymbol{B}_{1v}+\boldsymbol{A}_{u2}\boldsymbol{B}_{2v}+\cdots+\boldsymbol{A}_{ut}\boldsymbol{B}_{tv}=\sum_{k=1}^{t}\boldsymbol{A}_{uk}\boldsymbol{B}_{kv}\quad(u=1,2,\cdots,p;\quad v=1,2,\cdots,q)$$

例 27　设

$$\boldsymbol{A}=\left(\begin{array}{cc:cc} 1 & 0 & 0 & 0 \\ 0 & 3 & 0 & 0 \\ -1 & 2 & 0 & 0 \\ \hdashline 2 & 1 & 1 & 0 \\ 3 & 0 & 0 & 1 \end{array}\right)=\begin{pmatrix} \boldsymbol{A}_{11} & \boldsymbol{0} \\ \boldsymbol{A}_{21} & \boldsymbol{E} \end{pmatrix}$$

$$\boldsymbol{B}=\left(\begin{array}{cc:c} -1 & 2 & 4 \\ 0 & 1 & 3 \\ \hdashline 1 & 0 & 0 \\ -1 & -1 & 0 \end{array}\right)=\begin{pmatrix} \boldsymbol{B}_{11} & \boldsymbol{B}_{12} \\ \boldsymbol{B}_{21} & \boldsymbol{0} \end{pmatrix}$$

求 $\boldsymbol{AB}$。

解　按分块矩阵的乘法规则可知

$$\boldsymbol{AB}=\begin{pmatrix} \boldsymbol{A}_{11} & 0 \\ \boldsymbol{A}_{21} & \boldsymbol{E} \end{pmatrix}\begin{pmatrix} \boldsymbol{B}_{11} & \boldsymbol{B}_{12} \\ \boldsymbol{B}_{21} & \boldsymbol{0} \end{pmatrix}=\begin{pmatrix} \boldsymbol{A}_{11}\boldsymbol{B}_{11} & \boldsymbol{A}_{11}\boldsymbol{B}_{12} \\ \boldsymbol{A}_{21}\boldsymbol{B}_{11}+\boldsymbol{B}_{21} & \boldsymbol{A}_{21}\boldsymbol{B}_{12} \end{pmatrix}$$

且

$$\boldsymbol{A}_{11}\boldsymbol{B}_{11}=\begin{pmatrix} 1 & 0 \\ 0 & 3 \\ -1 & 2 \end{pmatrix}\begin{pmatrix} -1 & 2 \\ 0 & 1 \end{pmatrix}=\begin{pmatrix} -1 & 2 \\ 0 & 3 \\ 1 & 0 \end{pmatrix}$$

$$\boldsymbol{A}_{11}\boldsymbol{B}_{12}=\begin{pmatrix} 1 & 0 \\ 0 & 3 \\ -1 & 2 \end{pmatrix}\begin{pmatrix} 4 \\ 3 \end{pmatrix}=\begin{pmatrix} 4 \\ 9 \\ 2 \end{pmatrix}$$

$$\boldsymbol{A}_{21}\boldsymbol{B}_{11}+\boldsymbol{B}_{21}=\begin{pmatrix}2 & 1\\3 & 0\end{pmatrix}\begin{pmatrix}-1 & 2\\0 & 1\end{pmatrix}+\begin{pmatrix}1 & 0\\-1 & -1\end{pmatrix}$$

$$=\begin{pmatrix}-2 & 5\\-3 & 6\end{pmatrix}+\begin{pmatrix}1 & 0\\-1 & -1\end{pmatrix}=\begin{pmatrix}-1 & 5\\-4 & 5\end{pmatrix}$$

$$\boldsymbol{A}_{21}\boldsymbol{B}_{12}=\begin{pmatrix}2 & 1\\3 & 0\end{pmatrix}\begin{pmatrix}4\\3\end{pmatrix}=\begin{pmatrix}11\\12\end{pmatrix}$$

于是得

$$\boldsymbol{AB}=\begin{pmatrix}-1 & 2 & 4\\0 & 3 & 9\\1 & 0 & 2\\-1 & 5 & 11\\-4 & 5 & 12\end{pmatrix}$$

容易验证,这与 $\boldsymbol{A}$ 和 $\boldsymbol{B}$ 未分块前直接按照矩阵乘法的定义来计算的结果完全相同。

1.4.3 分块矩阵的转置

设有分块矩阵

$$\boldsymbol{A}=\begin{pmatrix}\boldsymbol{A}_{11} & \boldsymbol{A}_{12} & \cdots & \boldsymbol{A}_{1q}\\\boldsymbol{A}_{21} & \boldsymbol{A}_{22} & \cdots & \boldsymbol{A}_{2q}\\\vdots & \vdots & & \vdots\\\boldsymbol{A}_{p1} & \boldsymbol{A}_{p2} & \cdots & \boldsymbol{A}_{pq}\end{pmatrix}$$

则

$$\boldsymbol{A}^{\mathrm{T}}=\begin{pmatrix}\boldsymbol{A}_{11}^{\mathrm{T}} & \boldsymbol{A}_{21}^{\mathrm{T}} & \cdots & \boldsymbol{A}_{p1}^{\mathrm{T}}\\\boldsymbol{A}_{12}^{\mathrm{T}} & \boldsymbol{A}_{22}^{\mathrm{T}} & \cdots & \boldsymbol{A}_{p2}^{\mathrm{T}}\\\vdots & \vdots & & \vdots\\\boldsymbol{A}_{1q}^{\mathrm{T}} & \boldsymbol{A}_{2q}^{\mathrm{T}} & \cdots & \boldsymbol{A}_{pq}^{\mathrm{T}}\end{pmatrix}$$

设 $\boldsymbol{A}=[\boldsymbol{A}_1,\boldsymbol{A}_2,\cdots,\boldsymbol{A}_n]$,则

$$\boldsymbol{A}^{\mathrm{T}}=\begin{pmatrix}\boldsymbol{A}_1^{\mathrm{T}}\\\boldsymbol{A}_2^{\mathrm{T}}\\\vdots\\\boldsymbol{A}_n^{\mathrm{T}}\end{pmatrix}$$

必须注意 分块矩阵的转置除了将每一列依次改写成每一行之外,还需将每一个子块转置。

1.4.4 准对角矩阵

形式为

$$\boldsymbol{A}=\begin{pmatrix} \boldsymbol{A}_1 & 0 & \cdots & 0 \\ 0 & \boldsymbol{A}_2 & \cdots & 0 \\ \vdots & \vdots & & \vdots \\ 0 & 0 & \cdots & \boldsymbol{A}_s \end{pmatrix}\begin{matrix} n_1 \\ n_2 \\ \vdots \\ n_s \end{matrix}$$

（列块阶数依次为 $n_1, n_2, \cdots, n_s$）

的方阵(其中 $\boldsymbol{A}_i$ 是 n_i 阶方阵，$i=1,2,\cdots,s$)称为准对角矩阵，记为 $\mathrm{diag}[\boldsymbol{A}_1,\boldsymbol{A}_2,\cdots,\boldsymbol{A}_s]$。由拉普拉斯定理可知，此时有

$$|\boldsymbol{A}|=|\boldsymbol{A}_1||\boldsymbol{A}_2|\cdots|\boldsymbol{A}_s|$$

当然对角矩阵是准对角矩阵的特殊情形。

矩阵

$$\begin{pmatrix} k & & & \\ & k & & \\ & & \ddots & \\ & & & k \end{pmatrix}=k\boldsymbol{E}$$

称为数量矩阵，这里 k 是数。

设准对角矩阵

$$\boldsymbol{A}=\begin{pmatrix} \boldsymbol{A}_1 & & & \\ & \boldsymbol{A}_2 & & \\ & & \ddots & \\ & & & \boldsymbol{A}_s \end{pmatrix}\begin{matrix} n_1 \\ n_2 \\ \vdots \\ n_s \end{matrix},\quad \boldsymbol{B}=\begin{pmatrix} \boldsymbol{B}_1 & & & \\ & \boldsymbol{B}_2 & & \\ & & \ddots & \\ & & & \boldsymbol{B}_s \end{pmatrix}\begin{matrix} n_1 \\ n_2 \\ \vdots \\ n_s \end{matrix}$$

（列块阶数依次为 $n_1, n_2, \cdots, n_s$）

则有

$$\boldsymbol{A}\pm\boldsymbol{B}=\begin{pmatrix} \boldsymbol{A}_1\pm\boldsymbol{B}_1 & & & \\ & \boldsymbol{A}_2\pm\boldsymbol{B}_2 & & \\ & & \ddots & \\ & & & \boldsymbol{A}_s\pm\boldsymbol{B}_s \end{pmatrix},\quad \boldsymbol{A}\boldsymbol{B}=\begin{pmatrix} \boldsymbol{A}_1\boldsymbol{B}_1 & & & \\ & \boldsymbol{A}_2\boldsymbol{B}_2 & & \\ & & \ddots & \\ & & & \boldsymbol{A}_s\boldsymbol{B}_s \end{pmatrix}$$

$$\boldsymbol{A}^m=\begin{pmatrix} \boldsymbol{A}_1^m & & & \\ & \boldsymbol{A}_2^m & & \\ & & \ddots & \\ & & & \boldsymbol{A}_s^m \end{pmatrix},\quad k\boldsymbol{A}=\begin{pmatrix} k\boldsymbol{A}_1 & & & \\ & k\boldsymbol{A}_2 & & \\ & & \ddots & \\ & & & k\boldsymbol{A}_s \end{pmatrix}$$

由此可见，准对角矩阵(包括对角矩阵)的和、差、积、方幂以及数量乘积仍为准对角矩阵。

§1.5　矩阵的初等变换与初等阵

矩阵的初等变换是一种奇妙的运算，它在线性代数中有极其广泛的应用。要充分理解对矩阵进行初等变换的目的，熟练掌握它的运算方法，借助于它，我们可得到很多有用的

结论。

定义12　矩阵的初等行(列)变换是指下列三种变换：

(1)以一个非零数 k 乘矩阵的某一行(列)；

(2)在矩阵某一行(列)的元素上加上另一行(列)的对应元素的 k 倍(其中 k 为任意数)；

(3)互换矩阵中两行(列)的位置。

矩阵的初等行变换与矩阵的初等列变换统称为矩阵的初等变换。

如果矩阵 $\boldsymbol{A}$ 经过若干次初等变换后变成矩阵 $\boldsymbol{B}$，则称 $\boldsymbol{A}$ 与 $\boldsymbol{B}$ 等价，记为 $\boldsymbol{A}\to\boldsymbol{B}$。

矩阵之间的等价关系具有以下性质：

(1)反身性：任意一个矩阵与它自己等价。

(2)对称性：如果 $\boldsymbol{A}$ 与 $\boldsymbol{B}$ 等价，则 $\boldsymbol{B}$ 与 $\boldsymbol{A}$ 也等价。

(3)传递性：如果 $\boldsymbol{A}$ 与 $\boldsymbol{B}$ 等价，$\boldsymbol{B}$ 与 $\boldsymbol{C}$ 等价，则 $\boldsymbol{A}$ 与 $\boldsymbol{C}$ 等价。

在对矩阵进行初等变换时，为了便于检查运算的正确性，常需要表明对矩阵进行过哪一种初等变换，为此，我们约定采用如下的记号：

(1)用 $k\boldsymbol{R}_i$ 表示以非零数 k 乘矩阵中第 i 行的元素；用 $k\boldsymbol{C}_i$ 表示以非零数 k 乘矩阵中第 i 列的元素；

(2)用 $\boldsymbol{R}_i \pm k\boldsymbol{R}_j$ 表示在矩阵的第 i 行的元素上加上(减去)矩阵的第 j 行的对应元素的 k 倍；用 $\boldsymbol{C}_i \pm k\boldsymbol{C}_j$ 表示在矩阵的第 i 列的元素上加上(减去)矩阵的第 j 列的对应元素的 k 倍；

(3)用 $\boldsymbol{R}_{ij}$ 表示将矩阵中第 i 行的元素与第 j 行的元素互换位置；用 $\boldsymbol{C}_{ij}$ 表示将矩阵中第 i 列的元素与第 j 列的元素互换位置。

可以验证，对矩阵进行一次第三种初等变换，相当于对矩阵连续进行若干次第一种初等变换和第二种初等变换。

例如，若想互换矩阵中第 i 行元素与第 j 行元素的位置，可对矩阵进行初等变换如下：

$$\boldsymbol{A}=\begin{pmatrix} \vdots & & & \vdots \\ a_{i1} & \cdots & \cdots & \cdots \\ \vdots & & & \vdots \\ a_{j1} & \cdots & \cdots & \cdots \\ \vdots & & & \vdots \end{pmatrix} \xrightarrow{R_i+R_j} \begin{pmatrix} \vdots & & & \vdots \\ a_{i1}+a_{j1} & \cdots & \cdots & \cdots \\ \vdots & & & \vdots \\ a_{j1} & \cdots & \cdots & \cdots \\ \vdots & & & \vdots \end{pmatrix}$$

$$\xrightarrow{R_j-R_i} \begin{pmatrix} \vdots & & & \vdots \\ a_{i1}+a_{j1} & \cdots & \cdots & \cdots \\ \vdots & & & \vdots \\ -a_{i1} & \cdots & \cdots & \cdots \\ \vdots & & & \vdots \end{pmatrix} \xrightarrow{R_i+R_j} \begin{pmatrix} \vdots & & & \vdots \\ a_{j1} & \cdots & \cdots & \cdots \\ \vdots & & & \vdots \\ -a_{i1} & \cdots & \cdots & \cdots \\ \vdots & & & \vdots \end{pmatrix}$$

$$\xrightarrow{(-1)R_j} \begin{pmatrix} \vdots & & & \vdots \\ a_{j1} & \cdots & \cdots & \cdots \\ \vdots & & & \vdots \\ a_{i1} & \cdots & \cdots & \cdots \\ \vdots & & & \vdots \end{pmatrix}$$

定义13　对单位矩阵 $\boldsymbol{E}$ 进行一次初等变换后得到的方阵称为初等矩阵，简称初等阵。

对于每一种初等变换都有一个与它相对应的初等阵。

(1)以一个非零数 k 乘单位矩阵 $\boldsymbol{E}$ 的第 i 行(列)后,可得

$$\boldsymbol{E}\xrightarrow[(\text{或 } kC_i)]{kR_i}\begin{pmatrix}1&&&&&&\\&\ddots&&&&&\\&&1&&&&\\&&&k&&&\\&&&&1&&\\&&&&&\ddots&\\&&&&&&1\end{pmatrix}i\text{ 行}\xlongequal{\text{记为}}\boldsymbol{F}_i(k)$$

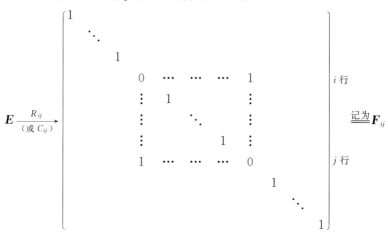

(2)在单位矩阵 $\boldsymbol{E}$ 的第 i 行(第 j 列)的元素上加上第 j 行(第 i 列)的对应元素的 k 倍后,可得

$$\boldsymbol{E}\xrightarrow[(\text{或 } C_j+kC_i)]{R_i+kR_j}\begin{pmatrix}1&&&&&\\&\ddots&&&&\\&&1&\cdots&k&&\\&&&\ddots&\vdots&&\\&&&&1&&\\&&&&&\ddots&\\&&&&&&1\end{pmatrix}\begin{matrix}i\text{ 行}\\ \\ j\text{ 行}\end{matrix}\xlongequal{\text{记为}}\boldsymbol{F}_{ij}(k)$$

(3)互换 $\boldsymbol{E}$ 中第 i 行(列)与第 j 行(列)的位置,可得

$$\boldsymbol{E}\xrightarrow[(\text{或 } C_{ij})]{R_{ij}}\begin{pmatrix}1&&&&&&&&&\\&\ddots&&&&&&&&\\&&1&&&&&&&\\&&&0&\cdots&\cdots&\cdots&1&&&\\&&&\vdots&1&&&\vdots&&&\\&&&\vdots&&\ddots&&\vdots&&&\\&&&\vdots&&&1&\vdots&&&\\&&&1&\cdots&\cdots&\cdots&0&&&\\&&&&&&&&1&&\\&&&&&&&&&\ddots&\\&&&&&&&&&&1\end{pmatrix}\begin{matrix}i\text{ 行}\\ \\ \\ \\ j\text{ 行}\end{matrix}\xlongequal{\text{记为}}\boldsymbol{F}_{ij}$$

上述三种方阵 $\boldsymbol{F}_i(k)$,$\boldsymbol{F}_{ij}(k)$,$\boldsymbol{F}_{ij}$ 都称为初等阵。由计算可知,

$$|\boldsymbol{F}_i(k)|=k\neq 0,\quad |\boldsymbol{F}_{ij}(k)|=1,\quad |\boldsymbol{F}_{ij}|=-1$$

定理 4　对矩阵 $\boldsymbol{A}_{m\times n}$ 进行一次初等行变换,相当于在 $\boldsymbol{A}_{m\times n}$ 的左边乘上一个相应的 m 阶初等阵;对矩阵 $\boldsymbol{A}_{m\times n}$ 进行一次初等列变换,相当于在 $\boldsymbol{A}_{m\times n}$ 的右边乘上一个相应的 n 阶初等阵。

证明　下面只对初等行变换的情形给予证明,对于初等列变换的情形可以类似地证明。

设 $\boldsymbol{A}$ 是 $m\times n$ 矩阵,今对 $\boldsymbol{A}$ 按行分块,令

$$\boldsymbol{A}=\begin{pmatrix} a_{11} & a_{12} & \cdots & a_{1n} \\ a_{21} & a_{22} & \cdots & a_{2n} \\ \vdots & \vdots & & \vdots \\ a_{m1} & a_{m2} & \cdots & a_{mn} \end{pmatrix}=\begin{pmatrix} \boldsymbol{A}_1 \\ \boldsymbol{A}_2 \\ \vdots \\ \boldsymbol{A}_m \end{pmatrix}$$

(1)在矩阵 $\boldsymbol{A}_{m\times n}$ 的左边乘上一个 m 阶初等阵 $\boldsymbol{F}_i(k)$,则得

$$\boldsymbol{F}_i(k)\boldsymbol{A}=\begin{pmatrix} 1 & & & & & & \\ & \ddots & & & & & \\ & & 1 & & & & \\ & & & k & & & \\ & & & & 1 & & \\ & & & & & \ddots & \\ & & & & & & 1 \end{pmatrix}\begin{pmatrix} \boldsymbol{A}_1 \\ \vdots \\ \boldsymbol{A}_i \\ \vdots \\ \boldsymbol{A}_m \end{pmatrix}=\begin{pmatrix} \boldsymbol{A}_1 \\ \vdots \\ k\boldsymbol{A}_i \\ \vdots \\ \boldsymbol{A}_m \end{pmatrix}$$

可以看出,$\boldsymbol{F}_i(k)\boldsymbol{A}$ 等于在 $\boldsymbol{A}_{m\times n}$ 的第 i 行乘上非零数 k 后所得的矩阵。这相当于对矩阵 $\boldsymbol{A}_{m\times n}$ 进行一次第一种初等行变换。

(2)在矩阵 $\boldsymbol{A}_{m\times n}$ 的左边乘上一个 m 阶初等阵 $\boldsymbol{F}_{ij}(k)$,则得

$$\boldsymbol{F}_{ij}(k)\boldsymbol{A}=\begin{pmatrix} 1 & & & & & & \\ & \ddots & & & & & \\ & & 1 & \cdots & k & & \\ & & & \ddots & \vdots & & \\ & & & & 1 & & \\ & & & & & \ddots & \\ & & & & & & 1 \end{pmatrix}\begin{matrix} \\ \\ i\text{ 行} \\ \\ j\text{ 行} \\ \\ \\ \end{matrix}\begin{pmatrix} \boldsymbol{A}_1 \\ \vdots \\ \boldsymbol{A}_i \\ \vdots \\ \boldsymbol{A}_j \\ \vdots \\ \boldsymbol{A}_m \end{pmatrix}=\begin{pmatrix} \boldsymbol{A}_1 \\ \vdots \\ \boldsymbol{A}_i+k\boldsymbol{A}_j \\ \vdots \\ \boldsymbol{A}_j \\ \vdots \\ \boldsymbol{A}_m \end{pmatrix}$$

可以看出,$\boldsymbol{F}_{ij}(k)\boldsymbol{A}$ 等于在 $\boldsymbol{A}_{m\times n}$ 的第 i 行的元素上加上第 j 行的对应元素的 k 倍后所得的矩阵,这相当于对矩阵 $\boldsymbol{A}_{m\times n}$ 进行一次第二种初等行变换。

(3)在矩阵 $\boldsymbol{A}_{m\times n}$ 的左边乘上一个 m 阶初等阵 $\boldsymbol{F}_{ij}$,则得

$$\boldsymbol{F}_{ij}\boldsymbol{A}=\begin{pmatrix} 1 & & & & & & & & & & \\ & \ddots & & & & & & & & & \\ & & 1 & & & & & & & & \\ & & & 0 & \cdots & \cdots & \cdots & 1 & & & \\ & & & \vdots & 1 & & & \vdots & & & \\ & & & \vdots & & \ddots & & \vdots & & & \\ & & & \vdots & & & 1 & \vdots & & & \\ & & & 1 & \cdots & \cdots & \cdots & 0 & & & \\ & & & & & & & & 1 & & \\ & & & & & & & & & \ddots & \\ & & & & & & & & & & 1 \end{pmatrix}\begin{matrix} \\ i\text{ 行} \\ \\ \\ j\text{ 行} \\ \\ \\ \end{matrix}\begin{pmatrix} \boldsymbol{A}_1 \\ \vdots \\ \boldsymbol{A}_i \\ \vdots \\ \boldsymbol{A}_j \\ \vdots \\ \boldsymbol{A}_m \end{pmatrix}=\begin{pmatrix} \boldsymbol{A}_1 \\ \vdots \\ \boldsymbol{A}_j \\ \vdots \\ \boldsymbol{A}_i \\ \vdots \\ \boldsymbol{A}_m \end{pmatrix}$$

可以看出,$\boldsymbol{F}_{ij}\boldsymbol{A}$ 等于把矩阵 $\boldsymbol{A}_{m\times n}$ 中第 i 行元素与第 j 行元素互换位置后所得的矩阵,这相当于对矩阵 $\boldsymbol{A}_{m\times n}$ 进行一次第三种初等行变换。

例如，设

$$A=\begin{pmatrix}1 & 2 & 0 & 5\\ 4 & -1 & 2 & 7\\ 1 & -3 & -2 & 1\end{pmatrix}$$

则有

$$A\xrightarrow{3R_2}\begin{pmatrix}1 & 2 & 0 & 5\\ 12 & -3 & 6 & 21\\ 1 & -3 & -2 & 1\end{pmatrix}=F_2(3)A$$

$$A\xrightarrow{R_2-2R_1}\begin{pmatrix}1 & 2 & 0 & 5\\ 2 & -5 & 2 & -3\\ 1 & -3 & -2 & 1\end{pmatrix}=F_{21}(-2)A$$

$$A\xrightarrow{R_{23}}\begin{pmatrix}1 & 2 & 0 & 5\\ 1 & -3 & -2 & 1\\ 4 & -1 & 2 & 7\end{pmatrix}=F_{23}A$$

§1.6　方阵的逆矩阵

可逆矩阵是方阵中一类非常重要的矩阵，它有着非常广泛的应用，必须正确理解可逆矩阵的基本概念，熟练掌握求方阵的逆矩阵的方法。

1.6.1　方阵可逆的充要条件

定义 14　设 A 是 n 阶方阵，若存在 n 阶方阵 B，使

$$AB=BA=E$$

则称 A 是可逆的。此时称 A 是可逆矩阵，称 B 是 A 的逆矩阵，简称 B 是 A 的逆阵。

必须明白　如果矩阵 A 是可逆矩阵，则 A 的逆阵是唯一的。因为

设 B_1 和 B_2 都是 A 的逆阵，则有

$$AB_1=B_1A=E,\qquad AB_2=B_2A=E$$

于是

$$B_1=B_1E=B_1(AB_2)=(B_1A)B_2=EB_2=B_2$$

由于可逆矩阵 A 的逆阵是唯一的，就可将可逆矩阵 A 的逆阵记为 A^{-1}。于是当 A 可逆时，有 $AA^{-1}=A^{-1}A=E$。

必须注意　不能把 A^{-1} 写成 $\frac{1}{A}$。

设 A 为 n 阶方阵，若 $|A|\neq 0$，则称 A 是非奇的或非退化的，否则称 A 为奇异的或退化的。

定义 15　设

$$\boldsymbol{A}=\begin{pmatrix} a_{11} & a_{12} & \cdots & a_{1n} \\ a_{21} & a_{22} & \cdots & a_{2n} \\ \vdots & \vdots & & \vdots \\ a_{n1} & a_{n2} & \cdots & a_{nn} \end{pmatrix}$$

令 $\boldsymbol{A}_{ij}$ 为 $|\boldsymbol{A}|$ 中元素 a_{ij} 的代数余子式,则称方阵

$$\boldsymbol{A}^{*}=\begin{pmatrix} \boldsymbol{A}_{11} & \boldsymbol{A}_{21} & \cdots & \boldsymbol{A}_{n1} \\ \boldsymbol{A}_{12} & \boldsymbol{A}_{22} & \cdots & \boldsymbol{A}_{n2} \\ \vdots & \vdots & & \vdots \\ \boldsymbol{A}_{1n} & \boldsymbol{A}_{2n} & \cdots & \boldsymbol{A}_{nn} \end{pmatrix}$$

为 $\boldsymbol{A}$ 的伴随矩阵,或记为 adj$\boldsymbol{A}$。这里字母 adj 是 adjoint(伴随的)的略写。

定理 5 方阵 $\boldsymbol{A}$ 可逆的充分必要条件是 $|\boldsymbol{A}|\neq 0$。

证明 **必要性** 已知 $\boldsymbol{A}$ 是可逆的,故有

$$\boldsymbol{A}\boldsymbol{A}^{-1}=\boldsymbol{E}$$

对等式两边取行列式,得

$$|\boldsymbol{A}\boldsymbol{A}^{-1}|=|\boldsymbol{A}||\boldsymbol{A}^{-1}|=|\boldsymbol{E}|=1$$

故知

$$|\boldsymbol{A}|\neq 0$$

充分性 设

$$\boldsymbol{A}=\begin{pmatrix} a_{11} & a_{12} & \cdots & a_{1n} \\ a_{21} & a_{22} & \cdots & a_{2n} \\ \vdots & \vdots & & \vdots \\ a_{n1} & a_{n2} & \cdots & a_{nn} \end{pmatrix}, \quad \boldsymbol{A}^{*}=\begin{pmatrix} \boldsymbol{A}_{11} & \boldsymbol{A}_{21} & \cdots & \boldsymbol{A}_{n1} \\ \boldsymbol{A}_{12} & \boldsymbol{A}_{22} & \cdots & \boldsymbol{A}_{n2} \\ \vdots & \vdots & & \vdots \\ \boldsymbol{A}_{1n} & \boldsymbol{A}_{2n} & \cdots & \boldsymbol{A}_{nn} \end{pmatrix}$$

由本章定理 2 与定理 3 可知

$$\boldsymbol{A}^{*}\boldsymbol{A}=\boldsymbol{A}\boldsymbol{A}^{*}=\begin{pmatrix} a_{11} & a_{12} & \cdots & a_{1n} \\ a_{21} & a_{22} & \cdots & a_{2n} \\ \vdots & \vdots & & \vdots \\ a_{n1} & a_{n2} & \cdots & a_{nn} \end{pmatrix}\begin{pmatrix} \boldsymbol{A}_{11} & \boldsymbol{A}_{21} & \cdots & \boldsymbol{A}_{n1} \\ \boldsymbol{A}_{12} & \boldsymbol{A}_{22} & \cdots & \boldsymbol{A}_{n2} \\ \vdots & \vdots & & \vdots \\ \boldsymbol{A}_{1n} & \boldsymbol{A}_{2n} & \cdots & \boldsymbol{A}_{nn} \end{pmatrix}=\begin{pmatrix} |\boldsymbol{A}| & & & \\ & |\boldsymbol{A}| & & \\ & & \ddots & \\ & & & |\boldsymbol{A}| \end{pmatrix}=|\boldsymbol{A}|\boldsymbol{E}$$

已知 $|\boldsymbol{A}|\neq 0$,于是有

$$\boldsymbol{A}\frac{\boldsymbol{A}^{*}}{|\boldsymbol{A}|}=\frac{\boldsymbol{A}^{*}}{|\boldsymbol{A}|}\boldsymbol{A}=\boldsymbol{E}$$

由定义 14 可知,$\boldsymbol{A}$ 是可逆的,且 $\boldsymbol{A}^{-1}=\dfrac{\boldsymbol{A}^{*}}{|\boldsymbol{A}|}$。

定理 5 指出:如果 $\boldsymbol{A}$ 是可逆矩阵,则它的逆阵可用它的伴随矩阵 $\boldsymbol{A}^{*}$ 来求得。请牢记等式:$\boldsymbol{A}^{*}=|\boldsymbol{A}|\boldsymbol{A}^{-1}$。以下三个推论的结论都很有用。

推论 1 若 $\boldsymbol{A}$ 是可逆矩阵,则 $\boldsymbol{A}$ 经若干次初等变换后所得之矩阵仍为可逆矩阵。

证明 设 $\boldsymbol{A}$ 经若干次初等变换后所得之矩阵为 $\boldsymbol{B}$,则有

$$\boldsymbol{B}=\boldsymbol{P}_s\boldsymbol{P}_{s-1}\cdots\boldsymbol{P}_1\boldsymbol{A}\boldsymbol{Q}_1\boldsymbol{Q}_2\cdots\boldsymbol{Q}_t$$

这里 $\boldsymbol{P}_1,\boldsymbol{P}_2,\cdots,\boldsymbol{P}_s,\boldsymbol{Q}_1,\boldsymbol{Q}_2,\cdots,\boldsymbol{Q}_t$ 都是初等阵。今在等式两边取行列式,可得

$$|\boldsymbol{B}|=|\boldsymbol{P}_s\boldsymbol{P}_{s-1}\cdots\boldsymbol{P}_1\boldsymbol{A}\boldsymbol{Q}_1\boldsymbol{Q}_2\cdots\boldsymbol{Q}_t|=|\boldsymbol{P}_s||\boldsymbol{P}_{s-1}|\cdots|\boldsymbol{P}_1||\boldsymbol{A}||\boldsymbol{Q}_1||\boldsymbol{Q}_2|\cdots|\boldsymbol{Q}_t|$$

已知$|\boldsymbol{A}|\neq 0$，且初等阵的行列式都不等于零，故知$|\boldsymbol{B}|\neq 0$，所以 $\boldsymbol{B}$ 也是可逆矩阵。

推论 2　设 $\boldsymbol{A}$ 和 $\boldsymbol{B}$ 都是 n 阶方阵，若 $\boldsymbol{AB}=\boldsymbol{E}$，则 $\boldsymbol{A}$ 和 $\boldsymbol{B}$ 都可逆，且有 $\boldsymbol{A}^{-1}=\boldsymbol{B}$，$\boldsymbol{B}^{-1}=\boldsymbol{A}$。

证明　由 $\boldsymbol{AB}=\boldsymbol{E}$ 可得

$$|\boldsymbol{AB}|=|\boldsymbol{A}||\boldsymbol{B}|=1$$

故知

$$|\boldsymbol{A}|\neq 0,\ |\boldsymbol{B}|\neq 0$$

所以由定理 5 知，$\boldsymbol{A}$ 和 $\boldsymbol{B}$ 都可逆。由计算可知

$$\boldsymbol{A}^{-1}=\boldsymbol{A}^{-1}\boldsymbol{E}=\boldsymbol{A}^{-1}(\boldsymbol{AB})=(\boldsymbol{A}^{-1}\boldsymbol{A})\boldsymbol{B}=\boldsymbol{EB}=\boldsymbol{B}$$

$$\boldsymbol{B}^{-1}=\boldsymbol{EB}^{-1}=(\boldsymbol{AB})\boldsymbol{B}^{-1}=\boldsymbol{A}(\boldsymbol{BB}^{-1})=\boldsymbol{AE}=\boldsymbol{A}$$

推论 2 表明：已知方阵 $\boldsymbol{A}$ 和 $\boldsymbol{B}$，若要判断它们是否互为逆阵，只要验证乘积 $\boldsymbol{AB}$ 是否等于 $\boldsymbol{E}$ 即可。

推论 3　初等阵 $\boldsymbol{F}_i(k)$，$\boldsymbol{F}_{ij}(k)$，$\boldsymbol{F}_{ij}$ 都是可逆阵，且它们的逆阵也是与它们同类型的初等阵。即

$$\boldsymbol{F}_i(k)^{-1}=\boldsymbol{F}_i\left(\frac{1}{k}\right),\qquad \boldsymbol{F}_{ij}(k)^{-1}=\boldsymbol{F}_{ij}(-k),\qquad \boldsymbol{F}_{ij}{}^{-1}=\boldsymbol{F}_{ij}$$

证明　这是因为$|\boldsymbol{F}_i(k)|=k\neq 0$，$|\boldsymbol{F}_{ij}(k)|=1$，$|\boldsymbol{F}_{ij}|=-1$，故它们都是非奇矩阵，由定理 5 知，它们都是可逆矩阵。容易验证

$$\boldsymbol{F}_i(k)\boldsymbol{F}_i\left(\frac{1}{k}\right)=\boldsymbol{E};\qquad \boldsymbol{F}_{ij}(k)\boldsymbol{F}_{ij}(-k)=\boldsymbol{E},\qquad \boldsymbol{F}_{ij}\boldsymbol{F}_{ij}=\boldsymbol{E}$$

故由推论 2 知

$$\boldsymbol{F}_i(k)^{-1}=\boldsymbol{F}_i\left(\frac{1}{k}\right),\qquad \boldsymbol{F}_{ij}(k)^{-1}=\boldsymbol{F}_{ij}(-k),\qquad \boldsymbol{F}_{ij}^{-1}=\boldsymbol{F}_{ij}$$

可逆矩阵有下列性质，请牢记：

(1)若 $\boldsymbol{A}$ 可逆，则$|\boldsymbol{A}^{-1}|=\dfrac{1}{|\boldsymbol{A}|}=|\boldsymbol{A}|^{-1}$；

(2)若 $\boldsymbol{A}$ 可逆，则$(\boldsymbol{A}^{-1})^{-1}=\boldsymbol{A}$；

(3)若 $\boldsymbol{A}$ 可逆，则$(\boldsymbol{A}^{\mathrm{T}})^{-1}=(\boldsymbol{A}^{-1})^{\mathrm{T}}$；

(4)若 $\boldsymbol{A}$ 可逆，k 是非零数，则$(k\boldsymbol{A})^{-1}=\dfrac{1}{k}\boldsymbol{A}^{-1}$；

(5)若 $\boldsymbol{A}$ 和 $\boldsymbol{B}$ 都可逆，则 $\boldsymbol{AB}$ 可逆，且$(\boldsymbol{AB})^{-1}=\boldsymbol{B}^{-1}\boldsymbol{A}^{-1}$。

一般地，若 $\boldsymbol{A}_1,\boldsymbol{A}_2,\cdots,\boldsymbol{A}_s$ 都可逆，则乘积 $\boldsymbol{A}_1\boldsymbol{A}_2\cdots\boldsymbol{A}_s$ 也可逆，且$(\boldsymbol{A}_1\boldsymbol{A}_2\cdots\boldsymbol{A}_s)^{-1}=\boldsymbol{A}_s^{-1}\boldsymbol{A}_{s-1}^{-1}\cdots\boldsymbol{A}_1^{-1}$。

(6)设对角矩阵

$$\boldsymbol{A}=\begin{pmatrix}a_1&&&\\&a_2&&\\&&\ddots&\\&&&a_n\end{pmatrix},\qquad \boldsymbol{B}=\begin{pmatrix}&&&b_1\\&&b_2&\\&\iddots&&\\b_{n-1}&&&\\b_n&&&\end{pmatrix}$$

都是可逆矩阵(这里 $a_1,a_2,\cdots,a_n$；$b_1,b_2,\cdots,b_n$ 都是非零数)，则有

$$\boldsymbol{A}^{-1}=\begin{pmatrix} a_1^{-1} & & & \\ & a_2^{-1} & & \\ & & \ddots & \\ & & & a_n^{-1} \end{pmatrix},\quad \boldsymbol{B}^{-1}=\begin{pmatrix} & & & b_n^{-1} \\ & & ⋰ & \\ & b_2^{-1} & & \\ b_1^{-1} & & & \end{pmatrix}$$

(7)设准对角矩阵

$$\boldsymbol{A}=\overset{\begin{matrix} n_1 & n_2 & \cdots & n_s \end{matrix}}{\begin{pmatrix} \boldsymbol{A}_1 & & & \\ & \boldsymbol{A}_2 & & \\ & & \ddots & \\ & & & \boldsymbol{A}_s \end{pmatrix}}\begin{matrix} n_1 \\ n_2 \\ \vdots \\ n_s \end{matrix},\quad \boldsymbol{B}=\overset{\begin{matrix} n_s & \cdots & n_2 & n_1 \end{matrix}}{\begin{pmatrix} & & & \boldsymbol{B}_1 \\ & & \boldsymbol{B}_2 & \\ & ⋰ & & \\ \boldsymbol{B}_s & & & \end{pmatrix}}\begin{matrix} n_1 \\ n_2 \\ \vdots \\ n_s \end{matrix}$$

且 $\boldsymbol{A}_1,\boldsymbol{A}_2,\cdots,\boldsymbol{A}_s$ 和 $\boldsymbol{B}_1,\boldsymbol{B}_2,\cdots,\boldsymbol{B}_s$ 都是可逆阵,则有

$$\boldsymbol{A}^{-1}=\begin{pmatrix} \boldsymbol{A}_1^{-1} & & & \\ & \boldsymbol{A}_2^{-1} & & \\ & & \ddots & \\ & & & \boldsymbol{A}_s^{-1} \end{pmatrix},\quad \boldsymbol{B}^{-1}=\begin{pmatrix} & & & \boldsymbol{B}_s^{-1} \\ & & ⋰ & \\ & \boldsymbol{B}_2^{-1} & & \\ \boldsymbol{B}_1^{-1} & & & \end{pmatrix}$$

(8)设 $\boldsymbol{A}$ 和 $\boldsymbol{B}$ 分别是 k 阶、r 阶可逆矩阵,则有

$$\begin{pmatrix} \boldsymbol{A} & 0 \\ \boldsymbol{C} & \boldsymbol{B} \end{pmatrix}^{-1}=\begin{pmatrix} \boldsymbol{A}^{-1} & 0 \\ -\boldsymbol{B}^{-1}\boldsymbol{C}\boldsymbol{A}^{-1} & \boldsymbol{B}^{-1} \end{pmatrix}\qquad \begin{pmatrix} \boldsymbol{A} & \boldsymbol{C} \\ 0 & \boldsymbol{B} \end{pmatrix}^{-1}=\begin{pmatrix} \boldsymbol{A}^{-1} & -\boldsymbol{A}^{-1}\boldsymbol{C}\boldsymbol{B}^{-1} \\ 0 & \boldsymbol{B}^{-1} \end{pmatrix}$$

例 28 求矩阵

$$\boldsymbol{A}=\begin{pmatrix} 1 & 0 & 1 \\ 1 & 1 & 0 \\ -1 & 2 & 1 \end{pmatrix}$$

的逆阵。

解 由计算可知 $|\boldsymbol{A}|=4$,故 $\boldsymbol{A}$ 是可逆的。因

$$\boldsymbol{A}_{11}=\begin{vmatrix} 1 & 0 \\ 2 & 1 \end{vmatrix}=1,\quad \boldsymbol{A}_{21}=-\begin{vmatrix} 0 & 1 \\ 2 & 1 \end{vmatrix}=2,\quad \boldsymbol{A}_{31}=\begin{vmatrix} 0 & 1 \\ 1 & 0 \end{vmatrix}=-1$$

$$\boldsymbol{A}_{12}=-\begin{vmatrix} 1 & 0 \\ -1 & 1 \end{vmatrix}=-1,\quad \boldsymbol{A}_{22}=\begin{vmatrix} 1 & 1 \\ -1 & 1 \end{vmatrix}=2,\quad \boldsymbol{A}_{32}=-\begin{vmatrix} 1 & 1 \\ 1 & 0 \end{vmatrix}=1$$

$$\boldsymbol{A}_{13}=\begin{vmatrix} 1 & 1 \\ -1 & 2 \end{vmatrix}=3,\quad \boldsymbol{A}_{23}=-\begin{vmatrix} 1 & 0 \\ -1 & 2 \end{vmatrix}=-2,\quad \boldsymbol{A}_{33}=\begin{vmatrix} 1 & 0 \\ 1 & 1 \end{vmatrix}=1$$

故得 $\boldsymbol{A}$ 的伴随矩阵

$$A^* = \begin{pmatrix} 1 & 2 & -1 \\ -1 & 2 & 1 \\ 3 & -2 & 1 \end{pmatrix}$$

因此

$$A^{-1} = \frac{A^*}{|A|} = \frac{1}{4}\begin{pmatrix} 1 & 2 & -1 \\ -1 & 2 & 1 \\ 3 & -2 & 1 \end{pmatrix}$$

例 29　设分块矩阵

$$A = \left(\begin{array}{ccc:ccc} & & & 1 & & \\ & 0 & & & \frac{1}{2} & \\ & & & & & -3 \\ \hdashline & & \frac{1}{4} & & & \\ & -1 & & & 0 & \\ 2 & & & & & \end{array}\right)_{6\times 6} = \begin{pmatrix} 0 & A_1 \\ A_2 & 0 \end{pmatrix}$$

求 A 的逆阵。

解　因

$$A_1^{-1} = \begin{pmatrix} 1 & & \\ & 2 & \\ & & -\frac{1}{3} \end{pmatrix},\qquad A_2^{-1} = \begin{pmatrix} & & \frac{1}{2} \\ & -1 & \\ 4 & & \end{pmatrix}$$

故

$$A^{-1} = \begin{pmatrix} 0 & A_2^{-1} \\ A_1^{-1} & 0 \end{pmatrix} = \left(\begin{array}{ccc:ccc} & & & & & \frac{1}{2} \\ & 0 & & & -1 & \\ & & & 4 & & \\ \hdashline 1 & & & & & \\ & 2 & & & 0 & \\ & & -\frac{1}{3} & & & \end{array}\right)$$

例 30　设 E 为 n 阶单位矩阵，X 和 Y 都是 n 元列向量，且 $Y^{T}X=\frac{k+m}{km}$（这里 k 和 m 都是非零实数），求证：矩阵 $E-mXY^{T}$ 是矩阵 $E-kXY^{T}$ 的逆阵。

证明　因为

$$(E-kXY^{T})(E-mXY^{T})=E-kXY^{T}-mXY^{T}+kmX(Y^{T}X)Y^{T}$$

由于 $Y^{T}X=\frac{k+m}{km}$ 是一个数，代入上式可得

$$(E-kXY^{T})(E-mXY^{T})=E-kXY^{T}-mXY^{T}+km\left(\frac{k+m}{km}\right)XY^{T}$$

$$=\boldsymbol{E}-(k+m)\boldsymbol{X}\boldsymbol{Y}^{\mathrm{T}}+(k+m)\boldsymbol{X}\boldsymbol{Y}^{\mathrm{T}}=\boldsymbol{E}$$

由定理 5 推论 2 知矩阵 $\boldsymbol{E}-m\boldsymbol{X}\boldsymbol{Y}^{\mathrm{T}}$ 是矩阵 $\boldsymbol{E}-k\boldsymbol{X}\boldsymbol{Y}^{\mathrm{T}}$ 的逆阵。

1.6.2 用矩阵的初等变换求逆阵

定理 6 可逆矩阵总可经若干次初等行变换后变成单位矩阵。

证明 设

$$\boldsymbol{A}=\begin{pmatrix} a_{11} & a_{12} & \cdots & a_{1n} \\ a_{21} & a_{22} & \cdots & a_{2n} \\ \vdots & \vdots & & \vdots \\ a_{n1} & a_{n2} & \cdots & a_{nn} \end{pmatrix}$$

是可逆矩阵，故$|\boldsymbol{A}|\neq 0$，因此在 $\boldsymbol{A}$ 的第一列中至少有一个非零元素，于是对 $\boldsymbol{A}$ 进行若干次初等行变换后，可得

$$\boldsymbol{B}_1=\left(\begin{array}{c:c} 1 & \boldsymbol{\Delta}_1 \\ \hdashline 0 & \boldsymbol{A}_1 \end{array}\right)$$

这里 $\boldsymbol{\Delta}_1$ 是一个 $1\times(n-1)$矩阵，$\boldsymbol{A}_1$ 是一个 $n-1$ 阶方阵。由定理 5 的推论 1 知，因 $\boldsymbol{A}$ 可逆，故 $\boldsymbol{B}_1$ 仍可逆，所以$|\boldsymbol{B}_1|=|\boldsymbol{A}_1|\neq 0$。同理，在 $\boldsymbol{A}_1$ 的第一列中至少有一个非零元素，于是再对 $\boldsymbol{B}_1$ 进行若干次初等行变换后，可得

$$\boldsymbol{B}_2=\left(\begin{array}{c:c} \boldsymbol{E}_2 & \boldsymbol{\Delta}_2 \\ \hdashline 0 & \boldsymbol{A}_2 \end{array}\right)$$

这里 $\boldsymbol{\Delta}_2$ 是一个 $2\times(n-2)$矩阵，$\boldsymbol{A}_2$ 是一个 $n-2$ 阶方阵，且$|\boldsymbol{B}_2|=|\boldsymbol{A}_2|\neq 0$，从而在 $\boldsymbol{A}_2$ 的第一列中至少有一个非零元素。仿照上述方法继续做下去，最后就可将 $\boldsymbol{A}$ 变成 $\boldsymbol{E}$。

这表明，若 $\boldsymbol{A}$ 可逆，则有

$$\boldsymbol{A}\xrightarrow{\text{进行若干次初等行变换}}\boldsymbol{E}$$

或者说，若 $\boldsymbol{A}$ 可逆，则存在初等阵 $\boldsymbol{P}_1,\boldsymbol{P}_2,\cdots,\boldsymbol{P}_m$，使

$$\boldsymbol{P}_m\boldsymbol{P}_{m-1}\cdots\boldsymbol{P}_1\boldsymbol{A}=\boldsymbol{E}$$

由定理 6 可得下列重要结论：

(1)可逆矩阵能表示成若干个初等阵的积。

这是因为由定理 5 的推论 2 知，若 $\boldsymbol{A}$ 可逆，则有

$$\boldsymbol{A}=(\boldsymbol{P}_m\boldsymbol{P}_{m-1}\cdots\boldsymbol{P}_1)^{-1}=\boldsymbol{P}_1^{-1}\boldsymbol{P}_2^{-1}\cdots\boldsymbol{P}_m^{-1}$$

因初等阵的逆阵仍是初等阵，这说明可逆矩阵能表示成若干个初等阵的积。

(2)两个 $m\times n$ 矩阵 $\boldsymbol{A}$ 和 $\boldsymbol{B}$ 等价的充分必要条件是存在 m 阶可逆矩阵 $\boldsymbol{P}$ 与 n 阶可逆矩阵 $\boldsymbol{Q}$，使

$$\boldsymbol{B}=\boldsymbol{P}\boldsymbol{A}\boldsymbol{Q}$$

这是因为如果 $\boldsymbol{A}$ 与 $\boldsymbol{B}$ 等价，就存在 m 阶初等阵 $\boldsymbol{P}_1,\boldsymbol{P}_2,\cdots,\boldsymbol{P}_s$ 和 n 阶初等阵 $\boldsymbol{Q}_1,\boldsymbol{Q}_2,\cdots,\boldsymbol{Q}_t$，使

$$\boldsymbol{B}=\boldsymbol{P}_s\boldsymbol{P}_{s-1}\cdots\boldsymbol{P}_1\boldsymbol{A}\boldsymbol{Q}_1\boldsymbol{Q}_2\cdots\boldsymbol{Q}_t$$

记 $\boldsymbol{P}_s\boldsymbol{P}_{s-1}\cdots\boldsymbol{P}_1=\boldsymbol{P}$，$\boldsymbol{Q}_1\boldsymbol{Q}_2\cdots\boldsymbol{Q}_t=\boldsymbol{Q}$，于是得

$$\boldsymbol{B} = \boldsymbol{PAQ}$$

因初等阵都是可逆矩阵，而可逆矩阵的积仍是可逆矩阵，故 $\boldsymbol{P}$ 是 m 阶可逆矩阵，$\boldsymbol{Q}$ 是 n 阶可逆矩阵。

反之，若存在 m 阶可逆矩阵 $\boldsymbol{P}$ 与 n 阶可逆矩阵 $\boldsymbol{Q}$，使

$$\boldsymbol{B} = \boldsymbol{PAQ}$$

因 $\boldsymbol{P}$ 与 $\boldsymbol{Q}$ 都是初等阵的积，这表明 $\boldsymbol{A}$ 与 $\boldsymbol{B}$ 等价。

(3)若 $\boldsymbol{A}$ 可逆，则 $\boldsymbol{A}^{-1}$ 存在，可把 $\boldsymbol{A}^{-1}$ 看成若干个初等阵的积。作 $n\times 2n$ 矩阵 $(\boldsymbol{A},\boldsymbol{E})$，由分块矩阵的运算可知

$$\boldsymbol{A}^{-1}(\boldsymbol{A},\boldsymbol{E}) = (\boldsymbol{A}^{-1}\boldsymbol{A},\boldsymbol{A}^{-1}\boldsymbol{E}) = (\boldsymbol{E},\boldsymbol{A}^{-1})$$

上式表明：只要对 $(\boldsymbol{A},\boldsymbol{E})$ 进行若干次初等行变换，使 $\boldsymbol{A}$ 变成 $\boldsymbol{E}$ 后，$(\boldsymbol{A},\boldsymbol{E})$ 中的 $\boldsymbol{E}$ 就变成 $\boldsymbol{A}^{-1}$。意即有

$$(\boldsymbol{A},\boldsymbol{E}) \xrightarrow{\text{进行若干次初等行变换}} (\boldsymbol{E},\boldsymbol{A}^{-1})$$

当给定了一个 n 阶方阵 $\boldsymbol{A}$ 后，我们虽不知道它是否可逆，但这时仍可对 $(\boldsymbol{A},\boldsymbol{E})$ 进行初等行变换，如果进行到某个时候，能看出左半边那个 n 阶子矩阵是奇异的，那末由定理 5 的推论 1 可知原来的 $\boldsymbol{A}$ 必不可逆，从而知 $\boldsymbol{A}$ 没有逆阵，所以上述方法既可用来判断 $\boldsymbol{A}$ 是否可逆，又可在 $\boldsymbol{A}$ 可逆时，求出 $\boldsymbol{A}^{-1}$。

必须注意　有时为了避免分数运算之麻烦，往往在对 $(\boldsymbol{A},\boldsymbol{E})$ 进行初等行变换时，将 $\boldsymbol{A}$ 变成数量矩阵 $k\boldsymbol{E}$，此时设 $\boldsymbol{E}$ 变成矩阵 $\boldsymbol{B}$，意即

$$(\boldsymbol{A},\boldsymbol{E}) \xrightarrow{\text{进行若干次初等行变换}} (k\boldsymbol{E},\boldsymbol{B})$$

则有 $\boldsymbol{BA}=k\boldsymbol{E}$，于是知

$$\boldsymbol{A}^{-1} = \frac{1}{k}\boldsymbol{B}$$

例 31　求矩阵

$$\boldsymbol{A} = \begin{pmatrix} 1 & 0 & 1 \\ 1 & 1 & 0 \\ -1 & 2 & 1 \end{pmatrix}$$

的逆阵。

解　因

$$(\boldsymbol{A},\boldsymbol{E}) = \begin{pmatrix} 1 & 0 & 1 & 1 & 0 & 0 \\ 1 & 1 & 0 & 0 & 1 & 0 \\ -1 & 2 & 1 & 0 & 0 & 1 \end{pmatrix} \xrightarrow[R_3+R_1]{R_2-R_1} \begin{pmatrix} 1 & 0 & 1 & 1 & 0 & 0 \\ 0 & 1 & -1 & -1 & 1 & 0 \\ 0 & 2 & 2 & 1 & 0 & 1 \end{pmatrix}$$

$$\xrightarrow{R_3-2R_2} \begin{pmatrix} 1 & 0 & 1 & 1 & 0 & 0 \\ 0 & 1 & -1 & -1 & 1 & 0 \\ 0 & 0 & 4 & 3 & -2 & 1 \end{pmatrix} \xrightarrow[4R_2+R_3]{4R_1-R_3} \begin{pmatrix} 4 & 0 & 0 & 1 & 2 & -1 \\ 0 & 4 & 0 & -1 & 2 & 1 \\ 0 & 0 & 4 & 3 & -2 & 1 \end{pmatrix}$$

于是可知

$$A^{-1}=\frac{1}{4}\begin{pmatrix}1 & 2 & -1\\ -1 & 2 & 1\\ 3 & -2 & 1\end{pmatrix}$$

这与例28的结论一致。

说明 本例的解法是求可逆矩阵的逆阵的主要方法,必须掌握。

1.6.3 克莱姆法则

定理7 如果线性方程组

$$\begin{cases}a_{11}x_1+a_{12}x_2+\cdots+a_{1n}x_n=b_1\\ a_{21}x_1+a_{22}x_2+\cdots+a_{2n}x_n=b_2\\ \qquad\vdots\\ a_{n1}x_1+a_{n2}x_2+\cdots+a_{nn}x_n=b_n\end{cases}\tag{1.10}$$

的系数矩阵 $\boldsymbol{A}$ 的行列式

$$|\boldsymbol{A}|=\begin{vmatrix}a_{11} & a_{12} & \cdots & a_{1n}\\ a_{21} & a_{22} & \cdots & a_{2n}\\ \vdots & \vdots & & \vdots\\ a_{n1} & a_{n2} & \cdots & a_{nn}\end{vmatrix}\neq 0$$

则此线性方程组有唯一解

$$x_1=\frac{|\boldsymbol{A}_1|}{|\boldsymbol{A}|},\quad x_2=\frac{|\boldsymbol{A}_2|}{|\boldsymbol{A}|},\quad \cdots\quad ,x_n=\frac{|\boldsymbol{A}_n|}{|\boldsymbol{A}|}\tag{1.11}$$

这里$|\boldsymbol{A}_j|(j=1,2,\cdots,n)$是把系数矩阵 $\boldsymbol{A}$ 的行列式$|\boldsymbol{A}|$中第 j 列元素换成线性方程组的常数项 $b_1,b_2,\cdots,b_n$ 后所得的 n 阶行列式,即

$$|\boldsymbol{A}_j|=\begin{vmatrix}a_{11} & \cdots & a_{1,j-1} & b_1 & a_{1,j+1} & \cdots & a_{1n}\\ a_{21} & \cdots & a_{2,j-1} & b_2 & a_{2,j+1} & \cdots & a_{2n}\\ \vdots & & \vdots & \vdots & \vdots & & \vdots\\ a_{n1} & \cdots & a_{n,j-1} & b_n & a_{n,j+1} & \cdots & a_{nn}\end{vmatrix}$$

$$=b_1\boldsymbol{A}_{1j}+b_2\boldsymbol{A}_{2j}+\cdots+b_n\boldsymbol{A}_{nj}\quad (j=1,2,\cdots,n)$$

这里 $\boldsymbol{A}_{ij}$ 为$|\boldsymbol{A}|$中元素 a_{ij} 的代数余子式。

证明 设

$$\boldsymbol{A}=\begin{pmatrix}a_{11} & a_{12} & \cdots & a_{1n}\\ a_{21} & a_{22} & \cdots & a_{2n}\\ \vdots & \vdots & & \vdots\\ a_{n1} & a_{n2} & \cdots & a_{nn}\end{pmatrix},\qquad \boldsymbol{X}=\begin{pmatrix}x_1\\ x_2\\ \vdots\\ x_n\end{pmatrix},\qquad \boldsymbol{b}=\begin{pmatrix}b_1\\ b_2\\ \vdots\\ b_n\end{pmatrix}$$

则线性方程组(1.10)可记为

$$\boldsymbol{AX}=\boldsymbol{b}\tag{1.12}$$

已知$|\boldsymbol{A}|\neq 0$,故 $\boldsymbol{A}^{-1}$存在,在等式(1.12)两边左乘 $\boldsymbol{A}^{-1}$,可得

$$X = A^{-1}b = \frac{1}{|A|}\begin{pmatrix} A_{11} & A_{21} & \cdots & A_{n1} \\ A_{12} & A_{22} & \cdots & A_{n2} \\ \vdots & \vdots & & \vdots \\ A_{1n} & A_{2n} & \cdots & A_{nn} \end{pmatrix}\begin{pmatrix} b_1 \\ b_2 \\ \vdots \\ b_n \end{pmatrix} \tag{1.13}$$

由于 $A(A^{-1}b)=b$ 以及 A^{-1} 的唯一性，故知 $X=A^{-1}b$ 就是(1.10)的唯一解。

比较 $X=A^{-1}b$ 两边的元素，则有

$$x_j = \frac{1}{|A|}(b_1A_{1j} + b_2A_{2j} + \cdots + b_nA_{nj}) = \frac{|A_j|}{|A|} \qquad (j = 1,2,\cdots,n)$$

例 32　求线性方程组

$$\begin{cases} x_1 + x_2 + 3x_3 + 4x_4 = -3 \\ 2x_1 + 3x_2 + 11x_3 + 5x_4 = 2 \\ x_1 + x_2 + 5x_3 + 2x_4 = 1 \\ 2x_1 + x_2 + 3x_3 + 2x_4 = -3 \end{cases}$$

(或记为 $AX=b$)的解。

解法 1　由计算得

$$|A| = \begin{vmatrix} 1 & 1 & 3 & 4 \\ 2 & 3 & 11 & 5 \\ 1 & 1 & 5 & 2 \\ 2 & 1 & 3 & 2 \end{vmatrix} = -14 \neq 0$$

且

$$|A_1| = \begin{vmatrix} -3 & 1 & 3 & 4 \\ 2 & 3 & 11 & 5 \\ 1 & 1 & 5 & 2 \\ -3 & 1 & 3 & 2 \end{vmatrix} = 28, \qquad |A_2| = \begin{vmatrix} 1 & -3 & 3 & 4 \\ 2 & 2 & 11 & 5 \\ 1 & 1 & 5 & 2 \\ 2 & -3 & 3 & 2 \end{vmatrix} = 0$$

$$|A_3| = \begin{vmatrix} 1 & 1 & -3 & 4 \\ 2 & 3 & 2 & 5 \\ 1 & 1 & 1 & 2 \\ 2 & 1 & -3 & 2 \end{vmatrix} = -14, \qquad |A_4| = \begin{vmatrix} 1 & 1 & 3 & -3 \\ 2 & 3 & 11 & 2 \\ 1 & 1 & 5 & 1 \\ 2 & 1 & 3 & -3 \end{vmatrix} = 14$$

由克莱姆(Cramer)法则可知，所给线性方程组的唯一解是

$$x_1 = \frac{|A_1|}{|A|} = -2, \quad x_2 = \frac{|A_2|}{|A|} = 0, \quad x_3 = \frac{|A_3|}{|A|} = 1, \quad x_4 = \frac{|A_4|}{|A|} = -1$$

解法 2　因 A 可逆，由计算可得

$$A^{-1} = \frac{1}{14}\begin{pmatrix} -2 & -4 & 4 & 10 \\ -5 & 18 & -39 & 4 \\ -1 & -2 & 9 & -2 \\ 6 & -2 & 2 & -2 \end{pmatrix}$$

于是由(1.13)可得

$$X = A^{-1}b = \frac{1}{14}\begin{pmatrix} -2 & -4 & 4 & 10 \\ -5 & 18 & -39 & 4 \\ -1 & -2 & 9 & -2 \\ 6 & -2 & 2 & -2 \end{pmatrix}\begin{pmatrix} -3 \\ 2 \\ 1 \\ -3 \end{pmatrix} = \begin{pmatrix} -2 \\ 0 \\ 1 \\ -1 \end{pmatrix}$$

解法 3 因 $\boldsymbol{A}$ 可逆,故由线性方程组 $\boldsymbol{AX}=\boldsymbol{b}$ 可得 $\boldsymbol{A}^{-1}(\boldsymbol{AX})=\boldsymbol{A}^{-1}\boldsymbol{b}$。因 $\boldsymbol{A}^{-1}$ 为可逆矩阵,故可以把 $\boldsymbol{A}^{-1}$ 看成是若干个初等阵的积。这表明,只要写出所给线性方程组的增广矩阵 $\bar{\boldsymbol{A}}=(\boldsymbol{A},\boldsymbol{b})$。并对它进行若干次初等行变换使 $\boldsymbol{A}$ 变成 $\boldsymbol{E}$ 后,$(\boldsymbol{A},\boldsymbol{b})$ 中的 $\boldsymbol{b}$ 就变成所要求的解 $\boldsymbol{X}$。意即,有

$$(\boldsymbol{A},\boldsymbol{b}) \xrightarrow{\text{进行若干次初等行变换}} (\boldsymbol{E},\boldsymbol{X})$$

今对本题中的$(\boldsymbol{A},\boldsymbol{b})$进行初等行变换如下:

$$(\boldsymbol{A},\boldsymbol{b}) = \begin{pmatrix} 1 & 1 & 3 & 4 & -3 \\ 2 & 3 & 11 & 5 & 2 \\ 1 & 1 & 5 & 2 & 1 \\ 2 & 1 & 3 & 2 & -3 \end{pmatrix} \xrightarrow[R_4-2R_1]{\substack{R_2-2R_1 \\ R_3-R_1}} \begin{pmatrix} 1 & 1 & 3 & 4 & -3 \\ 0 & 1 & 5 & -3 & 8 \\ 0 & 0 & 2 & -2 & 4 \\ 0 & -1 & -3 & -6 & 3 \end{pmatrix}$$

$$\xrightarrow[\frac{1}{2}R_3]{\substack{R_1-R_2 \\ R_4+R_2}} \begin{pmatrix} 1 & 0 & -2 & 7 & -11 \\ 0 & 1 & 5 & -3 & 8 \\ 0 & 0 & 1 & -1 & 2 \\ 0 & 0 & 2 & -9 & 11 \end{pmatrix} \xrightarrow[R_4-2R_3]{\substack{R_1+2R_3 \\ R_2-5R_3}} \begin{pmatrix} 1 & 0 & 0 & 5 & -7 \\ 0 & 1 & 0 & 2 & -2 \\ 0 & 0 & 1 & -1 & 2 \\ 0 & 0 & 0 & -7 & 7 \end{pmatrix}$$

$$\xrightarrow{(-\frac{1}{7})R_4} \begin{pmatrix} 1 & 0 & 0 & 5 & -7 \\ 0 & 1 & 0 & 2 & -2 \\ 0 & 0 & 1 & -1 & 2 \\ 0 & 0 & 0 & 1 & -1 \end{pmatrix} \xrightarrow[R_3+R_4]{\substack{R_1-5R_4 \\ R_2-2R_4}} \begin{pmatrix} 1 & 0 & 0 & 0 & -2 \\ 0 & 1 & 0 & 0 & 0 \\ 0 & 0 & 1 & 0 & 1 \\ 0 & 0 & 0 & 1 & -1 \end{pmatrix}$$

于是得解

$$\boldsymbol{X} = \begin{pmatrix} -2 \\ 0 \\ 1 \\ -1 \end{pmatrix}$$

解法 3 是求线性方程组解的基本方法,应该熟练掌握它。今把此解法推广到求下列矩阵方程的解。

(1)设 $\boldsymbol{A}$ 为 n 阶可逆矩阵,$\boldsymbol{B}$ 是 $n\times s$ 矩阵,欲求一个 $n\times s$ 矩阵 $\boldsymbol{X}$,使

$$\boldsymbol{AX} = \boldsymbol{B}$$

解法 1 因为 $\boldsymbol{A}$ 可逆,故有

$$\boldsymbol{X} = \boldsymbol{A}^{-1}\boldsymbol{B}$$

解法 2 作矩阵$(\boldsymbol{A},\boldsymbol{B})$,并对它进行若干次初等行变换,使

$$(\boldsymbol{A},\boldsymbol{B})\xrightarrow{\text{进行若干次初等行变换}}(k\boldsymbol{E},\boldsymbol{C})$$

于是可求得 $\boldsymbol{X}=\frac{1}{k}\boldsymbol{C}$,这里 $k\boldsymbol{E}$ 是数量矩阵。

(2)设 $\boldsymbol{A}$ 为 n 阶可逆矩阵,$\boldsymbol{B}$ 是 $m\times n$ 矩阵,欲求一个 $m\times n$ 矩阵 $\boldsymbol{X}$,使

$$\boldsymbol{X}\boldsymbol{A}=\boldsymbol{B}$$

解法 1 因为 $\boldsymbol{A}$ 可逆,故有

$$\boldsymbol{X}=\boldsymbol{B}\boldsymbol{A}^{-1}$$

解法 2 作矩阵

$$\begin{pmatrix}\boldsymbol{A}\\ \boldsymbol{B}\end{pmatrix}$$

并对它进行若干次初等列变换,使

$$\begin{pmatrix}\boldsymbol{A}\\ \boldsymbol{B}\end{pmatrix}\xrightarrow{\text{进行若干次初等列变换}}\begin{pmatrix}k\boldsymbol{E}\\ \boldsymbol{C}\end{pmatrix}$$

于是可求得 $\boldsymbol{X}=\frac{1}{k}\boldsymbol{C}$,这里 $k\boldsymbol{E}$ 是数量矩阵。

例 33 解矩阵方程

$$\begin{pmatrix}1&1&-1\\0&2&2\\1&-1&0\end{pmatrix}\boldsymbol{X}=\begin{pmatrix}1&-1&1\\1&1&0\\2&1&1\end{pmatrix}$$

解法 1 由计算可知

$$\begin{pmatrix}1&1&-1\\0&2&2\\1&-1&0\end{pmatrix}^{-1}=\frac{1}{6}\begin{pmatrix}2&1&4\\2&1&-2\\-2&2&2\end{pmatrix}$$

于是得

$$\boldsymbol{X}=\frac{1}{6}\begin{pmatrix}2&1&4\\2&1&-2\\-2&2&2\end{pmatrix}\begin{pmatrix}1&-1&1\\1&1&0\\2&1&1\end{pmatrix}=\frac{1}{6}\begin{pmatrix}11&3&6\\-1&-3&0\\4&6&0\end{pmatrix}$$

解法 2

$$(\boldsymbol{A},\boldsymbol{B})=\begin{pmatrix}1&1&-1&1&-1&1\\0&2&2&1&1&0\\1&-1&0&2&1&1\end{pmatrix}\xrightarrow{R_3-R_1}\begin{pmatrix}1&1&-1&1&-1&1\\0&2&2&1&1&0\\0&-2&1&1&2&0\end{pmatrix}$$

$$\xrightarrow[R_3+R_2]{2R_1-R_2}\begin{pmatrix}2&0&-4&1&-3&2\\0&2&2&1&1&0\\0&0&3&2&3&0\end{pmatrix}\xrightarrow[3R_2-2R_3]{3R_1+4R_3}\begin{pmatrix}6&0&0&11&3&6\\0&6&0&-1&-3&0\\0&0&3&2&3&0\end{pmatrix}$$

$$\xrightarrow{2R_3}\begin{pmatrix}6&0&0&11&3&6\\0&6&0&-1&-3&0\\0&0&6&4&6&0\end{pmatrix}$$

于是得

$$X=\frac{1}{6}\begin{pmatrix}11&3&6\\-1&-3&0\\4&6&0\end{pmatrix}$$

例 34 解矩阵方程

$$X\begin{pmatrix}1&1&-1\\0&2&2\\1&-1&0\end{pmatrix}=\begin{pmatrix}1&3&-1\\2&0&1\end{pmatrix}$$

解法 1 由例33已知

$$\begin{pmatrix}1&1&-1\\0&2&2\\1&-1&0\end{pmatrix}^{-1}=\frac{1}{6}\begin{pmatrix}2&1&4\\2&1&-2\\-2&2&2\end{pmatrix}$$

于是得

$$X=\frac{1}{6}\begin{pmatrix}1&3&-1\\2&0&1\end{pmatrix}\begin{pmatrix}2&1&4\\2&1&-2\\-2&2&2\end{pmatrix}=\frac{1}{6}\begin{pmatrix}10&2&-4\\2&4&10\end{pmatrix}=\frac{1}{3}\begin{pmatrix}5&1&-2\\1&2&5\end{pmatrix}$$

解法 2

$$\begin{pmatrix}1&1&-1\\0&2&2\\1&-1&0\\1&3&-1\\2&0&1\end{pmatrix}\xrightarrow[C_3+C_1]{C_2-C_1}\begin{pmatrix}1&0&0\\0&2&2\\1&-2&1\\1&2&0\\2&-2&3\end{pmatrix}\xrightarrow{\frac{1}{2}C_2}\begin{pmatrix}1&0&0\\0&1&2\\1&-1&1\\1&1&0\\2&-1&3\end{pmatrix}$$

$$\xrightarrow{C_3-2C_2}\begin{pmatrix}1&0&0\\0&1&0\\1&-1&3\\1&1&-2\\2&-1&5\end{pmatrix}\xrightarrow[3C_2+C_3]{3C_1-C_3}\begin{pmatrix}3&0&0\\0&3&0\\0&0&3\\5&1&-2\\1&2&5\end{pmatrix}$$

于是得

$$X=\frac{1}{3}\begin{pmatrix}5&1&-2\\1&2&5\end{pmatrix}$$

§1.7　矩阵的秩

定义 16　在矩阵 $A_{m\times n}$ 中任意选定 k 行和 k 列（$k\leqslant\min(m,n)$）。位于这些行和列的交点上的 k^2 个元素按照原来的位置所组成的一个 k 阶行列式，称为矩阵 A 的一个 k 阶子式。

定义 17　设 A 是 $m\times n$ 矩阵，如果在 A 中有一个 k 阶子式不等于零，而 A 中任何一个 $k+1$ 阶子式（如果存在的话）都等于零，则称矩阵 A 的秩等于 k，记为 $\mathrm{R}(A)=k$，或者可以记为 $\mathrm{rank}A=k$。

规定零矩阵的秩等于零。

由定义 17 可知，设 A 是 $m\times n$ 矩阵，则 $\mathrm{R}(A)\leqq\min(m,n)$。

设 A 是 n 阶方阵，如果 A 的秩等于 n，则称 A 为满秩阵，否则称 A 为降秩阵。

定理 8　矩阵经初等变换后其秩不变。（证明略）

定理 9　对于任意一个非零的 $m\times n$ 矩阵 $A=(a_{ij})$，若 $\mathrm{R}(A)=r<\min(m,n)$，则 A 可与一形状为

$$\begin{pmatrix} E_r & 0 \\ 0 & 0 \end{pmatrix}_{m\times n}$$

的矩阵等价，称它为矩阵 A 的标准形。此标准形中所含单位矩阵 E_r 的阶数等于 A 的秩。

证明　因 $A\neq 0$，所以可对 A 进行初等变换，使 A 中左上角的元素不等于零。今不妨设 $a_{11}\neq 0$，此时由其余各行分别减去第一行的 $a_{11}^{-1}a_{i1}$ 倍（$i=2,3,\cdots,m$）。其余各列分别减去第一列的 $a_{11}^{-1}a_{1j}$ 倍（$j=2,3,\cdots,n$），然后用 a_{11}^{-1} 乘第一行，于是 A 就变成

$$\left(\begin{array}{c:c} 1 & 0 \\ \hdashline 0 & A_1 \end{array}\right)$$

这里 A_1 是一个 $(m-1)\times(n-1)$ 矩阵，若 $A_1=0$，则 A 已化成标准形，否则对 A_1 重复以上的步骤，这样继续做下去，就可得到要求的标准形。

由定义 17 知，A 的标准形的秩就等于此标准形中所含单位矩阵 E_r 的阶数，又因矩阵经初等变换后其秩不变，所以 A 的标准形中所含单位矩阵 E_r 的阶数也就是 A 的秩。

综上所述可得如下结论：

(1)若 $\mathrm{R}(A)=m$，则矩阵 $A_{m\times n}$ 的标准形为 $[E_m, 0]$。

(2)若 $\mathrm{R}(A)=n$，则矩阵 $A_{m\times n}$ 的标准形为 $\begin{pmatrix} E_n \\ 0 \end{pmatrix}$。

(3)两个 $m\times n$ 矩阵 A 与 B 等价的充要条件是 $\mathrm{R}(A)=\mathrm{R}(B)$。

(4)设 A 是 $m\times n$ 矩阵，如果 P 是 m 阶可逆矩阵，Q 是 n 阶可逆矩阵，则有

$$\mathrm{R}(A)=\mathrm{R}(PA)=\mathrm{R}(AQ)=\mathrm{R}(PAQ)$$

这是因为 P 是 m 阶可逆矩阵，因此可把它看成是若干个 m 阶初等阵 $P_1,P_2,\cdots,P_s$ 的积，即 $P=P_1P_2\cdots P_s$，于是有

$$PA=P_1P_2\cdots P_sA$$

这表明 PA 是由 A 经过若干次初等行变换后所得到的矩阵，所以 $\mathrm{R}(PA)=\mathrm{R}(A)$。同理可

知,$R(\boldsymbol{AQ})=R(\boldsymbol{A})$,$R(\boldsymbol{PAQ})=R(\boldsymbol{A})$。

例 35 求矩阵

$$\begin{pmatrix} 1 & 1 & 2 & 5 & 7 \\ 1 & 2 & 3 & 7 & 10 \\ 1 & 3 & 4 & 9 & 13 \\ 1 & 4 & 5 & 11 & 16 \end{pmatrix}$$

的秩。

解 如果对 $\boldsymbol{A}$ 直接按定义 17 来求 $R(\boldsymbol{A})$,则由观察可知,$\boldsymbol{A}$ 中有一个二阶子式 $\begin{vmatrix} 1 & 1 \\ 1 & 2 \end{vmatrix} \neq 0$,故可以断定 $\boldsymbol{A}$ 的秩至少为 2,但它的三阶子式共有 40 个,要计算它们是否全等于零就太麻烦了。今采用初等变换的方法求矩阵 $\boldsymbol{A}$ 的秩。当然,在计算时不一定要将 $\boldsymbol{A}$ 化到标准形,只要通过初等变换使得到的新矩阵的秩能由定义 17 容易地判断出来即可。由

$$\boldsymbol{A}=\begin{pmatrix} 1 & 1 & 2 & 5 & 7 \\ 1 & 2 & 3 & 7 & 10 \\ 1 & 3 & 4 & 9 & 13 \\ 1 & 4 & 5 & 11 & 16 \end{pmatrix} \xrightarrow[\substack{R_3-R_2 \\ R_2-R_1}]{R_4-R_3} \begin{pmatrix} 1 & 1 & 2 & 5 & 7 \\ 0 & 1 & 1 & 2 & 3 \\ 0 & 1 & 1 & 2 & 3 \\ 0 & 1 & 1 & 2 & 3 \end{pmatrix} \xrightarrow[R_4-R_2]{R_3-R_2} \begin{pmatrix} 1 & 1 & 2 & 5 & 7 \\ 0 & 1 & 1 & 2 & 3 \\ 0 & 0 & 0 & 0 & 0 \\ 0 & 0 & 0 & 0 & 0 \end{pmatrix}=\boldsymbol{B}$$

按定义 17 知,因 $R(\boldsymbol{B})=2$,故 $R(\boldsymbol{A})=2$

说明:矩阵的秩是一个非常重要的概念。在第二章中,讨论线性方程组的相容性问题时,在研究向量组是线性相关还是线性无关的问题时,在求向量组的极大线性无关组时,都要涉及到矩阵的秩的概念,因此必须要深刻理解矩阵的秩的概念,并掌握求矩阵的秩的方法。

复习思考题 1

1. 判断下列论断是否正确(正确填"是",不正确填"非")。

(1)设 $\boldsymbol{A}$ 和 $\boldsymbol{B}$ 都是 n 阶方阵,$\boldsymbol{E}$ 是 n 阶单位阵,且 $\boldsymbol{AB}+2\boldsymbol{E}=0$,则 $|\boldsymbol{AB}|=-2$。

(2)设 $\boldsymbol{A}$ 和 $\boldsymbol{B}$ 都是 n 阶方阵,且 $|\boldsymbol{A}+\boldsymbol{B}|=|\boldsymbol{B}|$,则 $\boldsymbol{A}=0$。

(3)设 $\boldsymbol{A}$ 和 $\boldsymbol{B}$ 都是 n 阶非零方阵,且 $\boldsymbol{AB}=0$,则 $|\boldsymbol{A}|=|\boldsymbol{B}|=0$。

(4)设 $\boldsymbol{A}$ 和 $\boldsymbol{B}$ 都是 n 阶非零方阵,且 $\boldsymbol{AB}\neq 0$,则 $|\boldsymbol{A}|$ 与 $|\boldsymbol{B}|$ 都不等于零。

(5)设 $\boldsymbol{A}$ 和 $\boldsymbol{B}$ 都是 n 阶方阵,若 $|\boldsymbol{AB}|=0$ 且 $\boldsymbol{A}\neq 0$,则 $|\boldsymbol{B}|=0$。

(6)设 $\boldsymbol{A}$,$\boldsymbol{B}$ 和 $\boldsymbol{C}$ 都是 n 阶方阵,若 $|\boldsymbol{A}||\boldsymbol{B}|=|\boldsymbol{C}|$,则 $\boldsymbol{AB}=\boldsymbol{C}$。

(7)设 $\boldsymbol{A}$ 和 $\boldsymbol{B}$ 都是 n 阶方阵,则有行列式 $\begin{vmatrix} 0 & \boldsymbol{A} \\ B & 0 \end{vmatrix}=-|\boldsymbol{A}||\boldsymbol{B}|$。

(8)设 $\boldsymbol{A}$ 和 $\boldsymbol{B}$ 都是 n 阶方阵,若 $\boldsymbol{AB}$ 不可逆,则 $\boldsymbol{A}$ 和 $\boldsymbol{B}$ 中至少有一个矩阵不可逆。

(9)设 $\boldsymbol{A}$ 和 $\boldsymbol{B}$ 都是 n 阶可逆矩阵,则 $\boldsymbol{A}+\boldsymbol{B}$ 也是可逆矩阵。

(10)若 $m\times n$ 矩阵 $\boldsymbol{A}$ 中有一个 $r(r\leqslant \min(m,n))$ 阶子式不等于零,则 $\boldsymbol{A}$ 中至少有一个 $r-1$ 阶子式不等于零。

2. 选择题

(1)设 $\boldsymbol{A}$ 是 n 阶方阵,且 $|\boldsymbol{A}|\neq 0$,而 $\boldsymbol{A}^*$ 是 $\boldsymbol{A}$ 的伴随矩阵,则 $|\boldsymbol{A}^*|$ 等于

(a) $|\boldsymbol{A}|^n$　　(b) $|\boldsymbol{A}|^{n-1}$　　(c) $|\boldsymbol{A}|^{-1}$　　(d) 1

(2)设 n 阶方阵 $\boldsymbol{A},\boldsymbol{B}$ 和 $\boldsymbol{C}$ 满足关系式 $\boldsymbol{ABC}=\boldsymbol{E}$，这里 $\boldsymbol{E}$ 是 n 阶单位矩阵，则必有

(a) $\boldsymbol{ACB}=\boldsymbol{E}$　　(b) $\boldsymbol{BAC}=\boldsymbol{E}$　　(c) $\boldsymbol{BCA}=\boldsymbol{E}$　　(d) $\boldsymbol{CBA}=\boldsymbol{E}$

(3)设 $\boldsymbol{A},\boldsymbol{B},\boldsymbol{A}+\boldsymbol{B},\boldsymbol{A}^{-1}+\boldsymbol{B}^{-1}$ 都是 n 阶可逆矩阵，则 $(\boldsymbol{A}^{-1}+\boldsymbol{B}^{-1})^{-1}$ 等于

(a) $\boldsymbol{A}+\boldsymbol{B}$　　(b) $(\boldsymbol{A}+\boldsymbol{B})^{-1}$　　(c) $\boldsymbol{A}^{-1}+\boldsymbol{B}^{-1}$　　(d) $\boldsymbol{A}(\boldsymbol{A}+\boldsymbol{B})^{-1}\boldsymbol{B}$

(4)若 $\alpha_1,\alpha_2,\alpha_3,\beta_1,\beta_2$ 都是四元列向量，且四阶行列式 $|(\alpha_1,\alpha_2,\alpha_3,\beta_1)|=m$，$|(\alpha_1,\beta_2,\alpha_2,\alpha_3)|=n$，则四阶行列式 $|(\alpha_3,\alpha_2,\alpha_1,\beta_1+\beta_2)|$ 的值等于

(a) $m+n$　　(b) $-(m+n)$　　(c) $n-m$　　(d) $m-n$

3. 设 $\boldsymbol{A}$ 是 n 阶可逆矩阵，$\boldsymbol{A}^*$ 和 $(\boldsymbol{A}^{-1})^*$ 分别是 $\boldsymbol{A}$ 和 $\boldsymbol{A}^{-1}$ 的伴随矩阵，试证 $(\boldsymbol{A}^{-1})^*=(\boldsymbol{A}^*)^{-1}$。

4. 设 $\boldsymbol{A}$ 为 n 阶满秩方阵 $(n\geqslant 2)$，$\boldsymbol{A}^*$ 为 $\boldsymbol{A}$ 的伴随矩阵，求证 $(\boldsymbol{A}^*)^*=|\boldsymbol{A}|^{n-2}\boldsymbol{A}$。

5. 若 n 阶可逆矩阵 $\boldsymbol{A}$ 的伴随矩阵 $\boldsymbol{A}^*$ 是反对称矩阵，试证 $\boldsymbol{A}$ 也是反对称矩阵。

6. 已知实矩阵 $\boldsymbol{A}=(a_{ij})_{3\times 3}$，满足条件

(1) $a_{ij}=\boldsymbol{A}_{ij}(i,j=1,2,3)$，其中 $\boldsymbol{A}_{ij}$ 是 a_{ij} 的代数余子式。

(2) $a_{11}\neq 0$。

试求行列式 $|\boldsymbol{A}|$ 的值。

7. 设 $\boldsymbol{A}$ 为 n 阶满秩方阵 $(n\geqslant 2)$，$\boldsymbol{A}^*$ 为 $\boldsymbol{A}$ 的伴随矩阵，试求满足等式 $(\boldsymbol{A}^*)^*=\boldsymbol{A}$ 的所有方阵。

8. 设 $\boldsymbol{A}$ 是一个二阶方阵，且 $\boldsymbol{A}^2=\boldsymbol{E}$，但 $\boldsymbol{A}\neq\pm\boldsymbol{E}$。试证 $\boldsymbol{A}+\boldsymbol{E}$ 和 $\boldsymbol{A}-\boldsymbol{E}$ 的秩都等于 1。

9. 设 $\boldsymbol{A}$ 为 $m\times n$ 矩阵，且 $\mathrm{R}(\boldsymbol{A})=r\leqslant\min(m,n)$，试证 $\boldsymbol{A}$ 可以表示成 r 个秩为 1 的矩阵的和。

10. 设 $\boldsymbol{A}$ 是 n 阶方阵，且 $\mathrm{R}(\boldsymbol{A})=r<n$，试证存在一个 n 阶可逆矩阵 $\boldsymbol{P}$，使 $\boldsymbol{PAP}^{-1}$ 的后 $n-r$ 行全为零。

习　　题　　1

1. 求下列排列的逆序数

(1)　4132　(2)　243165　(3)　217986354　(4)　$n(n-1)(n-2)\cdots 2\ 1$

2. 下面的乘积是否是四阶行列式的乘积项？如果是，请确定其符号。

(1)　$a_{13}a_{21}a_{33}a_{42}$　(2)　$a_{32}a_{21}a_{43}a_{24}$

(3)　$a_{43}a_{31}a_{12}a_{24}$　(4)　$a_{12}a_{33}a_{41}a_{24}$

3. 计算下列各行列式的值

(1) $\begin{vmatrix} 5 & 1 & 1 & 1 \\ 1 & 5 & 1 & 1 \\ 1 & 1 & 5 & 1 \\ 1 & 1 & 1 & 5 \end{vmatrix}$　　(2) $\begin{vmatrix} 1 & 2 & 3 & 4 \\ 2 & 3 & 4 & 1 \\ 3 & 4 & 1 & 2 \\ 4 & 1 & 2 & 3 \end{vmatrix}$

(3) $\begin{vmatrix} -1 & 2 & -2 & 1 \\ 2 & 3 & 1 & -1 \\ 2 & 0 & 0 & 3 \\ 4 & 1 & 0 & 1 \end{vmatrix}$　　(4) $\begin{vmatrix} 1 & 0 & -1 & -1 \\ 0 & -1 & -1 & 1 \\ a & b & c & d \\ -1 & -1 & 1 & 0 \end{vmatrix}$

(5) $\begin{vmatrix} 1 & 5 & -1 & 7 & 3 \\ -1 & 0 & 1 & 4 & 0 \\ 1 & 1 & 2 & 3 & -1 \\ 5 & 0 & 1 & 1 & 0 \\ -1 & 1 & 3 & 2 & -2 \end{vmatrix}$　　(6) $\begin{vmatrix} 0 & 1 & 2 & -1 & 4 \\ 2 & 0 & 1 & 2 & 1 \\ -1 & 3 & 5 & 1 & 2 \\ 3 & 3 & 1 & 2 & 1 \\ 2 & 1 & 0 & 3 & 5 \end{vmatrix}$

(7) $\begin{vmatrix} 0 & 1 & 2 & 3 & -4 \\ -2 & 0 & -2 & 4 & 6 \\ -6 & 3 & 0 & -3 & -6 \\ -12 & -8 & 4 & 0 & 4 \\ 20 & -15 & 10 & -5 & 0 \end{vmatrix}$　　(8) $\begin{vmatrix} x & a & b & 0 & c \\ 0 & y & 0 & 0 & d \\ 0 & c & z & 0 & f \\ y & h & k & u & l \\ 0 & 0 & 0 & 0 & v \end{vmatrix}$

(9) $\begin{vmatrix} a & 1 & 0 & 0 \\ -1 & b & 1 & 0 \\ 0 & -1 & c & 1 \\ 0 & 0 & -1 & d \end{vmatrix}$　　(10) $\begin{vmatrix} 5 & -5 & -3 & 4 & 2 \\ -4 & 4 & 3 & 6 & 3 \\ 3 & -1 & 5 & -9 & -5 \\ -7 & 7 & 6 & 8 & 4 \\ 5 & -3 & 2 & -1 & -2 \end{vmatrix}$

4.试求下列各行列式的值

(1) $\begin{vmatrix} 1 & 2 & 3 & 4 & \cdots & n \\ 1 & 1 & 2 & 3 & \cdots & n-1 \\ 1 & x & 1 & 2 & \cdots & n-2 \\ 1 & x & x & 1 & \cdots & n-3 \\ \vdots & \vdots & \vdots & \vdots & & \vdots \\ 1 & x & x & x & \cdots & 1 \end{vmatrix}$　　(2) $\begin{vmatrix} 1 & 2 & 3 & \cdots & n \\ 2 & 3 & 4 & \cdots & 1 \\ 3 & 4 & 5 & \cdots & 2 \\ \vdots & \vdots & \vdots & & \vdots \\ n & 1 & 2 & \cdots & n-1 \end{vmatrix}$

(3) $\begin{vmatrix} a^n & (a-1)^n & \cdots & (a-n)^n \\ a^{n-1} & (a-1)^{n-1} & \cdots & (a-n)^{n-1} \\ \vdots & \vdots & & \vdots \\ a & (a-1) & \cdots & (a-n) \\ 1 & 1 & \cdots & 1 \end{vmatrix}$　　(4) $\begin{vmatrix} a & 0 & \cdots & 0 & 0 & \cdots & 0 & b \\ 0 & a & \cdots & 0 & 0 & \cdots & b & 0 \\ \vdots & \vdots & & \vdots & \vdots & & \vdots & \vdots \\ 0 & 0 & \cdots & a & b & \cdots & 0 & 0 \\ 0 & 0 & \cdots & b & a & \cdots & 0 & 0 \\ \vdots & \vdots & & \vdots & \vdots & & \vdots & \vdots \\ 0 & b & \cdots & 0 & 0 & \cdots & a & 0 \\ b & 0 & \cdots & 0 & 0 & \cdots & 0 & a \end{vmatrix}$

5.证明下列各题

(1) $\begin{vmatrix} a^2 & (a+1)^2 & (a+2)^2 \\ b^2 & (b+1)^2 & (b+2)^2 \\ c^2 & (c+1)^2 & (c+2)^2 \end{vmatrix} = 4(b-a)(c-a)(b-c)$

(2) $\begin{vmatrix} 1+a_1 & 1 & 1 & \cdots & 1 & 1 \\ 1 & 1+a_2 & 1 & \cdots & 1 & 1 \\ 1 & 1 & 1+a_3 & \cdots & 1 & 1 \\ \vdots & \vdots & \vdots & & \vdots & \vdots \\ 1 & 1 & 1 & \cdots & 1+a_{n-1} & 1 \\ 1 & 1 & 1 & \cdots & 1 & 1+a_n \end{vmatrix} = a_1 a_2 \cdots a_n \left(1 + \sum_{i=1}^{n} \frac{1}{a_i}\right)$

这里 $a_1, a_2, \cdots, a_n$ 全不等于零。

6. 设

$$\boldsymbol{A}=\begin{pmatrix}2&4&1\\0&3&5\end{pmatrix},\quad \boldsymbol{B}=\begin{pmatrix}-1&3&1\\2&0&5\end{pmatrix},\quad \boldsymbol{C}=\begin{pmatrix}0&1&2\\-3&-1&3\end{pmatrix}$$

求 $3\boldsymbol{A}-2\boldsymbol{B}+\boldsymbol{C}$。

7. 已知

$$2\begin{pmatrix}2&1&-3\\0&-2&1\end{pmatrix}+3\boldsymbol{X}-\begin{pmatrix}1&-2&2\\3&0&-1\end{pmatrix}=0$$

求矩阵 $\boldsymbol{X}$。

8. 计算下列乘积

(1) $(1\quad 3\quad -2)\begin{pmatrix}2\\-1\\3\end{pmatrix}$，　(2) $\begin{pmatrix}2\\-1\\3\end{pmatrix}(1\quad 3\quad -2)$

(3) $\begin{pmatrix}3&4&2\\6&0&-1\\5&2&-1\end{pmatrix}\begin{pmatrix}2\\-1\\-3\end{pmatrix}$，　(4) $(1\quad -1\quad 2)\begin{pmatrix}2&1&-2\\3&0&2\\-1&4&3\end{pmatrix}$

(5) $\begin{pmatrix}1&2\\2&-3\\4&1\end{pmatrix}\begin{pmatrix}5&0&-1\\1&-3&2\end{pmatrix}$，　(6) $\begin{pmatrix}2&1&4&0\\1&-1&3&4\end{pmatrix}\begin{pmatrix}1&3&1\\0&-1&2\\1&-3&1\\0&3&-2\end{pmatrix}$

(7) $\begin{pmatrix}2\\-1\\3\end{pmatrix}(2\quad -1)\begin{pmatrix}1&-1\\3&-2\end{pmatrix}$，　(8) $\begin{pmatrix}2&4&1\\1&0&-1\\-1&3&2\end{pmatrix}\begin{pmatrix}2&1&-1\\-3&2&-2\\0&1&4\end{pmatrix}$

9. 设

$$\boldsymbol{A}=\begin{pmatrix}1&1&1\\-1&1&1\\1&-1&1\end{pmatrix},\quad \boldsymbol{B}=\begin{pmatrix}1&2&1\\1&3&-1\\2&1&2\end{pmatrix}$$

求：(1) $\boldsymbol{AB}-3\boldsymbol{B}$　(2) $\boldsymbol{AB}-\boldsymbol{BA}$　(3) $(\boldsymbol{A}-\boldsymbol{B})(\boldsymbol{A}+\boldsymbol{B})$　(4) $\boldsymbol{A}^2-\boldsymbol{B}^2$

10. 已知

$$\boldsymbol{A}=\begin{pmatrix}2&1&1\\3&-1&2\\1&-1&0\end{pmatrix}$$

(1) 设 $f(\lambda)=\lambda^2-2\lambda-1$，求 $f(\boldsymbol{A})$；

(2) 设 $f(\lambda)=2\lambda^2-3\lambda-2$，求 $f(\boldsymbol{A})$。

11. 如果 $\boldsymbol{A}=\frac{1}{2}(\boldsymbol{B}+\boldsymbol{E})$，证明 $\boldsymbol{A}^2=\boldsymbol{A}$ 的充分必要条件是 $\boldsymbol{B}^2=\boldsymbol{E}$。

12. 设 $\boldsymbol{A}$ 是反对称矩阵，$\boldsymbol{B}$ 是对称矩阵，证明

(1) $\boldsymbol{A}^2$ 是对称矩阵；

(2) $\boldsymbol{AB}-\boldsymbol{BA}$ 是对称矩阵。

13. 若 $\boldsymbol{A}$ 是一个 n 阶方阵，试证(1) $\boldsymbol{AA}^{\mathrm{T}}$ 是对称矩阵；(2) $\boldsymbol{A}+\boldsymbol{A}^{\mathrm{T}}$ 是对称矩阵；(3) $\boldsymbol{A}-\boldsymbol{A}^{\mathrm{T}}$ 是反对称矩阵。并由上列证明说明任意一个 n 阶方阵都可以表示成一个对称矩阵与一个反对称矩阵之和。

14. 设

$$\boldsymbol{A}=\begin{pmatrix}1 & 2 & -1\\3 & -1 & 2\\0 & 2 & 0\end{pmatrix},\quad \boldsymbol{B}=\begin{pmatrix}1 & -5 & 7\\-5 & 2 & 3\\7 & 3 & -1\end{pmatrix}$$

(1) 求行列式 $|(2\boldsymbol{A}-\boldsymbol{B})^{\mathrm{T}}+\boldsymbol{B}|$ 的值；

(2) 求行列式 $|\boldsymbol{A}^3-\boldsymbol{A}|$ 的值。

15. 设 $\boldsymbol{A}$ 是 n 阶方阵，且满足 $\boldsymbol{A}^2-\boldsymbol{A}-2\boldsymbol{E}=0$，试证明 $\boldsymbol{A}+2\boldsymbol{E}$ 是可逆矩阵。

16. 若 n 阶方阵 $\boldsymbol{A}$ 适合一个一元 $m(m\geqslant 1)$ 次方程 $f(x)=a_m x^m+a_{m-1}x^{m-1}+\cdots+a_1x+a_0=0$，且 $a_0\neq 0$，试证 $\boldsymbol{A}$ 是可逆矩阵。

17. 用 $\boldsymbol{A}^{-1}=\frac{\boldsymbol{A}^*}{|\boldsymbol{A}|}$ 的等式，求下列矩阵的逆阵

(1) $\boldsymbol{A}=\begin{pmatrix}a & b\\c & d\end{pmatrix}$，其中 $ad-bc\neq 0$，　　(2) $\boldsymbol{A}=\begin{pmatrix}1 & 2 & -3\\0 & 1 & 2\\0 & 0 & 1\end{pmatrix}$

(3) $\boldsymbol{A}=\begin{pmatrix}1 & 2 & 3\\1 & 1 & 1\\3 & 1 & 1\end{pmatrix}$　　(4) $\boldsymbol{A}=\begin{pmatrix}0 & 0 & 1\\0 & -2 & 0\\\frac{1}{3} & 0 & 0\end{pmatrix}$

18. 试证(1) 若 $\boldsymbol{A}$ 可逆，则 $|\boldsymbol{A}^{-1}|=|\boldsymbol{A}|^{-1}$；

(2) 若 $\boldsymbol{A}$ 可逆，则 $(\boldsymbol{A}^{\mathrm{T}})^{-1}=(\boldsymbol{A}^{-1})^{\mathrm{T}}$；

(3) 若 $\boldsymbol{A}$ 可逆，k 是非零数，则 $(k\boldsymbol{A})^{-1}=\frac{1}{k}\boldsymbol{A}^{-1}$。

19. 试求下列矩阵的逆阵

(1) $\boldsymbol{A}=\begin{pmatrix}3 & -2 & 0 & 0\\5 & -3 & 0 & 0\\0 & 0 & 3 & 4\\0 & 0 & 1 & 1\end{pmatrix}$　　(2) $\boldsymbol{A}=\begin{pmatrix}0 & 0 & 0 & 1 & 2\\0 & 0 & 0 & 2 & 3\\1 & 1 & 0 & 0 & 0\\0 & 1 & 1 & 0 & 0\\0 & 0 & 1 & 0 & 0\end{pmatrix}$

20. 用矩阵的初等变换求下列矩阵的逆阵

(1) $\boldsymbol{A}=\begin{pmatrix}1 & 2 & 1\\0 & 1 & 1\\-1 & 1 & 1\end{pmatrix}$　　(2) $\boldsymbol{A}=\begin{pmatrix}0 & -1 & 1\\1 & 1 & 2\\1 & 0 & 0\end{pmatrix}$

(3) $\boldsymbol{A}=\begin{pmatrix}2&2&3\\1&-1&0\\-1&2&1\end{pmatrix}$　　(4) $\boldsymbol{A}=\begin{pmatrix}1&1&-1\\2&1&0\\1&-1&0\end{pmatrix}$

(5) $\boldsymbol{A}=\begin{pmatrix}2&3&4\\5&-2&1\\1&2&3\end{pmatrix}$　　(6) $\boldsymbol{A}=\begin{pmatrix}1&2&-1\\3&4&-2\\5&-4&1\end{pmatrix}$

(7) $\boldsymbol{A}=\begin{pmatrix}1&1&1&1\\1&1&-1&-1\\1&-1&1&-1\\1&-1&-1&1\end{pmatrix}$　　(8) $\boldsymbol{A}=\begin{pmatrix}0&0&1&-1\\0&3&1&4\\2&7&6&-1\\1&2&2&-1\end{pmatrix}$

21. 已知 $\boldsymbol{A}=\begin{bmatrix}1&-2&1\\-1&1&2\\0&1&-1\end{bmatrix}$，$\boldsymbol{B}=\begin{bmatrix}1&2\\1&-2\\-1&0\end{bmatrix}$，满足方程 $\boldsymbol{A}^*\boldsymbol{X}=\boldsymbol{B}$，这里 $\boldsymbol{A}^*$ 是 $\boldsymbol{A}$ 的伴随矩阵，求 $\boldsymbol{X}$。

22. 设 $\boldsymbol{A}=\begin{bmatrix}m&0&0\\0&n&0\\0&0&0\end{bmatrix}$，其中 m 和 n 都不等于零，$\boldsymbol{B}=\begin{bmatrix}0&a&b\\a&0&c\\b&c&0\end{bmatrix}$ 是实对称可逆矩阵，$\boldsymbol{E}$ 是三阶单位矩阵，(1) $\boldsymbol{B}$ 中元素满足什么条件时，$\boldsymbol{BA}+\boldsymbol{E}$ 是可逆矩阵；(2) 试证 $(\boldsymbol{BA}+\boldsymbol{E})^{-1}\boldsymbol{B}$ 是对称矩阵。

23. 解下列线性方程组(可任意选用初等行变换、求逆矩阵或克莱姆法则求解)

(1) $\begin{cases}x_1+2x_2+3x_3=1\\2x_1+2x_2+5x_3=2\\3x_1+5x_2+x_3=3\end{cases}$　　(2) $\begin{cases}x_1+x_2+x_3+x_4=5\\x_1+2x_2-x_3+4x_4=-2\\2x_1-3x_2-x_3-5x_4=-2\\3x_1+x_2+2x_3+11x_4=0\end{cases}$

(3) $\begin{cases}x_1-x_2-x_3=2\\2x_1-x_2-3x_3=1\\3x_1+2x_2-5x_3=0\end{cases}$　　(4) $\begin{cases}x_1+x_2+x_3=5\\2x_1+x_2-x_3+x_4=1\\x_1+2x_2-x_3+x_4=2\\x_2+2x_3+3x_4=3\end{cases}$

24. 解下列矩阵方程

(1) $\begin{pmatrix}2&5\\1&3\end{pmatrix}\boldsymbol{X}=\begin{pmatrix}4&-6\\2&1\end{pmatrix}$　　(2) $\begin{pmatrix}1&1&-1\\0&2&2\\1&-1&0\end{pmatrix}\boldsymbol{X}=\begin{pmatrix}1&-1&1\\1&1&0\\2&1&4\end{pmatrix}$

(3) $\begin{pmatrix}1&2&-3\\3&2&-4\\2&-1&0\end{pmatrix}\boldsymbol{X}=\begin{pmatrix}-3&0\\2&7\\7&8\end{pmatrix}$　　(4) $\boldsymbol{X}\begin{pmatrix}0&1&-1\\2&1&0\\1&-1&1\end{pmatrix}-\begin{pmatrix}1&-1&3\\4&3&2\end{pmatrix}=0$

(5) $\boldsymbol{X}\begin{pmatrix}2&1&-1\\2&1&0\\1&-1&1\end{pmatrix}=\begin{pmatrix}1&-1&3\\4&3&2\\1&-2&5\end{pmatrix}$　　(6) $\begin{pmatrix}1&0&1\\1&1&0\\-1&2&1\end{pmatrix}\boldsymbol{X}=\begin{pmatrix}1&-1&0&1\\0&1&1&-1\\1&0&-1&1\end{pmatrix}$

25.已知

$$\boldsymbol{A}=\begin{pmatrix}4 & 2 & 3\\ 1 & 1 & 0\\ -1 & 2 & 3\end{pmatrix}$$

(1)设 $\boldsymbol{A}X-2\boldsymbol{A}+5\boldsymbol{E}=0$,求 $\boldsymbol{X}$。

(2)设 $\boldsymbol{A}X=\boldsymbol{A}+2\boldsymbol{X}$,求 $\boldsymbol{X}$。

26.问能否适当选取矩阵

$$\boldsymbol{A}=\begin{pmatrix}1 & -2 & -1 & 3\\ 3 & -6 & -3 & 9\\ -2 & 4 & 2 & k\end{pmatrix}$$

中 k 的值使(1)$\mathrm{R}(\boldsymbol{A})=1$,(2)$\mathrm{R}(\boldsymbol{A})=2$,(3)$\mathrm{R}(\boldsymbol{A})=3$。

27.用矩阵的初等变换方法将下列矩阵化为标准形,并指出它们的秩:

(1)$\boldsymbol{A}_1=\begin{pmatrix}1 & 1 & -1\\ 3 & 1 & 0\\ 4 & 4 & 1\\ 1 & -2 & 1\end{pmatrix}$, (2)$\boldsymbol{A}_2=\begin{pmatrix}1 & -1 & 0 & 1 & 2\\ 2 & 0 & 1 & 1 & 0\\ 3 & 1 & 0 & 0 & 4\\ 2 & 2 & 0 & -1 & -2\end{pmatrix}$

28.只用矩阵的初等行变换来确定下列矩阵的秩:

(1)$\boldsymbol{A}_1=\begin{pmatrix}2 & 0 & 3 & 1 & 4\\ 3 & -5 & 4 & 2 & 7\\ 1 & 5 & 2 & 0 & 1\end{pmatrix}$, (2)$\boldsymbol{A}_2=\begin{pmatrix}1 & 4 & 10 & 0\\ 7 & 8 & 18 & 4\\ 17 & 18 & 40 & 10\\ 3 & 7 & 17 & 1\end{pmatrix}$

(3)$\boldsymbol{A}_3=\begin{pmatrix}1 & 1 & 2 & 2 & 1\\ 0 & 2 & 1 & 5 & -1\\ 2 & 0 & 3 & -1 & 3\\ 1 & 1 & 0 & 4 & -1\end{pmatrix}$, (4)$\boldsymbol{A}_4=\begin{pmatrix}1 & 0 & 1 & 0 & 0\\ 1 & 1 & 0 & 0 & 0\\ 0 & 1 & 1 & 0 & 0\\ 0 & 0 & 1 & 1 & 0\\ 0 & 1 & 0 & 1 & 1\end{pmatrix}$

29.设 $\boldsymbol{A}$ 为5阶方阵,$\boldsymbol{A}^*$ 是 $\boldsymbol{A}$ 的伴随矩阵,$|\boldsymbol{A}|=\dfrac{1}{4}$,求行列式 $|(2\boldsymbol{A})^{-1}-4\boldsymbol{A}^*|$ 的值。

30.设 $\boldsymbol{A}$ 为四阶可逆方阵,$\boldsymbol{A}^*$ 为 $\boldsymbol{A}$ 的伴随矩阵,$\boldsymbol{A}^{\mathrm{T}}$ 为 $\boldsymbol{A}$ 的转置矩阵,$\boldsymbol{A}^{-1}$ 为 $\boldsymbol{A}$ 的逆矩阵,且四阶行列式 $|\boldsymbol{A}|=2$。

(1)求行列式 $\left|\left(\dfrac{1}{2}\boldsymbol{A}^{\mathrm{T}}\right)^{-1}-(3\boldsymbol{A}^*)^{\mathrm{T}}\right|$ 的值。

(2)求行列式 $\left|\left(\dfrac{1}{2}\boldsymbol{A}\right)^*\right|$ 的值。

第 2 章　线性方程组

在中学里，大家已学习过三元线性方程组的求解问题。在本书的第一章里，我们介绍了克莱姆法则，讨论过 n 元线性方程组的求解问题，但对于一般的线性方程组的求解问题还没有研究过。所谓一般的线性方程组是指形式为

$$\begin{cases} a_{11}x_1+a_{12}x_2+\cdots+a_{1n}x_n=b_1 \\ a_{21}x_1+a_{22}x_2+\cdots+a_{2n}x_n=b_2 \\ \qquad\vdots \\ a_{m1}x_1+a_{m2}x_2+\cdots+a_{mn}x_n=b_m \end{cases} \tag{2.1}$$

的线性方程组。其中 $x_1,x_2,\cdots,x_n$ 表示 n 个未知量，m 表示线性方程组(2.1)中所含方程的个数，$a_{ij}(i=1,2,\cdots,m;j=1,2,\cdots,n)$称为线性方程组(2.1)的系数，$b_i(i=1,2,\cdots,m)$称为常数项。线性方程组(2.1)中未知量的个数 n 与方程的个数 m 不一定相等。所谓线性方程组(2.1)有一个解是指存在 n 个数 $k_1,k_2,\cdots,k_n$，当 $x_1,x_2,\cdots,x_n$ 依次用 $k_1,k_2,\cdots,k_n$ 代入后，(2.1)中每一个等式都成为恒等式。线性方程组(2.1)如果有解，就称它是相容的，否则称它为不相容的或矛盾的。解线性方程组(2.1)，实际上首先要判别它是否相容，如果相容就需要找出它的全部解。如果两个线性方程组的全部解完全相同，就称它们是同解的线性方程组。

在工程技术领域中，有许多问题的讨论往往在最后都归结为求线性方程组解的问题，因此研究一般的线性方程组在什么条件下有解，以及在有解时如何求出它全部解的问题是工程技术中提出的需要解决的一个十分重要的问题；而研究一般的线性方程组的求解问题，正是线性代数的主要内容之一。本章将借助于矩阵的基本理论以及矩阵的运算法则对一般的线性方程组的相容性问题以及齐次线性方程组的基础解系问题给予详细的讨论，得出有用的结论。

§2.1　线性方程组解的研究

如果在线性方程组(2.1)中，令

$$\boldsymbol{A}=\begin{pmatrix} a_{11} & a_{12} & \cdots & a_{1n} \\ a_{21} & a_{22} & \cdots & a_{2n} \\ \vdots & \vdots & & \vdots \\ a_{m1} & a_{m2} & \cdots & a_{mn} \end{pmatrix},\qquad \boldsymbol{X}=\begin{pmatrix} x_1 \\ x_2 \\ \vdots \\ x_n \end{pmatrix},\qquad \boldsymbol{b}=\begin{pmatrix} b_1 \\ b_2 \\ \vdots \\ b_m \end{pmatrix}$$

则按矩阵乘法的定义可将线性方程组(2.1)写成

$$\begin{pmatrix} a_{11} & a_{12} & \cdots & a_{1n} \\ a_{21} & a_{22} & \cdots & a_{2n} \\ \vdots & \vdots & & \vdots \\ a_{m1} & a_{m2} & \cdots & a_{mn} \end{pmatrix} \begin{pmatrix} x_1 \\ x_2 \\ \vdots \\ x_n \end{pmatrix} = \begin{pmatrix} b_1 \\ b_2 \\ \vdots \\ b_m \end{pmatrix}$$

或

$$\boldsymbol{AX} = \boldsymbol{b} \tag{2.2}$$

这里 $m\times n$ 矩阵 $\boldsymbol{A}$ 称为线性方程组(2.1)的系数矩阵,而将 $m\times(n+1)$ 矩阵 $\overline{\boldsymbol{A}}=(\boldsymbol{A},\boldsymbol{b})$ 称为线性方程组(2.1)的增广矩阵,因 $\overline{\boldsymbol{A}}$ 包含 $\boldsymbol{A}$ 且比 $\boldsymbol{A}$ 多一列元素,由矩阵的秩的定义可知 $\mathrm{R}(\boldsymbol{A})\leqslant\mathrm{R}(\overline{\boldsymbol{A}})$。

如果将线性方程组(2.1)的系数矩阵 $\boldsymbol{A}$ 按列向量分块,令 $\boldsymbol{A}=(\boldsymbol{\alpha}_1,\boldsymbol{\alpha}_2,\cdots,\boldsymbol{\alpha}_n)$,则线性方程组(2.1)又可写成如下形式:

$$[\boldsymbol{\alpha}_1,\boldsymbol{\alpha}_2,\cdots,\boldsymbol{\alpha}_n]\begin{pmatrix} x_1 \\ x_2 \\ \vdots \\ x_n \end{pmatrix} = \boldsymbol{b} \tag{2.3}$$

或

$$x_1\boldsymbol{\alpha}_1 + x_2\boldsymbol{\alpha}_2 + \cdots + x_n\boldsymbol{\alpha}_n = \boldsymbol{b} \tag{2.4}$$

这里 $\boldsymbol{\alpha}_1,\boldsymbol{\alpha}_2,\cdots,\boldsymbol{\alpha}_n,\boldsymbol{b}$ 都是 m 元列向量。

2.1.1 同解的线性方程组

在求线性方程组的解时,往往要对线性方程组作一些变形,使变形后所得到的新方程组与原方程组同解,且比原方程组更容易求解,这时只要求出新方程组的解,也就是求出原方程组的解了。

定理 1 设 $\boldsymbol{P}$ 是可逆矩阵,则一般的线性方程组

$$\boldsymbol{AX} = \boldsymbol{b} \tag{2.5}$$

与线性方程组

$$(\boldsymbol{PA})\boldsymbol{X} = \boldsymbol{Pb} \tag{2.6}$$

同解。

证明 设 $\boldsymbol{X}_0$ 是 $\boldsymbol{AX}=\boldsymbol{b}$ 的解,则有 $\boldsymbol{AX}_0=\boldsymbol{b}$,两边乘可逆矩阵 $\boldsymbol{P}$,则有 $(\boldsymbol{PA})\boldsymbol{X}_0=P\boldsymbol{b}$,这表明 $\boldsymbol{X}_0$ 也是 $(\boldsymbol{PA})\boldsymbol{X}=\boldsymbol{Pb}$ 的解。反之,设 $\boldsymbol{X}_1$ 是 $(\boldsymbol{PA})\boldsymbol{X}=\boldsymbol{Pb}$ 的解,则有 $(\boldsymbol{PA})\boldsymbol{X}_1=P\boldsymbol{b}$,因 $\boldsymbol{P}$ 是可逆矩阵,故 $\boldsymbol{P}^{-1}$ 存在。在等式两边左乘 $\boldsymbol{P}^{-1}$ 得 $\boldsymbol{AX}_1=\boldsymbol{b}$,这表明 $\boldsymbol{X}_1$ 也是 $\boldsymbol{AX}=\boldsymbol{b}$ 的解,由同解的意义可知,线性方程组(2.5)与(2.6)是同解的线性方程组。

定理 1 表明:如果已知线性方程组 $\boldsymbol{AX}=\boldsymbol{b}$,则可写出它的增广矩阵 $\overline{\boldsymbol{A}}=[\boldsymbol{A},\boldsymbol{b}]$。对它进行若干次初等行变换,可得一个新矩阵 $[\boldsymbol{PA},\boldsymbol{Pb}]$,即

$$\overline{\boldsymbol{A}} = [\boldsymbol{A},\boldsymbol{b}] \xrightarrow{\text{若干次初等行变换}} [\boldsymbol{PA},\boldsymbol{Pb}]$$

当 $\mathrm{R}(\boldsymbol{A})=r$ 时，在 $\boldsymbol{PA}$ 中一定会出现一个 $\boldsymbol{E}_r$ 或 $k\boldsymbol{E}_r$。今把所得的新矩阵$[\boldsymbol{PA},\boldsymbol{Pb}]$看作另一个线性方程组的增广矩阵，由它可写出这个新方程组$(\boldsymbol{PA})\boldsymbol{X}=\boldsymbol{Pb}$。由定理 1 知，这样得到的新方程组与原方程组是同解的。

例如：设有线性方程组

$$\begin{cases} x_1-2x_2+3x_3=1 \\ 3x_1-5x_2+x_3=-1 \\ 5x_1-9x_2+7x_3=1 \end{cases}$$

则它有增广矩阵

$$\bar{\boldsymbol{A}}=\begin{pmatrix} 1 & -2 & 3 & 1 \\ 3 & -5 & 1 & -1 \\ 5 & -9 & 7 & 1 \end{pmatrix}$$

今对 $\bar{\boldsymbol{A}}$ 进行初等行变换如下：

$$\bar{\boldsymbol{A}}=\begin{pmatrix} 1 & -2 & 3 & 1 \\ 3 & -5 & 1 & -1 \\ 5 & -9 & 7 & 1 \end{pmatrix}\xrightarrow[R_3-5R_1]{R_2-3R_1}\begin{pmatrix} 1 & -2 & 3 & 1 \\ 0 & 1 & -8 & -4 \\ 0 & 1 & -8 & -4 \end{pmatrix}$$

$$\xrightarrow[R_3-R_2]{R_1+2R_2}\begin{pmatrix} 1 & 0 & -13 & -7 \\ 0 & 1 & -8 & -4 \\ 0 & 0 & 0 & 0 \end{pmatrix}=\boldsymbol{B}$$

今把 $\boldsymbol{B}$ 看作另一个线性方程组的增广矩阵，由它可写出新的线性方程组

$$\begin{cases} x_1-13x_3=-7 \\ x_2-8x_3=-4 \end{cases}$$

由定理 1 知，这样得到的新方程组与原方程组是同解的。

2.1.2　线性方程组有解的充分必要条件

定理 2　一般的线性方程组

$$\begin{cases} a_{11}x_1+a_{12}x_2+\cdots+a_{1n}x_n=b_1 \\ a_{21}x_1+a_{22}x_2+\cdots+a_{2n}x_n=b_2 \\ \qquad\vdots \\ a_{m1}x_1+a_{m2}x_2+\cdots+a_{mn}x_n=b_m \end{cases}\tag{2.7}$$

有解的充分必要条件是它的系数矩阵 $\boldsymbol{A}$ 与增广矩阵 $\bar{\boldsymbol{A}}$ 有相同的秩，即 $\mathrm{R}(\boldsymbol{A})=\mathrm{R}(\bar{\boldsymbol{A}})$。

证明　先证**必要性**

设线性方程组(2.7)相容，且令$(k_1,k_2,\cdots,k_n)^{\mathrm{T}}$ 表示线性方程组(2.7)的一个解，则有

$$\begin{cases} a_{11}k_1+a_{12}k_2+\cdots+a_{1n}k_n=b_1 \\ a_{21}k_1+a_{22}k_2+\cdots+a_{2n}k_n=b_2 \\ \qquad\vdots \\ a_{m1}k_1+a_{m2}k_2+\cdots+a_{mn}k_n=b_m \end{cases}$$

今对线性方程组(2.7)的增广矩阵 $\bar{\boldsymbol{A}}=(\boldsymbol{A},\boldsymbol{b})$进行初等列变换如下：

$$\overline{\mathbf{A}}=\begin{pmatrix} a_{11} & a_{12} & \cdots & a_{1n} & b_1 \\ a_{21} & a_{22} & \cdots & a_{2n} & b_2 \\ \vdots & \vdots & & \vdots & \vdots \\ a_{m1} & a_{m2} & \cdots & a_{mn} & b_m \end{pmatrix} \xrightarrow{C_{n+1}-\sum\limits_{i=1}^{n}k_iC_i} \begin{pmatrix} a_{11} & a_{12} & \cdots & a_{1n} & 0 \\ a_{21} & a_{22} & \cdots & a_{2n} & 0 \\ \vdots & \vdots & & \vdots & \vdots \\ a_{m1} & a_{m2} & \cdots & a_{mn} & 0 \end{pmatrix} = [\mathbf{A},0]$$

由于矩阵 $\overline{\mathbf{A}}$ 与矩阵 $[\mathbf{A},0]$ 等价,所以它们的秩相等。另一方面,矩阵 $[\mathbf{A},0]$ 的秩与 $\mathbf{A}$ 的秩也相同,故有 $\mathrm{R}(\mathbf{A})=\mathrm{R}(\overline{\mathbf{A}})$。

再证**充分性**

首先,设 $\mathrm{R}(\overline{\mathbf{A}})=\mathrm{R}(\mathbf{A})=n$,则在 $\overline{\mathbf{A}}$ 中至少有一个 n 阶子式不等于零,而任何 $n+1$ 阶子式都等于零。由矩阵化标准形的方法可知,此时对 $\overline{\mathbf{A}}$ 进行若干次初等行变换后,因 $\mathrm{R}(\mathbf{A})=n$,故可得

$$\overline{\mathbf{A}} \xrightarrow{\text{进行若干次初等行变换}} \begin{pmatrix} 1 & 0 & \cdots & 0 & d_1 \\ 0 & 1 & \cdots & 0 & d_2 \\ \vdots & \vdots & & \vdots & \vdots \\ 0 & 0 & \cdots & 1 & d_n \\ 0 & 0 & \cdots & 0 & 0 \\ \vdots & \vdots & & \vdots & \vdots \\ 0 & 0 & \cdots & 0 & 0 \end{pmatrix}$$

因此可得线性方程组(2.7)的同解线性方程组

$$\begin{cases} x_1 = d_1 \\ x_2 = d_2 \\ \quad\vdots \\ x_n = d_n \end{cases} \tag{2.8}$$

根据克莱姆法则可知,线性方程组(2.8)有唯一解,即

$$x_1 = d_1, \quad x_2 = d_2, \quad \cdots, \quad x_n = d_n \tag{2.9}$$

因线性方程组(2.8)与线性方程组(2.7)同解,故知此时线性方程组(2.7)有唯一解(2.9)。

其次,设 $\mathrm{R}(\overline{\mathbf{A}})=\mathrm{R}(\mathbf{A})=r<n$,且 $r\neq0$,则在 $\overline{\mathbf{A}}$ 中至少有一个 r 阶子式不等于零,而任何 $r+1$ 阶子式都等于零,由矩阵化标准形的方法可知,此时对 $\overline{\mathbf{A}}$ 进行若干次初等行变换后可得

$$\overline{\mathbf{A}} \xrightarrow{\text{进行若干次初等行变换}} \begin{pmatrix} c_{11} & c_{12} & \cdots & c_{1n} & d_1 \\ c_{21} & c_{22} & \cdots & c_{2n} & d_2 \\ \vdots & \vdots & & \vdots & \vdots \\ c_{r1} & c_{r2} & \cdots & c_{rn} & d_r \\ 0 & 0 & \cdots & 0 & 0 \\ \vdots & \vdots & & \vdots & \vdots \\ 0 & 0 & \cdots & 0 & 0 \end{pmatrix} \xlongequal{\text{记为}} \boldsymbol{G}$$

已知 $\mathrm{R}(\mathbf{A})=r$,所以在子块

$$\begin{pmatrix} c_{11} & c_{12} & \cdots & c_{1n} \\ c_{21} & c_{22} & \cdots & c_{2n} \\ \vdots & \vdots & & \vdots \\ c_{r1} & c_{r2} & \cdots & c_{rn} \end{pmatrix}$$

中一定有一个 $\boldsymbol{E}_r$。为了叙述方便，不妨设 $\boldsymbol{E}_r$ 就是 $\boldsymbol{G}$ 中的子块

$$\begin{pmatrix} c_{11} & c_{12} & \cdots & c_{1r} \\ c_{21} & c_{22} & \cdots & c_{2r} \\ \vdots & \vdots & & \vdots \\ c_{r1} & c_{r2} & \cdots & c_{rr} \end{pmatrix}$$

因若 E_r 不在第 1 列、第 2 列、……、第 r 列上，则可将未知量的编号作适当调整，即可将 E_r 移到 G 的左上角，于是有

$$\overline{\boldsymbol{A}} \xrightarrow{\text{进行若干次初等行变换}} \begin{pmatrix} 1 & 0 & \cdots & 0 & c_{1,r+1} & \cdots & c_{1n} & d_1 \\ 0 & 1 & \cdots & 0 & c_{2,r+1} & \cdots & c_{2n} & d_2 \\ \vdots & \vdots & & \vdots & \vdots & & \vdots & \vdots \\ 0 & 0 & \cdots & 1 & c_{r,r+1} & \cdots & c_{rn} & d_r \\ 0 & 0 & \cdots & 0 & 0 & \cdots & 0 & 0 \\ \vdots & \vdots & & \vdots & \vdots & & \vdots & \vdots \\ 0 & 0 & \cdots & 0 & 0 & \cdots & 0 & 0 \end{pmatrix}$$

因此可得线性方程组(2.7)的同解线性方程组

$$\begin{cases} x_1 + c_{1,r+1}x_{r+1} + \cdots + c_{1n}x_n = d_1 \\ x_2 + c_{2,r+1}x_{r+1} + \cdots + c_{2n}x_n = d_2 \\ \qquad \vdots \\ x_r + c_{r,r+1}x_{r+1} + \cdots + c_{rn}x_n = d_r \end{cases} \tag{2.10}$$

移项后，得线性方程组(2.10)的解为

$$\begin{cases} x_1 = d_1 - (c_{1,r+1}x_{r+1} + \cdots + c_{1n}x_n) \\ x_2 = d_2 - (c_{2,r+1}x_{r+1} + \cdots + c_{2n}x_n) \\ \qquad \vdots \\ x_r = d_r - (c_{r,r+1}x_{r+1} + \cdots + c_{rn}x_n) \end{cases} \tag{2.11}$$

因线性方程组(2.10)与线性方程组(2.7)同解，故知此时线性方程组(2.7)有解(2.11)，称它为线性方程组(2.7)的一般解或通解，其中 $x_{r+1}, x_{r+2}, \cdots, x_n$ 称为自由未知量，可以任意取值。

若令 $x_{r+1}=t_1, x_{r+2}=t_2, \cdots, x_n=t_{n-r}$，代入(2.11)式，可得线性方程组(2.7)的通解的参数形式

$$\begin{cases} x_1 = d_1 - (c_{1,r+1}t_1 + c_{1,r+2}t_2 + \cdots + c_{1n}t_{n-r}) \\ x_2 = d_2 - (c_{2,r+1}t_1 + c_{2,r+2}t_2 + \cdots + c_{2n}t_{n-r}) \\ \qquad \vdots \\ x_r = d_r - (c_{r,r+1}t_1 + c_{r,r+2}t_2 + \cdots + c_{rn}t_{n-r}) \\ x_{r+1} = t_1 \\ x_{r+2} = t_2 \\ \qquad \vdots \\ x_n = t_{n-r} \end{cases} \tag{2.12}$$

其中 $t_1,t_2,\cdots,t_{n-r}$ 是任意常数,也称为参数。

由于 $t_1,t_2,\cdots,t_{n-r}$ 的任意性,故知当 $R(\bar{\boldsymbol{A}})=R(\boldsymbol{A})=r<n$ 时,线性方程组(2.7)有无穷多个解。

综上所述,由定理 2 可得以下重要结论,请**牢记**:

对于一般的线性方程组(2.7)

$$\boldsymbol{A}_{m\times n}\boldsymbol{X}_{n\times 1} = \boldsymbol{b}_{m\times 1}$$

(1)若 $R(\bar{\boldsymbol{A}})=R(\boldsymbol{A})$,则线性方程组(2.7)有解;若 $R(\bar{\boldsymbol{A}})\neq R(\boldsymbol{A})$,则线性方程组(2.7)无解。

(2)若 $R(\bar{\boldsymbol{A}})=R(\boldsymbol{A})=n$,则线性方程组(2.7)有唯一解。

(3)若 $R(\bar{\boldsymbol{A}})=R(\boldsymbol{A})=r<n$,则线性方程组(2.7)有无穷多个解。解中包含的自由未知量的个数有 $n-R(\boldsymbol{A})$ 个。

2.1.3 齐次线性方程组有非零解的充分必要条件

在线性方程组(2.7)中,常数项不全为零时,称它为非齐次线性方程组,而常数项全为零时,称它为齐次线性方程组,记为 $\boldsymbol{A}_{m\times n}\boldsymbol{X}_{n\times 1}=\boldsymbol{0}$,或 $\boldsymbol{AX}=\boldsymbol{0}$。

齐次线性方程组 $\boldsymbol{AX}=\boldsymbol{0}$ 总是有解的,这是因为 $[0,0,\cdots,0]^{\mathrm{T}}$ 就是它的一个解,称它为齐次线性方程组的零解。对于齐次线性方程组我们常常需要考虑它除了零解以外,还有没有其他的解,或者说它有没有非零解。

定理 3 齐次线性方程组

$$\begin{cases} a_{11}x_1 + a_{12}x_2 + \cdots + a_{1n}x_n = 0 \\ a_{21}x_1 + a_{22}x_2 + \cdots + a_{2n}x_n = 0 \\ \qquad \vdots \\ a_{m1}x_1 + a_{m2}x_2 + \cdots + a_{mn}x_n = 0 \end{cases} \tag{2.13}$$

或

$$\boldsymbol{AX} = \boldsymbol{0}$$

有非零解的充分必要条件是系数矩阵 $\boldsymbol{A}$ 的秩小于未知量的个数 n,即 $R(\boldsymbol{A})<n$;有唯一零解的充分必要条件是系数矩阵 $\boldsymbol{A}$ 的秩等于未知量的个数 n,即 $R(\boldsymbol{A})=n$。

证明 因齐次线性方程组(2.13)是线性方程组(2.7)的特殊情况,因此由定理 2 推出的三点重要结论对(2.13)也是适用的。因齐次线性方程组(2.13)总是有解的,故当 $R(\boldsymbol{A})<n$ 时,由结论(3)可知,它有无穷多个解,即有非零解。反之,如果(2.13)有非零解,此时一定有

$R(\mathbf{A})<n$，因为此时若 $R(\mathbf{A})=n$，则由结论(2)知，齐次线性方程组(2.13)只有唯一零解，但这与已知齐次线性方程组(2.13)有非零解的假设矛盾。由于只有 $R(\mathbf{A})<n$ 或 $R(\mathbf{A})=n$ 而不可能有 $R(\mathbf{A})>n$，因此既然齐次线性方程组(2.13)有非零解的充要条件是 $R(\mathbf{A})<n$，那么齐次线性方程组(2.13)有唯一零解的充要条件只能是 $R(\mathbf{A})=n$ 了。

推论　具有 n 个方程 n 个未知量的齐次线性方程组有非零解的充要条件是它的系数矩阵的行列式的值等于零；而有唯一零解的充要条件是它的系数矩阵的行列式的值不等于零。

说明　在本章中，定理 2 和定理 3 是两条极其重要的常用的定理，请充分理解它们的结论并牢记之，以利今后应用。

2.1.4　线性方程组求解举例

例 1　求解线性方程组

$$\begin{cases} x_1-2x_2+3x_3+2x_4=1 \\ 3x_1-x_2+5x_3-x_4=-1 \\ 2x_1+x_2+2x_3-3x_4=3 \end{cases}$$

解

$$\bar{\mathbf{A}}=\begin{pmatrix} 1 & -2 & 3 & 2 & 1 \\ 3 & -1 & 5 & -1 & -1 \\ 2 & 1 & 2 & -3 & 3 \end{pmatrix} \xrightarrow[R_3-2R_1]{R_2-3R_1} \begin{pmatrix} 1 & -2 & 3 & 2 & 1 \\ 0 & 5 & -4 & -7 & -4 \\ 0 & 5 & -4 & -7 & 1 \end{pmatrix}$$

$$\xrightarrow{R_3-R_2} \begin{pmatrix} 1 & -2 & 3 & 2 & 1 \\ 0 & 5 & -4 & -7 & -4 \\ 0 & 0 & 0 & 0 & 5 \end{pmatrix}=\boldsymbol{G}$$

因 $\begin{vmatrix} 1 & -2 \\ 0 & 5 \end{vmatrix}=5\neq 0$，所以 $\boldsymbol{G}$ 的前 4 列所构成的子矩阵的秩等于 2，故知 $R(\mathbf{A})=2$。又因

$$\begin{vmatrix} 1 & -2 & 1 \\ 0 & 5 & -4 \\ 0 & 0 & 5 \end{vmatrix}=25\neq 0$$

故 $R(\boldsymbol{G})=3$，于是知 $R(\bar{\mathbf{A}})=3$。由于 $R(\bar{\mathbf{A}})\neq R(\mathbf{A})$，故此线性方程组无解。

例 2　求解线性方程组

$$\begin{cases} x_1-x_2+2x_3=1 \\ 3x_1+x_2+2x_3=3 \\ x_1-2x_2+x_3=-1 \\ 2x_1-2x_2-3x_3=-5 \end{cases}$$

解

$$\bar{\mathbf{A}}=\begin{pmatrix} 1 & -1 & 2 & 1 \\ 3 & 1 & 2 & 3 \\ 1 & -2 & 1 & -1 \\ 2 & -2 & -3 & -5 \end{pmatrix} \xrightarrow[R_4-2R_1]{\substack{R_2-3R_1 \\ R_3-R_1}} \begin{pmatrix} 1 & -1 & 2 & 1 \\ 0 & 4 & -4 & 0 \\ 0 & -1 & -1 & -2 \\ 0 & 0 & -7 & -7 \end{pmatrix}$$

$$\xrightarrow[\substack{(-1)R_3 \\ (\frac{-1}{7})R_4}]{\frac{1}{4}R_2}\begin{pmatrix}1 & -1 & 2 & 1\\0 & 1 & -1 & 0\\0 & 1 & 1 & 2\\0 & 0 & 1 & 1\end{pmatrix}\xrightarrow[R_3-R_2]{R_1+R_2}\begin{pmatrix}1 & 0 & 1 & 1\\0 & 1 & -1 & 0\\0 & 0 & 2 & 2\\0 & 0 & 1 & 1\end{pmatrix}$$

$$\xrightarrow[R_3-2R_4]{\substack{R_1-R_4 \\ R_2+R_4}}\begin{pmatrix}1 & 0 & 0 & 0\\0 & 1 & 0 & 1\\0 & 0 & 0 & 0\\0 & 0 & 1 & 1\end{pmatrix}\xrightarrow{R_{34}}\begin{pmatrix}1 & 0 & 0 & 0\\0 & 1 & 0 & 1\\0 & 0 & 1 & 1\\0 & 0 & 0 & 0\end{pmatrix}$$

因 $\mathrm{R}(\bar{\boldsymbol{A}})=\mathrm{R}(\boldsymbol{A})=3$,故知线性方程组是相容的,且有唯一解,而它的同解线性方程组是

$$\begin{cases}x_1=0\\x_2=1\\x_3=1\end{cases}\tag{2.14}$$

实际上,(2.14)就是已给线性方程组的唯一解。

例 3 求解线性方程组

$$\begin{cases}x_1+x_2-3x_3-x_4=1\\x_1+5x_2-9x_3-8x_4=0\\3x_1-x_2-3x_3+4x_4=4\end{cases}$$

解

$$\bar{\boldsymbol{A}}=\begin{pmatrix}1 & 1 & -3 & -1 & 1\\1 & 5 & -9 & -8 & 0\\3 & -1 & -3 & 4 & 4\end{pmatrix}$$

$$\xrightarrow[R_3-3R_1]{R_2-R_1}\begin{pmatrix}1 & 1 & -3 & -1 & 1\\0 & 4 & -6 & -7 & -1\\0 & -4 & 6 & 7 & 1\end{pmatrix}\xrightarrow[R_3+R_2]{4R_1-R_2}\begin{pmatrix}4 & 0 & -6 & 3 & 5\\0 & 4 & -6 & -7 & -1\\0 & 0 & 0 & 0 & 0\end{pmatrix}$$

因 $\mathrm{R}(\bar{\boldsymbol{A}})=\mathrm{R}(\boldsymbol{A})=2$,故知线性方程组是相容的,且有无穷多个解,而它的同解线性方程组是

$$\begin{cases}4x_1-6x_3+3x_4=5\\4x_2-6x_3-7x_4=-1\end{cases}$$

解之,可得原方程组的通解为

$$\begin{cases}x_1=\dfrac{1}{4}(5+6x_3-3x_4)\\x_2=\dfrac{1}{4}(-1+6x_3+7x_4)\end{cases}$$

或将原方程组的通解写成

$$\begin{cases} x_1 = \dfrac{1}{4}(5 + 6t_1 - 3t_2) \\ x_2 = \dfrac{1}{4}(-1 + 6t_1 + 7t_2) \\ x_3 = t_1 \\ x_4 = t_2 \end{cases}$$

这里 t_1 和 t_2 为任意常数。

例 4　求解齐次线性方程组

$$\begin{cases} 2x_1 - 4x_2 + 5x_3 + 3x_4 = 0 \\ 3x_1 - 6x_2 + 4x_3 + 2x_4 = 0 \\ 4x_1 - 8x_2 + 17x_3 + 11x_4 = 0 \end{cases}$$

解　因这是齐次线性方程组，它一定有解，所以只要对 $\boldsymbol{A}$ 进行若干次初等行变换即可求得同解线性方程组

$$\boldsymbol{A} = \begin{pmatrix} 2 & -4 & 5 & 3 \\ 3 & -6 & 4 & 2 \\ 4 & -8 & 17 & 11 \end{pmatrix} \xrightarrow[R_3 - 2R_1]{2R_2 - 3R_1} \begin{pmatrix} 2 & -4 & 5 & 3 \\ 0 & 0 & -7 & -5 \\ 0 & 0 & 7 & 5 \end{pmatrix}$$

$$\xrightarrow[R_3 + R_2]{7R_1 + 5R_2} \begin{pmatrix} 14 & -28 & 0 & -4 \\ 0 & 0 & -7 & -5 \\ 0 & 0 & 0 & 0 \end{pmatrix} \xrightarrow[(-1)R_2]{\frac{1}{2}R_1} \begin{pmatrix} 7 & -14 & 0 & -2 \\ 0 & 0 & 7 & 5 \\ 0 & 0 & 0 & 0 \end{pmatrix}$$

因 $\mathrm{R}(\boldsymbol{A})=2$，故知线性方程组有无穷多个解，而它的同解线性方程组是

$$\begin{cases} 7x_1 - 14x_2 - 2x_4 = 0 \\ 7x_3 + 5x_4 = 0 \end{cases}$$

解之，得齐次线性方程组的通解为

$$\begin{cases} x_1 = \dfrac{1}{7}(14x_2 + 2x_4) \\ x_3 = -\dfrac{5}{7}x_4 \end{cases}$$

或将原方程组的通解写成

$$\begin{cases} x_1 = \dfrac{1}{7}(14t_1 + 2t_2) \\ x_2 = t_1 \\ x_3 = -\dfrac{5}{7}t_2 \\ x_4 = t_2 \end{cases}$$

这里 t_1 和 t_2 为任意常数。

例 5　问 a 和 b 取何值时，线性方程组

$$\begin{cases} ax_1 + x_2 + x_3 = 4 \\ x_1 + bx_2 + x_3 = 3 \\ x_1 + 2bx_2 + x_3 = 4 \end{cases}$$

无解,有唯一解,有无穷多个解?并在有解时,求出它的解。

解 由计算知,所给线性方程组的系数矩阵 $\mathbf{A}$ 的行列式为

$$|\mathbf{A}|=\begin{vmatrix}a & 1 & 1\\1 & b & 1\\1 & 2b & 1\end{vmatrix}\xlongequal[R_2-R_1]{R_3-R_2}\begin{vmatrix}a & 1 & 1\\1-a & b-1 & 0\\0 & b & 0\end{vmatrix}=b(1-a)$$

(1)当 $b\neq0,a\neq1$ 时 $|\mathbf{A}|\neq0$,故知 $\mathrm{R}(\mathbf{A})=3$,此时原方程组有唯一解。应用克莱姆法则,由计算知

$$|\mathbf{A}_1|=1-2b,\quad |\mathbf{A}_2|=1-a,\quad |\mathbf{A}_3|=4b-2ab-1$$

于是得原方程组的唯一解为

$$x_1=\frac{1-2b}{b(1-a)},\quad x_2=\frac{1}{b},\quad x_3=\frac{4b-2ab-1}{b(1-a)}$$

(2)当 $b=0$ 时,原方程组的增广矩阵为

$$\overline{\mathbf{A}}=\begin{pmatrix}a & 1 & 1 & 4\\1 & 0 & 1 & 3\\1 & 0 & 1 & 4\end{pmatrix}\xrightarrow{R_3-R_2}\begin{pmatrix}a & 1 & 1 & 4\\1 & 0 & 1 & 3\\0 & 0 & 0 & 1\end{pmatrix}$$

此时不论 a 取何值,总有 $\mathrm{R}(\overline{\mathbf{A}})=3\neq\mathrm{R}(\mathbf{A})=2$,故此时原方程组无解。

(3)当 $a=1$ 时,原方程组的增广矩阵为

$$\overline{\mathbf{A}}=\begin{pmatrix}1 & 1 & 1 & 4\\1 & b & 1 & 3\\1 & 2b & 1 & 4\end{pmatrix}\xrightarrow[R_2-R_1]{R_3-R_2}\begin{pmatrix}1 & 1 & 1 & 4\\0 & b-1 & 0 & -1\\0 & b & 0 & 1\end{pmatrix}\xrightarrow{R_2-R_3}\begin{pmatrix}1 & 1 & 1 & 4\\0 & -1 & 0 & -2\\0 & b & 0 & 1\end{pmatrix}$$

$$\xrightarrow[R_3+bR_2]{R_1+R_2}\begin{pmatrix}1 & 0 & 1 & 2\\0 & -1 & 0 & -2\\0 & 0 & 0 & 1-2b\end{pmatrix}\xrightarrow{(-1)R_2}\begin{pmatrix}1 & 0 & 1 & 2\\0 & 1 & 0 & 2\\0 & 0 & 0 & 1-2b\end{pmatrix}$$

此时按照 $\overline{\mathbf{A}}$ 的变化结果,讨论如下:

(1)当 $a=1$,且 $b=\frac{1}{2}$ 时,因 $\mathrm{R}(\overline{\mathbf{A}})=\mathrm{R}(\mathbf{A})=2$,此时原方程组是相容的,且有无穷多个解。它的同解线性方程组是

$$\begin{cases}x_1+x_3=2\\ \qquad x_2=2\end{cases}$$

解之,得原方程组的通解为

$$\begin{cases}x_1=2-x_3\\x_2=2\end{cases}$$

(2)当 $a=1$,且 $b\neq\frac{1}{2}$ 时,因 $\mathrm{R}(\overline{\mathbf{A}})=3\neq\mathrm{R}(\mathbf{A})=2$,故此时原方程组无解。

例 6 问 a 和 b 取何值时,线性方程组

$$\begin{cases} x_1+x_2+x_3+x_4=1 \\ 2x_1+3x_2+x_3+ax_4=-1 \\ \qquad x_2+bx_3-2x_4=a-2 \end{cases}$$

无解，有唯一解，有无穷多个解？并在有解时，求出它的解。

解　对所给线性方程组的增广矩阵 $\bar{\mathbf{A}}$ 进行初等行变换如下：

$$\bar{\mathbf{A}}=\begin{pmatrix} 1 & 1 & 1 & 1 & 1 \\ 2 & 3 & 1 & a & -1 \\ 0 & 1 & b & -2 & a-2 \end{pmatrix} \xrightarrow{R_2-2R_1} \begin{pmatrix} 1 & 1 & 1 & 1 & 1 \\ 0 & 1 & -1 & a-2 & -3 \\ 0 & 1 & b & -2 & a-2 \end{pmatrix}$$

$$\xrightarrow[R_3-R_2]{R_1-R_2} \begin{pmatrix} 1 & 0 & 2 & 3-a & 4 \\ 0 & 1 & -1 & a-2 & -3 \\ 0 & 0 & b+1 & -a & a+1 \end{pmatrix} \tag{2.15}$$

此时按照 $\bar{\mathbf{A}}$ 变化的结果讨论如下：

(1)当 $b\neq -1$ 时，由(2.15)知，$\mathrm{R}(\bar{\mathbf{A}})=\mathrm{R}(\mathbf{A})=3$，故知原方程组是相容的，且有无穷多个解。它的同解线性方程组是

$$\begin{cases} x_1+2x_3+(3-a)x_4=4 \\ x_2-x_3+(a-2)x_4=-3 \\ \quad (b+1)x_3-ax_4=a+1 \end{cases}$$

解之，得原方程组的通解为

$$\begin{cases} x_1=\dfrac{1}{b+1}[2(2b-a+1)+(ab-a-3b-3)x_4] \\ x_2=\dfrac{1}{b+1}[(a-3b-2)+(2b-ab+2)x_4] \\ x_3=\dfrac{1}{b+1}[(a+1)+ax_4] \end{cases}$$

(2)当 $b=-1$，但 $a\neq 0$ 时，由(2.15)知，仍有 $\mathrm{R}(\bar{\mathbf{A}})=\mathrm{R}(\mathbf{A})=3$，故知原方程组仍是相容的，且有无穷多个解。它的同解线性方程组是

$$\begin{cases} x_1+2x_3+(3-a)x_4=4 \\ x_2-x_3+(a-2)x_4=-3 \\ \qquad\qquad -ax_4=a+1 \end{cases}$$

解之，得原方程组的通解为

$$\begin{cases} x_1=\dfrac{1}{a}(3+6a-a^2)-2x_3 \\ x_2=\dfrac{1}{a}(a^2-4a-2)+x_3 \\ x_4=-\dfrac{a+1}{a} \end{cases}$$

(3)当 $b=-1$，且 $a=0$ 时，由(2.15)知，$\mathrm{R}(\bar{\mathbf{A}})=3\neq\mathrm{R}(\mathbf{A})=2$，故此时原方程组无解。

(4)因为在原方程组中，所含未知量的个数多于方程的个数，故所给线性方程组没有唯一解。

§2.2 n元向量组的线性相关性

关于n元向量的线性组合与线性表示,关于n元向量组的线性相关、线性无关以及极大线性无关组等概念非常有用,它们在讨论齐次线性方程组的基础解系、n元向量空间的理论以及线性空间与线性变换的理论中起着重要的作用。要深刻理解这些概念,要掌握判别n元向量组是线性相关还是线性无关的基本方法,要学会求出一个向量组的极大线性无关组的方法,这对今后的深入学习有极大的帮助。

在这一节里,我们所提到的向量都是指n元向量,它们常被写成n元列向量,当然也可以被写成n元行向量。

2.2.1 线性组合与线性表示

设有s个向量$\boldsymbol{\alpha}_1,\boldsymbol{\alpha}_2,\cdots,\boldsymbol{\alpha}_s$及$s$个数$k_1,k_2,\cdots,k_s$则称向量$k_1\boldsymbol{\alpha}_1+k_2\boldsymbol{\alpha}_2+\cdots+k_s\boldsymbol{\alpha}_s$是$s$个向量$\boldsymbol{\alpha}_1,\boldsymbol{\alpha}_2,\cdots,\boldsymbol{\alpha}_s$的一个线性组合。

定义1 对于一组向量$\boldsymbol{\alpha}_1,\boldsymbol{\alpha}_2,\cdots,\boldsymbol{\alpha}_s,\boldsymbol{\beta}$,如果存在一组数$k_1,k_2,\cdots,k_s$使

$$\boldsymbol{\beta}=k_1\boldsymbol{\alpha}_1+k_2\boldsymbol{\alpha}_2+\cdots+k_s\boldsymbol{\alpha}_s$$

则称向量$\boldsymbol{\beta}$可由向量组$\boldsymbol{\alpha}_1,\boldsymbol{\alpha}_2,\cdots,\boldsymbol{\alpha}_s$线性表示。

定义1表明,向量$\boldsymbol{\beta}$是否可由向量组$\boldsymbol{\alpha}_1,\boldsymbol{\alpha}_2,\cdots,\boldsymbol{\alpha}_s$线性表示,就是要研究线性方程组

$$\boldsymbol{\alpha}_1x_1+\boldsymbol{\alpha}_2x_2+\cdots+\boldsymbol{\alpha}_sx_s=\boldsymbol{\beta}$$

或写成

$$[\boldsymbol{\alpha}_1,\boldsymbol{\alpha}_2,\cdots,\boldsymbol{\alpha}_s]\begin{pmatrix}x_1\\x_2\\\vdots\\x_s\end{pmatrix}=\boldsymbol{\beta} \tag{2.16}$$

是否有解。如果线性方程组(2.16)有解$(k_1,k_2,\cdots,k_s)^{\mathrm{T}}$,则有

$$k_1\boldsymbol{\alpha}_1+k_2\boldsymbol{\alpha}_2+\cdots+k_s\boldsymbol{\alpha}_s=\boldsymbol{\beta}$$

于是知$\boldsymbol{\beta}$可由向量组$\boldsymbol{\alpha}_1,\boldsymbol{\alpha}_2,\cdots,\boldsymbol{\alpha}_s$线性表示。如果线性方程组(2.16)无解,则$\boldsymbol{\beta}$不能由向量组$\boldsymbol{\alpha}_1,\boldsymbol{\alpha}_2,\cdots,\boldsymbol{\alpha}_s$线性表示。

例7 设有向量

$$\boldsymbol{\alpha}=\begin{pmatrix}a_1\\a_2\\\vdots\\a_n\end{pmatrix},\quad \boldsymbol{e}_1=\begin{pmatrix}1\\0\\\vdots\\0\end{pmatrix},\quad \boldsymbol{e}_2=\begin{pmatrix}0\\1\\0\\\vdots\\0\end{pmatrix},\quad \cdots,\quad \boldsymbol{e}_n=\begin{pmatrix}0\\\vdots\\0\\1\end{pmatrix}$$

这里$\boldsymbol{e}_i(i=1,2,\cdots,n)$是第$i$个分量为1而其余分量都是零的$n$元向量,称它们为$n$元单位向量;$\boldsymbol{\alpha}$是任意一个$n$元向量。由计算可知

$$\boldsymbol{\alpha}=a_1\boldsymbol{e}_1+a_2\boldsymbol{e}_2+\cdots+a_n\boldsymbol{e}_n$$

这表示任意一个 n 元向量都可由 n 个 n 元单位向量 $e_1,e_2,\cdots,e_n$ 线性表示。

例 8　已知向量

$$\boldsymbol{\alpha}_1=\begin{pmatrix}1\\0\\2\\1\end{pmatrix},\quad \boldsymbol{\alpha}_2=\begin{pmatrix}1\\2\\0\\1\end{pmatrix},\quad \boldsymbol{\alpha}_3=\begin{pmatrix}2\\-1\\5\\0\end{pmatrix},\quad \boldsymbol{\alpha}_4=\begin{pmatrix}2\\5\\-1\\4\end{pmatrix}$$

问向量 $\boldsymbol{\alpha}_4$ 可否由向量组 $\boldsymbol{\alpha}_1,\boldsymbol{\alpha}_2,\boldsymbol{\alpha}_3$ 线性表示？

解　由定义 1 知，此时就是要研究线性方程组

$$[\boldsymbol{\alpha}_1,\boldsymbol{\alpha}_2,\boldsymbol{\alpha}_3]\begin{pmatrix}x_1\\x_2\\x_3\end{pmatrix}=\boldsymbol{\alpha}_4 \tag{2.17}$$

是否有解。今对线性方程组(2.17)的增广矩阵 $\bar{\mathbf{A}}$ 进行初等行变换如下：

$$\bar{\mathbf{A}}=(\boldsymbol{\alpha}_1,\boldsymbol{\alpha}_2,\boldsymbol{\alpha}_3,\boldsymbol{\alpha}_4)=\begin{pmatrix}1&1&2&2\\0&2&-1&5\\2&0&5&-1\\1&1&0&4\end{pmatrix}$$

$$\xrightarrow[R_4-R_1]{R_3-2R_1}\begin{pmatrix}1&1&2&2\\0&2&-1&5\\0&-2&1&-5\\0&0&-2&2\end{pmatrix}\xrightarrow[(-\frac{1}{2})R_4]{\substack{2R_1-R_2\\R_3+R_2}}\begin{pmatrix}2&0&5&-1\\0&2&-1&5\\0&0&0&0\\0&0&1&-1\end{pmatrix}$$

$$\xrightarrow[R_2+R_4]{R_1-5R_4}\begin{pmatrix}2&0&0&4\\0&2&0&4\\0&0&0&0\\0&0&1&-1\end{pmatrix}\xrightarrow[\substack{(\frac{1}{2})R_2\\R_{34}}]{(\frac{1}{2})R_1}\begin{pmatrix}1&0&0&2\\0&1&0&2\\0&0&1&-1\\0&0&0&0\end{pmatrix}$$

因为 $\mathrm{R}(\bar{\mathbf{A}})=\mathrm{R}(\mathbf{A})=3$，故有唯一解

$$\begin{pmatrix}x_1\\x_2\\x_3\end{pmatrix}=\begin{pmatrix}2\\2\\-1\end{pmatrix}$$

于是知 $\boldsymbol{\alpha}_4$ 可由向量组 $\boldsymbol{\alpha}_1,\boldsymbol{\alpha}_2,\boldsymbol{\alpha}_3$ 线性表示，且有

$$\boldsymbol{\alpha}_4=2\boldsymbol{\alpha}_1+2\boldsymbol{\alpha}_2-\boldsymbol{\alpha}_3$$

2.2.2　线性相关与线性无关

定义 2　对于向量组 $\boldsymbol{\alpha}_1,\boldsymbol{\alpha}_2,\cdots,\boldsymbol{\alpha}_s(s\geqslant 1)$，如果存在一组不全为零的数 $k_1,k_2,\cdots,k_s$ 使

$$k_1\boldsymbol{\alpha}_1+k_2\boldsymbol{\alpha}_2+\cdots+k_s\boldsymbol{\alpha}_s=0$$

则称向量组 $\boldsymbol{\alpha}_1,\boldsymbol{\alpha}_2,\cdots,\boldsymbol{\alpha}_s$ 线性相关。

定义 3　一个向量组不是线性相关就称它线性无关；或者说，对于向量组 $\boldsymbol{\alpha}_1,\boldsymbol{\alpha}_2,\cdots,\boldsymbol{\alpha}_s$，如果由等式

$$k_1\boldsymbol{\alpha}_1+k_2\boldsymbol{\alpha}_2+\cdots+k_s\boldsymbol{\alpha}_s=0$$

只能推得 $k_1=k_2=\cdots=k_s=0$,则称向量组 $\boldsymbol{\alpha}_1,\boldsymbol{\alpha}_2,\cdots,\boldsymbol{\alpha}_s$ 线性无关。

由定义 2 与定义 3 容易验证以下结论正确:

(1)任意一个包含零向量的向量组必线性相关。

(2)当向量组中只包含一个向量时,如果该向量是零向量,则称它线性相关;如果该向量是非零向量,则称它线性无关。

(3)两个非零向量 $\boldsymbol{\alpha}$ 和 $\boldsymbol{\beta}$ 线性相关的充分必要条件是它们的对应分量成比例。

(4)如果已知向量组 $\boldsymbol{\alpha}_1,\boldsymbol{\alpha}_2,\cdots,\boldsymbol{\alpha}_s$ 中有一个部分向量组线性相关,则向量组 $\boldsymbol{\alpha}_1,\boldsymbol{\alpha}_2,\cdots,\boldsymbol{\alpha}_s$ 线性相关。

(5)如果已知向量组线性无关,则它的任何一个部分向量组必线性无关。

(6)如果向量组 $\boldsymbol{\alpha}_1,\boldsymbol{\alpha}_2,\cdots,\boldsymbol{\alpha}_s$ 线性无关,而向量组 $\boldsymbol{\alpha}_1,\boldsymbol{\alpha}_2,\cdots,\boldsymbol{\alpha}_s,\boldsymbol{\beta}$ 线性相关,则 $\boldsymbol{\beta}$ 可由向量组 $\boldsymbol{\alpha}_1,\boldsymbol{\alpha}_2,\cdots,\boldsymbol{\alpha}_s$ 线性表示。

定义 2 与定义 3 表明,向量组 $\boldsymbol{\alpha}_1,\boldsymbol{\alpha}_2,\cdots,\boldsymbol{\alpha}_s$ 是线性相关还是线性无关,取决于齐次线性方程组

$$\boldsymbol{\alpha}_1x_1+\boldsymbol{\alpha}_2x_2+\cdots+\boldsymbol{\alpha}_sx_s=0 \tag{2.18}$$

有非零解还是只有唯一零解,即如果齐次线性方程组(2.18)有非零解$[k_1,k_2,\cdots,k_s]^{\mathrm{T}}$,使得

$$k_1\boldsymbol{\alpha}_1+k_2\boldsymbol{\alpha}_2+\cdots+k_s\boldsymbol{\alpha}_s=0$$

则由定义 2 可知向量组 $\boldsymbol{\alpha}_1,\boldsymbol{\alpha}_2,\cdots,\boldsymbol{\alpha}_s$ 线性相关。如果齐次线性方程组(2.18)只有唯一零解,则由定义 3 知向量组 $\boldsymbol{\alpha}_1,\boldsymbol{\alpha}_2,\cdots,\boldsymbol{\alpha}_s$ 线性无关。

由定理 3 可得如下重要结论。

定理 4 向量组

$$\boldsymbol{\alpha}_1=\begin{pmatrix}a_{11}\\a_{21}\\\vdots\\a_{n1}\end{pmatrix},\quad \boldsymbol{\alpha}_2=\begin{pmatrix}a_{12}\\a_{22}\\\vdots\\a_{n2}\end{pmatrix},\quad \cdots,\quad \boldsymbol{\alpha}_s=\begin{pmatrix}a_{1s}\\a_{2s}\\\vdots\\a_{ns}\end{pmatrix}$$

线性相关(线性无关)的充分必要条件是矩阵

$$(\boldsymbol{\alpha}_1,\boldsymbol{\alpha}_2,\cdots,\boldsymbol{\alpha}_s)=\begin{pmatrix}a_{11}&a_{12}&\cdots&a_{1s}\\a_{21}&a_{22}&\cdots&a_{2s}\\\vdots&\vdots&&\vdots\\a_{n1}&a_{n2}&\cdots&a_{ns}\end{pmatrix}$$

的秩小于(等于)向量组 $\boldsymbol{\alpha}_1,\boldsymbol{\alpha}_2,\cdots,\boldsymbol{\alpha}_s$ 中向量的个数。

推论 n 阶方阵 $\boldsymbol{A}$ 所对应的 n 阶行列式 $|\boldsymbol{A}|$ 等于零的充分必要条件是 $\boldsymbol{A}$ 的列向量组线性相关。

例 9 由 n 个 n 元单位向量 $\boldsymbol{e}_1,\boldsymbol{e}_2,\cdots,\boldsymbol{e}_n$ 所组成的向量组线性无关。

证明 因矩阵

$$\begin{pmatrix}1&0&\cdots&0\\0&1&\cdots&0\\\vdots&\vdots&&\vdots\\0&0&\cdots&1\end{pmatrix}$$

的秩等于 n，即等于向量组 $\boldsymbol{e}_1,\boldsymbol{e}_2,\cdots,\boldsymbol{e}_n$ 中向量的个数，故知 $\boldsymbol{e}_1,\boldsymbol{e}_2,\cdots,\boldsymbol{e}_n$ 线性无关。

例 10　问向量组

$$\boldsymbol{\alpha}_1=\begin{pmatrix}1\\0\\2\\1\end{pmatrix},\quad \boldsymbol{\alpha}_2=\begin{pmatrix}1\\2\\0\\1\end{pmatrix},\quad \boldsymbol{\alpha}_3=\begin{pmatrix}2\\1\\3\\0\end{pmatrix},\quad \boldsymbol{\alpha}_4=\begin{pmatrix}1\\4\\-2\\1\end{pmatrix}$$

是线性相关还是线性无关？

解　对矩阵$(\boldsymbol{\alpha}_1,\boldsymbol{\alpha}_2,\boldsymbol{\alpha}_3,\boldsymbol{\alpha}_4)$进行初等行变换如下：

$$(\boldsymbol{\alpha}_1,\boldsymbol{\alpha}_2,\boldsymbol{\alpha}_3,\boldsymbol{\alpha}_4)=\begin{pmatrix}1&1&2&1\\0&2&1&4\\2&0&3&-2\\1&1&0&1\end{pmatrix}\xrightarrow[R_4-R_1]{R_3-2R_1}\begin{pmatrix}1&1&2&1\\0&2&1&4\\0&-2&-1&-4\\0&0&-2&0\end{pmatrix}$$

$$\xrightarrow[(-\frac{1}{2})R_4]{\substack{2R_1-R_2\\R_3+R_2}}\begin{pmatrix}2&0&3&-2\\0&2&1&4\\0&0&0&0\\0&0&1&0\end{pmatrix}\xrightarrow{\substack{R_1-3R_4\\R_2-R_4}}\begin{pmatrix}2&0&0&-2\\0&2&0&4\\0&0&0&0\\0&0&1&0\end{pmatrix}$$

$$\xrightarrow[R_{34}]{\substack{(\frac{1}{2})R_1\\(\frac{1}{2})R_2}}\begin{pmatrix}1&0&0&-1\\0&1&0&2\\0&0&1&0\\0&0&0&0\end{pmatrix}$$

因矩阵$(\boldsymbol{\alpha}_1,\boldsymbol{\alpha}_2,\boldsymbol{\alpha}_3,\boldsymbol{\alpha}_4)$的秩等于 3，由定理 4 知，向量组 $\boldsymbol{\alpha}_1,\boldsymbol{\alpha}_2,\boldsymbol{\alpha}_3,\boldsymbol{\alpha}_4$ 线性相关，且由例 8 可知 $\boldsymbol{\alpha}_4=-\boldsymbol{\alpha}_1+2\boldsymbol{\alpha}_2$ 或 $\boldsymbol{\alpha}_1-2\boldsymbol{\alpha}_2+\boldsymbol{\alpha}_4=0$。

例 11　设向量组 $\boldsymbol{\alpha}_1,\boldsymbol{\alpha}_2,\boldsymbol{\alpha}_3,\boldsymbol{\alpha}_4$ 线性无关，令 $\boldsymbol{\beta}_1=\boldsymbol{\alpha}_1+\boldsymbol{\alpha}_2,\boldsymbol{\beta}_2=\boldsymbol{\alpha}_2+\boldsymbol{\alpha}_3,\boldsymbol{\beta}_3=\boldsymbol{\alpha}_3+\boldsymbol{\alpha}_4,\boldsymbol{\beta}_4=\boldsymbol{\alpha}_4+\boldsymbol{\alpha}_1$，问向量组 $\boldsymbol{\beta}_1,\boldsymbol{\beta}_2,\boldsymbol{\beta}_3,\boldsymbol{\beta}_4$ 是线性相关还是线性无关？

证明　作等式

$$k_1\boldsymbol{\beta}_1+k_2\boldsymbol{\beta}_2+k_3\boldsymbol{\beta}_3+k_4\boldsymbol{\beta}_4=0$$

这里 k_1,k_2,k_3,k_4 是未知数，于是有

$$k_1(\boldsymbol{\alpha}_1+\boldsymbol{\alpha}_2)+k_2(\boldsymbol{\alpha}_2+\boldsymbol{\alpha}_3)+k_3(\boldsymbol{\alpha}_3+\boldsymbol{\alpha}_4)+k_4(\boldsymbol{\alpha}_4+\boldsymbol{\alpha}_1)=0$$

整理后得

$$(k_1+k_4)\boldsymbol{\alpha}_1+(k_1+k_2)\boldsymbol{\alpha}_2+(k_2+k_3)\boldsymbol{\alpha}_3+(k_3+k_4)\boldsymbol{\alpha}_4=0$$

因 $\boldsymbol{\alpha}_1,\boldsymbol{\alpha}_2,\boldsymbol{\alpha}_3,\boldsymbol{\alpha}_4$ 线性无关，故有

$$\begin{cases}k_1+k_4=0\\k_1+k_2=0\\k_2+k_3=0\\k_3+k_4=0\end{cases}\tag{2.19}$$

解之，可得

$$\begin{cases} k_1 = -k_4 \\ k_2 = k_4 \\ k_3 = -k_4 \end{cases}$$

故知齐次线性方程组(2.19)有非零解,所以向量组 $\boldsymbol{\beta}_1,\boldsymbol{\beta}_2,\boldsymbol{\beta}_3,\boldsymbol{\beta}_4$ 线性相关。

定理 5 向量组 $\boldsymbol{\alpha}_1,\boldsymbol{\alpha}_2,\cdots,\boldsymbol{\alpha}_s(s\geqslant 2)$ 线性相关的充要条件是其中必有一个向量可由其余的向量线性表示。

证明 先证必要性:

设 $\boldsymbol{\alpha}_1,\boldsymbol{\alpha}_2,\cdots,\boldsymbol{\alpha}_s$ 线性相关,则一定存在一组不全为零的数 $k_1,\cdots,k_i,\cdots,k_s$,使

$$k_1\boldsymbol{\alpha}_1+\cdots+k_i\boldsymbol{\alpha}_i+\cdots+k_s\boldsymbol{\alpha}_s=0$$

不妨设 $k_i\neq 0$,则有

$$\boldsymbol{\alpha}_i=(-\frac{k_1}{k_i})\boldsymbol{\alpha}_1+\cdots+(-\frac{k_{i-1}}{k_i})\boldsymbol{\alpha}_{i-1}+(-\frac{k_{i+1}}{k_i})\boldsymbol{\alpha}_{i+1}+\cdots+(-\frac{k_s}{k_i})\boldsymbol{\alpha}_s$$

所以,若 $\boldsymbol{\alpha}_1,\boldsymbol{\alpha}_2,\cdots,\boldsymbol{\alpha}_s$ 线性相关,则其中必有一个向量可由其余的向量线性表示。

再证充分性:

设 $\boldsymbol{\alpha}_1,\boldsymbol{\alpha}_2,\cdots,\boldsymbol{\alpha}_i,\cdots,\boldsymbol{\alpha}_s$ 中有向量 $\boldsymbol{\alpha}_i$ 可由其余的向量线性表示,即

$$\boldsymbol{\alpha}_i=k_1\boldsymbol{\alpha}_1+\cdots+k_{i-1}\boldsymbol{\alpha}_{i-1}+k_{i+1}\boldsymbol{\alpha}_{i+1}+\cdots+k_s\boldsymbol{\alpha}_s$$

则有

$$k_1\boldsymbol{\alpha}_1+\cdots+k_{i-1}\boldsymbol{\alpha}_{i-1}+(-1)\boldsymbol{\alpha}_i+k_{i+1}\boldsymbol{\alpha}_{i+1}+\cdots+k_s\boldsymbol{\alpha}_s=0$$

由定义 2 知,向量组 $\boldsymbol{\alpha}_1,\boldsymbol{\alpha}_2,\cdots,\boldsymbol{\alpha}_s$ 线性相关。

推论 向量组 $\boldsymbol{\alpha}_1,\boldsymbol{\alpha}_2,\cdots,\boldsymbol{\alpha}_s(s\geqslant 2)$ 线性无关的充要条件是其中没有一个向量可由其余的向量线性表示。

定义 4 如果向量组 $\boldsymbol{\alpha}_1,\boldsymbol{\alpha}_2,\cdots,\boldsymbol{\alpha}_r$ 中每一个向量 $\boldsymbol{\alpha}_i(i=1,2,\cdots,r)$ 都可由向量组 $\boldsymbol{\beta}_1,\boldsymbol{\beta}_2,\cdots,\boldsymbol{\beta}_s$ 线性表示,则称向量组 $\boldsymbol{\alpha}_1,\boldsymbol{\alpha}_2,\cdots,\boldsymbol{\alpha}_r$ 可由向量组 $\boldsymbol{\beta}_1,\boldsymbol{\beta}_2,\cdots,\boldsymbol{\beta}_s$ 线性表示。若两个向量组可以相互线性表示,则称这两个向量组等价。

向量组的等价具有以下性质:

(1)反身性:每一个向量组都与它自身等价。

(2)对称性:如果向量组 $\boldsymbol{\alpha}_1,\boldsymbol{\alpha}_2,\cdots,\boldsymbol{\alpha}_r$ 与向量组 $\boldsymbol{\beta}_1,\boldsymbol{\beta}_2,\cdots,\boldsymbol{\beta}_s$ 等价,则向量组 $\boldsymbol{\beta}_1,\boldsymbol{\beta}_2,\cdots,\boldsymbol{\beta}_s$ 也与向量组 $\boldsymbol{\alpha}_1,\boldsymbol{\alpha}_2,\cdots,\boldsymbol{\alpha}_r$ 等价。

(3)传递性:如果向量组 $\boldsymbol{\alpha}_1,\boldsymbol{\alpha}_2,\cdots,\boldsymbol{\alpha}_r$ 与向量组 $\boldsymbol{\beta}_1,\boldsymbol{\beta}_2,\cdots,\boldsymbol{\beta}_s$ 等价,向量组 $\boldsymbol{\beta}_1,\boldsymbol{\beta}_2,\cdots,\boldsymbol{\beta}_s$ 与向量组 $\boldsymbol{\gamma}_1,\boldsymbol{\gamma}_2,\cdots,\boldsymbol{\gamma}_t$ 等价,则向量组 $\boldsymbol{\alpha}_1,\boldsymbol{\alpha}_2,\cdots,\boldsymbol{\alpha}_r$ 与向量组 $\boldsymbol{\gamma}_1,\boldsymbol{\gamma}_2,\cdots,\boldsymbol{\gamma}_t$ 等价。

例 12 设有两个向量组

$$(\text{Ⅰ})\quad \boldsymbol{\alpha}_1=\begin{pmatrix}1\\2\\0\end{pmatrix},\quad \boldsymbol{\alpha}_2=\begin{pmatrix}2\\0\\1\end{pmatrix}$$

$$(\text{Ⅱ})\quad \boldsymbol{e}_1=\begin{pmatrix}1\\0\\0\end{pmatrix},\quad \boldsymbol{e}_2=\begin{pmatrix}0\\1\\0\end{pmatrix},\quad \boldsymbol{e}_3=\begin{pmatrix}0\\0\\1\end{pmatrix}$$

试问它们是否等价？

解　将 $\boldsymbol{\alpha}_1,\boldsymbol{\alpha}_2,\boldsymbol{e}_1$ 写成矩阵如下：

$$\boldsymbol{D}=[\boldsymbol{\alpha}_1,\boldsymbol{\alpha}_2,\boldsymbol{e}_1]=\begin{bmatrix}1&2&1\\2&0&0\\0&1&0\end{bmatrix}$$

因 $|\boldsymbol{D}|=2\neq 0$，所以 D 的秩等于 3。由定理 4 可知向量组 $\boldsymbol{\alpha}_1,\boldsymbol{\alpha}_2,\boldsymbol{e}_1$ 线性无关，于是 $\boldsymbol{e}_1$ 不能由 $\boldsymbol{\alpha}_1,\boldsymbol{\alpha}_2$ 线性表示，这表明向量组（Ⅱ）不能由向量组（Ⅰ）线性表示，故向量组（Ⅰ）与向量组（Ⅱ）不等价。

定理 6　设 $\boldsymbol{\alpha}_1,\boldsymbol{\alpha}_2,\cdots,\boldsymbol{\alpha}_r$ 与 $\boldsymbol{\beta}_1,\boldsymbol{\beta}_2,\cdots,\boldsymbol{\beta}_s$ 是两个向量组，如果

（1）向量组 $\boldsymbol{\alpha}_1,\boldsymbol{\alpha}_2,\cdots,\boldsymbol{\alpha}_r$ 可由向量组 $\boldsymbol{\beta}_1,\boldsymbol{\beta}_2,\cdots,\boldsymbol{\beta}_s$ 线性表示；

（2）$r>s$；

则向量组 $\boldsymbol{\alpha}_1,\boldsymbol{\alpha}_2,\cdots,\boldsymbol{\alpha}_r$ 必线性相关。

（证明略）

推论 1　如果向量组 $\boldsymbol{\alpha}_1,\boldsymbol{\alpha}_2,\cdots,\boldsymbol{\alpha}_r$ 线性无关，且向量组 $\boldsymbol{\alpha}_1,\boldsymbol{\alpha}_2,\cdots,\boldsymbol{\alpha}_r$ 可由向量组 $\boldsymbol{\beta}_1,\boldsymbol{\beta}_2,\cdots,\boldsymbol{\beta}_s$ 线性表示，则 $r\leqslant s$。

这是因为此时若 $r>s$，则由定理 6 可知向量组 $\boldsymbol{\alpha}_1,\boldsymbol{\alpha}_2,\cdots,\boldsymbol{\alpha}_r$ 必线性相关，但这与已知向量组 $\boldsymbol{\alpha}_1,\boldsymbol{\alpha}_2,\cdots,\boldsymbol{\alpha}_r$ 线性无关的假设矛盾，故只能有 $r\leqslant s$。

推论 2　任意 $n+1$ 个 n 元向量组 $\boldsymbol{\alpha}_1,\boldsymbol{\alpha}_2,\cdots,\boldsymbol{\alpha}_{n+1}$ 必线性相关。

这是因为向量组 $\boldsymbol{\alpha}_1,\boldsymbol{\alpha}_2,\cdots,\boldsymbol{\alpha}_{n+1}$ 中每一个向量都可由向量组 $\boldsymbol{e}_1,\boldsymbol{e}_2,\cdots,\boldsymbol{e}_n$ 线性表示，且因 $n+1>n$，所以由定理 6 知向量组 $\boldsymbol{\alpha}_1,\boldsymbol{\alpha}_2,\cdots,\boldsymbol{\alpha}_{n+1}$ 线性相关。

2.2.3　极大线性无关组

定义 5　设向量组 $\boldsymbol{\alpha}_{i_1},\boldsymbol{\alpha}_{i_2},\cdots,\boldsymbol{\alpha}_{i_s}$ 是向量组 $\boldsymbol{\alpha}_1,\boldsymbol{\alpha}_2,\cdots,\boldsymbol{\alpha}_r$ 中一个部分向量组。如果

（1）向量组 $\boldsymbol{\alpha}_{i_1},\boldsymbol{\alpha}_{i_2},\cdots,\boldsymbol{\alpha}_{i_s}$ 线性无关；

（2）每一个 $\boldsymbol{\alpha}_j(j=1,2,\cdots,r)$ 都可由向量组 $\boldsymbol{\alpha}_{i_1},\boldsymbol{\alpha}_{i_2},\cdots,\boldsymbol{\alpha}_{i_s}$ 线性表示；

则称向量组 $\boldsymbol{\alpha}_{i_1},\boldsymbol{\alpha}_{i_2},\cdots,\boldsymbol{\alpha}_{i_s}$ 是向量组 $\boldsymbol{\alpha}_1,\boldsymbol{\alpha}_2,\cdots,\boldsymbol{\alpha}_r$ 的一个极大线性无关组，简称极大无关组。

说明：由定义 4 和定义 5 可知，每一个向量组 $\boldsymbol{\alpha}_1,\boldsymbol{\alpha}_2,\cdots,\boldsymbol{\alpha}_r$ 与它的任意一个极大线性无关组都是等价的。

由定义 5 可知以下结论正确：

（1）当向量组中只包含一个零向量时，该向量组没有极大线性无关组。

（2）如果一个向量组线性无关，则它的极大线性无关组就是它本身。

（3）对于一个含有非零向量的线性相关的向量组来说，它一定有极大线性无关组，且不一定只有一个极大线性无关组。

例如，在例 10 中，向量组 $\boldsymbol{\alpha}_1,\boldsymbol{\alpha}_2,\boldsymbol{\alpha}_3,\boldsymbol{\alpha}_4$ 线性相关，而其中向量组 $\boldsymbol{\alpha}_1,\boldsymbol{\alpha}_2,\boldsymbol{\alpha}_3$ 或 $\boldsymbol{\alpha}_1,\boldsymbol{\alpha}_3,\boldsymbol{\alpha}_4$ 或 $\boldsymbol{\alpha}_2,\boldsymbol{\alpha}_3,\boldsymbol{\alpha}_4$ 都是向量组 $\boldsymbol{\alpha}_1,\boldsymbol{\alpha}_2,\boldsymbol{\alpha}_3,\boldsymbol{\alpha}_4$ 的极大线性无关组。

定理 7　一个向量组的任意两个极大线性无关组都是等价的，并且它们所含向量的个数都相等。

证明　设 $\boldsymbol{\alpha}_{i_1},\boldsymbol{\alpha}_{i_2},\cdots,\boldsymbol{\alpha}_{i_s}$ 与 $\boldsymbol{\alpha}_{j_1},\boldsymbol{\alpha}_{j_2},\cdots,\boldsymbol{\alpha}_{j_t}$ 是向量组 $\boldsymbol{\alpha}_1,\boldsymbol{\alpha}_2,\cdots,\boldsymbol{\alpha}_r$ 的任意两个极大线性

无关组,由定义 5 知,$\boldsymbol{\alpha}_{i_1},\boldsymbol{\alpha}_{i_2},\cdots,\boldsymbol{\alpha}_{i_s}$ 可由 $\boldsymbol{\alpha}_{j_1},\boldsymbol{\alpha}_{j_2},\cdots,\boldsymbol{\alpha}_{j_t}$ 线性表示,且因 $\boldsymbol{\alpha}_{i_1},\boldsymbol{\alpha}_{i_2},\cdots,\boldsymbol{\alpha}_{i_s}$ 线性无关,故由定理 6 的推论 1 可知 $s\leqslant t$。同理,因 $\boldsymbol{\alpha}_{j_1}.\boldsymbol{\alpha}_{j_2},\cdots,\boldsymbol{\alpha}_{j_t}$ 也可由 $\boldsymbol{\alpha}_{i_1},\boldsymbol{\alpha}_{i_2},\cdots,\boldsymbol{\alpha}_{i_s}$ 线性表示,且 $\boldsymbol{\alpha}_{j_1},\boldsymbol{\alpha}_{j_2},\cdots,\boldsymbol{\alpha}_{j_t}$ 也线性无关,所以有 $t\leqslant s$,于是得 $s=t$。又因它们可以相互线性表示,故知它们等价。

定义 6　向量组的极大线性无关组中所含向量的个数称为该向量组的秩。矩阵的列向量组的秩称为矩阵的列秩。矩阵的行向量组的秩称为矩阵的行秩。

可以证明下述结论正确:

矩阵的秩=矩阵的列秩=矩阵的行秩

例 13　求向量组

$$\boldsymbol{\alpha}_1=\begin{pmatrix}1\\-1\\2\\4\end{pmatrix},\quad \boldsymbol{\alpha}_2=\begin{pmatrix}0\\3\\1\\2\end{pmatrix},\quad \boldsymbol{\alpha}_3=\begin{pmatrix}3\\0\\7\\14\end{pmatrix},\quad \boldsymbol{\alpha}_4=\begin{pmatrix}1\\-1\\1\\2\end{pmatrix}$$

的秩及它的一个极大线性无关组。

解　对矩阵 $\boldsymbol{A}=(\boldsymbol{\alpha}_1,\boldsymbol{\alpha}_2,\boldsymbol{\alpha}_3,\boldsymbol{\alpha}_4)$ 进行初等行变换如下

$$\boldsymbol{A}=(\boldsymbol{\alpha}_1,\boldsymbol{\alpha}_2,\boldsymbol{\alpha}_3,\boldsymbol{\alpha}_4)=\begin{pmatrix}1&0&3&1\\-1&3&0&-1\\2&1&7&1\\4&2&14&2\end{pmatrix}\xrightarrow[R_4-4R_1]{\substack{R_2+R_1\\R_3-2R_1}}\begin{pmatrix}1&0&3&1\\0&3&3&0\\0&1&1&-1\\0&2&2&-2\end{pmatrix}$$

$$\xrightarrow[R_4-2R_3]{R_2-3R_3}\begin{pmatrix}1&0&3&1\\0&0&0&3\\0&1&1&-1\\0&0&0&0\end{pmatrix}\xrightarrow[R_{23}]{(\frac{1}{3})R_2}\begin{pmatrix}1&0&3&1\\0&1&1&-1\\0&0&0&1\\0&0&0&0\end{pmatrix}$$

于是知 $\mathrm{R}(\boldsymbol{A})=3$。这表明向量组 $\boldsymbol{\alpha}_1,\boldsymbol{\alpha}_2,\boldsymbol{\alpha}_3,\boldsymbol{\alpha}_4$ 的秩为 3,且它的极大线性无关组中所含向量的个数只能是 3 个,因此在 $\boldsymbol{\alpha}_1,\boldsymbol{\alpha}_2,\boldsymbol{\alpha}_3,\boldsymbol{\alpha}_4$ 中,任意含有三个向量且线性无关的向量组都是它的一个极大线性无关组。由于 $\boldsymbol{A}$ 的第 1 列、第 2 列、第 4 列所组成的子矩阵的秩为 3,故知 $\boldsymbol{\alpha}_1,\boldsymbol{\alpha}_2,\boldsymbol{\alpha}_4$ 线性无关,所以向量组 $\boldsymbol{\alpha}_1,\boldsymbol{\alpha}_2,\boldsymbol{\alpha}_4$ 就是向量组 $\boldsymbol{\alpha}_1,\boldsymbol{\alpha}_2,\boldsymbol{\alpha}_3,\boldsymbol{\alpha}_4$ 的一个极大线性无关组。同理可知,向量组 $\boldsymbol{\alpha}_1,\boldsymbol{\alpha}_3,\boldsymbol{\alpha}_4$ 与 $\boldsymbol{\alpha}_2,\boldsymbol{\alpha}_3,\boldsymbol{\alpha}_4$ 都是向量组 $\boldsymbol{\alpha}_1,\boldsymbol{\alpha}_2,\boldsymbol{\alpha}_3,\boldsymbol{\alpha}_4$ 的极大线性无关组,而向量组 $\boldsymbol{\alpha}_1,\boldsymbol{\alpha}_2,\boldsymbol{\alpha}_3$ 不是向量组 $\boldsymbol{\alpha}_1,\boldsymbol{\alpha}_2,\boldsymbol{\alpha}_3,\boldsymbol{\alpha}_4$ 的极大线性无关组。

§2.3　齐次线性方程组的基础解系

我们知道,齐次线性方程组总是有解的,它或者只有唯一零解,或者有无穷多个解。由于在许多问题的讨论中,常需要在它有无穷多个解时,求出解集中的一个极大线性无关组,它就

是齐次线性方程组的一个基础解系，因此必须掌握求齐次线性方程组的基础解系的方法。

2.3.1　齐次线性方程组解的特性

齐次线性方程组

$$\boldsymbol{A}_{m\times n}\boldsymbol{X}_{n\times 1}=0 \quad (\text{简记为} \quad \boldsymbol{AX}=0) \tag{2.20}$$

的任意两个解的线性组合，仍为此齐次线性方程组(2.20)的解。

这是因为，若设 $\boldsymbol{X}_1,\boldsymbol{X}_2$ 是(2.20)的解，则有

$$\boldsymbol{AX}_1=0;\boldsymbol{AX}_2=0$$

又设它们的线性组合为 $k_1\boldsymbol{X}_1+k_2\boldsymbol{X}_2$，代入(2.20)得

$$\boldsymbol{A}(k_1\boldsymbol{X}_1+k_2\boldsymbol{X}_2)=\boldsymbol{A}(k_1\boldsymbol{X}_1)+\boldsymbol{A}(k_2\boldsymbol{X}_2)=k_1\boldsymbol{AX}_1+k_2\boldsymbol{AX}_2=0$$

这就表明齐次线性方程组的任意两个解的线性组合仍为此齐次线性方程组的解。

2.3.2　基础解系的存在与求法

定义 7　设 $\boldsymbol{\eta}_1,\boldsymbol{\eta}_2,\cdots,\boldsymbol{\eta}_t$ 是齐次线性方程组(2.20)的一组解。如果

(1) $\boldsymbol{\eta}_1,\boldsymbol{\eta}_2,\cdots,\boldsymbol{\eta}_t$ 线性无关；

(2)齐次线性方程组(2.20)的任意一个解都可由 $\boldsymbol{\eta}_1,\boldsymbol{\eta}_2,\cdots,\boldsymbol{\eta}_t$ 线性表示。

则称 $\boldsymbol{\eta}_1,\boldsymbol{\eta}_2,\cdots,\boldsymbol{\eta}_t$ 为齐次线性方程组(2.20)的一个基础解系。

定理 8　在齐次线性方程组(2.20)有非零解时($\mathrm{R}(\boldsymbol{A})<n$)，它有基础解系，且基础解系中所含解的个数等于 $n-\mathrm{R}(\boldsymbol{A})$。

证明　设 $\mathrm{R}(\boldsymbol{A})=r<n$，由(2.12)式可知，齐次线性方程组(2.20)的通解为

$$\begin{cases} x_1=-(c_{1,r+1}t_1+c_{1,r+2}t_2+\cdots+c_{1n}t_{n-r}) \\ x_2=-(c_{2,r+1}t_1+c_{2,r+2}t_2+\cdots+c_{2n}t_{n-r}) \\ \qquad\vdots \\ x_r=-(c_{r,r+1}t_1+c_{r,r+2}t_2+\cdots+c_{rn}t_{n-r}) \\ x_{r+1}=t_1 \\ x_{r+2}=t_2 \\ \qquad\vdots \\ x_n=t_{n-r} \end{cases} \tag{2.21}$$

若令

$$\boldsymbol{X}=\begin{pmatrix} x_1 \\ \vdots \\ x_r \\ x_{r+1} \\ \vdots \\ x_n \end{pmatrix},\quad \boldsymbol{\eta}_1=\begin{pmatrix} -c_{1,r+1} \\ -c_{2,r+1} \\ \vdots \\ -c_{r,r+1} \\ 1 \\ 0 \\ \vdots \\ 0 \end{pmatrix},\quad \boldsymbol{\eta}_2=\begin{pmatrix} -c_{1,r+2} \\ -c_{2,r+2} \\ \vdots \\ -c_{r,r+2} \\ 0 \\ 1 \\ \vdots \\ 0 \end{pmatrix},\quad \cdots,\quad \boldsymbol{\eta}_{n-r}=\begin{pmatrix} -c_{1n} \\ -c_{2n} \\ \vdots \\ -c_{rn} \\ 0 \\ 0 \\ \vdots \\ 1 \end{pmatrix}$$

则(2.21)式可写成向量形式

$$\boldsymbol{X}=t_1\boldsymbol{\eta}_1+t_2\boldsymbol{\eta}_2+\cdots+t_{n-r}\boldsymbol{\eta}_{n-r} \tag{2.22}$$

这里 $t_1,t_2,\cdots,t_{n-r}$ 是任意常数,$\boldsymbol{X}$ 表示(2.20)的任意一个解。

根据 $t_1,t_2,\cdots,t_{n-r}$ 的任意性,我们可以依次取

$$t_1=1,\quad t_2=0,\quad \cdots,\quad t_{n-r}=0$$

或
$$t_1=0,\quad t_2=1,\quad \cdots,\quad t_{n-r}=0$$
$$\vdots \qquad \vdots \qquad\qquad \vdots$$

或
$$t_1=0,\quad t_2=0,\quad \cdots,\quad t_{n-r}=1$$

代入(2.22)式,于是可得齐次线性方程组(2.20)的 $n-r$ 个解 $\boldsymbol{\eta}_1,\boldsymbol{\eta}_2,\cdots,\boldsymbol{\eta}_{n-r}$。

我们指出,上面所求得的 $n-r$ 个解 $\boldsymbol{\eta}_1,\boldsymbol{\eta}_2,\cdots,\boldsymbol{\eta}_{n-r}$ 是齐次线性方程组的一个基础解系。

这是因为矩阵$[\boldsymbol{\eta}_1,\boldsymbol{\eta}_2,\cdots,\boldsymbol{\eta}_{n-r}]$中最后 $n-r$ 行元素所构成的一个 $n-r$ 阶子式不等于零,所以矩阵$[\boldsymbol{\eta}_1,\boldsymbol{\eta}_2,\cdots,\boldsymbol{\eta}_{n-r}]$的秩为 $n-r$,故知 $\boldsymbol{\eta}_1,\boldsymbol{\eta}_2,\cdots,\boldsymbol{\eta}_{n-r}$ 线性无关,其次由(2.22)式知,(2.20)的任意一个解都可由 $\boldsymbol{\eta}_1,\boldsymbol{\eta}_2,\cdots,\boldsymbol{\eta}_{n-r}$ 线性表示,由定义7知,这样求得的 $\boldsymbol{\eta}_1,\boldsymbol{\eta}_2,\cdots,\boldsymbol{\eta}_{n-r}$ 即为齐次线性方程组(2.20)的一个基础解系。

推论 因齐次线性方程组(2.20)的任意一个解都可以由它的基础解系 $\boldsymbol{\eta}_1,\boldsymbol{\eta}_2,\cdots,\boldsymbol{\eta}_{n-r}$ 线性表示,故当 $k_1,k_2,\cdots,k_{n-r}$ 是任意常数时,可得(2.20)的通解的另一种表达式:

$$k_1\boldsymbol{\eta}_1+k_2\boldsymbol{\eta}_2+\cdots+k_{n-r}\boldsymbol{\eta}_{n-r}$$

这就是(2.22)式。

例 14 求齐次线性方程组

$$\begin{cases} x_1-2x_2+x_3+x_4=0 \\ x_1-2x_2+x_3-x_4=0 \\ x_1-2x_2+x_3+5x_4=0 \end{cases}$$

的一个基础解系及通解。

解 对系数矩阵 $\boldsymbol{A}$ 进行初等行变换如下

$$\boldsymbol{A}=\begin{pmatrix} 1 & -2 & 1 & 1 \\ 1 & -2 & 1 & -1 \\ 1 & -2 & 1 & 5 \end{pmatrix} \xrightarrow[R_3-R_1]{R_2-R_1} \begin{pmatrix} 1 & -2 & 1 & 1 \\ 0 & 0 & 0 & -2 \\ 0 & 0 & 0 & 4 \end{pmatrix}$$

$$\xrightarrow{(-\frac{1}{2})R_2} \begin{pmatrix} 1 & -2 & 1 & 1 \\ 0 & 0 & 0 & 1 \\ 0 & 0 & 0 & 4 \end{pmatrix} \xrightarrow[R_3-4R_2]{R_1-R_2} \begin{pmatrix} 1 & -2 & 1 & 0 \\ 0 & 0 & 0 & 1 \\ 0 & 0 & 0 & 0 \end{pmatrix}$$

于是得同解线性方程组

$$\begin{cases} x_1-2x_2+x_3=0 \\ x_4=0 \end{cases}$$

解之,得原方程组的通解为

$$\begin{cases} x_1=2x_2-x_3 \\ x_4=0 \end{cases}$$

因 $R(\boldsymbol{A})=2$,未知量的个数为 4,故知基础解系中所含向量的个数是 2。

取 $x_2=1, x_3=0$,得

$$\boldsymbol{\eta}_1=\begin{pmatrix}2\\1\\0\\0\end{pmatrix}$$

取 $x_2=0, x_3=1$,得

$$\boldsymbol{\eta}_2=\begin{pmatrix}-1\\0\\1\\0\end{pmatrix}$$

于是 $\boldsymbol{\eta}_1$ 和 $\boldsymbol{\eta}_2$ 就是所给齐次线性方程组的一个基础解系,而表达式

$$k_1\boldsymbol{\eta}_1+k_2\boldsymbol{\eta}_2$$

也是原方程组的通解,其中 k_1 和 k_2 是任意常数。

例 15　求齐次线性方程组

$$\begin{cases}3x_1+4x_2-5x_3+7x_4=0\\2x_1-3x_2+3x_3-2x_4=0\\4x_1+11x_2-13x_3+16x_4=0\\7x_1-2x_2+x_3+3x_4=0\end{cases}$$

的一个基础解系。

解　对系数矩阵 $\boldsymbol{A}$ 进行初等行变换如下

$$\begin{pmatrix}3&4&-5&7\\2&-3&3&-2\\4&11&-13&16\\7&-2&1&3\end{pmatrix}\xrightarrow[R_4-3R_2]{\substack{R_1-R_2\\R_3-2R_2}}\begin{pmatrix}1&7&-8&9\\2&-3&3&-2\\0&17&-19&20\\1&7&-8&9\end{pmatrix}$$

$$\xrightarrow[R_4-R_1]{R_2-2R_1}\begin{pmatrix}1&7&-8&9\\0&-17&19&-20\\0&17&-19&20\\0&0&0&0\end{pmatrix}\xrightarrow[R_3+R_2]{17R_1+7R_2}\begin{pmatrix}17&0&-3&13\\0&-17&19&-20\\0&0&0&0\\0&0&0&0\end{pmatrix}$$

$$\xrightarrow{(-1)R_2}\begin{pmatrix}17&0&-3&13\\0&17&-19&20\\0&0&0&0\\0&0&0&0\end{pmatrix}$$

于是得同解线性方程组

$$\begin{cases}17x_1 - 3x_3 + 13x_4 = 0 \\ 17x_2 - 19x_3 + 20x_4 = 0\end{cases}$$

解之,得原方程组的通解为

$$\begin{cases}x_1 = \dfrac{1}{17}(3x_3 - 13x_4) \\ x_2 = \dfrac{1}{17}(19x_3 - 20x_4)\end{cases}$$

取 $x_3=1, x_4=0$,得解

$$\boldsymbol{\eta}_1 = \begin{pmatrix} \dfrac{3}{17} \\ \dfrac{19}{17} \\ 1 \\ 0 \end{pmatrix}$$

取 $x_3=0, x_4=1$,得解

$$\boldsymbol{\eta}_2 = \begin{pmatrix} -\dfrac{13}{17} \\ -\dfrac{20}{17} \\ 0 \\ 1 \end{pmatrix}$$

于是 $\boldsymbol{\eta}_1$ 和 $\boldsymbol{\eta}_2$ 就是所给齐次线性方程组的一个基础解系。

有时为了使解中的分量不出现分数,也可以依次取 $x_3=17, x_4=0$ 或 $x_3=0, x_4=17$,于是可得

$$\boldsymbol{\xi}_1 = \begin{pmatrix} 3 \\ 19 \\ 17 \\ 0 \end{pmatrix}, \quad \boldsymbol{\xi}_2 = \begin{pmatrix} -13 \\ -20 \\ 0 \\ 17 \end{pmatrix}$$

此时 ξ_1 和 ξ_2 都是原方程组的解,且线性无关,故知 ξ_1 和 ξ_2 也是所给齐次线性方程组的一个基础解系。

*2.3.3 非齐次线性方程组解的结构

考察非齐次线性方程组

$$\boldsymbol{A}_{m\times n}\boldsymbol{X}_{n\times 1} = \boldsymbol{b}_{m\times 1} \quad (\text{简记为 } \boldsymbol{AX} = \boldsymbol{b}) \tag{2.23}$$

其相应的齐次线性方程组为

$$\boldsymbol{A}_{m\times n}\boldsymbol{X}_{n\times 1} = \boldsymbol{0} \quad (\text{简记为 } \boldsymbol{AX} = \boldsymbol{0}) \tag{2.24}$$

通常称方程组(2.24)为方程组(2.23)的导出组。

定理9 若 $\boldsymbol{X}_0$ 为线性方程组(2.23)的一个解,则方程组(2.23)的任意一个解 $\boldsymbol{X}$ 都可以表示成

$$\boldsymbol{X}=\boldsymbol{X}_0+\boldsymbol{\eta}$$

这里 $\boldsymbol{\eta}$ 是其对应的齐次线性方程组(2.24)的一个解。

证明　因 $\boldsymbol{AX}=\boldsymbol{b}$,$\boldsymbol{AX}_0=\boldsymbol{b}$,故知 $\boldsymbol{A}(\boldsymbol{X}-\boldsymbol{X}_0)=\boldsymbol{0}$。这表明 $\boldsymbol{X}-\boldsymbol{X}_0$ 是(2.24)的解,如果我们把 $\boldsymbol{X}-\boldsymbol{X}_0$ 记为 $\boldsymbol{\eta}$,则有

$$\boldsymbol{X}=\boldsymbol{X}_0+\boldsymbol{\eta}$$

若已知线性方程组(2.24)的一个基础解系为 $\boldsymbol{\eta}_1,\boldsymbol{\eta}_2,\cdots,\boldsymbol{\eta}_{n-r}$,则(2.24)的通解可以表达为 $k_1\boldsymbol{\eta}_1+k_2\boldsymbol{\eta}_2+\cdots+k_{n-r}\boldsymbol{\eta}_{n-r}$,于是可知线性方程组(2.23)的通解可表达为

$$\boldsymbol{X}=\boldsymbol{X}_0+k_1\boldsymbol{\eta}_1+k_2\boldsymbol{\eta}_2+\cdots+k_{n-r}\boldsymbol{\eta}_{n-r}$$

其中 $k_1,k_2,\cdots,k_{n-r}$ 为任意常数。

例 16　求线性方程组

$$\begin{cases}x_1+2x_2+3x_3-x_4=1\\3x_1+2x_2+x_3-x_4=1\\2x_1+3x_2+x_3+x_4=1\end{cases}$$

的通解。

解法 1　由观察可知,$\boldsymbol{X}_0=[1,-1,1,1]^{\mathrm{T}}$ 是所给线性方程组的一个解。它的导出组为

$$\begin{cases}x_1+2x_2+3x_3-x_4=0\\3x_1+2x_2+x_3-x_4=0\\2x_1+3x_2+x_3+x_4=0\end{cases}$$

由计算可知,导出组的同解线性方程组是

$$\begin{cases}6x_1-5x_4=0\\6x_2+7x_4=0\\6x_3-5x_4=0\end{cases}$$

解之,可得导出组的通解为

$$\begin{cases}x_1=\dfrac{5}{6}x_4\\x_2=\dfrac{-7}{6}x_4\\x_3=\dfrac{5}{6}x_4\end{cases}\quad 或\begin{cases}x_1=5t\\x_2=-7t\\x_3=5t\\x_4=6t\end{cases}\quad(t\text{ 为任意常数})$$

于是得导出组的一个基础解系为 $\boldsymbol{\eta}=(5,-7,5,6)^{\mathrm{T}}$,导出组的通解为 $k\boldsymbol{\eta}$(k 是任意常数),于是原方程组的通解为

$$\boldsymbol{X}=\boldsymbol{X}_0+k\boldsymbol{\eta}=\begin{pmatrix}1\\-1\\1\\1\end{pmatrix}+k\begin{pmatrix}5\\-7\\5\\6\end{pmatrix}$$

解法 2　因

$$\overline{\boldsymbol{A}}=\begin{pmatrix}1&2&3&-1&1\\3&2&1&-1&1\\2&3&1&1&1\end{pmatrix}\xrightarrow[R_3-2R_1]{R_2-3R_1}\begin{pmatrix}1&2&3&-1&1\\0&-4&-8&2&-2\\0&-1&-5&3&-1\end{pmatrix}$$

$$\xrightarrow[(-1)R_3]{\substack{R_1+2R_3\\R_2-4R_3}}\begin{pmatrix}1&0&-7&5&-1\\0&0&12&-10&2\\0&1&5&-3&1\end{pmatrix}\xrightarrow[R_{23}]{(\frac{1}{2})R_2}\begin{pmatrix}1&0&-7&5&-1\\0&1&5&-3&1\\0&0&6&-5&1\end{pmatrix}$$

$$\xrightarrow[6R_2-5R_3]{6R_1+7R_3}\begin{pmatrix}6&0&0&-5&1\\0&6&0&7&1\\0&0&6&-5&1\end{pmatrix}$$

于是得所给线性方程组的同解线性方程组为

$$\begin{cases}6x_1-5x_4=1\\6x_2+7x_4=1\\6x_3-5x_4=1\end{cases}$$

解之,得原方程组的通解为

$$\begin{cases}x_1=\dfrac{1}{6}+\dfrac{5}{6}x_4\\x_2=\dfrac{1}{6}-\dfrac{7}{6}x_4\\x_3=\dfrac{1}{6}+\dfrac{5}{6}x_4\end{cases}$$

我们可把它写成参数形式

$$\begin{cases}x_1=\dfrac{1}{6}+5t\\x_2=\dfrac{1}{6}-7t\\x_3=\dfrac{1}{6}+5t\\x_4=\quad 6t\end{cases}\qquad(t\text{ 是参数})$$

若令

$$\boldsymbol{X}=\begin{pmatrix}x_1\\x_2\\x_3\\x_4\end{pmatrix},\quad \boldsymbol{X}_0=\begin{pmatrix}\frac{1}{6}\\\frac{1}{6}\\\frac{1}{6}\\0\end{pmatrix},\quad \boldsymbol{\eta}=\begin{pmatrix}5\\-7\\5\\6\end{pmatrix}$$

则原方程组的通解的向量形式为

$$X = X_0 + t\eta$$

这里 $\boldsymbol{X}_0$ 是原方程组的一个解，也称它为原方程组的一个特解，$\boldsymbol{\eta}$ 为原方程组的导出组的一个基础解系，t 是参数或称任意常数，$t\boldsymbol{\eta}$ 表示导出组的通解。

复习思考题 2

1. 判断下列论断是否正确（正确填“是”，不正确填“非”）：

(1)n 阶方阵 $\boldsymbol{A}$ 的行列式 $|\boldsymbol{A}|$ 等于零的充分必要条件是 $\boldsymbol{A}$ 中有一行（列）向量是其余行（列）向量的线性组合。

(2)设 $\alpha_1,\alpha_2,\cdots,\alpha_m$ 与 $\beta_1,\beta_2,\cdots,\beta_m$ 都是线性相关的 n 元向量组（$m\leqslant n$），则向量组 $\alpha_1+\beta_1,\alpha_2+\beta_2,\cdots,\alpha_m+\beta_m$ 也线性相关。

(3)设 $\boldsymbol{A}$ 和 $\boldsymbol{B}$ 为 n 阶方阵，如果 $\boldsymbol{AB}=0$，则有 $\mathrm{R}(\boldsymbol{A})+\mathrm{R}(\boldsymbol{B})\leqslant n$。

(4)若 $\boldsymbol{A}_{m\times n}\boldsymbol{X}_n=b_m$ 的系数矩阵的秩小于未知量的个数，则它有无穷多个解。

(5)设向量组 $\alpha_1,\alpha_2,\cdots,\alpha_s$ 的秩为 r，若在其中任取 m 个向量 $\alpha_{i_1},\alpha_{i_2},\cdots,\alpha_{i_m}$，则此向量组的秩必大于等于 $r+m-s$。

(6)非齐次线性方程组 $\boldsymbol{A}_{(n+1)\times n}\boldsymbol{X}_{n\times 1}=\boldsymbol{b}_{n+1}$ 有解的充分必要条件是它的增广矩阵 $\bar{\boldsymbol{A}}$ 的行列式 $|\bar{\boldsymbol{A}}|=0$。

(7)齐次线性方程组 $\boldsymbol{A}_{m\times n}\boldsymbol{X}_{n\times 1}=\boldsymbol{0}$ 有非零解的充分必要条件是 $m<n$。

(8)若 n 元列向量组 $\boldsymbol{\beta}_1,\boldsymbol{\beta}_2,\cdots,\boldsymbol{\beta}_s$（$s<n$）线性无关，且 $\boldsymbol{\beta}_1,\boldsymbol{\beta}_2,\cdots,\boldsymbol{\beta}_s$ 都是线性方程组 $\boldsymbol{A}_{m\times n}\boldsymbol{X}_{n\times 1}=0$ 的解，则必有 $\mathrm{R}(\boldsymbol{A})\leqslant n-s$。

2. 选择题：

(1)已知 $\boldsymbol{X}=\begin{pmatrix}1 & 2 & -1\\ 2 & 4 & -2\\ 3 & 6 & k\end{pmatrix}$，$\boldsymbol{A}$ 为三阶非零矩阵，且满足 $\boldsymbol{AX}=0$，则

(a)$k=-3$ 时，$\boldsymbol{A}$ 的秩必为 1。

(b)$k=-3$ 时，$\boldsymbol{A}$ 的秩必为 2。

(c)$k\neq-3$ 时，$\boldsymbol{A}$ 的秩必为 1。

(d)$k\neq-3$ 时，$\boldsymbol{A}$ 的秩必为 2。

(2)n 元向量组 $\boldsymbol{\beta}_1,\boldsymbol{\beta}_2,\cdots,\boldsymbol{\beta}_s$（$3\leqslant s\leqslant n$）线性无关的充分必要条件是：

(a)存在一组不全为零的数 $k_1,k_2,\cdots,k_s$ 使 $k_1\boldsymbol{\beta}_1+k_2\boldsymbol{\beta}_2+\cdots+k_s\boldsymbol{\beta}_s\neq 0$。

(b)$\boldsymbol{\beta}_1,\boldsymbol{\beta}_2,\cdots,\boldsymbol{\beta}_s$ 中任意两个向量都线性无关。

(c)$\boldsymbol{\beta}_1,\boldsymbol{\beta}_2,\cdots,\boldsymbol{\beta}_s$ 中存在一个向量，它不能用其余向量线性表示。

(d)$\boldsymbol{\beta}_1,\boldsymbol{\beta}_2,\cdots,\boldsymbol{\beta}_s$ 中任意一个向量都不能用其余向量线性表示。

(3)设 $\boldsymbol{A}$ 是 $m\times n$ 矩阵，$\boldsymbol{AX}=\boldsymbol{0}$ 是非齐次线性方程组 $\boldsymbol{AX}=\boldsymbol{b}$ 所对应的齐次线性方程组，则下列结论正确的是

(a)若 $\boldsymbol{AX}=\boldsymbol{0}$ 仅有零解，则 $\boldsymbol{AX}=\boldsymbol{b}$ 有唯一解。

(b)若 $\boldsymbol{AX}=\boldsymbol{0}$ 有非零解，则 $\boldsymbol{AX}=\boldsymbol{b}$ 有无穷多解。

(c)若 $\boldsymbol{AX}=\boldsymbol{b}$ 有无穷多解，则 $\boldsymbol{AX}=\boldsymbol{0}$ 仅有零解。

(d)若 $\boldsymbol{AX}=\boldsymbol{b}$ 有无穷多解，则 $\boldsymbol{AX}=0$ 有非零解。

(4)已知 $\boldsymbol{\beta}_1$ 和 $\boldsymbol{\beta}_2$ 是非齐次线性方程组 $\boldsymbol{AX}=\boldsymbol{b}$ 的两个不同的解，$\boldsymbol{\alpha}_1$ 和 $\boldsymbol{\alpha}_2$ 是对应的齐次线性方程组 $\boldsymbol{AX}=0$ 的基础解系，k_1 和 k_2 为任意常数，则方程组 $\boldsymbol{AX}=\boldsymbol{b}$ 的通解（一般解）必是

(a)$k_1\boldsymbol{\alpha}_1+k_2(\boldsymbol{\alpha}_1+\boldsymbol{\alpha}_2)+\dfrac{\boldsymbol{\beta}_1-\boldsymbol{\beta}_2}{2}$。

(b) $k_1\boldsymbol{\alpha}_1+k_2(\boldsymbol{\alpha}_1-\boldsymbol{\alpha}_2)+\dfrac{\boldsymbol{\beta}_1+\boldsymbol{\beta}_2}{2}$。

(c) $k_1\boldsymbol{\alpha}_1+k_2(\boldsymbol{\beta}_1+\boldsymbol{\beta}_2)+\dfrac{\boldsymbol{\beta}_1-\boldsymbol{\beta}_2}{2}$。

(d) $k_1\boldsymbol{\alpha}_1+k_2(\boldsymbol{\beta}_1-\boldsymbol{\beta}_2)+\dfrac{\boldsymbol{\beta}_1+\boldsymbol{\beta}_2}{2}$。

3. 设 $\boldsymbol{A}$ 是 n 阶方阵,且 $\boldsymbol{A}\neq 0$,证明:存在一个 n 阶非零矩阵 $\boldsymbol{B}$,使 $\boldsymbol{AB}=0$ 的充分必要条件是 $|\boldsymbol{A}|=0$。

4. 已知

$$\boldsymbol{\alpha}_1=\begin{pmatrix}1\\0\\2\\3\end{pmatrix},\quad \boldsymbol{\alpha}_2=\begin{pmatrix}1\\1\\3\\5\end{pmatrix},\quad \boldsymbol{\alpha}_3=\begin{pmatrix}1\\-1\\a+2\\1\end{pmatrix},\quad \boldsymbol{\alpha}_4=\begin{pmatrix}1\\2\\4\\a+8\end{pmatrix},\quad \boldsymbol{\beta}=\begin{pmatrix}1\\1\\b+3\\5\end{pmatrix}$$

问 a 和 b 取何值时,

(1) $\boldsymbol{\beta}$ 不能由 $\boldsymbol{\alpha}_1,\boldsymbol{\alpha}_2,\boldsymbol{\alpha}_3,\boldsymbol{\alpha}_4$ 线性表示。

(2) $\boldsymbol{\beta}$ 可由 $\boldsymbol{\alpha}_1,\boldsymbol{\alpha}_2,\boldsymbol{\alpha}_3,\boldsymbol{\alpha}_4$ 线性表示,但表达式不唯一。

(3) $\boldsymbol{\beta}$ 可由 $\boldsymbol{\alpha}_1,\boldsymbol{\alpha}_2,\boldsymbol{\alpha}_3,\boldsymbol{\alpha}_4$ 线性表示,且表达式唯一,并写出该表达式。

5. 设 n 阶方阵 $\boldsymbol{A}=(\boldsymbol{A}_1,\boldsymbol{A}_2,\cdots,\boldsymbol{A}_n)$,$\boldsymbol{B}=(\boldsymbol{A}_1+\boldsymbol{A}_2,\boldsymbol{A}_2+\boldsymbol{A}_3,\cdots,\boldsymbol{A}_n+\boldsymbol{A}_1)$,其中 $\boldsymbol{A}_1,\boldsymbol{A}_2,\cdots,\boldsymbol{A}_n$ 均为 n 元列向量,且 $\mathrm{R}(\boldsymbol{A})=n$,问 n 取何值时,齐次线性方程组 $\boldsymbol{BX}=\boldsymbol{0}$ 有唯一零解,有非零解?并给予证明。

6. 设 $\boldsymbol{\alpha}$ 和 $\boldsymbol{\beta}$ 都是 n 元非零列向量,$\boldsymbol{A}$ 为 n 阶可逆矩阵,试证矩阵 $(\boldsymbol{\beta}^{\mathrm{T}}\boldsymbol{A}^{-1}\boldsymbol{\alpha})\boldsymbol{A}-\boldsymbol{\alpha}\boldsymbol{\beta}^{\mathrm{T}}$ 不可逆。

7. 设 $\boldsymbol{A}=(\boldsymbol{A}_1,\boldsymbol{A}_2,\cdots,\boldsymbol{A}_r)$ 是 $n\times r$ 矩阵,$\boldsymbol{B}$ 是 r 阶可逆阵,如果 $\boldsymbol{A}$ 的列向量组是某个齐次线性方程组的一个基础解系,求证矩阵 $\boldsymbol{AB}$ 的列向量组也是该齐次线性方程组的基础解系。

8. 设 $\boldsymbol{A}$ 是 $m\times s$ 矩阵,$\boldsymbol{B}$ 是 $s\times n$ 矩阵,试证 $\mathrm{R}(\boldsymbol{AB})\leqslant\min(\mathrm{R}(\boldsymbol{A}),\mathrm{R}(\boldsymbol{B}))$。

9. 设有 n 阶方阵

$$\boldsymbol{A}=\begin{pmatrix}a_1b_1 & a_1b_2 & \cdots & a_1b_n\\ a_2b_1 & a_2b_2 & \cdots & a_2b_n\\ \vdots & \vdots & & \vdots\\ a_nb_1 & a_nb_2 & \cdots & a_nb_n\end{pmatrix}$$

其中 $a_i\neq 0,b_i\neq 0(i=1,2,\cdots,n)$,试求 $\boldsymbol{A}$ 的秩。

10. 若 $\boldsymbol{A}$ 为 n 阶方阵$(n\geqslant 2)$,$\boldsymbol{A}^*$ 为 $\boldsymbol{A}$ 的伴随矩阵,求证

(1) 当 $\mathrm{R}(\boldsymbol{A})=n$ 时,$\mathrm{R}(\boldsymbol{A}^*)=n$;

(2) 当 $\mathrm{R}(\boldsymbol{A})=n-1$ 时,$\mathrm{R}(\boldsymbol{A}^*)=1$;

(3) 当 $\mathrm{R}(\boldsymbol{A})<n-1$ 时,$\mathrm{R}(\boldsymbol{A}^*)=0$。

习 题 2

1. 解下列线性方程组

(1) $\begin{cases}x_1+x_2-2x_3=2\\ 2x_1-3x_2+5x_3=1\\ 4x_1-x_2+x_3=5\\ 5x_1-x_3=2\end{cases}$

(2) $\begin{cases}x_1+x_2-x_3+x_4=1\\ 2x_1+x_2-x_3-x_4=1\\ 4x_1+2x_2-2x_3-x_4=1\end{cases}$

(3) $\begin{cases}x_1+x_2+2x_3+3x_4=1\\ 3x_1-x_2-x_3-2x_4=-4\\ 2x_1+3x_2-x_3-x_4=-6\\ x_1+2x_2+3x_3-x_4=-4\end{cases}$

(4) $\begin{cases}x_1-2x_2+4x_3=-5\\ 2x_1+3x_2+x_3=4\\ 3x_1+8x_2-2x_3=13\\ 4x_1-x_2+9x_3=-6\end{cases}$

(5) $\begin{cases} x_1-2x_2+3x_3-4x_4=0 \\ x_1+3x_2-3x_4=0 \\ x_2-x_3+x_4=0 \\ x_1-4x_2+3x_3-2x_4=0 \end{cases}$

(6) $\begin{cases} x_1-2x_2+3x_3-4x_4=4 \\ x_2-x_3+x_4=-3 \\ 7x_2-3x_3-x_4=3 \\ x_1+3x_2+x_4=1 \end{cases}$

(7) $\begin{cases} x_1-x_2-3x_3+x_4-3x_5=2 \\ x_1+2x_2-3x_4+2x_5=1 \\ 2x_1-3x_2+4x_3-5x_4+2x_5=7 \\ 9x_1-9x_2+6x_3-16x_4+2x_5=25 \end{cases}$

(8) $\begin{cases} x_1+2x_2+x_3-x_4=4 \\ 3x_1+6x_2-x_3-3x_4=8 \\ 5x_1+10x_2+x_3-5x_4=16 \end{cases}$

2. 问 λ 取何值时，齐次线性方程组

$$\begin{cases} x_1-x_2+x_4=0 \\ x_2+\lambda x_3+x_4=0 \\ x_1+x_3=0 \\ \lambda x_2-x_3+x_4=0 \end{cases}$$

有唯一零解，有非零解？求出其非零解。

3. 问 λ 取何值时，线性方程组

$$\begin{cases} \lambda x_1+x_2+x_3=1 \\ x_1+\lambda x_2+x_3=\lambda \\ x_1+x_2+\lambda x_3=\lambda^2 \end{cases}$$

无解，有唯一解，有无穷多个解？若有解，求出它的解。

4. 问 λ 取何值时，线性方程组

$$\begin{cases} x_1+2x_2-x_3-2x_4=0 \\ 2x_1-x_2-x_3+x_4=1 \\ 3x_1+x_2-2x_3-x_4=\lambda \end{cases}$$

无解，有唯一解，有无穷多个解？若有解，求出它的解。

5. 问 λ 取何值时，线性方程组

$$\begin{cases} x_1-x_2+3x_3+2x_4=5 \\ 2x_1-2x_2+5x_3+3x_4=7 \\ 3x_1-3x_2+7x_3+4x_4=9 \\ \lambda x_1-4x_2+9x_3+5x_4=11 \end{cases}$$

无解，有唯一解，有无穷多个解？若有解，求出它的解。

6. 把向量 $\boldsymbol{\beta}$ 表示成向量组 $\boldsymbol{\alpha}_1,\boldsymbol{\alpha}_2,\boldsymbol{\alpha}_3$ 或 $\boldsymbol{\alpha}_1,\boldsymbol{\alpha}_2,\boldsymbol{\alpha}_3,\boldsymbol{\alpha}_4$ 的线性组合。

(1) $\boldsymbol{\alpha}_1=\begin{bmatrix}1\\1\\-1\end{bmatrix},\boldsymbol{\alpha}_2=\begin{bmatrix}-1\\2\\1\end{bmatrix},\boldsymbol{\alpha}_3=\begin{bmatrix}0\\0\\1\end{bmatrix},\boldsymbol{\beta}=\begin{bmatrix}1\\-5\\3\end{bmatrix}$

(2) $\boldsymbol{\alpha}_1=\begin{bmatrix}1\\0\\2\end{bmatrix},\boldsymbol{\alpha}_2=\begin{bmatrix}2\\-1\\3\end{bmatrix},\boldsymbol{\alpha}_3=\begin{bmatrix}1\\-1\\2\end{bmatrix},\boldsymbol{\beta}=\begin{bmatrix}-3\\2\\5\end{bmatrix}$

(3) $\boldsymbol{\alpha}_1=\begin{bmatrix}1\\1\\1\\1\end{bmatrix},\boldsymbol{\alpha}_2=\begin{bmatrix}1\\1\\1\\0\end{bmatrix},\boldsymbol{\alpha}_3=\begin{bmatrix}1\\1\\0\\0\end{bmatrix},\boldsymbol{\alpha}_4=\begin{bmatrix}1\\0\\0\\0\end{bmatrix},\boldsymbol{\beta}=\begin{bmatrix}1\\-1\\2\\1\end{bmatrix}$

$$(4)\boldsymbol{\alpha}_1=\begin{bmatrix}1\\1\\1\\1\end{bmatrix},\boldsymbol{\alpha}_2=\begin{bmatrix}1\\1\\-1\\-1\end{bmatrix},\boldsymbol{\alpha}_3=\begin{bmatrix}1\\-1\\1\\-1\end{bmatrix},\boldsymbol{\alpha}_4=\begin{bmatrix}1\\-1\\-1\\1\end{bmatrix},\boldsymbol{\beta}=\begin{bmatrix}1\\-7\\3\\-1\end{bmatrix}$$

7. 设有向量组

$$(1)\boldsymbol{\xi}_1=\begin{pmatrix}1\\-1\\1\end{pmatrix},\quad \boldsymbol{\xi}_2=\begin{pmatrix}-1\\2\\1\end{pmatrix},\quad \boldsymbol{\xi}_3=\begin{pmatrix}1\\2\\-1\end{pmatrix}$$

$$(2)\boldsymbol{\eta}_1=\begin{pmatrix}2\\1\\0\end{pmatrix},\quad \boldsymbol{\eta}_2=\begin{pmatrix}0\\1\\2\end{pmatrix},\quad \boldsymbol{\eta}_3=\begin{pmatrix}1\\1\\-3\end{pmatrix}$$

试把向量 $\boldsymbol{\eta}_1,\boldsymbol{\eta}_2,\boldsymbol{\eta}_3$ 用向量组 $\boldsymbol{\xi}_1,\boldsymbol{\xi}_2,\boldsymbol{\xi}_3$ 线性表示。

8. 设 $\boldsymbol{\alpha}_1,\boldsymbol{\alpha}_2,\cdots,\boldsymbol{\alpha}_s$ 是一组线性无关的向量，且

$$\boldsymbol{\beta}_i=\sum_{j=1}^{s}a_{ij}\boldsymbol{\alpha}_j \qquad (i=1,2,\cdots,s)$$

证明向量组 $\boldsymbol{\beta}_1,\boldsymbol{\beta}_2,\cdots,\boldsymbol{\beta}_s$ 线性无关的充分必要条件是

$$\begin{vmatrix}a_{11}&a_{12}&\cdots&a_{1s}\\a_{21}&a_{22}&\cdots&a_{2s}\\\vdots&\vdots&&\vdots\\a_{s1}&a_{s2}&\cdots&a_{ss}\end{vmatrix}\neq 0$$

9. 设向量组 $\boldsymbol{\alpha}_1,\boldsymbol{\alpha}_2,\cdots,\boldsymbol{\alpha}_r(r\geqslant 2)$线性无关，作以下线性组合

$$\boldsymbol{\beta}_1=\boldsymbol{\alpha}_1+k_1\boldsymbol{\alpha}_r,\quad \boldsymbol{\beta}_2=\boldsymbol{\alpha}_2+k_2\boldsymbol{\alpha}_r,\quad \cdots\quad ,\boldsymbol{\beta}_{r-1}=\boldsymbol{\alpha}_{r-1}+k_{r-1}\boldsymbol{\alpha}_r$$

证明向量组 $\boldsymbol{\beta}_1,\boldsymbol{\beta}_2,\cdots,\boldsymbol{\beta}_{r-1}$ 也线性无关。

10. 设有向量

$$\boldsymbol{\alpha}_1=\begin{bmatrix}\lambda+1\\1\\1\end{bmatrix},\boldsymbol{\alpha}_2=\begin{bmatrix}1\\\lambda+1\\1\end{bmatrix},\boldsymbol{\alpha}_3=\begin{bmatrix}1\\1\\\lambda+1\end{bmatrix},\boldsymbol{\beta}=\begin{bmatrix}0\\\lambda\\\lambda^2\end{bmatrix}$$

问 λ 取何值时，

(1)$\boldsymbol{\beta}$ 可由向量组 $\boldsymbol{\alpha}_1,\boldsymbol{\alpha}_2,\boldsymbol{\alpha}_3$ 线性表示，且表达式唯一。

(2)$\boldsymbol{\beta}$ 可由向量组 $\boldsymbol{\alpha}_1,\boldsymbol{\alpha}_2,\boldsymbol{\alpha}_3$ 线性表示，但表达式不唯一。

(3)$\boldsymbol{\beta}$ 不能由向量组 $\boldsymbol{\alpha}_1,\boldsymbol{\alpha}_2,\boldsymbol{\alpha}_3$ 线性表示。

11. 问下列向量组是线性相关还是线性无关？试述其理由：

$$(1)\boldsymbol{\alpha}_1=\begin{bmatrix}1\\-2\\1\end{bmatrix},\quad \boldsymbol{\alpha}_2=\begin{bmatrix}2\\-1\\5\end{bmatrix},\boldsymbol{\alpha}_3=\begin{bmatrix}1\\3\\6\end{bmatrix}\qquad (2)\boldsymbol{\alpha}_1=\begin{bmatrix}1\\-1\\0\end{bmatrix},\boldsymbol{\alpha}_2=\begin{bmatrix}2\\1\\1\end{bmatrix},\boldsymbol{\alpha}_3=\begin{bmatrix}1\\-3\\1\end{bmatrix}$$

$$(3)\boldsymbol{\alpha}_1=\begin{bmatrix}1\\1\\-1\\2\end{bmatrix},\boldsymbol{\alpha}_2=\begin{bmatrix}2\\-1\\4\\1\end{bmatrix},\boldsymbol{\alpha}_3=\begin{bmatrix}-1\\3\\-7\\2\end{bmatrix}\qquad (4)\boldsymbol{\alpha}_1=\begin{bmatrix}1\\2\\-1\\3\end{bmatrix},\boldsymbol{\alpha}_2=\begin{bmatrix}-1\\1\\3\\2\end{bmatrix},\boldsymbol{\alpha}_3=\begin{bmatrix}3\\-1\\0\\-2\end{bmatrix}$$

12. 问 λ 取何值时，向量组

$$\boldsymbol{\alpha}_1=\begin{bmatrix}1\\\lambda\\-1\\2\end{bmatrix},\boldsymbol{\alpha}_2=\begin{bmatrix}2\\-1\\\lambda\\5\end{bmatrix},\boldsymbol{\alpha}_3=\begin{bmatrix}1\\10\\-6\\1\end{bmatrix}$$

(1)线性相关;(2)线性无关。

13. 求下列向量组的秩及它的一个极大线性无关组:

(1)$\boldsymbol{\alpha}_1=\begin{bmatrix}1\\3\\-1\end{bmatrix},\boldsymbol{\alpha}_2=\begin{bmatrix}-1\\0\\2\end{bmatrix},\boldsymbol{\alpha}_3=\begin{bmatrix}3\\6\\-4\end{bmatrix}$

(2)$\boldsymbol{\alpha}_1=\begin{bmatrix}1\\3\\4\\-2\end{bmatrix},\boldsymbol{\alpha}_2=\begin{bmatrix}2\\1\\3\\-1\end{bmatrix},\boldsymbol{\alpha}_3=\begin{bmatrix}4\\-3\\1\\1\end{bmatrix},\boldsymbol{\alpha}_4=\begin{bmatrix}3\\-1\\2\\0\end{bmatrix}$

(3)$\boldsymbol{\alpha}_1=\begin{bmatrix}1\\1\\1\\1\end{bmatrix},\boldsymbol{\alpha}_2=\begin{bmatrix}1\\1\\-1\\-1\end{bmatrix},\boldsymbol{\alpha}_3=\begin{bmatrix}1\\-1\\1\\-1\end{bmatrix},\boldsymbol{\alpha}_4=\begin{bmatrix}1\\-1\\-1\\2\end{bmatrix}$

(4)$\boldsymbol{\alpha}_1=\begin{bmatrix}1\\2\\-1\\3\end{bmatrix},\boldsymbol{\alpha}_2=\begin{bmatrix}-1\\1\\2\\1\end{bmatrix},\boldsymbol{\alpha}_3=\begin{bmatrix}4\\5\\-5\\8\end{bmatrix},\boldsymbol{\alpha}_4=\begin{bmatrix}2\\1\\-3\\1\end{bmatrix}$

14. 证明:如果向量组(Ⅰ)可经向量组(Ⅱ)线性表示,则向量组(Ⅰ)的秩不超过向量组(Ⅱ)的秩。

15. 设 $\boldsymbol{A}$ 与 $\boldsymbol{B}$ 都是 $m\times n$ 矩阵,试证 $\mathrm{R}(\boldsymbol{A}+\boldsymbol{B})\leqslant\mathrm{R}(\boldsymbol{A})+\mathrm{R}(\boldsymbol{B})$。

16. 试证两个等价向量组的秩必相等,但反之不真,试举例说明。

17. 求下列齐次线性方程组的通解和它的一个基础解系:

(1)$\begin{cases}x_1+x_2+x_3-x_4=0\\x_1+x_4=0\\2x_1+x_2+x_3=0\\x_2+x_3-2x_4=0\end{cases}$　(2)$\begin{cases}x_1-2x_2-x_3+2x_4=0\\2x_1+5x_2-x_4=0\\3x_1+3x_2-x_3-3x_4=0\\4x_1+x_2-2x_3+x_4=0\end{cases}$

(3)$\begin{cases}x_1+x_2-2x_3+3x_4=0\\x_1-x_2-6x_3-x_4=0\\2x_1+x_2-6x_3+4x_4=0\end{cases}$　(4)$\begin{cases}x_1+x_2+x_3+x_4+x_5=0\\3x_1+2x_2+x_3+x_4-3x_5=0\\x_2+2x_3+2x_4+6x_5=0\\5x_1+4x_2+3x_3+3x_4-x_5=0\end{cases}$

18. 设 $\boldsymbol{A}$ 是 n 阶方阵,如果对于任意一个 n 元向量 $\boldsymbol{X}=[x_1,x_2,\cdots,x_n]^{\mathrm{T}}$ 都有 $\boldsymbol{AX}=\boldsymbol{0}$,则 $\boldsymbol{A}=0$。

19. 设 $\boldsymbol{A}$ 为 m 阶方阵,$\boldsymbol{B}$ 为 $m\times n$ 矩阵,且 $\mathrm{R}(\boldsymbol{B})=m$,证明:

(1)如果 $\boldsymbol{AB}=0$,则 $\boldsymbol{A}=0$;

(2)如果 $\boldsymbol{AB}=\boldsymbol{B}$,则 $\boldsymbol{A}=\boldsymbol{E}$。

20. 设 $\eta_1,\eta_2,\cdots,\eta_s$ 是非齐次线性方程组 $\boldsymbol{AX}=b$ 的 s 个解,而 $k_1,k_2,\cdots,k_s$ 是 s 个实数,并且满足条件 $k_1+k_2+\cdots+k_s=1$。试证:$\boldsymbol{X}=k_1\boldsymbol{\eta}_1+k_2\boldsymbol{\eta}_2+\cdots+k_s\boldsymbol{\eta}_s$ 也是所给非齐次线性方程组的解。

21. 设 $\boldsymbol{\eta}^*$ 是非齐次线性方程组 $\boldsymbol{AX}=\boldsymbol{b}$ 的一个解,$\xi_1,\xi_2,\cdots,\xi_{n-r}$是它的导出组的一个基础解系。证明:

(1)$\boldsymbol{\eta}^*,\xi_1,\xi_2,\cdots,\xi_{n-r}$线性无关;(2)$\boldsymbol{\eta}^*,\boldsymbol{\eta}^*+\xi_1,\cdots,\boldsymbol{\eta}^*+\xi_{n-r}$线性无关。

第 3 章　方阵的对角化与二次型

所谓方阵的对角化是指方阵与对角阵相似的问题，并不是任意一个方阵都可以与对角阵相似，它与方阵的特征值及其对应的特征向量有着密切的关系。二次型化标准形的问题是指对称方阵与对角阵合同的问题，它在研究机械振动、刚体转动、电磁振荡以及求解常系数线性微分方程组等问题中都有实际应用。本章主要介绍方阵的对角化问题、实对称方阵的对角化问题、二次型化标准形问题以及判别正定二次型的方法。

§3.1　方阵的特征值与特征向量

3.1.1　特征值与特征向量的概念

定义 1　设 $\boldsymbol{A}=(a_{ij})$ 是一个 n 阶方阵，如果存在数 λ（实数或复数）和 n 元非零列向量 $\boldsymbol{X}$，适合等式

$$\boldsymbol{AX}=\lambda\boldsymbol{X} \tag{3.1}$$

则称 λ 为方阵 $\boldsymbol{A}$ 的一个特征值，而称 $\boldsymbol{X}$ 为方阵 $\boldsymbol{A}$ 的属于特征值 λ 的一个特征向量。

(3.1)式可写成

$$(\lambda\boldsymbol{E}-\boldsymbol{A})\boldsymbol{X}=\boldsymbol{0} \tag{3.2}$$

由定义 1 可推得以下简单性质：

(1)如果 $\boldsymbol{X}_1$ 和 $\boldsymbol{X}_2$ 是方阵 $\boldsymbol{A}$ 的属于特征值 λ 的两个特征向量，则当它们的线性组合 $k_1\boldsymbol{X}_1+k_2\boldsymbol{X}_2\neq 0$ 时，向量 $k_1\boldsymbol{X}_1+k_2\boldsymbol{X}_2$ 也是属于 λ 的特征向量。这里 k_1 和 k_2 是不全为零的数。

这是因为 $\boldsymbol{AX}_1=\lambda\boldsymbol{X}_1$，$\boldsymbol{AX}_2=\lambda\boldsymbol{X}_2$，于是有

$$\begin{aligned}\boldsymbol{A}(k_1\boldsymbol{X}_1+k_2\boldsymbol{X}_2)&=\boldsymbol{A}(k_1\boldsymbol{X}_1)+\boldsymbol{A}(k_2\boldsymbol{X}_2)\\&=k_1\boldsymbol{AX}_1+k_2\boldsymbol{AX}_2=k_1\lambda\boldsymbol{X}_1+k_2\lambda\boldsymbol{X}_2=\lambda(k_1\boldsymbol{X}_1+k_2\boldsymbol{X}_2)\end{aligned}$$

(2)每一个特征向量只能属于某一个确定的特征值。

这是因为如果有一个特征向量 $\boldsymbol{X}$ 属于两个不同的特征值 λ_1 和 λ_2，则有

$$\boldsymbol{AX}=\lambda_1\boldsymbol{X}\qquad \boldsymbol{AX}=\lambda_2\boldsymbol{X}$$

于是可推得

$$\lambda_1\boldsymbol{X}=\lambda_2\boldsymbol{X}$$

移项后得

$$(\lambda_1-\lambda_2)\boldsymbol{X}=0$$

因 $\boldsymbol{X}\neq 0$，故推得 $\lambda_1=\lambda_2$，这与已知 $\lambda_1\neq\lambda_2$ 的假设矛盾，故上述结论正确。

3.1.2　特征值与特征向量的求法

定义2　设 $\boldsymbol{A}=(a_{ij})$ 是一个 n 阶方阵，λ 是一个未知量，矩阵 $\lambda\boldsymbol{E}-\boldsymbol{A}$ 的行列式

$$|\lambda\boldsymbol{E}-\boldsymbol{A}|=\begin{vmatrix}\lambda-a_{11} & -a_{12} & \cdots & -a_{1n}\\ -a_{21} & \lambda-a_{22} & \cdots & -a_{2n}\\ \vdots & \vdots & & \vdots\\ -a_{n1} & -a_{n2} & \cdots & \lambda-a_{nn}\end{vmatrix}$$

称为 $\boldsymbol{A}$ 的特征多项式。

由等式(3.2)可知，方阵 $\boldsymbol{A}$ 的特征值 λ_0 和属于特征值 λ_0 的特征向量 $\boldsymbol{X}_0$ 适合齐次线性方程组

$$(\lambda\boldsymbol{E}-\boldsymbol{A})\boldsymbol{X}=\boldsymbol{0}$$

即有

$$(\lambda_0\boldsymbol{E}-\boldsymbol{A})\boldsymbol{X}_0=\boldsymbol{0}\tag{3.3}$$

由于 $\boldsymbol{X}_0\neq 0$，故知齐次线性方程组(3.3)有非零解，由齐次线性方程组有非零解的充要条件可知，

$$|\lambda_0\boldsymbol{E}-\boldsymbol{A}|=0$$

这表明方阵 $\boldsymbol{A}$ 的特征值 λ_0 一定是 $|\lambda\boldsymbol{E}-\boldsymbol{A}|=0$ 的根，反之，若 λ_0 是 $\boldsymbol{A}$ 的特征多项式的根，即有

$$|\lambda_0\boldsymbol{E}-\boldsymbol{A}|=0$$

则齐次线性方程组

$$(\lambda_0\boldsymbol{E}-\boldsymbol{A})\boldsymbol{X}=\boldsymbol{0}$$

一定有非零解。设 $\boldsymbol{X}_0$ 是它的一个非零解，则有

$$(\lambda_0\boldsymbol{E}-\boldsymbol{A})\boldsymbol{X}_0=\boldsymbol{0}$$

于是有

$$\boldsymbol{A}\boldsymbol{X}_0=\lambda_0\boldsymbol{X}_0$$

这表明方阵 $\boldsymbol{A}$ 的特征多项式的根 λ_0 就是 $\boldsymbol{A}$ 的特征值，而适合齐次线性方程组

$$(\lambda_0\boldsymbol{E}-\boldsymbol{A})\boldsymbol{X}=\boldsymbol{0}$$

的一切非零解都是属于特征值 λ_0 的特征向量。

综上所述可知，求已知方阵 $\boldsymbol{A}$ 的特征值及其对应的特征向量的方法如下：

(1)首先求出方阵 $\boldsymbol{A}$ 的特征多项式的全部根，它们就是 $\boldsymbol{A}$ 的全部特征值。由多项式的理论可知，一个一元 n 次多项式在复数范围内一定有 n 个根。设将 $\boldsymbol{A}$ 的特征方程 $|\lambda\boldsymbol{E}-\boldsymbol{A}|=0$ 的 n 个特征根中互不相同的特征根记为 $\lambda_1,\lambda_2,\cdots,\lambda_s(s\leqslant n)$，且设 $\lambda_i(i=1,2,\cdots,s)$ 有 l_i 重根，则有 $l_1+l_2+\cdots+l_s=n$。

(2)把所求得的互不相同的特征值 $\lambda_1,\lambda_2,\cdots,\lambda_s$ 逐个地代入齐次线性方程组 $(\lambda\boldsymbol{E}-\boldsymbol{A})\boldsymbol{X}=\boldsymbol{0}$，于是得 s 个齐次线性方程组

$$(\lambda_1\boldsymbol{E}-\boldsymbol{A})\boldsymbol{X}=\boldsymbol{0}$$

$$(\lambda_2\boldsymbol{E}-\boldsymbol{A})\boldsymbol{X}=\boldsymbol{0}$$

$$\vdots$$

$$(\lambda_s \boldsymbol{E} - \boldsymbol{A})\boldsymbol{X} = \boldsymbol{0}$$

现在分别解此 s 个齐次线性方程组,设它们的基础解系依次分别为

$$\begin{gathered}\boldsymbol{X}_{11}, \boldsymbol{X}_{12}, \cdots, \boldsymbol{X}_{1r_1} \\ \boldsymbol{X}_{21}, \boldsymbol{X}_{22}, \cdots, \boldsymbol{X}_{2r_2} \\ \vdots \\ \boldsymbol{X}_{s1}, \boldsymbol{X}_{s2}, \cdots, \boldsymbol{X}_{sr_s};\end{gathered}$$

则它们依次是属于特征值 $\lambda_1, \lambda_2, \cdots, \lambda_s$ 的全部特征向量的一个极大线性无关组,或者说它们依次是属于特征值 $\lambda_1, \lambda_2, \cdots, \lambda_s$ 的全部线性无关的特征向量。而属于特征值 $\lambda_1, \lambda_2, \cdots, \lambda_s$ 的全部特征向量可依次表示为

$$\begin{array}{ll} k_{11}\boldsymbol{X}_{11} + k_{12}\boldsymbol{X}_{12} + \cdots + k_{1r_1}\boldsymbol{X}_{1r_1} & (k_{11}, k_{12}, \cdots, k_{1r_1} \text{不全为零}) \\ k_{21}\boldsymbol{X}_{21} + k_{22}\boldsymbol{X}_{22} + \cdots + k_{2r_2}\boldsymbol{X}_{2r_2} & (k_{21}, k_{22}, \cdots, k_{2r_2} \text{不全为零}) \\ \vdots & \vdots \\ k_{s1}\boldsymbol{X}_{s1} + k_{s2}\boldsymbol{X}_{s2} + \cdots + k_{sr_s}\boldsymbol{X}_{sr_s} & (k_{s1}, k_{s2}, \cdots, k_{sr_s} \text{不全为零}) \end{array}$$

例 1 求矩阵

$$\boldsymbol{A} = \begin{pmatrix} 5 & -3 & 2 \\ 6 & -4 & 4 \\ 4 & -4 & 5 \end{pmatrix}$$

的特征值和特征向量。

解 因为

$$|\lambda \boldsymbol{E} - \boldsymbol{A}| = \begin{vmatrix} \lambda-5 & 3 & -2 \\ -6 & \lambda+4 & -4 \\ -4 & 4 & \lambda-5 \end{vmatrix} \xlongequal{C_1+C_2} \begin{vmatrix} \lambda-2 & 3 & -2 \\ \lambda-2 & \lambda+4 & -4 \\ 0 & 4 & \lambda-5 \end{vmatrix}$$

$$= (\lambda-2)\begin{vmatrix} 1 & 3 & -2 \\ 1 & \lambda+4 & -4 \\ 0 & 4 & \lambda-5 \end{vmatrix} \xlongequal{R_2-R_1} (\lambda-2)\begin{vmatrix} 1 & 3 & -2 \\ 0 & \lambda+1 & -2 \\ 0 & 4 & \lambda-5 \end{vmatrix}$$

$$= (\lambda-2)\begin{vmatrix} \lambda+1 & -2 \\ 4 & \lambda-5 \end{vmatrix} = (\lambda-1)(\lambda-2)(\lambda-3)$$

所以 $\boldsymbol{A}$ 的特征值是 $\lambda_1=1, \lambda_2=2, \lambda_3=3$。

将 $\lambda_1=1$ 代入齐次线性方程组 $(\lambda\boldsymbol{E}-\boldsymbol{A})\boldsymbol{X}=\boldsymbol{0}$,得

$$(\boldsymbol{E}-\boldsymbol{A})\boldsymbol{X} = \begin{pmatrix} -4 & 3 & -2 \\ -6 & 5 & -4 \\ -4 & 4 & -4 \end{pmatrix}\begin{pmatrix} x_1 \\ x_2 \\ x_3 \end{pmatrix} = \boldsymbol{0}$$

因

$$(\boldsymbol{E}-\boldsymbol{A})=\begin{pmatrix}-4 & 3 & -2\\ -6 & 5 & -4\\ -4 & 4 & -4\end{pmatrix}\xrightarrow[R_3-R_1]{2R_2-3R_1}\begin{pmatrix}-4 & 3 & -2\\ 0 & 1 & -2\\ 0 & 1 & -2\end{pmatrix}$$

$$\xrightarrow[R_3-R_2]{R_1-3R_2}\begin{pmatrix}-4 & 0 & 4\\ 0 & 1 & -2\\ 0 & 0 & 0\end{pmatrix}\xrightarrow{(-\frac{1}{4})R_1}\begin{pmatrix}1 & 0 & -1\\ 0 & 1 & -2\\ 0 & 0 & 0\end{pmatrix}$$

于是得同解线性方程组

$$\begin{cases}x_1-x_3=0\\ x_2-2x_3=0\end{cases}$$

解之，可得原方程组的通解为

$$\begin{cases}x_1=x_3\\ x_2=2x_3\end{cases}$$

从而可求得原方程组的一个基础解系是

$$\boldsymbol{\eta}_1=\begin{pmatrix}1\\2\\1\end{pmatrix}$$

它就是属于特征值 1 的全部线性无关的特征向量，而属于特征值 1 的全部特征向量是 $k_1\boldsymbol{\eta}_1$（k_1 是不等于零的数）。

同理，将 $\lambda_2=2$ 代入齐次线性方程组$(\lambda\boldsymbol{E}-\boldsymbol{A})\boldsymbol{X}=\boldsymbol{0}$，得

$$(2\boldsymbol{E}-\boldsymbol{A})\boldsymbol{X}=\begin{pmatrix}-3 & 3 & -2\\ -6 & 6 & -4\\ -4 & 4 & -3\end{pmatrix}\begin{pmatrix}x_1\\x_2\\x_3\end{pmatrix}=\boldsymbol{0}$$

解之，可得方程组的通解为

$$\begin{cases}x_1=x_2\\ x_3=0\end{cases}$$

从而可求得它的一个基础解系是

$$\boldsymbol{\eta}_2=\begin{pmatrix}1\\1\\0\end{pmatrix}$$

它就是属于特征值 2 的全部线性无关的特征向量，而属于特征值 2 的全部特征向量是 $k_2\boldsymbol{\eta}_2$（k_2 是不等于零的数）。

同理，将 $\lambda_3=3$ 代入齐次线性方程组$(\lambda\boldsymbol{E}-\boldsymbol{A})\boldsymbol{X}=\boldsymbol{0}$，得

$$(3\boldsymbol{E}-\boldsymbol{A})\boldsymbol{X}=\begin{pmatrix}-2 & 3 & -2\\ -6 & 7 & -4\\ -4 & 4 & -2\end{pmatrix}\begin{pmatrix}x_1\\x_2\\x_3\end{pmatrix}=\boldsymbol{0}$$

解之,可得方程组的通解为

$$\begin{cases} x_1 = \dfrac{1}{2}x_3 \\ x_2 = x_3 \end{cases}$$

从而可求得它的一个基础解系是

$$\boldsymbol{\eta}_3 = \begin{pmatrix} 1 \\ 2 \\ 2 \end{pmatrix}$$

它就是属于特征值 3 的全部线性无关的特征向量,而属于特征值 3 的全部特征向量是 $k_3\boldsymbol{\eta}_3$(k_3 是不等于零的数)。

例 2 求矩阵

$$\boldsymbol{A} = \begin{pmatrix} -2 & 0 & 1 \\ 1 & 3 & 1 \\ -4 & 0 & 2 \end{pmatrix}$$

的特征值和特征向量

解 因为

$$|\lambda\boldsymbol{E} - \boldsymbol{A}| = \begin{vmatrix} \lambda+2 & 0 & -1 \\ -1 & \lambda-3 & -1 \\ 4 & 0 & \lambda-2 \end{vmatrix} = (\lambda-3)\begin{vmatrix} \lambda+2 & -1 \\ 4 & \lambda-2 \end{vmatrix}$$

$$=\lambda^2(\lambda-3)$$

所以 $\boldsymbol{A}$ 的特征值是 $\lambda_1=\lambda_2=0$(二重根),$\lambda_3=3$。

将 $\lambda_1=\lambda_2=0$ 代入齐次线性方程组 $(\lambda\boldsymbol{E}-\boldsymbol{A})\boldsymbol{X}=\boldsymbol{0}$,得

$$\boldsymbol{AX} = \begin{pmatrix} -2 & 0 & 1 \\ 1 & 3 & 1 \\ -4 & 0 & 2 \end{pmatrix}\begin{pmatrix} x_1 \\ x_2 \\ x_3 \end{pmatrix} = \boldsymbol{0}$$

解之,可得方程组的通解为

$$\begin{cases} x_1 = \dfrac{1}{2}x_3 \\ x_2 = -\dfrac{1}{2}x_3 \end{cases}$$

从而可求得它的一个基础解系是

$$\boldsymbol{\eta}_1 = \begin{pmatrix} 1 \\ -1 \\ 2 \end{pmatrix}$$

它就是属于二重特征值零的全部线性无关的特征向量,而属于二重特征值零的全部特征向量是 $k_1\boldsymbol{\eta}_1$(k_1 是不等于零的数)。

将 $\lambda_3=3$ 代入齐次线性方程组 $(\lambda\boldsymbol{E}-\boldsymbol{A})\boldsymbol{X}=\boldsymbol{0}$,得

$$(3\boldsymbol{E}-\boldsymbol{A})\boldsymbol{X}=\begin{pmatrix}5 & 0 & -1\\ -1 & 0 & -1\\ 4 & 0 & 1\end{pmatrix}\begin{pmatrix}x_1\\ x_2\\ x_3\end{pmatrix}=\boldsymbol{0}$$

解之，可得方程组的通解为

$$\begin{cases}x_1=0\\ x_2=x_2\\ x_3=0\end{cases}$$

从而可求得它的一个基础解系是

$$\boldsymbol{\eta}_2=\begin{pmatrix}0\\ 1\\ 0\end{pmatrix}$$

它就是属于特征值 3 的全部线性无关的特征向量，而属于特征值 3 的全部特征向量是 $k_2\boldsymbol{\eta}_2$（k_2 是不等于零的数）。

例 3　求矩阵

$$\boldsymbol{A}=\begin{pmatrix}3 & 2 & -1\\ -2 & -2 & 2\\ 3 & 6 & -1\end{pmatrix}$$

的特征值和特征向量。

解　因为

$$|\lambda\boldsymbol{E}-\boldsymbol{A}|=\begin{vmatrix}\lambda-3 & -2 & 1\\ 2 & \lambda+2 & -2\\ -3 & -6 & \lambda+1\end{vmatrix}\xlongequal{R_2+2R_1}\begin{vmatrix}\lambda-3 & -2 & 1\\ 2\lambda-4 & \lambda-2 & 0\\ -3 & -6 & \lambda+1\end{vmatrix}$$

$$=(\lambda-2)\begin{vmatrix}\lambda-3 & -2 & 1\\ 2 & 1 & 0\\ -3 & -6 & \lambda+1\end{vmatrix}$$

$$\xlongequal{C_1-2C_2}(\lambda-2)\begin{vmatrix}\lambda+1 & -2 & 1\\ 0 & 1 & 0\\ 9 & -6 & \lambda+1\end{vmatrix}$$

$$=(\lambda-2)\begin{vmatrix}\lambda+1 & 1\\ 9 & \lambda+1\end{vmatrix}=(\lambda-2)^2(\lambda+4)$$

所以 $\boldsymbol{A}$ 的特征值是 $\lambda_1=\lambda_2=2$（二重根），$\lambda_3=-4$。

将 $\lambda_1=\lambda_2=2$ 代入齐次线性方程组 $(\lambda\boldsymbol{E}-\boldsymbol{A})\boldsymbol{X}=\boldsymbol{0}$，得

$$(2\boldsymbol{E}-\boldsymbol{A})\boldsymbol{X}=\begin{pmatrix}-1 & -2 & 1\\ 2 & 4 & -2\\ -3 & -6 & 3\end{pmatrix}\begin{pmatrix}x_1\\ x_2\\ x_3\end{pmatrix}=\boldsymbol{0}$$

解之，可得方程组的通解为

$$x_1=-2x_2+x_3$$

从而可求得它的一个基础解系是

$$\boldsymbol{\eta}_1=\begin{pmatrix}-2\\1\\0\end{pmatrix},\quad \boldsymbol{\eta}_2=\begin{pmatrix}1\\0\\1\end{pmatrix}$$

它们就是属于二重特征值2的全部线性无关的特征向量,而属于特征值2的全部特征向量是 $k_1\boldsymbol{\eta}_1+k_2\boldsymbol{\eta}_2$($k_1,k_2$ 不全为零)。

将 $\lambda_3=-4$ 代入齐次线性方程组$(\lambda E-\boldsymbol{A})\boldsymbol{X}=\boldsymbol{0}$,得

$$(-4\boldsymbol{E}-\boldsymbol{A})\boldsymbol{X}=\begin{pmatrix}-7&-2&1\\2&-2&-2\\-3&-6&-3\end{pmatrix}\begin{pmatrix}x_1\\x_2\\x_3\end{pmatrix}=\boldsymbol{0}$$

解之,可得方程组的通解为

$$\begin{cases}x_1=\dfrac{1}{3}x_3\\x_2=-\dfrac{2}{3}x_3\end{cases}$$

从而可求得它的一个基础解系是

$$\boldsymbol{\eta}_3=\begin{pmatrix}1\\-2\\3\end{pmatrix}$$

它就是属于特征值-4的全部线性无关的特征向量,而属于特征值-4的全部特征向量是 $k_3\boldsymbol{\eta}_3$(k_3 是不等于零的数)。

从例1、例2和例3可知,下述结论是正确的(证明略)。

(1)如果方阵 $\boldsymbol{A}$ 的特征值 λ_i 是单根,则属于 λ_i 的全部线性无关的特征向量有且仅有一个。

(2)如果方阵 $\boldsymbol{A}$ 的特征值 λ_i 有 l_i 重根,则属于 λ_i 的全部线性无关的特征向量 $\boldsymbol{X}_{i1}$,$\boldsymbol{X}_{i2},\cdots,\boldsymbol{X}_{ir_i}$ 的个数 r_i 只能少于或等于 λ_i 的重数 l_i。

(3)如果 $\lambda_1,\lambda_2,\cdots,\lambda_s$ 是方阵 $\boldsymbol{A}$ 的互不相同的特征值,而 $\boldsymbol{X}_{i1},\boldsymbol{X}_{i2},\cdots,\boldsymbol{X}_{ir_i}$ 是属于特征值 $\lambda_i(i=1,2,\cdots,s)$ 的全部线性无关的特征向量,则向量组

$$\boldsymbol{X}_{11},\boldsymbol{X}_{12},\cdots,\boldsymbol{X}_{1r_1},\boldsymbol{X}_{21},\boldsymbol{X}_{22},\cdots,\boldsymbol{X}_{2r_2},\cdots,\boldsymbol{X}_{s1},\boldsymbol{X}_{s2}\cdots,\boldsymbol{X}_{sr_s}$$

必线性无关,且它们就是方阵 $\boldsymbol{A}$ 的全部线性无关的特征向量。

*3.1.3 方阵的迹

由行列式的基本性质7可知,n 阶行列式$|\lambda\boldsymbol{E}-\boldsymbol{A}|$可以分拆成 2^n 个 n 阶行列式的和,从而可推知 $\boldsymbol{A}$ 的特征多项式$|\lambda\boldsymbol{E}-\boldsymbol{A}|$是一个一元 n 次多项式。这是因为

$$|\lambda\boldsymbol{E}-\boldsymbol{A}|=\begin{vmatrix}\lambda-a_{11}&-a_{12}&\cdots&-a_{1n}\\-a_{21}&\lambda-a_{22}&\cdots&-a_{2n}\\\vdots&\vdots&&\vdots\\-a_{n1}&-a_{n2}&\cdots&\lambda-a_{nn}\end{vmatrix}=\begin{vmatrix}\lambda-a_{11}&0-a_{12}&\cdots&0-a_{1n}\\0-a_{21}&\lambda-a_{22}&\cdots&0-a_{2n}\\\vdots&\vdots&&\vdots\\0-a_{n1}&0-a_{n2}&\cdots&\lambda-a_{nn}\end{vmatrix}$$

$$=\begin{vmatrix}\lambda & 0 & \cdots & 0\\ 0 & \lambda & \cdots & 0\\ \vdots & \vdots & & \vdots\\ 0 & 0 & \cdots & \lambda\end{vmatrix}+\begin{vmatrix}-a_{11} & 0 & 0 & \cdots & 0\\ -a_{21} & \lambda & 0 & \cdots & 0\\ -a_{31} & 0 & \lambda & \cdots & 0\\ \vdots & \vdots & \vdots & & \vdots\\ -a_{n1} & 0 & 0 & \cdots & \lambda\end{vmatrix}$$

$$+\begin{vmatrix}\lambda & -a_{12} & 0 & \cdots & 0\\ 0 & -a_{22} & 0 & \cdots & 0\\ 0 & -a_{32} & \lambda & \cdots & 0\\ \vdots & \vdots & \vdots & & \vdots\\ 0 & -a_{n2} & 0 & \cdots & \lambda\end{vmatrix}+\cdots+\begin{vmatrix}\lambda & 0 & \cdots & 0 & -a_{1n}\\ 0 & \lambda & \cdots & 0 & -a_{2n}\\ \vdots & \vdots & & \vdots & \vdots\\ 0 & 0 & \cdots & \lambda & -a_{n-1,n}\\ 0 & 0 & \cdots & 0 & -a_{nn}\end{vmatrix}$$

$$+\cdots+\begin{vmatrix}-a_{11} & -a_{12} & \cdots & -a_{1n}\\ -a_{21} & -a_{22} & \cdots & -a_{2n}\\ \vdots & \vdots & & \vdots\\ -a_{n1} & -a_{n2} & \cdots & -a_{nn}\end{vmatrix}$$

$$=\lambda^n-(a_{11}+a_{22}+\cdots+a_{nn})\lambda^{n-1}+\cdots+(-1)^n|\boldsymbol{A}|$$

我们称 $a_{11}+a_{22}+\cdots+a_{nn}$ 为方阵 $\boldsymbol{A}$ 的迹(trace)，记为 $\mathrm{tr}(\boldsymbol{A})$，即有

$$\mathrm{tr}(\boldsymbol{A}) = a_{11}+a_{22}+\cdots+a_{nn}$$

因为在复数范围内，一个一元 n 次多项式一定有 n 个根，今设 $|\lambda\boldsymbol{E}-\boldsymbol{A}|=0$ 的 n 个根为 $\lambda_1,\lambda_2,\cdots,\lambda_n$(其中可能有相同的)，则由根与系数的关系(韦达定理)可知

(1)$\mathrm{tr}(\boldsymbol{A})=a_{11}+a_{22}+\cdots+a_{nn}=\lambda_1+\lambda_2+\cdots+\lambda_n$

(2)$|\boldsymbol{A}|=\lambda_1\lambda_2\cdots\lambda_n$

这表明 n 阶方阵 $\boldsymbol{A}$ 的 n 个特征值的和等于它的迹 $\mathrm{tr}(\boldsymbol{A})$，即等于 $\boldsymbol{A}$ 的主对角线上元素的和，而 $\boldsymbol{A}$ 的 n 个特征值的乘积等于它的行列式 $|\boldsymbol{A}|$ 的值。

§3.2　方阵的对角化

3.2.1　相似矩阵

定义 3　设 $\boldsymbol{A}$ 和 $\boldsymbol{B}$ 是两个 n 阶方阵，若存在 n 阶可逆矩阵 $\boldsymbol{M}$，使得

$$\boldsymbol{B}=\boldsymbol{M}^{-1}\boldsymbol{A}\boldsymbol{M}$$

则称 $\boldsymbol{B}$ 与 $\boldsymbol{A}$ 相似，记为 $\boldsymbol{B}\sim\boldsymbol{A}$。

矩阵之间的相似关系具有以下性质：

(1)反身性：每一个 n 阶方阵 $\boldsymbol{A}$ 都与它自己相似，即 $\boldsymbol{A}\sim\boldsymbol{A}$。这是因为存在可逆矩阵 $\boldsymbol{E}$，

使 $\boldsymbol{A}=\boldsymbol{E}^{-1}\boldsymbol{A}\boldsymbol{E}$。

(2)对称性:如果 $\boldsymbol{B}\sim\boldsymbol{A}$,则 $\boldsymbol{A}\sim\boldsymbol{B}$。这是因为 $\boldsymbol{B}=\boldsymbol{M}^{-1}\boldsymbol{A}\boldsymbol{M}$ 时,有 $\boldsymbol{A}=(\boldsymbol{M}^{-1})^{-1}\boldsymbol{B}\boldsymbol{M}^{-1}$。

(3)传递性:若 $\boldsymbol{A}\sim\boldsymbol{B},\boldsymbol{B}\sim\boldsymbol{C}$ 则 $\boldsymbol{A}\sim\boldsymbol{C}$。这是因为当 $\boldsymbol{A}=\boldsymbol{M}_1^{-1}\boldsymbol{B}\boldsymbol{M}_1,\boldsymbol{B}=\boldsymbol{M}_2^{-1}\boldsymbol{C}\boldsymbol{M}_2$ 时,有

$$\boldsymbol{A}=\boldsymbol{M}_1^{-1}(\boldsymbol{M}_2^{-1}\boldsymbol{C}\boldsymbol{M}_2)\boldsymbol{M}_1=(\boldsymbol{M}_2\boldsymbol{M}_1)^{-1}\boldsymbol{C}(\boldsymbol{M}_2\boldsymbol{M}_1)$$

定理 1 相似矩阵的特征多项式相同。

证明 设 $\boldsymbol{B}\sim\boldsymbol{A}$,则存在可逆矩阵 $\boldsymbol{M}$,使 $\boldsymbol{B}=\boldsymbol{M}^{-1}\boldsymbol{A}\boldsymbol{M}$,于是有

$$\begin{aligned}|\lambda\boldsymbol{E}-\boldsymbol{B}|&=|\lambda\boldsymbol{E}-\boldsymbol{M}^{-1}\boldsymbol{A}\boldsymbol{M}|=|\lambda\boldsymbol{M}^{-1}\boldsymbol{M}-\boldsymbol{M}^{-1}\boldsymbol{A}\boldsymbol{M}|\\&=|\boldsymbol{M}^{-1}(\lambda\boldsymbol{E}-\boldsymbol{A})\boldsymbol{M}|=|\boldsymbol{M}^{-1}||\lambda\boldsymbol{E}-\boldsymbol{A}||\boldsymbol{M}|\\&=|\lambda\boldsymbol{E}-\boldsymbol{A}|\end{aligned}$$

这表明相似矩阵的特征值相同。应注意定理1反之不真。

3.2.2 方阵与对角阵相似的充分必要条件

定理 2 n 阶方阵 $\boldsymbol{A}$ 可与对角阵相似的充分必要条件是 $\boldsymbol{A}$ 有 n 个线性无关的特征向量。

证明 先证**必要性** 设 $\boldsymbol{A}$ 与对角阵

$$\begin{pmatrix}\lambda_1&&&\\&\lambda_2&&\\&&\ddots&\\&&&\lambda_n\end{pmatrix}=\mathrm{diag}[\lambda_1,\lambda_2,\cdots,\lambda_n]$$

相似,即存在 n 阶可逆矩阵 $\boldsymbol{M}=[\boldsymbol{X}_1,\boldsymbol{X}_2,\cdots,\boldsymbol{X}_n]$使

$$\boldsymbol{M}^{-1}\boldsymbol{A}\boldsymbol{M}=\mathrm{diag}[\lambda_1,\lambda_2,\cdots,\lambda_n]$$

在等式两边左乘 $\boldsymbol{M}$,得

$$\boldsymbol{A}\boldsymbol{M}=\boldsymbol{M}\mathrm{diag}[\lambda_1,\lambda_2,\cdots,\lambda_n]$$

因为

$$\boldsymbol{A}\boldsymbol{M}=\boldsymbol{A}(\boldsymbol{X}_1,\boldsymbol{X}_2,\cdots,\boldsymbol{X}_n)=(\boldsymbol{A}\boldsymbol{X}_1,\boldsymbol{A}\boldsymbol{X}_2,\cdots,\boldsymbol{A}\boldsymbol{X}_n)$$

而 $\boldsymbol{M}\mathrm{diag}[\lambda_1,\lambda_2,\cdots,\lambda_n]=[\boldsymbol{X}_1,\boldsymbol{X}_2,\cdots,\boldsymbol{X}_n]\begin{pmatrix}\lambda_1&&&\\&\lambda_2&&\\&&\ddots&\\&&&\lambda_n\end{pmatrix}=[\lambda_1\boldsymbol{X}_1,\lambda_2\boldsymbol{X}_2,\cdots,\lambda_n\boldsymbol{X}_n]$,因此有

$$(\boldsymbol{A}\boldsymbol{X}_1,\boldsymbol{A}\boldsymbol{X}_2,\cdots,\boldsymbol{A}\boldsymbol{X}_n)=(\lambda_1\boldsymbol{X}_1,\lambda_2\boldsymbol{X}_2,\cdots,\lambda_n\boldsymbol{X}_n)$$

即

$$\boldsymbol{A}\boldsymbol{X}_i=\lambda_i\boldsymbol{X}_i\qquad(i=1,2,\cdots,n)$$

这表明与方阵 $\boldsymbol{A}$ 相似的对角阵中对角线上的元素都是 $\boldsymbol{A}$ 的特征值,而可逆矩阵 $\boldsymbol{M}$ 中的列向量 $\boldsymbol{X}_i$ 依次是属于方阵 $\boldsymbol{A}$ 的特征值 λ_i 的特征向量,因为 $\boldsymbol{M}$ 是可逆矩阵,故知可逆矩阵 $\boldsymbol{M}$ 中的列向量 $\boldsymbol{X}_1,\boldsymbol{X}_2,\cdots,\boldsymbol{X}_n$ 就是 $\boldsymbol{A}$ 的 n 个线性无关的特征向量。

再证**充分性** 如果 $\boldsymbol{A}$ 有 n 个线性无关的特征向量 $\boldsymbol{X}_1,\boldsymbol{X}_2,\cdots,\boldsymbol{X}_n$,即

$$\boldsymbol{AX}_i = \lambda_i \boldsymbol{X}_i \qquad (i = 1,2,\cdots,n)$$

令 $\boldsymbol{M}=[\boldsymbol{X}_1,\boldsymbol{X}_2,\cdots,\boldsymbol{X}_n]$，因为 $\boldsymbol{X}_1,\boldsymbol{X}_2,\cdots,\boldsymbol{X}_n$ 线性无关，则可知 $\boldsymbol{M}$ 是可逆矩阵。因为

$$\begin{aligned}\boldsymbol{AM} &= \boldsymbol{A}[\boldsymbol{X}_1,\boldsymbol{X}_2,\cdots,\boldsymbol{X}_n] = (\boldsymbol{AX}_1,\boldsymbol{AX}_2,\cdots,\boldsymbol{AX}_n) = [\lambda_1\boldsymbol{X}_1,\lambda_2\boldsymbol{X}_2,\cdots,\lambda_n\boldsymbol{X}_n] \\ &= [\boldsymbol{X}_1,\boldsymbol{X}_2,\cdots,\boldsymbol{X}_n]\begin{pmatrix}\lambda_1 & & & \\ & \lambda_2 & & \\ & & \ddots & \\ & & & \lambda_n\end{pmatrix} = \boldsymbol{M}\begin{pmatrix}\lambda_1 & & & \\ & \lambda_2 & & \\ & & \ddots & \\ & & & \lambda_n\end{pmatrix}\end{aligned}$$

所以有

$$\boldsymbol{M}^{-1}\boldsymbol{AM} = \begin{pmatrix}\lambda_1 & & & \\ & \lambda_2 & & \\ & & \ddots & \\ & & & \lambda_n\end{pmatrix}$$

故知 $\boldsymbol{A}$ 与对角阵 $\mathrm{diag}(\lambda_1,\lambda_2,\cdots,\lambda_n)$ 相似。

综上所述，可知以下结论正确：

(1) 方阵 $\boldsymbol{A}$ 若与某一个对角阵相似，则此对角阵一定是由 $\boldsymbol{A}$ 的 n 个特征值 $\lambda_1,\lambda_2,\cdots,\lambda_n$ 所构成，而使等式

$$\boldsymbol{M}^{-1}\boldsymbol{AM} = \mathrm{diag}[\lambda_1,\lambda_2,\cdots,\lambda_n]$$

成立的可逆矩阵 $\boldsymbol{M}$ 是由属于 $\boldsymbol{A}$ 的特征值 $\lambda_1,\lambda_2,\cdots,\lambda_n$ 所对应的 n 个线性无关的特征向量 $\boldsymbol{X}_1,\boldsymbol{X}_2,\cdots,\boldsymbol{X}_n$ 所构成。

(2) 当方阵 $\boldsymbol{A}$ 的特征值全部是单根时，因为对于每一个只有单根的特征值一定可以找到一个相应的特征向量，把它们合并在一起就是 $\boldsymbol{A}$ 的 n 个线性无关的特征向量，于是 $\boldsymbol{A}$ 可以对角化。

(3) 当方阵 $\boldsymbol{A}$ 的特征值有重根时，只要每一个有重根的特征值所对应的全部线性无关的特征向量的个数都等于特征值的重数，那么 $\boldsymbol{A}$ 仍有 n 个线性无关的特征向量，此时 $\boldsymbol{A}$ 也可以对角化；但当你发现一个有重根的特征值所对应的全部线性无关的特征向量的个数少于特征值的重数时，那么 $\boldsymbol{A}$ 就没有 n 个线性无关的特征向量，此时 $\boldsymbol{A}$ 不能对角化。

例 4　设矩阵

$$\boldsymbol{A} = \begin{pmatrix}3 & 1 & 0 \\ -1 & 1 & 0 \\ -1 & -1 & 2\end{pmatrix}$$

问 $\boldsymbol{A}$ 能否对角化？

解　因为

$$|\lambda\boldsymbol{E}-\boldsymbol{A}| = \begin{vmatrix}\lambda-3 & -1 & 0 \\ 1 & \lambda-1 & 0 \\ 1 & 1 & \lambda-2\end{vmatrix} = (\lambda-2)^3$$

所以 $\boldsymbol{A}$ 的特征值 $\lambda_1=\lambda_2=\lambda_3=2$（三重根）。

将 $\lambda_1=\lambda_2=\lambda_3=2$ 代入齐次线性方程组 $(\lambda\boldsymbol{E}-\boldsymbol{A})\boldsymbol{X}=\boldsymbol{0}$，得

$$(2\boldsymbol{E}-\boldsymbol{A})\boldsymbol{X}=\begin{pmatrix}-1 & -1 & 0\\ 1 & 1 & 0\\ 1 & 1 & 0\end{pmatrix}\begin{pmatrix}x_1\\ x_2\\ x_3\end{pmatrix}=\boldsymbol{0}$$

解之,可得方程组的通解为

$$\begin{cases}x_1=-x_2\\ x_3=x_3\end{cases}$$

从而可求得它的一个基础解系是

$$\boldsymbol{\eta}_1=\begin{pmatrix}-1\\ 1\\ 0\end{pmatrix},\quad \boldsymbol{\eta}_2=\begin{pmatrix}0\\ 0\\ 1\end{pmatrix}$$

这表明属于三重特征值2的全部线性无关的特征向量的个数为2,少于特征值2的重数。或者说,对于三阶方阵 $\boldsymbol{A}$ 只能找到两个线性无关的特征向量,因此所给方阵 $\boldsymbol{A}$ 不能对角化。

例5 设矩阵

$$\boldsymbol{A}=\begin{pmatrix}-2 & 0 & 1\\ 1 & 3 & 1\\ -4 & 0 & 2\end{pmatrix}$$

问 $\boldsymbol{A}$ 能对角化否?

解 由本章例2的计算可知,所给方阵 $\boldsymbol{A}$ 的特征值是 $\lambda_1=\lambda_2=0,\lambda_3=3$。

由计算知,属于二重特征值零的全部线性无关的特征向量的个数为1,少于特征值零的重数,故知所给方阵 $\boldsymbol{A}$ 不能对角化。

例6 设矩阵

$$\boldsymbol{A}=\begin{pmatrix}5 & -3 & 2\\ 6 & -4 & 4\\ 4 & -4 & 5\end{pmatrix}$$

问 $\boldsymbol{A}$ 是否可以对角化?若 $\boldsymbol{A}$ 能与对角阵 $\boldsymbol{B}$ 相似,试求对角阵 $\boldsymbol{B}$ 及使 $\boldsymbol{M}^{-1}\boldsymbol{A}\boldsymbol{M}=\boldsymbol{B}$ 成立的可逆矩阵 $\boldsymbol{M}$。

解 由本章例1的计算可知,所给方阵 $\boldsymbol{A}$ 的特征值是

$$\lambda_1=1,\lambda_2=2,\lambda_3=3$$

因为 $\boldsymbol{A}$ 的特征值全部都是单根,所以 $\boldsymbol{A}$ 一定可以对角化。

由例1的计算可知,对应于特征值 $\lambda_1=1,\lambda_2=2,\lambda_3=3$ 的全部线性无关的特征向量依次为

$$\boldsymbol{\eta}_1=\begin{pmatrix}1\\ 2\\ 1\end{pmatrix},\quad \boldsymbol{\eta}_2=\begin{pmatrix}1\\ 1\\ 0\end{pmatrix},\quad \boldsymbol{\eta}_3=\begin{pmatrix}1\\ 2\\ 2\end{pmatrix}$$

若取可逆矩阵

$$\boldsymbol{M}=(\boldsymbol{\eta}_1,\boldsymbol{\eta}_2,\boldsymbol{\eta}_3)=\begin{pmatrix}1 & 1 & 1\\ 2 & 1 & 2\\ 1 & 0 & 2\end{pmatrix}$$

则一定有

$$M^{-1}AM=\begin{pmatrix}1&&\\&2&\\&&3\end{pmatrix}=\mathrm{diag}[1,2,3]$$

必须注意　在本例中,若取可逆矩阵为

$$N=(\boldsymbol{\eta}_2,\boldsymbol{\eta}_3,\boldsymbol{\eta}_1)=\begin{pmatrix}1&1&1\\1&2&2\\0&2&1\end{pmatrix}$$

则一定有

$$N^{-1}AN=\mathrm{diag}(2,3,1)=\begin{pmatrix}2&&\\&3&\\&&1\end{pmatrix}\neq\mathrm{diag}(1,2,3)$$

例 7　设矩阵

$$A=\begin{pmatrix}3&2&-1\\-2&-2&2\\3&6&-1\end{pmatrix}$$

问 A 是否可以对角化?若 A 能与对角阵 B 相似,试求对角阵 B 以及使 $M^{-1}AM=B$ 成立的可逆矩阵 M。

解　由本章例 3 的计算可知,所给方阵 A 的特征值 $\lambda_1=\lambda_2=2$(二重根),$\lambda_3=-4$。而属于二重特征值 2 的全部线性无关的特征向量为

$$\boldsymbol{\eta}_1=\begin{pmatrix}-2\\1\\0\end{pmatrix},\quad \boldsymbol{\eta}_2=\begin{pmatrix}1\\0\\1\end{pmatrix}$$

而属于特征值-4 的全部线性无关的特征向量为

$$\boldsymbol{\eta}_3=\begin{pmatrix}1\\-2\\3\end{pmatrix}$$

这表明对于所给三阶方阵 A 有三个线性无关的特征向量,所以 A 可以对角化。

今取可逆矩阵

$$M=(\boldsymbol{\eta}_1,\boldsymbol{\eta}_2,\boldsymbol{\eta}_3)=\begin{pmatrix}-2&1&1\\1&0&-2\\0&1&3\end{pmatrix}$$

则有

$$M^{-1}AM=\begin{pmatrix}2&&\\&2&\\&&-4\end{pmatrix}$$

若取可逆矩阵

$$\boldsymbol{N}=(\boldsymbol{\eta}_2,\boldsymbol{\eta}_1,\boldsymbol{\eta}_3)=\begin{pmatrix}1&-2&1\\0&1&-2\\1&0&3\end{pmatrix}$$

则仍有

$$\boldsymbol{N}^{-1}\boldsymbol{A}\boldsymbol{N}=\begin{pmatrix}2&&\\&2&\\&&-4\end{pmatrix}$$

但若取可逆矩阵

$$\boldsymbol{Q}=[\boldsymbol{\eta}_3,\boldsymbol{\eta}_1,\boldsymbol{\eta}_2]=\begin{pmatrix}1&-2&1\\-2&1&0\\3&0&1\end{pmatrix}$$

则有

$$\boldsymbol{Q}^{-1}\boldsymbol{A}\boldsymbol{Q}=\begin{pmatrix}-4&&\\&2&\\&&2\end{pmatrix}$$

§3.3 实对称方阵的对角化

分量是实数的 n 元向量称为实 n 元向量,分量是复数的 n 元向量称为复 n 元向量。本节只讨论实 n 元向量。

3.3.1 实 n 元向量的内积、长度、交角及正交化

定义 4 设

$$\boldsymbol{X}=\begin{pmatrix}x_1\\x_2\\\vdots\\x_n\end{pmatrix},\quad \boldsymbol{Y}=\begin{pmatrix}y_1\\y_2\\\vdots\\y_n\end{pmatrix}$$

是任意两个实 n 元向量,规定 $\boldsymbol{X}$ 与 $\boldsymbol{Y}$ 的内积是一个实数 $x_1y_1+x_2y_2+\cdots+x_ny_n$,记为$(\boldsymbol{X},\boldsymbol{Y})$,即有

$$(\boldsymbol{X},\boldsymbol{Y})=x_1y_1+x_2y_2+\cdots+x_ny_n=\boldsymbol{X}^{\mathrm{T}}\boldsymbol{Y}$$

容易验证这样规定的内积具有下列性质:

(1)$(\boldsymbol{X},\boldsymbol{Y})=(\boldsymbol{Y},\boldsymbol{X})$;

(2)$(k_1\boldsymbol{X}_1+k_2\boldsymbol{X}_2,\boldsymbol{Y})=k_1(\boldsymbol{X}_1,\boldsymbol{Y})+k_2(\boldsymbol{X}_2,\boldsymbol{Y})$;

(3)$(\boldsymbol{X},\boldsymbol{X})\geqslant 0$,当且仅当 $\boldsymbol{X}=0$ 时,$(\boldsymbol{X},\boldsymbol{X})=\boldsymbol{0}$。

这里 $\boldsymbol{X},\boldsymbol{Y},\boldsymbol{X}_1,\boldsymbol{X}_2$ 都是实 n 元向量;k_1,k_2 是实数。

定义 5 非负实数 $\sqrt{(\boldsymbol{\alpha},\boldsymbol{\alpha})}$ 称为 n 元向量 $\boldsymbol{\alpha}$ 的长度,记为 $\|\boldsymbol{\alpha}\|$,即有 $\|\boldsymbol{\alpha}\|=\sqrt{(\boldsymbol{\alpha},\boldsymbol{\alpha})}$。

由定义 5 可知,设 $\boldsymbol{\alpha}$ 是实 n 元向量,k 是实数,则有

$$\| k\boldsymbol{\alpha} \| = \sqrt{(k\boldsymbol{\alpha},k\boldsymbol{\alpha})} = \sqrt{k^2(\boldsymbol{\alpha},\boldsymbol{\alpha})} = |k|\ \| \boldsymbol{\alpha} \|$$

长度为 1 的 n 元向量称为n 元单位向量，如果 $\boldsymbol{\alpha}\neq 0$，则$\dfrac{\boldsymbol{\alpha}}{\| \boldsymbol{\alpha} \|}$就是一个单位向量。通常以$\dfrac{1}{\| \boldsymbol{\alpha} \|}$乘 n 元向量 $\boldsymbol{\alpha}$，称为把 n 元向量 $\boldsymbol{\alpha}$ 标准化或单位化。

设 $\boldsymbol{\alpha},\boldsymbol{\beta}$ 都是实 n 元向量，则有

(1)柯西-许瓦兹不等式：$|(\boldsymbol{\alpha},\boldsymbol{\beta})| \leq \| \boldsymbol{\alpha} \|\ \| \boldsymbol{\beta} \|$，

(2)三角不等式：$\| \boldsymbol{\alpha}+\boldsymbol{\beta} \| \leq \| \boldsymbol{\alpha} \| + \| \boldsymbol{\beta} \|$。

例 8　设 n 元向量

$$\boldsymbol{X} = \begin{pmatrix} x_1 \\ x_2 \\ \vdots \\ x_n \end{pmatrix}$$

则

$$\| \boldsymbol{X} \| = \sqrt{x_1^2 + x_2^2 + \cdots + x_n^2}$$

若 $\boldsymbol{X}\neq 0$，则

$$\frac{1}{\| \boldsymbol{X} \|}\boldsymbol{X} = \frac{1}{\sqrt{x_1^2 + x_2^2 + \cdots + x_n^2}}\begin{pmatrix} x_1 \\ x_2 \\ \vdots \\ x_n \end{pmatrix}$$

就是一个单位向量。

定义 6　设 $\boldsymbol{\alpha}$ 和 $\boldsymbol{\beta}$ 是两个非零 n 元向量，它们的交角为 θ，则

$$\cos\theta = \frac{(\boldsymbol{\alpha},\boldsymbol{\beta})}{\| \boldsymbol{\alpha} \|\ \| \boldsymbol{\beta} \|},(0 \leq \theta \leq \pi)$$

如果 n 元向量 $\boldsymbol{\alpha}$ 和 $\boldsymbol{\beta}$ 的内积等于零，即$(\boldsymbol{\alpha},\boldsymbol{\beta})=0$，则称 $\boldsymbol{\alpha}$ 与 $\boldsymbol{\beta}$ 正交，记为 $\boldsymbol{\alpha}\perp\boldsymbol{\beta}$。

设 $\boldsymbol{\alpha}_1,\boldsymbol{\alpha}_2,\cdots,\boldsymbol{\alpha}_m$ 是一组非零的 n 元向量，如果它们两两正交，则称其为正交向量组。

定理 3　设 n 元向量 $\boldsymbol{\alpha}_1,\boldsymbol{\alpha}_2,\cdots,\boldsymbol{\alpha}_m$ 是一个正交向量组，则 $\boldsymbol{\alpha}_1,\boldsymbol{\alpha}_2,\cdots,\boldsymbol{\alpha}_m$ 线性无关。

证明　作正交向量组 $\boldsymbol{\alpha}_1,\boldsymbol{\alpha}_2,\cdots,\boldsymbol{\alpha}_m$ 的线性组合，使得

$$k_1\boldsymbol{\alpha}_1 + k_2\boldsymbol{\alpha}_2 + \cdots + k_m\boldsymbol{\alpha}_m = 0$$

其中 $k_1,k_2,\cdots,k_m$ 是实数。用 $\boldsymbol{\alpha}_1,\boldsymbol{\alpha}_2,\cdots,\boldsymbol{\alpha}_m$ 依次对等式两边作内积，于是得 m 个等式

$$(\boldsymbol{\alpha}_i,k_1\boldsymbol{\alpha}_1 + k_2\boldsymbol{\alpha}_2 + \cdots + k_m\boldsymbol{\alpha}_m) = 0 \qquad (i = 1,2,\cdots,m)$$

因为 $\boldsymbol{\alpha}_1,\boldsymbol{\alpha}_2,\cdots,\boldsymbol{\alpha}_m$ 两两正交，故得

$$k_i(\boldsymbol{\alpha}_i,\boldsymbol{\alpha}_i) = 0 \qquad (i = 1,2,\cdots,m)$$

又因 $\boldsymbol{\alpha}_i\neq 0$，故知$(\boldsymbol{\alpha}_i,\boldsymbol{\alpha}_i)\neq 0$，从而得 $k_i=0(i=1,2,\cdots,m)$。这表明正交向量组 $\boldsymbol{\alpha}_1,\boldsymbol{\alpha}_2,\cdots,\boldsymbol{\alpha}_m$ 线性无关。

设 n 元向量组 $\boldsymbol{\alpha}_1,\boldsymbol{\alpha}_2,\cdots,\boldsymbol{\alpha}_n$ 线性无关，它不一定是一个正交向量组，但我们可以用这些向量的线性组合来构造出一个正交向量组 $\boldsymbol{\beta}_1,\boldsymbol{\beta}_2,\cdots,\boldsymbol{\beta}_n$。这个方法称为施密特(schmidt)正

交化方法。然后，再将正交向量组 $\boldsymbol{\beta}_1,\boldsymbol{\beta}_2,\cdots,\boldsymbol{\beta}_n$ 中每一个向量标准化，就可以由一个线性无关的向量组 $\boldsymbol{\alpha}_1,\boldsymbol{\alpha}_2,\cdots,\boldsymbol{\alpha}_n$ 求得一个标准正交的向量组

$$\boldsymbol{\eta}_1=\frac{\boldsymbol{\beta}_1}{\|\boldsymbol{\beta}_1\|},\quad \boldsymbol{\eta}_2=\frac{\boldsymbol{\beta}_2}{\|\boldsymbol{\beta}_2\|},\quad \cdots,\quad \boldsymbol{\eta}_n=\frac{\boldsymbol{\beta}_n}{\|\boldsymbol{\beta}_n\|}$$

今介绍由线性无关向量组 $\boldsymbol{\alpha}_1,\boldsymbol{\alpha}_2,\cdots,\boldsymbol{\alpha}_n$ 求出一个标准正交向量组的方法如下。取

$$\begin{aligned}
\boldsymbol{\beta}_1&=\boldsymbol{\alpha}_1\\
\boldsymbol{\beta}_2&=\boldsymbol{\alpha}_2-\frac{(\boldsymbol{\alpha}_2,\boldsymbol{\beta}_1)}{(\boldsymbol{\beta}_1,\boldsymbol{\beta}_1)}\boldsymbol{\beta}_1\\
\boldsymbol{\beta}_3&=\boldsymbol{\alpha}_3-\frac{(\boldsymbol{\alpha}_3,\boldsymbol{\beta}_1)}{(\boldsymbol{\beta}_1,\boldsymbol{\beta}_1)}\boldsymbol{\beta}_1-\frac{(\boldsymbol{\alpha}_3,\boldsymbol{\beta}_2)}{(\boldsymbol{\beta}_2,\boldsymbol{\beta}_2)}\boldsymbol{\beta}_2\\
&\ \ \vdots\\
\boldsymbol{\beta}_n&=\boldsymbol{\alpha}_n-\frac{(\boldsymbol{\alpha}_n,\boldsymbol{\beta}_1)}{(\boldsymbol{\beta}_1,\boldsymbol{\beta}_1)}\boldsymbol{\beta}_1-\frac{(\boldsymbol{\alpha}_n,\boldsymbol{\beta}_2)}{(\boldsymbol{\beta}_2,\boldsymbol{\beta}_2)}\boldsymbol{\beta}_2-\cdots-\frac{(\boldsymbol{\alpha}_n,\boldsymbol{\beta}_{n-1})}{(\boldsymbol{\beta}_{n-1},\boldsymbol{\beta}_{n-1})}\boldsymbol{\beta}_{n-1}
\end{aligned}$$

则向量组 $\boldsymbol{\beta}_1,\boldsymbol{\beta}_2,\cdots,\boldsymbol{\beta}_n$ 是一个正交向量组，而

$$\boldsymbol{\eta}_1=\frac{\boldsymbol{\beta}_1}{\|\boldsymbol{\beta}_1\|},\boldsymbol{\eta}_2=\frac{\boldsymbol{\beta}_2}{\|\boldsymbol{\beta}_2\|},\cdots,\boldsymbol{\eta}_n=\frac{\boldsymbol{\beta}_n}{\|\boldsymbol{\beta}_n\|}$$

是一个标准正交的向量组。

例 9 把向量组

$$\boldsymbol{\alpha}_1=\begin{pmatrix}1\\1\\1\end{pmatrix},\quad \boldsymbol{\alpha}_2=\begin{pmatrix}1\\1\\-1\end{pmatrix},\quad \boldsymbol{\alpha}_3=\begin{pmatrix}1\\-1\\2\end{pmatrix}$$

正交化，标准化。

解 先把向量组 $\boldsymbol{\alpha}_1,\boldsymbol{\alpha}_2,\boldsymbol{\alpha}_3$ 正交化。取

$$\boldsymbol{\beta}_1=\boldsymbol{\alpha}_1=\begin{pmatrix}1\\1\\1\end{pmatrix}$$

则

$$\boldsymbol{\beta}_2=\boldsymbol{\alpha}_2-\frac{(\boldsymbol{\alpha}_2,\boldsymbol{\beta}_1)}{(\boldsymbol{\beta}_1,\boldsymbol{\beta}_1)}\boldsymbol{\beta}_1=\begin{pmatrix}1\\1\\-1\end{pmatrix}-\frac{1}{3}\begin{pmatrix}1\\1\\1\end{pmatrix}=\frac{2}{3}\begin{pmatrix}1\\1\\-2\end{pmatrix}$$

$$\begin{aligned}
\boldsymbol{\beta}_3&=\boldsymbol{\alpha}_3-\frac{(\boldsymbol{\alpha}_3,\boldsymbol{\beta}_1)}{(\boldsymbol{\beta}_1,\boldsymbol{\beta}_1)}\boldsymbol{\beta}_1-\frac{(\boldsymbol{\alpha}_3,\boldsymbol{\beta}_2)}{(\boldsymbol{\beta}_2,\boldsymbol{\beta}_2)}\boldsymbol{\beta}_2\\
&=\begin{pmatrix}1\\-1\\2\end{pmatrix}-\frac{2}{3}\begin{pmatrix}1\\1\\1\end{pmatrix}-\frac{\left(-\frac{8}{3}\right)\left(\frac{2}{3}\right)}{\frac{8}{3}}\begin{pmatrix}1\\1\\-2\end{pmatrix}=\begin{pmatrix}1\\-1\\0\end{pmatrix}
\end{aligned}$$

再标准化：因 $\|\boldsymbol{\beta}_1\|=\sqrt{3}$，$\|\boldsymbol{\beta}_2\|=\frac{2}{3}\sqrt{6}$，$\|\boldsymbol{\beta}_3\|=\sqrt{2}$，故得标准正交向量组

$$\boldsymbol{\eta}_1=\frac{1}{\sqrt{3}}\begin{pmatrix}1\\1\\1\end{pmatrix},\qquad \boldsymbol{\eta}_2=\frac{1}{\sqrt{6}}\begin{pmatrix}1\\1\\-2\end{pmatrix},\qquad \boldsymbol{\eta}_3=\frac{1}{\sqrt{2}}\begin{pmatrix}1\\-1\\0\end{pmatrix}$$

在本例的计算过程中，$\boldsymbol{\beta}_2$ 的分量是分数，为了计算上的方便，我们也可以取 $\bar{\boldsymbol{\beta}}_2=[1,1,-2]^{\mathrm{T}}$ 来代替 $\boldsymbol{\beta}_2=\frac{2}{3}(1,1,-2)^{\mathrm{T}}$，此时 $\bar{\boldsymbol{\beta}}_2$ 与 $\boldsymbol{\beta}_1$ 仍正交，再令

$$\begin{aligned}\boldsymbol{\beta}_3&=\boldsymbol{\alpha}_3-\frac{(\boldsymbol{\alpha}_3,\boldsymbol{\beta}_1)}{(\boldsymbol{\beta}_1,\boldsymbol{\beta}_1)}\boldsymbol{\beta}_1-\frac{(\boldsymbol{\alpha}_3,\bar{\boldsymbol{\beta}}_2)}{(\bar{\boldsymbol{\beta}}_2,\bar{\boldsymbol{\beta}}_2)}\bar{\boldsymbol{\beta}}_2\\&=\begin{pmatrix}1\\-1\\2\end{pmatrix}-\frac{2}{3}\begin{pmatrix}1\\1\\1\end{pmatrix}-\frac{-4}{6}\begin{pmatrix}1\\1\\-2\end{pmatrix}=\begin{pmatrix}1\\-1\\0\end{pmatrix}\end{aligned}$$

同样可得正交向量组 $\boldsymbol{\beta}_1,\bar{\boldsymbol{\beta}}_2,\boldsymbol{\beta}_3$，然后再标准化，仍可得标准正交向量组 $\boldsymbol{\eta}_1,\boldsymbol{\eta}_2,\boldsymbol{\eta}_3$。

3.3.2　正交矩阵

定义 7　设 $\boldsymbol{A}$ 为 n 阶实数矩阵，如果有

$$\boldsymbol{A}\boldsymbol{A}^{\mathrm{T}}=\boldsymbol{A}^{\mathrm{T}}\boldsymbol{A}=\boldsymbol{E}$$

则称 $\boldsymbol{A}$ 为正交矩阵。

定义 7 表明：若 $\boldsymbol{A}$ 是正交矩阵，则 $\boldsymbol{A}$ 的逆阵就是 $\boldsymbol{A}^{\mathrm{T}}$。因此，若要证明所给矩阵 $\boldsymbol{A}$ 是否是正交矩阵，只要验证等式 $\boldsymbol{A}\boldsymbol{A}^{\mathrm{T}}=\boldsymbol{E}$ 是否成立即可。

若令 n 阶方阵 $\boldsymbol{A}=(\boldsymbol{\alpha}_1,\boldsymbol{\alpha}_2,\cdots,\boldsymbol{\alpha}_n)$，代入 $\boldsymbol{A}^{\mathrm{T}}\boldsymbol{A}=\boldsymbol{E}$ 可得

$$\begin{pmatrix}\boldsymbol{\alpha}_1^{\mathrm{T}}\\\boldsymbol{\alpha}_2^{\mathrm{T}}\\\vdots\\\boldsymbol{\alpha}_n^{\mathrm{T}}\end{pmatrix}(\boldsymbol{\alpha}_1,\boldsymbol{\alpha}_2,\cdots,\boldsymbol{\alpha}_n)=\begin{pmatrix}\boldsymbol{\alpha}_1^{\mathrm{T}}\boldsymbol{\alpha}_1&\boldsymbol{\alpha}_1^{\mathrm{T}}\boldsymbol{\alpha}_2&\cdots&\boldsymbol{\alpha}_1^{\mathrm{T}}\boldsymbol{\alpha}_n\\\boldsymbol{\alpha}_2^{\mathrm{T}}\boldsymbol{\alpha}_1&\boldsymbol{\alpha}_2^{\mathrm{T}}\boldsymbol{\alpha}_2&\cdots&\boldsymbol{\alpha}_2^{\mathrm{T}}\boldsymbol{\alpha}_n\\\vdots&\vdots&&\vdots\\\boldsymbol{\alpha}_n^{\mathrm{T}}\boldsymbol{\alpha}_1&\boldsymbol{\alpha}_n^{\mathrm{T}}\boldsymbol{\alpha}_2&\cdots&\boldsymbol{\alpha}_n^{\mathrm{T}}\boldsymbol{\alpha}_n\end{pmatrix}=\begin{pmatrix}1&&&\\&1&&\\&&\ddots&\\&&&1\end{pmatrix}$$

于是可得 n^2 个关系式

$$\boldsymbol{\alpha}_i^{\mathrm{T}}\boldsymbol{\alpha}_j=\begin{cases}1, & i=j\\0, & i\neq j\end{cases}\qquad(i,j=1,2,\cdots,n)$$

这表明，方阵 $\boldsymbol{A}$ 为正交矩阵的充分必要条件是 $\boldsymbol{A}$ 的列向量都是单位向量且两两正交。

同理，若令 n 阶方阵

$$\boldsymbol{A}=\begin{pmatrix}\boldsymbol{\beta}_1\\\boldsymbol{\beta}_2\\\vdots\\\boldsymbol{\beta}_n\end{pmatrix}$$

代入 $\boldsymbol{A}\boldsymbol{A}^{\mathrm{T}}=\boldsymbol{E}$，则同样可推得

$$\boldsymbol{\beta}_i\boldsymbol{\beta}_j^{\mathrm{T}}=\begin{cases}1, & i=j\\0, & i\neq j\end{cases}\qquad(i,j=1,2,\cdots,n)$$

这表明，方阵 $\boldsymbol{A}$ 为正交矩阵的充分必要条件是 $\boldsymbol{A}$ 的行向量都是单位向量且两两正交。

正交矩阵有以下性质：

(1)两个正交矩阵的积仍是正交矩阵；

(2)正交矩阵 $\boldsymbol{A}$ 的逆矩阵 $\boldsymbol{A}^{-1}$ 也是正交矩阵;

(3)正交矩阵 $\boldsymbol{A}$ 的转置矩阵 $\boldsymbol{A}^{\mathrm{T}}$ 也是正交矩阵;

(4)正交矩阵 $\boldsymbol{A}$ 的行列式 $\det\boldsymbol{A}=\pm 1$。

例 10 设矩阵

$$\boldsymbol{A}=\begin{pmatrix} \frac{1}{\sqrt{6}} & -\frac{2}{\sqrt{6}} & \frac{1}{\sqrt{6}} \\ \frac{1}{\sqrt{2}} & 0 & -\frac{1}{\sqrt{2}} \\ \frac{1}{\sqrt{3}} & \frac{1}{\sqrt{3}} & \frac{1}{\sqrt{3}} \end{pmatrix}$$

问 $\boldsymbol{A}$ 是否是正交矩阵。

解 因为

$$\boldsymbol{A}\boldsymbol{A}^{\mathrm{T}}=\begin{pmatrix} \frac{1}{\sqrt{6}} & -\frac{2}{\sqrt{6}} & \frac{1}{\sqrt{6}} \\ \frac{1}{\sqrt{2}} & 0 & -\frac{1}{\sqrt{2}} \\ \frac{1}{\sqrt{3}} & \frac{1}{\sqrt{3}} & \frac{1}{\sqrt{3}} \end{pmatrix}\begin{pmatrix} \frac{1}{\sqrt{6}} & \frac{1}{\sqrt{2}} & \frac{1}{\sqrt{3}} \\ -\frac{2}{\sqrt{6}} & 0 & \frac{1}{\sqrt{3}} \\ \frac{1}{\sqrt{6}} & -\frac{1}{\sqrt{2}} & \frac{1}{\sqrt{3}} \end{pmatrix}$$

$$=\begin{pmatrix} 1 & 0 & 0 \\ 0 & 1 & 0 \\ 0 & 0 & 1 \end{pmatrix}$$

故知 $\boldsymbol{A}$ 是正交矩阵。

3.3.3 实对称方阵对角化举例

我们已知 n 阶方阵 $\boldsymbol{A}$ 可以对角化的充分必要条件是 $\boldsymbol{A}$ 有 n 个线性无关的特征向量,但并不是任意一个 n 阶方阵都有 n 个线性无关的特征向量,也就是说不是任意一个 n 阶方阵都可以对角化的。不过对于实对称方阵来说,可以证明它有以下结论:

(1)实对称方阵的特征值都是实数;

(2)属于实对称方阵 $\boldsymbol{A}$ 的不同特征值的特征向量必正交;

(3)设 $\boldsymbol{A}$ 是一个 n 阶实对称方阵,则一定可以找到一个 n 阶正交矩阵 $\boldsymbol{P}$,使

$$\boldsymbol{P}^{-1}\boldsymbol{A}\boldsymbol{P}=\boldsymbol{P}^{\mathrm{T}}\boldsymbol{A}\boldsymbol{P}=\mathrm{diag}[\lambda_1,\lambda_2,\cdots,\lambda_n]$$

这里 $\lambda_1,\lambda_2,\cdots,\lambda_n$ 是 $\boldsymbol{A}$ 的 n 个特征值。

综上所述可知,实对称方阵一定可以对角化,而找出上述正交矩阵 $\boldsymbol{P}$ 的具体方法可归结如下:

(1)首先求出 n 阶实对称方阵 $\boldsymbol{A}$ 的 n 个实特征值,把其中互不相同的特征值记为 $\lambda_1,\lambda_2,\cdots,\lambda_s(s\leqslant n)$,且设 $\lambda_i(i=1,2,\cdots,s)$ 有 l_i 重根,则有 $l_1+l_2+\cdots+l_s=n$。

(2)把所得的互不相同的特征值 $\lambda_1,\lambda_2,\cdots,\lambda_s$ 逐一代入齐次线性方程组 $(\lambda\boldsymbol{E}-\boldsymbol{A})\boldsymbol{X}=0$,于是得 s 个齐次线性方程组

$$(\lambda_i \boldsymbol{E}-\boldsymbol{A})\boldsymbol{X}=\boldsymbol{0} \qquad (i=1,2,\cdots,s)$$

分别解此 s 个齐次线性方程组，依次分别求出它们的一个基础解系，设为

$$\boldsymbol{X}_{i1},\boldsymbol{X}_{i2},\cdots,\boldsymbol{X}_{il_i} \qquad (i=1,2,\cdots,s)$$

并将它先正交化再标准化，则可得属于特征值 λ_i 的一个标准正交的特征向量组，设为

$$\boldsymbol{Y}_{i1},\boldsymbol{Y}_{i2},\cdots,\boldsymbol{Y}_{il_i} \qquad (i=1,2,\cdots,s)$$

(3)因为属于实对称方阵 $\boldsymbol{A}$ 的不同特征值的特征向量必正交，故知向量组

$$\boldsymbol{Y}_{11},\boldsymbol{Y}_{12},\cdots,\boldsymbol{Y}_{1l_1},\boldsymbol{Y}_{21},\boldsymbol{Y}_{22},\cdots,\boldsymbol{Y}_{2l_2},\cdots,\boldsymbol{Y}_{s1},\boldsymbol{Y}_{s2},\cdots,\boldsymbol{Y}_{sl_s}$$

是一个标准正交的向量组，它们就是 $\boldsymbol{A}$ 的全部标准正交的特征向量。令

$$\boldsymbol{P}=(\boldsymbol{Y}_{11},\boldsymbol{Y}_{12},\cdots,\boldsymbol{Y}_{1l_1},\boldsymbol{Y}_{21},\boldsymbol{Y}_{22},\cdots,\boldsymbol{Y}_{2l_2},\cdots,\boldsymbol{Y}_{s1},\boldsymbol{Y}_{s2},\cdots,\boldsymbol{Y}_{sl_s})$$

则矩阵 $\boldsymbol{P}$ 即为欲求的正交矩阵，且有

$$\boldsymbol{P}^{-1}\boldsymbol{A}\boldsymbol{P}=\boldsymbol{P}^{\mathrm{T}}\boldsymbol{A}\boldsymbol{P}=\mathrm{diag}[\underbrace{\lambda_1,\cdots,\lambda_1}_{l_1},\underbrace{\lambda_2,\cdots,\lambda_2}_{l_2},\cdots,\underbrace{\lambda_s,\cdots,\lambda_s}_{l_s}]$$

例 11　已知实对称阵

$$\boldsymbol{A}=\begin{pmatrix} 2 & -2 & 0 \\ -2 & 1 & -2 \\ 0 & -2 & 0 \end{pmatrix}$$

求一正交矩阵 $\boldsymbol{P}$，使 $\boldsymbol{P}^{-1}\boldsymbol{A}\boldsymbol{P}$ 为对角阵，并写出此对角阵。

解　因为

$$\begin{aligned} |\lambda\boldsymbol{E}-\boldsymbol{A}| &= \begin{vmatrix} \lambda-2 & 2 & 0 \\ 2 & \lambda-1 & 2 \\ 0 & 2 & \lambda \end{vmatrix} \\ &=\lambda(\lambda-1)(\lambda-2)-4\lambda-4(\lambda-2) \\ &=(\lambda-1)(\lambda-4)(\lambda+2) \end{aligned}$$

所以 $\boldsymbol{A}$ 的全部特征值为 $\lambda_1=1,\lambda_2=4,\lambda_3=-2$。

将 $\lambda_1=1$ 代入 $(\lambda\boldsymbol{E}-\boldsymbol{A})\boldsymbol{X}=\boldsymbol{0}$，得

$$(\boldsymbol{E}-\boldsymbol{A})\boldsymbol{X}=\begin{pmatrix} -1 & 2 & 0 \\ 2 & 0 & 2 \\ 0 & 2 & 1 \end{pmatrix}\begin{pmatrix} x_1 \\ x_2 \\ x_3 \end{pmatrix}=\boldsymbol{0}$$

解之，可得线性方程组的通解为

$$\begin{cases} x_1=-x_3 \\ x_2=-\dfrac{1}{2}x_3 \end{cases}$$

从而可求得它的一个基础解系是

$$\boldsymbol{X}_1=\begin{pmatrix} 2 \\ 1 \\ -2 \end{pmatrix}$$

再将它标准化，得

$$\boldsymbol{Y}_1=\frac{1}{3}\begin{pmatrix}2\\1\\-2\end{pmatrix}$$

同理,将 $\lambda_2=4$ 代入 $(\lambda\boldsymbol{E}-\boldsymbol{A})\boldsymbol{X}=\boldsymbol{0}$,得

$$(4\boldsymbol{E}-\boldsymbol{A})\boldsymbol{X}=\begin{pmatrix}2&2&0\\2&3&2\\0&2&4\end{pmatrix}\begin{pmatrix}x_1\\x_2\\x_3\end{pmatrix}=\boldsymbol{0}$$

解之,可得线性方程组的通解为

$$\begin{cases}x_1=2x_3\\x_2=-2x_3\end{cases}$$

从而可求得它的一个基础解系是

$$\boldsymbol{X}_2=\begin{pmatrix}2\\-2\\1\end{pmatrix}$$

再将它标准化,得

$$\boldsymbol{Y}_2=\frac{1}{3}\begin{pmatrix}2\\-2\\1\end{pmatrix}$$

同理,将 $\lambda_3=-2$ 代入 $(\lambda\boldsymbol{E}-\boldsymbol{A})\boldsymbol{X}=\boldsymbol{0}$,得

$$(-2\boldsymbol{E}-\boldsymbol{A})\boldsymbol{X}=\begin{pmatrix}-4&2&0\\2&-3&2\\0&2&-2\end{pmatrix}\begin{pmatrix}x_1\\x_2\\x_3\end{pmatrix}=\boldsymbol{0}$$

解之,可得线性方程组的通解为

$$\begin{cases}x_1=\dfrac{1}{2}x_3\\x_2=x_3\end{cases}$$

从而可求得它的一个基础解系是

$$\boldsymbol{X}_3=\begin{pmatrix}1\\2\\2\end{pmatrix}$$

再将它标准化,得

$$\boldsymbol{Y}_3=\frac{1}{3}\begin{pmatrix}1\\2\\2\end{pmatrix}$$

取正交阵

$$\boldsymbol{P}=(\boldsymbol{Y}_1,\boldsymbol{Y}_2,\boldsymbol{Y}_3)=\frac{1}{3}\begin{pmatrix}2&2&1\\1&-2&2\\-2&1&2\end{pmatrix}$$

则有

$$\boldsymbol{P}^{-1}\boldsymbol{AP}=\boldsymbol{P}^{\mathrm{T}}\boldsymbol{AP}=\begin{pmatrix}1&&\\&4&\\&&-2\end{pmatrix}=\mathrm{diag}[1,4,-2]$$

例 12　已知实对称矩阵

$$\boldsymbol{A}=\begin{pmatrix}0&1&1&-1\\1&0&-1&1\\1&-1&0&1\\-1&1&1&0\end{pmatrix}$$

求一正交矩阵 $\boldsymbol{P}$，使 $\boldsymbol{P}^{-1}\boldsymbol{AP}$ 为对角阵，并写出此对角阵。

解　因为

$$|\lambda\boldsymbol{E}-\boldsymbol{A}|=\begin{vmatrix}\lambda&-1&-1&1\\-1&\lambda&1&-1\\-1&1&\lambda&-1\\1&-1&-1&\lambda\end{vmatrix}\xlongequal[R_3+R_4]{\substack{R_1-\lambda R_4\\R_2+R_4}}\begin{vmatrix}0&\lambda-1&\lambda-1&1-\lambda^2\\0&\lambda-1&0&\lambda-1\\0&0&\lambda-1&\lambda-1\\1&-1&-1&\lambda\end{vmatrix}$$

$$=-\begin{vmatrix}\lambda-1&\lambda-1&1-\lambda^2\\\lambda-1&0&\lambda-1\\0&\lambda-1&\lambda-1\end{vmatrix}=-(\lambda-1)^3\begin{vmatrix}1&1&-1-\lambda\\1&0&1\\0&1&1\end{vmatrix}$$

$$\xlongequal{R_1-R_2}-(\lambda-1)^3\begin{vmatrix}0&1&-2-\lambda\\1&0&1\\0&1&1\end{vmatrix}=(\lambda-1)^3\begin{vmatrix}1&-2-\lambda\\1&1\end{vmatrix}$$

$$=(\lambda-1)^3(\lambda+3)$$

所以 $\boldsymbol{A}$ 的全部特征值是 $\lambda_1=\lambda_2=\lambda_3=1$(三重根)，$\lambda_4=-3$。

将 $\lambda_1=\lambda_2=\lambda_3=1$ 代入 $(\lambda\boldsymbol{E}-\boldsymbol{A})\boldsymbol{X}=\boldsymbol{0}$，得

$$(\boldsymbol{E}-\boldsymbol{A})\boldsymbol{X}=\begin{pmatrix}1&-1&-1&1\\-1&1&1&-1\\-1&1&1&-1\\1&-1&-1&1\end{pmatrix}\begin{pmatrix}x_1\\x_2\\x_3\\x_4\end{pmatrix}=\boldsymbol{0}$$

解之，可得线性方程组的通解为

$$x_1=x_2+x_3-x_4$$

从而可求得它的一个基础解系是　$\boldsymbol{\alpha}_1=\begin{pmatrix}1\\1\\0\\0\end{pmatrix}$，$\boldsymbol{\alpha}_2=\begin{pmatrix}1\\0\\1\\0\end{pmatrix}$，$\boldsymbol{\alpha}_3=\begin{pmatrix}-1\\0\\0\\1\end{pmatrix}$

先将它正交化,得

$$\boldsymbol{\beta}_1=\boldsymbol{\alpha}_1=[1,1,0,0]^{\mathrm{T}}$$

$$\boldsymbol{\beta}_2=\boldsymbol{\alpha}_2-\frac{(\boldsymbol{\alpha}_2,\boldsymbol{\beta}_1)}{(\boldsymbol{\beta}_1,\boldsymbol{\beta}_1)}\boldsymbol{\beta}_1=\begin{pmatrix}\frac{1}{2}\\-\frac{1}{2}\\1\\0\end{pmatrix}=\frac{1}{2}\begin{pmatrix}1\\-1\\2\\0\end{pmatrix}$$

若记 $\bar{\boldsymbol{\beta}}_2=[1,-1,2,0]^{\mathrm{T}}$,则 $\bar{\boldsymbol{\beta}}_2$ 与 $\boldsymbol{\beta}_1$ 是正交的。取

$$\boldsymbol{\beta}_3=\boldsymbol{\alpha}_3-\frac{(\boldsymbol{\alpha}_3,\boldsymbol{\beta}_1)}{(\boldsymbol{\beta}_1,\boldsymbol{\beta}_1)}\boldsymbol{\beta}_1-\frac{(\boldsymbol{\alpha}_3,\bar{\boldsymbol{\beta}}_2)}{(\bar{\boldsymbol{\beta}}_2,\bar{\boldsymbol{\beta}}_2)}\bar{\boldsymbol{\beta}}_2=\frac{1}{3}\begin{pmatrix}-1\\1\\1\\3\end{pmatrix}$$

若记 $\bar{\boldsymbol{\beta}}_3=[-1,1,1,3]^{\mathrm{T}}$,则 $\boldsymbol{\beta}_1,\bar{\boldsymbol{\beta}}_2,\bar{\boldsymbol{\beta}}_3$ 就是欲求的正交向量组。再将 $\boldsymbol{\beta}_1,\bar{\boldsymbol{\beta}}_2,\bar{\boldsymbol{\beta}}_3$ 标准化,可得

$$\boldsymbol{\eta}_1=\frac{1}{\sqrt{2}}\begin{pmatrix}1\\1\\0\\0\end{pmatrix},\quad \boldsymbol{\eta}_2=\frac{1}{\sqrt{6}}\begin{pmatrix}1\\-1\\2\\0\end{pmatrix},\quad \boldsymbol{\eta}_3=\frac{1}{\sqrt{12}}\begin{pmatrix}-1\\1\\1\\3\end{pmatrix}$$

它们就是属于三重特征值1的三个标准正交的特征向量。

将 $\lambda_4=-3$ 代入 $(\lambda\boldsymbol{E}-\boldsymbol{A})\boldsymbol{X}=\boldsymbol{0}$,得

$$(-3\boldsymbol{E}-\boldsymbol{A})\boldsymbol{X}=\begin{pmatrix}-3&-1&-1&1\\-1&-3&1&-1\\-1&1&-3&-1\\1&-1&-1&-3\end{pmatrix}\begin{pmatrix}x_1\\x_2\\x_3\\x_4\end{pmatrix}=\boldsymbol{0}$$

解之,可得线性方程组的通解为

$$\begin{cases}x_1=x_4\\x_2=-x_4\\x_3=-x_4\end{cases}$$

从而可求得它的一个基础解系是

$$\boldsymbol{\alpha}=[1,-1,-1,1]^{\mathrm{T}}$$

再将它标准化,得

$$\boldsymbol{\eta}=\frac{1}{2}\begin{pmatrix}1\\-1\\-1\\1\end{pmatrix}$$

取正交阵

$$P=(\boldsymbol{\eta},\boldsymbol{\eta}_1,\boldsymbol{\eta}_2,\boldsymbol{\eta}_3)=\begin{pmatrix} \frac{1}{2} & \frac{1}{\sqrt{2}} & \frac{1}{\sqrt{6}} & -\frac{1}{\sqrt{12}} \\ -\frac{1}{2} & \frac{1}{\sqrt{2}} & -\frac{1}{\sqrt{6}} & \frac{1}{\sqrt{12}} \\ -\frac{1}{2} & 0 & \frac{2}{\sqrt{6}} & \frac{1}{\sqrt{12}} \\ \frac{1}{2} & 0 & 0 & \frac{3}{\sqrt{12}} \end{pmatrix}$$

则有

$$P^{-1}AP=P^{\mathrm{T}}AP=\mathrm{diag}[-3,1,1,1]$$

§3.4　二次型及其标准形

3.4.1　二次型的基本概念

定义 8　含有 n 个未知量 $x_1,x_2,\cdots,x_n$ 的二次齐次函数

$$\begin{aligned} f(x_1,x_2,\cdots,x_n)=&a_{11}x_1^2+2a_{12}x_1x_2+\cdots+2a_{1n}x_1x_n \\ &+a_{22}x_2^2+2a_{23}x_2x_3+\cdots+2a_{2n}x_2x_n \\ &+\cdots+a_{nn}x_n^2 \end{aligned} \tag{3.4}$$

称为一个 n 元二次型，简称二次型。

具有实系数 $a_{ij}(i,j=1,2,\cdots,n)$ 的二次型称为实二次型，具有复系数的二次型称为复二次型。

若记 $a_{ji}=a_{ij}(i<j)$，则可以将(3.4)式写成

$$\begin{aligned} f(x_1,x_2,\cdots,x_n)=&a_{11}x_1^2+a_{12}x_1x_2+\cdots+a_{1n}x_1x_n \\ &+a_{21}x_2x_1+a_{22}x_2^2+\cdots+a_{2n}x_2x_n \\ &+\cdots \\ &+a_{n1}x_nx_1+a_{n2}x_nx_2+\cdots+a_{nn}x_n^2 \\ =&\sum_{i=1}^{n}\sum_{j=1}^{n}a_{ij}x_ix_j \end{aligned} \tag{3.5}$$

若记

$$A=\begin{pmatrix} a_{11} & a_{12} & \cdots & a_{1n} \\ a_{21} & a_{22} & \cdots & a_{2n} \\ \vdots & \vdots & & \vdots \\ a_{n1} & a_{n2} & \cdots & a_{nn} \end{pmatrix},\qquad X=\begin{pmatrix} x_1 \\ x_2 \\ \vdots \\ x_n \end{pmatrix}$$

且 A 中 $a_{ij}=a_{ji}$，则可以将(3.5)式写成

$$f(x_1,x_2,\cdots,x_n)=(x_1,x_2,\cdots,x_n)\begin{pmatrix}a_{11}&a_{12}&\cdots&a_{1n}\\a_{21}&a_{22}&\cdots&a_{2n}\\\vdots&\vdots&&\vdots\\a_{n1}&a_{n2}&\cdots&a_{nn}\end{pmatrix}\begin{pmatrix}x_1\\x_2\\\vdots\\x_n\end{pmatrix}$$

$$=\boldsymbol{X}^{\mathrm{T}}\boldsymbol{AX} \tag{3.6}$$

称(3.6)式为二次型 $f(x_1,x_2,\cdots,x_n)$的矩 阵 形 式 ,称 **A** 为二次型 $f(x_1,x_2,\cdots,x_n)$的矩阵。因为 $a_{ji}=a_{ij}$,故二次型 $f(x_1,x_2,\cdots,x_n)$的矩阵 **A** 一定是一个对称矩阵。

二次型 $f(x_1,x_2,\cdots,x_n)$的矩阵 **A** 的秩,也称为二次型 $f(x_1,x_2,\cdots,x_n)$的秩。

例 13 把二次型

$$f(x,y,z)=2x^2+xy-4xz+3y^2-2yz-z^2$$

写成矩阵形式。

解 把所给的二次型改写成

$$\begin{aligned}f(x,y,z)=&2x^2+\frac{1}{2}xy-2xz\\&+\frac{1}{2}xy+3y^2-yz\\&-2xz-yz-z^2\end{aligned}$$

于是有

$$f(x,y,z)=(x,y,z)\begin{pmatrix}2&\frac{1}{2}&-2\\\frac{1}{2}&3&-1\\-2&-1&-1\end{pmatrix}\begin{pmatrix}x\\y\\z\end{pmatrix}$$

未知量 $x_1,x_2,\cdots,x_n$ 与未知量 $y_1,y_2,\cdots,y_n$ 之间的关系式

$$\begin{cases}x_1=c_{11}y_1+c_{12}y_2+\cdots+c_{1n}y_n\\x_2=c_{21}y_1+c_{22}y_2+\cdots+c_{2n}y_n\\\qquad\vdots\\x_n=c_{n1}y_1+c_{n2}y_2+\cdots+c_{nn}y_n\end{cases} \tag{3.7}$$

称为线性变换。

若记

$$\boldsymbol{X}=\begin{pmatrix}x_1\\x_2\\\vdots\\x_n\end{pmatrix},\quad\boldsymbol{C}=\begin{pmatrix}c_{11}&c_{12}&\cdots&c_{1n}\\c_{21}&c_{22}&\cdots&c_{2n}\\\vdots&\vdots&&\vdots\\c_{n1}&c_{n2}&\cdots&c_{nn}\end{pmatrix},\quad\boldsymbol{Y}=\begin{pmatrix}y_1\\y_2\\\vdots\\y_n\end{pmatrix}$$

则可将(3.7)式写成

$$\boldsymbol{X}=\boldsymbol{CY} \tag{3.8}$$

若在(3.8)式中系数矩阵 $\boldsymbol{C}$ 的行列式 $|\boldsymbol{C}|\neq0$,则称(3.8)式为满秩线性变换,或非退化的线性变换,否则,称(3.8)式为降秩线性变换,或退化的线性变换。

本节讨论的主要问题是要找到一个满秩线性变换 $\boldsymbol{X}=\boldsymbol{CY}$,使得二次型

$$f(x_1,x_2,\cdots,x_n)=\boldsymbol{X}^{\mathrm{T}}\boldsymbol{A}\boldsymbol{X}$$

经此变换后，变成平方和

$$d_1y_1^2+d_2y_2^2+\cdots+d_ny_n^2=(y_1,y_2,\cdots,y_n)\begin{pmatrix}d_1 & & & \\ & d_2 & & \\ & & \ddots & \\ & & & d_n\end{pmatrix}\begin{pmatrix}y_1\\ y_2\\ \vdots\\ y_n\end{pmatrix}$$

的形式。即，要找到一个满秩线性变换 $\boldsymbol{X}=\boldsymbol{C}\boldsymbol{Y}$，使得

$$f(x_1,x_2,\cdots,x_n)=\boldsymbol{X}^{\mathrm{T}}\boldsymbol{A}\boldsymbol{X}=(\boldsymbol{C}\boldsymbol{Y})^{\mathrm{T}}\boldsymbol{A}(\boldsymbol{C}\boldsymbol{Y})=\boldsymbol{Y}^{\mathrm{T}}(\boldsymbol{C}^{\mathrm{T}}\boldsymbol{A}\boldsymbol{C})\boldsymbol{Y}=d_1y_1^2+d_2y_2^2+\cdots+d_ny_n^2 \tag{3.9}$$

称(3.9)式为二次型 $f(x_1,x_2,\cdots,x_n)$的一个标准形。

因为 $\boldsymbol{A}$ 是对称矩阵，故有

$$(\boldsymbol{C}^{\mathrm{T}}\boldsymbol{A}\boldsymbol{C})^{\mathrm{T}}=\boldsymbol{C}^{\mathrm{T}}\boldsymbol{A}^{\mathrm{T}}(\boldsymbol{C}^{\mathrm{T}})^{\mathrm{T}}=\boldsymbol{C}^{\mathrm{T}}\boldsymbol{A}\boldsymbol{C}$$

这表明矩阵 $\boldsymbol{C}^{\mathrm{T}}\boldsymbol{A}\boldsymbol{C}$ 也是对称矩阵。若记 $\boldsymbol{C}^{\mathrm{T}}\boldsymbol{A}\boldsymbol{C}=\boldsymbol{B}$，则二次型 $\boldsymbol{Y}^{\mathrm{T}}\boldsymbol{B}\boldsymbol{Y}=d_1y_1^2+d_2y_2^2+\cdots+d_ny_n^2$ 就是由二次型 $f(x_1,x_2,\cdots,x_n)$经过满秩线性变换 $\boldsymbol{X}=\boldsymbol{C}\boldsymbol{Y}$ 后所得之新的二次型。这表明满秩线性变换可以把二次型变成二次型。

从矩阵的理论来看，把二次型 $f(x_1,x_2,\cdots,x_n)$化为标准形的问题，相当于要找到一个可逆矩阵 $\boldsymbol{C}$，使 $\boldsymbol{C}^{\mathrm{T}}\boldsymbol{A}\boldsymbol{C}$ 为对角阵。

定义9　设 $\boldsymbol{A}$ 和 $\boldsymbol{B}$ 为两个 n 阶方阵，如果存在一个 n 阶可逆矩阵 $\boldsymbol{C}$，使

$$\boldsymbol{B}=\boldsymbol{C}^{\mathrm{T}}\boldsymbol{A}\boldsymbol{C}$$

则称 $\boldsymbol{B}$ 与 $\boldsymbol{A}$ 合同。

由此可见，二次型经过满秩线性变换后所得新二次型的矩阵与原二次型的矩阵是合同的。

矩阵之间的合同关系具有以下性质：

(1)**反身性**：任意 n 阶方阵 $\boldsymbol{A}$ 都与自己合同。

这是因为 $\boldsymbol{A}=\boldsymbol{E}^{\mathrm{T}}\boldsymbol{A}\boldsymbol{E}$。

(2)**对称性**：如果 $\boldsymbol{B}$ 与 $\boldsymbol{A}$ 合同，则 $\boldsymbol{A}$ 也与 $\boldsymbol{B}$ 合同。

这是因为 $\boldsymbol{B}$ 与 $\boldsymbol{A}$ 合同，则有 $\boldsymbol{B}=\boldsymbol{C}^{\mathrm{T}}\boldsymbol{A}\boldsymbol{C}$，于是可推得 $(\boldsymbol{C}^{\mathrm{T}})^{-1}\boldsymbol{B}\boldsymbol{C}^{-1}=\boldsymbol{A}$，因 $(\boldsymbol{C}^{\mathrm{T}})^{-1}=(\boldsymbol{C}^{-1})^{\mathrm{T}}$，故又可以推得$(\boldsymbol{C}^{-1})^{\mathrm{T}}\boldsymbol{B}\boldsymbol{C}^{-1}=\boldsymbol{A}$，这表明 $\boldsymbol{A}$ 与 $\boldsymbol{B}$ 合同。

(3)**传递性**：如果 $\boldsymbol{C}$ 与 $\boldsymbol{B}$ 合同，而 $\boldsymbol{B}$ 又与 $\boldsymbol{A}$ 合同，则 $\boldsymbol{C}$ 与 $\boldsymbol{A}$ 合同。

这是因为由 $\boldsymbol{C}=S^{\mathrm{T}}\boldsymbol{B}\boldsymbol{S}$，$\boldsymbol{B}=\boldsymbol{Q}^{\mathrm{T}}\boldsymbol{A}\boldsymbol{Q}$，可推得 $\boldsymbol{C}=(\boldsymbol{Q}\boldsymbol{S})^{\mathrm{T}}\boldsymbol{A}(\boldsymbol{Q}\boldsymbol{S})$。

*3.4.2　用配方法化二次型为标准形举例

对于任意一个 n 元二次型，都可以用配方法找到一个满秩线性变换使它化成标准形。

例14　化二次型

$$f(x_1,x_2,x_3)=x_1^2-4x_1x_2+2x_1x_3+4x_2^2+2x_3^2$$

为标准形，并求出所用的满秩线性变换

解　这是一种出现平方项的二次型。由于有 x_1^2 项出现，故可先将含 x_1 的各项配平方，得

$$f(x_1,x_2,x_3)=(x_1-2x_2+x_3)^2+4x_2x_3+x_3^2$$

因有 x_3^2 项出现,故再对包含 x_3 的各项配方,得

$$f(x_1,x_2,x_3)=(x_1-2x_2+x_3)^2-4x_2^2+(2x_2+x_3)^2$$

作满秩线性变换

$$\begin{cases} y_1=x_1-2x_2+x_3 \\ y_2=x_2 \\ y_3=2x_2+x_3 \end{cases}$$

即

$$\begin{pmatrix} y_1 \\ y_2 \\ y_3 \end{pmatrix}=\begin{pmatrix} 1 & -2 & 1 \\ 0 & 1 & 0 \\ 0 & 2 & 1 \end{pmatrix}\begin{pmatrix} x_1 \\ x_2 \\ x_3 \end{pmatrix}$$

由计算可得

$$\begin{pmatrix} x_1 \\ x_2 \\ x_3 \end{pmatrix}=\begin{pmatrix} 1 & -2 & 1 \\ 0 & 1 & 0 \\ 0 & 2 & 1 \end{pmatrix}^{-1}\begin{pmatrix} y_1 \\ y_2 \\ y_3 \end{pmatrix}=\begin{pmatrix} 1 & 4 & -1 \\ 0 & 1 & 0 \\ 0 & -2 & 1 \end{pmatrix}\begin{pmatrix} y_1 \\ y_2 \\ y_3 \end{pmatrix}$$

它就是欲求的满秩线性变换 $\boldsymbol{X}=\boldsymbol{C}\boldsymbol{Y}$。经此满秩线性变换后,得所给二次型的标准形为

$$f(x_1,x_2,x_3)=y_1^2-4y_2^2+y_3^2$$

例 15 化二次型

$$f(x_1,x_2,x_3)=x_1x_2-4x_2x_3$$

为标准形,并求出所用的满秩线性变换。

解 因为在 $f(x_1,x_2,x_3)$ 中没有平方项,故应先作满秩线性变换

$$\begin{cases} x_1=z_1+z_2 \\ x_2=z_1-z_2 \\ x_3=z_3 \end{cases}$$

即

$$\begin{pmatrix} x_1 \\ x_2 \\ x_3 \end{pmatrix}=\begin{pmatrix} 1 & 1 & 0 \\ 1 & -1 & 0 \\ 0 & 0 & 1 \end{pmatrix}\begin{pmatrix} z_1 \\ z_2 \\ z_3 \end{pmatrix} \tag{3.10}$$

代入可得

$$\begin{aligned} f(x_1,x_2,x_3)&=(z_1+z_2)(z_1-z_2)-4(z_1-z_2)z_3 \\ &=z_1^2-z_2^2-4z_1z_3+4z_2z_3 \end{aligned}$$

此时在 $f(x_1,x_2,x_3)$ 中已出现平方项,故可按例 14 中的配方法解之,可得

$$\begin{aligned} f(x_1,x_2,x_3)&=(z_1-2z_3)^2-z_2^2+4z_2z_3-4z_3^2 \\ &=(z_1-2z_3)^2-(z_2-2z_3)^2 \end{aligned}$$

再作满秩线性变换

$$\begin{cases} y_1 = z_1 - 2z_3 \\ y_2 = z_2 - 2z_3 \\ y_3 = z_3 \end{cases}$$

即

$$\begin{pmatrix} y_1 \\ y_2 \\ y_3 \end{pmatrix} = \begin{pmatrix} 1 & 0 & -2 \\ 0 & 1 & -2 \\ 0 & 0 & 1 \end{pmatrix} \begin{pmatrix} z_1 \\ z_2 \\ z_3 \end{pmatrix}$$

由计算可得

$$\begin{pmatrix} z_1 \\ z_2 \\ z_3 \end{pmatrix} = \begin{pmatrix} 1 & 0 & 2 \\ 0 & 1 & 2 \\ 0 & 0 & 1 \end{pmatrix} \begin{pmatrix} y_1 \\ y_2 \\ y_3 \end{pmatrix} \tag{3.11}$$

于是得二次型 $f(x_1, x_2, x_3)$ 的标准形为

$$f(x_1, x_2, x_3) = y_1^2 - y_2^2$$

由(3.10)式与(3.11)式可知，把二次型 $f(x_1, x_2, x_3)$ 化为上述标准形的满秩线性变换是

$$\begin{pmatrix} x_1 \\ x_2 \\ x_3 \end{pmatrix} = \begin{pmatrix} 1 & 1 & 4 \\ 1 & -1 & 0 \\ 0 & 0 & 1 \end{pmatrix} \begin{pmatrix} y_1 \\ y_2 \\ y_3 \end{pmatrix}$$

如果取满秩线性变换

$$\begin{pmatrix} x_1 \\ x_2 \\ x_3 \end{pmatrix} = \begin{pmatrix} 4 & 2 & 1 \\ 0 & 2 & -1 \\ 1 & 0 & 0 \end{pmatrix} \begin{pmatrix} w_1 \\ w_2 \\ w_3 \end{pmatrix}$$

代入二次型 $f(x_1, x_2, x_3) = x_1x_2 - 4x_2x_3$，由计算可得另一个标准形

$$f(x_1, x_2, x_3) = 4w_2^2 - w_3^2$$

这表明二次型的标准形不是唯一的。它与所作的满秩线性变换有关，但因合同的矩阵有相同的秩，因此在一个二次型的标准形中系数不等于零的平方项的个数是唯一确定的；它等于该二次型的秩，与所作的满秩线性变换无关。

3.4.3　用正交变换化实二次型为标准形

如果在满秩线性变换 $\boldsymbol{X} = \boldsymbol{CY}$ 中，$\boldsymbol{C}$ 是正交矩阵，则称它为正交线性变换，简称正交变换。

在本章 3.33 中已经指出：对于任意一个 n 阶实对称方阵 $\boldsymbol{A}$，一定可以找到一个 n 阶正交矩阵 $\boldsymbol{P}$，使 $\boldsymbol{P}^{-1}\boldsymbol{AP} = \boldsymbol{P}^{\mathrm{T}}\boldsymbol{AP}$ 为对角阵。由于实二次型的矩阵是一个实对称方阵，故对于任意一个 n 元实二次型 $f(x_1, x_2, \cdots, x_n) = \boldsymbol{X}^{\mathrm{T}}\boldsymbol{AX}$，一定可以找到一个正交变换 $\boldsymbol{X} = \boldsymbol{PY}$，使得

$$f(x_1, x_2, \cdots, x_n) = \boldsymbol{X}^{\mathrm{T}}\boldsymbol{AX} = \boldsymbol{Y}^{\mathrm{T}}(\boldsymbol{P}^{\mathrm{T}}\boldsymbol{AP})\boldsymbol{Y} = \lambda_1 y_1^2 + \lambda_2 y_2^2 + \cdots + \lambda_n y_n^2$$

这里 $\lambda_1, \lambda_2, \cdots, \lambda_n$ 是 $\boldsymbol{A}$ 的特征值。

例 16 用正交变换化实二次型

$$f(x_1,x_2,x_3)=2x_1^2+x_2^2-4x_1x_2-4x_2x_3$$

为标准形,并求出所用的正交变换。

解 (1)写出二次型 $f(x_1,x_2,x_3)$ 的矩阵。设 $f(x_1,x_2,x_3)=\boldsymbol{X}^{\mathrm{T}}\boldsymbol{AX}$,则二次型 $f(x_1,x_2,x_3)$ 的矩阵是

$$\boldsymbol{A}=\begin{pmatrix}2&-2&0\\-2&1&-2\\0&-2&0\end{pmatrix}$$

(2)求出 $\boldsymbol{A}$ 的全部特征值及其对应的标准正交的特征向量。由本章3.33中例11可知,$\boldsymbol{A}$ 的全部特征值为

$$\lambda_1=1,\lambda_2=4,\lambda_3=-2$$

而它们所对应的标准正交的特征向量为

$$\boldsymbol{\eta}_1=\frac{1}{3}\begin{pmatrix}2\\1\\-2\end{pmatrix},\quad \boldsymbol{\eta}_2=\frac{1}{3}\begin{pmatrix}2\\-2\\1\end{pmatrix},\quad \boldsymbol{\eta}_3=\frac{1}{3}\begin{pmatrix}1\\2\\2\end{pmatrix}$$

(3)写出正交变换。取正交矩阵

$$\boldsymbol{P}=(\boldsymbol{\eta}_1,\boldsymbol{\eta}_2,\boldsymbol{\eta}_3)=\frac{1}{3}\begin{pmatrix}2&2&1\\1&-2&2\\-2&1&2\end{pmatrix}$$

则得所欲求的正交变换 $\boldsymbol{X}=\boldsymbol{PY}$,即

$$\begin{pmatrix}x_1\\x_2\\x_3\end{pmatrix}=\frac{1}{3}\begin{pmatrix}2&2&1\\1&-2&2\\-2&1&2\end{pmatrix}\begin{pmatrix}y_1\\y_2\\y_3\end{pmatrix}$$

(4)写出 $f(x_1,x_2,x_3)$ 的标准形。易知,经上述正交变换 $\boldsymbol{X}=\boldsymbol{P}Y$ 后,所得二次型的标准形为

$$f(x_1,x_2,x_3)=y_1^2+4y_2^2-2y_3^2$$

例 17 用正交变换化实二次型

$$f(x_1,x_2,x_3)=x_1^2-2x_2^2-2x_3^2-4x_1x_2+4x_1x_3+8x_2x_3$$

为标准形,并求出所用的正交变换。

解 (1)写出二次型 $f(x_1,x_2,x_3)$ 的矩阵。设 $f(x_1,x_2,x_3)=\boldsymbol{X}^{\mathrm{T}}\boldsymbol{AX}$,则二次型 $f(x_1,x_2,x_3)$ 的矩阵是

$$\boldsymbol{A}=\begin{pmatrix}1&-2&2\\-2&-2&4\\2&4&-2\end{pmatrix}$$

(2)求出 $\boldsymbol{A}$ 的全部特征值及其标准正交的特征向量。

$$|\lambda\boldsymbol{E}-\boldsymbol{A}|=\begin{vmatrix}\lambda-1&2&-2\\2&\lambda+2&-4\\-2&-4&\lambda+2\end{vmatrix}\xlongequal{R_2+R_3}\begin{vmatrix}\lambda-1&2&-2\\0&\lambda-2&\lambda-2\\-2&-4&\lambda+2\end{vmatrix}$$

$$\xlongequal{C_3-C_2}\begin{vmatrix}\lambda-1 & 2 & -4\\ 0 & \lambda-2 & 0\\ -2 & -4 & \lambda+6\end{vmatrix}=(\lambda-2)\begin{vmatrix}\lambda-1 & -4\\ -2 & \lambda+6\end{vmatrix}$$

$$=(\lambda-2)^2(\lambda+7)$$

所以 $\boldsymbol{A}$ 的特征值为 $\lambda_1=\lambda_2=2,\lambda_3=-7$。

将 $\lambda_1=\lambda_2=2$ 代入齐次线性方程组 $(\lambda\boldsymbol{E}-\boldsymbol{A})\begin{pmatrix}z_1\\z_2\\z_3\end{pmatrix}=0$，得

$$(2\boldsymbol{E}-\boldsymbol{A})\begin{pmatrix}z_1\\z_2\\z_3\end{pmatrix}=\begin{pmatrix}1 & 2 & -2\\ 2 & 4 & -4\\ -2 & -4 & 4\end{pmatrix}\begin{pmatrix}z_1\\z_2\\z_3\end{pmatrix}=0$$

解之，可得线性方程组的通解为

$$z_1=-2z_2+2z_3$$

从而可求得它的一个基础解系是

$$\boldsymbol{\alpha}_1=\begin{pmatrix}-2\\1\\0\end{pmatrix},\quad \boldsymbol{\alpha}_2=\begin{pmatrix}2\\0\\1\end{pmatrix}$$

先将 $\boldsymbol{\alpha}_1,\boldsymbol{\alpha}_2$ 正交化，得

$$\boldsymbol{\beta}_1=\boldsymbol{\alpha}_1=[-2,1,0]^{\mathrm{T}}$$

$$\boldsymbol{\beta}_2=\boldsymbol{\alpha}_2-\frac{(\boldsymbol{\alpha}_2,\boldsymbol{\beta}_1)}{(\boldsymbol{\beta}_1,\boldsymbol{\beta}_1)}\beta_1=\begin{pmatrix}2\\0\\1\end{pmatrix}+\frac{4}{5}\begin{pmatrix}-2\\1\\0\end{pmatrix}=\frac{1}{5}\begin{pmatrix}2\\4\\5\end{pmatrix}$$

再将 $\boldsymbol{\beta}_1,\boldsymbol{\beta}_2$ 标准化，得

$$\boldsymbol{\eta}_1=\frac{\boldsymbol{\beta}_1}{\|\boldsymbol{\beta}_1\|}=\frac{1}{\sqrt{5}}\begin{pmatrix}-2\\1\\0\end{pmatrix}\quad \boldsymbol{\eta}_2=\frac{\boldsymbol{\beta}_2}{\|\boldsymbol{\beta}_2\|}=\frac{1}{3\sqrt{5}}\begin{pmatrix}2\\4\\5\end{pmatrix}$$

将 $\lambda_3=-7$ 代入齐次线性方程组 $(\lambda\boldsymbol{E}-\boldsymbol{A})\begin{pmatrix}z_1\\z_2\\z_3\end{pmatrix}=0$，得

$$(-7\boldsymbol{E}-\boldsymbol{A})\begin{pmatrix}z_1\\z_2\\z_3\end{pmatrix}=\begin{pmatrix}-8 & 2 & -2\\ 2 & -5 & -4\\ -2 & -4 & -5\end{pmatrix}\begin{pmatrix}z_1\\z_2\\z_3\end{pmatrix}=0$$

解之，可得线性方程组的通解为

$$\begin{cases}z_1=-\dfrac{1}{2}z_3\\ z_2=-z_3\end{cases}$$

从而可求得它的一个基础解系是

$$\boldsymbol{\alpha}_3 = (1,2,-2)^{\mathrm{T}}$$

再将 $\boldsymbol{\alpha}_3$ 标准化，得

$$\boldsymbol{\eta}_3 = \frac{\boldsymbol{\alpha}_3}{\|\boldsymbol{\alpha}_3\|} = \frac{1}{3}\begin{pmatrix} 1 \\ 2 \\ -2 \end{pmatrix}$$

(3)写出正交变换。取正交矩阵

$$\boldsymbol{P} = (\boldsymbol{\eta}_1, \boldsymbol{\eta}_2, \boldsymbol{\eta}_3) = \begin{pmatrix} -\frac{2}{\sqrt{5}} & \frac{2}{3\sqrt{5}} & \frac{1}{3} \\ \frac{1}{\sqrt{5}} & \frac{4}{3\sqrt{5}} & \frac{2}{3} \\ 0 & \frac{5}{3\sqrt{5}} & -\frac{2}{3} \end{pmatrix}$$

则得所欲求的正交变换为 $\boldsymbol{X}=\boldsymbol{PY}$，即

$$\begin{pmatrix} x_1 \\ x_2 \\ x_3 \end{pmatrix} = \frac{1}{3\sqrt{5}}\begin{pmatrix} -6 & 2 & \sqrt{5} \\ 3 & 4 & 2\sqrt{5} \\ 0 & 5 & -2\sqrt{5} \end{pmatrix}\begin{pmatrix} y_1 \\ y_2 \\ y_3 \end{pmatrix}$$

(4)写出 $f(x_1,x_2,x_3)$的标准形。易知，经上述正交变换 $\boldsymbol{X}=\boldsymbol{PY}$ 后，所得二次型的标准形为

$$f(x_1,x_2,x_3) = 2y_1^2 + 2y_2^2 - 7y_3^2$$

必须指出：在把实二次型 $f(x_1,x_2,\cdots,x_n)=\boldsymbol{X}^{\mathrm{T}}\boldsymbol{AX}$ 化成标准形后，所得标准形虽然不是唯一的，但在标准形中系数不等于零的平方项的个数是由 $\boldsymbol{A}$ 的秩 r 所唯一确定的，并且在标准形中系数为正的平方项的个数 p 与系数为负的平方项的个数 $r-p$ 也都是唯一确定的。它们依次被称为实二次型 $f(x_1,x_2,\cdots,x_n)$的正惯性指数与负惯性指数，而正惯性指数与负惯性指数的差 $p-(r-p)=2p-r$ 称为实二次型 $f(x_1,x_2,\cdots,x_n)$的符号差。

§3.5 正定二次型

3.5.1 实二次型的分类

设 $f(x_1,x_2,\cdots,x_n)$是一个实二次型，如果对于任意一组不全为零的实数 $c_1,c_2,\cdots,c_n$，都有$f(c_1,c_2,\cdots,c_n)>0$，则称 $f(x_1,x_2,\cdots,x_n)$为正定的二次型，简称为正定的；如果都有 $f(c_1,c_2,\cdots,c_n)\geqslant 0$，则称 $f(x_1,x_2,\cdots,x_n)$为半正定的；如果都有 $f(c_1,c_2,\cdots,c_n)<0$，则可称 $f(x_1,x_2,\cdots,x_n)$为负定的；如果都有 $f(c_1,c_2,\cdots,c_n)\leqslant 0$，则称 $f(x_1,x_2,\cdots,x_n)$为半负定的；如果它既不是半正定的又不是半负定的，则称 $f(x_1,x_2,\cdots,x_n)$为不定的。

如果实二次型 $f(x_1,x_2,\cdots,x_n)=\boldsymbol{X}^{\mathrm{T}}\boldsymbol{AX}$ 是正定(半正定、负定、半负定)的，则称实对称矩阵 $\boldsymbol{A}$ 为正定(半正定、负定、半负定)矩阵。

3.5.2 判断正定二次型的充分必要条件

定理4 n元实二次型$f(x_1,x_2,\cdots,x_n)$为正定的充分必要条件是它的正惯性指数等于n。

证明 设二次型$f(x_1,x_2,\cdots,x_n)$经满秩线性变换

$$\boldsymbol{X}=\boldsymbol{CY} \tag{3.12}$$

变成二次型

$$f(x_1,x_2,\cdots,x_n)=b_1y_1^2+b_2y_2^2+\cdots+b_ny_n^2 \tag{3.13}$$

先证**充分性**:如果$f(x_1,x_2,\cdots,x_n)$的正惯性指数等于n,则$b_1,b_2,\cdots,b_n$全大于零。设$l_1,l_2,\cdots,l_n$是任意n个不全为零的实数,由于线性变换(3.12)是满秩的,故由克莱姆法则知,一定可以找到唯一的一组值

$$y_i=k_i \qquad (i=1,2,\cdots,n)$$

使得

$$\begin{pmatrix} l_1 \\ l_2 \\ \vdots \\ l_n \end{pmatrix}=\boldsymbol{C}\begin{pmatrix} k_1 \\ k_2 \\ \vdots \\ k_n \end{pmatrix}$$

易知,$k_1,k_2,\cdots,k_n$不全为零,否则$l_1,l_2,\cdots,l_n$将全为零,这与$l_1,l_2,\cdots,l_n$是任意n个不全为零的实数的假设矛盾。今将$x_i=l_i(i=1,2,\cdots,n)$代入(3.13)式的左边,将$y_i=k_i(i=1,2,\cdots,n)$代入(3.13)式的右边,那末得到的值应该相等,因此有

$$f(l_1,l_2,\cdots,l_n)=b_1k_1^2+b_2k_2^2+\cdots+b_nk_n^2>0$$

这表明$f(x_1,x_2,\cdots,x_n)$是正定的。

再证**必要性**:用反证法。如果在$f(x_1,x_2,\cdots,x_n)$为正定时,而$f(x_1,x_2,\cdots,x_n)$的正惯性指数小于n,则(3.13)式中的$b_1,b_2,\cdots,b_n$不能全大于零。不妨设$b_n\leqslant 0$,取

$$y_1=y_2=\cdots=y_{n-1}=0,y_n=1$$

代入(3.12)式,可求得x_i的一组值,设为

$$x_i=l_i \quad (i=1,2,\cdots,n)$$

因为线性变换(3.12)是满秩的,故$l_1,l_2,\cdots,l_n$也不全为零。将$x_i=l_i(i=1,2,\cdots,n)$以及$y_1=y_2=\cdots=y_{n-1}=0,y_n=1$分别代入(3.13)式的两边,得

$$f(l_1,l_2,\cdots,l_n)=b_n\leqslant 0$$

于是知$f(x_1,x_2,\cdots,x_n)$不是正定的,这与假设矛盾。这表明如果$f(x_1,x_2,\cdots,x_n)$是正定的,则它的正惯性指数一定等于n。

由定理4可知,对于任意一个正定的n元二次型$f(x_1,x_2,\cdots,x_n)$,一定可以找到一个满秩的线性变换$\boldsymbol{X}=\boldsymbol{CY}$,使得它的标准形为$y_1^2+y_2^2+\cdots+y_n^2$。这表明一个实对称阵$\boldsymbol{A}$是正定矩阵的充分必要条件是它与单位矩阵合同,亦即存在可逆矩阵C,使

$$\boldsymbol{A}=\boldsymbol{C}^{\mathrm{T}}\boldsymbol{EC}=\boldsymbol{C}^{\mathrm{T}}\boldsymbol{C}$$

定理5 n元实二次型$f(x_1,x_2,\cdots,x_n)=\boldsymbol{X}^{\mathrm{T}}\boldsymbol{AX}$为正定的充分必要条件是它的矩阵$\boldsymbol{A}$的特征值全大于零。

证明 因为对于实二次型 $f(x_1,x_2,\cdots,x_n)=\boldsymbol{X}^{\mathrm{T}}\boldsymbol{A}\boldsymbol{X}$,总存在一个正交变换 $\boldsymbol{X}=\boldsymbol{P}\boldsymbol{Y}$,使它化为标准形

$$f(x_1,x_2,\cdots,x_n)=\lambda_1 y_1^2+\lambda_2 y_2^2+\cdots+\lambda_n y_n^2$$

其中 $\lambda_1,\lambda_2,\cdots,\lambda_n$ 是 $f(x_1,x_2,\cdots,x_n)$的矩阵 $\boldsymbol{A}$ 的全部特征值。由定理 4 可以知道,实二次型 $f(x_1,x_2,\cdots,x_n)$为正定的充分必要条件是 $\lambda_1,\lambda_2,\cdots,\lambda_n$ 全大于零。

由定理 4 与定理 5 可知,例 14、例 15、例 16、例 17 中的二次型都不是正定的二次型。

定义 10 设

$$\boldsymbol{A}=\begin{pmatrix} a_{11} & a_{12} & \cdots & a_{1n} \\ a_{21} & a_{22} & \cdots & a_{2n} \\ \vdots & \vdots & & \vdots \\ a_{n1} & a_{n2} & \cdots & a_{nn} \end{pmatrix}$$

是一个 n 阶矩阵,则称如下 n 个行列式

$$\boldsymbol{\Delta}_1=|a_{11}|,\quad \boldsymbol{\Delta}_2=\begin{vmatrix} a_{11} & a_{12} \\ a_{21} & a_{22} \end{vmatrix},\quad \cdots,$$

$$\boldsymbol{\Delta}_k=\begin{vmatrix} a_{11} & a_{12} & \cdots & a_{1k} \\ a_{21} & a_{22} & \cdots & a_{2k} \\ \vdots & \vdots & & \vdots \\ a_{k1} & a_{k2} & \cdots & a_{kk} \end{vmatrix},\cdots,\boldsymbol{\Delta}_n=\begin{vmatrix} a_{11} & a_{12} & \cdots & a_{1n} \\ a_{21} & a_{22} & \cdots & a_{2n} \\ \vdots & \vdots & & \vdots \\ a_{n1} & a_{n2} & \cdots & a_{nn} \end{vmatrix}$$

为 $\boldsymbol{A}$ 的顺序主子式。

例如,设矩阵

$$\boldsymbol{A}=\begin{pmatrix} -1 & 2 & 3 \\ 4 & 1 & 6 \\ 0 & 2 & 1 \end{pmatrix}$$

则

$$\boldsymbol{\Delta}_1=|-1|=-1,\quad \boldsymbol{\Delta}_2=\begin{vmatrix} -1 & 2 \\ 4 & 1 \end{vmatrix}=-9,\quad \boldsymbol{\Delta}_3=\begin{vmatrix} -1 & 2 & 3 \\ 4 & 1 & 6 \\ 0 & 2 & 1 \end{vmatrix}=27$$

分别是 $\boldsymbol{A}$ 的一阶,二阶,三阶顺序主子式。

定理 6 实二次型

$$f(x_1,x_2,\cdots,x_n)=\boldsymbol{X}^{\mathrm{T}}\boldsymbol{A}\boldsymbol{X}$$

是正定的充分必要条件是实对称阵 $\boldsymbol{A}$ 的各阶顺序主子式都大于零,即有

$$\boldsymbol{\Delta}_1>0,\quad \boldsymbol{\Delta}_2>0,\quad \cdots,\quad \boldsymbol{\Delta}_n>0$$

(证明略)

推论 实二次型 $f(x_1,x_2,\cdots,x_n)=\boldsymbol{X}^{\mathrm{T}}\boldsymbol{A}\boldsymbol{X}$ 为负定的充分必要条件是 $\boldsymbol{A}$ 的奇数阶顺序主子式都小于零,而 $\boldsymbol{A}$ 的偶数阶顺序主子式都大于零,即有

$$(-1)^k\begin{vmatrix} a_{11} & a_{12} & \cdots & a_{1k} \\ a_{21} & a_{22} & \cdots & a_{2k} \\ \vdots & \vdots & & \vdots \\ a_{k1} & a_{k2} & \cdots & a_{kk} \end{vmatrix}>0 \qquad (k=1,2,\cdots,n)$$

这是因为当实二次型 $f(x_1,x_2,\cdots,x_n)=\boldsymbol{X}^T\boldsymbol{A}\boldsymbol{X}$ 是负定的二次型时，由实二次型的分类可知，此时实二次型 $-f(x_1,x_2,\cdots,x_n)=\boldsymbol{X}^T(-\boldsymbol{A})\boldsymbol{X}$ 应是正定的二次型。由定理 6 知，实对称矩阵 $-\boldsymbol{A}$ 的各阶顺序主子式都大于零，于是可得推论。

例 18　问二次型

$$f(x_1,x_2,x_3)=5x_1^2+x_2^2+7x_3^2+4x_1x_2-6x_1x_3-2x_2x_3$$

是否正定。

解　因为 $f(x_1,x_2,x_3)$ 的矩阵是

$$\boldsymbol{A}=\begin{pmatrix} 5 & 2 & -3 \\ 2 & 1 & -1 \\ -3 & -1 & 7 \end{pmatrix}$$

故知矩阵 $\boldsymbol{A}$ 的三个顺序主子式为

$$\boldsymbol{\Delta}_1=5>0,\quad \boldsymbol{\Delta}_2=\begin{vmatrix} 5 & 2 \\ 2 & 1 \end{vmatrix}=1>0,\quad \boldsymbol{\Delta}_3=\begin{vmatrix} 5 & 2 & -3 \\ 2 & 1 & -1 \\ -3 & -1 & 7 \end{vmatrix}=5>0$$

由于 $\boldsymbol{A}$ 的各阶顺序主子式都大于零，故由定理 6 知所给的二次型是正定的。

例 19　判别二次型

$$f(x_1,x_2,x_3)=-x_1^2-5x_2^2-4x_3^2+4x_1x_2+2x_1x_3-6x_2x_3$$

的正定性。

解　因为　$f(x_1,x_2,x_3)$ 的矩阵

$$\boldsymbol{A}=\begin{pmatrix} -1 & 2 & 1 \\ 2 & -5 & -3 \\ 1 & -3 & -4 \end{pmatrix}$$

于是知

$$\boldsymbol{\Delta}_1=-1<0,\quad \boldsymbol{\Delta}_2=\begin{vmatrix} -1 & 2 \\ 2 & -5 \end{vmatrix}=1>0,\quad \boldsymbol{\Delta}_3=\begin{vmatrix} -1 & 2 & 1 \\ 2 & -5 & -3 \\ 1 & -3 & -4 \end{vmatrix}=-2<0$$

由定理 6 的推论知，所给二次型是一个负定的二次型。

复习思考题 3

1. 判断下列论断是否正确（正确填“是”，不正确填“非”）。

(1) 设 $\boldsymbol{A}$ 和 $\boldsymbol{B}$ 都是 n 阶方阵，且 $\boldsymbol{B}$ 可逆，则 $\boldsymbol{B}^{-1}\boldsymbol{A}$ 的特征值与 $\boldsymbol{A}\boldsymbol{B}^{-1}$ 的特征值全部相同。

(2)n 阶方阵 $\boldsymbol{A}$ 可以与对角阵相似的充分必要条件是 $\boldsymbol{A}$ 有 n 个互不相同的特征值。

(3)设 $\boldsymbol{A}$ 是一个可以对角化的 n 阶方阵,它的 n 个特征值是 1 或 -1,则 $\boldsymbol{A}^{-1}=\boldsymbol{A}$。

(4)设 λ_1 和 λ_2 是 n 阶方阵 $\boldsymbol{A}$ 的两个不同的特征值,$\boldsymbol{X}_1$ 和 $\boldsymbol{X}_2$ 分别是 $\boldsymbol{A}$ 的属于特征值 λ_1 和 λ_2 的特征向量,则 $2\boldsymbol{X}_1+\boldsymbol{X}_2$ 也是 $\boldsymbol{A}$ 的特征向量。

(5)若任意非零的 n 元列向量都是 n 阶方阵 $\boldsymbol{A}$ 的特征向量,则 $\boldsymbol{A}$ 是数量矩阵。

(6)n 元实二次型 $f(x_1,x_2,\cdots,x_n)$ 为正定二次型的充分必要条件是它的秩等于 n。

(7)设有 n 元实二次型 $f(x_1,x_2,\cdots,x_n)=x_1^2+x_2^2+\cdots+x_n^2+2x_1x_n$,则它是一个正定的二次型。

(8)设 $\boldsymbol{A}$ 是 $m\times n$ 实矩阵,$\boldsymbol{A}^{\mathrm{T}}$ 是 $\boldsymbol{A}$ 的转置矩阵,且 $\mathrm{R}(\boldsymbol{A})=n$,则 $\boldsymbol{A}^{\mathrm{T}}\boldsymbol{A}$ 是一个正定矩阵。

2. 设 $\boldsymbol{A}$ 为 n 阶可逆矩阵,λ 是 $\boldsymbol{A}$ 的一个特征值,则 $\boldsymbol{A}$ 的伴随矩阵 $\boldsymbol{A}^*$ 的特征值之一是

(a)$\lambda^{-1}|\boldsymbol{A}|^n$,　(b)$\lambda^{-1}|\boldsymbol{A}|$,　(c)$\lambda|\boldsymbol{A}|$,　(d)$\lambda|\boldsymbol{A}|^n$

3. 设 $\boldsymbol{A}=\begin{pmatrix}-1&2&2\\2&-1&-2\\2&-2&-1\end{pmatrix}$

试求矩阵 $\boldsymbol{A}$ 以及矩阵 $\boldsymbol{A}^{-1}+\boldsymbol{E}-2\boldsymbol{A}-\boldsymbol{A}^2$ 的特征值。

4. 已知三阶方阵 $\boldsymbol{A}$ 的特征值为 $1,-2,3$,试求行列式 $|\boldsymbol{A}^2-3\boldsymbol{E}|$ 的值。

5. 已知向量 $\boldsymbol{\alpha}=\begin{pmatrix}1\\m\\1\end{pmatrix}$ 是矩阵 $\boldsymbol{A}=\begin{pmatrix}2&1&1\\1&2&1\\1&1&2\end{pmatrix}$ 的逆矩阵 $\boldsymbol{A}^{-1}$ 的特征向量,试求常数 m 的值。

6. 设 $\boldsymbol{X}_0$ 是 n 阶方阵 $\boldsymbol{A}$ 的属于特征值 λ_0 的特征向量,$\boldsymbol{P}$ 为已知的 n 阶可逆矩阵,求方阵 $\boldsymbol{P}^{-1}\boldsymbol{AP}$ 的属于特征值 λ_0 的特征向量。

7. 已知矩阵

$$\boldsymbol{A}=\begin{pmatrix}2&0&0\\0&x&-1\\0&-1&0\end{pmatrix},\boldsymbol{B}\begin{pmatrix}y&0&0\\0&-1&0\\0&0&2\end{pmatrix}$$

相似,(1)求 x 与 y 的值;(2)求可逆矩阵 $\boldsymbol{P}$,使 $\boldsymbol{P}^{-1}\boldsymbol{AP}=\boldsymbol{B}$。

8. 设 $\boldsymbol{A}$ 为 n 阶正交矩阵,试证 $\boldsymbol{A}$ 的实特征向量所对应的特征值的绝对值等于 1。

9. 设 $\boldsymbol{A}$ 与 $\boldsymbol{B}$ 都是 n 阶正交矩阵,且 $|\boldsymbol{A}|=-|\boldsymbol{B}|$,求证 $|\boldsymbol{A}+\boldsymbol{B}|=0$。

10. 设 $\boldsymbol{A}$ 是 n 阶正定矩阵,$\boldsymbol{E}$ 是 n 阶单位阵,试证 $\boldsymbol{A}+\boldsymbol{E}$ 的行列式的值大于 1。

习　题　3

1. 求下列矩阵的特征值以及属于它的全部线性无关的特征向量:

(1)　$\boldsymbol{A}=\begin{pmatrix}1&-1\\2&4\end{pmatrix}$　　(2)　$\boldsymbol{A}=\begin{pmatrix}3&4\\5&2\end{pmatrix}$

(3)　$\boldsymbol{A}=\begin{pmatrix}1&2&3\\2&1&3\\3&3&6\end{pmatrix}$　　(4)　$\boldsymbol{A}=\begin{pmatrix}2&-1&2\\5&-3&3\\-1&0&-2\end{pmatrix}$

(5)　$\boldsymbol{A}=\begin{pmatrix}0&0&1\\0&1&0\\1&0&0\end{pmatrix}$　　(6)　$\boldsymbol{A}=\begin{pmatrix}3&1&0\\-4&-1&0\\4&-8&-2\end{pmatrix}$

(7) $A=\begin{pmatrix}1 & -3 & 4\\4 & -7 & 8\\6 & -7 & 7\end{pmatrix}$　　(8) $A=\begin{pmatrix}1 & 2 & -2\\2 & 4 & -4\\-2 & -4 & 4\end{pmatrix}$

2. 设 $\boldsymbol{A}$ 是 n 阶可逆矩阵，试证 $\boldsymbol{A}$ 的特征值 $\lambda_0\neq 0$，而且 λ_0^{-1} 是 $\boldsymbol{A}^{-1}$ 的特征值。

3. 设 λ_0 是 $\boldsymbol{A}$ 的特征值，k 是实数。试证(1) $k\lambda_0$ 是 $k\boldsymbol{A}$ 的特征值；(2) λ_0^2 是 $\boldsymbol{A}^2$ 的特征值。

4. 设

$$\boldsymbol{A}=\begin{pmatrix}x & 2 & -1\\1 & 2 & 3\\1 & 1 & x\end{pmatrix}$$

且知 $\boldsymbol{A}$ 有一个特征值是 1，求 x 的值

5. 在下列矩阵中，请指出哪些矩阵可以对角化？对于可以对角化的方阵 $\boldsymbol{A}$，求出可逆矩阵 $\boldsymbol{M}$ 与对角阵 $\boldsymbol{B}$，使 $\boldsymbol{M}^{-1}\boldsymbol{A}\boldsymbol{M}=\boldsymbol{B}$。研究在第 1 题中，哪些矩阵不可以对角化？哪些矩阵可以对角化？对于可以对角化的方阵 $\boldsymbol{A}$，写出可逆矩阵 $\boldsymbol{M}$ 与对角阵 $\boldsymbol{B}$，使 $\boldsymbol{M}^{-1}\boldsymbol{A}\boldsymbol{M}=\boldsymbol{B}$。

(1) $A=\begin{pmatrix}-1 & 3 & -1\\-3 & 5 & -1\\-3 & 3 & 1\end{pmatrix}$　　(2) $A=\begin{pmatrix}6 & -5 & -3\\3 & -2 & -2\\2 & -2 & 0\end{pmatrix}$

(3) $A=\begin{pmatrix}0 & 0 & 0 & 1\\0 & 0 & 1 & 0\\0 & 1 & 0 & 0\\1 & 0 & 0 & 0\end{pmatrix}$　　(4) $A=\begin{pmatrix}1 & 1 & 1 & 1\\1 & 1 & -1 & -1\\1 & -1 & 1 & -1\\1 & -1 & -1 & 1\end{pmatrix}$

6. 设三阶方阵 $\boldsymbol{A}$ 的特征值为 $\lambda_1=1,\lambda_2=0,\lambda_3=-1$，而属于它们的线性无关的特征向量依次为

$$\boldsymbol{\eta}_1=\begin{pmatrix}1\\2\\2\end{pmatrix},\quad \boldsymbol{\eta}_2=\begin{pmatrix}2\\-2\\1\end{pmatrix},\quad \boldsymbol{\eta}_3=\begin{pmatrix}-2\\-1\\2\end{pmatrix}$$

求矩阵 $\boldsymbol{A}$。

7. 设有向量

$$\boldsymbol{\alpha}=\begin{pmatrix}1\\2\\-1\\1\end{pmatrix},\quad \boldsymbol{\beta}=\begin{pmatrix}3\\-1\\1\\-2\end{pmatrix}$$

(1)求内积 $(\boldsymbol{\alpha}+\boldsymbol{\beta},\boldsymbol{\alpha}-\boldsymbol{\beta})$；(2)求长度 $\|2\boldsymbol{\alpha}-3\boldsymbol{\beta}\|$；(3)求向量 $\boldsymbol{\alpha},\boldsymbol{\beta}$ 之间交角 θ 的余弦。

8. 设 $\boldsymbol{\varepsilon}_1,\boldsymbol{\varepsilon}_2,\boldsymbol{\varepsilon}_3$ 是一个标准正交的向量组，试证

$$\begin{cases}\boldsymbol{\eta}_1=\dfrac{1}{3}(-\boldsymbol{\varepsilon}_1+2\boldsymbol{\varepsilon}_2+2\boldsymbol{\varepsilon}_3)\\[2ex]\boldsymbol{\eta}_2=\dfrac{1}{3}(2\boldsymbol{\varepsilon}_1+2\boldsymbol{\varepsilon}_2-\boldsymbol{\varepsilon}_3)\\[2ex]\boldsymbol{\eta}_3=\dfrac{1}{3}(-2\boldsymbol{\varepsilon}_1+\boldsymbol{\varepsilon}_2-2\boldsymbol{\varepsilon}_3)\end{cases}$$

也是一个标准正交向量组。

9. 已知向量组

$$\boldsymbol{\alpha}_1=\begin{pmatrix}1\\2\\1\end{pmatrix},\quad \boldsymbol{\alpha}_2=\begin{pmatrix}2\\3\\3\end{pmatrix},\quad \boldsymbol{\alpha}_3=\begin{pmatrix}3\\7\\1\end{pmatrix}$$

试将它们先正交化,再标准化。

10. 求一个三元单位向量与向量 $\boldsymbol{\alpha}=(2,-3,1)^{\mathrm{T}}$,$\boldsymbol{\beta}=(-2,-1,1)^{\mathrm{T}}$ 正交。

11. 把向量组

$$\boldsymbol{\alpha}_1=\begin{pmatrix}0\\2\\1\\0\end{pmatrix},\quad \boldsymbol{\alpha}_2=\begin{pmatrix}1\\-1\\0\\0\end{pmatrix},\quad \boldsymbol{\alpha}_3=\begin{pmatrix}1\\2\\0\\-1\end{pmatrix},\quad \boldsymbol{\alpha}_4=\begin{pmatrix}1\\0\\0\\1\end{pmatrix}$$

标准正交化。

12. 求一个与向量

$$\boldsymbol{\alpha}_1=\begin{pmatrix}1\\1\\-1\\1\end{pmatrix},\quad \boldsymbol{\alpha}_2=\begin{pmatrix}1\\-1\\-1\\1\end{pmatrix},\quad \boldsymbol{\alpha}_3=\begin{pmatrix}2\\1\\1\\3\end{pmatrix}$$

正交的四元单位向量。

13. 下列矩阵是不是正交矩阵?试述其道理。

(1) $\boldsymbol{A}=\begin{pmatrix}1 & -\frac{1}{2} & \frac{1}{3}\\ -\frac{1}{2} & 1 & \frac{1}{2}\\ \frac{1}{3} & \frac{1}{2} & -1\end{pmatrix}$　　(2) $\boldsymbol{A}=\begin{pmatrix}\frac{1}{9} & -\frac{8}{9} & -\frac{4}{9}\\ -\frac{8}{9} & \frac{1}{9} & -\frac{4}{9}\\ -\frac{4}{9} & -\frac{4}{9} & \frac{7}{9}\end{pmatrix}$

14. 设 $\boldsymbol{A}$ 与 $\boldsymbol{B}$ 都是 n 阶正交矩阵,试证(1)$\boldsymbol{A}^{-1}$ 也是正交矩阵;(2)$\boldsymbol{A}^{\mathrm{T}}$ 也是正交矩阵;(3)$\boldsymbol{AB}$ 也是正交矩阵。

15. 设 $\boldsymbol{A}$ 是 n 阶正交矩阵,$\lambda_0\neq0$ 是 $\boldsymbol{A}$ 的一个特征值,试证 $\frac{1}{\lambda_0^2}$ 是 $\boldsymbol{A}^2$ 的一个特征值。

16. 设 $\boldsymbol{H}=\boldsymbol{E}-2\boldsymbol{XX}^{\mathrm{T}}$,这里 $\boldsymbol{E}$ 是 n 阶单位矩阵,$\boldsymbol{X}$ 为 n 元列向量,且 $\boldsymbol{X}^{\mathrm{T}}\boldsymbol{X}=1$。试证 $\boldsymbol{H}$ 既是对称矩阵,又是正交矩阵。

17. 设 $\boldsymbol{A}$ 和 $\boldsymbol{B}$ 均为正交矩阵,试证:

(1) $\begin{pmatrix}\boldsymbol{A} & 0\\ 0 & \boldsymbol{B}\end{pmatrix}$ 是正交矩阵　　(2) $\frac{1}{\sqrt{2}}\begin{pmatrix}\boldsymbol{A} & \boldsymbol{A}\\ -\boldsymbol{A} & \boldsymbol{A}\end{pmatrix}$ 是正交矩阵。

18. 对下列实对称矩阵 $\boldsymbol{A}$,求出正交矩阵 $\boldsymbol{P}$ 与对角阵 $\boldsymbol{B}$,使 $\boldsymbol{P}^{\mathrm{T}}\boldsymbol{AP}=\boldsymbol{B}$:

(1) $\boldsymbol{A}=\begin{pmatrix}1 & -2 & 0\\ -2 & 2 & -2\\ 0 & -2 & 3\end{pmatrix}$　　(2) $\boldsymbol{A}=\begin{pmatrix}2 & 2 & -2\\ 2 & 5 & -4\\ -2 & -4 & 5\end{pmatrix}$

(3) $\boldsymbol{A}=\begin{pmatrix}-1 & 0 & 4\\ 0 & 1 & 0\\ 4 & 0 & -7\end{pmatrix}$　　(4) $\boldsymbol{A}=\begin{pmatrix}3 & -2 & -4\\ -2 & 6 & -2\\ -4 & -2 & 3\end{pmatrix}$

(5) $\boldsymbol{A}=\begin{pmatrix}1 & -1 & 0 & 0\\ -1 & 1 & 0 & 0\\ 0 & 0 & 1 & -1\\ 0 & 0 & -1 & 1\end{pmatrix}$　　(6) $\boldsymbol{A}=\begin{pmatrix}3 & 1 & 0 & -1\\ 1 & 3 & -1 & 0\\ 0 & -1 & 3 & 1\\ -1 & 0 & 1 & 3\end{pmatrix}$

19. 把下列二次型写成矩阵形式：

(1) $f(x_1,x_2,x_3)=x_1^2+4x_1x_2+4x_2^2+2x_1x_3+x_3^2+4x_2x_3$

(2) $f(x_1,x_2,x_3)=x_1^2+x_2^2-7x_3^2-2x_1x_2-4x_1x_3-4x_2x_3$

20. 求下列二次型的秩：

(1) $f(x_1,x_2,x_3)=x_1^2+2x_2^2+3x_3^2-2x_1x_2-2x_1x_3+2x_2x_3$

(2) $f(x_1,x_2,x_3)=x_1^2+2x_2^2+x_3^2-2x_1x_2-2x_1x_3+2x_2x_3$

21. 用配方法把下列二次型化为标准形，并写出所用的满秩线性变换：

(1) $f(x_1,x_2,x_3)=x_1^2+2x_2^2+2x_1x_2-2x_1x_3$

(2) $f(x_1,x_2,x_3)=x_1^2+2x_1x_2+2x_2^2+4x_2x_3+4x_3^2$

(3) $f(x_1,x_2,x_3)=x_1x_2+x_1x_3+x_2x_3$

22. 用正交线性变换把下列二次型化为标准形，并写出所用的正交线性变换：

(1) $f(x_1,x_2,x_3)=2x_1^2+3x_2^2+4x_2x_3+3x_3^2$

(2) $f(x_1,x_2,x_3)=x_1^2+2x_2^2+2x_1x_2-2x_1x_3+2x_3^2$

(3) $f(x_1,x_2,x_3,x_4)=2x_1x_2-2x_3x_4$

(4) $f(x_1,x_2,x_3,x_4)=x_1^2+x_2^2+x_3^2+x_4^2+2x_1x_2-2x_1x_4-2x_2x_3+2x_3x_4$

23. 判别下列二次型的正定性：

(1) $f(x_1,x_2,x_3)=2x_1^2+5x_2^2+5x_3^2+4x_1x_2-4x_1x_3-8x_2x_3$

(2) $f(x_1,x_2,x_3)=5x_1^2+x_2^2+x_3^2+4x_1x_2-2x_1x_3-4x_2x_3$

(3) $f(x_1,x_2,x_3)=-2x_1^2-6x_2^2-4x_3^2+2x_1x_2+2x_1x_3$

(4) $f(x_1,x_2,x_3,x_4)=x_1^2+3x_2^2+9x_3^2+19x_4^2-2x_1x_2+4x_1x_3+2x_1x_4-6x_2x_4-12x_3x_4$

24. t 取什么值时，下列二次型是正定的？

(1) $f(x_1,x_2,x_3)=x_1^2+4x_2^2+2x_3^2+2tx_1x_2+2x_1x_3$

(2) $f(x_1,x_2,x_3)=tx_1^2+x_2^2+tx_3^2+2x_1x_2-2x_1x_3+2x_2x_3$

(3) $f(x_1,x_2,x_3)=x_1^2+4x_2^2+x_3^2+2tx_1x_2+10x_1x_3+6x_2x_3$

25. 已知实二次型 $f(x_1,x_2,x_3)=2x_1^2+3x_2^2+3x_3^2+2tx_2x_3\,(t>0)$，通过正交线性变换将其化成如下的标准形 $f(x_1,x_2,x_3)=y_1^2+2y_2^2+5y_3^2$，试求参数 t 的值及所实行的正交线性变换。

第 4 章　概率的基本概念及计算

§4.1　随机事件及概率

4.1.1　随机现象及随机事件

自然界的现象可以分为两大类：一类为必然现象，另一类为随机现象。

所谓必然现象，是指在一定的条件下必然发生的现象。例如在一个标准大气压下，水加热到 100℃一定会沸腾；向上抛一重物，一定会落到地面上；月亮一定沿某一轨道绕地球运转；等等。研究这些必然现象中的数量关系，常常采用微积分、代数、几何及其他一些数学方法。

随机现象，也称为偶然现象，是指在一定条件下具有多种可能发生的结果，而究竟发生哪一个结果事先不能肯定的现象。例如明天天气可能是晴，也可能是阴或雨；从一批产品中任意抽取一件产品，该产品可能是合格品，也可能是不合格品；同一工人用一样的方法用同样的材料加工同类型的轴，其直径也不会完全相同；某一时段一手机收到的微信条数可能为 0,1,2,3,…，这些仅仅是"瞬息万变"的大千世界中的一点点事实。从表面上看，随机现象完全由偶然性在起支配作用，没有什么必然性。其实，这些现象有一个共同的特点：在一定的条件下，当我们重复观察随机现象的时候，就会发现随机现象的出现有其规律性。例如，从一大批产品中，每抽一件产品，该产品是合格或是不合格是随机的，这是现象具有偶然性的一面；然而，当重复抽取产品时，不合格品率是稳定的，这就是现象具有必然性的一面。再如，当一辆汽车按通常操作通过某一地段时，事先无法确切知道会不会发生交通事故，即带有偶然性；但经过大量的观察，发现某一地段发生交通事故比较多，因此就在这一地段的路边立了一块"事故多发地段"的牌子（这就是必然的一面，即有规律性的一面），提醒人们引起注意。由此可见，个别随机现象的出现是偶然的，但在大量重复试验（观察）中，随机现象隐藏着必然的规律性。我们称这种固有的规律性为统计规律性。概率论与数理统计就是研究随机现象数量规律的一门学科。

为了精细地考察一个随机现象，必须分析这个随机现象的各种结果。只有弄清了一个随机现象的各种结果，才能进一步研究这个随机现象的各种结果出现的可能性。对随机现象作一次观察（或记录，或试验）称为随机试验，本篇中以后提到的试验都是指随机试验。称随机试验的所有可能结果构成的集合为样本空间，记为 S。样本空间 S 中的每一个元素，即试验的每一个结果称为样本点。

观察随机现象时，人们常常关心某些特定的结果，这些结果可能出现，也可能不出现。在随机试验中，称那些可能发生又可能不发生的结果为随机事件，简称事件。特别地，称试验的每一结果（即样本点）为基本事件。

例1　投掷一枚硬币，试验的结果有2个："正面朝上"、"反面朝上"，故该试验所对应的样本空间由上述2个基本事件构成，简记为

$$S=\{(\text{正面}),(\text{反面})\}$$

例2　一射手向一目标射击3次，观察他的击中次数，可能为"击中0次"、"击中1次"、"击中2次"、"击中3次"，即该试验有这4个结果，每一个结果都是一个基本事件，所以该试验所对应的样本空间可简记为

$$S=\{0,1,2,3\}$$

而"至少有1次击中"与"击中次数不到2次"都是随机事件。

例3　记录某批手机无故障工作时间x（小时），对应的样本空间为

$$S=\{x\mid 0\leqslant x\leqslant b\}$$

记事件$A=\{x\leqslant 10000\}$，则A为一随机事件。

例4　从15个同类产品（其中12个正品、3个次品）中任取4个产品，观察取到的次品数，则对应的样本空间为

$$S=\{0,1,2,3\}$$

"至少有2个正品"及"恰有2个正品"均为随机事件。

我们常用大写字母$A,B,C,\cdots$表示随机事件。例如，设A为随机事件"至少有1次击中"，常记$A=\{\text{至少有1次击中}\}$；又如设B为"风力小于3级"，记$B=\{\text{风力小于3级}\}$；再如C为"误差大于3mm"，记$C=\{\text{误差大于3mm}\}$；等等。

当某一事件所包含的一个样本点发生时，我们就称该事件发生。例如，在例2中，设$A=\{\text{至少有1次击中}\}$，A包含了3个样本点：1，2，3，亦可记$A=\{1,2,3\}$。若射手"恰好击中1次"时，即A所包含的一个样本点出现，我们就称事件A发生，当射手"恰好击中2次"时，我们亦称事件A发生，当射手"恰好击中3次"时，我们仍称事件A发生。同理，当"击中次数为0次或1次"时，称"击中次数不到2次"事件发生。

特别地，若将样本空间S亦视为一事件，因为S包含了所有的试验结果，因此每一次试验事件S必然发生，故亦称S为必然事件。

考察例4中的2个事件："4个都是次品"和"至少有1个正品"，前者是不可能发生的，后者是一定要发生的。在随机试验中，我们称不可能发生的事件为不可能事件，记作$\varnothing$；称一定要发生的事件为必然事件，记作S。

4.1.2　事件的相互关系及运算

在研究随机现象时，为了掌握复杂事件的统计规律，我们常常需要研究事件之间的相互关系及运算。

1.事件的包含与相等

设有两事件A和B，如果B发生必导致A发生，则称事件A包含事件B，并用记号$A\supset B$表示；如果同时有$A\supset B$及$B\supset A$，则称事件A等于事件B，并用记号$A=B$表示。

例5 一口袋里装有10个球,分别编上了10个不同的号码:1,2,3,…,10。从中随机地取一球,观察其编号。设事件如下:

A={取到的球号$\geqslant 2$}　　　B={取到的球号$\geqslant 4$}

C={取到的球号为偶数}　　　D={取到的球号$\geqslant 1$}

当我们取到5号球时,即事件B发生,而事件A也发生。易知,每当事件B发生时,事件A必发生。由定义知,事件A包含事件B,即$A\supset B$。每当事件C发生时,所取到的球的号码必大于等于2,即事件A必发生,所以$A\supset C$。显然,事件D为必然事件,所以$D=S$,且$D\supset A$,$D\supset B$,$D\supset C$。任一事件都包含在必然事件S中。

例6 设有一大批产品。今从中随机地任取10件,观察其中的合格品数。设E={合格品数至少是7},F={合格品数大于9},G={10件全是合格品},H={合格品数小于7}。

如果所取的"10件全是合格品"(即事件G发生),也就是"合格品数大于9"(事件F发生),故有$F=G$,且显然有$E\supset F$,$E\supset G$。

这4个事件中没有其他的包含关系。

2. 和事件

我们称C={事件A或B至少有一发生}为A与B的和事件,记为$C=A\cup B$。

也可用集合论的观点来认识和事件,即事件C所对应的样本点集为A与B所对应的样本点集的并集。

显然,在例5中,$A\cup C=A$,$B\cup A=A$,$B\cup C$={取到编号为2,4,5,6,7,8,9,10的球}。例如,若取到2号球,则事件C发生;若取到6号球,则事件B和C同时发生;若取到9号球,则事件B发生…所以,"取到编号为2,4,5,6,7,8,9,10的球"即为事件"$B\cup C$"。

在例6中,$E\cup F=E$,$E\cup H=S$。

例7 设随机事件M={甲今天来公司},N={乙今天来公司};再设L为"事件M和事件N至少有一个发生"事件,$L=M\cup N$,则L={甲、乙今天至少有1人来公司}。

类似地,设有n个事件$A_1,A_2,\cdots,A_n$,称事件C={$A_1,A_2,\cdots,A_n$至少有一发生}为这n个事件的和事件,记为

$$C=A_1\cup A_2\cup\cdots\cup A_n=\bigcup_{i=1}^{n}A_i$$

3. 积事件

我们称事件C={事件A与事件B同时发生}为事件A和B的积事件,记为$C=A\cap B$,或$C=AB$,或$C=A\cdot B$。

在例5中,若再设A_1={取到的球号<3},则要使A_1与A同时发生,必须摸到2号球,所以有

$A_1\cap A=A_1A$={摸到2号球}

在例6中,因为E与H、F与H、G与H均不能同时发生,故有$EH=FH=GH=\varnothing$,同时有$EF=EG=F=G$。

在例7中,MN={甲、乙今天都来公司}。

同样地,若有n个事件$A_1,A_2,\cdots,A_n$,我们称事件C={$A_1,A_2,\cdots,A_n$同时发生}为这n

个事件的积事件，记为

$$C = A_1A_2\cdots A_n = \bigcap_{i=1}^{n} A_i$$

特别地，若两事件 A 和 B 有 $AB=\varnothing$，即事件 A 和 B 在一次试验中同时发生是不可能时，则称 A 和 B 是互不相容的事件，或互斥的事件。

显然，在例 6 中，事件 E 与 H，F 与 H，G 与 H 都是互不相容的。

4. 逆事件

某些互不相容的事件，如“试验成功”与“试验不成功”、“测量误差$\geqslant$3mm”与“测量误差$<$3mm”、“明天有雨”与“明天没有雨”等等，都有一共同的特点，即两事件在每次试验（观察）中至少有一个发生是必然的（即和事件为必然事件），而同时发生又是不可能的（即积事件为不可能事件）。

一般地，若有两事件 A 和 B 同时满足

$$A\cup B=S\ ,\ AB=\varnothing$$

就称事件 A 与 B 是互逆的，即称 A 的逆事件为 B，记为 $\bar{A}=B$；B 的逆事件为 A，记为 $\bar{B}=A$。

例如，在例 6 中，有 $E\cup H=S, EH=\varnothing$，故有 $\bar{E}=H, \bar{H}=E$。

我们可借助下面的图形（图 4.1）直观地表示以上事件的关系和运算。

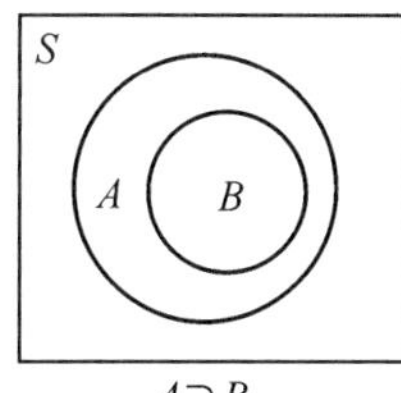

$A\supset B$

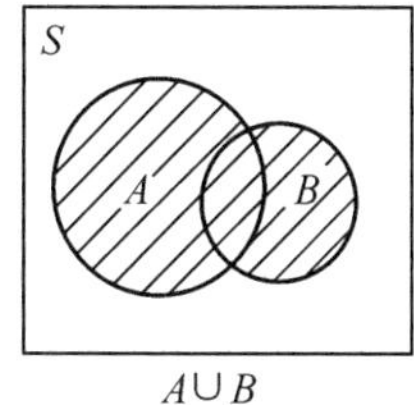

$A\cup B$

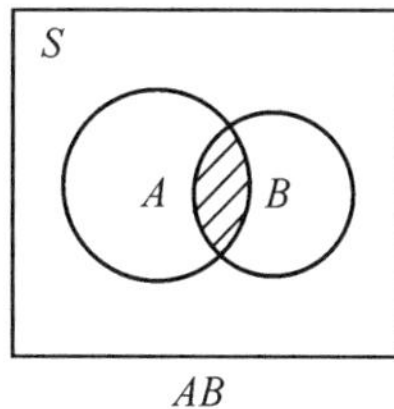

AB

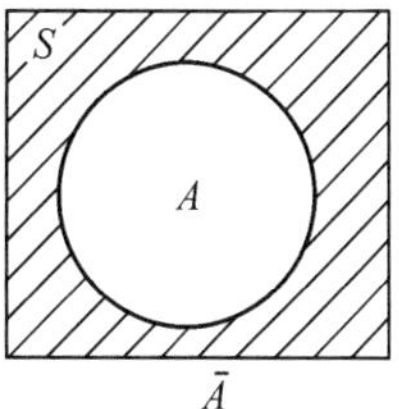

$\bar{A}$

图 4.1

在例 5 中，A 的逆事件即为“取到 1 号球”事件，所以 $\bar{A}$=｛取到 1 号球｝。同时，$\bar{C}$=｛取到的球号为奇数｝，$\bar{D}=\varnothing$。

在例 7 中，已知 M=｛甲今天来公司｝，N=｛乙今天来公司｝，则 $\bar{M}$=｛甲今天不来公司｝，$\bar{N}$=｛乙今天不来公司｝，$\bar{M}\,\bar{N}$=｛甲、乙今天都不来公司｝，又 $M\cup N$=｛甲、乙今天至少有 1 人来公司｝，MN=｛甲、乙今天都来公司｝，所以

$$\overline{M\cup N}=\{\text{甲、乙今天都不来公司}\}=\bar{M}\,\bar{N}$$

$$\overline{MN}=\{\text{甲、乙今天至少有 1 人不来公司}\}=\bar{M}\cup\bar{N}$$

5. 和交关系式

设 n 个事件 $A_1, A_2, \cdots, A_n$，则

$$\overline{A_1\cup A_2\cdots\cup A_n}=\bar{A}_1\bar{A}_2\cdots\bar{A}_n \qquad \overline{A_1A_2\cdots A_n}=\bar{A}_1\cup\bar{A}_2\cup\cdots\cup\bar{A}_n$$

上面第一式表示事件“$A_1, A_2, \cdots, A_n$ 至少有一发生”的逆事件为“$A_1, A_2, \cdots, A_n$ 同时不发生”（和事件的逆事件即为逆事件的积事件）；第二式表示事件“$A_1, A_2, \cdots, A_n$ 同时发生事件”的逆事件为“$A_1, A_2, \cdots, A_n$ 至少有一不发生”（积事件的逆事件即为逆事件的和事件）。

概率论中常有以下定义:由 n 个元件组成系统,若有一个损坏,则系统就损坏,此时称该系统为串联系统;若有一个不损坏,则系统不损坏,此时称该系统为并联系统。例如,一个凳子是由 4 条腿、凳板、靠背共 6 个部分组成,如果其中一个部分损坏,我们就认为这把凳子坏了,那么这把凳子就是一个由 6 个部件组成的串联系统。

若由 n 个部件组成的系统,设 $A_j=\{$第 j 个部件不损坏$\}$,$A=\{$系统不损坏$\}$。则有

串联系统　$A=A_1A_2\cdots A_n$;

并联系统　$A=A_1\cup A_2\cup\cdots\cup A_n$。

例 8　由三个同类型元件组成的系统如图 4.2 所示。设 $A_i=\{$第 i 个元件工作正常$\}$,$i=1,2,3$,$A=\{$系统工作正常$\}$,则 $\overline{A}=\{$系统工作不正常$\}$。

$$A=A_1\cup A_2\cup A_3 \qquad \overline{A}=\overline{A}_1\overline{A}_2\overline{A}_3$$

对于并联系统(a),即仅当"3 元件均不正常"时"系统工作不正常"。

对于串联系统(b),仅当"3 元件均正常工作"时"系统工作正常"。所以

$$A=A_1A_2A_3 \qquad \overline{A}=\overline{A}_1\cup\overline{A}_2\cup\overline{A}_3$$

当"3 元件中至少有 1 个不正常"时,"系统工作不正常"。

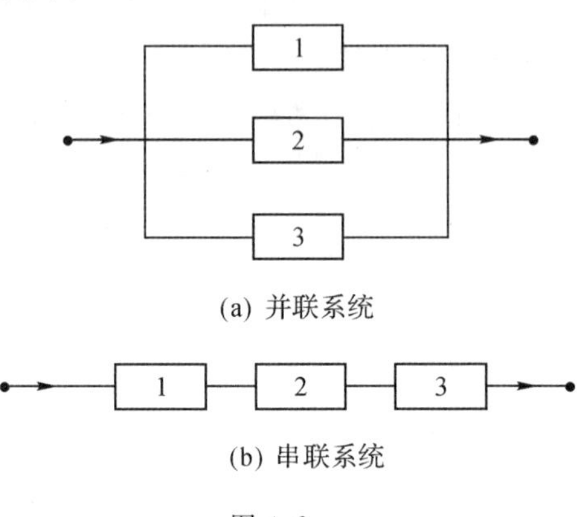

图 4.2

4.1.3　频率与概率

1. 事件的频率

一个随机试验有许多可能的结果(即事件),我们常常希望知道某些结果在一次试验中发生的可能性有多大,而且希望能将一个随机事件发生的可能性的大小用一个数来表达,为此我们先引入事件频率的概念。

定义 1　在一定的条件下,设事件 A 在 n 次重复试验中发生 n_A 次(n_A 称为 A 在这 n 次试验中发生的频数),称比值 n_A/n 为事件 A 在这 n 次试验中发生的频率,记为 $f_n(A)$:

$$f_n(A)=\frac{n_A}{n}=\frac{A\text{ 发生次数}}{\text{试验总次数}}$$

例如,在相同条件下生产 100 件产品。若其中有 98 件为合格品,则"产品合格"这一事件在 100 次重复试验(或观察)中发生的频数为 98,所以这一事件在这 100 次试验中发生的频率为 98/100。

事件 A 发生的频率越大,事件 A 发生越频繁,这意味着 A 在一次试验中发生的可能性越大;相反,一事件的频率越小,就意味着这一事件在一次试验中发生的可能性越小,所以频率是人们对事件发生可能性大小的第一认识。

又例如,有一大批某一型号的电子元件。从中随机地抽 50 件观察其寿命,使用了 3000 小时后发现有 2 件不能继续使用,则"寿命$\geqslant$3000 小时"这一事件在这 50 次试验中发生的频数为 48,频率为 48/50,我们可用这个数来估计这批元件使用 3000 小时后的可靠程度。

事件的频率具有下面的性质:

(1)$0 \leqslant f_n(A) \leqslant 1$；

(2)必然事件(即每次试验必然出现)的频率为 1，即 $f_n(S)=1$；

(3)当 A、B 互不相容时，$f_n(A \cup B)=f_n(A)+f_n(B)$。

(1)和(2)两条是显然成立的，现在我们来说明性质(3)。

设在 n 次试验中，事件 A 发生 n_A 次，事件 B 发生 n_B 次。因为 A 和 B 互不相容，即在一次试验中 A 和 B 不可能同时发生，所以 A 和 B 至少有一事件发生(即事件 $A \cup B$)发生的次数应为 n_A+n_B，所以有

$$f_n(A \cup B)=\frac{n_A+n_B}{n}=\frac{n_A}{n}+\frac{n_B}{n}=f_n(A)+f_n(B)$$

性质(3)可推广至 $k(k \geqslant 2)$ 个事件的情况。

当 k 个事件 $A_1, A_2, \cdots, A_k$ 两两互不相容(即任意两个事件不可能同时发生)时，

$$f_n(A_1 \cup A_2 \cup \cdots \cup A_k)=f_n(A_1)+f_n(A_2)+\cdots+f_n(A_k)$$

例 9　取一枚硬币，规定有国徽的一面为正面。重复抛 n 次(即在相同条件下进行了 n 次试验)，设事件 $A=\{$正面朝上$\}$，考察 A 的频率 n_A/n(读者可以一试)。现将硬币连抛 10 次、100 次、1000 次各做了 5 遍，所得结果列于表 4.1。

表 4.1

试验	$n=10$		$n=100$		$n=1000$	
序号	n_A	n_A/n	n_A	n_An	n_A	n_A/n
1	2	0.2	48	0.48	511	0.511
2	6	0.6	52	0.52	492	0.492
3	5	0.5	55	0.55	507	0.507
4	7	0.7	50	0.50	502	0.502
5	8	0.8	45	0.45	489	0.489

表 4.2

实验者	n	n_A	$f_n(A)$
蒲　丰	4040	2048	0.5069
K. 皮尔逊	12000	6019	0.5016
K. 皮尔逊	24000	12012	0.5005

表 4.2 中列出了几位统计学家抛硬币试验的结果。

从表 4.1 与表 4.2 可以看出，对应于不同试验号的频率有所不同，当抛掷次数较少时，事件 A 的频率之间差异较大。例如，当 $n=10$ 的 5 个不同试验中，频率最小为 0.2，频率最大为 0.8；而当抛掷的次数增多时，频率随之呈现出稳定性。可以设想，在大量重复试验中，A 的频率值应稳定在 0.5 附近。

例 10　某厂每天从当天生产的产品中抽取 50 件，检查其是否是合格品。结果记录于表 4.3。

表 4.3

观察天数	1	2	3	…	10	15	20	25	30	…
累计抽检产品数(n)	50	100	150	…	500	750	1000	1250	1500	…
累 计 不合格数(n_A)	0	2	4	…	6	8	11	14	16	…
频率(n_A/n)	0	0.02	0.027	…	0.012	0.011	0.011	0.011	0.011	…

设 $A=\{$产品不合格$\}$。由表 4.3 可以看出,A 出现的频率 n_A/n 随 n 的增大呈现出稳定性,其稳定值≈ 0.011。

无数事实告诉我们,在大量试验中,任何一个随机事件的频率都具有稳定性,而且它必然稳定于某一个数附近,不管是谁去做试验,只要条件相同,稳定性决不会改变。所以,频率的稳定性是随机事件本身所固有的一种属性,我们正是利用它来衡量随机事件发生的规律的。为了从数量上描述随机事件发生的可能性的大小,我们引入事件的概率的概念。

2. 事件的概率

定义 2　在一定的条件下进行大量的试验,称随机事件 A 的频率的稳定值 p 为随机事件 A 的概率,记为 $P(A)=p$。

概率有两方面的含意:一方面它反映了在大量试验中事件发生的频繁程度;另一方面,它又反映了在一次试验中事件发生的可能性的大小。一个事件的概率越大,则该事件发生越频繁,即发生的可能性越大。例如,考虑某一群体,若该群体患某种疾病的概率为 $\frac{3}{1000}$,就意味着在 1000 个个体中大约有 3 个个体患有这种疾病;另一方面,也可预计每一个个体患有这种病的可能性大约为 0.3%。

既然事件的概率为频率的稳定值,与事件的频率一样,事件的概率也应具有以下 3 条基本性质:

(1)$0\leqslant P(A)\leqslant 1$;

(2)当 $A=S$,即 A 为必然事件时,$P(A)=1$;

(3)当 A 与 B 互不相容时,$P(A\cup B)=P(A)+P(B)$。

性质(3)可推广至 n 个事件的情形。当事件 $A_1,A_2,\cdots,A_n$ 两两互不相容时,则有

$$P(A_1\cup A_2\cup\cdots\cup A_n)=\sum_{i=1}^{n}P(A_i) \tag{4.1}$$

(4.1)式也称为概率的可加性。

由上述三条基本性质,可直接推得事件的概率的其他一些性质:

(ⅰ)$P(A)=1-P(\bar{A})$。

因为 $A\cup\bar{A}=S$,且 $A\bar{A}=\varnothing$,由概率的可加性 $P(A)+P(\bar{A})=1$,即得 $P(A)=1-P(\bar{A})$。

例如,$P\{$产品合格$\}=1-P\{$产品不合格$\}$;$P\{$试验失败$\}=1-P\{$试验成功$\}$。

(ⅱ)$P(\varnothing)=0$。

这是(ⅰ)的特别情况,在性质(ⅰ)中,令 $A=\varnothing$,则 $\bar{A}=S$,即得 $P(\varnothing)=1-P(S)=0$。

(ⅲ)设 A 和 B 为两事件,如果 $A\supset B$,则 $P(A)\geqslant P(B)$。

对于这一条性质,我们用频率说明之。若试验重复进行了 n 次,A 和 B 分别发生了 n_A

和n_B次。因为$A\supset B$,由定义知事件B发生一定导致事件A发生,也即当$A\supset B$时,必有$n_B\leqslant n_A$,从而有不等式$n_B/n\leqslant n_A/n$,即$f_n(B)\leqslant f_n(A)$。又因为概率是频率的稳定值,则必有$P(B)\leqslant P(A)$。

例如,如果设事件$A=\{$明天风力$\geqslant 2$级$\}$,$B=\{$明天风力$\geqslant 5$级$\}$,则$A\supset B$,$P(A)\geqslant P(B)$显然成立。

(ⅳ)设A和B为两事件,则

$$P(A\cup B)=P(A)+P(B)-P(AB) \tag{4.2}$$

上式称为概率的加法公式。

我们还是用频率来说明(4.2)式。设在n次重复试验中,事件A发生了n_A次,事件B发生了n_B次,其中A和B同时发生了n_{AB}次,则事件$A\cup B$在n次试验中发生的次数为$(n_A-n_{AB})+(n_B-n_{AB})+n_{AB}=n_A+n_B-n_{AB}$,即为$A$和$B$发生的次数之和减去重复计算的次数,所以有

$$f_n(A\cup B)=\frac{n_A+n_B-n_{AB}}{n}=\frac{n_A}{n}+\frac{n_B}{n}-\frac{n_{AB}}{n}=f_n(A)+f_n(B)-f_n(AB)$$

同样我们可推得

$$P(A\cup B)=P(A)+P(B)-P(AB)$$

当A和B互不相容时,即$AB=\varnothing$,则$P(AB)=0$,(4.2)式又变成:

$$P(A\cup B)=P(A)+P(B) \tag{4.2$'$}$$

(4.2)式还可以推广到多个事件的情形。例如,设A,B,C为任意三个随机事件,则有

$$\begin{aligned}P(A\cup B\cup C)=&P(A)+P(B)+P(C)\\&-P(AB)-P(AC)-P(BC)+P(ABC)\end{aligned} \tag{4.3}$$

一般,对于任意n个事件$A_1,A_2,\cdots,A_n$,可以用归纳法证得

$$\begin{aligned}P(A_1\cup A_2\cup\cdots\cup A_n)=&\sum_{i=1}^{n}P(A_i)-\sum_{1\leqslant i<j\leqslant n}P(A_iA_j)+\sum_{1\leqslant i<j<k\leqslant n}P(A_iA_jA_k)\\&+\cdots+(-1)^{n-1}P(A_1A_2\cdots A_n)\end{aligned} \tag{4.4}$$

§4.2　古　典　概　型

上一节我们用频率的稳定值来定义概率,而频率是经过统计而得到的,所以称为概率的统计定义。那么,是否任何一个事件都须经过大量的试验来观察其频率的稳定值才能得到其概率呢?事实上在有些情况下,只须根据所研究的试验问题的特性,便可直接求得它的概率。在这一节里,我们就专门来研究这一类简单而常见的随机事件及其概率。

4.2.1　古典概型的定义

考虑抛一枚均匀的硬币试验。§4.1中例9告诉我们,在一次试验中"出现正面"的概率为1/2。下面我们进一步分析一下,这一随机试验到底具有什么特性,以致不必经过大量试验及统计就能知道它的概率。

这个随机试验具有以下两个特性：

(1)样本空间中只有2个样本点，即每一次试验结果只有两个：A＝{出现正面}，$\overline{A}$＝{出现反面}。

(2)由于硬币的均匀性，故每一样本点出现的可能性相等，概率等于1/2。

我们把满足上述有限性和等可能性的随机试验称为古典概型。

定义3　一个随机试验如果满足下面两个条件：

(1)样本空间中样本点有限(有限性)，

(2)出现每一个样本点的概率相等(等可能性)，

则称这个试验类型为古典概型，又称等可能概型。

例如，上述的抛硬币试验就是一个古典概型问题。

下面我们着手解决如何计算古典概型问题中随机事件的概率。我们知道，任意一事件发生就是样本空间中的某些样本点出现。例如，一口袋中有5个球，编号分别为1，2，3，4，5，从中随机摸一球，则样本空间中有5个样本点，可记为$S=\{1,2,3,4,5\}$，括号中的每一个数字表示摸到的球号。若设A＝{摸到的球号$\geqslant 4$}$=\{4,5\}$，即A包含了两个样本点："摸到4号球"，"摸到5号球"。当假设摸到每一球的可能性相等(一般都这样假设，但不一定写出这一假设)时，即出现每一个样本点的概率相等，那么，这一试验问题是一个等可能概型问题，且我们可以自然地定义$P(A)=2/5$。

一般地，对于一个有n个样本点的等可能概型问题，如果恰有m个样本点使事件A发生，则A的概率定义为

$$P(A)=\frac{\text{使 }A\text{ 发生的样本点数}}{S\text{ 中的总样本点数}}=\frac{m}{n} \tag{4.5}$$

例11　抛两次硬币，试验所对应的样本空间为：

S＝{(正，正)，(正，反)，(反，正)，(反，反)}

其中括号中的第一个字表示第一次抛掷的结果，第二个字表示第二次抛掷的结果。

设A＝{恰有一次正面}，B＝{至少有一次正面}，C＝{两次都是正面}，则A＝{(正，反)，(反，正)}表示有两个样本点使事件A发生；B＝{(正，正)，(正，反)，(反，正)}；C＝{(正，正)}。所以，$P(A)=2/4$，$P(B)=3/4$，$P(C)=1/4$，$P(\bar{B})=P$｛两次都是反面｝$=1-P(B)=1/4$。

例12　有5件产品(其中有3件为不合格品，2件为合格品)，从中随机地取2件，问恰好有一件合格品的概率为多少？

解　题中没有说，但我们应该认为取到每一个产品的可能性是相等的。

设A＝{恰好有1件合格品}＝{有一件合格品且有一件不合格品}，我们将5件不同的产品编号，号码为1，2，3，4，5，并认定1，2，3这3个号码为3件不合格品。现从中取2个号码(取2件产品)，所有可能的结果(即样本点)为：

$(1,2),(1,3),\underline{(1,4)},\underline{(1,5)}$；

$(2,3),\underline{(2,4)},\underline{(2,5)}$；

$\underline{(3,4)},\underline{(3,5)}$；

$(4,5)$

(注意,每一括号中的一对数字没有次序)所以共有 10 个样本点,由取到每一件产品(每一个号码)可能性相等的假设知,这是一个等可能概型,并注意到带"——"的 6 个样本点,都使事件 A 发生,所以有

$$P(A)=6/10$$

4.2.2　古典概型计算举例

例 11、例 12 都是用写出试验的所有的样本点的办法求事件的概率的,但我们也应考虑到,如果总的样本点数很多,这种方法显然是行不通的,这时我们常常要借助于数学工具——排列、组合来进行计算。

例如,在例 12 中,从 5 件产品中随机地取 2 件,总共的取法 n 可用"从 5 个不同的元素中取 2 个元素的组合数"来表示,所以

$$n=C_5^2=\frac{5!}{2!\ 3!}=10$$

要使 A 发生,即应从 2 件合格品中取一件合格品(共有 C_2^1 种取法),同时又应从 3 件不合格品中取 1 件不合格品(共有 C_3^1 种取法),所以有:$m=C_2^1\cdot C_3^1=2\cdot 3=6$,于是

$$P(A)=6/10$$

一般地,若有 N 件产品,其中有 M 件不合格品,从 N 件产品中随机地取 $n(n\leqslant N)$件产品,"恰有 $m(m\leqslant M,m\leqslant n)$件不合格品"的概率为

$$p=\frac{C_M^m\ C_{N-M}^{n-m}}{C_N^n}$$

例 13　有 20 件产品,其中有 2 件不合格品及 18 件合格品,从中随机取 3 件,求恰有 k $(k\leqslant 2)$件不合格品的概率。

解　设 $A_k=\{$取到的产品中恰有 k 件不合格品$\}$,$k=0,1,2$,则

$$P(A_k)=\frac{C_2^k\ C_{18}^{3-k}}{C_{20}^3},\qquad k=0,1,2$$

计算后知

$$P(A_0)\approx 0.7158,\ P(A_1)\approx 0.2684,\ P(A_2)\approx 0.0158$$

(注意:因为 $A_0\cup A_1\cup A_2=S$,故应有 $P(A_0)+P(A_1)+P(A_2)=1$)

例 14　有一批产品共 125 件,设其中有 5 件为不合格品,采用抽样方案(20;1,2),即从中随机地抽 20 件产品检查,如果其中的不合格品数≤1 时,就认为该批为合格批(即可整批出厂),如果其中的不合格品数≥2 时,就认为该批为不合格批(不能马上出厂),问这批产品被认为是合格批的概率是多少?

解　为简便起见,设 $A_k=\{20$ 只中恰有 k 只不合格品$\}$,$k=0,1,\cdots,5$,

再设 $A=\{$认为该批为合格批$\}$,当被查的"20 只产品中的不合格品数≤1"(即不合格品数为 0 或 1)时,就认为该批为合格的,所以有 $A=A_0\cup A_1$。又

$$P(A_0)=\frac{C_5^0 C_{120}^{20}}{C_{125}^{20}}=\frac{120\cdot 119\cdots 101}{125\cdot 124\cdots 106}=0.412$$

同理

$$P(A_1)=\frac{C_5^1C_{120}^{19}}{C_{125}^{20}}=0.408,\cdots,\quad P(A_5)=\frac{C_5^5C_{120}^{15}}{C_{125}^{20}}\approx 0.000$$

即用 $k=0,1,2,3,4,5$ 代入 $P(A_k)=\frac{C_5^kC_{120}^{20-k}}{C_{125}^{20}}$ 计算而得,结果列于表4.4。

表4.4

不合格品数 k	0	1	2	3	4	5
相应概率 $P(A_k)$	0.412	0.408	0.152	0.026	0.002	0.000

由于 A_0 和 A_1 互不相容,由表4.4知

$$P(A)=P(A_0)+P(A_1)=0.820$$

即认为该批为合格批的概率为0.82(即该批产品马上可以出厂的概率为0.82)。

我们也可用频率的意义来解释概率。例14的计算结果告诉我们,提供这样的产品100批,采用该抽样方案,大约有82批被认为是合格批(接收),而有18批左右被认为是不合格批(拒收)。

例15 续例14,设 $B=\{$抽取的20件产品至少有1件不合格品$\}$,$C=\{$抽取的20件产品至少有3件不合格品$\}$,求 $P(B)$ 和 $P(C)$。

解 事件"至少有一件不合格品"即为事件"不合格品数≥1",也就是说"恰有一件不合格品"、"恰有2件不合格品"、…、"恰有5件不合格品"这5个事件至少有一个发生,所以

$$B=A_1\cup A_2\cup A_3\cup A_4\cup A_5$$

又因为 $A_1,A_2,\cdots,A_5$ 两两不可能同时发生(互不相容),由概率可加性(4.1)式得

$$P(B)=\sum_{i=1}^{5}P(A_i)\xlongequal{\text{由表4.4}}0.408+0.152+0.026+0.002+0.000=0.588$$

更简便地,有

$$P(B)=1-P(\bar{B})=1-P\{\text{没有不合格品}\}=1-P(A_0)=1-0.412=0.588$$

同理

$$C=A_3\cup A_4\cup A_5$$

由概率的可加性得

$$P(C)=P(A_3)+P(A_4)+P(A_5)=0.028$$

例16 设有0,1,2,…,9十个数字,从中有放回地(即每次取后放回重新再抽,数字可重复取到)取4个数字,求取到的4个数可组成一个没有重复数字的四位数的概率。

这种抽取方式称为放回抽样方式。

解 第1次抽取方式有10种;因抽了又放回,所以第2次抽取方式也有10种;直至第4次抽取数字,其抽取方式还是有10种。所以,总事件数 $n=10^4$。

取到的4个数没有重复的方式数,应为10个数中取4个的排列数 A_{10}^4。要使这4个不同的数能组成一个四位数,第一个数应不为零,即应在 A_{10}^4 中减去第一个数为0的排列数 A_9^3,所以 $m=A_{10}^4-A_9^3=9\times9\times8\times7$,所要求的概率为

$$p=\frac{9\times9\times8\times7}{10^4}=0.4536$$

例 17　2 个不同的球放入 $N(N\geqslant2)$个不同的盒子中，每个盒子可放球数不限。设每 1 个球落入每一个盒子的可能性相同，求“恰有 2 个盒子各有 1 球”及“至少有 1 盒子的球数大于 1”的概率。

解　设 $A=\{$恰有 2 个盒子各有 1 球$\}$，$B=\{$至少有 1 盒的球数大于 1$\}$。如果将两球编号为①和②，将 N 个盒子编号为 $1,2,\cdots,N$，如图 4.3 所示。由图可见，球①有 N 种放法，每当球①落入确定的标号的盒子后，球②还是有 N 种放法。图示中每一条线段所连结的上、下两个数分别为球①，②所在的盒号，是一个样本点，故总的样本点数为 $N\times N=N^2$。由题意知，每一个样本点出现的可能性相等。

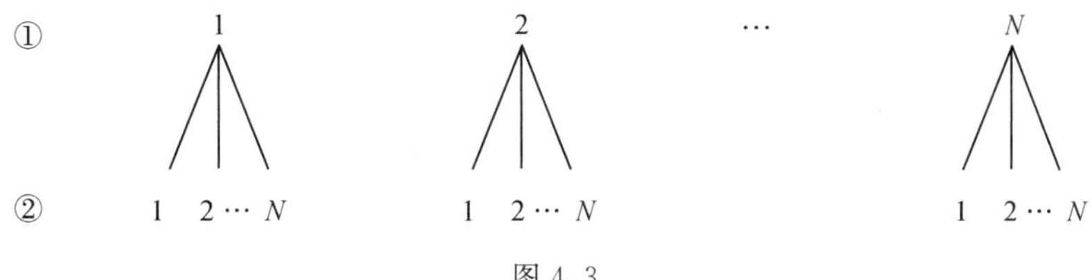

图 4.3

若要使“恰有 2 个盒子各有一球”发生，即要将 2 个球放入不同的盒子中，则第一个球有 N 种放法，而每当第一个球落入一确定标号的盒子后，第二个球只能放入其他$(N-1)$个盒子中，即第二个球只有$(N-1)$种放法，故共有 $N(N-1)$种样本点使事件 A 发生，于是

$$P(A)=\frac{N(N-1)}{N^2}=\frac{N-1}{N},\quad P(B)=P(\overline{A})=1-\frac{N-1}{N}=\frac{1}{N}$$

一般地，若 n 个不同的球放入 N 个盒子中$(N\geqslant n)$，设每个球落入每一个盒子的可能性相同，且每个盒子可放的球数不限，则

$$P\{\text{恰有 } n \text{ 个盒子各有一球}\}=\frac{N(N-1)\cdots(N-n+1)}{N^n}$$

$$P\{\text{至少有一盒子的球数多于 } 1\}=1-\frac{N(N-1)\cdots(N-n+1)}{N^n}$$

上述例中所提到的球、产品、数码都是广义的。许多问题与这些例具有相同的数学模型，让我们来看下面的例题。

例 18　设某公司有 n 个职工，试求这 n 个职工生日各不相同的概率。

解　设 $A=\{n$ 个人生日各不相同$\}$，则 $\overline{A}=\{n$ 个人至少有两人生日相同$\}$。

假设每人的生日在一年 365 天中的任意一天是等可能的，即都等于 1/365，那么，我们可以将 n 个不同的人看作例 17 中的 n 个不同的球，一年 365 天看成是 365 个不同的盒子，所以

$$P(A)=\frac{365\cdot364\cdot\cdots\cdot(365-n+1)}{365^n}$$

记 $p=P(\overline{A})=1-P(A)$，经计算可得下述结果

n	30	40	50	60
p	0.7063	0.8912	0.9704	0.9941

也就是说,“在一个有40个人的集体中,至少有两人生日相同”这句话说错的概率仅为约11%;而在一个60个人的集体中,“至少有两人生日相同”是近乎必然的(概率为99.4%)。有兴趣的读者不妨可以一试。

§4.3 条件概率与概率运算公式

4.3.1 条件概率与乘法公式

考虑两个孩子的家庭,请你计算一下这两个孩子都是男孩的概率。设孩子的性别互不影响,若假设任意找一孩子,该孩子是男孩、女孩的概率相等(各为1/2)。由前面的知识可以这样来思考,每一次观察都有两种可能的结果:男孩、女孩。因此,这问题实质上与抛两次硬币试验(见§4.2中例11)相一致,样本空间中共有4个样本点:

$$S=\{(男,男),(女,男),(女,女),(男,女)\}$$

而出现上述每一样本点的概率相等。这是一个等可能概型问题,所以在两个孩子的家庭里,两个都是男孩的概率为1/4。

设 $A_i=\{第\ i\ 个孩子是男孩\}, i=1,2$,则所要求的概率即为

$$P(A_1A_2)=1/4$$

若本例中已知第一个孩子是男孩,再问两个孩子都是男孩的概率是多少时,你必须把刚才的信息考虑进去。也就是说,现在的问题变成:在已知第一个是男孩的条件下求第二个是男孩的概率。这时,样本空间中只有两个样本点:

$$S'=\{(男,女),(男,男)\}$$

其中有一个样本点是两个都是男孩,所以要求的概率为1/2。

我们称这个概率为在 A_1 发生的条件下 A_2 的条件概率,记为

$$P(A_2|A_1)=1/2$$

我们也常称 S' 为缩减了的样本空间,条件概率是在缩减了的样本空间中考虑的概率。

例19 两个班组生产的同一类型产品堆放在一起,产品情况列于表4.5,从中随机地取1件,问取到1件是合格品的概率为多少?

如果已知取到的是1件合格品,问这1件合格品是第一组生产的概率是多少?是第二组生产的概率又是多少?

表4.5

	合格品数	不合格品数	总数
第1组	105	5	110
第2组	155	7	162
总和	260	12	272

解　设 A={取到 1 件合格品}。由表 4.5 知,272 件产品中有 260 件合格品及 12 件不合格品,所以"取到 1 件合格品"的概率显然为 260/272,即

$$P(A)=260/272$$

分析　这 272 件产品中,共有合格品 260 件,其中属于第一组的有 105 件,属于第二组的有 155 件,因此如果告诉了"取到的 1 件是合格品"(即 A 发生)的条件下,这件合格品是第一组生产的概率应为 105/260。同理,是第二组生产的概率应为 155/260。

设 B_i={取到第 i 组产品},$i=1,2$,所求的概率应表示为

$$P(B_1|A)=\frac{105}{260},\quad P(B_2/A)=\frac{155}{260}$$

由表 4.5,显然有

$$P(B_1)=\frac{110}{272},\quad P(B_2)=\frac{162}{272}$$

我们注意到,在这里 $P(B_1)\neq P(B_1|A)$及 $P(B_2)\neq P(B_2|A)$。

下面我们进一步地讨论,事件 AB_1 即为事件"取到 1 件第一组的合格品",所以有 $P(AB_1)=105/272$,同理 $P(AB_2)=155/272$;而 $A=AB_1\cup AB_2$,从而也可推得 $P(A)=P(AB_1)+P(AB_2)=260/272$。

例 20　一口袋里有 6 个球,其编号分别为 1,2,…,6。从中随机取一球。已知取到的球号≥3,求取到的球号为偶数的概率。

解　设 A={取到的球号为偶数},B={取到的球号≥3},根据题意,需求 $P(A/B)$。样本空间为

$$S=\{1,2,3,4,5,6\}$$

这是一个等可能概型。现已知 B 已发生,即在"取到的球号≥3"的范围内考虑问题,因此缩减了的样本空间为

$$S'=\{3,4,5,6\}$$

而其中只有"4","6"两个样本点使 A 发生,故有

$$P(A/B)=2/4$$

另外,我们利用上述分析易知:$P(A)=3/6$,$P(B)=4/6$,而事件"AB"即为事件"取到的球号≥3 且又是偶数",所以 $P(AB)=2/6$。

在一般情形下,应如何来定义 $P(A|B)$的值呢?我们先从频率的讨论开始。

设想重复做了 n 次试验,其中事件 B 出现了 n_B 次($n_B\neq 0$);在事件 B 发生的条件下考虑事件 A 出现的次数,即事件 A 和 B 同时出现的次数,我们记为 n_{AB}。于是在已知事件 B 发生的条件下,事件 A 的频率是

$$\frac{n_{AB}}{n_B}=\frac{n_{AB}/n}{n_B/n}=\frac{\text{事件 }AB\text{ 的频率}}{\text{事件 }B\text{ 的频率}}$$

记 $f_n(A|B)$为在已知事件 B 发生条件下事件 A 的条件频率,则有

$$f_n(A|B)=\frac{f_n(AB)}{f_n(B)}$$

由频率的上述等式,我们可定义条件概率如下:

定义 4　设对两事件 A 和 B,有 $P(B)>0$,我们称

$$P(A|B)=\frac{P(AB)}{P(B)} \tag{4.6}$$

为已知 B 发生条件下 A 的条件概率。

现在我们用定义直接计算例 19、例 20 中的条件概率。

在例 19 中,

$$P(B_1|A)=\frac{P(AB_1)}{P(A)}=\frac{105/272}{260/272}=\frac{105}{260},\quad P(B_2/A)=\frac{P(AB_2)}{P(A)}=\frac{155/272}{260/272}=\frac{155}{260}$$

在例 20 中,

$$P(A|B)=\frac{P(AB)}{P(B)}=\frac{2/6}{4/6}=2/4$$

与以前的计算结果一样。

变换(4.6)式,可得下面的乘法公式。

概率的乘法公式:设 $P(B)>0$,则

$$P(AB)=P(B)\cdot P(A|B) \tag{4.7}$$

例 21 我方派甲、乙两选手各与对方进行一场比赛(比赛不设和局),由甲参加第一场比赛。根据对方出场的名单及以往的情况知,甲获胜的概率为 0.8,且若甲获胜则乙获胜的概率为 0.8,若甲失败则乙获胜的概率为 0.5。求(1)甲、乙两人均获胜及均失败的概率;(2)甲获胜而乙失败的概率。

解 设 $A=\{$甲胜$\}$,$B=\{$乙胜$\}$,则 $P(A)=0.8$。由题设知,当甲获胜时乙获胜的概率为 0.8,即 $P(B|A)=0.8$。由此可知,当甲获胜时乙失败的概率为 0.2,即 $P(\bar{B}/A)=1-P(B|A)=0.2$,同理有 $P(B|\bar{A})=0.5$,$P(\bar{B}|\bar{A})=1-P(B|\bar{A})=0.5$。

$\{$甲、乙均胜$\}=AB$, $\{$甲、乙均败$\}=\bar{A}\,\bar{B}$, $\{$甲胜且乙败$\}=A\bar{B}$

由乘法公式(4.7)得

$$P(AB)=P(A)\cdot P(B|A)=0.8\times0.8=0.64$$
$$P(\bar{A}\,\bar{B})=P(\bar{A})\cdot P(\bar{B}|\bar{A})=0.2\times0.5=0.1$$
$$P(A\bar{B})=P(A)\cdot P(\bar{B}|A)=0.8\times0.2=0.16$$

例 22 在一电路中电压超过额定值的概率为 p_1,$0<p_1<1$,在电压超过额定值的情况下该电路中元件损坏的概率为 p_2,$0<p_2<1$,求该电路中元件由于高电压而损坏的概率 p。

解 设$A=\{$电压超过额定值$\}$,$B=\{$电路中元件损坏$\}$。由题意知

$$P(A)=p_1,\quad P(B/A)=p_2$$
$$p=P(AB)=P(A)\cdot P(B/A)=p_1\cdot p_2$$

例 23 有 20 件产品,其中有 3 件不合格品,从中随机地抽取两次,第一次取一件,取后不放回,第二次再取一件,这种抽取方式称为不放回抽样。求:(1)这两件都是合格品的概率;(2)两件中恰有一件合格品的概率;(3)这两件都是不合格品的概率。

解 设 $A_i=\{$第 i 次取到合格品$\}$,则 $\bar{A}_i=\{$第 i 次取到不合格品$\}$,$i=1,2$。再设 $A=\{$两件都是合格$\}$;$B=\{$两件中恰有一件合格品$\}$;$C=\{$两件都是不合格品$\}$,则 $A=A_1A_2$,由乘法公式(4.7)得

$$P(A_1A_2)=P(A_1)\cdot P(A_2|A_1)$$

显然 $P(A_1)=17/20$,$P(A_2|A_1)$是在“第一次取到合格品”的条件下“第二次取到合格

品”的条件概率。当第一次取走了 1 件合格品，产品的总数变成了 19 件，且其中有 16 件是合格品，从这 19 件中随机抽一件“是合格品”的概率为 16/19。所以

$$P(A_2|A_1)=16/19$$

因此有

$$P(A)=P(A_1A_2)=P(A_1)\cdot P(A_2|A_1)=\frac{17}{20}\cdot\frac{16}{19}=\frac{68}{95}$$

又因为 $C=\overline{A}_1\overline{A}_2$，同理有

$$P(C)=P(\overline{A}_1)\cdot P(\overline{A}_2|\overline{A}_1)=\frac{3}{20}\cdot\frac{2}{19}=\frac{3}{190}$$

如果“两件中恰有 1 件合格品”，则这件合格品可能是第一次取到的，也可能是第二次取到的，所以

$$B=A_1\overline{A}_2\cup\overline{A}_1A_2$$

易知 $A_1\overline{A}_2$ 与 $\overline{A}_1A_2$ 互不相容，由概率可加性(4.1)知

$$P(B)=P(A_1\overline{A}_2\cup\overline{A}_1A_2)=P(A_1\overline{A}_2)+P(\overline{A}_1A_2)$$

再利用乘法公式(4.7)得

$$\begin{aligned}P(B)&=P(A_1)\cdot P(\overline{A}_2|A_1)+P(\overline{A}_1)\cdot P(A_2|\overline{A}_1)\\&=\frac{17}{20}\cdot\frac{3}{19}+\frac{3}{20}\cdot\frac{17}{19}=\frac{51}{190}\end{aligned}$$

另外，我们注意到 $A_1A_2,\overline{A}_1A_2,A_1\overline{A}_2,\overline{A}_1\overline{A}_2$ 这 4 个事件至少有一件发生是必然的，故有

$$A_1A_2\cup\overline{A}_1A_2\cup A_1\overline{A}_2\cup\overline{A}_1\overline{A}_2=S$$

且 $A_1A_2,\overline{A}_1A_2,A_1\overline{A}_2,\overline{A}_1\overline{A}_2$ 这 4 个事件任意两个都不可能同时发生(两两互不相容)，所以应有

$$P(A_1A_2)+P(\overline{A}_1A_2)+P(A_1\overline{A}_2)+P(\overline{A}_1\overline{A}_2)=1$$

即 $P(A)+P(B)+P(C)=1$。(请读者验证之)

例 24　设一社区“3 口之家”占了 70%，且有 40%的家庭“至少有 1 人职业为教师”，在“3 口之家”中有 30%的家庭“至少有 1 人职业为教师”。在这社区中随机找一户，(1)求这一户既不是“3 口之家”又没有教师的概率；(2)已知这一户没有教师，求这一户是“3 口之家”的概率。

解　设 $A=\{$这一户是“3 口之家”$\}$，$B=\{$这一户有教师$\}$，由题意知，

(1)$P(A)=70\%,P(B)=40\%,P(B|A)=30\%$

得

$$P(AB)=P(A)\quad P(B|A)=0.7\times0.3=0.21$$

所要求的概率为$P(\overline{A}\overline{B})=P(\overline{A\cup B})=1-[P(A)+P(B)-P(AB)]=0.11$

(2)

$$P(A|\overline{B})=1-P(\overline{A}|\overline{B})=1-\frac{P(\overline{A}\overline{B})}{P(\overline{B})}=1-\frac{0.11}{0.6}=\frac{49}{60}$$

将(4.7)式推广到 n 个事件的情形。设有 n 个事件：$A_1,A_2,\cdots,A_n$，当 $P(A_1A_2\cdots A_{n-1})\neq0$ 时，有

$$P(A_1A_2\cdots A_n)=P(A_1)\cdot P(A_2|A_1)\cdot P(A_3|A_1A_2)\cdots P(A_n|A_1A_2\cdots A_{n-1})\tag{4.8}$$

上式很容易证明，只要对等式的右边利用条件概率的定义即可。读者可自行完成之。

例 25　某人参加某种技能考试，已知第 1 次考合格的概率为 50%，若第 1 次没有合格，

通过努力,第 2 次能考合格的概率为 60%;若第 1,2 次均不合格,则第 3 次能考合格的概率为 70%,求此人最多 3 次能考合格的概率。

解 设 $A_i=\{$第 i 次考合格$\}$,$i=1,2,3$,$B=\{$最多 3 次能考合格$\}$。

注意到 $B=A_1\cup\overline{A}_1A_2\cup\overline{A}_1\overline{A}_2A_3$,所以

$$\begin{aligned}P(B)&=P(A_1)+P(\overline{A}_1A_2)+P(\overline{A}_1\overline{A}_2A_3)\\&=P(A_1)+P(\overline{A}_1)P(A_2|\overline{A}_1)+P(\overline{A}_1)P(\overline{A}_2|\overline{A}_1)P(A_3|\overline{A}_1\overline{A}_2)\\&=0.5+0.5\times0.6+0.5\times0.4\times0.7\\&=0.94\end{aligned}$$

4.3.2 事件的独立性

在我们所考虑的随机试验中,事件与事件之间常常是有联系的,即事件 B 的发生常常会对事件 A 发生的概率产生影响。也就是说当 $P(B)\neq0$ 时,一般 $P(A/B)\neq P(A)$,但如果事件 B 的发生对事件 A 的发生影响很小甚至没有影响,以致使

$$P(A|B)=P(A)$$

我们就称事件 A 独立于事件 B,这时概率的乘法公式(4.7)就可写成

$$P(AB)=P(A)\cdot P(B)$$

如果 $P(A)\neq0$,由上式立即可推出

$$P(B|A)=P(AB)/P(A)=P(B)$$

即如果事件 A 独立于 B,则事件 B 也独立于事件 A,且同时有 $P(AB)=P(A)\cdot P(B)$。

由上所述,我们给出下面的一般定义。

定义 5 设 A 和 B 为两随机事件,若

$$P(AB)=P(A)\cdot P(B) \tag{4.9}$$

则称 A,B 相互独立。

由上述分析知,当 $P(A)\cdot P(B)\neq0$ 时,

$$P(AB)=P(A)\cdot P(B)\Leftrightarrow P(A/B)=P(A)\Leftrightarrow P(B/A)=P(B)$$

例 26 有 20 件产品,其中有 3 件不合格。从中随机地取两次,第一次取一件,取后放回,第二次再取一件(即为放回抽样)。

设 $A_i=\{$第 i 次取到合格品$\}$,$i=1,2$,则易知 $P(A_1)=17/20$,又因为采用放回抽样方式,故 $P(A_2)=17/20$。

事件“A_1A_2”即为事件“两次都取到合格品”,由古典概率定义知:

$$P(A_1A_2)=\frac{17\cdot17}{20\cdot20}=P(A_1)\cdot P(A_2)$$

所以 A_1 和 A_2 独立。

事实上,由于采用了放回抽样,很显然第一次抽样结果(A_1 是否发生)与第二次抽样结果(A_2 是否发生)是互不影响的,这就是对事件 A_1 和 A_2 独立的直观理解。

当事件 A 和 B 相互独立时,我们可以证明,事件 $A,\overline{B}$;$\overline{A},B$;$\overline{A},\overline{B}$ 亦相互独立,因为

$$AB\cup A\overline{B}=A$$

又 AB 与 $A\overline{B}$ 互不相容,由概率的可加性(4.1)式知

$$P(AB)+P(A\bar{B})=P(A)$$

从而有

$$\begin{aligned}P(A\bar{B})&=P(A)-P(AB)=P(A)-P(A)\cdot P(B)\qquad (A,B\text{独立})\\&=P(A)[1-P(B)]\\&=P(A)\cdot P(\bar{B})\end{aligned}$$

所以 $A,\bar{B}$ 相互独立。同样可推得 $\bar{A},B;\bar{A},\bar{B}$ 亦相互独立。

下面我们将事件的独立性的定义推广到 $n(n>2)$ 个事件 的情形。

定义6　设 n 个事件 $A_1,A_2,\cdots,A_n,n>2$,如果对其中的任意 k 个事件 $A_{i_1},A_{i_2},\cdots,A_{i_k}$,$2\leqslant k\leqslant n$,有

$$P(A_{i_1}A_{i_2}\cdots A_{i_k})=P(A_{i_1})P(A_{i_2})\cdots P(A_{i_k})\tag{4.10}$$

则称事件 $A_1,A_2,\cdots,A_n$ 相互独立。

例如,对于三个事件 A_1,A_2,A_3,若

$$P(A_1A_2)=P(A_1)\cdot P(A_2)\qquad P(A_1A_3)=P(A_1)\cdot P(A_3)$$

$$P(A_2A_3)=P(A_2)\cdot P(A_3)\qquad P(A_1A_2A_3)=P(A_1)P(A_2)P(A_3)$$

则称 A_1,A_2,A_3 是相互独立的。

在实际应用中,常常不是根据定义来验证事件的独立性,而是根据实际意义来加以判断的。

例27　某产品加工必须经过两道工序,第1道工序的废品率为0.01,第2道工序的废品率为0.03,假设两道工序出废品互不影响,求产品的合格率。

解　设 $A_i=\{$第 i 道工序合格$\}$,$i=1,2$,$A=\{$产品合格$\}$。由题意知 $P(A_1)=0.99$,$P(A_2)=0.97$。由于两道工序出废品互不影响,所以事件 A_1 和 A_2 相互独立,且仅当两道工序均合格时产品才合格,所以

$$A=A_1A_2$$

$$P(A)=P(A_1A_2)\xlongequal{\text{由独立性}}P(A_1)P(A_2)=[1-P(\bar{A}_1)][1-P(\bar{A}_2)]=0.9603$$

例28　甲、乙同时向一敌机炮击,已知甲命中敌机的概率为0.7,乙命中敌机的概率为0.8,求敌机被命中的概率。

解　设 $A=\{$甲命中$\}$,$B=\{$乙命中$\}$,$C=\{$敌机被命中$\}$,则

$$P(C)=P(A\cup B)=P(A)+P(B)-P(AB)$$

显然可以认为“甲命中”与“乙命中”互不影响,即认为 A 和 B 是相互独立的,因此有

$$P(AB)=P(A)\cdot P(B)=0.7\times0.8=0.56$$

所以

$$P(C)=0.7+0.8-0.56=0.94$$

例29　由3个独立元件(即各元件接通与否互不影响)组成的系统,其连接如图。设每一元件的接通率为 p。求该系统接通的概率。

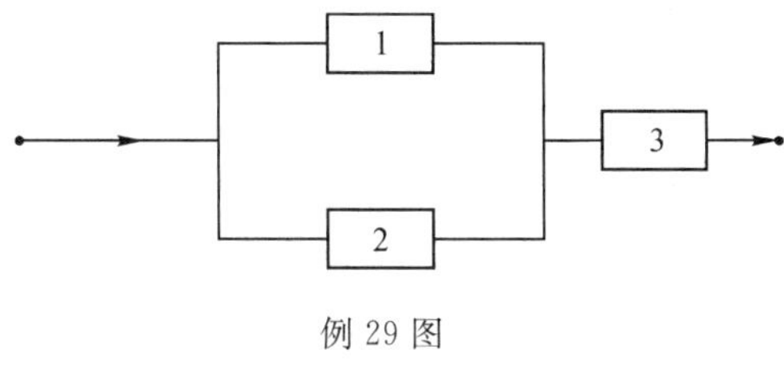

例29图

解　设 $A_i=\{$第 i 个元件接通$\}$,$i=1,2,3$,$A=\{$系统接通$\}$。由题意知,A_1,A_2,A_3 相互独立。由图知,“系统接通”必须是元件3与1同

时接通”或“元件 3 与 2 同时接通”,因此有

$$A=A_1A_3\cup A_2A_3$$

注意 A_1A_3 与 A_2A_3 的积事件 $A_1A_3\cap A_2A_3=A_1A_2A_3$,由概率的加法公式(4.2)得

$$P(A)=P(A_1A_3)+P(A_2A_3)-P(A_1A_3\cap A_2A_3)=P(A_1A_3)+P(A_2A_3)-P(A_1A_2A_3)$$

由 A_1,A_2,A_3 的独立性知

$$P(A)=P(A_1)P(A_3)+P(A_2)P(A_3)-P(A_1)P(A_2)P(A_3)=2p^2-p^3$$

4.3.3 全概率公式

我们先看几个例子。

例 30 设有 10 件产品,其中有 7 件是一等品,3 件是二等品。现已知有人从中随机地取走了 1 件,再从剩下的 9 件中随机地取 1 件,问取到的这 1 件为一等品的概率是多少?

解 设 $B=\{$取到的是一等品$\}$,$A=\{$已经取走的是一等品$\}$,则 $\overline{A}=\{$已经取走的是二等品$\}$。因为已经取走的或“是一等品”或“是二等品”是必然的,且两者不可能同时发生,所以有

$$A\cup\overline{A}=S,\quad A\overline{A}=\varnothing$$

“取到的是一等品”有两种情形:或是“已经取走的是一等品且取到的是一等品”(即事件 AB),或是“已经取走的是二等品且取到的是一等品”(即事件 $\overline{A}B$)。也就是说,事件 B 或与 A 同时发生或与 $\overline{A}$ 同时发生,所以有

$$B=BA\cup B\overline{A}$$

因为 A 与 $\overline{A}$ 互不相容,所以 BA 与 $B\overline{A}$ 亦互不相容,由概率的可加性(4.1)得

$$P(B)=P(BA)+P(B\overline{A})$$

由乘法公式(4.7)得

$$P(B)=P(A)P(B|A)+P(\overline{A})P(B|\overline{A})$$

显然,$P(A)=7/10$,$P(\overline{A})=3/10$。条件概率 $P(B/A)$ 即为已经取走了 1 件一等品后,再从剩下的 9 件产品(其中有 3 件二等品及 6 件一等品)中随机地抽 1 件,这 1 件是一等品的概率,所以有 $P(B/A)=6/9$。同理有 $P(B/\overline{A})=7/9$,所以

$$P(B)=\frac{7}{10}\cdot\frac{6}{9}+\frac{3}{10}\cdot\frac{7}{9}=0.7$$

例 31 有一批产品,由 A,B,C 三家厂生产,已知 A 厂的产品占了这批产品的 60%,B 厂产品占了 25%,C 厂产品占了 15%,且已知 A,B,C 三家厂的产品的不合格品率分别为 4%,5%,2%。从这批产品中任意取 1 件,问这 1 件是合格品的概率是多少?

解 显然,取到的 1 件合格品可能是 A 厂生产的,也可能 B 厂生产的,也可能是 C 厂生产的。

设 $A=\{$取到 A 厂产品$\}$,$B=\{$取到 B 厂产品$\}$,$C=\{$取到 C 厂产品$\}$,$D=\{$取到 1 件合格品$\}$。因为取到的 1 件产品或者是 A 厂生产的或者是 B 厂生产的或者是 C 厂生产的,即 $A\cup B\cup C=S$,且一产品不可能同时属于两个厂生产,即 $AB=BC=AC=\varnothing$,所以有

$$\begin{cases}A\cup B\cup C=S\\AB=BC=AC=\varnothing\end{cases}$$

事件“取到 1 件合格品”就是“取到 A 厂产品且是合格品”(AD)或者“取到 B 厂产品且是合格品”(BD)或者“取到 C 厂产品且是合格品”(CD)，因此有

$$D=AD\cup BD\cup CD$$

由于 A,B,C 两两互不相容，所以 AD,BD,CD 亦两两互不相容，由概率的可加性得

$$\begin{aligned}P(D)&=P(AD)+P(BD)+P(CD)\\&=P(A)P(D|A)+P(B)P(D|B)+P(C)P(D|C)\end{aligned}$$

其中 $P(A),P(B),P(C)$ 分别是取到的 1 件产品是 A 厂、B 厂、C 厂生产的概率，由题设知

$$P(A)=60\%,\qquad P(B)=25\%,\qquad P(C)=15\%$$

而 $P(D|A),P(D|B),P(D|C)$ 分别为在已知取到的产品是 A 厂、B 厂、C 厂生产的条件下“取到 1 件合格品”的条件概率，即为 A 厂、B 厂、C 厂的产品合格率，因此有

$$P(D|A)=96\%,\qquad P(D|B)=95\%,\qquad P(D|C)=98\%$$

所以

$$P(D)=60\%\times96\%+25\%\times95\%+15\%\times98\%=0.9605$$

定义 7　设 S 为某一随机试验的样本空间，如果 S 中的一组事件 $A_1,A_2,\cdots,A_n$ 满足

(1)$A_1\cup A_2\cup\cdots\cup A_n=S$，

(2)$A_iA_j=\varnothing,i\neq j$，且 $P(A_i)>0,i,j=1,2,\cdots,n$，

则称事件组 $A_1,A_2,\cdots,A_n$ 为样本空间 S 的一个划分。

定理 1　设事件组 $A_1,A_2,\cdots,A_n$ 为 S 的一个划分，且 $P(A_i)>0,i=1,2,\cdots,n$。B 为 S 中任一事件，则

$$P(B)=\sum_{i=1}^{n}P(A_i)\cdot P(B/A_i)\tag{4.11}$$

证明　$B=BS=B(A_1\cup A_2\cup\cdots\cup A_n)=BA_1\cup BA_2\cup\cdots\cup BA_n$

因为 $A_1,A_2,\cdots,A_n$ 两两互不相容($A_iA_j=\varnothing,i\neq j$)，所以 $BA_1,BA_2,\cdots,BA_n$ 亦两两互不相容，由概率的可加性(4.1)及概率的乘法公式(4.7)知：

$$P(B)=P(BA_1)+P(BA_2)+\cdots+P(BA_n)=\sum_{i=1}^{n}P(A_i)\cdot P(B\mid A_i)$$

我们称(4.11)式为全概率公式。注意：划分不是唯一的。

事实上，在例 30 中我们已使用了 $n=2$ 的全概率公式，其中 A 和 $\overline{A}$ 为样本空间的一个划分；在例 31 中，我们也使用了 $n=3$ 的全概率公式，其中 A,B,C 为相应的样本空间的一个划分。

应用全概率公式的关键是：如何寻找样本空间的一个适当的划分。

下面再看一些例题。

例 32　设有甲、乙两人，如果甲出公差，那么乙出公差的概率为 0.9；如果甲不出公差，则乙出公差的概率为 0.2。已知甲最近出公差的概率为 0.8，问乙最近出公差的概率为多少？

解　设 $A=\{$甲最近出公差$\}$，则 $\overline{A}=\{$甲最近不出公差$\}$；又设 $B=\{$乙最近出公差$\}$，则 $\overline{B}=\{$乙最近不出公差$\}$。由题意可图示如下。

$P(AB)=P(A)P(B/A)=0.8\times0.9=0.72$

$P(\overline{A}B)=P(\overline{A})P(B|\overline{A})=0.2\times0.2=0.04$

$P(A\overline{B})=P(A)P(\overline{B}|A)=0.8\times0.1=0.08$

$P(\overline{A}\,\overline{B})=P(\overline{A})P(\overline{B}|\overline{A})=0.2\times0.8=0.16$

由全概率公式知：

$$P(B)=P(A)P(B|A)+P(\overline{A})P(B|\overline{A})=0.8\times0.9+0.2\times0.2=0.76$$

所以,乙最近出公差的概率为 0.76。

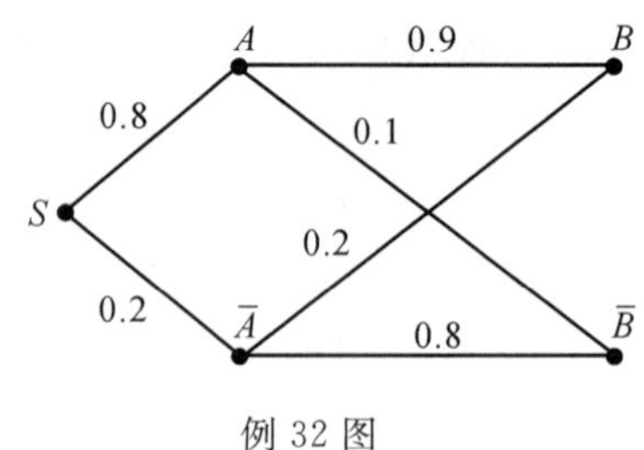

例 32 图

例 33 续例 32,若已知乙已经出公差,问甲出公差的概率是多少?

解 题意要求在事件“乙出公差”(B)发生的条件下求事件“甲出公差”(A)的条件概率,由条件概率定义(4.6)及乘法公式(4.7)知

$$P(A|B)=\frac{P(AB)}{P(B)},\quad P(AB)=P(A)P(B|A)$$

所以

$$P(A|B)=\frac{P(AB)}{P(B)}=\frac{P(A)P(B|A)}{P(B)}=\frac{P(A)P(B|A)}{P(A)P(B|A)+P(\overline{A})P(B|\overline{A})}$$

由例 32 得

$$P(A|B)=\frac{0.8\times0.9}{0.76}=\frac{18}{19}$$

例 34 在例 31 中,若已知取到的一个是合格品(即 D 发生),问这件合格品是 A 厂、B 厂、C 厂生产的概率各为多少?

解 如例 31 所设,所要求的概率是 $P(A|D),P(B|D),P(C|D)$。

$$P(A|D)=\frac{P(AD)}{P(D)}=\frac{P(A)P(D|A)}{P(A)P(D|A)+P(B)P(D|B)+P(C)P(D|C)}$$

$$=\frac{60\%\times96\%}{60\%\times96\%+25\%\times95\%+15\%\times98\%}=0.600$$

同理

$$P(B|D)=\frac{P(B)P(D|B)}{P(D)}=\frac{25\%\times95\%}{0.9605}=0.247$$

$$P(C|D)=\frac{P(C)P(D|C)}{P(D)}=\frac{15\%\times98\%}{0.9605}=0.153$$

注意 $P(A|D)+P(B|D)+P(C|D)=1$。

定理 2 若 n 个事件 $A_1,A_2,\cdots,A_n$ 构成样本空间 S 的一个划分,B 为 S 中任一随机事件,且 $P(B)>0$,则

$$P(A_i/B)=\frac{P(A_i)P(B\mid A_i)}{\sum_{k=1}^{n}P(A_k)P(B\mid A_k)} \tag{4.12}$$

我们称(4.12)式为贝叶斯(Bayes)公式。

证明 由条件概率的定义及全概率公式有

$$P(A_i \mid B)=\frac{P(A_iB)}{P(B)}=\frac{P(A_i)P(B \mid A_i)}{\sum_{k=1}^{n}P(A_k)P(B \mid A_k)}$$

例 35　在炮战中，分布在距敌阵 10 公里、6 公里及 4 公里处炮群所射出的炮弹比例为 2∶4∶4，各炮群对某一目标的命中率分别为 0.2，0.5，0.6，现该目标已被一弹命中，求此弹分别由 10 公里、6 公里、4 公里处炮群射出的概率。

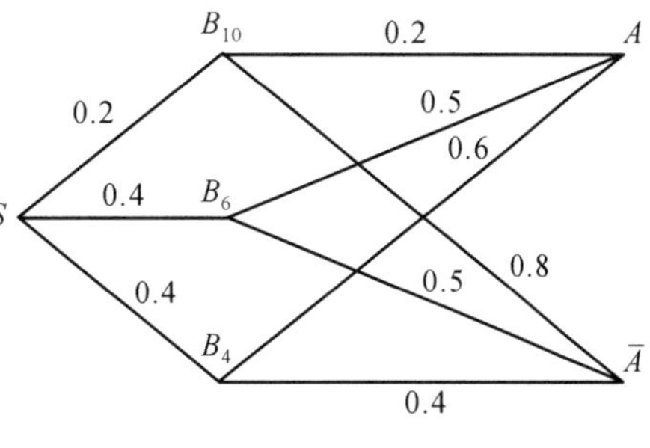

例 35 图

解　设 A=｛目标被命中｝，B_t=｛炮弹由 t 公里处炮弹群发射｝，t=10，6，4。由题设知，

$P(B_{10})=2/10$，$P(B_6)=4/10$，$P(B_4)=4/10$，且

$P(A/B_{10})=0.2$，$P(A/B_6)=0.5$，$P(A/B_4)=0.6$。由题意作框图如下：

$P(AB_{10})=0.2\times0.2=0.04$

$P(AB_6)=0.4\times0.5=0.20$

$P(AB_4)=0.4\times0.6=0.24$

$P(\bar{A}B_{10})=0.2\times0.8=0.16$

$P(\bar{A}B_6)=0.4\times0.5=0.20$

$P(\bar{A}B_4)=0.4\times0.4=0.16$

由贝叶斯公式(4.12)知，

$$P(B_{10}|A)=\frac{P(AB_{10})}{P(A)}$$

其中

$$P(A)=P(B_{10})P(A|B_{10})+P(B_6)P(A|B_6)+P(B_4)P(A|B_4)$$
$$=\frac{2}{10}\times0.2+\frac{4}{10}\times0.5+\frac{4}{10}\times0.6=0.48$$

于是

$$P(B_{10}|A)=\frac{P(B_{10})\cdot P(A|B_{10})}{P(A)}=\frac{0.04}{0.48}=\frac{1}{12}$$

类似地可得

$$P(B_6|A)=5/12,P(B_4|A)=6/12$$

故此炮弹由 10 公里、6 公里、4 公里处炮群射出的概率分别为 1/12，5/12 及 6/12。

复习思考题 4

1．“事件 A 不发生，则 $A=\varnothing$”，对吗？试举例说明之。

2．“两事件 A 和 B 为互不相容，即 $AB=\varnothing$，则 A 和 B 互逆”，对吗？反之成立吗？试举例说明之。

3．设 A 和 B 为两事件，$A\cup B=\bar{A}B\cup A\bar{B}\cup AB$，即“$A$，$B$ 至少有一发生”事件为“A，B 恰有一发生($A\bar{B}\cup\bar{A}B$)”事件与“A，B 同时发生(AB)”事件的和事件。此结论对吗？

4. 甲、乙两人同时猜一谜，设 $A=\{$甲猜中$\}$，$B=\{$乙猜中$\}$，则 $A\cup B=\{$甲、乙两人至少有 1 人猜中$\}$。若 $P(A)=0.7$，$P(B)=0.8$，则“$P(A\cup B)=0.7+0.8=1.5$”对否？

5. 满足什么条件的试验问题称为古典概型问题？

6. 一口袋中有 10 个球，其中有 1 个白球及 9 个红球。从中任意取一球，设 $A=\{$取到白球$\}$，则 $\overline{A}=\{$取到红球$\}$，且设样本空间为 S，$S=\{A,\overline{A}\}$，S 中有两个样本点，而 A 是其中的 1 个样本点，问 $P(A)=\frac{1}{2}$ 对否？

7. 如何理解样本点是两两互不相容的？

8. 设 A 和 B 为两随机事件，试举例说明 $P(AB)$ 与 $P(B/A)$ 表示不同的意义。

9. 设 A 和 B 为两随机事件，$P(A)\neq 0$，问 $P(B/A)=P(B)-P(\overline{B}|A)$ 是否成立？$P(B|A)=1-P(\overline{B}|A)$ 是否成立？

10. 什么条件下称两事件 A 和 B 相互独立？什么条件下称 n 个事件 $A_1,A_2,\cdots,A_n$ 相互独立？

11. 设 A 和 B 为两事件，且 $P(A)\neq 0$，$P(B)\neq 0$，问 A 和 B 相互独立、A 和 B 互不相容能否同时成立？试举例说明之。

12. 设 A 和 B 为两事件，且 $P(A)=a$，$P(B)=b$，问

(1) 当 A 和 B 独立时，$P(A\cup B)$ 为何值？

(2) 当 A 和 B 互不相容时，$P(A\cup B)$ 为何值？

13. 当满足什么条件时称事件组 $A_1,A_2,\cdots,A_n$ 为样本空间的一个划分？

14. 设 A,B,C 为三随机事件，当 $A\neq B$，且 $P(A)\neq 0$，$P(B)\neq 0$ 时，$P(C|A)+P(C|B)$ 有意义吗？试举例说明。

15. 设 A,B,C 为三随机事件，且 $P(C)\neq 0$，问 $P(A\cup B|C)=P(A|C)+P(B|C)-P(AB|C)$ 是否成立？若成立，与概率的加法公式(4.2)式比较之。

习　题　4

1. 试写出下列随机试验的样本空间：

(1) 掷一颗骰子，记录其点数。

(2) 从一副牌(52 张)中，任取 10 张，记录其中的红桃张数。

(3) 抛一枚硬币，直到正面出现为止，记录抛币次数。

(4) 一口袋中有 5 个球，其中有 3 个白球(分别编号为 1,2,3)及 2 个红球(分别编号为 4,5)，从中任取 2 个球，记录①所可能取到的白球数；②所可能取到的球的号码。

(5) 从一长度为 10m 的绳中剪一段，记录这一段的长度。

2. 甲、乙两名射手同时向一目标进行射击，设 $A=\{$甲击中$\}$，$B=\{$乙击中$\}$，试用事件 A 和 B 表达下列事件：

(1) 甲、乙两人至少有 1 人击中；

(2) 甲、乙两人都击中；

(3) 甲、乙两人都没有击中；

(4) 甲、乙两人至多有 1 人击中。

3. 一射手向一目标射击 4 次，设 $A_i=\{$第 i 次射击击中目标$\}$，$i=1,2,3,4$。试用这些事件表示以下事件：$B=\{$第 1 次击中，第 2 次不击中$\}$，$C=\{$第 1,2 次恰有 1 次击中$\}$；$D=\{$4 次中恰有 3 次击中$\}$；$E=\{$4 次中至少有 1 次击中的逆事件$\}$。

4. 设 A 和 B 为两事件，问 $P(A)$，$P(AB)$，$P(A)+P(B)$，$P(A\cup B)$ 的大小关系如何？用等号或不等号连接之。

5. 已知 $P(A)=0.3$，$P(B)=0.5$，$P(A\cup B)=0.6$，求：

(1)$P(AB)$；(2)$P(\overline{AB})$及 $P(\bar{A}\ \bar{B})$。

6. 已知 $P(A)=0.4$，$P(B)=0.7$，则______$\leqslant P(AB)\leqslant$__________。

7. 设两随机事件 A 和 B 至少有一个发生时，事件 C 发生，则以下正确的是__________。

(1)$P(AB)=P(C)$　　　　(2)$P(C)\leqslant P(A)+P(B)-P(AB)$

(3)$P(A\cup B)=P(C)$　　　　(4)$P(C)\geqslant P(A)+P(B)-1$

8. 用汽车运载甲、乙两种类型的产品，已知甲类产品 n 件，乙类产品 m 件。有消息证实路途中有 2 件产品损坏，求损坏的是不同类型的产品的概率。

9. 有产品 40 件，其中次品 3 件、正品 37 件，从中随机地不放回地取 2 件，求

(1)恰有 1 件次品的概率；

(2)至少有 1 件次品的概率。

10. 一袋中有 5 个球：2 个白球、2 个红球及 1 个黑球，从中任取 3 个球，求“恰有 2 个白球及 1 个红球”的概率。

11. 一张债券的号码是任意的 5 位数，并且这组债券的编号从 00000 开始，求任意取出一张债券，其号码上没有相同数字的概率。

12. 从一副扑克牌的 13 张红桃中，一张接一张地有放回地任取 3 次，求没有同号的概率。

13. 有产品 20 件，其中一等品 10 件、二等品 5 件、三等品 5 件，从中随机地取 3 件，问恰有一等品、二等品、三等品各 1 件的概率为多少？

14. 设一试验的样本空间 $S=\{e_1,e_2,e_3,e_4,e_5\}$，$P(e_c)=\dfrac{1}{5}$，$i=1,2,\cdots,5$。事件 A,B,C 定义如下：$A=\{e_1,e_3\}$，$B=\{e_1,e_2,e_4,e_5\}$，$C=\{e_3,e_4\}$，求以下概率：

(1)$P(A/B)$　(2)$P(B/C)$　(3)$P(AB)$　(4)$P(A\cup B)$

15. 已知 $P(A)=0.3$，$P(A\cup B)=0.6$，求：

(1)$P(\bar{B}/\bar{A})$；

(2)$P(\bar{A}B)$的值。

16. 已知 $P(A)=\dfrac{1}{4}$，$P(B|A)=\dfrac{1}{2}$，$P(A|B)=\dfrac{1}{2}$，求 $P(A\cup B)$。

17. 某企业总职工中女性占 45%，总职工中有 10%在管理岗位，且在管理岗位的女性占总职工的 5%。在该企业中随机找一位职工。

(1)已知该职工为女性，求该职工在管理岗位的机率；

(2)已知该职工在管理岗位，求该职工为男性的概率。

18. 已知一袋中有两种球：白色球与花色球，且已知花色球占了总球数的 70%，而花色球中又有 50% 的球涂有红色。从袋中任取一球，求此球涂有红色的概率（设事件，并写出概率运算式）。

19. 一批产品共 100 件，其中有 5%是不合格品，现对其进行检查，采用抽样方案(5;0,1)，即从中随机地抽 5 件，若其中至少有 1 件不合格，则称该批为不合格批，并拒收。求该批被拒收的概率。

20. 有 15 件产品，其中有 10 件为合格品、5 件为不合格品，从中不放回地取 2 次，每次取 1 件，求下列事件的概率：

(1)2 件均为合格品；

(2)2 件均为不合格品；

(3)2 件中恰有 1 件合格品；

(4)第 2 件为合格品；

(5)已知 2 件中至少有 1 件合格的条件下求 2 件中恰有 1

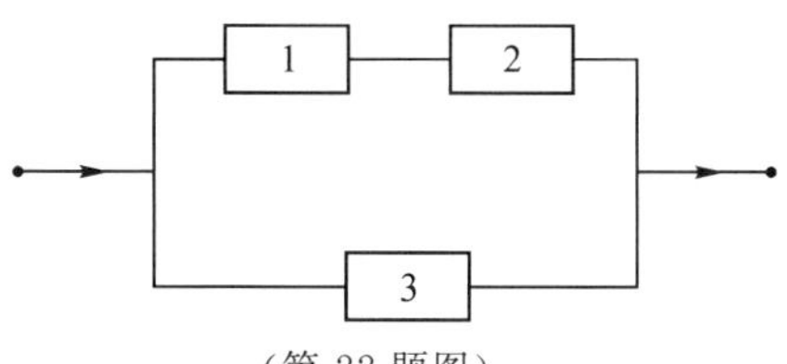

(第 22 题图)

件合格的概率。

21.甲、乙两人独立猜一谜，设甲猜中概率为0.8，乙猜中为0.7，求：

(1)甲、乙两人至少有1人猜中的概率；(2)求甲、乙两人恰有一人猜中的概率。

22.若由三个独立元件组成的系统(如图所示)，每一元件能通达的概率为 p，求系统能通达的概率。

23.3名射手一次发射的命中率分别为5/6，4/5，3/4，他们同时各射了一发，结果有两发命中，求第三名射手脱靶的概率。

24.两台机床独立地工作，两台机床需照管的概率分别为0.1和0.2，求

(1)两台同时需照管的概率；

(2)恰有1台需照管的概率；

(3)都不需要照管的概率；

(4)至少有一台需照管的概率。

25.1个灯泡使用1000小时后仍为良好的概率为0.8，若3个灯泡使用1000小时后，求：

(1)3只灯泡都良好的概率；

(2)至少有1只良好的概率；

(3)恰有2只良好的概率。

26.已知某厂生产正常的概率为0.9，若生产正常的情况下该厂产品合格率为0.95；若生产不正常，该厂产品合格率为0.60。现从该厂生产的一大批产品中随机取一只，求这只是合格品的概率。

27.已知某厂甲、乙、丙3组生产同类型产品，已知甲、乙、丙组生产的产品数量比为3∶2∶1，且相应的废品率分别为2%，3%，4%。现将3组产品放在一起，从中任取一只，

(1)求这一只是废品的概率；

(2)若已知这一只是废品，问这只废品是甲、乙、丙3组生产的概率各为多少？

28.一试卷上有一批选择题，每题有四个答案可选，其中只有一答案是正确的，设某学生能正确理解题的概率为80%，靠猜测(即随机选择答案)的概率为20%，已知该生答对了题，求该生确实知道而不是靠猜测答对题的概率。

29.甲、乙两队进行篮球对抗赛，以决定胜、负。已知小王参加甲队比赛则甲队胜的概率为90%，小王不参加则甲队胜的概率为45%，现小王在外地出差，能赶回参赛的概率为80%。问：

(1)甲队胜的概率；

(2)若已知甲队得胜，小王参加甲队比赛的概率为多少？

30.有2盒粉笔，第1盒中装有10支红粉笔、8支白粉笔；第2盒中装有6支红粉笔、4支白粉笔。今从2盒中任取1盒，再从该盒中任取1支粉笔。求：

(1)这1支恰是红粉笔的概率。

(2)若已知取到的1支是红粉笔，这支粉笔取自第1盒、第2盒的概率各为多少？

31.有20个产品(其中5件是次品，15件是正品)，已知已经有人随机地取走了2件。若再从剩下的18件中任取1件，则这1件恰是正品的概率是多少？

第5章　随机变量

第4章里，我们讨论了两个基本概念：随机事件及其表征随机事件发生的可能性大小的量——概率，这使我们对随机现象及其统计规律的描述有了初步的手段与方法。一个随机现象常常涉及许多事件。要掌握随机现象的统计规律，必须对随机现象进行全面的研究。在这一章里，我们试图全面地、数量化地描述随机现象，并研究其统计规律性。为此，我们将引进概率论中另外两个基本概念：随机变量及随机变量的概率分布。

§5.1　随机变量的概念

许多随机试验的结果表现为数量，下面先看一些例子。

例1　从一大批产品中任意抽取50件产品进行检查，其中的不合格品数可能是0,1,…,50件，共有51种可能的结果。若记其中的不合格品数为X，则X的可能取值为$X=0,1,2,\cdots,50$。X的取值依试验结果的确定而确定(即随机变化的)，X取不同值时，就代表着不同的事件。例如，“$X=0$”表示事件“没有一件不合格品”；“$X=1$”表示事件“恰有一件不合格品”；…；“$X=50$”表示事件“全是不合格品”。“不合格品数不超过3”及“不合格品数大于5”这两事件就可分别用“$X\leqslant 3$”和“$X>5$”表示之。

例2　射手向目标射击两次，观察其命中次数。命中次数是随机变化的，可能是0次、1次、2次。若记Y为其命中次数，则试验的所有结果就可用$\{Y=0\}$，$\{Y=1\}$，$\{Y=2\}$表示之，而事件{命中两次}就是事件$\{Y=2\}$。

例3　观察某一台计算机某一时段收到的不良攻击次数，可能是0次，1次…，若记攻击次数为Z，则$Z=0,1,2,\cdots$，事件{攻击次数大于5且小于10}就可用$\{5<Z<10\}$表示之。

这种依试验的结果(即样本点)而变化的量称为随机变量，一般地，有下面的定义。

定义1　设随机试验的样本空为$S=\{e\}$，若$X=X(e)$为定义在样本空S上的实值单值函数，则称$X=X(e)$为随机变量。

例1中的X、例2中的Y、例3中的Z均为随机变量。

为了区别随机变量与一般实量，我们约定以后用大写字母$X,Y,Z,\cdots$或$X_1,X_2,\cdots$表示随机变量，而用小写字母$x,y,z,\cdots$或$x_1,x_2,\cdots$表示实数。

有些试验(观察)结果(即样本点)不能直接用数量来表示，但是通过数量化的办法仍然可能用随机变量来描述它们。例如，观察新生儿的性别，其结果有两个：“男婴”、“女婴”。这结果并不表现为数量，如果我们引入随机变量W，且设$\{W=0\}$，$\{W=1\}$分别表示两事件“男婴”和“女婴”。那么，上述随机试验的结果也就被数量化了。

考察例1、例2、例3中的随机变量,它们有一个共同的特点,随机变量所可能取的值都可以按一定的次序一一地排列起来,我们称这些值的个数是可数的。

定义2 如随机变量 X 的取值可数(有限或无限可数),则称 X 为离散型的随机变量。也就是说,离散型随机变量的取值能按一定顺序排列起来,例如可用数列 $x_1,x_2,\cdots,x_n,\cdots$ 表示之。例1中,$X=0,1,2,\cdots,50$;例2中,$Y=0,1,2$;例3中,$Z=0,1,2,\cdots$。这些都是离散型随机变量。

下面再看几个例子。

例4 对某些产品的尺寸进行测量,由于各种随机因素干扰引起的测量误差,称为随机误差,记该误差值为 Z。Z 是一个随机变量,可取某一区间 (a,b)[如 $(-0.5\text{mm},0.5\text{mm})$]中的一切实数。事件 $\{|Z|<0.3\text{mm}\}$ 即为事件{测量误差绝对值小于0.3mm}。

例5 在冰壶运动比赛中,掷完球后得分将由场上的石球与营地中心的距离决定,设掷出的石球离中心的距离为 X,则 X 为随机变量,$\{X\leqslant 60\text{cm}\}$ 即为一随机事件。

由于这些随机变量所能取的值是充满某一区间的,因此不能一一列出。

如果随机变量的所有可能取值不能按照一定的顺序排列起来,则称之为非离散型随机变量。最重要也是最常见的非离散型随机变量是所谓连续型随机变量(将在§5.3中介绍),例如一个月的用电量、一年的降雨量等等,都可看成是连续型随机变量。

引入了随机变量的概念之后,随机试验的所有结果(即样本点)就可用随机变量的不同取值表示,因此掌握随机变量的统计规律性十分重要,下面我们将分类讨论随机变量。

§5.2 离散型随机变量

5.2.1 离散型随机变量的分布律

对于随机变量,仅仅考察它的所有可能取值是不够的。例如,一门大炮向一目标射击 n 次,我们不仅关心其可能击中的次数,更关心的是发生"恰好击中 k 次"$(0\leqslant k\leqslant n)$ 的可能性有多大。一般,对于离散型随机变量,我们不仅关心它的可能取值,且希望知道其取各值的概率。

定义3 设离散型随机变量 X 的所有可能取的值为 $x_1,x_2,\cdots,x_k,\cdots$;$X$ 取 x_k 的概率为 p_k,即

$$p_k=P\{X=x_k\},\qquad k=1,2,\cdots$$

这种既注明了离散型随机变量 X 的所有可能取的值又写出了取这些值的概率(两者必须都写出)的表示形式称为 X 的概率分布律,或简称为分布律或简称分布。

分布律也可用下面列表的形式给出。

X	x_1	x_2	$\cdots$	x_k	$\cdots$
p_k	p_1	p_2	$\cdots$	p_k	$\cdots$

由于在一次试验中只有一个样本点出现,所以事件"$X=x_1$","$X=x_2$",…,"$X=x_k$",…

两两互不相容(即两两不可能同时发生)；又因 X 所有取值都已经列出，故有

$$\begin{cases}\{X=x_1\}\cup\{X=x_2\}\cup\cdots\{X=x_k\}\cup\cdots=S\\ \{X=x_i\}\cap\{X=x_j\}=\varnothing,\quad i\neq j\end{cases}$$

由概率的可加性知

$$\sum_{k=1}^{\infty}P\{X=x_k\}=1$$

任意一概率分布律均具有下面的性质：

(1) $0\leqslant p_k,\quad k=1,2,\cdots$

(2) $\sum_{k=1}^{\infty}p_k=1$ (5.1)

如果一离散型随机变量只取有限个值，无穷级数(5.1)就变成有限项的和。

例 6　有产品共 10 件，其中有 3 件为不合格品。从这 10 件产品中随机地取 4 件，求取出的 4 件中的不合格品数 X 的分布律。

解　4 件中的不合格品可能是 0 件、1 件、2 件、3 件，所以 $X=0,1,2,3$。由古典概率的计算法知

$$P\{X=k\}=\frac{C_3^k\,C_7^{4-k}}{C_{10}^4},\qquad k=0,1,2,3$$

这样我们就求出了 X 的分布律：

X	0	1	2	3
p_k	1/6	1/2	3/10	1/30

例 7　某工厂在一定条件下对一批同类产品作寿命试验，每件产品能通过试验的概率为 $p(0<p<1)$，且互为独立。当遇到试验通不过时，就停止试验，并分析其原因。试写出停止试验时已接受试验的产品数 X 的分布律。

解　设 $A_i=\{$第 i 件产品通过试验$\}$，$i=1,2,\cdots$。由题意知，$A_1,A_2,\cdots$ 相互独立，且有

$$P(A_i)=p,\quad P(\overline{A}_i)=1-p,\quad i=1,2,\cdots$$

考虑事件 $\{X=k\}$，$k\geqslant1$，即停止试验时已有 k 件产品接受试验，且前 $k-1$ 件是通过试验的(即 $A_1,A_2,\cdots,A_{k-1}$ 都发生)，而第 k 件产品没有通过试验(即 $\overline{A}_k$ 发生)，因此 X 的分布律为

$$P\{X=k\}=P(A_1A_2\cdots A_{k-1}\overline{A}_k)=P(A_1)P(A_2)\cdots P(A_{k-1})P(\overline{A}_k)=p^{k-1}(1-p),$$
$$(k=1,2,\cdots)$$

例 8　观察新生儿的性别，设 $\{X=1\}$，$\{X=0\}$ 分别表示事件{男婴}和{女婴}。由大量观察知，男婴出生率为 0.512，女婴出生率为 0.488，则随机变量 X 的分布律为

X	0	1
p_k	0.488	0.512

例 9　有一大批产品，已知其不合格品率为 $p=0.01$。从中任意取一件产品，引入随机变量 Y：当取到合格品时定义 $Y=1$，当取到不合格品时定义 $Y=0$，即

$$Y=\begin{cases}1 & \text{取到合格品}\\ 0 & \text{取到不合格品}\end{cases}$$

由题意知,$P\{Y=1\}=0.99$,$P\{Y=0\}=0.01$,所以 Y 的分布律为

Y	0	1
p_k	0.01	0.99

一般地,如果一个试验只有两个结果,即样本空间中只有两个点,如发射的成功、失败,检查为阳性、阴性,天晴与天不晴等等,那么我们总可以设其中一个结果为事件 A,另一个为 $\overline{A}$,然后引入随机变量 X,使

$$X=\begin{cases}1, & \text{当 } A \text{ 发生}\\ 0, & \text{当 } \overline{A} \text{ 发生}\end{cases}$$

若已知 $P(A)=p$,则 $P(\overline{A})=1-p \xlongequal{\text{记为}} q$,因此 X 的分布律为

X	0	1
p_k	q	p

,　　$0<p<1$,　$p+q=1$,　　(5.2)

定义 4　如果随机变量 X 具有形式为(5.2)式的概率分布律,则称 X 为服从参数为 p 的0-1(p)分布的随机变量,记为$X\sim 0-1$ 分布(有时亦称 X 服从两点分布)。

例 8 中的随机变量 X 服从参数 0.512 的 0-1 分布,例 9 中的随机变量 Y 服从参数为 0.99 的 0-1 分布。

在实际观察离散型随机变量时,我们可以得到随机变量的如下述的频率分布律。下面以取有限个值的离散型随机变量为例加以说明。

设离散型随机变量 X 可能取值为 $x_1,x_2,\cdots,x_k$。将随机试验重复进行 n 次,如果事件 $\{X=x_i\}$ 在 n 次试验中出现 n_i 次,n_i 亦称为事件 $\{X=x_i\}$ 的频数,比数 n_i/n 为事件 $\{X=x_i\}$ 的频率,记 $f_i=n_i/n$。类似于概率分布律,可构造下面的频率分布律

X	x_1	x_2	$\cdots$	x_k
f_i	f_1	f_2	$\cdots$	f_k

频率分布律又称为随机变量的经验分布律,而称概率分布律为理论分布律。当 n 相当大时,f_i 接近于 p_i,$i=1,2,\cdots,k$。也就是说,当 n 相当大时,经验分布可近似地表示理论分布,同时经验分布也提供了检验理论分布的一种实验方法。

针对例 6,安排了如下的试验:取 10 粒围棋子(或球或号码),其中 3 粒为白子(代表不合格品),将这些围棋子放入盒子中,再从盒子中随机地取 4 粒围棋子,记录其中的白子数,用 X 表示白子数,则 X 为随机变量,$X=0,1,2,3$,然后将取出的围棋子又重新放回盒中,如此重复进行(读者不妨一试)。

若进行了 400 次重复试验,即 $n=400$,试验结果记录于表 5.1 中。

表 5.1　频率分布律与概率分布律对照表

不合格品数 X	0	1	2	3	总　和
频数 n_i	69	197	123	11	400
频率 $f_i=n_i/n$	.1725	.4925	.3075	.0275	1
概率 p_i	.1667	.5000	.3000	.0333	1

表 5.1 中的概率 p_i 即为例 6 中得到的理论概率。

从表 5.1 可以看出,频率分布律与概率分布律之间吻合得相当好。它们之间虽有差异,

但这差异可看成是因为试验次数 n 不够大及试验的随机性所致。可以设想，当 n 不断增加时，两者吻合会更好。

5.2.2 贝努里试验及二项分布

将一个试验重复(即在相同条件下)进行 n 次，若各次试验的结果互不影响，即每次试验结果出现的概率都不依赖于其他各次试验的结果，则称这 n 次试验是独立的。

如果每次试验只有两个可能的结果 A 与 $\overline{A}$，且每一次试验中 $P(A)=p, P(\overline{A})=1-p=q, 0<p<1$，将试验独立重复 n 次，这一串独立重复试验称为n重贝努里(Bernoulli)试验。

例如，独立重复地抛 n 次硬币，每次试验的结果只有两个："正面(A)"，"反面($\overline{A}$)"，且 $p=\dfrac{1}{2}, q=\dfrac{1}{2}$，所以这是一个 n 重贝努里试验。又如观察 100 个新生儿的性别，我们可看成进行了 100 次的试验(观察)。显然，试验是独立的(即新生儿的性别互不影响)，每次试验有两个结果："男孩(A)"，"女孩($\overline{A}$)"，且 $p=0.512, q=0.488$；试验是重复进行的，所以这 100 次观察即为做了 100 重贝努里试验。

贝努里试验是一种应用十分广泛的重要的概率模型。

在 n 重努贝里试验中，A 发生的次数是随机变化的。若我们用 X 表示之，X 是一个随机变量，X 的可能取值为 $0,1,\cdots,n$，现在我们来研究一下，A 恰好发生 $k(0\leqslant k\leqslant n)$ 次的概率 $P\{X=k\}$。

我们先来讨论当 $n=4, k=2$ 的情形。即在 4 次重复独立的试验中，设每次试验有 $P(A)=p, P(\overline{A})=1-p=q, 0<p<1$，讨论在这 4 次试验中事件 A 恰好发生两次的概率 $P\{X=2\}$。

为方便起见，我们设 $A_i=\{$第 i 次试验 A 出现$\}$，则 $P(A_i)=p, P(\overline{A}_i)=q, i=1,2,3,4$。

在 4 次试验中，A 恰好出现两次的方式有以下 $C_4^2=6$ 种情形：

$A_1A_2\overline{A}_3\overline{A}_4 \quad A_1\overline{A}_2\overline{A}_3A_4 \quad A_1\overline{A}_2A_3\overline{A}_4 \quad \overline{A}_1A_2A_3\overline{A}_4 \quad \overline{A}_1A_2\overline{A}_3A_4 \quad \overline{A}_1\overline{A}_2A_3A_4$

显然，这 6 个事件两两互不相容，例如

$$A_1A_2\overline{A}_3\overline{A}_4 \cap A_1\overline{A}_2\overline{A}_3A_4 = A_1(A_2\overline{A}_2)\overline{A}_3(\overline{A}_4A_4)=\varnothing$$

而且仅当这 6 个事件有一发生时，事件"$X=2$"发生，所以有

$$\{X=2\}=A_1A_2\overline{A}_3\overline{A}_4 \cup A_1\overline{A}_2\overline{A}_3A_4 \cup \cdots \cup \overline{A}_1\overline{A}_2A_3A_4$$

由试验的独立性知，A_1, A_2, A_3, A_4 是相互独立的，即有

$$P(A_1A_2\overline{A}_3\overline{A}_4)=P(A_1)P(A_2)P(\overline{A}_3)P(\overline{A}_4)=ppqq=p^2q^2$$

同理可得

$$P(A_1\overline{A}_2\overline{A}_3A_4)=P(A_1\overline{A}_2A_3\overline{A}_4)=\cdots=P(\overline{A}_1\overline{A}_2A_3A_4)=p^2q^2$$

所以

$$P\{X=2\}=C_4^2p^2q^{4-2}$$

同样，我们可以讨论"在 4 次试验中 A 恰好发生 3 次"的概率 $P\{X=3\}$。在 4 次试验中，A 恰好出现 3 次的方式有 $C_4^3=4$ 种：$A_1A_2A_3\overline{A}_4, A_1A_2\overline{A}_3A_4, A_1\overline{A}_2A_3A_4, \overline{A}_1A_2A_3A_4$。所以

$$\{X=3\}=A_1A_2A_3\overline{A}_4 \cup A_1A_2\overline{A}_3A_4 \cup A_1\overline{A}_2A_3A_4 \cup \overline{A}_1A_2A_3A_4$$

$$P(A_1A_2A_3\overline{A}_4)=P(A_1A_2\overline{A}_3A_4)=P(A_1\overline{A}_2A_3A_4)=P(\overline{A}_1A_2A_3A_4)=p^3(1-p)$$

所以有

$$P\{X=3\}=C_4^3p^3q^{4-3}$$

一般地,在 n 重贝努里试验中,事件 A 恰好发生 $k(0\leqslant k\leqslant n)$ 次共有 C_n^k 种方式,每当确定的一种方式出现,即确定的 k 次试验中事件 A 发生,其余 $(n-k)$ 次试验 A 不发生的概率为 p^kq^{n-k},因此有

$$P\{X=k\}=C_n^kp^kq^{n-k},\qquad k=0,1,2,\cdots,n \tag{5.3}$$

由二项式定理知

$$\sum_{k=0}^{n}P\{X=k\}=\sum_{k=0}^{n}C_n^kp^k(1-p)^{n-k}=(p+q)^n=1$$

定义 5　如果随机变量 X 具有(5.3)式的分布律,则称 X 为服从参数 n 和 p 的二项分布,记为 $X\sim b(n,p)$。

为了增加对二项分布的感性认识及计算的需要,我们选取了下面的二项分布数值表(表5.2),它给出了对于 $n=20$ 及 $p_1=0.1,p_2=0.3,p_3=0.5$ 的二项分布的值。

表 5.2　二项分布数值表

k	$n=20$			k	$n=20$		
	$p_1=0.1$	$p_2=0.3$	$p_3=0.5$		$p_1=0.1$	$p_2=0.3$	$p_3=0.5$
0	0.1216	0.0008	——	11	——	0.120	0.1602
1	0.2702	0.0063	——	12	——	0.0039	0.1201
2	0.2852	0.0278	0.0002	13	——	0.0010	0.0739
3	0.1901	0.0716	0.0011	14	——	0.0002	0.0370
4	0.0898	0.1304	0.0046	15	——	——	0.0148
5	0.0319	0.1789	0.0148	16	——	——	0.0046
6	0.0089	0.1916	0.0379	17	——	——	0.0011
7	0.0020	0.1643	0.0739	18	——	——	0.0002
8	0.0004	0.1144	0.1201	19	——	——	——
9	0.0001	0.0654	0.1602	20	——	——	——
10	——	0.0308	0.1762				

为了对二项分布的变化情况有直观的了解,我们把表 5.2 中的几个分布用图 5.1 表示出来。

从图中可以看出,对于固定的 n 和 p,当 k 增加时,$P\{X=k\}$ 先随之增加并达到某个极值,以后又下降。此外,当概率 p 越接近 $\frac{1}{2}$,分布越接近对称。

下面让我们来看几个例题。

例 10　某射手对一目标独立射击 4 次,设每次命中率为 0.7,求:(1)恰好命中 3 次的概率;(2)至少有两次命中的概率。

解　每次试验结果有两个:命中 (A),不命中 $(\overline{A})$,且 $P(A)=0.7,P(\overline{A})=0.3$,试验是独立重复的。

设命中次数为 X,则 X 为随机变量,且有 $X\sim b(4,0.7)$,所以有

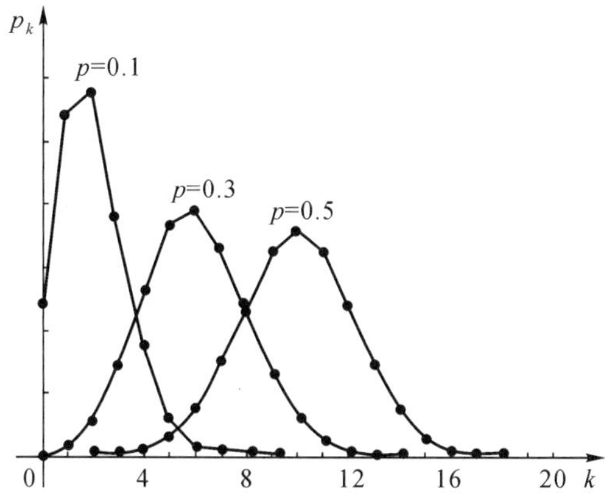

图 5.1　二项分布图

$$P\{X=3\}=C_4^3\cdot(0.7)^3\cdot(0.3)^1=0.4116$$

$$P\{至少有两次命中\}=P\{X\geqslant 2\}=1-P\{X=0\}-P\{X=1\}$$
$$=1-C_4^0(0.7)^0(0.3)^4-C_4^1(0.7)^1(0.3)^3=0.9163$$

例 11　观察 10 个新生儿的性别，设每一胎是男是女的概率相等，求“恰有 5 个男孩”的概率。

解　每一次试验有两个结果：“男婴”(A)，“女婴”$(\bar{A})$，且 $P(A)=P(\bar{A})=0.5$。设 10 个新生儿中男婴的个数为 X，则 X 是随机变量，且有 $X\sim b(10,0.5)$，即

$$P\{恰有 5 个男孩子\}=P\{X=5\}=C_{10}^5(0.5)^5(0.5)^{10-5}=0.246$$

例 12　假设有一大批电子元件，其不合格品率为 0.045，从中取 4 只元件进行检验，求其中的不合格品数 X 的分布律。

解　如果采用放回抽样方式，则每次取一元件进行检验，完毕后将这一元件重新放回一大批元件中，混合后再做下一次检验。在抽检过程中这批元件的不合格率没有改变，即试验是重复的；而每次试验结果（合格或不合格）互不影响，所以试验又是相互独立的。这样，抽取 4 只元件可看成是 4 重贝努里试验，事件“取到不合格品”在 4 次试验中发生次数为 X，则

$$X\sim b(4,0.045)$$

如果采用不放回抽样方式，则每次检验后的元件不再放回该批元件中（相当于一下子取出 4 只元件），那么，一般前一次是否取到不合格品对下一次取样结果是有影响的。例如，有 10 件产品，其中有一件为不合格品，从中取 2 次，每次抽 1 件，取后不放回，如果第一次取到了 1 件不合格品，则第二次是在剩下的 9 件合格品中取 1 件，就不可能再取到不合格品，即第一次试验的结果对第二次试验的结果有影响。这时，试验既不是独立的，也不是在相同条件下重复，因此取到的不合格品数 X 不服从二项分布。但当批量较大，抽取量又较小时，采用不放回抽样，各次试验相互之间的影响也较小，可近似地将试验看成是独立、重复的试验。一般若批量较大，如抽取量≤批量/10，我们可将不放回抽样近似地用放回抽样模型来处理。

本例告诉我们：有一大批产品，而抽取量仅 4 只，所以当采用不放回抽样方式时，X 亦近似地服从 $b(4,0.045)$。此时

$$P\{X=k\}=C_4^k\cdot(0.045)^k(1-0.045)^{4-k}$$

将 $k=0,1,2,3,4$ 代入上式,得计算结果如下:

X	0	1	2	3	4
p_k	0.832	0.157	0.011	≈ 0	≈ 0

这就是要求的分布律。

另一方面,由分布律可知:

$$P\{X\geqslant 2\}=P\{X=2\}+P\{X=3\}+P\{X=4\}\approx 0.011$$

即事件$\{X\geqslant 2\}$出现的可能性很小,我们称这种概率很小的事件为小概率事件(注意:概率小到什么程度才算小概率事件不能一般地定义),并且认为小概率事件在一次试验中实际上是几乎不可能发生的。

例 13 一箱子中装有30只白球和5只红球,采用放回抽样方式,从箱子中取 n 次球,每次取1只球。为了使至少取到1只红球的概率大于0.5,问 n 至少要多大?

解 设 n 次取球中取到红球的次数为 X,因为采用放回抽样方式,故每次取到红球的概率 $p=\frac{5}{35}=\frac{1}{7}$,所以 $X\sim b(n,\frac{1}{7})$,

$$P\{X\geqslant 1\}=1-P\{X=0\}=1-C_n^0(\frac{1}{7})^0(\frac{6}{7})^n=1-(\frac{6}{7})^n$$

令 $P\{X\geqslant 1\}>0.5$,即$(\frac{6}{7})^n<0.5$,得 $n>4.5$,取 $n=5$。也就是说,至少要取5次球才能使“至少取到1只红球”的概率大于0.5。

例 14 设每一台机床在一分钟内需要看管的概率为 $p(0<p<1)$,且设这些机床是否需要看管是相互独立的,试求出 n 台机床在同一分钟内至少有一台需要看管的概率。

解 事实上,观察 n 台机床亦可看成是对一台机床观察 n 次,即为 n 重独立试验。每次试验只有两个结果:需要看管(A),不需要看管$(\overline{A})$,且 $P(A)=p$。若设在同一分钟内需要看管的机床数为 X,则 $X\sim b(n,p)$,

$$P\{\text{至少有一台机床需要看管}\}=P\{X\geqslant 1\}=1-P\{X=0\}=1-(1-p)^n$$

例如,当 $n=20,p=0.1$ 时,$P\{X\geqslant 1\}\approx 0.95$。可见,尽管 $P(A)$很小,$P\{X\geqslant 1\}$还是相当地接近1。

事实上,在 n 重贝努里试验中,若设事件 A 在每次试验中发生的概率为 p,即 $P(A)=p,0<p<1$。设 A 在 n 次试验中发生的总次数为 X,则 $X\sim b(n,p)$,且

$$\lim_{n\to\infty}P\{X\geqslant 1\}=\lim_{n\to\infty}[1-(1-p)^n]=1$$

从上式知,不管 p 多么小,只要 n 充分大,$P\{X\geqslant 1\}$就接近于1。也就是说,在大量重复的试验中,小概率事件至少有一次发生几乎是必然的,这告诉人们决不能轻视小概率事件。

5.2.3 泊松分布及泊松近似等式

定义 6 设随机变量 X 具有以下形式的分布律:

$$P\{X=k\}=\frac{e^{-\lambda}\lambda^k}{k!},\qquad k=0,1,2,\cdots \tag{5.4}$$

其中 $\lambda>0$，λ 为常数，则称 X 是服从参数为 λ 的泊松(Poisson)分布，记为 $X\sim\pi(\lambda)$。

这里 e 为自然对数的底，$e=2.71828\cdots$。

下面我们以 $\lambda=1,2,3,6$ 为例，给出泊松分布的概率分布图(图 5.2)。

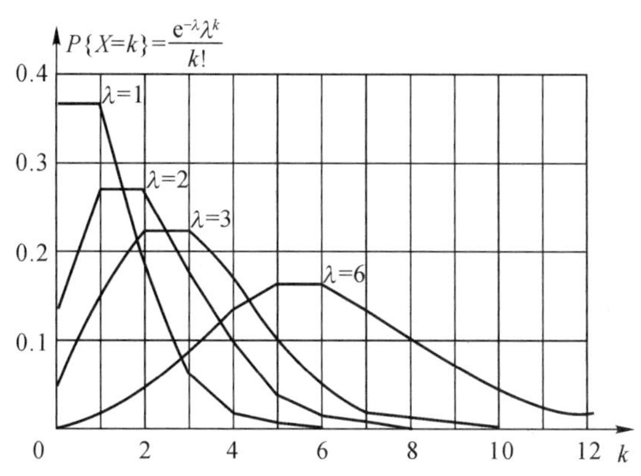

图 5.2　泊松分布图

为了对服从泊松分布的随机变量有感性的认识，我们对杭州市某路公共汽车一停靠站进行了考察。设单位时间(3 分钟)内在该站候车的乘客的批数(一批可能有数人同时到来)为 X，则 X 是一个随机变量，$X=0,1,2,\cdots$。我们每隔 3 分钟记录一次在该站候车的乘客批数，观察了 2 个小时，得到了 40 个数据(即 X 的 40 个观察值)，结果列于表 5.3 中。

表 5.3　公共汽车站客流统计

X	0	1	2	3	4	5	6	7	8	9	$\geqslant 10$	
											11	13
频数	0	1	3	7	5	6	6	4	3	3	1	1
频率	0	0.025	0.075	0.175	0.125	0.15	0.15	0.10	0.075	0.075	0.05	
概率	0.004	0.024	0.066	0.118	0.160	0.172	0.156	0.120	0.081	0.049	0.05	

表 5.3 中的数值告诉我们：在 40 次观察中，事件“$X=0$”发生 0 次，“$X=1$”发生 1 次，“$X=2$”发生 3 次，…，“$X\geqslant 10$”发生 2 次，这些事件的频率＝频数/40(因为总试验次数为 40 次)。例如，事件“$X=7$”发生 4 次(即频数为 4)，对应的频率$=4/40=0.10$。

由表 5.3 还可以知道，2 小时内候车的乘客一共有 217 批，并可算得每 3 分钟内候车的乘客的平均批数为 $217/40\approx 5.4$(批)。

表 5.3 中的概率是由下面公式计算的：

$$P\{X=k\}=\frac{e^{-\lambda}\lambda^{k}}{k!},\qquad k=0,1,2,\cdots$$

取 λ 为单位时间(这里就是 3 分钟)内候车乘客的平均批数 5.4，即 $\lambda=5.4$，则当 $X=7$ 时，

$$P\{X=7\}=\frac{e^{-5.4}5.4^{7}}{7!}\approx 0.120$$

显然，表 5.3 中的实际频率与近似理论概率相当接近，可以相信，当观察次数更多时，两者的接近程度会更好。事实上，一般可以认为，候车乘客的批数服从泊松分布。

泊松分布也是一种应用十分广泛的分布，例如一本书中一页的字符错误数、电脑在单位

时间内收到不良攻击的次数、机械元件上不合格的指标数、种子中杂草种子数等等，都可用泊松分布来描述其变化规律。同时在一定的条件下，泊松分布还可作为二项分布的近似。

为方便起见，我们已将泊松分布数值表列出(见附表2)。

在实际计算中，当 $n\geqslant 10$，同时 $p\leqslant 0.1$ 时，我们有以下泊松近似等式：

$$C_n^k p^k(1-p)^{n-k}\approx\frac{e^{-\lambda}\lambda^k}{k!},\qquad \lambda=np \tag{5.5}$$

例 15 设某一地区男子身高大于180cm的概率为0.04。从这一地区随机地找100个男子测量其身高。求至少有5人身高大于180cm的概率。

解 由题意知，从这一地区任意找一男子，其身高大于180cm的概率为0.04。现进行100次独立重复的试验(观察)，设100个男子中身高大于180cm的人数为 X，则 $X\sim b(n,p)$ 其中 $n=100,p=0.04$。利用泊松近似等式，$\lambda=np=4$，有

$$P\{X\geqslant 5\}=\sum_{k=5}^{100}C_{100}^k(0.04)^k(0.96)^{100-k}\approx\sum_{k=5}^{100}\frac{e^{-4}4^k}{k!}\xlongequal{\text{查附表2}}0.371163$$

例 16 一电商平台某一时段单位时间内接到的订单数服从参数为4的泊松分布，求：

(1)单位时间内恰有7单的概率。

(2)单位时间内订单数大于10的概率。

解 设单位时间内接到订单数为 X，$X=0,1,\cdots$，且 $X\sim\pi(4)$，则

$$P\{X=7\}=\frac{e^{-4}4^7}{7!}$$

上式可直接用计算器计算。

另一方面，我们也可利用本书后面附表2求泊松分布的概率，例如：

$$P\{X=7\}=P\{X\geqslant 7\}-P\{X\geqslant 8\}=\sum_{r=7}^{\infty}\frac{e^{-4}4^r}{r!}-\sum_{r=8}^{\infty}\frac{e^{-4}4^r}{r!}$$

$$\xlongequal{\text{查附表2}}0.110674-0.051134=0.059540$$

$$P\{X>10\}=P\{X\geqslant 11\}=\sum_{r=11}^{\infty}\frac{e^{-4}4^r}{r!}=0.002840$$

例 17 设某公共汽车停靠站候车人数 X 服从参数 $\lambda=5$ 的泊松分布，已知某时刻至少有3人候车，求恰有4人候车的概率。

解 $X\sim\pi(5)$，即

$$P\{X=k\}=\frac{e^{-5}5^k}{k!},\qquad k=0,1,2,\cdots$$

由题意知，需求概率

$$P\{X=4|X\geqslant 3\}$$

又

$$P\{X=4|X\geqslant 3|=\frac{P\{X=4,X\geqslant 3\}}{P\{X\geqslant 3\}}=\frac{P\{X=4\}}{P\{X\geqslant 3\}}=\frac{P\{X\geqslant 4\}-P\{X\geqslant 5\}}{P\{X\geqslant 3\}}$$

$$\xlongequal{\text{查附表2}}\frac{0.734974-0.559507}{0.875348}\approx 0.200$$

§5.3　分布函数、连续型随机变量

在上一节中我们讨论了一类重要的随机变量——离散型随机变量。在实际问题中，我们还会常常遇到另一类随机变量，它的可能取值充满一个区间，例如打靶时弹着点离开靶心的距离、某地区某一年龄段男性公民的身高、某一批产品的寿命等等。它们的可能取值充满一个区间，故所有可能取值不能一一列出，因此这类随机变量用前一节所述的分布律来描述已不可能。

事实上，对于这类随机变量，我们也并不感兴趣于它取某一特定值的概率，我们常感兴趣于它落在某一区域的概率。如打靶时，我们常用环数（弹着点落在某一区域）来描述射击水平的高低，设 X 为弹着点离开靶心的距离，即我们对 $P\{X=a\}$ 并不感兴趣，而是关心 $P\{x_1<X\leqslant x_2\}$ 的值；又如研究某一地区男青年身高 Y，我们也不关心例如 $P\{Y=170\text{cm}\}$ 的值，而是想知道如 $P\{Y\geqslant 170\text{cm}\}$ 或 $P\{X\leqslant 175\text{cm}\}$ 的值；再如设一批灯泡的寿命为 Z，那我们就会去关心 $P\{Z\geqslant 1000\text{min}\}$，而对 $P\{Z=1010\text{min}\}$ 之类的值并不感兴趣，等等。为此，我们先要引进一个新的概念——随机变量的概率分布函数。

5.3.1　概率分布函数

考虑随机变量 X（可以是离散型的也可以是非离散型的）的取值落在一个区间 $(x_1,x_2]$ 的概率 $P\{x_1<X\leqslant x_2\}$。由于 $P\{x_1<X\leqslant x_2\}=P\{X\leqslant x_2\}-P\{X\leqslant x_1\}$，所以只需要知道 $P\{X\leqslant x_2\}$ 与 $P\{X\leqslant x_1\}$ 就行了。

一般地，设 X 为随机变量，x 是任意实数，事件"$X\leqslant x$"的概率随 x 的变化而变化，即为 x 的函数。例如若用 X 表示某一地区青年男子的身高，根据以往的统计资料知，

$$P\{X\leqslant 170\text{cm}\}\approx 0.40,P\{X\leqslant 180\text{cm}\}\approx 0.85,P\{X\leqslant 195\text{cm}\}\approx 1$$

亦即每当给定值 x，就有一个确定的值 $P\{X\leqslant x\}$ 与之对应，故 $P\{X\leqslant x\}$ 为 x 的一个函数。

定义 7　设 X 为随机变量，x 为任意一个实数，称函数

$$F(x)=P\{X\leqslant x\}\qquad(-\infty<x<+\infty)\tag{5.6}$$

为 X 的概率分布函数，简称分布函数。

再一次提醒读者，我们已约定用大写字母表示随机变量，小写字母表示实数。

对于任意区间 $(x_1,x_2]$，有

$$P\{x_1<X\leqslant x_2\}=P\{X\leqslant x_2\}-P\{X\leqslant x_1\}=F(x_2)-F(x_1)\tag{5.7}$$

因此，若已知 X 的分布函数，我们就能知道 X 落在任一区间 $(x_1,x_2]$ 上的概率。从这个意义说，分布函数完整地描述了随机变量的统计规律性。

若将 X 看成数轴上随机点的坐标，则 $F(x)$ 为随机点落入区间 $(-\infty,x]$ 的概率，这就是

分布函数的几何解释(见图5.3)。

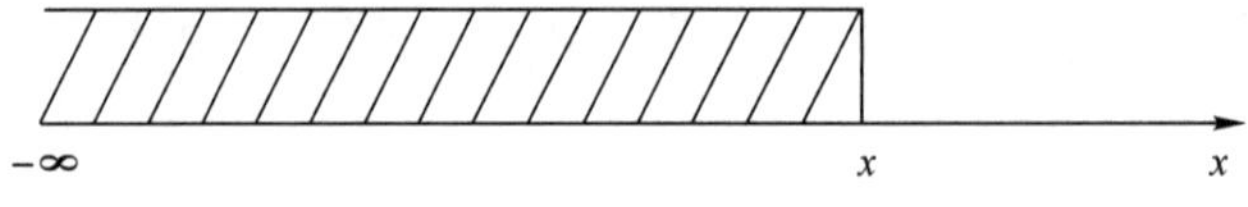

图5.3

分布函数是一个普通的函数,正是通过它我们才能用数学分析的方法来研究随机变量。

分布函数 $F(x)$ 具有下面性质:

(1) $F(x)$ 是一个不减函数。

事实上,当 $x_2>x_1$ 时,由(5.7)式知,$F(x_2)-F(x_1)=P\{x_1<X\leqslant x_2\}\geqslant 0$,即 $F(x_2)\geqslant F(x_1)$,故 $F(x)$ 是一个不减函数。

(2) $0\leqslant F(x)\leqslant 1$,且有 $F(-\infty)=0, F(+\infty)=1$。

因为 $0\leqslant P\{X\leqslant x\}\leqslant 1$,所以有 $0\leqslant F(x)\leqslant 1$;又因为 $\{X<-\infty\}=\varnothing$,$\{X<+\infty\}=S$,所以有

$$F(-\infty)=0, \qquad F(+\infty)=1$$

(3) $F(x)$ 为右连续函数(参见例18图)。

对于离散型随机变量,显然分布函数即为随机变量落在区间 $(-\infty,x]$ 上的那些离散点上的概率和,可表示为

$$F(x)=\sum_{x_k\leqslant x}P\{X=x_k\}$$

例18 设随机变量 X 服从参数为 $p(0<p<1)$ 的0—1分布,即具有如下分布律:

X	0	1
p_k	$1-p$	p

求 X 的分布函数。

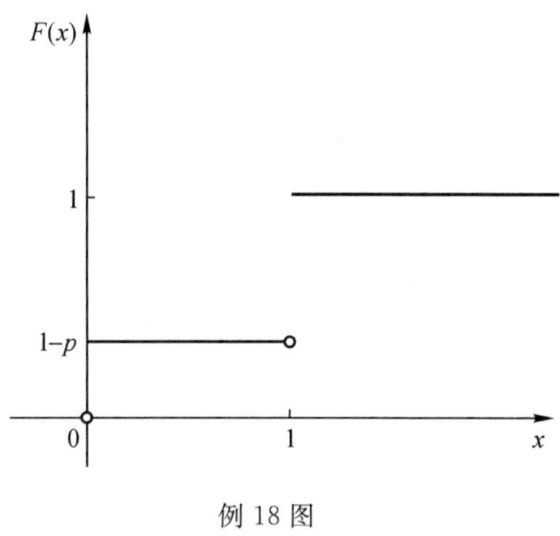

例18图

解 由定义知,分布函数 $F(x)=P\{X\leqslant x\}$。当 $x<0$(例如 $x=-1$)时,X 落入区间 $(-\infty,x]$(例如 $(-\infty,-1]$)的概率显然为0,所以此时

$$F(x)=P\{X\leqslant x\}=0$$

当 $0\leqslant x<1$(例如 $x=0$ 或 $x=1/2$)时,X 落入区间 $(-\infty,x]$ 的概率即为 X 落在0点的概率 $P\{X=0\}=1-p$,所以此时有

$$F(x)=P\{X\leqslant x\}=1-p$$

当 $x\geqslant 1$(例如 $x=1$ 或 $x=1.5$)时

$$F(x)=P\{X\leqslant x\}=P\{X=0\}+P\{x=1\}=1$$

故有

$$F(x)=\begin{cases}0, & x<0;\\ 1-p, & 0\leqslant x<1;\\ 1, & x\geqslant 1.\end{cases}$$

$F(x)$的图形如例 18 图所示,它是一条阶梯形的曲线。

例 19　某种电子产品寿命 X(以小时计)是一个随机变量。已知它的分布函数为

$$F(x)=\begin{cases}1-e^{-x/500}, & x>0\\ 0, & x\leqslant 0\end{cases}$$

利用 $F(x)$求 $P\{X>500\}$,$P\{400<X\leqslant 700\}$的值。

解　$P\{X>500\}=1-P\{X\leqslant 500\}=1-F(500)=1-[1-e^{-\frac{1}{500}\times 500}]=e^{-1}\approx 0.368$

$$P\{400<X\leqslant 700\}=F(700)-F(400)=e^{-4/5}-e^{-7/5}\approx 0.2027$$

计算结果表明,这种产品"寿命大于 500 小时"的概率为 0.368,"寿命大于 400 小时且不超过 700 小时"的概率为 0.2027。

另外,注意到本例中的分布函数,可以写成如下形式:

$$F(x)=\int_{-\infty}^{x} f(t)\mathrm{d}t$$

其中

$$f(x)=\begin{cases}\dfrac{1}{500}e^{-x/500}, & x>0\\ 0, & x\leqslant 0\end{cases}$$

这就是说,对于任意 x,$F(x)$恰是非负函数 $f(x)$在区间$(-\infty,x]$上的积分。

5.3.2　连续型随机变量

定义 8　如果对于随机变量 X 的分布函数 $F(x)$,存在非负的函数 $f(x)$,使对于任意实数 x 有

$$F(x)=\int_{-\infty}^{x} f(t)\mathrm{d}t \tag{5.8}$$

则称 X 为连续型随机变量,称函数 $f(x)$为 X 的概率密度函数,简称密度函数或密度。

由(5.8)式可知,连续型随机变量 X 的分布函数 $F(x)$是 x 的连续函数。

由定义 5 知密度具有如下性质:

(1)$f(x)\geqslant 0$。

(2)$\int_{-\infty}^{+\infty} f(x)\mathrm{d}x=1$。

这是因为$\int_{-\infty}^{+\infty} f(x)\mathrm{d}x=F(+\infty)=1$(见分布函数的性质(2))。

(3)$P\{x_1<X\leqslant x_2\}=F(x_2)-F(x_1)=\int_{-\infty}^{x_2} f(x)\mathrm{d}x-\int_{-\infty}^{x_1} f(x)\mathrm{d}x=\int_{x_1}^{x_2} f(x)\mathrm{d}x$

即连续型随机变量落入某区间的概率为密度函数在该区间上的积分。

(4)在 $f(x)$的连续点处有 $F'(x)=f(x)$。

从几何上看,密度的性质(1)表明 $f(x)$的图形位于 Ox 轴的上方;性质(2)表明介于 $y=f(x)$与 Ox 轴之间的面积为 1(图 5.4);性质(3)表明 X 落在区间$(x_1,x_2]$的概率 $P\{x_1<X\leqslant x_2\}$等于区间$(x_1,x_2]$上曲线 $y=f(x)$之下的曲边梯形的面积(图 5.5)。

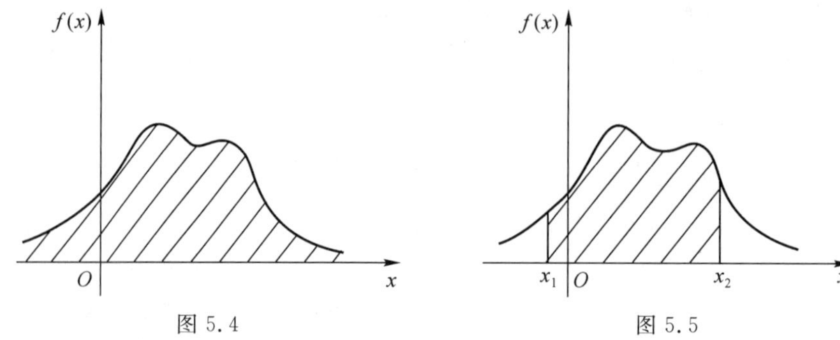

图 5.4　　　　图 5.5

由性质(4)知,在 $f(x)$ 的连续点,

$$f(x)=F'(x)=\lim_{\Delta x\to 0^+}\frac{F(x+\Delta x)-F(x)}{\Delta x}=\lim_{\Delta x\to 0^+}\frac{P(x<X\leqslant x+\Delta x)}{\Delta x} \tag{5.9}$$

所以,概率密度 $f(x)$ 即为随机变量 X 落入区间 $(x,x+\Delta x]$ 的概率与区间长度 Δx 之比(平均概率)当 Δx 趋向于零时的极限值。从这里我们看到,概率密度的定义与物理学中的线密度的定义相似,这就是称 $f(x)$ 为概率密度的缘故。

由式(5.9)可知,若不计高阶无穷小,有

$$P\{x<X\leqslant x+\mathrm{d}x\}\approx f(x)\mathrm{d}x$$

这表示 X 落入区间 $(x,x+\mathrm{d}x]$ 的概率与 $f(x)$ 成正比,且近似等于 $f(x)\mathrm{d}x$,即 X 落在密度越大的点的附近的概率越大,这就是密度的意义所在。

现在我们来考察连续型随机变量 X 取某一定值的概率。显然有

$$P\{X=a\}=\int_a^a f(x)\mathrm{d}x=0$$

即连续型随机变量取一定值的概率为0。因此,在计算连续型随机变量 X 落在某一区间的概率时,可以不必区分该区间是开区间或闭区间或半开区间。例如有

$$P\{a<X\leqslant b\}=P\{a\leqslant X\leqslant b\}=P\{a<X<b\}=P\{a\leqslant X<b\}$$

例 20　设随机变量 X 的概率密度为

$$f(x)=\begin{cases}k\mathrm{e}^{-x}, & x>0,\\ 0, & x\leqslant 0\end{cases}$$

(1)试确定常数 k;(2)写出其分布函数;(3)求 $P(-1\leqslant X\leqslant 2)$。

解　我们注意到本例中密度函度为分段函数,由密度函数性质(2)知,

$$\begin{aligned}1&=\int_{-\infty}^{+\infty}f(x)\mathrm{d}x=\int_{-\infty}^{0}f(x)\mathrm{d}x+\int_{0}^{+\infty}f(x)\mathrm{d}x\\&=\int_{-\infty}^{0}0\mathrm{d}x+\int_{0}^{+\infty}k\mathrm{e}^{-x}\mathrm{d}x=k(-\mathrm{e}^{-x})\Big|_0^{+\infty}=k\end{aligned}$$

所以 $k=1$,故有

$$f(x)=\begin{cases}\mathrm{e}^{-x}, & x>0;\\ 0, & x\leqslant 0.\end{cases}$$

由于

$$F(x)=P(X\leqslant x)=\int_{-\infty}^{x}f(t)\mathrm{d}t$$

而当 $x\leqslant 0$ 时，在积分区间 $(-\infty,x]$ 上被积函数 $f(x)$ 取值为 0，所以，此时

$$F(x)=\int_{-\infty}^{x}0\cdot \mathrm{d}x=0$$

当 $x>0$ 时，积分区间 $(-\infty,x]$ 可分成两段：一段为 $(-\infty,0]$，此时被积函数 $f(x)=0$；另一段为 $(0,x)$，在这一段上被积函数 $f(x)=\mathrm{e}^{-x}$，所以有

$$F(x)=\int_{-\infty}^{x}f(t)\mathrm{d}t=\int_{-\infty}^{0}0\mathrm{d}t+\int_{0}^{x}\mathrm{e}^{-t}\mathrm{d}t=1-\mathrm{e}^{-x}$$

所以有

$$F(x)=\begin{cases}1-\mathrm{e}^{-x}, & x>0;\\ 0, & x\leqslant 0.\end{cases}$$

$$\begin{aligned}P\{-1\leqslant X\leqslant 2\}&=P\{X\leqslant 2\}-P\{X\leqslant -1\}+P\{x=-1\}\\&=F(2)-F(-1)+0=(1-\mathrm{e}^{-2})-0+0=1-\mathrm{e}^{-2}\end{aligned}$$

另外，我们也可用下面方法计算：

$$P\{-1\leqslant X\leqslant 2\}=\int_{-1}^{2}f(t)\mathrm{d}t=\int_{-1}^{0}0\mathrm{d}t+\int_{0}^{2}\mathrm{e}^{-t}\mathrm{d}t=0+(-\mathrm{e}^{-t})\Big|_{0}^{2}=1-\mathrm{e}^{-2}$$

两种方法都正确，所得的结果一样。

定义 9　若随机变量 X 具有概率密度函数

$$f(x)=\begin{cases}\lambda\mathrm{e}^{-\lambda x}, & x>0\\ 0, & x\leqslant 0\end{cases}\tag{5.10}$$

其中 λ 为常数，$\lambda>0$，我们就称 X 服从参数为 λ 的指数分布，记为 $X\sim E(\lambda)$。

指数分布是重要的分布，在可靠性理论方面尤其如此。

定义 10　如果随机变量 X 在 (a,b) 上取值，且有概率密度函数

$$f(x)=\begin{cases}\dfrac{1}{b-a}, & a<x<b;\\ 0, & \text{其他}.\end{cases}\tag{5.11}$$

则称 X 服从 (a,b) 区间上的均匀分布。

服从 (a,b) 区间上均匀分布的随机变量 X，具有下述意义的等可能性，即它落在区间 (a,b) 中任意等长度子区间内的可能性是相等的。事实上，对于任意长度为 l 的子区间 $(c,c+l)$，$a\leqslant c<c+l\leqslant b$，有

$$P\{c<X<c+l\}=\int_{c}^{c+l}f(x)\mathrm{d}x=\int_{c}^{c+l}\frac{1}{b-a}\mathrm{d}x=\frac{l}{b-a}$$

即 X 落入上述区间 $(c,c+l)$ 的概率与 c 无关，仅与 l 有关。

现考虑 X 的分布函数 $F(x)$，

当 $x\leqslant a$ 时，　$F(x)=\int_{-\infty}^{x}f(t)\mathrm{d}t=\int_{-\infty}^{x}0\ \mathrm{d}t=0$

当 $a<x<b$ 时，　$F(x)=\int_{-\infty}^{x}f(t)\mathrm{d}t=\int_{-\infty}^{a}0\ \mathrm{d}t+\int_{a}^{x}\frac{1}{b-a}\mathrm{d}t=\frac{x-a}{b-a}$

当 $x\geqslant b$ 时，　$F(x)=\int_{-\infty}^{x}f(t)\mathrm{d}t=\int_{-\infty}^{a}0\ \mathrm{d}t+\int_{a}^{b}\frac{1}{b-a}\mathrm{d}t+\int_{b}^{x}0\ \mathrm{d}t=1$

所以有

$$F(x)=\begin{cases}0, & x\leqslant a;\\ \dfrac{x-a}{b-a}, & a<x<b;\\ 1, & x\geqslant b.\end{cases}$$

$F(x)$的图形如图 5.6(b)所示。

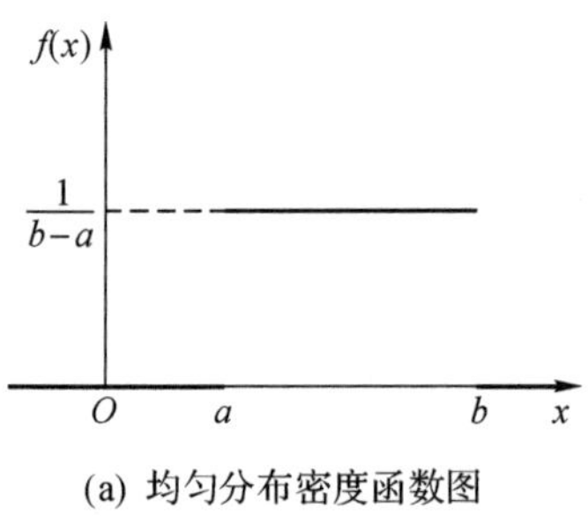

(a) 均匀分布密度函数图

(b) 均匀分布分布函数图

图 5.6

例 21 在区间$(0,a)(a>0)$上随机取一数 X,(1)试写出 X 的概率密度函数;(2)求该数小于 $a/3$ 的概率。

解 由随机取数的等可能性知,X 服从区间$(0,a)$上的均匀分布,所以 X 的密度函数为

$$f(x)=\begin{cases}\dfrac{1}{a}, & x\in(0,a)\\ 0, & \text{其他}\end{cases}$$

且

$$P\{X<\frac{a}{3}\}=\frac{a/3}{a}=\frac{1}{3}$$

均匀分布是一种重要的分布,特别是在计算机得到广泛应用的今天,尤其显得重要。

5.3.3 正态分布

在处理实际问题时,常常会遇到这样一种随机变量:对它进行大量重复的观察,得到一组数据,这批数据虽有波动,但总是以某个常数为中心,偏离中心越近的数据个数越多,偏离中心越远的数据个数越少(取值呈"中间大,两头小"的格局),且取值具有对称性。这种随机变量的概率密度曲线应是单峰的,且有左右对称的形状,常常可用如下的函数表示:

$$f(x)=\frac{1}{\sqrt{2\pi}\sigma}e^{-\frac{(x-\mu)^2}{2\sigma^2}},\qquad(-\infty<x<+\infty)\tag{5.12}$$

其中 μ,σ 为常数,且 $\sigma>0,|\mu|<+\infty$。

定义 11 若随机变量 X 具有形式为(5.12)式的概率密度函数,则称 X 服从参数为 μ 和 σ^2 的正态分布,记为 $X\sim N(\mu,\sigma^2)$。

$f(x)$的图形如图 5.7 所示,它具有以下的性质。

(1) $f(x)$关于 $x=\mu$ 对称。

事实上，对于任意的 $h>0$，有

$$f(\mu+h)=f(\mu-h)=\frac{1}{\sqrt{2\pi}\sigma}e^{-\frac{h^2}{2\sigma^2}}$$

故 $f(x)$ 的曲线关于 $x=\mu$ 对称，且 x 离 μ 越远 $f(x)$ 值越小。这表明对于同样长度的区间，当区间离点 μ 越远，X 落在这个区间上的概率（即曲边梯形的面积）就越小。换言之，点 μ 是正态随机变量的集中位置、取值中心。

在 $x=\mu\pm\sigma$ 处曲线有拐点，当 $x\to\pm\infty$ 时，$f(x)\to 0$，所以曲线以 x 轴为渐近线。

(2) 如果 σ 固定，改变 μ 的值，概率密度曲线的形状不变，但能使曲线产生平移，即 μ 的变化只改变随机变量的集中位置，所以我们也常称 μ 为 X 的位置参数。

(3) σ 的取值不同，曲线的形状不同。

当 $x=\mu$ 时，$f(x)$ 取到最大值

$$f(x)_{\max}=f(\mu)=\frac{1}{\sqrt{2\pi}\sigma}$$

这个值称为曲线的峰值（见图 5.7）。

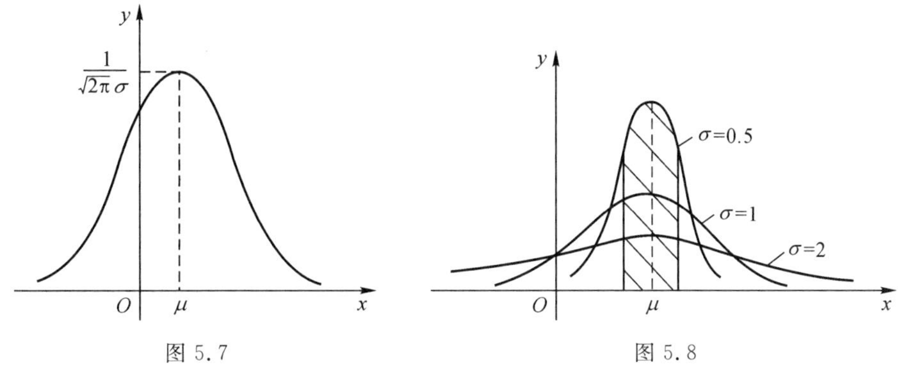

图 5.7　　　　图 5.8

如果固定 μ，改变 σ，峰值 $f(\mu)=\frac{1}{\sqrt{2\pi}\sigma}$ 随 σ 的增大而减少，σ 越大图形变得越平坦，σ 越小图形变得越尖（如图 5.8）。所以当 σ 越小时，X 落在 μ 附近的概率（曲边梯形的面积）越大（见图 5.8 阴影部分），即 X 的取值就越集中；反之，σ 越大 X 取值就越分散。通常也称 σ 为形状参数。

当 $\mu=0,\sigma=1$ 时，我们称 X 服从标准正态分布，记为 $Z\sim N(0,1)$。

记标准正态分布的概率密度函数为 $\varphi(x)$，有：

$$\varphi(x)=\frac{1}{\sqrt{2\pi}}e^{-\frac{x^2}{2}},\qquad(-\infty<x<+\infty)\tag{5.13}$$

显然，$\varphi(x)$ 的曲线关于 y 轴对称（如图 5.9）。

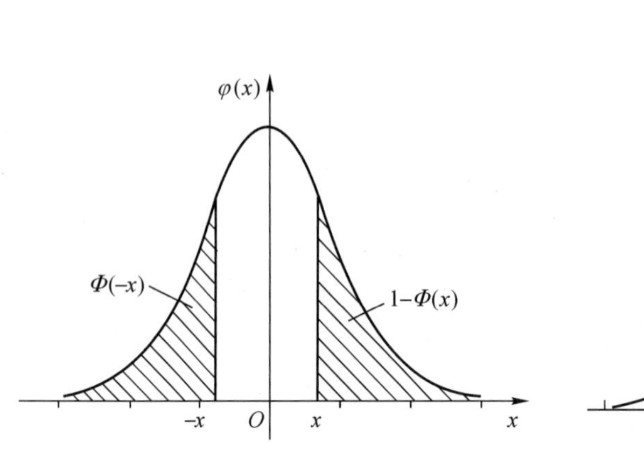

图 5.9　标准正态分布密度函数

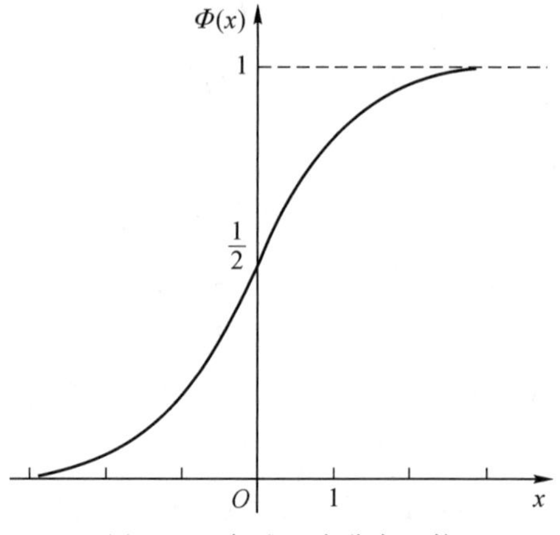

图 5.10　标准正态分布函数

我们记标准正态随机变量的分布函数为 $\Phi(x)$，如图 5.10。由(5.8)式知

$$\Phi(x)=\int_{-\infty}^{x}\varphi(t)\mathrm{d}t=\int_{-\infty}^{x}\frac{1}{\sqrt{2\pi}}\mathrm{e}^{\frac{-t^2}{2}}\mathrm{d}t$$

为方便起见，人们已编制了 $\Phi(x)$ 的数值表，以供查用(见附表 1)。

图 5.9 中左边阴影部分的面积为

$$P\{Z\leqslant -x\}=\int_{-\infty}^{-x}\varphi(t)\ \mathrm{d}t=\Phi(-x)$$

而右边阴影部分面积为

$$P\{Z\geqslant x\}=1-P\{Z<x\}=1-\int_{-\infty}^{x}\varphi(x)\mathrm{d}x=1-\Phi(x)$$

由 $\varphi(x)$ 曲线的对称性知　　$\Phi(x)=1-\Phi(-x)$，即

$$\Phi(x)+\Phi(-x)=1 \tag{5.14}$$

例 22　设 $X\sim N(0,1)$，求 $P\{1<X<2\}$，$P\{-1<X<1.5\}$。

解　因为 X 为连续型随机变量，所以

$$\begin{aligned}P\{1<X<2\}&=\int_{1}^{2}\frac{1}{\sqrt{2\pi}}\mathrm{e}^{\frac{-t^2}{2}}\mathrm{d}t=\int_{-\infty}^{2}\frac{1}{\sqrt{2\pi}}\mathrm{e}^{\frac{-t^2}{2}}\mathrm{d}t-\int_{-\infty}^{1}\frac{1}{\sqrt{2\pi}}\mathrm{e}^{\frac{-t^2}{2}}\mathrm{d}t\\&=\Phi(2)-\Phi(1)\end{aligned}$$

查附表 1 得

$$P\{1<X<2\}=0.9772-0.8413=0.1359$$

同样有

$$\begin{aligned}P\{-1<X<1.5\}&=\Phi(1.5)-\Phi(-1)=\Phi(1.5)-1+\Phi(1)\\&=0.9332-1+0.8413=0.7745\end{aligned}$$

例 23　设 $X\sim N(\mu,\sigma^2)$，求 $P\{a<X<b\}$。

解　$P\{a<X<b\}=\displaystyle\int_{a}^{b}\frac{1}{\sqrt{2\pi}\sigma}\mathrm{e}^{-\frac{(x-\mu)^2}{2\sigma^2}}\mathrm{d}x$

作积分变量变换，设 $\dfrac{x-\mu}{\sigma}=t$，则有

$$P(a<X<b)=\int_{\frac{a-\mu}{\sigma}}^{\frac{b-\mu}{\sigma}}\frac{1}{\sqrt{2\pi}}\mathrm{e}^{-\frac{t^2}{2}}\mathrm{d}t=\int_{-\infty}^{\frac{b-\mu}{\sigma}}\frac{1}{\sqrt{2\pi}}\mathrm{e}^{-\frac{t^2}{2}}\mathrm{d}t-\int_{-\infty}^{\frac{a-\mu}{\sigma}}\frac{1}{\sqrt{2\pi}}\mathrm{e}^{-\frac{t^2}{2}}\mathrm{d}t$$
$$=\Phi(\frac{b-\mu}{\sigma})-\Phi(\frac{a-\mu}{\sigma})$$

查附表 1,就可求出这个概率值。

也就是说,当 $X\sim N(\mu,\sigma^2)$时,

$$P\{a<X<b\}=\Phi(\frac{b-\mu}{\sigma})-\Phi(\frac{a-\mu}{\sigma}) \tag{5.15}$$

特别地,

$$P(|X-\mu|<\sigma)=\Phi(1)-\Phi(-1)=2\Phi(1)-1=0.6826$$
$$P(|X-\mu|<2\sigma)=\Phi(2)-\Phi(-2)=2\Phi(2)-1=0.9544$$
$$P(|X-\mu|<3\sigma)=\Phi(3)-\Phi(-3)=2\Phi(3)-1=0.9974$$

注意　上面三个事件的概率与 μ 和 σ 的值无关(见图 5.11),也就是说,一个正态随机变量落入$(\mu-\sigma,\mu+\sigma)$的概率始终为 0.6826,落入$(\mu-2\sigma,\mu+2\sigma)$的概率始终为 0.9544。特别应引起我们注意的是,落入$(\mu-3\sigma,\mu+3\sigma)$的概率为 0.9974,近似等于 1。因此,对于正态随机变量来说,落入区间$(\mu-3\sigma,\mu+3\sigma)$内几乎是必然的,这就是所谓的"$3\sigma$ 规则"。

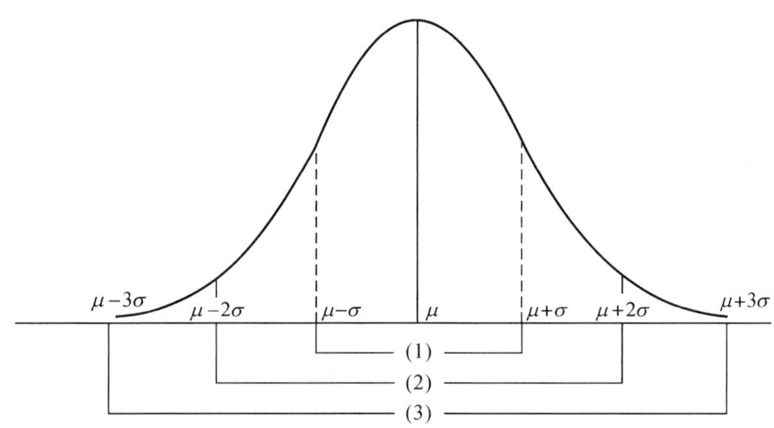

图 5.11　3σ 区间概率图

例 24　设 $X\sim N(2,4)$,求 $P\{|X|<2\}$,$P\{X<4.5\}$的值。

解　由(5.15)式知

$$P\{|X|<2\}=P\{-2<X<2\}=\Phi(\frac{2-2}{2})-\Phi(\frac{-2-2}{2})$$
$$=\Phi(0)-\Phi(-2)=\Phi(0)+\Phi(2)-1=0.5+0.9772-1=0.4772$$
$$P\{X<4.5\}=\Phi(\frac{4.5-2}{2})-\Phi(-\infty)$$
$$=\Phi(1.25)-0 \quad (\text{由分布函数性质 } F(-\infty)=0)$$
$$=0.8944$$

例 25 用天平称一实际重量为 a 的物体,设天平的读数为随机变量 X,$X\sim N(a,\sigma^2)$,当$\sigma=0.01$时,(1)求读数与 a 的误差小于 0.005 的概率;(2)求读数至少比 a 多 0.085 的概率。

解 (1)由(5.15)式,并查附表1,得

$$P\{|X-a|<0.005\}=\Phi\left(\frac{0.005}{0.01}\right)-\Phi\left(\frac{-0.005}{0.01}\right)$$
$$=2\Phi(0.5)-1$$
$$=2\times0.6915-1=0.3830$$

(2)$P\{X>a+0.085\}$

$$=1-P\{X-a\leqslant0.085\}=1-P\left\{\frac{X-a}{0.01}<\frac{0.085}{0.01}\right\}$$
$$=1-\Phi(0.85)=1-0.8023=0.1977$$

例 26 续例25,若重复称3次,设3次中恰有 Y 次"读数与 a 的误差小于 0.005",求 Y 的概率分布律。

解 由题意知,这是3重贝努里试验,$Y\sim b(3,0.3830)$,所以

$$P\{Y=k=C_3^k(0.3830)^k(0.6170)^{3-k},k=0,1,2,3\}$$

例 27 设一天中经过一高速公路某一入口的重型车辆数 X 近似服从 $N(\mu,\sigma^2)$,已知有25%的天数超过400辆,有33%的天数不到350辆,求 μ,σ。

解 已知 $P\{X>400\}=0.25$,$P\{X<350\}=0.33$,查表得

$$P\{X>400\}=1-\Phi(\frac{400-\mu}{\sigma})=\Phi(\frac{\mu-400}{\sigma})=0.25=\Phi(-0.675)$$

$$P\{X<350\}=\Phi(\frac{350-\mu}{\sigma})=0.33=\Phi(-0.440)$$

于是

$$\begin{cases}(\mu-400)/\sigma=-0.675\\(350-\mu)/\sigma=-0.440\end{cases}\quad\text{解得}\quad\begin{cases}\mu\approx369.7\\\sigma\approx44.8\end{cases}$$

例 28 已知一系统外加电压(伏特)$V\sim N(180,10^2)$,已知当 $V\geqslant200\text{V}$ 时系统损坏的概率为0.4,当 $185\text{V}<V<200\text{V}$ 时系统损坏的概率为0.2,当 $V\leqslant185\text{V}$ 时系统不会损坏。求系统损坏的概率。

解 设事件:$V_1=\{V\geqslant200\text{V}\}$,$V_2=\{185\text{V}<V<200\text{V}\}$,$V_3=\{V\leqslant185\text{V}\}$,且设 $A=\{\text{系统损坏}\}$。由题意知,$P\{A|V_1\}=0.4$,$P(A|V_2)=0.2$,$P(A|V_3)=0$;又因为$V\sim N(180,10^2)$,所以

$$P(V_1)=P\{V>200\}=1-\Phi(\frac{200-180}{10})=1-\Phi(2)=0.0228$$

$$P(V_2)=P\{185<V<200\}=\Phi(\frac{200-180)}{10})-\Phi(\frac{185-180}{10})$$
$$=\Phi(2)-\Phi(0.5)=0.9772-0.6915=0.2857$$

由全概率公式知

$$P(A)=\sum_{i=1}^{3}P(V_i)P(A\mid V_i)=0.0228\times 0.4+0.2857\times 0.2+0=0.066$$

在自然界与社会现象中，许多量可用（或近似用）正态量来描述，那些我们经常可以看到的（自然形成的）沙堆、谷堆、煤堆以及远处的某些山的轮廓线，常常会让人们联想到正态密度曲线。我们身边的许多量，如同一年龄段的人的身高、体重（但视力测量值不是正态量）；一个地区某一时段的降雨量；某公司普通职工的收入；医院里许多化验的指标量等等，一般均可将其视为正态量，在第 6 章中我们还可以看到正态量的更多应用。

§5.4　随机变量的独立性

设 X 和 Y 为两个随机变量，事件$\{X\leqslant x\}$与事件$\{Y\leqslant y\}$的积事件记为$\{X\leqslant x,Y\leqslant y\}$。

现在考虑如何定义两个随机变量 X 和 Y 的独立性。

先回忆一下两个事件 A 和 B 相互独立的定义：若 $P(AB)=P(A)\cdot P(B)$，则称 A 和 B 相互独立。

类似地，我们有下面的定义。

定义 12　设 X 和 Y 为两个随机变量，x 和 y 为任意给定的实数，若 $P(X\leqslant x,Y\leqslant y)=P(X\leqslant x)\cdot P(Y\leqslant y)$，则称$X$ 和 Y 独立。

类似地，我们可以定义 n 个随机变量的独立性。

定义 13　设 n 个随机变量 $X_1,X_2,\cdots,X_n$，对于任意一组实数 $x_1,x_2,\cdots,x_n$，有

$$\begin{aligned}P\{X_1\leqslant x_1,X_2\leqslant x_2,\cdots,X_n\leqslant x_n\}&=P\{X_1\leqslant x_1\}\cdot P\{X_2\leqslant x_2\}\cdots P\{X_n\leqslant x_n\}\\&=\prod_{i=1}^{n}P\{X_i\leqslant x_i\}\end{aligned}$$

则称 $X_1,X_2,\cdots,X_n$ 相互独立。

例 29　在区间(0,1)上随机取两数 X 和 Y，由取值的等可能性易知 X 和 Y 都服从区间(0,1)上的均匀分布，求两数绝对值都小于 0.5 的概率。

解　因为 X 和 Y 服从区间(0,1)上的均匀分布，记它们的概率密度分别为 $f_X(x)$，$f_Y(y)$，则

$$f_X(x)=\begin{cases}1, & 0<x<1\\ 0, & \text{其他}\end{cases}\qquad f_Y(y)=\begin{cases}1, & 0<y<1\\ 0, & \text{其他}\end{cases}$$

由题意知，X 和 Y 相互独立（即取值互不影响），所以有

$$\begin{aligned}P\{|X|<0.5,|Y|<0.5\}&=P\{|X|<0.5\}\cdot P\{|Y|<0.5\}\\&=\left(\int_{-0.5}^{0}0\cdot \mathrm{d}x+\int_{0}^{0.5}1\cdot \mathrm{d}x\right)^2=0.5^2=0.25\end{aligned}$$

例 30　某味精厂生产袋装粉状味精，它由纯味精与精盐等配制而成，这批味精一袋重量（以克计）$X\sim N(500,2^2)$及纯味精含量 $Y\sim N(80.4\%,(0.2\%)^2)$。今从这批中任意地取 1 袋味精，求其重量大于 497 克，且纯味精含量大于 80%的概率。

解　由题意知 X 和 Y 独立，

$$
\begin{aligned}
P\{X>497,Y>80\%\} &= P\{X>497\}\cdot P\{Y>80\%\}\\
&=[1-\Phi(-1.5)]\cdot[1-\Phi(-2)]=\Phi(1.5)\cdot\Phi(2)\\
&=0.9332\times 0.9772=0.9119
\end{aligned}
$$

值得提醒的是，在实际问题中，随机变量的独立性常由所研究问题的性质而决定。例如，一个由 n 个部件组成的系统，设第 i 个部件正常工作寿命为 X_i，$i=1,2,\cdots,n$。如果各部件正常与否互不影响，我们就认为 $X_1,X_2,\cdots,X_n$ 是相互独立的。

例 31　一系统 L 由两个独立子系统并联而成，如图所示。已知 L_1 和 L_2 的寿命分别为 X 和 Y，概率密度分别为

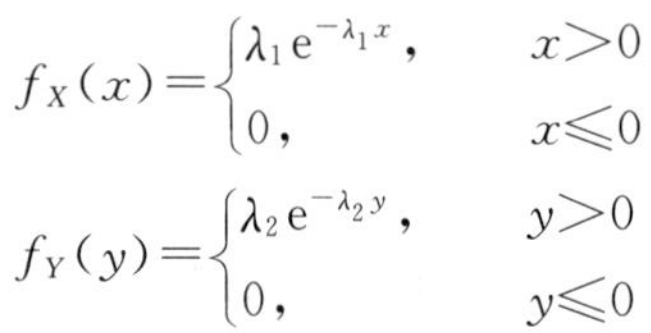

$$
f_X(x)=\begin{cases}\lambda_1 \mathrm{e}^{-\lambda_1 x}, & x>0\\ 0, & x\leqslant 0\end{cases}
$$

$$
f_Y(y)=\begin{cases}\lambda_2 \mathrm{e}^{-\lambda_2 y}, & y>0\\ 0, & y\leqslant 0\end{cases}
$$

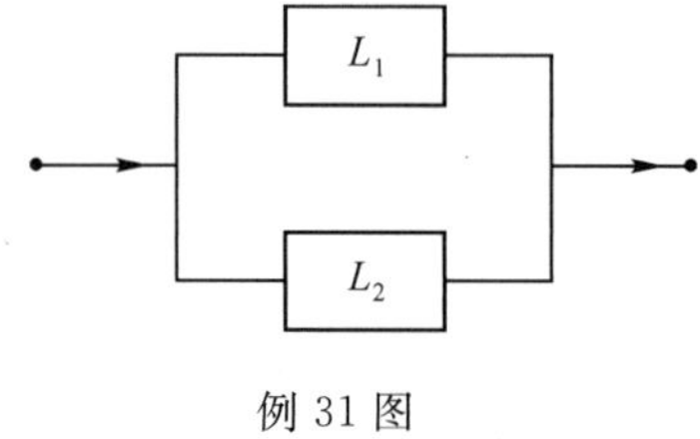

例 31 图

求系统 L 的寿命 Z 的概率密度。

解　由题意知，两子系统寿命的最大值即为并联系统 L 的寿命，故有 $Z=\max(X,Y)$；X 和 Y 相互独立。记 Z 的分布函数和概率密度函数分别为 $F_Z(z)$，$f_Z(z)$，由分布函数的定义得

$$F_Z(z)=P\{Z\leqslant z\}=P\{\max(X,Y)\leqslant z\}$$

因为事件$\{\max(X,Y)\leqslant z\}$等价于事件$\{X\leqslant z,Y\leqslant z\}$，所以

$$F_Z(z)=P\{X\leqslant z,Y\leqslant z\}$$

由 X 和 Y 的独立性得

$$
\begin{aligned}
F_Z(z) &= P\{X\leqslant z\}\cdot P\{Y\leqslant z\}\\
&=\begin{cases}\displaystyle\int_0^z \lambda_1 \mathrm{e}^{-\lambda_1 x}\mathrm{d}x\int_0^z \lambda_2 \mathrm{e}^{-\lambda_2 y}\mathrm{d}y, & z>0\\ 0, & z\leqslant 0\end{cases}\\
&=\begin{cases}(1-\mathrm{e}^{-\lambda_1 z})\cdot(1-\mathrm{e}^{-\lambda_2 z}), & z>0\\ 0, & z\leqslant 0\end{cases}
\end{aligned}
$$

所以

$$
f_Z(z)=F'_Z(z)=\begin{cases}\lambda_1 \mathrm{e}^{-\lambda_1 z}+\lambda_2 \mathrm{e}^{-\lambda_2 z}-(\lambda_1+\lambda_2)\mathrm{e}^{-(\lambda_1+\lambda_2)z}, & z>0\\ 0, & z\leqslant 0\end{cases}
$$

§5.5　随机变量的函数及其分布

一般来说，一个随机变量 X 的函数 $Y=g(X)$ 仍然是一个随机变量。当 X 的取值为 x 时，Y 的取值为 $y=g(x)$。如果已知 X 的概率分布，则可由 X 去求得 Y 的概率分布。下面我们分类进行讨论。

5.5.1　离散型随机变量的函数

先看两个例子。

例 32　设离散型随机变量 X 的分布律为：

X	-1	0	1
p_k	$1/4$	$1/2$	$1/4$

求(1)$Y=X^3$ 的分布律；(2)$Y=X^2+1$ 的分布律。

解　(1)因为 X 的可能取值为 $-1,0,1$，所以 $Y=X^3$ 的可能取值为 $-1,0,1$，并显然有

$$\{Y=1\}\text{等价于}\{X^3=1\}=\{X=1\}$$

$$\{Y=0\}\text{等价于}\{X^3=0\}=\{X=0\}$$

$$\{Y=-1\}\text{等价于}\{X^3=-1\}=\{X=-1\}$$

于是

$$P\{Y=1\}=P\{X=1\}=1/4$$

故 $Y=X^3$ 的分布律为

Y	-1	0	1
p_k	$1/4$	$1/2$	$1/4$

结果表明，$Y=X^3$ 与 X 具有完全相同的分布律。

(2)由 X 的可能取值为 $-1,0,1$ 知，$Y=X^2+1$ 的可能取值为 $1,2$。而

$$\{Y=1\}\text{等价于}\{X^2+1=1\}=\{X^2=0\}=\{X=0\}$$

$$\{Y=2\}\text{等价于}\{X^2+1=2\}=\{X^2=1\}=\{X=1\}\cup\{X=-1\}$$

所以有

$$P\{Y=1\}=P\{X=0\}=1/2$$

又因为事件 $\{X=1\}$ 与 $\{X=-1\}$ 互不相容，由概率的可加性知

$$P\{Y=2\}=P\{X=1\}+P\{X=-1\}=1/4+1/4=\frac{1}{2}$$

故当 $Y=X^2+1$ 时，Y 的分布律为

Y	1	2
p_k	$1/2$	$1/2$

一般地，设离散型随机变量 X 的分布律为

X	x_1	x_2	…	x_k	…
p_k	p_1	p_2	…	p_k	…

当离散型随机变量 X 取某一值 x_k 时，随机变量的函数 $Y=g(X)$ 取值 $y_k=g(x_k)$，如果 $g(x_k)$ 的值全不相同，则 Y 具有如下分布律

Y	$g(x_1)$	$g(x_2)$	…	$g(x_k)$	…
p_k	p_1	p_2	…	p_k	…

但如果 $g(x_k)$ 中有相等值时，则应把使 $g(x_k)$ 相等的那些 x_k 所对应的概率合并相加，作为 Y 取可能值 $g(x_k)$ 的概率(见例 32(2))。

5.5.2 连续型随机变量的函数

设 X 为连续型随机变量,且密度为 $f(x)$,那么如何求 $Y=g(X)$的概率分布呢?我们还是先看例子。

例 33 设随机变量 X 的概率密度为 $f_X(x)$,随机变量 $Y=2X$,求 Y 的概率密度 $f_Y(y)$;若 X 服从参数为 λ 的指数分布,试写出 $f_Y(y)$。

解 先求 Y 的分布函数

$$f_Y(y)=P\{Y\leqslant y\}=P\{2X\leqslant y\}=P\{X\leqslant y/2\}=\int_{-\infty}^{y/2}f_X(x)\mathrm{d}x$$

则
$$f_Y(y)=F'_Y(y)=f_X(y/2)\cdot\left(\frac{y}{2}\right)'=\frac{1}{2}f_X(y/2)$$

若 X 服从参数为 λ 的指数分布

则
$$f_Y(y)=\frac{1}{2}f_X\left(\frac{y}{2}\right)=\begin{cases}\dfrac{\lambda}{2}\mathrm{e}^{-\lambda y/2}, & y>0\\ 0, & y\leqslant 0\end{cases}$$

一般地,当连续型随机变量 X 的函数 $Y=g(X)$还是一个连续型随机变量时,要求 Y 的概率密度函数 $f_Y(y)$,可先求出其概率分布函数 $F_Y(y)$:

$$F_Y(y)=P\{Y\leqslant y\}=P\{g(X)\leqslant y\}$$

要求上式的概率,关键是要找出事件"$g(X)\leqslant y$"的等价事件"$X\in D$"(如例 33 中的"$X\leqslant y/2$"),于是有

$$F_Y(y)=P\{Y\leqslant y\}=P\{X\in D\}=\int_D f_X(x)\mathrm{d}x$$

然后再利用分布函数与密度的关系求得密度函数。

定理 1 设 X 为一连续型随机变量,其概率密度为 $f_X(x)$,随机变量 $Y=g(X)$,若函数 $y=g(x)$为一严格单调增函数(或减函数),且可微,记 $y=g(x)$的反函数为 $x=h(y)$,则 Y 的概率密度为

$$f_Y(y)=\begin{cases}f_X(h(y))\cdot|h'(y)|, & y\in D,\\ 0, & y\notin D.\end{cases}\tag{5.16}$$

其中 D 为函数 $y=g(x)$的值域。

证明 先设 $y=g(x)$为一严格单调增函数,即 $g'(x)\geqslant 0$,注意此时的 $h'(y)\geqslant 0$。而 Y 的分布函数为

$$F_Y(y)=P\{Y\leqslant y\}=P\{g(X)\leqslant y\}=P\{X\leqslant h(y)\}=\int_{-\infty}^{h(y)}f_X(x)\mathrm{d}x.$$

从而 $f_Y(y)=F'_Y(y)=f_X(h(y))\cdot h'(y)$.

若 $y=g(x)$为一严格单调减函数,即 $g'(x)\leqslant 0$,且此时有 $h'(y)\leqslant 0$. 而 Y 的分布函数为

$$F_Y(y)=P\{Y\leqslant y\}=P\{g(X)\leqslant y\}=P\{X\geqslant h(y)\}=\int_{h(y)}^{+\infty}f_X(x)\mathrm{d}x.$$

从而 $f_Y(y)=F'_Y(y)=-f_X(h(y))\cdot h'(y)$。这样就证明了(5.16)式。

例 34 随机变量 $X\sim N(\mu,\sigma^2)$,$Y=aX+b$,$a\neq 0$,求 Y 的概率密度。

解 记 $y=g(x)=ax+b$,则其反函数为 $x=h(y)=(y-b)/a$,$h'(y)=1/a$。满足本章定理 1 的条件,故有

$$f_Y(y)=\frac{1}{|a|}f_X(\frac{y-b}{a})=\frac{1}{\sqrt{2\pi}\sigma|a|}e^{-[y-(a\mu+b)]^2/[2(a\sigma)^2]}$$

即　$Y\sim N(a\mu+b,(a\sigma)^2)$

特别地，当 $a=\frac{1}{\sigma}$，$b=\frac{-\mu}{\sigma}$时，$Y=\frac{X-\mu}{\sigma}\sim N(0,1)$，

也就是说一个正态量的线性函数仍为正态量；特别地，当 $X\sim N(\mu,\sigma^2)$时，$\frac{X-\mu}{\alpha}$是标准正态量。

例 35　设圆半径的测量值在[10,12]上均匀分布，求圆面积的概率分布。

解　设圆半径的测量值为 X，由题意知 X 的密度函数及分布函数分别为

$$f_X(x)=\begin{cases}\frac{1}{2}, & 10\leqslant x\leqslant 12;\\ 0, & \text{其他}.\end{cases}\qquad F_X(x)=\begin{cases}0, & x<10;\\ \frac{x-10}{2}, & 10\leqslant x\leqslant 12;\\ 1, & x\geqslant 12.\end{cases}$$

再设圆面积为 Y，则 $Y=\pi X^2$。记 Y 的密度函数及分布函数分别为 $f_Y(y)$与 $F_Y(y)$，于是，当 $y>0$ 时，

$$F_Y(y)=P\{Y\leqslant y\}=P\{\pi X^2\leqslant y\}=P\{-\sqrt{\frac{y}{\pi}}\leqslant X\leqslant\sqrt{\frac{y}{\pi}}\}$$

$$=F_X(\sqrt{\frac{y}{\pi}})-F_X(-\sqrt{\frac{y}{\pi}})$$

由 $F_X(x)$的表达式知，$F_X(-\sqrt{\frac{y}{\pi}})=0$，所以有

$$F_Y(y)=F_X(\sqrt{\frac{y}{\pi}})$$

又因为 $Y=\pi X^2$ 的取值不可能为负，故当 $y<0$ 时，

$$F_Y(y)=P\{Y\leqslant y\}=0$$

总之可得

$$F_Y(y)=\begin{cases}F_X(\sqrt{\frac{y}{\pi}}), & y>0;\\ 0, & y\leqslant 0.\end{cases}$$

$$=\begin{cases}0, & \sqrt{y/\pi}<10;\\ \frac{1}{2}(\sqrt{\frac{y}{\pi}}-10), & 10\leqslant\sqrt{\frac{y}{\pi}}\leqslant 12;\\ 1, & \sqrt{\frac{y}{\pi}}>12.\end{cases}$$

$$=\begin{cases}0, & y<\pi\cdot 10^2;\\ \frac{1}{2}(\sqrt{\frac{y}{\pi}}-10), & \pi\cdot 10^2\leqslant y\leqslant\pi\cdot 12^2;\\ 1, & y>\pi\cdot 12^2.\end{cases}$$

于是 Y 的概率密度函数为

$$f_Y(y)=F'_Y(y)=\begin{cases}\dfrac{1}{4\sqrt{\pi y}}, & \pi\cdot 10^2\leqslant y\leqslant \pi\cdot 12^2;\\ 0, & \text{其他}.\end{cases}$$

由 Y 的密度函数的表达式知,Y 并不服从均匀分布,即当半径在某区间上均匀分布时,圆面积不服从均匀分布。

§5.6 二维随机向量

前面我们讨论了一个随机变量的情况。在很多随机现象中,往往涉及多个随机变量,如打靶时,弹着点的位置可用横坐标 X 与纵坐标 Y 来描述;物体的位置可由经度 X、纬度 Y、海拔 Z 决定;味精厂每一次发酵过程,必须记录其发酵时间 X 和得率 Y;又如为了研究某一地区的年轻人的体格体质情况,对这一地区的年轻人进行抽查,对每个被抽查者测量其身高 X_1、体重 X_2、心率 X_3、视力 X_4 等等。这类例子很多,值得注意的是,这些量都是随机变量,这些随机变量之间常常存在某种联系,因此需要将这些随机变量作为一个整体(即向量)来研究。

一般,我们称 n 个随机变量 $X_1,X_2,\cdots,X_n$ 的整体$(X_1,X_2,\cdots,X_n)$为n 维(或 n 元)随机向量。

例如,上述弹着点的坐标(X,Y)构成一个二维随机向量;发酵时间与得率(X,Y)亦构成一个二维随机向量;物体的位置(X,Y,Z)构成一个三维随机向量;被抽查的年轻人的身高、体重、心率、视力(X_1,X_2,X_3,X_4)构成一个四维随机向量。又如从一大批灯泡中,随机抽 5 只测量寿命,那么它们的寿命(X_1,X_2,X_3,X_4,X_5)为五维随机向量。对于一个随机变量 X,我们亦可称之为一维随机向量。

几何地看问题,二维随机向量可看作二维平面上的"随机点",三维随机向量可看作三维空间上的"随机点"等等。

本章着重讨论二维随机向量。

5.6.1 二维离散型随机向量

与单个随机变量的研究相类似,对于二维随机向量我们也仅研究离散型及连续型两大类。

定义 14 如果二维向量(X,Y)的所有可能取值(数对)是可列的,则称(X,Y)为离散型的二维向量。

例如,某一公共汽车站的候车人数为 X,而候车人中乘往甲地的人数为 Y,则(X,Y)构成一个二维的随机向量,且(X,Y)的可能取值为

$$(X,Y)=(i,j),\qquad (i=0,1,2,\cdots,j\leqslant i)$$

这里(X,Y)的取值无限可列,故(X,Y)为二维离散型随机向量。

由定义知,二维离散型随机向量的可能取值是有限对或可列无限对,我们常记

$$(X,Y)=(x_i,y_j),\qquad (i=1,2,\cdots;j=1,2,\cdots)$$

当然，对于某些 i 和 j，$\{(X,Y)=(x_i,y_j)\}$或许是“不可能”事件。我们也常记

$$\{(X,Y)=(x_i,y_j)\}=\{X=x_i,Y=y_j\}$$

当然，和随机变量一样，我们同样关心(X,Y)取值的概率，常记

$$P\{X=x_i,Y=y_j\}=p_{ij},\qquad \begin{matrix}(i=1,2,\cdots)\\(j=1,2,\cdots)\end{matrix}$$

一般称上式为(X,Y)的联合概率分布或联合概率分布律，简称联合分布或联合分布律或分布律。与随机变量的情形相类似，我们也常用如下列表的方式表示(X,Y)的联合分布律：

X \ Y	y_1	y_2	$\cdots$	y_j	$\cdots$	
x_1	p_{11}	p_{12}	$\cdots$	p_{1j}		$p_{1\cdot}$
x_2	p_{21}	p_{22}	$\cdots$	p_{2j}	$\cdots$	$p_{2\cdot}$
$\vdots$			$\cdots$		$\cdots$	$\cdots$
x_i	p_{i1}	p_{i2}	$\cdots$	p_{ij}	$\cdots$	$p_{i\cdot}$
$\vdots$			$\cdots$			$\cdots$
	$p_{\cdot 1}$	$p_{\cdot 2}$	$\cdots$	$p_{\cdot j}$	$\cdots$	1

显然，分布律中的 p_{ij} 应满足

$$(1)\ p_{ij}\geqslant 0,\qquad (i=1,2,\cdots;j=1,2,\cdots)$$

$$(2)\ \sum_i\sum_j p_{ij}=1 \tag{5.17}$$

(5.17)式中的(1)是显然的；至于(2)，因为每一个事件$\{X=x_i,Y=y_j\}$都是试验的一个结果，即为样本空间中的一个样本点，故两两互不相容，由概率的可加性(第 4 章(4.1)式)知

$$1=P(S)=P\{\bigcup_i[\bigcup_j(X=x_i,Y=y_j)]\}=\sum_i\sum_j p_{ij}$$

即(2)成立。

另一方面，X 和 Y 分别取可列个值：

$$X=x_1,x_2,\cdots,x_i,\cdots$$

$$Y=y_1,y_2,\cdots,y_j,\cdots$$

X 和 Y 均为离散型随机变量，它们应有自己的分布律。注意到仅当事件$\{X=x_i,Y=y_j\}$，$j=1,2,\cdots$至少有一发生时，事件$\{X=x_i\}$发生，故有

$$\{X=x_i\}=\bigcup_j\{X=x_i,Y=y_j\}$$

由概率的可加性得

$$P\{X=x_i\}=\sum_j P\{X=x_i,Y=y_j\}=\sum_j p_{ij}\overset{\text{记}}{=}p_{i\cdot}\quad(i=1,2,\cdots) \tag{5.18}$$

类似地

$$P\{Y=y_j\}=\sum_i P\{X=x_i,Y=y_j\}=\sum_i p_{ij}\overset{\text{记}}{=}p_{\cdot j}\quad(j=1,2,\cdots) \tag{5.18'}$$

一般,我们称(5.18)与(5.18)′为分别关于 X,Y 的边际(或边缘)概率分布,或边际(边缘)分布律,且分别为联合分布律表中边上的那一列(或一行)。

显然,$P\{X=x_i\}$ 的值为 (X,Y) 联合分布律表中的第 i 行的概率和,同样地,$P\{Y=y_j\}$ 的值为联合分布律表中第 j 列的概率和。

总之,在多维随机向量的研究中,我们称单个随机变量的概率分布为关于这个向量的边际(或边缘)分布。

例 36 有 A,B,C 三厂家生产同类型产品,作 D 厂产品的配件,D 厂将三个厂提供的配件放在一起,工作人员先从中随机地一件一件取出进行检查,引入随机变量:

$$X=\begin{cases}1 & \text{取到一等品;}\\ 2 & \text{取到二等品;}\\ 3 & \text{取到等外品.}\end{cases}\qquad Y=\begin{cases}1 & \text{取到 } A \text{ 厂产品;}\\ 2 & \text{取到 } B \text{ 厂产品;}\\ 3 & \text{取到 } C \text{ 厂产品.}\end{cases}$$

由近期大量检查记录知,X 和 Y 具有如下联合分布律:

X \ Y	1	2	3
1	0.20	0.20	0.15
2	0.15	0.15	0.05
3	0.025	0.05	0.025

试写出边际分布。

解 先求关于 X 的边际分布。

由题意知,当"取到 A 厂一等品"、"取到 B 厂一等品"、"取到 C 厂一等品"这三事件至少有一事件发生时,事件"取到一等品"发生,故有

$$\{X=1\}=\{X=1,Y=1\}\cup\{X=1,Y=2\}\cup\{X=1,Y=3\}$$

因为上式右边三事件两两互不相容,所以

$$P\{X=1\}=\sum_{j=1}^{3}P\{X=1,Y=j\}=0.20+0.20+0.15=0.55$$

同理可得

$$P\{X=2\}=0.15+0.15+0.05=0.35$$
$$P\{X=3\}=0.025+0.05+0.025=0.1$$
$$P\{Y=1\}=0.20+0.15+0.025=0.375$$
$$P\{Y=2\}=0.20+0.15+0.05=0.4$$
$$P\{Y=3\}=0.15+0.05+0.025=0.225$$

例 37 有 12 件产品,其中 6 件为一等品、2 件为二等品、4 件为三等品。从中不放回地取 3 件,设其中的一等品数为 X、二等品数为 Y。试写出 X 和 Y 的联合分布律及关于它们各自的边际分布律。

解 为方便起见,设抽取的 3 件中恰有 Z 件三等品。

先考虑 X 和 Y 的可能取值

$$X=0,1,2,3 \qquad Y=0,1,2$$

$$P\{X=0,Y=0\}=P\{X=0,Y=0,Z=3\}=\frac{C_6^0\cdot C_2^0\cdot C_4^3}{C_{12}^3}=\frac{2}{110}$$

$$P\{X=0,Y=1\}=P\{X=0,Y=1,Z=2\}=\frac{C_6^{\ 0}\cdot C_2^{\ 1}\cdot C_4^{\ 2}}{C_{12}^{\ 3}}=\frac{6}{110}$$

$$P\{X=0,Y=2\}=P\{X=0,Y=2,Z=1\}=\frac{C_6^{\ 0}\cdot C_2^{\ 2}\cdot C_4^{\ 1}}{C_{12}^{\ 3}}=\frac{2}{110}$$

类似地,可得

$$P\{X=1,Y=0\}=\frac{18}{110},\qquad P\{X=1,Y=1\}=\frac{24}{110}$$

$$P\{X=1,Y=2\}=\frac{3}{110},\qquad P\{X=2,Y=0\}=\frac{30}{110}$$

$$P\{X=2,Y=1\}=\frac{15}{110},\qquad P\{X=3,Y=0\}=\frac{10}{110}$$

$$P\{X=2,Y=2\}=P\{X=3,Y=1\}=P\{X=3,Y=2\}=P(\varnothing)=0$$

得(X,Y)的联合分布律表

Y \ X	0	1	2	3	$P\{Y=y_j\}=p_{\cdot j}$
0	2/110	18/110	30/110	10/110	60/110
1	6/110	24/110	15/110	0	45/110
2	2/110	3/110	0	0	5/110
$P\{X=x_i\}=p_{i\cdot}$	10/110	45/100	45/110	10/110	1

又

$$P\{X=0\}=\sum_{j=0}^{2}P\{X=0,Y=j\}=2/110+6/110+2/110=10/110$$

$$P\{X=1\}=18/110+24/110+3/110=45/110$$

$$P\{X=2\}=30/110+15/110+0=45/110$$

$$P\{X=3\}=10/110+0+0=10/110$$

得 X 的边际分布律

X	0	1	2	3
p_k	10/110	45/110	45/110	10/110

类似地,可得 Y 的边际分布律

Y	0	1	2
p_k	60/110	45/110	5/110

注意　关于 X 和 Y 的边际分布即为(X,Y)联合分布律表中写在最旁边的那一列和那一行的数字,可以猜想,边际(或分缘)分布这一名称大概由此而得。

例 38　一单位送客车,设在始发站上车的人数 $X\sim\pi(\lambda)$,中途下车人数为 Y;再设每个人行动独立,且均以概率 $p(0<p<1)$在中途下车。求(1)$P\{Y=j\mid X=i\}$;(2)$p\{X=i,Y=j\}$;(3)$P\{Y=j\}$的值。

解　由题意知,当 $X=i$ 时,Y 应服从$b(i,p)$分布,即当 $i=0,1,2,\cdots$时,

$$P\{Y=j\mid X=i\}=C_i^j p^j(1-p)^{i-j},j=0,1,\cdots,i$$

$$P\{X=i,Y=j\}=P\{X=i\}\cdot P\{Y=j\mid X=i\}$$

$$=\frac{e^{-\lambda}\lambda^i}{i!}C_i^j p^j(1-p)^{i-j}\triangleq p_{ij}\qquad(i=0,1,2,\cdots;j=0,1,\cdots,i)$$

$$P\{Y=j\}=\sum_{i=0}^{\infty}p_{ij}=\sum_{i=j}^{\infty}\frac{e^{-\lambda}\lambda^i}{i!}\frac{i!}{j!(i-j)!}p^j(1-p)^{i-j}$$

$$=\frac{e^{-\lambda}(\lambda p)^j}{j!}\sum_{i=j}^{\infty}\frac{[\lambda(1-p)]^{i-j}}{(i-j)!}=\frac{e^{-\lambda p}(\lambda p)^j}{j!},\qquad(j=0,1,\cdots)$$

(这里用到展开式 $e^x=\sum_{k=0}^{\infty}\frac{x^k}{k!}$, $|x|<\infty$) 上式表明 $Y\sim\pi(\lambda p)$。

5.6.2 联合分布函数与边际分布函数

同一维的情形相类似,当二维随机向量的取值不可列(即不是离散型)时,我们就无法用联合分布律来描述向量的概率分布情况。为此,在本节中我们类似地先引入二维随机向量的分布函数的概念,我们给出如下的定义。

定义15 设(X,Y)为二维随机向量,对任意实数x和y,二元函数

$$F(x,y)=P\{X\leqslant x,Y\leqslant y\}\tag{5.19}$$

称为二维随机向量(X,Y)的联合概率分布函数,或称为(X,Y)的联合分布函数或简称(X,Y)的分布函数。

几何地看问题,我们可将(X,Y)看成是平面上随机点的坐标,那么分布函数$F(x,y)$在(x,y)处的值就是随机点(X,Y)落入如图5.12所示的阴影部分区域的概率。

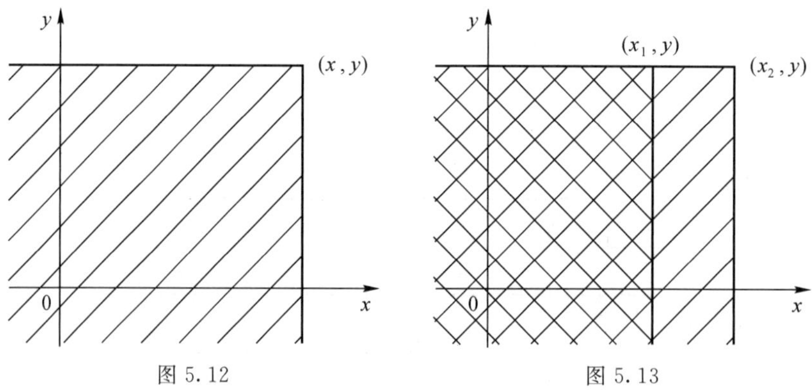

图5.12　　图5.13

由定义知,$F(x,y)$具有如下的性质:

(1)$0\leqslant F(x,y)\leqslant 1$,且$F(+\infty,+\infty)=1$,$F(x,-\infty)=F(-\infty,y)=F(-\infty,-\infty)=0$;

(2)$F(x,y)$关于x,y单调不减。

由$F(x,y)$是一事件的概率知,显然有$0\leqslant F(x,y)\leqslant 1$。又

$$F(x,-\infty)=P\{X\leqslant x,Y<-\infty\}=P\{(X\leqslant x)\cap\varnothing\}=P(\varnothing)=0$$

同理

$$F(-\infty, y)=P\{X<-\infty, Y\leqslant y\}=0$$

而

$$F(+\infty,+\infty)=P\{X<+\infty, Y<+\infty\}$$

这是随机点(X,Y)落在全平面上的概率，应为 1，所以 $F(+\infty,+\infty)=1$。

至于性质 2，我们可作如下分析。若固定 y，令 $x_2>x_1$，因为$\{X\leqslant x_1, Y\leqslant y\}\subset\{X\leqslant x_2, Y\leqslant y\}$（见图 5.13），所以，$P\{X\leqslant x_1, Y\leqslant y\}\leqslant P\{X\leqslant x_2, Y\leqslant y\}$，即 $F(x_1,y)\leqslant F(x_2,y)$，也就是说 $F(x,y)$关于 x 单调不减。同理可证，$F(x,y)$亦关于 y 单调不减。

当(X,Y)为离散型时，

$$F(x,y)=\sum_{\substack{x_i\leqslant x\\ y_j\leqslant y}} P\{X=x_i, Y=y_j\}$$

另一方面，由 $F(x,y)$的定义有

$$F(x,+\infty)=P\{X\leqslant x, Y<+\infty\}=P\{(X\leqslant x)\cap S\}=P\{X\leqslant x\}=F_X(x)$$

同理

$$F(+\infty, y)=P\{X<+\infty, Y\leqslant y\}=P\{Y\leqslant y\}=F_Y(y)$$

注意　这里的 $F_X(x)=P\{X\leqslant x\}$就是单个随机变量 X 的分布函数，同样地，用 $F_Y(y)$表示 Y 的分布函数。

与前述相类似，我们称上述 $F_X(x)$，$F_Y(y)$分别为关于 X 和 Y 的边际分布函数。

5.6.3　二维连续型随机向量

与一维的情形相类似，我们有以下的定义。

定义 16　对于二维随机向量(X,Y)的分布函数 $F(x,y)$，如果存在非负函数 $f(x,y)$，使对于任意的实数 x 和 y，有

$$F(x,y)=\int_{-\infty}^{x}\int_{-\infty}^{y} f(u,v)\,\mathrm{d}u\,\mathrm{d}v \tag{5.20}$$

则称(X,Y)是二维连续型随机向量，称函数 $f(x,y)$为(X,Y)的联合概率密度函数，简称联合密度函数或密度函数。

按定义 16，(X,Y)的概率密度函数 $f(x,y)$具有如下性质：

(1) $f(x,y)\geqslant 0$；

(2) $\int_{-\infty}^{+\infty}\int_{-\infty}^{+\infty} f(x,y)\,\mathrm{d}x\,\mathrm{d}y=F(+\infty,+\infty)=1$；

(3) 若 $f(x,y)$在点(x,y)连续，则有

$$\frac{\partial^2 F(x,y)}{\partial x\,\partial y}=f(x,y)$$

$$\begin{aligned}
f(x,y)&=\frac{\partial^2 F(x,y)}{\partial x\,\partial y}\\
&=\lim_{\substack{\Delta x\to 0^+\\ \Delta y\to 0^+}}\frac{1}{\Delta x\cdot\Delta y}[F(x+\Delta x, y+\Delta y)-F(x+\Delta x, y)-F(x, y+\Delta y)+F(x,y)]\\
&=\lim_{\substack{\Delta x\to 0^+\\ \Delta y\to 0^+}}\frac{P\{x<X\leqslant x+\Delta x, y<Y\leqslant y+\Delta y\}}{\Delta x\cdot\Delta y}
\end{aligned}$$

(从上式可以看出,联合密度 $f(x,y)$ 与物理学中的质量面密度概念相近,读者可以自己比较)。

(4)设 G 是 xOy 平面上的一个区域,点(X,Y)落入 G 的概率为

$$P\{(X,Y)\in G\}=\iint_G f(x,y)\mathrm{d}x\ \mathrm{d}y$$

也就是说,二维随机向量(X,Y)落在平面上任一区域 G 的概率,等于联合密度函数 $f(x,y)$在 G 上的积分。这就把二维连续型向量的概率计算问题转化为一个二重积分问题。由此,我们可以推出二维连续型向量(X,Y)落在面积为零的区域的概率为零,特别地,(X,Y)落在一条曲线上的概率为零,因此二维连续型向量(X,Y)落在开区域或相应的闭区域的概率相等。

例 39 设(X,Y)的联合概率密度

$$f(x,y)=\begin{cases}k\mathrm{e}^{-k(x+y)}, & x\geqslant 0,y\geqslant 0;\\ 0, & 其他.\end{cases}$$

(1)试确定常数 k;(2)求 $P\{X\leqslant 1,1<Y<2\}$的值;(3)求 $P\{X>Y\}$。

解 由 $f(x,y)$的性质,令

$$\int_{-\infty}^{+\infty}\int_{-\infty}^{+\infty}f(x,y)\mathrm{d}x\ \mathrm{d}y=1$$

上式左边 $=k\int_0^{+\infty}\mathrm{e}^{-kx}\mathrm{d}x\int_0^{+\infty}\mathrm{e}^{-ky}\mathrm{d}y=\dfrac{1}{k}=1$,由此得 $k=1$,因此有

$$f(x,y)=\begin{cases}\mathrm{e}^{-(x+y)} & x\geqslant 0,y\geqslant 0;\\ 0, & 其他.\end{cases}$$

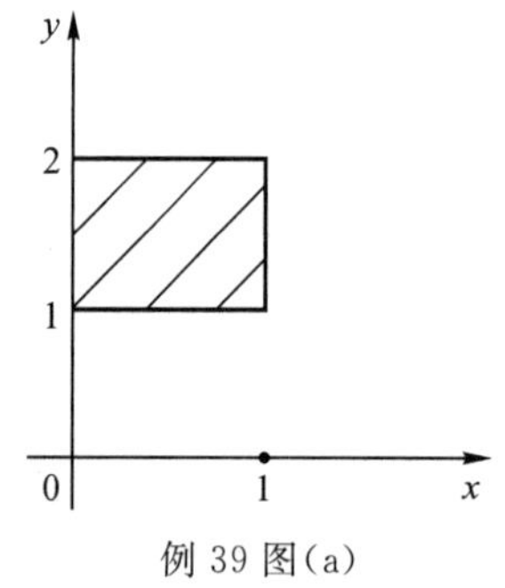

例 39 图(a)

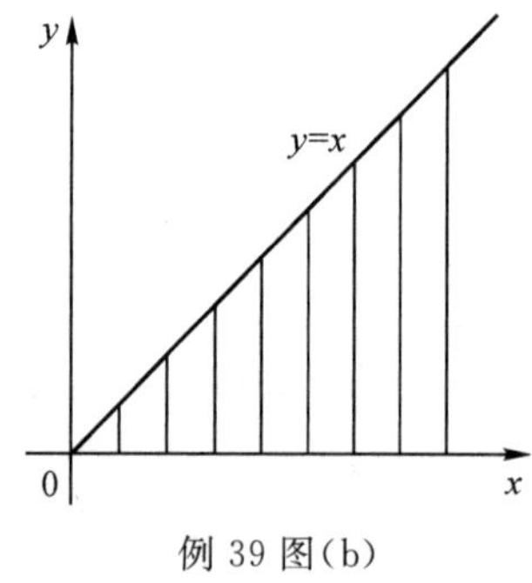

例 39 图(b)

因为 $f(x,y)$仅在第一象限不等于零,所以 $P\{X<1,1<Y<2\}$即为向量(X,Y)落在图(a)阴影区域内的概率;$P\{X>Y\}$即为向量(X,Y)落在图(b)阴影区域内的概率。所以,

$$P\{X<1,1<Y<2\}=\int_0^1\mathrm{d}x\quad\int_1^2\mathrm{e}^{-(x+y)}\mathrm{d}y=[-\mathrm{e}^{-x}]_0^1\cdot[-\mathrm{e}^{-y}]_1^2$$

$$=(1-\mathrm{e}^{-1})(\mathrm{e}^{-1}-\mathrm{e}^{-2})$$

$$P\{X>Y\}=\int_0^{+\infty}\mathrm{d}x\int_0^x\mathrm{e}^{-(x+y)}\mathrm{d}y=\int_0^{+\infty}\mathrm{e}^{-x}\mathrm{d}x\int_0^x\mathrm{e}^{-y}\mathrm{d}y$$

$$=\int_0^{+\infty}\mathrm{e}^{-x}(1-\mathrm{e}^{-x})\mathrm{d}x=1/2$$

下面我们讨论关于单个变量 X,Y 的概率密度问题。我们在前面已提到

$$F_X(x)=F(x,+\infty)=\int_{-\infty}^{x}\mathrm{d}u\int_{-\infty}^{+\infty}f(u,v)\mathrm{d}v$$

若记 $\int_{-\infty}^{+\infty}f(u,v)\mathrm{d}v=g(u)$，则 $F_X(x)=\int_{-\infty}^{x}g(u)\mathrm{d}u$。由连续型随机变量分布函数的定义(见本章定义 8)知，X 的密度函数为

$$f_X(x)=g(x)=\int_{-\infty}^{+\infty}f(x,y)\mathrm{d}y \tag{5.21}$$

同理，我们可得到 Y 的密度函数

$$f_Y(y)=\int_{-\infty}^{+\infty}f(x,y)\mathrm{d}x \tag{5.21$'$}$$

一样地，我们称上面的函数 $f_X(x)$，$f_Y(y)$分别为关于 X,Y 的边际概率密度函数。

例 40　设(X,Y)具有联合概率密度

$$f(x,y)=\begin{cases}2\mathrm{e}^{-(x+2y)}, & x\geqslant 0,y\geqslant 0\\ 0, & \text{其他}\end{cases}$$

试求 $P\{X>1\}$及 $P\{Y<2\}$。

解　先求关于 X 和 Y 的边际密度函数 $f_X(x)$，$f_Y(y)$。

当 $x\geqslant 0$ 时，

$$f_X(x)=\int_{-\infty}^{+\infty}f(x,y)\mathrm{d}y=\int_{0}^{+\infty}\mathrm{e}^{-x}2\mathrm{e}^{-2y}\mathrm{d}y=\mathrm{e}^{-x}$$

当 $x<0$ 时，

$$f_X(x)=\int_{-\infty}^{+\infty}f(x,y)\mathrm{d}y=\int_{-\infty}^{+\infty}0\mathrm{d}y=0$$

所以

$$f_X(x)=\begin{cases}\mathrm{e}^{-x}, & x\geqslant 0;\\ 0, & x<0.\end{cases}$$

故

$$P\{X>1\}=\int_{1}^{+\infty}f_X(x)\mathrm{d}x=\mathrm{e}^{-1}$$

类似可得

$$f_Y(y)=\begin{cases}2\mathrm{e}^{-2y}, & y\geqslant 0;\\ 0, & y<0.\end{cases}$$

$$P\{Y<2\}=1-\mathrm{e}^{-4}$$

例 41　设二维随机向量具有联合分布密度函数

$$f(x,y)=\begin{cases}\dfrac{1}{2}, & x>0,y>0,x+y<2\\ 0, & \text{其他}\end{cases}$$

求关于 X 和 Y 的边际密度函数 $f_X(x)$，$f_Y(y)$。

解　如图所示，除阴影部分区域外，其他区域所对应的 $f(x,y)$的值均为 0，所以，当 $x\leqslant 0$ 或 $x\geqslant 2$ 时，

$$f_X(x)=\int_{-\infty}^{+\infty}f(x,y)\mathrm{d}y=\int_{-\infty}^{+\infty}0\mathrm{d}y=0$$

当 $0<x<2$ 时，

$$f_X(x)=\int_{-\infty}^{+\infty}f(x,y)\mathrm{d}y=\int_{0}^{2-x}\frac{1}{2}\mathrm{d}y=1-\frac{x}{2}$$

所以

$$f_X(x)=\begin{cases}1-x/2, & 0<x<2;\\ 0, & \text{其他}.\end{cases}$$

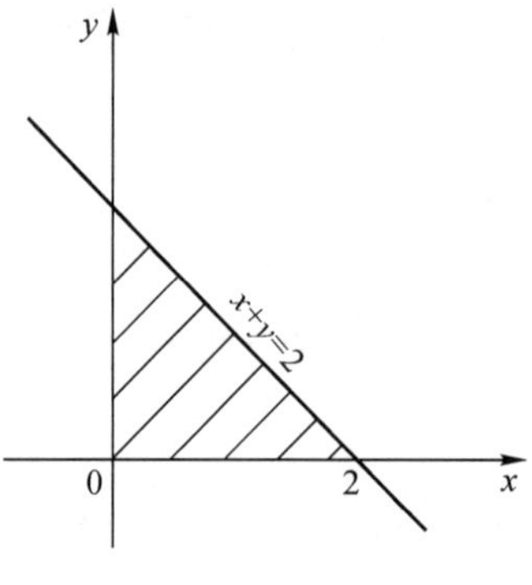

例 41 图

同样可得

$$f_Y(y)=\begin{cases}1-y/2, & 0<y<2;\\ 0, & \text{其他}.\end{cases}$$

定义 17　设 D 为平面上的有界区域，其面积为 A，若二维向量 (X,Y) 具有概率密度

$$f(x,y)=\begin{cases}\dfrac{1}{A}, & (x,y)\in D;\\ 0, & \text{其他}.\end{cases}$$

则称 (X,Y) 为在 D 上服从均匀分布。

设 (X,Y) 为在 D 上服从均匀分布的二维向量，平面区域 $G\subset D$，不难计算出

$$P\{(X,Y)\in G\}=\frac{G\text{ 的面积}}{D\text{ 的面积}}$$

定义 18　设二元随机变量 (X,Y) 具有联合概率密度(式中 $\exp_{\{\cdot\}}=\mathrm{e}^{\{\cdot\}}$)

$$f(x,y)=\frac{1}{2\pi\sigma_1\sigma_2\sqrt{1-\rho^2}}\exp\{-\frac{1}{2(1-\rho^2)}[\frac{(x-\mu_1)^2}{\sigma_1^2}-2\rho\frac{(x-\mu_1)(y-\mu_2)}{\sigma_1\sigma_2}+\frac{(y-\mu_2)^2}{\sigma_2^2}]\},\tag{5.22}$$

其中 $|\mu_1|<+\infty$，$|\mu_2|<+\infty$，$\sigma_1>0$，$\sigma_2>0$，$|\rho|<1$，则称 (X,Y) **服从参数为 $(\boldsymbol{\mu}_1,\boldsymbol{\mu}_2;\boldsymbol{\sigma}_1,\boldsymbol{\sigma}_2;\boldsymbol{\rho})$ 的二元正态分布**，记为 $(X,Y)\sim N(\mu_1,\mu_2;\sigma_1^2,\sigma_2^2;\rho)$。

例 42　设 $D=\{(x,y)\mid x^2+y^2\leqslant1\}$，如右图所示。当向区域 D 随机投点，设落点的坐标为 (X,Y)。求：(1)关于 X 和 Y 的边际概率密度函数；(2)求 $P\{X+Y\leqslant1\}$ 的值。

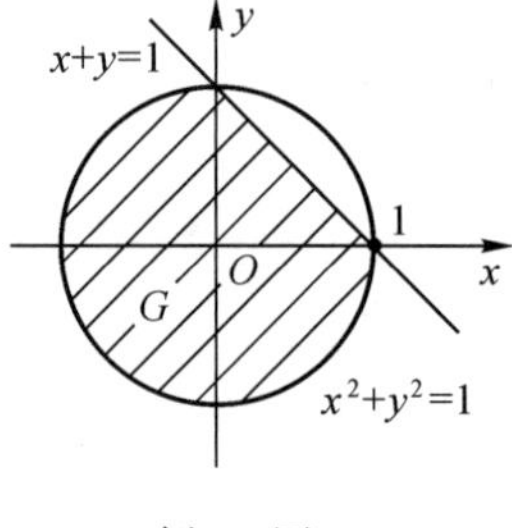

例 42 图

解　由题意知 (x,y) 在 D 上均匀分布，故它们的联合概率密度为

$$f(x,y)=\begin{cases}\dfrac{1}{\pi}, & (x,y)\in D\\ 0, & \text{其他}\end{cases}$$

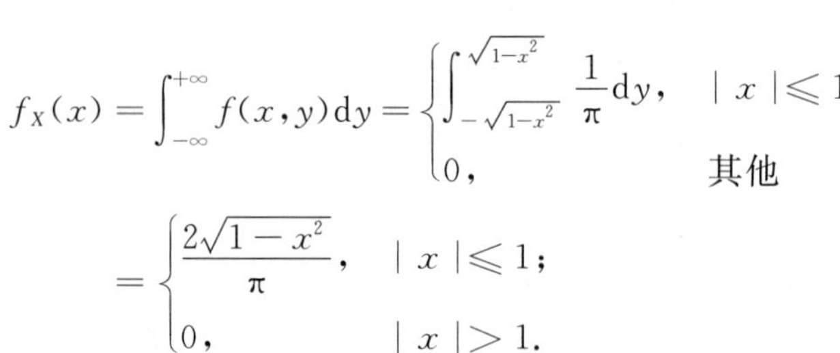

$$f_X(x)=\int_{-\infty}^{+\infty}f(x,y)\mathrm{d}y=\begin{cases}\displaystyle\int_{-\sqrt{1-x^2}}^{\sqrt{1-x^2}}\frac{1}{\pi}\mathrm{d}y, & |x|\leqslant1\\ 0, & \text{其他}\end{cases}$$

$$=\begin{cases}\dfrac{2\sqrt{1-x^2}}{\pi}, & |x|\leqslant1;\\ 0, & |x|>1.\end{cases}$$

同理可推得
$$f_Y(y)=\begin{cases}\dfrac{2\sqrt{1-y^2}}{\pi}, & |y|<1;\\ 0, & \text{其他}.\end{cases}$$

由分布的均匀性可知

$$P\{X+Y\leqslant 1\}=P\{(X,Y)\in G\}=\iint_G f(x,y)\mathrm{d}x\mathrm{d}y=\frac{G\text{ 的面积}}{D\text{ 的面积}}=\frac{3\pi+2}{4}$$

5.6.4　二维随机向量独立性的进一步讨论

回忆§5.4 中两个随机变量独立的定义：若对于任意实数 x 和 y，有 $P\{X\leqslant x,Y\leqslant y\}=P\{X\leqslant x\}\cdot P\{Y\leqslant y\}$，则称 X 和 Y 相互独立。现用分布函数概念来叙述两随机变量 X 和 Y 相互独立的定义如下。

定义 19　设 $F(x,y),F_X(x),F_Y(y)$ 分别为二维向量(X,Y)的联合分布函数和边际分布函数，若对于任意实数 x 和 y 有

$$F(x,y)=F_X(x)\cdot F_Y(y) \tag{5.23}$$

则称 X 和 Y 相互独立。也就是说，当两个随机变量 X 和 Y 的联合分布函数等于各边际分布函数的乘积时，称 X 和 Y 相互独立。

当 X 和 Y 离散时，X 和 Y 相互独立的条件(5.23)式等价于：对(X,Y)的所有可能取值(x_i,y_j)，有

$$P\{X=x_i,Y=y_j\}=P\{X=x_i\}\cdot P\{Y=y_j\},\quad (i,j=1,2,\cdots) \tag{5.24}$$

对照(5.24)式，在 5.6.1 节例 37 中，$P\{X=1,Y=1\}=0.20$，而 $P\{X=1\}=0.55$，$P\{Y=1\}=0.375$，因而有 $P\{X=1,Y=1\}\neq P\{X=1\}\cdot P\{Y=1\}$，故例 37 中的 X 和 Y 不独立，同理可得例 38 中的 X 和 Y 亦不独立。

例 43　一口袋中有 10 个球，其中有 8 个红球、2 个白球，从中随机地摸 2 次，每次摸一球，若设

$$X=\begin{cases}1, & \text{第一次摸到红球},\\ 0, & \text{第二次摸到白球};\end{cases}\qquad Y=\begin{cases}1, & \text{第二次摸到红球},\\ 0, & \text{第二次摸到白球}.\end{cases}$$

试讨论在放回抽样和不放回抽样两种情形下 X 和 Y 的独立性。

解　(1)不放回抽样

$$P\{X=0,Y=0\}=P\{X=0\}\cdot P\{Y=0/X=0\}=\frac{2}{10}\times\frac{1}{9}=\frac{1}{45}$$

$$P\{X=0,Y=1\}=P\{X=0\}\cdot P\{Y=1/X=0\}=\frac{2}{10}\times\frac{8}{9}=\frac{8}{45}$$

$$P\{X=1,Y=0\}=P\{X=1\}\cdot P\{Y=0/X=1\}=\frac{8}{10}\times\frac{2}{9}=\frac{8}{45}$$

$$P\{X=1,Y=1\}=P\{X=1\}\cdot P\{Y=1/X=1\}=\frac{8}{10}\times\frac{7}{9}=\frac{28}{45}$$

(2)放回抽样

$$P\{X=0,Y=0\}=\frac{2\times 2}{10\times 10}=\frac{1}{25}\qquad P\{X=0,Y=1\}=\frac{2\times 8}{10\times 10}=\frac{4}{25}$$

$$P\{X=1,Y=0\}=\frac{8\times 2}{10\times 10}=\frac{4}{25}\qquad P\{X=1,Y=1\}=\frac{8\times 8}{10\times 10}=\frac{16}{25}$$

得如下的联合分布律表与边际分布：

不放回抽样：

X \ Y	0	1	$p_{i\cdot}$
0	1/45	8/45	1/5
1	8/45	28/45	4/5
$p_{\cdot j}$	1/5	4/5	1

放回抽样：

X \ Y	0	1	$p_{i\cdot}$
0	1/25	4/25	1/5
1	4/25	16/25	4/5
$p_{\cdot j}$	1/5	4/5	1

可以验证，当不放回抽样时，

$$P\{X=0,Y=0\}\neq P\{X=0\}\cdot P\{Y=0\}$$

所以 X 和 Y 不独立。当放回抽样时，

$$P\{X=i,Y=j\}=P\{X=i\}\cdot P\{Y=j\},\qquad (i=0,1;j=0,1)$$

所以 X 和 Y 独立。当然，这一结论是显然的，因为当采用放回抽样时，第一次摸球的结果不影响到第二次摸球结果。

当 X 和 Y 为连续型时，(5.23)式即为对所有的实数 x 和 y，有

$$\int_{-\infty}^{x}\mathrm{d}u\int_{-\infty}^{y}f(u,v)\mathrm{d}v=\int_{-\infty}^{x}f_X(u)\mathrm{d}u\int_{-\infty}^{y}f_Y(v)\mathrm{d}v$$

由于是积分相等，从而导得下式几乎处处成立(即除面积为零的区域外均应成立)：

$$f(x,y)=f_X(x)\cdot f_Y(y)\tag{5.25}$$

其中 $f(x,y)$为(X,Y)的联合密度，$f_X(x)$和 $f_Y(y)$分别为 X 和 Y 的边际密度，即当(X,Y)为连续型随机变量时，X 和 Y 独立的条件(5.23)式等价于：联合概率密度等于边际概率密度的乘积(几乎处处成立)。

例如，5.6.3 节例 39 中的随机变量 X 和 Y 满足条件(5.25)式，故 X 和 Y 独立。

例 44 从区间(0,1)中随机取两个数，求这两个数和大于 0.7 且小于 1.2 的概率。

解 设取到的两数为 X_1 和 X_2，由题意知，X_1 和 X_2 独立且均服从在(0,1)上的均匀分布，它们的分布密度为

$$f_{X_1}(x_1)=\begin{cases}1, & x_1\in(0,1);\\ 0, & \text{其他}.\end{cases}$$

$$f_{X_2}(x_2)=\begin{cases}1, & x_2\in(0,1);\\ 0, & \text{其他}.\end{cases}$$

由独立性知，X_1 和 X_2 的联合密度函数为

$$f(x_1,x_2)=f_{X_1}(x_1)\cdot f_{X_2}(x_2)=\begin{cases}1, & x_1,x_2\in(0,1)\\ 0, & \text{其他}\end{cases}$$

即联合密度仅在矩形域 $0<x_1<1,0<x_2<1$ 上密度等于 1，其他均为 0。

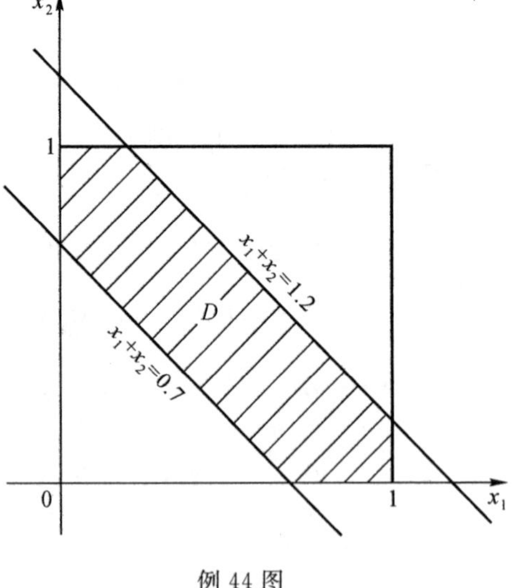

例 44 图

现要求 $P\{0.7<X_1+X_2<1.2\}$。由图知，即要求 X_1 和 X_2 落入图中影响区域 D 的概率

$$P\{0.7<X_1+X_2<1.2\}=P\{(X_1,X_2)\in D\}=\iint_D f(x_1,x_2)\mathrm{d}x_1\mathrm{d}x_2$$

$$=1-\left[\int_0^{0.7}\mathrm{d}x_1\int_0^{0.7-x_1}\mathrm{d}x_2+\int_{0.2}^1\mathrm{d}x_1\int_{1.2-x_1}^1\mathrm{d}x_2\right]=0.435$$

事实上，(X_1,X_2) 在区域 $\left\{(x_1,x_2)\left|\begin{array}{l}0\leqslant x_1\leqslant 1\\0\leqslant x_2\leqslant 1\end{array}\right.\right\}$ 上均匀分布。

以上所述的关于二维随机向量的一些概念(联合分布，边际分布，独立性等)容易推广到 n 维随机向量的情况。

n 维随机向量 $(X_1,X_2,\cdots,X_n)$ 的分布函数定义为

$$F(x_1,x_2,\cdots,x_n)=P\{X_1\leqslant x_1,X_2\leqslant x_2,\cdots,X_n\leqslant x_n\}$$

关于 X_i 的边际分布函数为

$$F_{X_i}(x_i)=P\{X_i\leqslant x_i\}=F(+\infty,\cdots,+\infty,x_i,+\infty,\cdots,+\infty)$$

如果 $(X_1,X_2,\cdots,X_n)$ 取值是可列的，则称 $(X_1,X_2,\cdots,X_n)$ 为离散型的。

如果存在非负函数 $f(x_1,x_2,\cdots,x_n)$ 使得

$$F(x_1,x_2,\cdots,x_n)=\int_{-\infty}^{x_1}\cdots\int_{-\infty}^{x_n}f(t_1,t_2,\cdots,t_n)\mathrm{d}t_1\cdot\mathrm{d}t_2\cdots\mathrm{d}t_n$$

则称 $(X_1,X_2,\cdots,X_n)$ 为连续型的 n 维随机向量，此时 X_i 具有边际密度函数

$$f_{X_i}(x_i)=\underbrace{\int_{-\infty}^{+\infty}\cdots\int_{-\infty}^{+\infty}}_{n-1\text{个}}f(x_1,x_2,\cdots,x_n)\mathrm{d}x_1\cdots\mathrm{d}x_{i-1}\mathrm{d}x_{i+1}\cdots\mathrm{d}x_n$$

若对所有的实数 $x_1,x_2,\cdots,x_n$，有

$$F(x_1,x_2,\cdots,x_n)=F_{X_1}(x_1)\cdot F_{X_2}(x_2)\cdots F_{X_n}(x_n)$$

则称 $X_1,X_2,\cdots,X_n$ 是相互独立的。

我们不加证明地给出以下定理。

定理 2　若 $X_1,X_2,\cdots,X_n$ 服从正态分布，设 $X_i\sim N(\mu_i,\sigma_i^2)$，$i=1,2,\cdots,n$. 记　$X=a_0+\sum\limits_{i=1}^n a_iX_i$，$a_0,a_1,a_2,\cdots,a_n$ 为任意实数，且 $a_1,a_2,\cdots,a_n$ 不全为零。则

$$X\sim N(\mu,\sigma^2)$$

其中　$\mu=a_0+\sum\limits_{i=1}^n a_i\mu_i$，$\sigma^2=\sum\limits_{i=1}^n a_i^2\sigma_i^2$.

简单地说，即 n 个独立的正态随机变量的线性组合仍为正态随机变量。

复习思考题 5

1. 什么量被称为随机变量？它与样本空间的关系如何？

2. 满足什么条件的试验称为“n 重贝努里试验”？

3. 事件 A 在一次试验中发生的概率为 p，$0<p<1$。若在 n 次独立重复的试验中，A 发生的总次数为

X,则 X 服从什么分布?并请导出:

$P\{X=k\}=C_n^k p^k(1-p)^{n-k}$, $(k=0,1,2,\cdots,n)$

4.什么条件下使用泊松近似等式较为合适?

5.什么样的随机变量称为连续型的?

6.若事件 A 为不可能事件,则 $P(A)=0$,反之成立吗?又若 A 为必然事件,则 $P(A)=1$,反之成立吗?

7.若连续型随机变量 X 在某一区间上的概率密度为0,则 X 落在该区间的概率为0,对吗?

8.若随机变量 X 在区间 (a,b) 上均匀分布,则 X 落入 (a,b) 的任意一子区间 (a_1,b_1) 上的概率为 $(b_1-a_1)/(b-a)$,对吗?

9.若 $X\sim N(\mu,\sigma^2)$,则 X 的概率密度函数 $f(x)$ 在 $x=\mu$ 处值最大,因此 X 落在 μ 附近的概率最大,对吗?

10.设 (X,Y) 为二维向量,则 $P\{x_1<X\leqslant x_2,y_1<Y\leqslant y_2\}=F(x_2,y_2)-F(x_1,y_1)$,对吗?

11.设 (X,Y) 为二维连续量,则 $P\{X+Y=1\}=0$,对吗?

12.(X,Y) 为二维连续型向量,$f(x,y)$ 为 (X,Y) 的联合概率密度,$f_X(x)$ 和 $f_Y(y)$ 分别为关于 X 和 Y 的边际概率密度,若有一点 (x_0,y_0) 使 $f(x_0,y_0)\neq f_X(x_0)\cdot f_Y(y_0)$,则 X 和 Y 不独立,对吗?

习　题　5

1.设一盒有5个球,其中2个白球3个黑球,从中随机地不放回地取了3个球,设其中的白球数为 X,试写出 X 的分布律。

2.从一副牌(52张)中随机抽两张,恰是一红一黑的概率为多少?(分放回抽样及不放回抽样讨论)

3.从一副扑克牌(共52张)中随机地不放回地抽4张牌,求其中的红桃张数的分布律;如果采用放回抽样,则上述的分布律又怎样?

4.将一枚硬币连掷 n 次,以 X 表示 n 次中出现正面的次数,试写出 X 的分布律。

5.设一射手每次命中率为0.4,独立射击4次,求下列事件的概率:

(1)恰好击中1次;(2)第3次击中;(3)恰好击中2次;(4)第2,3两次击中;(5)至少1次击中。

6.某工厂有同类型机床5台,调查表明在任意时刻每一台机床被使用的概率为0.90,且各机床使用与否是独立的,求在同一时刻,

(1)恰有2台机床在使用的概率;

(2)至少有2台机床在使用的概率;

(3)至多有2台机床在使用的概率。

7.在3重贝努里试验中,已知事件 A 至少有1次发生的概率为7/8,求在3次试验中 A 恰好发生1次的概率。

8.一房间里有5个人,求:

(1)恰有2人生日在12月份的概率;

(2)5个人生日都在下半年的概率。

9.掷3颗骰子,求:

(1)至少有1颗点数为1的概率;

(2)当已知至少有1颗点数为1时,恰有1颗点数为1的概率。

10.甲、乙两批产品,其合格率分别为0.90与0.95。现独立地从两批产品中各取3件,分别记录其合格品数,求两批产品被抽查的3件中合格品数相等的概率。

11. 设某公共汽车站在单位时间内候车的乘客数服从参数为 5 的泊松分布，求：

(1)一单位时间内恰有 5 位乘客候车的概率；

(2)一单位时间内候车乘客数大于 7 的概率。

12. 设 X 服从泊松分布，且已知 $P\{X=1\}=P\{X=2\}$，求 $P\{X=3\}$的值。

13. 设一繁忙的汽车站有大量汽车通过，若每辆汽车在一天的某段时间内出事故的概率为 0.0001，某一天的该段时间内有 1000 辆汽车通过，问出事故的次数不小于 2 的概率是多少？(利用泊松近似等式(5.5))

14. 设连续型随机变量 X 具有概率密度函数：

$$f(x)=\begin{cases}k(x-1), & 1<x<2;\\0, & \text{其他}.\end{cases}$$

(1)计算常数 k 的值；

(2)求 X 的分布函数；

(3)计算概率 $P\{0<X<1.5\}$。

15. 设连续型随机变量 X 的分布函数为

$$F(x)=\begin{cases}0, & x<0;\\kx^2, & 0\leqslant x\leqslant 2;\\1, & x>2.\end{cases}$$

(1)试确定常数 k；

(2)试写出 X 的概率密度函数；

(3)求 $P\{-1<X<1\}$，$P\{X>2\}$的值。

16. 设随机变量 X 在区间$(-a,a)$上均匀分布$(a>0)$，

(1)试写出 X 的分布函数；

(2)画出分布函数的图形；

(3)求 $P\{0<X<a/2\}$及 $P\{-\frac{a}{2}<X<\frac{a}{2}\}$的值。

17. 从区间(0,1)上随机取一数 X，试写出 X 的概率密度函数，并求 X 小于 0.8 的概率；若在(0,1)上随机取 4 个数，求至少有一个数大于 0.8 的概率。

18. 设随机变量 $X\sim N(0,1)$，试查表计算：

(1)$P\{0.1<X<1.6\}$；

(2)$P\{|X|<2\}$及 $P\{|X|<3\}$；

(3)$P\{-3<X<1.2\}$。

19. 设 $X\sim N(10,2^2)$，试计算：

(1)$P\{8<X<12\}$；(2)$P\{X>9\}$；(3)$P\{X\leqslant 11.5\}$。

20. 由研究表明，小汽车每消耗一加仑汽油所跑的里程 $X\sim N(\mu,\sigma^2)$，其中 $\mu=25.5$ 哩，$\sigma=4.5$ 哩，求一加仑汽油能跑 30 海里以上的百分比。

21. 设某地区女青年身高(以 cm 计)$Y\sim N(160,5.3^2)$，从该地区找 5 位女青年测量身高，求：

(1)这 5 人身高均大于 160cm 的概率；

(2)这 5 人中恰有 2 人身高大于 165cm 的概率；

(3)至少有 1 人身高在区间(155,165)上的概率。

22. 某批产品质量指标之一 $X\sim N(120,\sigma^2)$，若要求 $P\{100<X<140\}\geqslant 0.8$，问允许的 σ 最大值是多少？

23. 设测量某建筑物高度时带有的随机误差 X 具有概率密度

$$f(x)=\frac{1}{20\sqrt{2\pi}}e^{-(x-10)^2/800}$$

(1)求测量误差绝对值不超过25的概率；

(2)若连续测量3次,各次测量是独立的,求3次测量误差的绝对值均小于10的概率。

24. 设某批电子产品寿命 X(以小时计)具有概率密度函数

$$f(x)=\begin{cases}0.001e^{-0.001x}, & x>0;\\ 0, & x\leqslant 0.\end{cases}$$

现从该批产品中任取1件产品,求这件产品

(1)寿命大于950小时的概率；

(2)寿命小于1000小时的概率。

25. 从第24题的那批电子产品中随机取2件,求：

(1)第1件寿命大于950小时,且第2件寿命小于1000小时的概率；

(2)2件中恰有1件大于1000小时的概率。

26. 设一系统由两个独立的子系统 L_1 和 L_2 串联而成,已知 L_1 和 L_2 的寿命分别为 X 和 Y,它们的概率密度分别为

$$f_1(x)=\begin{cases}\lambda_1 e^{-\lambda_1 x}, & x>0;\\ 0, & \text{其他}.\end{cases}\qquad f_2(y)=\begin{cases}\lambda_2 e^{-\lambda_2 y}, & y>0;\\ 0, & \text{其他}.\end{cases}$$

其中 λ_1 和 λ_2 均为大于零的常数。求该系统的寿命 Z 的概率密度函数。

27. 设随机变量 X 具有分布律：

X	-2	-1	0	1	1.5
P_k	$\frac{1}{8}$	$\frac{1}{4}$	$\frac{1}{8}$	$\frac{1}{6}$	$\frac{1}{3}$

求下列情况下(1)$Y=X+3$,(2)$Y=2-X$,(3)$Y=X^2$ 的分布律。

28. 如果 X 的概率密度为

$$f(x)=\begin{cases}2(1-x), & 0<x<1;\\ 0, & \text{其他}.\end{cases}$$

求:(1)$Y=3X$,(2)$Y=3-X$,(3)$Y=X^2$ 的概率密度函数。

29. 已知 X 的密度函数为

$$f(x)=\begin{cases}2xe^{-x^2}, & x>0;\\ 0, & \text{其他}.\end{cases}$$

且 $Y=X^2$,求:(1)Y 的分布函数,(2)Y 的密度函数。

30. 设随机变量 $X\sim N(\mu,\sigma^2)$,$Y=kX+b(k\neq 0)$,k 为常数。当 $k>0$ 时,试求 Y 的密度函数;当 $k<0$ 时,Y 的密度函数又怎样?

31. 一袋中有4个球,分别编上号码1,2,3,4,从中不放回地取2次,每次取1球。记 X 为第1次取到的球的号码,Y 为第2次取到的球的号码,试写出 X 和 Y 的联合分布律。

32. 设(X,Y)为二维随机向量,它们具有联合分布律：

X \ Y	0	1	2
1	0.3	0.1	a
2	0.1	b	0.1

且已知 $P\{Y=1\}=0.2$,求：

(1)常数 a,b;

(2)$P\{X\leqslant 1, Y\leqslant 1\}$之值；

(3)关于 X 和 Y 的边际分布律。

33. 对一群体的吸烟草与健康状况进行调查，引入随机变量 X 和 Y 如下：

$$X=\begin{cases}0, & \text{健康}\\ 1, & \text{一般}\\ 2, & \text{不健康}\end{cases}\qquad Y=\begin{cases}0, & \text{不吸烟}\\ 10, & \text{每天吸烟 10 支左右}\\ 20, & \text{每天吸烟 20 支左右}\end{cases}$$

根据调查结果，得(X,Y)的联合分布律如下：

X \ Y	0	10	20
0	0.25	0.05	0.05
1	0.05	0.15	0.05
2	0.05	0.10	0.25

(1)试写出关于 X 和 Y 的边际分布律；

(2)求 $P\{X=2/Y=20\}$之值。

34. 从某厂生产的产品中随机取 2 件进行检查，设 X 为其中的合格品数，Y 为其中的优质品数，由大量资料表明，X 和 Y 有以下的联合分布律：

Y \ X	0	1	2
0	0.01	0.036	0.0324
1	0	0.144	0.2592
2	0	0	0.5184

求：(1)合格品数小于 1 的概率；

(2)优质品数不大于 1 的概率；

(3)$P\{Y=1/X\geqslant 1\}$的值。

35. 设二维随机向量(X,Y)的联合密度为

$$f(x,y)=\begin{cases}Ay(1+x), & 0\leqslant x\leqslant 1, 0\leqslant y\leqslant 2;\\ 0, & \text{其他}.\end{cases}$$

(1)试确定常数 A；

(2)求 $P\{X\leqslant 1, Y\geqslant 1\}$的值；

(3)求 $P\{Y>X\}$的值。

36. 已知二维随机向量(X,Y)具有联合密度

$$f(x,y)=\begin{cases}kx, & 0<x<1, 0<y<x;\\ 0, & \text{其他}.\end{cases}$$

(1)确定常数 k；

(2)求 $P\{X+Y>1\}$的值；

(3)求关于 X 和 Y 的边际密度函数 $f_X(x)$，$f_Y(y)$；

(4)求 $P\{X>0.5\}$的值。

37. 甲、乙两人约定在某 30 分钟时段内到达 A 地会见，并约定每人到达后最多等 5 分钟，求甲乙两人能碰面的概率。

38. 已知二维向量(X,Y)的联合概率密度为 $f(x,y)=\begin{cases}1, 0<x<1, |y|<x;\\ 0 \quad 其他.\end{cases}$

(1)求关于 X 和 Y 的边际密度函数 $f_X(x)$，$f_Y(y)$；

(2)说明(X,Y)在区域 $D=\{(x,y)|0<x<1,|y|<x\}$上均匀分布，进而求 $P(X^2+Y^2\leqslant 1)$的值。

39. 设随机向量(X,Y)的联合密度函数为

$$f(x,y)=\begin{cases}A(9-\sqrt{x^2+y^2}), & 当\ x^2+y^2<9;\\ 0, & 当\ x^2+y^2\geqslant 9.\end{cases}$$

(1)试确定常数 A；

(2)求随机向量(X,Y)落入圆 $x^2+y^2\leqslant r^2 \quad (r<3)$内的概率。

40. 已知随机变量 X 和 Y 独立，试将如下 X 和 Y 的联合分布及边际分布写完整：

X \ Y	y_1	y_2	y_3	
x_1	1/12			
x_2		1/6		
	1/8			1

41. 由第 33 题提供的统计数据，说明吸烟与健康状况不独立。

42. 试求出第 32 题中给出的二维随机向量关于 X 和 Y 的边际分布律，并讨论 X 和 Y 的独立性。

43. 设二维随机向量(X,Y)具有联合密度函数

$$f(x,y)=\begin{cases}e^{-x-y}, & x>0, y>0;\\ 0, & 其他.\end{cases}$$

讨论 X 和 Y 是否独立，并求 $P\{X>1,Y<1\}$的值。

44. 设一批电子元件的寿命(以小时计)X 服从指数分布，具有密度函数

$$f(x)=\begin{cases}0.02e^{-0.02x}, & x>0;\\ 0, & 其他.\end{cases}$$

现从中任取 2 只元件，求第 1 只寿命比第二只至少大 30 小时的概率。

第 6 章　随机变量的数字特征、几个极限定理

§6.1　随机变量的数学期望

本章开头，我们先来看一些数据，从国家统计局发布的信息知：2020 年城镇非私营单位就业人员平均工资为 97379 元；由《杭州发布》知：2021 年杭州市户籍人口期望寿命为 83.63 岁，其中男性为 81.57 岁，女性为 85.77 岁；查《浙江年鉴 2021》（红旗出版社，2021）可知，2021 年杭州市居民人均可支配收入为 67709 万元；还有国家统计局每月公布的 CPI（居民消费价格指数）和 PPI（生产价格指数）等。这些都是从海量的数据中提取出的重要特征数据。

从概率统计角度看，职工工资、居民的寿命、居民可支配收入、工业品的价格等都是随机变量，简单地说，那些能反映随机变量特性的量可称为随机变量的数字特征或特征数。

为此，在这一章里我们将集中研究随机变量的几个特征数。下面我们先来讨论随机变量的平均值问题。

6.1.1　离散型随机变量的数学期望

我们先来讨论一组观察值的平均数（或称均值）。

例如某车间 10 个月的月产量 x 分别为

150　　155　　160　　150　　173　　160　　175　　150　　155　　160

那么这 10 个月的平均月产量 $\bar{x}$ 为

$$
\begin{aligned}
&(150\times3+155\times2+160\times3+173+175)\div10\\
&=150\times\frac{3}{10}+155\times\frac{2}{10}+160\times\frac{3}{10}+173\times\frac{1}{10}+175\times\frac{1}{10}=158.8
\end{aligned}
$$

注意上式中的 $\frac{3}{10},\frac{2}{10},\frac{3}{10},\frac{1}{10},\frac{1}{10}$ 分别是月产量为 150，155，160，173，175 的频率，即 $\bar{x}$ 为 x 的可能取值与相应的频率的乘积的和。

下面再看一个例子。

例 1　一射手向某目标进行了独立重复地射击，设每次射击得分数为 X，则 X 为随机变量。已知 X 的可能取值为 0，4，6，8，10，共进行了 N 次射击。结果记录如下：

X	(得分)	10	8	6	4	0
m_i	(频数)	m_1	m_2	m_3	m_4	m_5
f_i	(频率)	$\frac{m_1}{N}$	$\frac{m_2}{N}$	$\frac{m_3}{N}$	$\frac{m_4}{N}$	$\frac{m_5}{N}$

由表中值可知,在这 N 次试验(射击)中总得分数为

$$10m_1+8m_2+6m_3+4m_4+0m_5$$

若以 $\bar{x}$ 记(在这 N 次试验中)一次射击的平均得分数,则

$$\bar{x}=\frac{10m_1+8m_2+6m_3+4m_4+0m_5}{N}=10f_1+8f_2+6f_3+4f_4+0f_5$$

当试验次数 N 不断增加时,频率 f_i 将稳定于概率 p_i,$i=1,2,3,4,5$。

设 X 具有分布律

X	10	8	6	4	0
p_k	p_1	p_2	p_3	p_4	p_5

于是 $\bar{x}$ 稳定于

$$10p_1+8p_2+6p_3+4p_4+0p_5$$

上式即为 X 的可能取值与其相应的概率的乘积的和,该值完全由随机变量的分布律所确定。

我们称 $\bar{x}$ 的这个稳定值为随机变量 X 的平均值或数学期望。

定义 1　设离散型变量 X 的概率分布律为

X	x_1	x_2	$\cdots$	x_k	$\cdots$
p_k	p_1	p_2	$\cdots$	p_k	$\cdots$

若级数 $\sum_{i=1}^{\infty}x_ip_i$ 绝对收敛,则称 $\sum_{i=1}^{\infty}x_ip_i$ 为随机变量 X 的数学期望或平均值,简称期望值或均值,记为 $E(X)$:

$$E(X)=\sum_{i=1}^{\infty}x_iP\{X=x_i\}=\sum_{i=1}^{\infty}x_ip_i \tag{6.1}$$

例 2　某车间甲、乙两班组生产同一类型产品。设甲、乙两班在一定时间间隔内生产同样多的产品,其中的次品数分别为随机变量 X 和 Y。根据长期观察,知其分布律分别为

X(甲)	0	1	2	3
p_k	0.2	0.2	0.3	0.3

Y(乙)	0	1	2	3
p_k	0.4	0.1	0.1	0.4

试评定两个班组产品质量好坏。

解　由分布律不能直接评定甲、乙两班产品质量的好差,下面我们计算 $E(X)$,$E(Y)$:

$$E(X)=0\times0.2+1\times0.2+2\times0.3+3\times0.3=1.7$$

$$E(Y)=0\times0.4+1\times0.1+2\times0.1+3\times0.4=1.5$$

即在一定时间间隔内，甲班出现的平均次品数为 1.7 件，乙班出现的平均次品数约为 1.5 件，$E(X)>E(Y)$。因此从平均次品数角度可以认为甲班产品的质量要比乙班的差。

例 3　设 $X\sim0-1$ 分布，即 X 具有分布律

X	0	1
p_k	q	p

$p+q=1$

则
$$E(X)=0\times q+1\times p=p.$$

例 4　设 $X\sim\pi(\lambda)$，即 $P\{X=k\}=\dfrac{e^{-\lambda}\lambda^k}{k!}$，$k=0,1,2,\cdots,(\lambda>0)$，则

$$E(X)=\sum_{k=0}^{\infty}k\cdot\frac{e^{-\lambda}\lambda^k}{k!}=\sum_{k=1}^{\infty}k\cdot\frac{e^{-\lambda}\lambda^k}{k!}=\sum_{k=1}^{\infty}\frac{e^{-\lambda}\lambda^k}{(k-1)!}=\lambda e^{-\lambda}\sum_{k=1}^{\infty}\frac{\lambda^{k-1}}{(k-1)!}$$

令 $k-1=i$，则

$$E(X)=\lambda e^{-\lambda}\sum_{i=0}^{\infty}\frac{\lambda^i}{i!}=\lambda e^{-\lambda}\cdot e^{\lambda}=\lambda$$

注意　上式利用了微积分中所介绍的 e^x 的下述展开式

$$e^x=\sum_{k=0}^{\infty}\frac{x^k}{k!},\quad |x|<\infty$$

计算结果表明，泊松分布中的参数 λ 就是该随机变量的数学期望。在第 5 章 5.2.3 节，研究候车乘客批数的分布的实例（见表 5.3）中，已经利用了这一事实；在那里，我们曾经用单位时间内候车乘客的平均批数来估计这个理论平均值 λ。

例 5　一口袋中有 12 个球，其中 2 个红球、10 个白球。从中不放回地任取 3 个球，记取到的红球数为 X，求 X 的数学期望。

解　由题意知

$$P\{X=k\}=\frac{C_2^k\cdot C_{10}^{3-k}}{C_{12}^3}\qquad k=0,1,2$$

计算得

X	0	1	2
p_k	$\frac{6}{11}$	$\frac{9}{22}$	$\frac{1}{22}$

因此

$$E(X)=0\cdot\frac{6}{11}+1\cdot\frac{9}{22}+2\cdot\frac{1}{22}=\frac{1}{2}$$

例 6　在过去很长一段时间里，每年某类事件出事故的概率大约为 1%。一旦发生事故，保险公司须理赔保险金 2000 元，问如何征收这类事件的保险费才能使保险公司对这类事件的保费平均收益不亏？

解　设对这类事件征收保险费为 C，保险公司的收益为 X，由题意可得 X 的分布如下

X	$C-2000$	C
p_k	1%	99%

$$E(X)=(C-2000)\%\times 0.01+C\times 0.99=C-20$$

令 $E(X)=0$,得 $C=20$(元),即保险公司应对这类事件每年收取保险费 20 元,而实际上的做法则要再加上开支及利润,最终决定应收多少保险费。

6.1.2 连续型随机变量的数学期望

定义 2 设连续型随机变量 X 的概率密度为 $f(x)$,若积分 $\int_{-\infty}^{+\infty}xf(x)\mathrm{d}x$ 绝对收敛,则称该积分值为 X 的数学期望或平均值,记为$E(X)$,即

$$E(X)=\int_{-\infty}^{+\infty}xf(x)\mathrm{d}x \tag{6.2}$$

比较(6.1)式与(6.2)式,前者的和号"$\sum$"变成了积分号"$\int$";前者的"x_i"变成了"x";"p_i"变成了"$f(x)\mathrm{d}x$"。

下面我们看几个利用(6.2)式计算期望的例子。

例 7 设 $X\sim N(\mu,\sigma^2)$,求 $E(X)$。

解 X 具有密度函数

$$f(x)=\frac{1}{\sqrt{2\pi}\sigma}\mathrm{e}^{-(x-\mu)^2/(2\sigma^2)},\qquad |x|<\infty$$

则

$$E(X)=\int_{-\infty}^{+\infty}xf(x)\mathrm{d}x=\int_{-\infty}^{+\infty}\frac{x}{\sqrt{2\pi}\sigma}\mathrm{e}^{-(x-\mu)^2/(2\sigma^2)}\mathrm{d}x$$

作积分变量变换,令

$\frac{x-\mu}{\sigma}=t$,即 $x=\mu+\sigma t$,$\mathrm{d}x=\sigma\mathrm{d}t$,则有

$$E(X)=\int_{-\infty}^{+\infty}(\sigma t+\mu)\frac{1}{\sqrt{2\pi}\sigma}\mathrm{e}^{-t^2/2}\cdot\sigma\mathrm{d}t=\sigma\int_{-\infty}^{+\infty}t\frac{1}{\sqrt{2\pi}}\mathrm{e}^{-t^2/2}\mathrm{d}t+\mu\int_{-\infty}^{+\infty}\frac{1}{\sqrt{2\pi}}\mathrm{e}^{-t^2/2}\mathrm{d}t$$

其中

$$\int_{-\infty}^{+\infty}t\frac{1}{\sqrt{2\pi}}\mathrm{e}^{-t^2/2}\mathrm{d}t=\int_{-\infty}^{+\infty}\frac{1}{\sqrt{2\pi}}\mathrm{e}^{-t^2/2}\mathrm{d}\left(\frac{t^2}{2}\right)=0$$

而 $\int_{-\infty}^{+\infty}\frac{1}{\sqrt{2\pi}}\mathrm{e}^{-t^2/2}\mathrm{d}t$ 是标准正态密度函数在区间$(-\infty,+\infty)$上的积分。由概率密度函数的性质(见 5.3.2 节)知,其值为 1,所以当 $X\sim N(\mu,\sigma^2)$时,

$$E(X)=\mu$$

这应该是意料之中的结果。由第 5 章的讨论可知,μ 是正态随机变量的集中位置,取值中心 μ 应该是数学期望。

例 8 设 X 服从在(a,b)上均匀分布,其概率密度为

$$f(x)=\begin{cases}\dfrac{1}{b-a}, & a<x<b,\\ 0 & \text{其他}\end{cases}$$

则 $E(X)=\int_{-\infty}^{+\infty} xf(x)\mathrm{d}x$。注意到 $f(x)$ 为分段函数，故

$$E(X)=\int_{-\infty}^{a} x\cdot 0\mathrm{d}x+\int_{a}^{b} x\cdot\frac{1}{b-a}\mathrm{d}x+\int_{b}^{+\infty} x\cdot 0\mathrm{d}x=\frac{1}{b-a}\cdot\frac{x^2}{2}\Big|_a^b=\frac{a+b}{2}$$

计算结果表明，此时数学期望即为(a,b)的中点，这一点由概率分布的均匀性不难理解。

例 9　设 X 服从参数为 λ 的指数分布，即 X 具有概率密度函数

$$f(x)=\begin{cases}\lambda\mathrm{e}^{-\lambda x}, & x>0;\\ 0, & x\leqslant 0,\end{cases}\qquad \lambda>0$$

则

$$E(X)=\int_{-\infty}^{+\infty} xf(x)\mathrm{d}x=\int_{0}^{+\infty} x\cdot\lambda\mathrm{e}^{-\lambda x}\mathrm{d}x$$

作积分变量变换，令 $\lambda x=t$，则

$$E(X)=\int_{0}^{+\infty}\frac{1}{\lambda}t\mathrm{e}^{-t}\mathrm{d}t=\frac{1}{\lambda}\int_{0}^{+\infty}-t\mathrm{d}\mathrm{e}^{-t}\xlongequal{\text{利用分部积分}}\frac{1}{\lambda}\left[-t\mathrm{e}^{-t}\Big|_0^{+\infty}+\int_{0}^{+\infty}\mathrm{e}^{-t}\mathrm{d}t\right]=\frac{1}{\lambda}$$

注意　上式中

$$t\mathrm{e}^{-t}\Big|_0^{-\infty}=\lim_{t\to+\infty}\frac{t}{\mathrm{e}^t}\xlongequal{\text{由罗毕达法则}}\lim_{t\to+\infty}\frac{1}{\mathrm{e}^t}=0$$

这就告诉我们，服从参数为 λ 的指数分布的随机变量的数学期望为 $1/\lambda$。例如，若某一批电子产品的寿命 X(以小时计)服从参数为 0.001 的指数分布，则这批产品的平均寿命($E(X)$)为$1/0.001=1000$ 小时；反之，若已知寿命 X 服从参数为 λ 的指数分布，又如何来定 λ 呢？根据例 9 的计算结果知 $\lambda=1/E(X)$，即 λ 为 X 的理论平均值的倒数。在实际问题中，我们常用产品寿命的观察值的平均数($\overline{X}$)的倒数来估计 λ 的值。

6.1.3　数学期望的性质

我们在前面几节中介绍了数学期望的定义并计算了几个常见的分布的期望值(详见表 6.1)。这一节我们将讨论数学期望的一些性质，为叙述方便起见，下面先给出随机变量的函数的数学期望的计算公式。

在实际问题中，我们常需要计算随机变量的函数的期望。例如，设某一批轴的横断面是一个圆，圆的直径 X 是一个随机变量，而圆面积 Y 是随机变量 X 的函数，$Y=\pi X^2$，因而 Y 也是一个随机变量。如果我们要求 Y 的数学期望，则可以利用下面的定理。

定理 1　设 Y 是随机变量 X 的函数 $Y=g(X)$(g 是连续函数)。

(1)若 X 是离散型随机变量，它的分布律为

$$P(X=x_k)=p_k,\qquad k=1,2,\cdots$$

若级数 $\sum_{k=1}^{\infty} g(x_k)p_k$ 绝对收敛，则有

$$E(Y)=E[g(X)]=\sum_{k=1}^{\infty} g(x_k)p_k \tag{6.3}$$

(2)若 X 是连续型随机变量,它的概率密度为 $f(x)$;若 $\int_{-\infty}^{+\infty} g(x)f(x)\mathrm{d}x$ 绝对收敛,则有

$$E(Y) = E[g(X)] = \int_{-\infty}^{+\infty} g(x)f(x)\mathrm{d}x \tag{6.4}$$

(证略)

当我们求 $E(Y)$值时,显然亦可以先求出 $Y=g(X)$的分布律或分布密度,然后再根据期望的定义求出 $E(Y)$。然而,这样常常很麻烦。上述定理告诉我们,当 X 的分布律或分布密度已知时,求 $E[g(X)]$值时,直接利用(6.3),(6.4)式就可以求得 $E[g(X)]$。

例 10 已知 X 的分布律为

X	-1	0	1	2
p_k	0.1	0.2	0.3	0.4

且设 $Y=X^2-1$,求 $E(Y)$。

解 我们用两种方法求解。

(1)先写出 Y 的分布律:因为 $X=-1,0,1,2$,故 Y 的可能取值为$-1,0,3$。

$$P\{Y=-1\}=P\{X^2-1=-1\}=P\{X=0\}=0.2$$

$$P\{Y=0\}=P\{X^2-1=0\}=P\{X=1\}+P\{X=-1\}=0.4$$

$$P\{Y=3\}=P\{X^2-1=3\}=P\{X=2\}=0.4$$

即

Y	-1	0	3
p_k	0.2	0.4	0.4

所以

$$E(Y)=-1\times 0.2+0\times 0.4+3\times 0.4=1$$

(2)直接由(6.3)进行计算:易知 $E(X)=1$,

$$E(Y) = E(X^2-1) = \sum_{i=1}^{4}(x_i^2-1)\cdot P\{X=x_i\}$$

$$= [(-1)^2-1]\times 0.1+[0^2-1]\times 0.2+[1^2-1]\times 0.3+[2^2-1]\times 0.4 = 1$$

例 11 设某一批轴的横断面的直径 $X\sim N(10,0.5^2)$,求这批轴的横断面面积 Y 的数学期望。

解 显然,$Y=\pi(\frac{X}{2})^2=\frac{\pi}{4}X^2$

$$E(Y) = E(\frac{\pi}{4}X^2) = \int_{-\infty}^{+\infty} \frac{\pi}{4}x^2 \cdot \frac{1}{\sqrt{2\pi}\sigma}\mathrm{e}^{-(x-\mu)^2/(2\sigma^2)}\mathrm{d}x$$

作积分变量变换,令$\frac{x-\mu}{\sigma}=t$,则

$$E(Y) = \frac{\pi}{4}\int_{-\infty}^{+\infty}(\mu+\sigma t)^2\frac{1}{\sqrt{2\pi}}\mathrm{e}^{-t^2/2}\mathrm{d}t = \frac{\pi}{4}[\mu^2+\sigma^2\int_{-\infty}^{+\infty}t^2\frac{1}{\sqrt{2\pi}}\mathrm{e}^{-t^2/2}\mathrm{d}t]$$

由分部积分法得

$$\int_{-\infty}^{+\infty} t^2 \frac{1}{\sqrt{2\pi}} e^{-t^2/2} dt = 1$$

所以 $E(Y)=\frac{\pi}{4}(\mu^2+\sigma^2)$。将 $\mu=10,\sigma^2=0.5^2$ 代入上式，得 $E(Y)=401\pi/16$。

数学期望具有下面的性质（假设遇到随机变量的数学期望都存在）：

(1) $E(C)=C$，其中 C 是常数。

(2) $E(CX)=C\cdot E(X)$，其中 C 是常数。

(3) 设 X 和 Y 是任意两个随机变量，则有

$$E(X+Y)=E(X)+E(Y)$$

这一性质可以推广到有限个随机变量之和的情况：

设 $X_1,X_2,\cdots,X_n$ 为任意 n 个随机变量，则有

$$E(X_1+X_2\cdots+X_n)=E(X_1)+E(X_2)+\cdots+E(X_n)$$

由以上性质，我们可得

$$E(a_0+\sum_{i=1}^{n} a_i X_i) = a_0 + \sum_{i=1}^{n} a_i E(X_i)$$

其中 $a_0,a_1,a_2,\cdots,a_n$ 为常数。

(4) 设 X 和 Y 是两个相互独立的随机变量，则有

$$E(XY)=E(X)\cdot E(Y)$$

这一性质亦可推广到有限个相互独立的随机变量之积的情况。

设 $X_1,X_2,\cdots,X_n$ 为 n 个相互独立的随机变量，则

$$E(X_1\cdot X_2\cdots X_n)=E(X_1)\cdot E(X_2)\cdots E(X_n)$$

对于性质(1)，我们可以设想有一随机变量 X，具有分布律

X	C
p_k	1

所以 $E(C)=E(X)=C\cdot 1=C$。

对于性质(2)，可直接利用(6.3)式或(6.4)式证明性质(3)，(4)证明可参见§6.3 例 25。

例 12　设随机变量 X 具有分布律

X	-3	-1	2	3
p_k	1/8	1/4	3/8	1/4

求 $E(X),E(X^2),E(-3X-1)$。

解

$$E(X)=(-3)\times\frac{1}{8}+(-1)\times\frac{1}{4}+2\times\frac{3}{8}+3\times\frac{1}{4}=\frac{7}{8}$$

$$E(X^2)=(-3)^2\times\frac{1}{8}+(-1)^2\times\frac{1}{4}+2^2\times\frac{3}{8}+3^2\times\frac{1}{4}=\frac{41}{8}$$

$$E(-3X-1)=E(-3X)+E(-1)=-3E(X)-1=-\frac{29}{8}$$

例 13 设随机变量 X 具有概率密度函数

$$f(x)=\begin{cases}12x(1-x)^2, & 0<x<1;\\ 0, & \text{其他}.\end{cases}$$

求 $E(2X)$,$E(100-X)$。

解 由题意知,

$$E(X)=\int_{-\infty}^{+\infty}xf(x)\mathrm{d}x=\int_0^1 x\cdot 12x(1-x)^2\mathrm{d}x=0.4$$

所以

$$E(2X)=2E(X)=0.8$$

$$E(100-X)=100-E(X)=99.6$$

例 14 某长途汽车站每天上午(7:00~11:30)从 7:05 起每隔 20 分钟有一班车发往 A 市,每一班车都有空位。某人在 8:00~9:00 时段内随机到站,求这人平均等车的时间。

解 设这人在八点的第 X 分钟到站,则 X 在区间(0,60)上均匀分布,其概率密度为

$$f_X(x)=\begin{cases}\dfrac{1}{60}, & 0<x<60;\\ 0, & \text{其他}\end{cases}$$

再设 Y 为其等候时间,则 Y 是 X 的函数,记 $Y=g(X)$:

$$Y=g(X)=\begin{cases}5-X, & 0<X<5;\\ 25-X, & 5\leqslant X<25;\\ 45-X, & 25\leqslant X<45;\\ 60-X, & 45\leqslant X<60.\end{cases}$$

所以

$$E(Y)=E[g(X)]=\int_{-\infty}^{+\infty}g(x)f_X(x)\mathrm{d}x$$

$$=\frac{1}{60}\left[\int_0^5(5-x)\mathrm{d}x+\int_5^{25}(25-x)\mathrm{d}x+\int_{25}^{45}(45-x)\mathrm{d}x+\int_{45}^{60}(65-x)\mathrm{d}x\right]=15(\text{分})$$

即这人的平均候车时间为 15 分钟。

例 15 一矩形土地长、宽边长的测量值分别为 X 和 Y(以 cm 计),设 $X\sim N(10,\sigma_1^2)$,$Y\sim N(12,\sigma_2^2)$,且设 X 和 Y 独立,求该矩形面积的期望值。

解 设该矩形面积为 A,则 $A=XY$,由数学期望性质(4)可知

$$E(A)=E(XY)=E(X)\cdot E(Y)=10\times 12=120(\mathrm{cm}^2)$$

§6.2 随机变量的方差和标准差

在§6.1 开头部分,我们曾提到,对于随机变量 X,我们不但关心其平均值(期望),而且关心其取值的离散程度。

例如,从甲、乙两厂生产的同类元件中各抽了 9 只和 7 只元件测其寿命(以小时计),结果如下:

甲(x_i)：	950	980	1015	978	1000	1045	1050	1025	957
乙(y_i)：	500	1000	715	1285	1450	855	1195		

显然，甲、乙两组数据的平均值都为 1000(小时)。但甲组寿命数据之间的差异较小，即较集中于 1000(小时)附近；而乙组寿命数据彼此间差异较大，即在 1000 附近摆动幅度较大(取值离散性较大)，生产比较不稳定。根据这两组数据，我们就有理由认为甲厂生产的元件优于乙厂生产的元件。同时，我们希望能数量化地描述这两组数据偏离中心位置(即平均值 1000)的程度，数量化地描述这两组数据的离散性。

对于给定的一批数据 $x_1,x_2,\cdots,x_n$，通常我们用下面的量

$$\frac{1}{n}[(x_1-\bar{x})^2+(x_2-\bar{x})^2+\cdots+(x_n-\bar{x})^2]=\frac{1}{n}\sum_{i=1}^{n}(x_i-\bar{x})^2 \tag{6.5}$$

或

$$\frac{1}{n-1}[(x_2-\bar{x})^2+(x_2-\bar{x})^2+\cdots+(x_n-\bar{x})^2]=\frac{1}{n-1}\sum_{i=1}^{n}(x_i-\bar{x})^2 \tag{6.5$'$}$$

来综合地刻画这 n 个数据与它们的平均值 $\bar{x}$ 的偏离程度，其中

$$\bar{x}=\frac{1}{n}\sum_{i=1}^{n}x_i$$

从而也刻画了这批数据的离散性。

例如，将前述的甲、乙两厂元件的寿命数据，代入(6.5)式进行计算得

$$\text{甲厂：}\frac{1}{n_1}\sum_{i=1}^{n_1}(x_i-\bar{x})^2=\frac{1}{9}[50^2+20^2+15^2+22^2+45^2+50^2+25^2+43^2]=1179$$

$$\text{乙厂：}\frac{1}{n_2}\sum_{i=1}^{n_2}(y_i-\bar{y})^2=\frac{1}{7}[500^2+285^2+285^2+450^2+145^2+195^2]=96285$$

可见乙厂数据比甲厂分散。

重读(6.5)式和(6.5)$'$式，当 n 相当大时，这两式所得值差别不大。事实上，这两式都给出了这 n 个数据与平均值 $\bar{x}$ 之差的平方的平均值。

由上述所知，对一个随机变量 X，需要引入一个量来刻画 X 相对于中心 $E(X)$的离散程度(或称集中程度)。可考虑随机变量 X 与其均值 $E(X)$的距离 $|X-E(X)|$ 的平均值

$$E|X-E(X)|$$

但考虑到绝对值符号的作用仅仅是为了保证其值为正，又考虑到绝对值符号的不方便，所以我们将绝对值符号改成平方号，即感兴趣于 $E[X-E(X)]^2$，即随机变量 X 与其平均值之差的平方的平均值。我们用这个量来描述随机变量 X 的离散程度。

定义 3　称 $E[X-E(X)]^2$ 为随机变量 X 的方差，记为 $D(X)$ 或 $\mathrm{Var}(X)$：

$$D(X)=E[X-E(X)]^2 \tag{6.6}$$

由于方差 $D(X)$是非负随机变量 $(X-E(X))^2$ 的数学期望，所以有 $D(X)\geqslant 0$。

在实际应用时，常引入与随机变量 X 具有相同量纲的量 $\sqrt{D(X)}$，记为 $\sigma(X)$，称为 X 的标准差或均方差。

注意　在(6.6)式中，$E(X)$是常数，$[X-E(X)]^2$ 为随机变量 X 的函数，所以随机变量 X 的方差是随机变量函数 $g(X)$的数学期望，其中 $g(X)=[X-E(X)]^2$。

由方差的定义,对于离散型随机变量,按(6.3)式,有

$$D(X)=\sum_{k=1}^{\infty}[x_k-E(X)]^2 p_k \tag{6.7}$$

其中 $p_k=P\{X=x_k\}, k=1,2,\cdots$ 为 X 的分布律。

例 16 设随机变量 X 服从 0—1 分布,即具有下面的分布律

X	0	1
p_k	$1-p$	p

求 $D(X)$。

解 由前述知,$E(X)=p$,再由(6.7)式得

$$D(X)=\sum_{x=0}^{1}[x-p]^2 P\{X=x\}=(0-p)^2(1-p)+(1-p)^2 p=p(1-p)$$

所以,服从参数为 p 的 0—1 分布的随机变量的方差为 $p(1-p)$。

对于连续型的随机变量,按(6.4)式,有

$$D(X)=\int_{-\infty}^{+\infty}[x-E(X))]^2 f(x)\mathrm{d}x \tag{6.8}$$

其中 $f(x)$ 是 X 的概率密度。

例 17 设随机变量 X 具有密度为

$$f(x)=\begin{cases}\dfrac{x}{2}, & 0<x<2;\\ 0, & \text{其他}.\end{cases}$$

求 $E(X), D(X)$。

解 $$E(X)=\int_{-\infty}^{+\infty}xf(x)\mathrm{d}x=\int_0^2 x\cdot\frac{x}{2}\mathrm{d}x=\frac{4}{3}$$

由(6.8)式有

$$\begin{aligned}D(X)&=\int_{-\infty}^{+\infty}(x-\frac{4}{3})^2 f(x)\mathrm{d}x=\int_0^2(x-\frac{4}{3})^2\frac{x}{2}\mathrm{d}x\\&=\frac{1}{2}\int_0^2 x^3\mathrm{d}x-\frac{4}{3}\int_0^2 x^2\mathrm{d}x+(\frac{4}{3})^2\int_0^2\frac{x}{2}\mathrm{d}x=\frac{2}{9}.\end{aligned}$$

另一方面,若将(6.6)式展开,由数学期望性质(1),(2),(3),得

$$\begin{aligned}D(X)&=E[(X-E(X))^2]=E[X^2-2E(X)\cdot X+(E(X))^2]\\&=E(X^2)-2E(X)\cdot E(X)+[E(X)]^2=E(X^2)-[E(X)]^2\end{aligned}$$

即 $$D(X)=E(X^2)-[E(X)]^2 \tag{6.9}$$

我们常用(6.9)式来计算 $D(X)$。也就是说,一个随机变量的方差值等于随机变量平方的数学期望减去数学期望的平方。

例如,在例 16 中,若利用(6.9)式,则先计算 $E(X^2)$。由定义

$$E(X^2)=\sum_{x=0}^{1}x^2 P(X=x)=0\cdot(1-p)+1\cdot p=p$$

故 $$D(X)=E(X^2)-[E(X)]^2=p-p^2=p(1-p)$$

例 18　设 X 服从在 (a,b) 上均匀分布，求 $D(X)$。

解　X 的概率密度为

$$f(x)=\begin{cases}\dfrac{1}{b-a}, & a<x<b;\\ 0, & \text{其他}.\end{cases}$$

由本节例 8 知 $E(X)=\dfrac{a+b}{2}$，所以

$$E(X^2)=\int_{-\infty}^{+\infty}x^2f(x)\mathrm{d}x=\int_a^b\frac{x^2}{b-a}\mathrm{d}x=\frac{b^3-a^3}{3(b-a)}$$

$$D(X)=\frac{b^2+ab+a^2}{3}-\left(\frac{a+b}{2}\right)^2=\frac{(b-a)^2}{12}$$

由此可见，服从在 (a,b) 上均匀分布的随机变量的方差与区间长度的平方成正比。

例 19　设 $X\sim N(\mu,\sigma^2)$，求 $D(X)$。

解　由本节例 7 知 $E(X)=\mu$，而

$$D(X)=E[(X-\mu)^2]=\int_{-\infty}^{+\infty}(x-\mu)^2\frac{1}{\sqrt{2\pi}\sigma}\mathrm{e}^{-\frac{(x-\mu)^2}{2\sigma^2}}\mathrm{d}x$$

作积分变量变换，令 $\dfrac{x-\mu}{\sigma}=t$，则

$$\begin{aligned}D(X)&=\int_{-\infty}^{+\infty}\sigma^2t^2\frac{1}{\sqrt{2\pi}\sigma}\mathrm{e}^{-\frac{t^2}{2}}\cdot\sigma\mathrm{d}t=\sigma^2\int_{-\infty}^{+\infty}t^2\cdot\frac{1}{\sqrt{2\pi}}\mathrm{e}^{-\frac{t^2}{2}}\mathrm{d}t\\&=2\sigma^2\int_0^{+\infty}t^2\frac{1}{\sqrt{2\pi}}\mathrm{e}^{-\frac{t^2}{2}}\mathrm{d}t=2\sigma^2\int_0^{+\infty}\frac{1}{\sqrt{2\pi}}(-t)\mathrm{d}(\mathrm{e}^{-\frac{t^2}{2}})\end{aligned}$$

由分部积分法得

$$D(X)=2\sigma^2\left[-\frac{1}{\sqrt{2\pi}}t\,\mathrm{e}^{-\frac{t^2}{2}}\right]\Big|_0^{+\infty}+\int_{-\infty}^{+\infty}\frac{1}{\sqrt{2\pi}}\mathrm{e}^{-\frac{t^2}{2}}\mathrm{d}t=\sigma^2[0+1]=\sigma^2\text{（可参考本章例 7）}$$

于是

$$D(X)=\sigma^2,\quad \sigma(X)=\sigma$$

上述计算结果表明，正态分布 $N(\mu,\sigma^2)$ 中的第一个参数 μ 恰是该随机变量的数学期望，第二个参数 σ^2 恰是该随机变量的方差，因而正态随机变量的分布完全由它的数学期望及方差所确定。

例 20　$X\sim\pi(\lambda)$，求 $D(X)$。

解　X 的分布律为

$$P\{X=k\}=\frac{\mathrm{e}^{-\lambda}\lambda^k}{k!}\quad k=0,1,2,\cdots$$

在例 4 中已求得 $E(X)=\lambda$，现在求 $E(X^2)$：

$$\begin{aligned}E(X^2)&=E[X(X-1)+X]=E[X(X-1)]+E(X)\\&=\sum_{k=0}^{\infty}k(k-1)\cdot\frac{\mathrm{e}^{-\lambda}\lambda^k}{k!}+\lambda=\lambda^2\mathrm{e}^{-\lambda}\sum_{k=2}^{\infty}\frac{\lambda^{k-2}}{(k-2)!}+\lambda\end{aligned}$$

令 $k-2=k'$，则

$$\sum_{k=2}^{\infty} \frac{\lambda^{k-2}}{(k-2)!} = \sum_{k'=0}^{\infty} \frac{\lambda^{k'}}{k'!} = e^{\lambda}$$

所以,$E(X^2)=\lambda^2+\lambda$。于是

$$D(X)=E(X^2)-[E(X)]^2=\lambda^2+\lambda-\lambda^2=\lambda$$

由此可知,对于服从泊松分布的随机变量,它的数学期望与方差相等,且都等于参数 λ。

方差具有以下性质(设所遇到的随机变量的方差都存在):

(1)$D(C)=0$,其中 C 是常数。

(2)$D(CX)=C^2\cdot D(X)$,其中 C 是常数。

(3)设 X 和 Y 是两个相互独立的随机变量,则有

$$D(X+Y)=D(X)+D(Y)$$

这一性质可以推广到有限个相互独立的随机变量和的情形。

设 $X_1,X_2,\cdots,X_n$ 为 n 个相互独立的随机变量,则

$$D(X_1+X_2+\cdots+X_n)=D(X_1)+D(X_2)+\cdots+D(X_n)$$

对于性质(1),我们已经知道 $E(C)=C$,又 $E(C^2)=C^2$,故

$$D(C)=E(C^2)-[E(C)]^2=0$$

对于性质(2),由期望的性质知 $E(CX)=CE(X)$,又 $E[(CX)^2]=C^2E(X^2)$,故

$$D(CX)=E[(CX)^2]-[E(CX)]^2=C^2[E(X^2)-(E(X))^2]=C^2D(X)$$

特别地,当 $C=-1$ 时,由性质(2)得

$$D(-X)=D(X)$$

上式的意义是显然的,即当随机变量改变符号后,其离散程度不改变。

对于性质(3)的证明如下:

由方差的定义知

$$\begin{aligned} D(X+Y)&=E[X+Y-E(X+Y)]^2=E[(X-E(X))+(Y-E(Y))]^2 \\ &=E(X-E(X)]^2+E(Y-E(Y))]^2+2E[(X-E(X))\cdot(Y-E(Y))] \\ &=D(X)+D(Y)+2E[(X-E(X))\cdot(Y-E(Y))] \end{aligned}$$

因为 $E(X)$,$E(Y)$为常数,所以当 X 和 Y 相互独立时,$(X-E(X))$与$(Y-E(Y))$亦相互独立,由期望的性质可得

$$\begin{aligned} E[(X-E(X))\cdot(Y-E(Y))]&=E(X-E(X))\cdot E(Y-E(Y)) \\ &=[E(X)-E(X)]\cdot[E(Y)-E(Y)]=0 \end{aligned}$$

所以当 X 和 Y 独立时,

$$D(X+Y)=D(X)+D(Y)$$

例 21 设随机变量 $X\sim b(n,p)$,$0<p<1$,求 $E(X)$,$D(X)$。

解 由二项分布的定义知,可设随机变量 X 是 n 重贝努里试验中事件 A 发生的次数,且在每次试验中,A 发生的概率为 p。引入随机变量

$$X_i=\begin{cases}1, & \text{在第 } i \text{ 次试验中 } A \text{ 发生} \\ 0, & \text{在第 } i \text{ 次试验中 } A \text{ 不发生}\end{cases} \qquad i=1,2,\cdots,n$$

易知

$$X=X_1+X_2+\cdots+X_n$$

由于 X_i 只依赖于第 i 次试验，而各次试验是独立的，于是 $X_1, X_2, \cdots, X_n$ 相互独立，又知 X_i 均服从 0－1 分布，其分布律为

X_i	0	1
p_k	$1-p$	p

$i=1,2,\cdots,n$

则有 $E(X_i)=p, D(X_i)=p(1-p)$。由数学期望性质(3)得

$$E(X)=E(X_1)+E(X_2)+\cdots+E(X_n)=n\cdot p$$

又由 $X_1, X_2, \cdots, X_n$ 的独立性和方差性质(3)得

$$D(X)=D(X_1)+D(X_2)+\cdots+D(X_n)=np(1-p)$$

也就是说，当 $X\sim b(n,p)$ 时，

$$E(X)=np,\quad D(X)=npq,\quad 其中\ q=1-p$$

例 22　有甲、乙两批产品，它们的合格率分别为 0.8，0.5。现独立地从两批中各取 5 件，设取到的合格品数分别为 X 和 Y，试比较 X 和 Y 的期望与方差。

解　由前知，$X\sim b(5,0.8)$，$Y\sim b(5,0.5)$，

$$E(X)=5\times 0.8=4,\qquad D(X)=5\times 0.8\times 0.2=0.8$$

$$E(Y)=5\times 0.5=2.5,\qquad D(Y)=5\times 0.5\times 0.5=1.25$$

显然，在每一次试验中，X 和 Y 是随机变化的，且它们的可能取值均为 0,1,2,3,4,5，而在大量试验中，每次任意取 5 件产品，则来自甲批的产品中平均每次有 4 件合格品，来自乙批的产品中平均每次有 2.5 件合格品，即 $E(X)>E(Y)$；且有 $D(X)<D(Y)$，即来自乙批的合格品数的取值较分散。这一点不难由 X 和 Y 的分布律看出，X 和 Y 的分布律分别为

X	0	1	2	3	4	5
p_k	≈0	0.006	0.051	0.205	0.410	0.328

Y	0	1	2	3	4	5
p_k	0.031	0.156	0.313	0.313	0.156	0.031

例 23　一批产品寿命 X(以小时计)服从参数为 0.0004 的指数分布。今从中随机地取 100 件，求寿命大于 2500 小时的平均件数。

解　因为 X 服从参数为 0.0004 的指数分布，故 X 具有概率密度函数

$$f(x)=\begin{cases}0.0004\mathrm{e}^{-0.0004x}, & x>0,\\ 0, & x\leqslant 0.\end{cases}$$

因此，从中任取 1 件，其寿命大于 2500 小时的概率为

$$p=P\{X>2500\}=\int_{2500}^{+\infty}0.0004\mathrm{e}^{-0.0004x}\mathrm{d}x=-\mathrm{e}^{-0.0004x}\Big|_{2500}^{+\infty}=\mathrm{e}^{-1}$$

设 100 件中有 Y 件产品寿命大于 2500 小时，则 Y 为 100 次独立试验中事件“寿命大于 2500 小时”发生的次数，显然

$$Y\sim b(100,p)$$

于是，由例 20 知，100 件中寿命大于 2500 小时的平均件数为

$$E(Y)=100p=100\cdot\mathrm{e}^{-1}\approx 36.79$$

在本节的最后,我们不加证明地给出以下定理。

定理 2 设 $X_1,X_2,\cdots,X_n$ 是 n 个相互独立的正态随机变量,且 $X_i\sim N(\mu_i,\sigma_i^2)$,$i=1,2,\cdots,n$,则它们的线性函数

$$Y=c_0+c_1X_1+c_2X_2+\cdots+c_nX_n$$

亦服从正态分布,其中 $c_0,c_1,c_2,\cdots,c_n$ 均为常数,且 $c_1,c_2,\cdots,c_n$ 中至少有一个不为零。

由数学期望及方差的性质知

$$E(Y)=c_0+\sum_{i=1}^{n}c_i\mu_i,\quad D(Y)=\sum_{i=1}^{n}c_i^2{\sigma_i}^2$$

所以,由定理 2 得

$$Y\sim N(c_0+\sum_{i=1}^{n}c_i\mu_i,\quad \sum_{i=1}^{n}c_i^2\sigma_i^2)$$

例 24 一卡车装运水泥,设每袋水泥的重量为 X,且设 X 服从正态分布,其数学期望为 50kg,均方差为 2.5kg。若一卡车装水泥 100 袋,求这车水泥的总重量 Y 超过 5050kg 的概率。

解 设第 i 袋水泥的重量为 X_i,$i=1,2,\cdots,n$。由题意知,$X_i\sim N(50,2.5^2)$。因为各袋水泥的重量是互不影响的,所以 $X_1,X_2,\cdots,X_n$ 相互独立。显然

$$Y=\sum_{i=1}^{100}X_i$$

由数学期望的性质(3)及方差的性质(3),得

$$E(Y)=100\times50,\quad D(X)=100\times2.5^2$$

所以由定理 2 得

$$Y\sim N(100\times50,100\times2.5^2)$$

由(5.15)式,有

$$P\{Y>5050\}=1-P\{Y\leqslant5050\}=1-\Phi(\frac{5050-5000}{\sqrt{100\times2.5^2}})$$
$$=1-\Phi(2)=1-0.9772=0.0228\qquad(\text{查附表 1})$$

这就是所要求的概率。

最后,向大家介绍另外两个重要的数字特征。

设 X 为随机变量,若

$$E(X^k),\qquad k=1,2,\cdots$$

存在,则称它为 X 的 k 阶原点矩或 k 阶矩。

若 $$E[(X-E(X))^k],\qquad k=1,2,\cdots$$

存在,则称它为 X 的 k 阶中心矩。

显然,X 的一阶原点矩即为数学期望 $E(X)$,X 的二阶中心矩即为方差 $D(X)$。

§6.3 两个随机变量的数字特征

6.3.1 两个随机变量函数的数学期望

与一个随机变量的函数的情况相同,两个随机变量 X 和 Y 的函数 $g(X,Y)$ 一般亦为随

机变量，其中 $g(\cdot)$ 为连续函数。对于 $g(X,Y)$ 的数学期望，有以下类似于(6.3)式和(6.4)式的计算公式。

当 (X,Y) 为离散型随机向量，且 $P\{X=x_i,Y=y_j\}=p_{ij}$，$i=1,2,\cdots,j=1,2,\cdots$ 时，

$$E[g(X,Y)]=\sum_{i=1}^{\infty}\sum_{j=1}^{\infty}g(x_i,y_j)\cdot p_{ij} \tag{6.10}$$

当 (X,Y) 为连续型随机向量，且 (X,Y) 的联合密度为 $f(x,y)$ 时，

$$E[g(X,Y)]=\int_{-\infty}^{+\infty}\int_{-\infty}^{+\infty}g(x,y)\cdot f(x,y)\mathrm{d}x\mathrm{d}y \tag{6.11}$$

由于对(6.10)，(6.11)两式的证明要用到的数学知识较多，我们就不证明了。

下面，看几个应用(6.10)式、(6.11)式进行计算的例子。

例 25　设 (X,Y) 的联合密度为 $f(x,y)$，求：(1) $E(X+Y)$；(2) 当 X,Y 独立时的 $E(X\cdot Y)$。

解　设随机变量 X 和 Y 的边际密度分别为 $f_X(x),f_Y(y)$。

(1)由(6.11)式知：

$$\begin{aligned}E(X+Y)&=\int_{-\infty}^{+\infty}\int_{-\infty}^{+\infty}(x+y)f(x,y)\mathrm{d}x\mathrm{d}y\\&=\int_{-\infty}^{+\infty}x\mathrm{d}x\int_{-\infty}^{+\infty}f(x,y)\mathrm{d}y+\int_{-\infty}^{+\infty}y\mathrm{d}y\int_{-\infty}^{+\infty}f(x,y)\mathrm{d}x\end{aligned}$$

由边际密度的计算公式(5.21)知：

$$\int_{-\infty}^{+\infty}f(x,y)\mathrm{d}y=f_X(x),\quad \int_{-\infty}^{+\infty}f(x,y)\mathrm{d}x=f_Y(y)$$

因此，

$$E(X+Y)=\int_{-\infty}^{+\infty}xf_X(x)\mathrm{d}x+\int_{-\infty}^{+\infty}yf_Y(y)\mathrm{d}y=E(X)+E(Y)$$

(2)同样，由(6.11)式知：

$$E(X\cdot Y)=\int_{-\infty}^{+\infty}\int_{-\infty}^{+\infty}xyf(x,y)\mathrm{d}x\mathrm{d}y$$

当 X 和 Y 独立时，由(5.24)式知：

$$f(x,y)=f_X(x)\cdot f_Y(y)$$

所以，当 X 和 Y 独立时，

$$E(X\cdot Y)=\int_{-\infty}^{+\infty}xf_X(x)\mathrm{d}x\cdot\int_{-\infty}^{+\infty}yf_Y(y)\mathrm{d}y=E(X)\cdot E(Y)$$

事实上，本例题完成了在连续型情况下数学期望性质(3)和(4)的证明，当 (X,Y) 为离散量时的证明与此相类似。

例 26　设随机变量 X 和 Y 独立，且都服从 $N(0,1)$ 分布，求 $E(X^2+Y^2)$。

解　设 X 的密度函数为 $f_X(x)$，Y 的密度函数为 $f_Y(y)$，则由题意知

$$f_X(x)=\frac{1}{\sqrt{2\pi}}\mathrm{e}^{-x^2/2},\quad -\infty<x<+\infty;\qquad f_Y(y)=\frac{1}{\sqrt{2\pi}}\mathrm{e}^{-y^2/2},\quad -\infty<y<+\infty$$

由 X 和 Y 的独立性知：(X,Y) 的联合分布密度为

$$f(x,y)=\frac{1}{\sqrt{2\pi}}\mathrm{e}^{-x^2/2}\cdot\frac{1}{\sqrt{2\pi}}\mathrm{e}^{-y^2/2}$$

由(6.11)式知：

$$E(X^2+Y^2)=\int_{-\infty}^{+\infty}\int_{-\infty}^{+\infty}(x^2+y^2)\cdot f(x,y)\mathrm{d}x\mathrm{d}y$$
$$=\frac{1}{2\pi}\int_{-\infty}^{+\infty}\int_{-\infty}^{+\infty}(x^2+y^2)\cdot \mathrm{e}^{-(x^2+y^2)/2}\mathrm{d}x\mathrm{d}y$$

作极坐标变换 $x=r\cos\theta, y=r\sin\theta$,得

$$E(X^2+Y^2)=\frac{1}{2\pi}\int_0^{2\pi}\mathrm{d}\theta\int_0^{+\infty}r^2\mathrm{e}^{-r^2/2}\cdot r\mathrm{d}r=\frac{1}{2\pi}\cdot(2\pi)\cdot\left[-r^2\int_0^{+\infty}\mathrm{d}\mathrm{e}^{-r^2/2}\right]$$
$$=-r^2\mathrm{e}^{-r^2/2}\Big|_0^{+\infty}+\int_0^{+\infty}2r\mathrm{e}^{-r^2/2}\mathrm{d}r=-2\int_0^{+\infty}\mathrm{d}\mathrm{e}^{-r^2/2}=2$$

6.3.2 协方差与相关系数

在§6.1和§6.2中,我们提出了随机变量的数学期望与方差的概念,分别用它们来表示单个随机变量的取值的平均水平与离散程度。在实际问题中,我们也常常会遇到2个随机变量问题,它们不一定具有函数关系,但又不是相互独立的。例如,研究某一地区同一年龄段的男性公民的身高(X)与体重(Y)的关系时,我们可以发现,X 与 Y 之间不具有函数关系,即当给定 $X=x$(即身高一定)时,Y(体重)没有一个确定的值与之对应;但 X 和 Y 之间又不是相互独立的,因为一般来说 X 取值越大(即个儿越高),Y 的取值亦大(即体重亦大)的概率越大。为了表达类似这样的两个随机变量之间的关系,在这一节里,我们将引入两个较重要的特征数——协方差与相关系数。

重新回忆(6.10)式,即当 X 和 Y 独立时,

$$E[(X-E(X))\cdot(Y-E(Y))]=0$$

由上式可以推出,若 $E[(X-E(X))\cdot(Y-E(Y))]\neq 0$ 时,则 X 和 Y 一定不独立,即 X 和 Y 之间可能存在着某种关系,为此,我们有下面的定义。

定义4　设 X 和 Y 为两随机变量,称数 $E[(X-E(X))\cdot(Y-E(Y))]$ 为 X 和 Y 的协方差,记为 $\mathrm{Cov}(X,Y)$:

$$\mathrm{Cov}(X,Y)=E[(X-E(X))\cdot(Y-E(Y))] \tag{6.12}$$

由数学期望的性质知:

$$\mathrm{Cov}(X,Y)=E[X\cdot Y-X\cdot E(Y)-Y\cdot E(X)+E(X)\cdot E(Y)]$$
$$=E(X\cdot Y)-E(X)\cdot E(Y)-E(Y)\cdot E(X)+E(X)\cdot E(Y)$$
$$=E(X\cdot Y)-E(X)\cdot E(Y)$$

即两个随机变量的协方差等于两变量乘积的期望与期望之积的差。

显然,当 X 和 Y 独立时,$\mathrm{Cov}(X,Y)=0$。

另一方面,由(6.10)式与(6.11)式知,当(X,Y)为离散量,且 $P\{X=x_i,Y=y_j\}=p_{ij}$,$i=1,2,\cdots;j=1,2,\cdots$ 时,

$$\mathrm{Cov}(X,Y)=\sum_{i=1}^{\infty}\sum_{j=1}^{\infty}[x_i-E(X)][y_j-E(Y)]\cdot p_{ij}$$

当(X,Y)为连续量,且它们的联合密度为 $f(x,y)$ 时,

$$\mathrm{Cov}(X,Y)=\int_{-\infty}^{+\infty}\int_{-\infty}^{+\infty}(x-E(X))(y-E(Y))f(x,y)\mathrm{d}x\mathrm{d}y$$

定义 5　称数值$\dfrac{\mathrm{Cov}(X,Y)}{\sqrt{D(X)}\cdot\sqrt{D(Y)}}$，其中 $D(X)\neq 0, D(Y)\neq 0$，为随机变量 X 和 Y 的相关系数，记为ρ_{XY}。在不会引起混淆的情况下，简记为 ρ：

$$\rho_{XY}=\frac{\mathrm{Cov}(X,Y)}{\sqrt{D(X)}\cdot\sqrt{D(Y)}} \tag{6.13}$$

注意　相关系数 ρ_{XY} 与协方差 $\mathrm{Cov}(X,Y)$ 只相差一个常数因子$\dfrac{1}{\sqrt{D(X)}\cdot\sqrt{D(Y)}}$，然而 $\mathrm{Cov}(X,Y)$ 是有量纲的量，而 ρ_{XY} 是一个无量纲的量。

定理 3　ρ_{XY} 具有如下两条性质：

(1) $|\rho_{XY}|\leqslant 1$；

(2) $|\rho_{XY}|=1$ 的充分必要条件是存在常数 a 和 b，使 $P\{Y=a+bX\}=1$，这时我们亦称 X 和 Y 以概率 1 线性相关。

证明　因为任何一个随机变量的方差是非负的，故对于任意实数 t，有

$$\begin{aligned}0 &\leqslant D(tX-Y)=E\{tX-Y-E(tX-Y)\}^2\\ &=t^2E[X-E(X)]^2-2tE[(X-E(X))\cdot(Y-E(Y))]+E[Y-E(Y)]^2\\ &=t^2D(X)-2t\cdot\mathrm{Cov}(X,Y)+D(Y)\xlongequal{\text{记为}} g(t)\end{aligned}$$

式中 $g(t)$ 是 t 的一个二次三项式，且二次项系数 $D(X)>0$（$D(X)=0$ 时，ρ_{XY} 无定义），因此 $g(t)\geqslant 0$ 必有其判别式小于等于 0，即

$$[\mathrm{Cov}(X,Y)]^2\leqslant D(X)\cdot D(Y)$$

即　　$\rho_{XY}^2\leqslant 1$，或 $|\rho_{XY}|\leqslant 1$

这就完成了(1)的证明。对(2)的证明略。

相关系数 ρ_{XY} 的实际意义是它刻画了 X 和 Y 的线性关系程度。一般说来，$|\rho|$ 越接近于 1，X 与 Y 的线性关系越明显；$|\rho|$ 越接近于 0，X 与 Y 的线性关系越弱。当 $\rho=0$ 时，我们称 X 和 Y 不相关，不相关指的是 X 和 Y 之间没有线性关系，但这也并不意味着 X 和 Y 独立。下面例 27 就能很好地说明这一点。

例 27　设 X 和 Y 为两个随机变量，且 $X\sim N(0,1)$，$Y=X^2$。(1)求 $\mathrm{Cov}(X,Y)$ 及 ρ_{XY}，(2)问 X 和 Y 独立吗？

解　(1)因为 $X\sim N(0,1)$，所以

$$E(X)=0,\quad D(X)=1,\quad E(X^2)=D(X)+[E(X)]^2=1,$$

$$E(X^3)=\int_{-\infty}^{+\infty}x^3\cdot\frac{1}{\sqrt{2\pi}}\mathrm{e}^{-x^2/2}\mathrm{d}x=0\qquad\text{（奇函数在对称区间上积分为 0）}$$

由(6.12)式知，

$$\begin{aligned}\mathrm{Cov}(X,Y)&=E[(X-E(X))\cdot(X^2-E(X^2))]\\&=E[(X-0)(X^2-1)]=E[X^3-X]=0\end{aligned}$$

因此 $\rho_{XY}=0$，得 X 和 Y 不相关。

(2)显然，X 和 Y 不独立。不妨计算一下 $P\{X<1,Y<1\}$ 的值：

$$P\{X<1,Y<1\}=P\{X<1,X^2<1\}=P\{-1<X<1\}=2\Phi(1)-1$$

又

$$P\{X<1\}=\Phi(1),\qquad P\{Y<1\}=P\{-1<X<1\}=2\Phi(1)-1$$

$$P\{X<1,Y<1\}\neq P\{X<1\}\cdot P\{Y<1\}$$

所以 X,Y 不独立。

定义 6　当 $\rho_{XY}=0$ 时,我们称随机变量 X 和 Y 不相关。

由前述知,当 X 和 Y 独立时,$E(X,Y)=E(X)\cdot E(Y)$,即 $\mathrm{Cov}(X,Y)=0$,$\rho_{XY}=0$,即 X 和 Y 一定不相关;但当 X 和 Y 不相关时,X 和 Y 不一定独立。

表 6.1　常用分布表

名　称	概　率　分　布	均　值	方　差	参数范围
0—1 分布	$P(X=k)=p^kq^{1-k}$ $(k=0,1)$	p	pq	$0<p<1$ $q=1-p$
二项分布	$P(X=k)=C_n^kp^kq^{n-k}$ $(k=0,1,\cdots,n)$	np	npq	$0<p<1$ $q=1-p$ n 为自然数
泊松分布	$P(X=k)=\dfrac{\lambda^k}{k!}e^{-\lambda}$ $(k=0,1,2,\cdots)$	λ	λ	$\lambda>0$
超几何分布	$P(X=k)=\dfrac{C_{N-M}^{n-k}C_M^k}{C_N^n}$ $(k=0,1,\cdots,n)$	$\dfrac{nM}{N}$	$\dfrac{n(N-n)(N-M)M}{N^2(N-1)}$	n,M,N 为自然数 $n\leqslant N$ $M\leqslant N$
均匀分布	$f(x)=\dfrac{1}{b-a}(a\leqslant x\leqslant b)$	$\dfrac{a+b}{2}$	$\dfrac{(b-a)^2}{12}$	$b>a$
指数分布	$f(x)=\lambda e^{-\lambda x}(x>0)$	$\dfrac{1}{\lambda}$	$\dfrac{1}{\lambda^2}$	$\lambda>0$
正态分布	$f(x)=\dfrac{1}{\sqrt{2\pi}\sigma}e^{-\frac{(x-\mu)^2}{2\sigma^2}}$	μ	σ^2	$\lvert\mu\rvert<\infty$ $\sigma>0$
Γ 分布	$f(x)=\dfrac{\beta^\alpha}{\Gamma(\alpha)}x^{\alpha-1}e^{-\beta x}$ $(x>0)$	$\dfrac{\alpha}{\beta}$	$\dfrac{\alpha}{\beta^2}$	$\alpha>0$ $\beta>0$
贝塔分布	$f(x)=\dfrac{\Gamma(\alpha+\beta)}{\Gamma(\alpha)\Gamma(\beta)}x^{\alpha-1}(1-x)^{\beta-1}$ $(0<x<1)$	$\dfrac{\alpha}{\alpha+\beta}$	$\dfrac{\alpha\beta}{(\alpha+\beta+1)(\alpha+\beta)^2}$	$\alpha>0$ $\beta>0$

§6.4　贝努里大数定理及中心极限定理

作为本章的结束,我们简要地介绍一下概率论中基本的极限定理,著名的大数定律与中心极限定理。

下面先介绍一个重要的不等式。

6.4.1　切比雪夫不等式

定理 4　设随机变量 X 具有数学期望 $E(X)=\mu$，方差 $D(X)=\sigma^2$，则对于任意正数 ε，不等式

$$P\{|X-\mu|\geqslant\varepsilon\}\leqslant\frac{\sigma^2}{\varepsilon^2} \tag{6.14}$$

成立，此不等式称为切比雪夫(Chebyshev)不等式。

证明　我们只就连续型随机变量的情况加以证明，离散型情形可以类推。

设随机变量 X 的密度函数为 $f(x)$，则

$$P\{|X-\mu|\geqslant\varepsilon\}=P\{X\leqslant\mu-\varepsilon\}+P\{X\geqslant\mu+\varepsilon\}=\int_{-\infty}^{\mu-\varepsilon}f(x)\mathrm{d}x+\int_{\mu+\varepsilon}^{+\infty}f(x)\mathrm{d}x$$

在区间 $(-\infty,\mu-\varepsilon)$ 及 $(\mu+\varepsilon,+\infty)$ 上，

$$\frac{[x-\mu]^2}{\varepsilon^2}\geqslant1\qquad(\text{因为}|x-\mu|\geqslant\varepsilon)$$

又 $f(x)$ 为非负函数，所以在给定的区间上，

$$f(x)\leqslant f(x)\cdot\frac{[x-\mu]^2}{\varepsilon^2}$$

所以有

$$\begin{aligned}P\{|X-\mu|\geqslant\varepsilon\}&\leqslant\int_{-\infty}^{\mu-\varepsilon}\frac{(x-\mu)^2}{\varepsilon^2}f(x)\mathrm{d}x+\int_{\mu+\varepsilon}^{+\infty}\frac{(x-\mu)^2}{\varepsilon^2}f(x)\mathrm{d}x\\&\leqslant\int_{-\infty}^{+\infty}\frac{(x-\mu)^2}{\varepsilon^2}f(x)\mathrm{d}x=\frac{1}{\varepsilon^2}\int_{-\infty}^{+\infty}(x-\mu)^2f(x)\mathrm{d}x=\frac{1}{\varepsilon^2}D(X)=\frac{\sigma^2}{\varepsilon^2}\end{aligned}$$

证毕。

切比雪夫不等式也可以写成如下的形式

$$P\{|X-\mu|<\varepsilon\}\geqslant1-\frac{\sigma^2}{\varepsilon^2} \tag{6.14$'$}$$

上式表明，随机变量 X(不管它服从什么分布)取值于 $(\mu-\varepsilon,\mu+\varepsilon)$ 的概率总是比较大，其概率总是大于等于 $1-\frac{\sigma^2}{\varepsilon^2}$。显然，若方差 σ^2 越小，即 $1-\frac{\sigma^2}{\varepsilon^2}$ 越大，则 X 落在 $(\mu-\varepsilon,\mu+\varepsilon)$ 的概率越大，即 X 越集中于 μ 附近。由此，我们进一步地体会到随机变量 X 的方差的概率意义——刻画了随机变量的离散程度。

在(6.14)式中，取 $\varepsilon=k\sigma$，则有

$$P\{|X-\mu|\geqslant k\sigma\}<\frac{\sigma^2}{k^2\sigma^2}=\frac{1}{k^2}$$

特别地，取 $k=3$，则有

$$P\{|X-\mu|\geqslant3\sigma\}<\frac{1}{9} \tag{6.15}$$

(请读者想一想，当 $X\sim N(\mu,\sigma^2)$ 时，$P\{|X-\mu|\geqslant3\sigma\}=$？并与(6.15)比较)

6.4.2　贝努里大数定理

定理 5　设 n_A 是 n 次独立重复试验中事件 A 出现的次数，p 是在一次试验中事件 A 出

现的概率,则对于任意正数 ε,有

$$\lim_{n\to\infty}P\{|\frac{n_A}{n}-p|<\varepsilon\}=1 \tag{6.16}$$

或

$$\lim_{n\to\infty}P\{|\frac{n_A}{n}-p|\geqslant\varepsilon\}=0 \tag{6.16'}$$

证明 由前述知,在 n 重贝努里试验中,事件 A 发生的次数 n_A 服从参数为 n 和 p 的二项分布,即

$$n_A\sim b(n,p)$$

所以

$$E(n_A)=np,\quad D(n_A)=np(1-p)$$

于是

$$E(\frac{n_A}{n})=\frac{1}{n}E(n_A)=\frac{1}{n}\cdot np=p\qquad D(\frac{n_A}{n})=\frac{1}{n^2}D(n_A)=\frac{1}{n^2}np(1-p)=\frac{p(1-p)}{n}$$

由切比雪夫不等式知

$$P\{|\frac{n_A}{n}-E(\frac{n_A}{n})|<\varepsilon\}\geqslant1-\frac{1}{\varepsilon^2}D(\frac{n_A}{n})$$

即

$$P\{|\frac{n_A}{n}-p|<\varepsilon\}\geqslant1-\frac{1}{\varepsilon^2}(\frac{p(1-p)}{n})$$

在上式中,令 $n\to\infty$,并考虑到概率不能大于1,得

$$\lim_{n\to\infty}P\{|\frac{n_A}{n}-p|<\varepsilon\}=1$$

证毕。

我们知道,$\frac{n_A}{n}$是事件 A 在 n 次试验中发生的频率,而 p 是事件 A 在一次试验中发生的概率。(6.16)式表明:当 n 趋向于无穷时,频率与概率可以任意接近的概率为1。也就是说,当 n 充分大时,频率与概率有较大偏差几乎是不可能的。

6.4.3 中心极限定理

定理6 设 $X_1,X_2,\cdots,X_n$ 是独立同分布的随机变量序列,而且 $E(X_i)$ 和 $D(X_i)$ 存在,且 $D(X_i)\neq0$,$i=1,2,\cdots$,记

$$\overline{X}=\frac{1}{n}\sum_{i=1}^{n}X_i$$

则对于一切实数 $a<b$,有

$$\lim_{n\to\infty}P\{a<\frac{\overline{X}-E(\overline{X})}{\sqrt{D(\overline{X})}}<b\}=\int_a^b\frac{1}{\sqrt{2\pi}}e^{-t^2/2}dt \tag{6.17}$$

证明从略。

(6.17)式右边的被积函数恰是标准正态随机变量的密度函数,由密度的性质知,右边的积分恰是标准正态随机变量落入 (a,b) 的概率。由 a 和 b 的任意性,(6.17)式告诉我们:当

n 充分大时，近似地有

$$\frac{\overline{X}-E(\overline{X})}{\sqrt{D(\overline{X})}}\sim N(0,1) \tag{6.17'}$$

由定理假设知，$X_1,X_2,\cdots,X_n$ 是独立同分布的，所以它们便具有相同的数学期望与方差。记 $E(X_i)=\mu,D(X_i)=\sigma^2$，由期望及方差的运算性质知

$$E(\overline{X})=E\left(\frac{\sum_{i=1}^{n}X_i}{n}\right)=\frac{1}{n}\sum_{i=1}^{n}E(X_i)=\mu$$

$$D(\overline{X})=D\left(\frac{1}{n^2}\sum_{i=1}^{n}X_i\right)=\frac{1}{n^2}\sum_{i=1}^{n}D(X_i)=\frac{\sigma^2}{n}$$

因此(6.17)式也可以写成如下形式：

$$\lim_{n\to\infty}P\left\{a<\frac{\overline{X}-\mu}{\sigma/\sqrt{n}}<b\right\}=\int_a^b\frac{1}{\sqrt{2\pi}}\mathrm{e}^{-t^2/2}\mathrm{d}t \tag{6.18}$$

这表明，只要 n 充分大，随机变量 $\frac{\overline{X}-\mu}{\sigma/\sqrt{n}}$ 近似服从标准正态分布。

记 $Z_n=\frac{\overline{X}-\mu}{\sigma/\sqrt{n}}$，则 $\overline{X}=\mu+\sigma Z_n/\sqrt{n}$，因为 Z_n 近似服从标准正态分布，又考虑到 μ 及 $\sigma/\sqrt{n}$ 均为常数，$\overline{X}$ 是 Z_n 的线性组合，由第 5 章例 35 知 $\overline{X}$ 亦近似地服从正态分布。

中心极限定理(定理 6)告诉我们：尽管 X_i 的概率分布是任意的，但只要 n 充分大，算术平均值 $\overline{X}$ 的分布近似正态。这就是为什么正态随机变量在概率论中占有重要地位的一个根本原因。

考虑到 $\frac{\overline{X}-\mu}{\sigma/\sqrt{n}}=\frac{\sum_{i=1}^{n}X_i-n\mu}{\sqrt{n}\sigma}$（分子分母同乘以 n），故(6.18)式亦可表达成下面的形式：

$$\lim_{n\to\infty}P\left\{a<\frac{\sum_{i=1}^{n}X_i-n\mu}{\sqrt{n}\ \sigma}<b\right\}=\int_a^b\frac{1}{\sqrt{2\pi}}\mathrm{e}^{-t^2/2}\mathrm{d}t \tag{6.19}$$

即当 n 充分大时，近似地有

$$\frac{\sum_{i=1}^{n}X_i-n\mu}{\sqrt{n}\sigma}\sim N(0,1) \tag{6.19'}$$

推论　设 $X_1,X_2,\cdots,X_n$ 是独立的随机变量序列，且均服从参数为 p 的 0—1 分布，则对于一切实数 $a<b$，有

$$\lim_{n\to\infty}P\left\{a<\frac{\sum_{i=1}^{n}X_i-np}{\sqrt{np(1-p)}}<b\right\}=\int_a^b\frac{1}{\sqrt{2\pi}}\mathrm{e}^{-t^2/2}\mathrm{d}t \tag{6.20}$$

证明　因为 X_i 服从 0—1 分布，$i=1,2,\cdots$，故

$$\mu=E(X_i)=p,\quad \sigma^2=D(X_i)=p(1-p)$$

将 μ 和 σ 代入(6.19)式，即得(6.20)式。证毕。

中心极限定理不仅有十分重要的理论意义,而且可大大简化某些概率的计算。下面让我们一起看几个例子。

例 28 将一枚硬币连掷 100 次,求至少有 60 次正面的概率。

解 设 $X_i=\begin{cases}1, & \text{第 } i \text{ 次抛掷出现正面}\\ 0, & \text{第 } i \text{ 次抛掷出现反面}\end{cases}$,$X_i$ 具有下面的分布律:

X_i	0	1
p	1/2	1/2

$i=1,2,\cdots,100$

显然,

$$E(X_i)=\frac{1}{2},\quad D(X_i)=\frac{1}{2}\times\frac{1}{2}=\frac{1}{4}$$

设 100 次抛掷中出现正面的总次数为 X,则

$$X=\sum_{i=1}^{100}X_i$$

由前述知,$X\sim b(100,\frac{1}{2})$,故

$$P\{X\geqslant 60\}=\sum_{k=60}^{100}C_{100}^{k}(\frac{1}{2})^{k}(\frac{1}{2})^{100-k}$$

上式的计算显得很麻烦,下面我们利用中心极限定理计算 $P(X\geqslant 60)$。

由(6.19)式知:$\dfrac{\sum_{i=1}^{100}X_i-100\times\frac{1}{2}}{\sqrt{100\times\frac{1}{4}}}$ 近似服从标准正态分布,考虑到事件$\{\sum_{i=1}^{100}X_i\geqslant 60\}$等价于事件$\{\sum_{i=1}^{100}X_i-100\times\frac{1}{2}\geqslant 60-100\times\frac{1}{2}\}$,又等价于事件

$$\left\{\frac{\sum_{i=1}^{100}X_i-100\times\frac{1}{2}}{\sqrt{100\times\frac{1}{4}}}\geqslant\frac{60-100\times\frac{1}{2}}{\sqrt{100\times\frac{1}{4}}}\right\}$$

于是

$$P\{X\geqslant 60\}=P\{\sum_{i=1}^{100}X_i\geqslant 60\}=P\left\{\frac{\sum_{i=1}^{100}X_i-100\times\frac{1}{2}}{\sqrt{100\times\frac{1}{4}}}\geqslant\frac{60-100\times\frac{1}{2}}{\sqrt{100\times\frac{1}{4}}}\right\}$$

$$\approx 1-\Phi\left(\frac{60-100\times\frac{1}{2}}{\sqrt{100\times\frac{1}{4}}}\right)=1-\Phi(2)=0.0228$$

即将一枚硬币抛掷 100 次,至少有 60 次正面的概率约为 0.0228。

例 29 设在一次试验中事件 A 出现的概率 $P(A)=0.1$,试问进行多少次独立试验,才能使事件 A 至少出现 10 次的概率大于 0.8?

解　引入随机变量

$$X_i=\begin{cases}1, & \text{第 } i \text{ 次 } A \text{ 出现;}\\ 0, & \text{第 } i \text{ 次 } A \text{ 不出现.}\end{cases}$$

又设需进行 n 次试验，则 n 次试验中 A 出现的总次数可表示为 $\sum\limits_{i=1}^{n}X_i$，由题意知：

$$P\left\{\sum_{i=1}^{n}X_i\geqslant 10\right\}>0.8$$

$$P\left\{\sum_{i=1}^{n}X_i\geqslant 10\right\}=P\left\{\frac{\sum\limits_{i=1}^{n}X_i-nP(A)}{\sqrt{n\cdot P(A)[1-P(A)]}}\geqslant\frac{10-nP(A)}{\sqrt{nP(A)[1-P(A)]}}\right\}$$

$$=P\left\{\frac{\sum\limits_{i=1}^{n}X_i-0.1n}{\sqrt{n\times 0.1\times 0.9}}\geqslant\frac{10-0.1n}{\sqrt{n\times 0.1\times 0.9}}\right\}$$

$$\approx 1-\Phi\left(\frac{10-0.1n}{\sqrt{0.09n}}\right)>0.8$$

得 $\Phi\left(\dfrac{10-0.1n}{0.3\sqrt{n}}\right)<0.2$。查附表 1 得 $\dfrac{10-0.1n}{0.3\sqrt{n}}<-0.85$，即 $0.1(\sqrt{n})^2-0.255\sqrt{n}-10>0$，解得 $n>128.9$，取 $n=129$。也就是说，至少要进行 129 次试验，才能使事件 A 至少出现 10 次的概率大于 0.8。

例 30　设一批产品的寿命 X(以小时计)服从参数为 λ 的指数分布，已知 $\lambda=0.001$，今从这批产品中随机地抽取 100 件测其寿命，求至少有 50 件产品的寿命大于 1000 小时的概率。

解　由题意知，X 具有概率密度函数为

$$f(x)=\begin{cases}0.001\mathrm{e}^{-0.001x}, & x>0;\\ 0, & x\leqslant 0.\end{cases}$$

$$P\{X\geqslant 1000\}=\int_{1000}^{+\infty}0.001\mathrm{e}^{-0.001x}\mathrm{d}x=-\int_{1000}^{+\infty}\mathrm{e}^{-0.001x}\mathrm{d}(-0.001x)=\mathrm{e}^{-1}=0.368$$

即从这批产品中任意抽取一件产品，其寿命大于 1000 小时的概率为 0.368。

引入随机变量

$$Y_i=\begin{cases}1 & \text{第 } i \text{ 件产品寿命大于 1000 小时}\\ 0 & \text{第 } i \text{ 件产品寿命不大于 1000 小时}\end{cases},\qquad i=1,2,\cdots,100$$

由上面的计算可知：

$$P\{Y_i=1\}=0.368,\quad P\{Y_i=0\}=0.632$$

即 Y_i 具有分布律：

Y_i	1	0
p	0.368	0.632

$i=1,2,\cdots,100$

因为 100 件产品中寿命大于 1000 小时的件数为 $\sum\limits_{i=1}^{100}Y_i$，由(6.20)式知：

$$\frac{\sum_{i=1}^{100} Y_i - 100 \times 0.368}{\sqrt{100 \times 0.632 \times 0.368}}$$

近似服从 $N(0,1)$分布,所以

$$P\left\{\sum_{i=1}^{100} Y_i \geqslant 50\right\} = P\left\{\frac{\sum_{i=1}^{100} Y_i - 100 \times 0.368}{\sqrt{100 \times 0.632 \times 0.368}} \geqslant \frac{50 - 100 \times 0.368}{\sqrt{100 \times 0.632 \times 0.368}}\right\}$$

$$\approx 1 - \Phi\left(\frac{50 - 100 \times 0.368}{\sqrt{100 \times 0.632 \times 0.368}}\right)$$

$$= 1 - \Phi(2.74) = 0.0031$$

即至少有 50 件产品的寿命大于 1000 小时的概率约为 0.0031。

复习思考题 6

1. 叙述 $E(X)$和 $D(X)$的定义。

2. 设有一批数据 $x_1, x_2, \cdots, x_n$,记 $\bar{x} = \frac{1}{n}\sum_{i=1}^{n} x_i$,则 $\sum_{i=1}^{n}(x_i - \bar{x}) = 0$,对吗?

3. 已知随机变量 X 具有概率密度

$$f(x)=\begin{cases} \frac{3(2x-x^2)}{4}, & 0<x<2 \\ 0, & \text{其他} \end{cases}$$

求 $E(X)$,试问下列哪一种解法是正确的?

解法 1

$$E(X) = \int_{-\infty}^{+\infty} x f(x) \mathrm{d}x = \int_0^2 x \cdot \frac{(2x - x^2)}{4} \mathrm{d}x = 1;$$

解法 2

$$E(X) = \begin{cases} \int_0^2 x \cdot \frac{3(2x - x^2)}{4} \mathrm{d}x = 1, & 0 < x < 2 \\ \int_{-\infty}^0 0 \cdot x \mathrm{d}x + \int_2^{+\infty} 0 \cdot x \mathrm{d}x = 0, & \text{其他} \end{cases}$$

4. 试述计算随机变量 X 的函数 $g(X)$的数学期望 $E[g(X)]$的两种方法。

5. 设 $X \sim N(\mu, \sigma^2)$,用如下两种方法求 $E(X^2)$:

(1)由(6.9)式,$E(X^2) = D(X) + [E(X)]^2 = \sigma^2 + \mu^2$;

(2)$E(X^2) = E(X \cdot X) = E(X) \cdot E(X) = \mu^2$。

两种结果不一样,哪一种错?为什么?

6. 设 X 和 Y 为两随机变量,且已知 $D(X)=6, D(Y)=7$,则 $D(X-Y)=D(X)-D(Y)=6-7=-1<0$,这与任意一个随机变量的方差都不小于 0 相矛盾,为什么?

7. 考虑本章例 24,100 包水泥的总重量 Y 用以下两种方式表示:

(1)设第 i 袋水泥的重量为 X_i, $i=1,2,\cdots,100$,由题意知,$X_i \sim N(50, 2.5^2)$, $Y = \sum_{i=1}^{100} X_i$,则 $Y \sim N(100 \times 50, 100 \times 2.5^2)$;

(2)设一包水泥的重量为 X,由题意知 $X \sim N(50, 2.5^2)$。若将 100 包水泥的总重量看成是 1 包水泥的

100 倍，即 $Y=100X$，Y 是 X 的线性函数，则

$$E(Y)=100E(X)=100\times 50,\quad D(Y)=100^2D(X)=100^2\times 2.5^2$$

$$Y\sim N(100\times 50,100^2\times 2.5^2)$$

这两种方法得到的总重量的分布不一样(因为方差不同，后者方差是前者的 100 倍)，试问哪一种正确？

8. 试问 $D(X+Y)=D(X)+D(Y)+2\mathrm{cov}(X,Y)$ 对吗？

习　题　6

1. 甲、乙两台机器生产同一类型零件，在单位时间内出的次品数的分布律分别为

X(甲)	0	1	2	3	4
p_k	0.1	0.2	0.3	0.2	0.2

Y(乙)	0	1	2	3
p_k	0.2	0.3	0.1	0.4

若单位时间内两台机器生产的零件一样多，问哪一台机器较好？

2. 已知随机变量 X 的分布律为

X	0	1	2
p_k	$\frac{1}{3}$	$\frac{1}{4}$	$\frac{5}{12}$

求(1)$E(X)$，(2)$E(X+2)$，(3)$E(2X^2-1)$的值。

3. 设随机变量 X 服从几何分布，即 X 具有分布律：

$$P\{X=k\}=(1-p)^{k-1}\cdot p,\quad k=1,2,\cdots$$

求 $E(X)$。

4. 设随机变量 Y 具有概率密度

$$f(y)=\begin{cases}\frac{1}{8}(y+1), & 2<y<4,\\ 0, & \text{其他}\end{cases}$$

求 $E(Y)$。

5. 设随机变量 X 具有概率密度

$$f(x)=\begin{cases}\frac{1}{x\ln 3}, & 1<x<3\\ 0, & \text{其他}\end{cases}$$

(1)求 $E(X)$，$E(X^2)$，$E(X^3)$；

(2)利用(1)求 $E(X^3+2X^2+3X+1)$的值。

6. 设随机变量 X 和 Y 相互独立，它们的概率密度函数分别为

$$f_X(x)=\begin{cases}2\mathrm{e}^{-2x}, & x>0,\\ 0, & x\leqslant 0\end{cases}\qquad f_Y(y)=\begin{cases}\mathrm{e}^{-y}, & y>0,\\ 0, & y\leqslant 0\end{cases}$$

求(1)$E(X+Y)$，(2)$E(X\cdot Y)$，(3)$D(X-Y)$。

7. 小王向一目标独立射击 10 次，已知小王每次射击命中率为 0.8，求 10 次射击命中次数的平均值。

8. 有一大批产品，已知其合格率为 0.90，今从中随机地取 20 件，求这 20 件中合格数的平均数。

9. 已知一批产品寿命服从参数 $\lambda=0.001$ 的指数分布，现从中任取 5 件，求 5 件寿命之和的数学期望。

10. 设 X 和 Y 为两随机变量，且 $X\sim N(\mu_1,\sigma_1^2)$，$Y\sim N(\mu_2,\sigma_2^2)$，$X$ 和 Y 独立，试求：(1)$E(X-Y)$，(2)$D(X-Y)$，(3)$X-Y$ 服从什么分布(利用本章§6.2 末尾的定理)？

11. 设随机变量 X 的期望 $E(X)$、方差 $D(X)$都存在，引入随机变量的变换 $Y=\frac{X-E(X)}{\sqrt{D(X)}}$，称 Y 为 X 的

标准化后的随机变量,试证:$E(Y)=0,D(Y)=1$。

12. 一小班搞活动,从商店购买了 50 包花生米,已知每包花生米的重(以克计)$X\sim N(250,5^2)$,问 50 包花生米的总重量大于 12450 克的概率是多少?

13. 设炮弹射程 X(以 m 计)服从 $N(2000,100^2)$分布,问发射 1000 发炮弹平均有多少发射程落入区间(1900,2200)内?

14. 设 $X_1,X_2,\cdots,X_n$ 独立,且具有相同的分布,记

$$E(X_i)=\mu,D(X_i)=\sigma^2,i=1,2,\cdots,n,\qquad \overline{X}=\frac{1}{n}\sum_{i=1}^{n}X_i$$

(1)求 $E(\overline{X}),D(\overline{X})$;

(2)若 $X_i\sim N(\mu,\sigma^2),i=1,2,\cdots,n$,试证 $\overline{X}\sim N(\mu,\sigma^2/n)$。

15. 已知一地区青年男子身高 X 的平均值为 169.7cm,标准差为 5.3cm,且已知 X 服从正态分布。在这一地区随机找 20 个青年男子测身高,求这 20 人平均身高与该地区的平均身高的差的绝对值小于 1.8cm 的概率。

16. 设二维随机向量(X,Y)具有联合密度函数

$$f(x,y)=\begin{cases}1/2, & x>0,y>0,x+y<2\\ 0, & \text{其他}\end{cases}$$

求 $\mathrm{Cov}(X,Y)$及 ρ_{XY} 的值。

17. 设二维随机向量(X,Y)具有概率密度

$$f(x,y)=\begin{cases}1, & |y|<x,0<x<1\\ 0, & \text{其他}\end{cases}$$

(1)求 $E(X),E(Y),\mathrm{Cov}(X,Y)$;(2)问 X,Y 独立吗? 为什么?

18. 已知

X \ Y	-1	0	1
0	0.07	0.18	0.15
1	0.08	0.32	0.20

(1)求 $\rho_{X,Y}$ 的值,问 X 和 Y 相关吗?

(2)问 X 和 Y 独立吗? 为什么?

19. 设 X 和 Y 服从第 18 题的分布求 $\mathrm{cov}(X^2,Y^2)$的值。

20. 设 X 和 Y 为两随机变量,试按定义证明:当 $Y=a+bX$,a,b 为常数,且 $b\neq0$ 时,

$$\rho_{XY}=\begin{cases}1, & b>0\\ -1, & b<0\end{cases}$$

21. 在学生中随机取 10 个学生,设其中有 X 个男生,Y 个女生,则 $\rho_{X,Y}$ 的值为(　　)

(1)1,　(2)-1,　(3)0,　(4)0.5

22. 设 X 和 Y 为两随机变量,$X\sim N(0,9)$,$Y\sim N(1,4)$,$\rho_{XY}=-\dfrac{1}{2}$,$Z=\dfrac{X}{3}-\dfrac{Y}{2}$。(1)求 $E(Z),D(Z)$,(2)求 ρ_{XZ} 的值。

23. 设 $X_i,i=1,2,\cdots,50$ 是相互独立的随机变量,且它们都服从参数为 $\lambda=0.15$ 的泊松分布,记 $\overline{X}=\dfrac{1}{50}(X_1+X_2+\cdots+X_{50})$,试用中心极限定理计算 $P\{\overline{X}\geqslant0.2\}$。

24. 一部件包括 30 个部分,每部分长度是随机变量,它们相互独立且具有相同的分布,其数学期望为 2cm,均方差为 0.05cm。规定 30 个部分的长度之和落入区间(60−0.4cm,60+0.4cm)时部件合格,试求部件的合格率。

25. 设一批元件寿命(以小时计)X 服从参数 $\lambda=0.004$ 的指数分布。现有此种元件 30 只,一只在工作,其他 29 只备用,当一只损坏时立即换上备用件,求 30 只元件至少能使用 1 年(8760 小时)的概率。

26. 一个复杂系统由 100 个相互独立起作用的部件组成,每个部件的可靠性为 0.85。已知至少有 80 个部件的可靠时系统才可靠,求系统的可靠性。

27. 设某一批炮弹的射程(以 m 计)$X\sim N(2000,100^2)$,求发射 1000 发炮弹时,至少有 800 发炮弹落在(1900,2200)地段内的概率。

28. 某加油站若每天卖出 1900 加仑的油,则加油站不亏损,已知顾客对加油站满意度为 80%。由以往的资料知,一辆车的平均加油量为 20.5 加仑,标准差为 3.5 加仑。设某天有 100 辆车来该站加油,求(1)这一天该加油站不亏的近似概率;(2)这一天顾客的满意程度至少有 90%的近似概率。

第 7 章　数理统计的基本概念

以下我们将介绍数理统计的基本知识。数理统计是一个内容十分丰富的数学分支，既有严格的理论，更具有极其广泛的应用，而且随着科学技术的发展，它的研究内容还在不断地充实和提高。从总体上说，数理统计可分成两大类：一类是研究如何科学地安排试验、观察，以获取有效的随机数据，这部分内容称为描述统计学，如试验设计、抽样方法等；另一类是研究如何分析所获取的随机数据，以对研究对象的某些客观规律进行科学的合理的估计和推断，直至为采取一定的决策提供依据，这部分内容称为推断统计学，如参数估计、假设检验等。本篇主要讨论有关推断统计学中几个最基本的问题。

例如某厂生产某一型号的合金材料，当用随机的方法选取 100 个样品进行强度测试时，就面临下列几个问题：

(1)要估计这批合金材料的强度均值是多少？(这属于参数的点估计问题。)

(2)强度均值在什么范围内？(这属于参数的区间估计问题。)

(3)若规定强度均值不小于某个定值为合格，那么这批材料是否合格？(这属于参数假设检验问题。)

(4)这批合金材料的强度是否服从正态分布？(这属于分布检验问题。)

(5)若这批材料是用两种不同工艺生产的，那么不同工艺对合金强度有否影响？若有影响，哪种工艺生产的强度较好？(这属于方差分析问题。)

(6)若这批合金由几种原料用各种不同的比例合成的，那么如何表达这批合金的强度与原料比例之间的关系？(这属于回归分析问题。)

以下将依次分别讨论参数的点估计、区间估计、假设检验、方差分析和回归分析的基本内容。

§7.1　总体与随机样本

在概率论中，我们是在已知随机变量分布(分布函数或分布律或概率密度函数)的条件下研究随机变量的，而实际问题中所出现的随机变量，往往是其分布类型和分布参数都未知，或部分未知。此时，首要问题是弄清具体问题中这一随机变量的分布，如分布函数 $F(x)$，至少应该弄清它的数字特征(一般数字特征与参数有关)，如数学期望和方差等。为此，最理想的方法是对具体的随机变量全体(如整批合金材料的强度)进行全面地测试，但这是不现实的，或工作量极大，或由于试验的破坏性而不可能。实际上，我们只能抽取有限个

(如 n 个)进行测试,并依据这 n 个测试结果对整体进行分析。

在数理统计中,我们把研究对象的整体称为总体(或母体),如一批合金材料的强度(用 X 表示);而把组成总体的每一个元素称为个体,如每一单位合金材料的强度。总体 X 是客观上具有确定分布的随机变量。我们从总体中抽取 n 个个体进行测试。由于在第 i 次抽查之前并不能确定它的具体结果,因此第 i 次抽查结果是一个随机变量,记为 X_i,当完成测试后,获得一个具体结果,记为 x_i,称 $(X_1, X_2, \cdots, X_n)$ 为总体 X 的一个容量为 n 的样本(或子样),而称 $(x_1, x_2, \cdots, x_n)$ 为样本 $(X_1, X_2, \cdots, X_n)$ 的一个观测值,简称样本观测值(或实现)。一般来说,不同的抽取(每次 n 个)将得到不同的样本观测值。

显然,一个样本 $(X_1, X_2, \cdots, X_n)$ 不能全面地、精确地反映总体 X 的特征,因此,当依据样本去估计、推断总体的特性,自然要求样本具有代表性,并尽可能多地包含总体的信息,为此必须要求抽取样本的方法满足如下要求。

(1)随机性:从总体中抽取样本的每一分量 X_i 是随机的,每一个个体被抽到的可能性相同。

(2)独立同分布性:要求 $X_1, X_2, \cdots, X_n$ 是相互独立的随机变量,即样本的每一分量 X_i 的抽取不影响其他分量的抽取,也不受其他分量抽取的影响。这就使得每一分量 X_i 与总体 X 具有相同的分布 $F(x)$。

满足上述要求的样本称为简单随机样本,以后如无特别说明,所提到的样本均指简单随机样本。获取简单随机样本的抽样方法称为简单随机抽样,简单随机抽样的具体实施方法是抽样论、试验设计等课程的内容,这里不作讨论。

我们把总体 X 的分布函数 $F(x)$ 称为理论分布函数。设总体 X 有样本观测值 $x_1, x_2, \cdots, x_n$,将这些值从小到大排列为 $x_1^*, x_2^*, \cdots, x_n^*$,即 $x_1^* \leqslant x_2^* \leqslant \cdots \leqslant x_n^*$,作函数

$$F_n(x) = \begin{cases} 0, & x < x_1^* \\ \dfrac{k}{n}, & x_k^* \leqslant x < x_{k+1}^* \qquad (k = 1, 2, \cdots, n-1) \\ 1, & x \geqslant x_n^* \end{cases}$$

称 $F_n(x)$ 为总体 X 的经验分布函数(或样本分布函数)。对于每一固定的 x,$F_n(x)$ 是事件 $\{X \leqslant x\}$ 发生的频率。当 n 固定时,不同的样本观测值 $(x_1, x_2, \cdots, x_n)$ 将得到不同的经验分布函数,所以对于 x 的每一个值,$F_n(x)$ 是一个随机变量。格里汶科(ГлиВенко)在 1933 年作出如下结论。

定理 1 设总体 X 的分布函数为 $F(x)$,经验分布函数为 $F_n(x)$,则有

$$P\{\lim_{n \to \infty} \sup_{-\infty < x < +\infty} |F_n(x) - F(x)| = 0\} = 1$$

即当 $n \to \infty$ 时,$F_n(x)$ 以概率 1 关于 x 均匀收敛于 $F(x)$。

由此可见,当 n 充分大时,$F_n(x)$ 是 $F(x)$ 的一个良好的近似。这就是在数理统计中用样本推断总体的理论依据。图 7.1 是某正态总体的分布函数 $F(x)$ 和由 $n=100$ 的一个样本产生的经验分布函数 $F_{100}(x)$ 的曲线图。

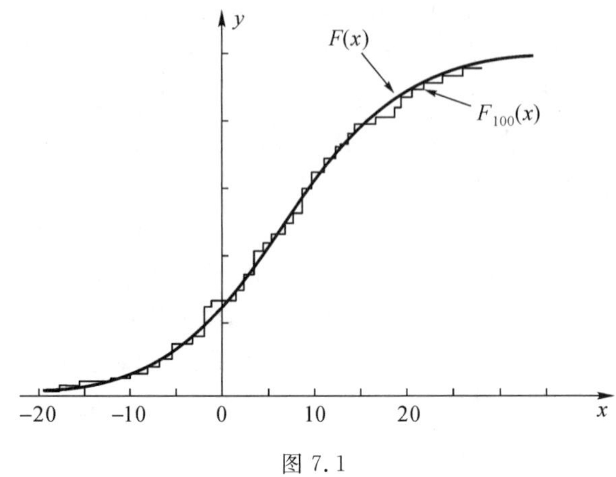

图 7.1

§7.2 统计量及其分布

由样本对总体进行统计推断,一般不是直接使用样本本身,而是根据问题的需要对样本进行加工、提取必要的信息,通常是构造一个合适的依赖于样本的函数——统计量来达到这一目的。

定义 设$(X_1,X_2,\cdots,X_n)$是总体 X 的一个样本,$g(x_1,x_2,\cdots,x_n)$为一实值函数,且不含有任何未知参数,则称 $g(X_1,X_2,\cdots,X_n)$为一个统计量。

例如,总体 $X\sim N(\mu,\sigma^2)$,$(X_1,X_2,\cdots,X_n)$为一样本,则 $2X_1+X_n$,$X_n^2-X_1^2$,$\sum\limits_{i=1}^{n}X_i$ 等都是统计量。当参数 μ 和 σ^2 未知时,$\frac{1}{2}(X_1+X_2)-\mu$ 和 X_n^2/σ^2 等都不是统计量,因为它们含有未知参数;而当 μ 已知时,$\frac{1}{2}(X_1+X_2)-\mu$ 就是一个统计量。

由统计量的定义可知,它是随机向量$(X_1,X_2,\cdots,X_n)$的函数,故统计量也是一个随机变量。而对某一具体的样本值 $x_1,x_2,\cdots,x_n$,则 $g(x_1,x_2,\cdots,x_n)$是一个统计量的观测值。

下面介绍几个最常用的统计量。设 $X_1,X_2,\cdots,X_n$ 是总体 X 的样本,$x_1,x_2,\cdots,x_n$ 是这一样本的一个观测值,定义

样本平均值 $\overline{X}=\frac{1}{n}\sum\limits_{i=1}^{n}X_i$

样本方差 $S^2=\frac{1}{n-1}\sum\limits_{i=1}^{n}(X_i-\overline{X})^2$

样本均方差 $S=\sqrt{S^2}$

样本 k 阶原点矩 $A_k=\frac{1}{n}\sum\limits_{i=1}^{n}X_i^k \quad k=1,2,\cdots$

样本 k 阶中心矩 $B_k=\frac{1}{n}\sum\limits_{i=1}^{n}(X_i-\overline{X})^k \quad k=1,2,\cdots$

它们对应的观测值分别为

$$\bar{x}=\frac{1}{n}\sum_{i=1}^{n}x_i$$

$$s^2=\frac{1}{n-1}\sum_{i=1}^{n}(x_i-\bar{x})^2$$

$$s=\sqrt{s^2}$$

$$a_k=\frac{1}{n}\sum_{i=1}^{n}x_i^k \qquad k=1,2,\cdots$$

$$b_k=\frac{1}{n}\sum_{i=1}^{n}(x_i-\bar{x})^k \quad k=1,2,\cdots$$

这些观测值仍然分别称为样本均值、样本方差、样本均方差、样本 k 阶原点矩、样本 k 阶中心矩。

我们还需说明以下几点：

(1) 样本方差 S^2 中为什么是除以 $n-1$，而不是 n，这将在下一章说明。为加以区别，我们记 $S^{*2}=\frac{1}{n}\sum_{i=1}^{n}(X_i-\bar{X})^2$。在具有统计功能的计算器中，一般用 S 表示 $\sqrt{S^2}$，而 σ 表示 $\sqrt{S^{*2}}$。

(2) 容易推知 $S^2=\frac{1}{n-1}(\sum_{i=1}^{n}X_i^2-n\bar{X}^2)$，这在具体计算中比用定义直接计算更方便。

(3)在实际应用中，我们通常需要对样本 $X_1,X_2,\cdots,X_n$ 作平移变换：$Z_1=X_1-C,Z_2=X_2-C,\cdots,Z_n=X_n-C$，其中 C 是常数(如取 $C=\bar{x}$，称为样本零均值化)。容易证明，$\bar{Z}=\bar{X}-C,S^2=S_Z^2$。这里 $\bar{Z}=\frac{1}{n}\sum_{i=1}^{n}Z_i,S_Z^2=\frac{1}{n-1}\sum_{i=1}^{n}(Z_i-\bar{Z})^2$。

统计量是随机变量，它们的分布统称为抽样分布。在使用统计量推断总体时，需要研究统计量的分布。当总体分布给定时，某一统计量的分布是确定的。一般来说，要得到某一统计量的分布是困难的，而在正态总体的条件下，一些统计量的分布能较方便地被确定。这个内容将在下一节讨论，现在我们首先介绍在数理统计中最常用的三类随机变量：χ^2 分布、t 分布和F 分布。

7.2.1　χ^2 分布

若随机变量 Y 的概率密度函数为

$$f(y)=\begin{cases}\dfrac{1}{2^{n/2}\Gamma(n/2)}y^{n/2-1}\mathrm{e}^{-y/2} & y>0\\ 0 & y\leqslant 0\end{cases}$$

则称 Y 为服从自由度为 n 的 χ^2 分布，记为$Y\sim\chi^2(n)$，其中

$$\Gamma(\alpha)=\int_0^{+\infty}\mathrm{e}^{-x}x^{\alpha-1}\,\mathrm{d}x$$

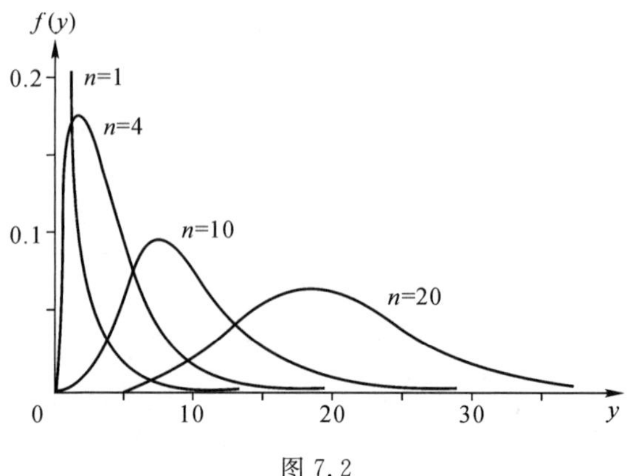

图 7.2

称为伽玛(Gamma)函数。图 7.2 为 $n=1,4,10,20$ 时 $f(y)$的图形。

对于给定的正数 $\alpha(0<\alpha<1)$,满足

$$P\{Y>b\}=\int_b^{+\infty} f(y)\mathrm{d}y=\alpha$$

的点 b,称为 $\chi^2(n)$分布的上侧 α 分位点,记为 $\chi_\alpha^2(n)$,如图 7.3 所示。附表 4 列出了几个常用 α 值所对应的 $\chi_\alpha^2(n)$值。例如,当 $\alpha=0.1$ 时,$\chi_\alpha^2(20)=28.412$。表中仅列出 $n\leqslant 45$ 时 $\chi_\alpha^2(n)$的值,费歇(R. A. Fisher)证明了当 n 充分大时,有

$$\chi_\alpha^2(n)\approx\frac{1}{2}(Z_\alpha+\sqrt{2n-1})^2$$

其中 Z_α 为标准正态分布的上侧 α 分位点。例如,$\alpha=0.05$,$\chi_\alpha^2(100)\approx\frac{1}{2}(1.65+\sqrt{199})^2=124.1$,由较详细的 χ^2 分布表查得 $\chi_\alpha^2(100)=124.5$,可见两者相差无几。

类似地,满足

$$P\{Y\leqslant a\}=\int_0^a f(y)\mathrm{d}y=\alpha \qquad 或 \qquad P\{Y>a\}=\int_a^{+\infty} f(y)\mathrm{d}y=1-\alpha$$

的点 a,称为 $\chi^2(n)$分布的下侧 α 分位点。为和上侧分位点相一致,记为 $\chi_{1-\alpha}^2(n)$,如图 7.4 所示。

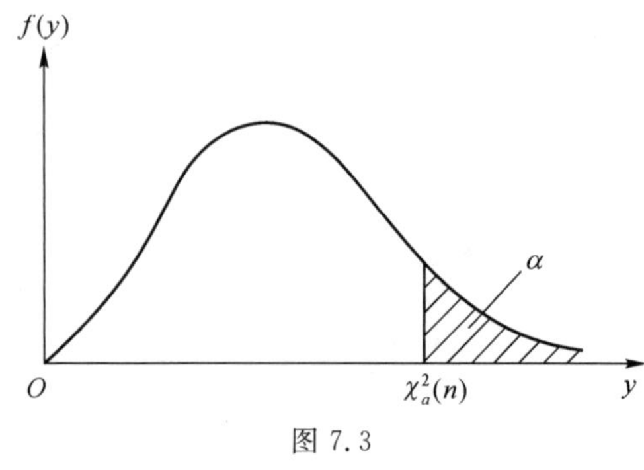

图 7.3

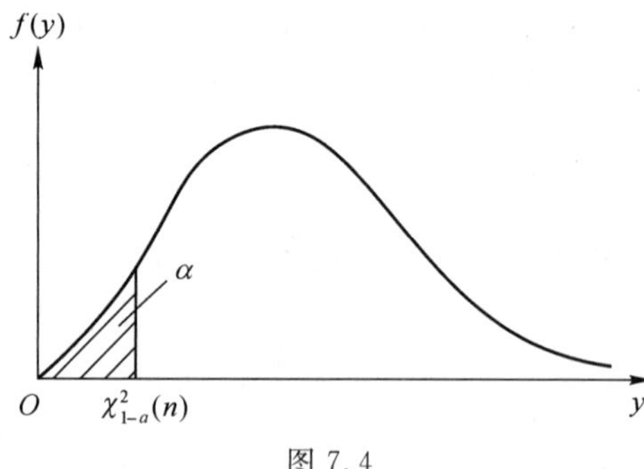

图 7.4

满足

$$P\{a<Y<b\}=\int_a^b f(y)\mathrm{d}y=1-\alpha$$

的点对 a 和 b 称为 $\chi^2(n)$ 分布的双侧 α 分位点。显然，对固定的 n 和 α，数 a 和 b 是不唯一的。为了方便，习惯上取双侧分位点 a 和 b 分别为 $\chi^2_{1-\alpha/2}(n)$ 和 $\chi^2_{\alpha/2}(n)$，即有

$$\begin{cases} P\{Y < \chi^2_{1-\alpha/2}(n)\} = \int_0^{\chi^2_{1-\alpha/2}(n)} f(y)\mathrm{d}y = \dfrac{\alpha}{2} \\ P\{Y > \chi^2_{\alpha/2}(n)\} = \int_{\chi^2_{\alpha/2}(n)}^{+\infty} f(y)\mathrm{d}y = \dfrac{\alpha}{2} \end{cases}$$

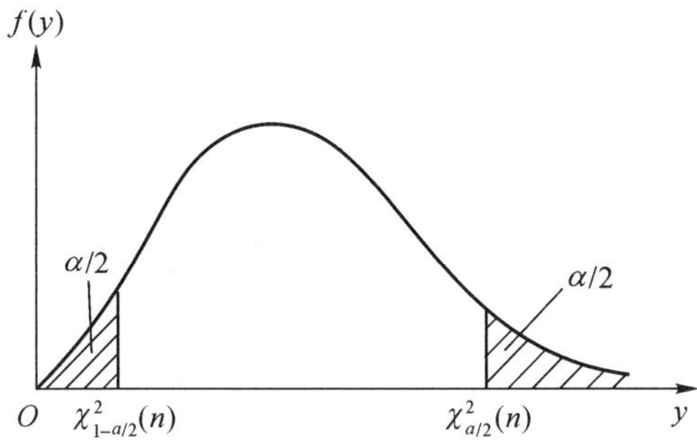

图 7.5

如图 7.5 所示。下侧分位点和双侧分位点也可利用附表 4 来求，例如当 $\alpha=0.1$ 时，下侧分位点 $\chi^2_{1-\alpha}(20)=12.443$，双侧分位点分别为 $\chi^2_{1-\alpha/2}(20)=10.851$ 和 $\chi^2_{\alpha/2}(20)=31.410$。

定理 2　设 $X\sim N(0,1)$，$X_1,X_2,\cdots,X_n$ 为 X 的一个样本，它们的平方和也是一个随机变量，记

$$\chi^2 = X_1^2 + X_2^2 + \cdots + X_n^2$$

则 χ^2 服从自由度为 n 的 χ^2 分布，记为 $\chi^2\sim\chi^2(n)$。

此定理说明：n 个相互独立的标准正态随机变量的平方和服从 χ^2 分布，自由度即独立变量的个数 n。该定理证明较为复杂，请参阅有关资料。

例 1　设 $X\sim N(\mu,\sigma^2)$，μ 和 σ^2 已知，$X_1,X_2,\cdots,X_n$ 为 X 的一个样本，于是

$$\frac{X_i-\mu}{\sigma} \sim N(0,1),\qquad i=1,2,\cdots,n$$

则有

$$\sum_{i=1}^{n}\left(\frac{X_i-\mu}{\sigma}\right)^2 \sim \chi^2(n)$$

例 2　$\chi^2\sim\chi^2(n)$，则 $E(\chi^2)=n$，$D(\chi^2)=2n$。

解　由定理 2，因 $X_i\sim N(0,1)$，故

$$E(X_i^2) = D(X_i) = 1 \qquad i=1,2,\cdots,n$$

$$D(X_i^2) = E(X_i^4) - [E(X_i^2)]^2 = 3-1 = 2 \qquad i=1,2,\cdots,n$$

于是

$$E(\chi^2) = E\left(\sum_{i=1}^{n}X_i^2\right) = \sum_{i=1}^{n}E(X_i^2) = n$$

又由 $X_1,X_2,\cdots,X_n$ 的独立性

$$D(\chi^2) = D\left(\sum_{i=1}^{n}X_i^2\right) = \sum_{i=1}^{n}D(X_i^2) = 2n$$

若 $Y_1 \sim \chi^2(n_1)$，$Y_2 \sim \chi^2(n_2)$，且 Y_1 与 Y_2 独立，则 $Y_1 + Y_2 \sim \chi^2(n_1 + n_2)$，这称为 χ^2 分布的可加性，它可由定理 2 来证明。

7.2.2 t 分布

若随机变量 T 的概率密度函数为

$$f(t) = \frac{\Gamma[(n+1)/2]}{\sqrt{n\pi}\Gamma(n/2)}\left(1+\frac{t^2}{n}\right)^{-(n+1)/2} \qquad -\infty < t < \infty$$

则称 T 为服从自由度为 n 的 t 分布，记为 $T \sim t(n)$。图 7.6 为 $n=1,4,10$ 时 $f(t)$ 的图形。

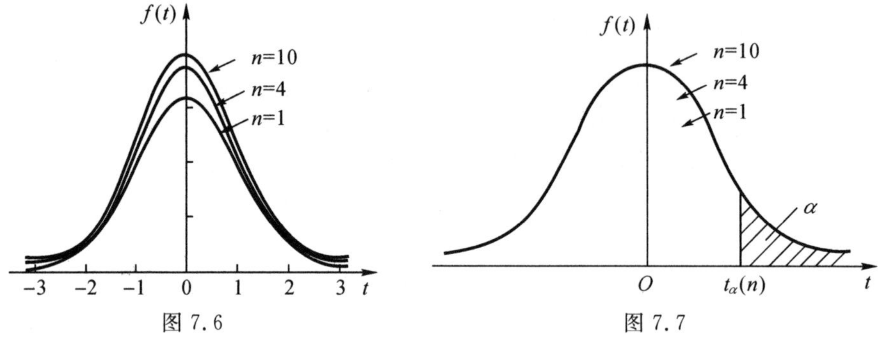

图 7.6　　　　图 7.7

对于给定的正数 $\alpha(0<\alpha<1)$，满足条件

$$P\{T > b\} = \int_b^{+\infty} f(t)\mathrm{d}t = \alpha$$

的点 b，称为 t 分布的上侧 α 分位点，记为 $t_\alpha(n)$，如图 7.7 所示。对于不同的 n 和几个常用的 α，值 $t_\alpha(n)$ 可以从附表 3 查得。

t 分布的下侧 α 分位点为满足

$$P\{T > a\} = \int_a^{+\infty} f(t)\mathrm{d}t = 1-\alpha$$

的 a，记为 $t_{1-\alpha}(n)$，如图 7.8 所示。注意到 $f(t)$ 是一个偶函数，$t_{1-\alpha}(n) = -t_\alpha(n)$。$t$ 分布的双侧 α 分位点为满足

$$P\{a < T < b\} = \int_a^b f(t)\mathrm{d}t = 1-\alpha$$

的点 a 和 b。取 $a = t_{1-\alpha/2}(n)$，$b = t_{\alpha/2}(n)$，使长度 $b-a$ 最小，由对称性，$t_{1-\alpha/2}(n) = -t_{\alpha/2}(n)$，如图 7.9 所示。例如，当 $\alpha=0.1$，$n=20$ 时，t 分布的上侧、下侧、双侧 α 分位点可由附表 3 查得，分别为

$t_\alpha(20)=1.3253$，　$t_{1-\alpha}(20) = -t_\alpha(20) = -1.3253$，　$t_{\alpha/2}(20)=1.7247$，　$t_{1-\alpha/2}(20) = -t_{\alpha/2}(20) = -1.7247$

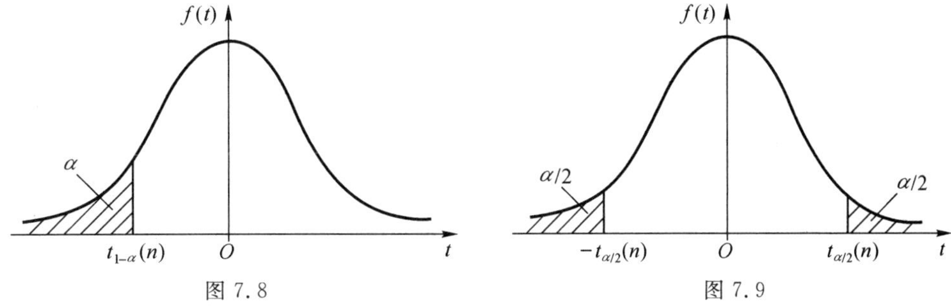

图 7.8　　　　图 7.9

从 $f(t)$ 的图形可见，它的形状类似于标准正态分布的概率密度函数，事实上，由

$$\lim_{n\to\infty}\left(1+\frac{t^2}{2}\right)^{(n+1)/2}=\mathrm{e}^{-t^2/2}\qquad \lim_{n\to\infty}\frac{\Gamma[(n+1)/2]}{\sqrt{n\pi}\,\Gamma(n/2)}=\frac{1}{\sqrt{2\pi}}$$

可见当 $n\to\infty$ 时，t 分布趋近于标准正态分布。一般来说，当 $n>30$ 时，两者就非常接近了，由此当 n 较大时，我们可以用标准正态分布的上侧分位点 Z_α 取代 t 分布的上侧分位点 $t_\alpha(n)$。

由数学期望的意义和 t 分布密度函数的对称性知，t 分布的数学期望为 0；由方差的意义和 t 分布与标准正态分布的关系知，t 分布的方差大于 1。

定理 3　若 $X\sim N(0,1)$，$Y\sim\chi^2(n)$，且 X 与 Y 独立，则

$$\frac{X}{\sqrt{Y/n}}\sim t(n)$$

证明从略。

7.2.3　F 分布

若随机变量 F 的概率密度函数为

$$f(x)=\begin{cases}\dfrac{\Gamma[(n_1+n_2)/2]}{\Gamma(n_1/2)\cdot\Gamma(n_2/2)}\left(\dfrac{n_1}{n_2}\right)^{\frac{n_1}{2}}\cdot x^{\frac{n_1}{2}-1}\left(1+\dfrac{n_1}{n_2}x\right)^{\frac{n_1+n_2}{2}}, & x>0\\ 0, & x\leqslant 0\end{cases}$$

则称 F 为服从自由度为 n_1 和 n_2 的 F 分布，记为 $F\sim F(n_1,n_2)$。图 7.10 为 $f(x)$ 的图例。

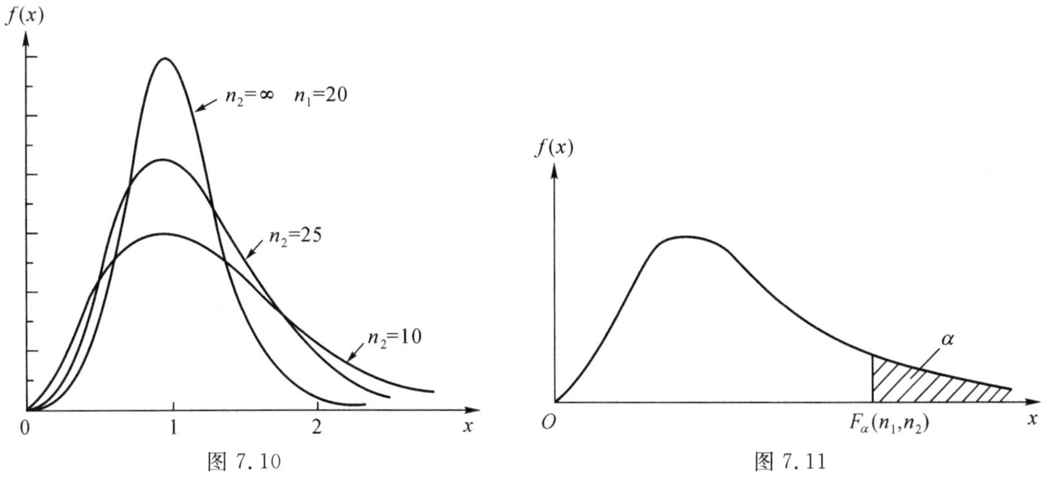

图 7.10　　　　图 7.11

对于给定的正数 $\alpha(0<\alpha<1)$，满足

$$P\{F>b\}=\int_b^{+\infty}f(x)\mathrm{d}x=\alpha$$

的点 b 称为 F 分布的上侧 α 分位点，记为 $F_\alpha(n_1,n_2)$，如图 7.11 所示。附表 5 列出了几个常用 α 值所对应的分位点值。

F 分布的下侧 α 分位点为满足

$$P\{F>a\}=\int_a^{+\infty}f(x)\mathrm{d}x=1-\alpha$$

的点 a，记为 $F_{1-\alpha}(n_1,n_2)$，如图 7.12 所示，F 分布的双侧 α 分位点为满足

$$P\{a<F<b\}=\int_a^b f(x)\mathrm{d}x=1-\alpha$$

的点 a 和 b。与 χ^2 分布的双侧分位点一样，对固定的 α，n_1 和 n_2、a 与 b 的值不唯一，为了方便，我们习惯上取 a 为 $F_{1-\alpha/2}(n_1,n_2)$，取 b 为 $F_{\alpha/2}(n_1,n_2)$，即为

$$P\{F<F_{1-\alpha/2}(n_1,n_2)\}=\int_0^{F_{1-\alpha/2}(n_1,n_2)}f(x)\mathrm{d}x=\frac{\alpha}{2}$$

$$P\{F>F_{\alpha/2}(n_1,n_2)\}=\int_{F_{\alpha/2}(n_1,n_2)}^{+\infty}f(x)\mathrm{d}x=\frac{\alpha}{2}$$

如图 7.13 所示。

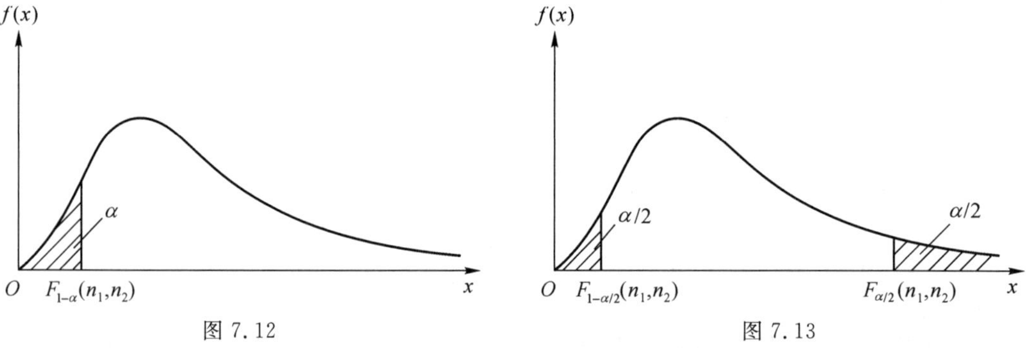

图 7.12　　　　图 7.13

注意到 F 分布的分位点有如下性质：

$$F_{1-\alpha}(n_1,n_2)=1/F_\alpha(n_2,n_1)$$

事实上，若对随机变量 $F\sim F(n_1,n_2)$，有 $P\{F>F_\alpha(n_1,n_2)\}=\alpha$，即 $P\{\frac{1}{F}<\frac{1}{F_\alpha(n_1,n_2)}\}=\alpha$，而对随机变量 $\frac{1}{F}\sim F(n_2,n_1)$(见定理 4)，有 $P\{\frac{1}{F}<F_{1-\alpha}(n_2,n_1)\}=\alpha$，经比较即得上述性质。例如，当 $\alpha=0.1$ 时，$F_{1-\alpha}(15,20)$ 在附表 5 中不能查到，而 $F_\alpha(20,15)$ 查表为 1.92，因此，

$$F_{1-\alpha}(15,20)=\frac{1}{F_\alpha(20,15)}=\frac{1}{1.92}=0.521$$

定理 4　设 $X\sim\chi^2(m)$，$Y\sim\chi^2(n)$，且 X 与 Y 相互独立，则

$$F=\frac{X/m}{Y/n}\sim F(m,n)$$

证明从略。

例 3　已知随机变量 $X\sim t(n)$，证明 $X^2\sim F(1,n)$。

证明　由定理 3，存在相互独立的随机变量 Y_1 和 Y_2，$Y_1\sim N(0,1)$，$Y_2\sim\chi^2(n)$，使

$$X=\frac{Y_1}{\sqrt{Y_2/n}}\sim t(n)$$

再由定理 2，$Y_1^2\sim\chi^2(1)$。于是，由定理 4

$$X^2=\frac{Y_1^2/1}{Y_2/n}\sim F(1,n)$$

§7.3　正态总体几个统计量的分布

本节以定理形式给出正态总体几个统计量的分布，它们将在下面几章中将起到决定性的作用。

定理 5　设 $X_1,X_2,\cdots,X_n$ 为总体 $N(\mu,\sigma^2)$ 的一个样本，则样本均值 $\overline{X}\sim N(\mu,\sigma^2/n)$。

证明　由第 2 篇知，独立正态随机变量的线性组合仍然是正态随机变量，故 $\overline{X}$ 服从正态分布，又

$$E(\overline{X})=E(\frac{1}{n}\sum_{i=1}^{n}X_i)=\frac{1}{n}\sum_{i=1}^{n}E(X_i)=\mu$$

由样本的独立性

$$D(\overline{X})=D(\frac{1}{n}\sum_{i=1}^{n}X_i)=\frac{1}{n^2}\sum_{i=1}^{n}D(X_i)=\frac{1}{n^2}\cdot n\cdot\sigma^2=\sigma^2/n$$

故 $\overline{X}\sim N(\mu,\sigma^2/n)$。

例 4　在总体 $N(52,6.3^2)$ 中随机抽取容量为 36 的样本，求样本均值落在 50.8 到 53.8 之间的概率。

解　设来自该总体的样本均值为 $\overline{X}$，由定理 2，$\overline{X}\sim N(52,6.3^2/36)$，则

$$\begin{aligned}P\{50.8\leqslant\overline{X}\leqslant 53.8\}&=P\{\frac{50.8-52}{6.3/6}\leqslant\frac{\overline{X}-52}{6.3/6}\leqslant\frac{53.8-52}{6.3/6}\}\\&=P\{-1.14\leqslant\frac{\overline{X}-52}{6.3/6}\leqslant 1.71\}\\&=\Phi(1.71)-\Phi(-1.14)\\&=0.9554-(1-0.8729)=0.8283\end{aligned}$$

定理 6　设 $X_1,X_2,\cdots,X_n$ 是正态总体 $N(\mu,\sigma^2)$ 的一个样本，则对于样本均值 $\overline{X}$ 和样本方差 S^2 有：

(1) $\overline{X}$ 与 S^2 相互独立；

(2) $\dfrac{(n-1)S^2}{\sigma^2}\sim\chi^2(n-1)$。

证明从略。

例 5　设 $X_1,X_2,\cdots,X_n$ 是正态总体 $N(\mu,\sigma^2)$ 的样本，试求样本方差 S^2 的期望和方差。

解 由定理6和例2,并利用期望、方差的性质,有

$$E\left[\frac{(n-1)S^2}{\sigma^2}\right]=n-1$$

即$\frac{n-1}{\sigma^2}E(S^2)=n-1$,得 $E(S^2)=\sigma^2$;

$$D\left[\frac{(n-1)S^2}{\sigma^2}\right]=2(n-1)$$

即 $\frac{(n-1)^2}{\sigma^4}D(S^2)=2(n-1)$,得 $D(S^2)=\frac{2\sigma^4}{n-1}$。

定理7 设 $X_1,X_2,\cdots,X_n$ 为总体 $N(\mu,\sigma^2)$的一个样本,则

$$\frac{\overline{X}-\mu}{S/\sqrt{n}}\sim t(n-1)$$

证明 由定理2可知,$\overline{X}\sim N(\mu,\sigma^2/n)$,所以

$$\frac{\overline{X}-\mu}{\sigma/\sqrt{n}}\sim N(0,1)$$

由定理6知

$$\frac{(n-1)S^2}{\sigma^2}\sim\chi^2(n-1)$$

再由 $\overline{X}$ 和 S^2 的独立性知$\frac{\overline{X}-\mu}{\sigma/\sqrt{n}}$与$\frac{(n-1)S^2}{\sigma^2}$独立;由定理3知

$$\frac{\overline{X}-\mu}{\sigma/\sqrt{n}}\Big/\sqrt{\frac{(n-1)S^2}{\sigma^2}/(n-1)}=\frac{\overline{X}-\mu}{S/\sqrt{n}}\sim t(n-1)$$

例6 在总体 $N(80,\sigma^2)$中抽取 $n=36$ 的样本,得样本均方差 $s=7.1023$,求样本均值 $\overline{X}$ 与总体均值的差的绝对值大于2的概率。

解 由定理7知,$\frac{\overline{X}-80}{7.1023/\sqrt{36}}\sim t(35)$,则

$$P\{|\overline{X}-80|>2\}=P\{\frac{|\overline{X}-80|}{7.1023/\sqrt{36}}>\frac{2}{7.1023/\sqrt{36}}\}=2P\{\frac{\overline{X}-80}{1.1837}>1.6896\}=0.1$$

定理8 设 $X_1,X_2,\cdots,X_{n_1}$ 和 $Y_1,Y_2,\cdots,Y_{n_2}$ 分别为总体 $N(\mu_1,\sigma_1^2)$和 $N(\mu_2,\sigma_2^2)$的相互独立的样本,样本均值分别为 $\overline{X}$ 和 $\overline{Y}$,样本方差分别为 S_1^2 和 S_2^2,则

(1)$\overline{X}-\overline{Y}\sim N(\mu_1-\mu_2,\frac{\sigma_1^2}{n_1}+\frac{\sigma_2^2}{n_2})$ 或 $U=\frac{(\overline{X}-\overline{Y})-(\mu_1-\mu_2)}{\sqrt{\sigma_1^2/n_1+\sigma_2^2/n_2}}\sim N(0,1)$

(2)当 σ_1^2,σ_2^2 未知,但 $\sigma_1^2=\sigma_2^2$ 时,

$$T=\frac{(\overline{X}-\overline{Y})-(\mu_1-\mu_2)}{S_w\sqrt{1/n_1+1/n_2}}\sim t(n_1+n_2-2)$$

其中

$$S_w^2=\frac{(n_1-1)S_1^2+(n_2-1)S_2^2}{n_1+n_2-2}$$

证明 (1)由定理5,$\overline{X}\sim N(\mu_1,\sigma_1^2/n_1)$,$\overline{Y}\sim N(\mu_2,\sigma_2^2/n_2)$,由独立性知

$$\overline{X}-\overline{Y}\sim N(\mu_1-\mu_2,\sigma_1^2/n_1+\sigma_2^2/n_2)$$

标准化后得

$$U=\frac{(\overline{X}-\overline{Y})-(\mu_1-\mu_2)}{\sqrt{\sigma_1^2/n_1+\sigma_2^2/n_2}}\sim N(0,1)$$

(2)由定理 6，当 $\sigma_1^2=\sigma_2^2=\sigma^2$ 时，$\frac{(n_1-1)S_1^2}{\sigma^2}\sim\chi^2(n_1-1)$，$\frac{(n_2-1)S_2^2}{\sigma^2}\sim\chi^2(n_2-1)$，且相互独立，则由 χ^2 分布的可加性知

$$\eta=\frac{(n_1-1)S_1^2+(n_2-1)S_2^2}{\sigma^2}\sim\chi^2(n_1+n_2-2)$$

而且可以证明(1)中的 U 与 η 是相互独立的，于是由定理 3，得

$$T=\frac{U}{\sqrt{\eta/(n_1+n_2-2)}}=\frac{(\overline{X}-\overline{Y})-(\mu_1-\mu_2)}{\sqrt{\frac{(n_1-1)S_1^2+(n_2-1)S_2^2}{n_1+n_2-2}}\sqrt{\frac{1}{n_1}+\frac{1}{n_2}}}$$

$$=\frac{(\overline{X}-\overline{Y})-(\mu_1-\mu_2)}{S_w\sqrt{1/n_1+1/n_2}}\sim t(n_1+n_2-2)$$

例 7　从总体 $X\sim N(6,1)$ 和 $Y\sim N(5,1)$ 中各抽取 $n_1=n_2=10$ 的独立样本，求样本均值 $\overline{X}$ 与 $\overline{Y}$ 之差小于 1.3 的概率。

解　由定理 8，$\frac{(\overline{X}-\overline{Y})-(6-5)}{\sqrt{1/10+1/10}}\sim N(0,1)$，则

$$P\{\overline{X}-\overline{Y}<1.3\}=P\left\{\frac{(\overline{X}-\overline{Y})-1}{\sqrt{2/10}}<\frac{1.3-1}{\sqrt{2/10}}\right\}=P\left\{\frac{(\overline{X}-\overline{Y})-1}{\sqrt{2/10}}<0.67\right\}$$

$$=\Phi(0.67)=0.7486$$

定理 9　设 $X_1,X_2,\cdots,X_{n_1}$ 和 $Y_1,Y_2,\cdots,Y_{n_2}$ 分别是总体 $N(\mu_1,\sigma_1^2)$ 和 $N(\mu_2,\sigma_2^2)$ 的独立样本，样本方差分别为 S_1^2 和 S_2^2，则

$$\frac{S_1^2\sigma_2^2}{S_2^2\sigma_1^2}\sim F(n_1-1,n_2-1)$$

证明　由定理 6，$\frac{(n_1-1)S_1^2}{\sigma_1^2}\sim\chi^2(n_1-1)$，$\frac{(n_2-1)S_2^2}{\sigma_2^2}\sim\chi^2(n_2-1)$，且两者相互独立，于是，由定理 4，得

$$F=\frac{(n_1-1)S_1^2}{\sigma_1^2(n_1-1)}\Big/\frac{(n_2-1)S_2^2}{\sigma_2^2(n_2-1)}=\frac{S_1^2\sigma_2^2}{S_2^2\sigma_1^2}\sim F(n_1-1,n_2-1)$$

复习思考题 7

1. 什么叫总体？什么叫简单随机样本？总体 X 的样本 $X_1,X_2,\cdots,X_n$ 有哪两个主要性质？

2. 什么是统计量？什么是统计量的值？

3. 样本均值和样本方差如何计算？

4. $N(0,1)$分布，t 分布，χ^2 分布和 F 分布的双侧、下侧、上侧分位点是如何定义的？怎样利用附表查这些分位点的值？

5. 对一个正态总体的三个常用统计量及其分布是什么？

6. 对两个正态总体的三个常用统计量及其分布是什么?

习 题 7

1. 设总体 $X \sim N(\mu,\sigma^2)$,其中 μ 是未知的,而 σ^2 是已知的,$X_1,X_2,\cdots X_n$ 是一个样本,试问

$$\sum_{i=1}^{n} X_i^2/\sigma^2, \quad \sum_{i=1}^{n}(X_i-\mu), \quad \min(X_1,X_2,\cdots,X_n), \quad (X_1+X_n)/2$$

中哪些是统计量?哪些不是统计量?为什么?

2. 设总体 X 的一个样本为 0.31,0.26,0.28,0.33,0.29,0.32,0.24,0.25;求样本均值 $\overline{X}$、样本方差 s^2 及 s^{*2}。

3. 证明 $s^2=\dfrac{1}{n-1}(\sum\limits_{i=1}^{n}X_i^2-n\overline{X}^2)$。

4. 设有样本 $X_1,X_2,\cdots,X_n$,对常数 c,令 $Z_1=X_1-c,Z_2=X_2-c,\cdots,Z_n=X_n-c$,试证 $\overline{Z}=\overline{X}-c$,$S_Z^2=S_X^2$,其中 $\overline{Z}$ 及 S_Z^2 是 $Z_1,Z_2,\cdots,Z_n$ 的均值与方差。

5. 试给出下列分位点的值:$\chi_{0.1}^2(5)$,$\chi_{0.1}^2(50)$,$t_{0.9}(10)$,$F_{0.1}(5,10)$,$F_{0.9}(5,10)$。

6. 设 $X_1,X_2,\cdots,X_n$ 是总体 $N(\mu,\sigma^2)$的一个样本,求统计量$(X_n-X_1)/2$ 的分布。

7. 设 $X_1,X_2,\cdots,X_n$ 是总体为 0~1 两点分布的一个样本,求 $E(\overline{X})$,$D(\overline{X})$,$E(S^2)$。

8. 设 $X_1,X_2,\cdots,X_n$ 是总体为(a,b) 上均匀分布的一个样本,求 $E(\overline{X})$,$D(\overline{X})$,$E(S^2)$。

9. 当 a 取什么值时,$g(a)=\dfrac{1}{n-1}\sum\limits_{i=1}^{n}(X_i-a)^2$ 取极小值?

10. 设总体 $X \sim N(\mu,4)$,$X_1,X_2,\cdots,X_n$ 是取自总体的一个样本,那么,当 n 取多大时,才能满足 $P\{|\overline{X}-\mu|\leqslant 0.1\}=0.95$?

11. 设 $X_1,X_2,\cdots,X_n$ 是总体 $X\sim N(\mu,\sigma^2)$的一个样本,求 n 维随机向量$(X_1,X_2,\cdots,X_n)$的联合概率密度函数和样本均值 $\overline{X}$ 的概率密度函数。

12. 设 $X_1,X_2,\cdots,X_n$ 是总体 $X\sim N(\mu,4)$的一个 $n=10$ 的样本,求样本方差 S^2 大于 2.622 的概率。

13. 设 $X_1,X_2,\cdots,X_{16}$是总体 $X\sim N(3,\sigma^2)$的一个样本,样本方差 $S^2=4$,求 $P\{2.33\leqslant\overline{X}\leqslant 3.67\}$。

14. 从总体 $N(\mu,\sigma^2)$中抽取容量分别为 $n_1=10$,$n_2=15$ 的两个独立样本,求两个样本均值 $\overline{X}_1$、$\overline{X}_2$ 之差的绝对值大于 0.3 的概率:

(1)若已知 $\sigma^2=3$;

(2)若 σ^2 未知,但两个样本方差分别为 $S_1^2=0.326$,$S_2^2=0.3$。

15. 从总体 $N(\mu,3)$和总体 $N(\mu,5)$中分别抽取容量 $n_1=10$,$n_2=15$ 的独立样本,求样本方差之比 s_1^2/s_2^2 大于1.272的概率。

16. 设总体 $X\sim N(\mu,\sigma^2)$,有 $n=16$ 的样本,试求概率

$$P\{\frac{\sigma^2}{2}\leqslant\frac{1}{n}\sum_{i=1}^{n}(X_i-\mu)^2\leqslant 2\sigma^2\}$$

17. 设 $X_1,X_2,\cdots,X_9$ 和 $Y_1,Y_2,\cdots,Y_9$ 是总体 $N(0,9)$的二个相互独立的样本,求 $\sum\limits_{i=1}^{9}X_i/\sqrt{\sum\limits_{i=1}^{9}Y_i^2}$ 的分布。

18. 已知 $X_1,X_2,\cdots,X_9$ 是总体 $N(0,\sigma^2)$ 的样本,S 为样本均方差,$Y=k\sum\limits_{i=1}^{9}X_i/S\sim t(8)$,求常数 k。

19. 设 $X_1,X_2,\cdots,X_n$ 是总体 $N(\mu,\sigma^2)$ 的样本,样本均值为 $\overline{X}$,样本方差为 S^2,求 $E(\overline{X}\cdot S^2)$ 和 $D(\overline{X}\cdot S^2)$。

第 8 章　参数估计

参数估计是数理统计中一类基本而重要的问题。

例如我们所研究的总体 X，有一个（或多个）分布参数 θ 未知，若对这一总体有样本 X_1，X_2，…，X_n，那就可以利用样本对 θ 进行估计。具体地说，如某城市去年人均年收入 X，它是正态分布，即 $X \sim N(\mu,\sigma^2)$，但分布参数 μ 或（和）σ^2 未知；我们对该城市随机调查 n 个人，得到一个样本 $X_1,X_2,\cdots,X_n$，于是可对 μ 或（和）σ^2 进行估计。

根据实际问题的要求，参数估计一般分为两类：点估计和区间估计。

所谓参数的点估计，是利用样本 $X_1,X_2,\cdots,X_n$ 估计 θ 的取值，通常是用适当的方法构造一个统计量 $g(X_1,X_2,\cdots X_n)$ 作为 θ 的估计，表示为

$$\hat{\theta}=g(X_1,X_2,\cdots,X_n)$$

称 $g(X_1,X_2,\cdots,X_n)$ 是 θ 的估计量。估计量是一个随机变量，当样本是具体数值 $x_1,x_2,\cdots,x_n$ 时，统计量 $g(X_1,X_2,\cdots,X_n)$ 的值 $g(x_1,x_2,\cdots,x_n)$ 称为 θ 的估计值。可见，参数点估计的关键是用什么方法构造统计量，我们将在§8.1节介绍三种常用的方法。

必须强调的是：

(1)总体 X 的未知参数 θ 的真值也许我们永远无法知道，即由参数点估计得到的仅仅是 θ 的估计，而不是 θ 的真值，故用“$\hat{\theta}$”加以区别。

(2)对同一总体的同一未知参数，若利用同一样本而用不同的方法进行点估计，一般来说会得到不同的估计。这是很正常的，因为都是“估计”，但自然需要考虑“哪一个估计比较好?”。为此，首先必须明确什么是“好”，因为两个事物若用不同的标准去比较，孰好孰不好的结论是不同的，这就是估计量的评价标准，我们将在第 2 节中讨论。

(3)在参数的点估计的基础上，可以进一步讨论总体的数字特征（如总体 X 的期望、方差等），以及总体的某些概率的估计。

所谓参数的区间估计，是利用样本 $X_1,X_2,\cdots,X_n$ 估计未知参数 θ 的取值范围，即用适当的方法构造两个统计量 $g_1(X_1,X_2,\cdots,X_n)$ 和 $g_2(X_1,X_2,\cdots,X_n)$，并以一定的概率保证 $g_1(X_1,X_2,\cdots,X_n)<\theta<g_2(X_1,X_2,\cdots,X_n)$ 成立。具体的思想和方法将在§8.3节中讨论。

§8.1　参数的点估计

对总体的待估参数 θ，我们要构造一个统计量 $g(X_1,\cdots,X_n)$ 作为它的估计量，通常有以下几种方法：矩估计法、顺序统计量法和极大似然估计法。

8.1.1　矩估计法

矩是描述随机变量的最基本的数字特征，它在一定程度上反映了总体的特性。由前一

章知道,当样本容量 n 趋于无穷时,样本分布函数就迫近于总体分布函数,因此,当 n 适当大时,样本矩可以作为对应的总体矩的估计。例如,样本均值可作为总体均值的估计:

$$\hat{E}(X) = A_1 = \overline{X}$$

又例如,样本二阶矩可以作为总体二阶矩的估计:

$$\hat{E}(X^2) = A_2 = \frac{1}{n}\sum_{i=1}^{n} X_i^2$$

一般,总体的 k 阶原点矩 $E(X^k)$ 用样本 k 阶矩 $\frac{1}{n}\sum_{i=1}^{n} X_i^k$ 作为估计:

$$\hat{E}(X^k) = A_k = \frac{1}{n}\sum_{i=1}^{n} X_i^k$$

又由概率论知识知道,随机变量的矩通常都能由分布参数表示,因此,总体未知参数的估计就可以由矩的估计而得到。这种由总体参数-总体矩-样本矩的关系得到的估计,称为参数的矩估计。

例1 设总体 X 为 $(0,\theta)$ 上的均匀分布,θ 为未知参数,有样本 $X_1, X_2, \cdots, X_n$,求 θ 的矩估计。

解 已知总体均值为 $E(X)=\theta/2$,故

$$\hat{E}(X) = \hat{\theta}/2 = \overline{X}$$

则得到 θ 的矩估计量为

$$\hat{\theta}=2\overline{X}$$

或由二阶矩,$E(X^2) = D(X) + [E(X)]^2 = \frac{\theta^2}{12} + (\frac{\theta}{2})^2 = \frac{\theta^2}{3}$,$\hat{E}(X^2) = A_2 = \frac{1}{n}\sum_{i=1}^{n} X_i^2$,得 θ 的二阶矩估计量

$$\hat{\theta}= \sqrt{3A_2}$$

一般,对同一参数利用不同的矩,得到的估计量是不同的。

例2 设 $X_1, \cdots, X_n$ 为二项分布总体 $b(m,p)$ 的一个样本,求总体参数 m 和 p 的矩估计量。

解 总体均值 $E(X)=mp$,而 $E(X^2)=D(X)+(EX)^2=mp(1-p)+m^2p^2$,由

$$\begin{cases}\hat{E}(X) = \hat{m}\cdot\hat{p} = \overline{X}\\ \hat{E}(X^2) = \hat{m}\cdot\hat{p}(1\text{-}\hat{p}) + \hat{m}^2\cdot\hat{p}^2 = A_2\end{cases}$$

解得

$$\hat{p}=1+\overline{X}-A_2/\overline{X}, \hat{m}=\overline{X}^2/(\overline{X}-S^{*2})$$

由于 m 为正整数,故 m 的估计应取整。

例3 总体 X 为某厂生产的产品的使用寿命,今抽查10件进行试验,其寿命如下(单位小时):105,110,108,112,120,125,104,113,130,120,试估计该批产品的寿命均值和寿命方差。

解 样本均值作为寿命均值的估计,故寿命均值的估计值为

$$\hat{E}(X) = \bar{x} = 114.7$$

样本二阶矩作为寿命二阶矩的估计值

$$\hat{E}(X^2) = \frac{1}{n}\sum_{i=1}^{n} x_i^2 = 13224.2$$

由方差公式 $D(X)=E(X^2)-(EX)^2$，因此，寿命方差的估计值为

$$\hat{D}(X)=\hat{E}(X^2)-[\hat{E}(X)]^2=13224.2-114.7^2=68.11$$

8.1.2　顺序统计量法

设总体 X 有样本 $X_1, X_2, \cdots, X_n$，将样本点从小到大排列，表示为 $X_1^*, X_2^*, \cdots, X_n^*$，定义样本中位数 $\widetilde{X}$ 为

$$\widetilde{X} = \begin{cases} X^*_{(n+1)/2} & \text{若 } n \text{ 为奇数} \\ (X^*_{n/2} + X^*_{n/2+1})/2 & \text{若 } n \text{ 为偶数} \end{cases}$$

定义样本极差 R 为

$$R = X_n^* - X_1^* = \max(X_1, \cdots, X_n) - \min(X_1, \cdots, X_n)$$

我们把样本中位数 $\widetilde{X}$ 作为总体均值的估计

$$\hat{E}(X) = \widetilde{X}$$

而总体标准差 $\sqrt{D(X)}$ 利用极差 R 来估计

$$\sqrt{D(X)} = \frac{1}{d_n}R$$

其中 d_n 的数值如下表：

n	2	3	4	5	6	7	8	9	10
d_n	1.128	1.693	2.059	2.326	2.534	2.704	2.847	2.970	3.078

例如在例 3 中寿命均值的估计值为

$$\hat{E}(X) = \widetilde{X} = (113 + 120)/2 = 116.5$$

寿命标准差的估计值为

$$\sqrt{D(X)} = (130 - 104)/3.078 = 8.45$$

可以证明：对正态总体 $N(\mu, \sigma^2)$，若参数 μ 的估计量 $\hat{\mu} = \widetilde{X}$，有

$$\widetilde{X} \sim N\left(\mu, \frac{\pi}{2n}\sigma^2\right)$$

$\widetilde{X}$ 和 R 都是样本按大小顺序排列的，故称它们为顺序统计量，由此得到的估计方法称为顺序统计量法。本书只叙述顺序统计量的概念和基本结果，进一步的讨论和证明可参考有关资料。

计算简便是顺序统计量的特点。因为 $\widetilde{X}$ 可以排除样本中过大和过小值的影响，因此适合于连续型总体且密度函数具有对称性的场合。R 本身是总体离散程度的一个尺度，但由它估计总体标准差不如用 S 可靠，当 n 越大时，可靠性越差。这时，可以把样本分成点数相等的若干个组，每组样本点数 $k \leqslant 10$。先求出每组的级差，再以每组级差的平均作为原样本的级差 R，用此 R 对总体标准差估计时，应取分母为 d_k。

8.1.3 极大似然估计

首先,我们用一个相似的例子来说明极大似然估计的思想。设两个教室里分别是一个低年级和一个高年级班的学生,他们的身高(单位 cm)分别服从 $N(120,4)$和 $N(140,4)$分布,为确定某个教室是哪个年级,我们从该教室中随机请来一个学生,测量其身高为 135cm。我们由直觉估计,这个教室里为高年级学生。事实上,从正态分布的密度函数值 $f(135,\mu) = \frac{1}{2\sqrt{2\pi}}e^{-\frac{(135-\mu)^2}{8}}$ 可见,则当 $\mu=140$ 时的函数值大于 $\mu=120$ 时的函数值。设 dx 为包含 135 的邻域,样本点落在这一邻域中的概率近似地为 $f(135,\mu)\cdot dx$,当 $\mu=140$ 时,这一概率大于 $\mu=120$ 时的概率,即

$$f(135,140)\cdot dx > f(135,120)\cdot dx$$

由此,我们推断该教室里是高年级学生,即 $\mu=140$。若从该教室中随机地叫两个学生,身高分别为 X_1,X_2,自然地要比较 X_1 和 X_2 的联合密度函数(由独立同分布性)$f(x_1,\mu)\cdot f(x_2,\mu)$的大小。

下面我们给出极大似然估计的定义。

定义 设连续型总体具有密度函数 $f(x,\theta)$,θ 为未知参数,$x_1,\cdots,x_n$ 是样本 $X_1,X_2,\cdots,X_n$ 的观察值,则称 $X_1,X_2,\cdots,X_n$ 的联合密度函数为样本似然函数,记为 $L(x_1,x_2,\cdots,x_n,\theta)$,由独立性

$$L(x_1,x_2,\cdots,x_n;\theta)=\prod_{i=1}^{n}f(x_i,\theta)$$

使 $L(x_1,x_2,\cdots,x_n,\theta)$取到极大值时的参数值 $\hat{\theta}$,称其为参数 θ 的极大似然估计值。

对离散型总体 X,其分布律为 $P(X=x)=p(x,\theta)$,θ 为未知参数。设 $x_1,\cdots,x_n$ 是样本 $X_1,\cdots,X_n$ 的观察值,称 $X_1,\cdots,X_n$ 的联合分布律为样本似然函数,由独立性

$$L(x_1,\cdots,x_n;\theta)=\prod_{i=1}^{n}P(X_i=x_i)=\prod_{i=1}^{n}p(x_i;\theta)$$

在 θ 的取值范围内,选择使 $L(x_1,\cdots,x_n;\theta)$达到极大的参数值 $\hat{\theta}$,称之为 θ 的极大似然估计值。

一般,未知参数 θ 的极大似然估计值与样本观察值 $x_1,\cdots,x_n$ 有关,表示为 $\hat{\theta}=g(x_1,\cdots,x_n)$,相应的统计量 $g(X_1,\cdots,X_n)$称为 θ 的极大似然估计量。

例 4 总体 X 为指数分布,密度函数为

$$f(x)=\begin{cases}\alpha e^{-\alpha x} & x\geqslant 0\\ 0 & x<0\end{cases}$$

已知有样本 $x_1,x_2,\cdots,x_n$,求未知参数 α 的极大似然估计量。

解 似然函数为

$$L(x_1,x_2,\cdots,x_n)=\prod_{i=1}^{n}\alpha e^{-\alpha x_i}=\alpha^n\cdot e^{-\alpha\sum_{i=1}^{n}x_i}$$

由于 $\ln x$ 是 x 的增函数,故 L 与 $\ln L$ 具有相同的极值点。对似然函数取对数

$$\ln L=n\ln\alpha-\alpha\sum_{i=1}^{n}x_i$$

两边对 α 求导数

$$\frac{\mathrm{d}\ln L}{\mathrm{d}\alpha} = \frac{n}{\alpha} - \sum_{i=1}^{n} x_i$$

令上式等于零，解得 $\alpha = 1/\bar{x}$，即 α 的极大似然估计值和极大似然估计量分别为

$\hat{\alpha} = 1/\bar{x}$　和　$\hat{\alpha} = 1/\bar{X}$

由习题 2 可见，α 的极大似然估计与矩估计是相同的。本例只含有一个未知参数，似然函数的极值问题可利用一元函数求极值方法解决；当含有两个或两个以上未知参数时，一般可用二元函数极值方法解决。

例 5　设总体 X 为 $N(\mu,\sigma^2)$ 分布，有样本 $X_1,X_2,\cdots,X_n$，求未知参数 μ 和 σ^2 的极大似然估计。

解　似然函数为

$$L = \prod_{i=1}^{n} \frac{1}{\sqrt{2\pi}\sigma} \mathrm{e}^{-\frac{(x_i-\mu)^2}{2\sigma^2}} = (2\pi)^{-n/2} \cdot \mathrm{e}^{-\frac{1}{2\sigma^2}\sum_{i=1}^{n}(x_i-\mu)^2} \cdot \sigma^{-n}$$

$$\ln L = -\frac{n}{2}\ln(2\pi) - \frac{n}{2}\ln\sigma^2 - \frac{1}{2\sigma^2}\sum_{i=1}^{n}(x_i-\mu)^2$$

分别对 μ 和 σ^2 求偏导数，并令它们等于零，得方程组

$$\begin{cases} \dfrac{\partial \ln L}{\partial \mu} = \dfrac{1}{\sigma^2}\displaystyle\sum_{i=1}^{n}(x_i-\mu) = 0 \\ \dfrac{\partial \ln L}{\partial \sigma^2} = -\dfrac{n}{2\sigma^2} + \dfrac{1}{2(\sigma^2)^2}\displaystyle\sum_{i=1}^{n}(x_i-\mu)^2 = 0 \end{cases}$$

由前一式解得 $\mu = \bar{x}$，代入后一式得 $\sigma^2 = \frac{1}{n}\sum_{i=1}^{n}(x_i-\bar{x})^2$，即 μ 和 σ^2 的极大似然估计量为

$$\hat{\mu} = \bar{X} \qquad \hat{\sigma}^2 = \frac{1}{n}\sum_{i=1}^{n}(X_i-\bar{X})^2$$

对照习题 3，可知 μ 和 σ^2 的极大似然估计与矩估计相同。

以上是连续型总体的两个例子，离散型总体如下例。

例 6　设总体 X 为 0－1 两点分布，$P(X=1)=p$，有样本 $X_1,X_2,\cdots,X_n$，求未知参数 p 的极大似然估计。

解　为便于求极值，我们把 $P(X=1)=p$，$P(X=0)=1-p$ 综合表示为

$$P(X=x) = p^x(1-p)^{1-x} \qquad x = 0 \text{ 或 } 1$$

于是，似然函数为

$$L = \prod_{i=1}^{n} p^{x_i}(1-p)^{1-x_i} = p^{\sum_{i=1}^{n}x_i}(1-p)^{n-\sum_{i=1}^{n}x_i}$$

$$\ln L = \sum_{i=1}^{n}x_i \cdot \ln p + (n - \sum_{i=1}^{n}x_i)\ln(1-p)$$

对 p 求导数，并令之为零，得方程

$$\frac{\mathrm{d}\ln L}{\mathrm{d}p} = \frac{1}{p}\sum_{i=1}^{n}x_i - (n - \sum_{i=1}^{n}x_i)\frac{1}{1-p} = 0$$

解得 $p=\bar{x}$，于是 p 的极大似然估计量为 $\hat{p}=\overline{X}$。

极大似然估计是一类优化问题，除了利用导数、偏导数对似然函数求极值外，有些场合还需要用到其他优化方法。

例 7 设总体 X 为 $(0,\theta)$ 上的均匀分布 $(\theta>0)$，样本 $X_1,X_2,\cdots,X_n$，求未知参数 θ 的极大似然估计。

解 总体密度函数为

$$f(x)=\begin{cases}1/\theta, & 0<x<\theta\\ 0, & \text{其他}\end{cases}$$

似然函数为

$$L=\prod_{i=1}^{n}\frac{1}{\theta}=\frac{1}{\theta^n}$$

直观地看，θ 越小 L 就越大；但对每一 $x_i,i=1,\cdots,n$，必须有 $0<x_i<\theta$，因此，取 $\theta=\max(x_1,x_2,\cdots,x_n)$，即 θ 的极大似然估计量为 $\hat{\theta}=\max(X_1,X_2,\cdots,X_n)$。

关于极大似然估计，还需要指出以下几点：

(1)总体所对应的似然函数必须有且仅有一个极大值点，通常这一条件都能满足。当似然函数对未知参数可微时，用导数方法确定极值点。

(2)若 $\hat{\theta}$ 是 θ 的极大似然估计，$u=g(\theta)$ 是 θ 的函数且具有单值反函数，则 u 的极大似然估计是 $\hat{u}=g(\hat{\theta})$，这是极大似然估计的不变性性质。例 5 中 σ^2 的极大似然估计为

$$\hat{\sigma}^2=\frac{1}{n}\sum_{i=1}^{n}(X_i-\overline{X})^2,$$

因 $\sigma>0$，则 $\sigma=g(\sigma^2)=\sqrt{\sigma^2}$ 具有单值反函数，故标准差 σ 的极大似然估计为

$$\hat{\sigma}=\sqrt{\frac{1}{n}\sum_{i=1}^{n}(X_i-\overline{X})^2}$$

(3)极大似然估计方法虽然不如矩估计法直观简单，而且还要求知道总体的分布类型，但数学上已证明，用极大似然估计法得到的估计量具有较好的性质。

例 8 设总体 X 的分布律为

X	0	1	3
p	r^2	$2r(1-r)$	$(1-r)^2$

，r 未知 $(0<r<1)$，有样本 0，1，3，1，0，求 r 的(1)矩估计和(2)极大似然估计。

解 (1) $EX=0\times r^2+1\times 2r(1-r)+3\times(1-r)^2=r^2-4r+3$

$$\bar{x}=\frac{1}{5}(0+1+3+1+0)=1$$

由 $\hat{E}X=\bar{x}$，得 r 的矩估计值为 $\hat{r}=2-\sqrt{2}$（另一解 $2+\sqrt{2}$ 不合题意，舍去）。

(2)似然函数为

$$\begin{aligned}L&=P(X=0,X=1,X=3,X=1,X=0)\\&=P(X=0)\cdot P(X=1)\cdot P(X=3)P(X=1)\cdot P(X=0)\\&=r^2\cdot 2r(1-r)\cdot(1-r)^2\cdot 2r(1-r)\cdot r^2=4r^6(1-r)^4\end{aligned}$$

$$\ln L=\ln 4+6\ln r+4\ln(1-r)$$

$$\frac{d\ln L}{dr}=\frac{6}{r}-\frac{4}{1-r}=0$$

由此得 r 的极大似然估计值 $\hat{r}=0.6$。

§8.2　估计量的评价标准

由前面的讨论可知，对同一总体的同一未知参数，用不同的估计方法可能得到不同的估计量，这自然地产生一个问题，就是选用哪一个估计量好？它涉及到估计量的评价标准，常用的估计量的评价标准是无偏性、有效性和一致性。

8.2.1　无偏性

由于估计量 $\hat{\theta}$ 是样本 $X_1,X_2,\cdots,X_n$ 的函数，而 $X_1,X_2,\cdots,X_n$ 是相互独立且服从同一分布的随机变量，因此估计量 $\hat{\theta}$ 也是随机变量。不同的样本值 $x_1,x_2,\cdots,x_n$ 就会得到不同的估计值，这些估计值在未知参数 θ 的真值附近摆动，自然希望这些不同的估计值从平均意义上来说等于参数真值，这一要求的最好描述方法就是估计量的数学期望等于参数真值。

未知参数 θ 的估计量 $\hat{\theta}$，若有 $E(\hat{\theta})=\theta$，则称 $\hat{\theta}$ 是 θ 的无偏估计。

例 9　设总体 X 为 $(0,\theta)$ 上的均匀分布，试分析未知参数 θ 利用数学期望的矩估计 $\hat{\theta}=2\overline{X}$（见例 1）和 θ 的极大似然估计 $\hat{\theta}=\max(X_1,X_2,\cdots,X_n)$（见例 7）的无偏性。

解　由 $E(X)=\theta/2$，则 $E(X_i)=\theta/2,i=1,2,\cdots,n$，于是

$$E(\hat{\theta})=E(2\overline{X})=\frac{2}{n}\sum_{i=1}^{n}E(X_i)=\frac{2}{n}\sum_{i=1}^{n}\frac{\theta}{2}=\frac{2}{n}\cdot n\cdot\frac{\theta}{2}=\theta$$

因此，$\hat{\theta}=2\overline{X}$ 是 θ 的无偏估计。

为讨论 θ 的极大似然估计 $\hat{\theta}=\max(X_1,X_2,\cdots,X_n)$ 的无偏性，即要求 $\hat{\theta}$ 的期望 $E(\hat{\theta})$，设 $Z=\max(X_1,X_2,\cdots,X_n)$，首先求 Z 的密度函数。由 $X\sim U(0,\theta)$，其密度函数为

$$f_X(x)=\begin{cases}\dfrac{1}{\theta}, & 0<x<\theta\\ 0, & \text{其他}\end{cases}$$

其分布函数为

$$F_X(x)=\begin{cases}0, & x\leqslant 0\\ x/\theta, & 0<x<\theta\\ 1, & x\geqslant\theta\end{cases}$$

则统计量 $Z=\max(X_1,X_2,\cdots,X_n)$ 的分布函数为

$$\begin{aligned}F_Z(z)&=P\{Z\leqslant z\}=P\{\max(X_1,X_2,\cdots,X_n)\leqslant z\}\\&=P\{X_1\leqslant z\}\cdot P\{X_2\leqslant z\}\cdots P\{X_n\leqslant z\}=[F_X(z)]^n\\&=\begin{cases}0, & z\leqslant 0\\ z^n/\theta^n, & 0<z<\theta\\ 1, & z\geqslant\theta\end{cases}\end{aligned}$$

于是 Z 的密度函数为

$$f_Z(z)=[F_Z(z)]'=\begin{cases}nz^{n-1}/\theta^n, & 0<z<\theta\\ 0, & \text{其他}\end{cases}$$

则

$$E(\hat{\theta})=E(Z)=\int_0^\theta z\cdot nz^{n-1}/\theta^n\,\mathrm{d}z=\frac{n}{n+1}\theta$$

可见,θ 的极大似然估计 $\hat{\theta}=\max(X_1,X_2,\cdots,X_n)$ 不是 θ 的无偏估计,是渐近无偏估计,即当 $n\to+\infty$ 时,是无偏估计。

例 10 对任意一个总体,样本均值 $\overline{X}$ 和样本方差 S^2 是总体均值 $E(X)$ 和总体方差 $D(X)$ 的无偏估计。

解 设 $E(X)=a$,则 $E(X_i)=a,i=1,2,\cdots,n$,于是

$$E(\overline{X})=E(\frac{1}{n}\sum_{i=1}^n X_i)=\frac{1}{n}\sum_{i=1}^n E(X_i)=\frac{1}{n}\sum_{i=1}^n a=\frac{1}{n}\cdot n\cdot a=a$$

即 $\overline{X}$ 是 EX 的无偏估计。

设 $D(X)=E(X-a)^2=b$,则 $D(X_i)=E(X_i-a)^2=b,i=1,2,\cdots,n$,且有

$$D(\overline{X})=D(\frac{1}{n}\sum_{i=1}^n X_i)=\frac{1}{n^2}\sum_{i=1}^n D(X_i)=\frac{1}{n^2}\sum_{i=1}^n b=\frac{1}{n^2}\cdot n\cdot b=\frac{b}{n}$$

于是

$$\begin{aligned}E(S^2)&=E[\frac{1}{n-1}\sum_{i=1}^n (X_i-\overline{X})^2]\\&=\frac{1}{n-1}E\sum_{i=1}^n[(X_i-a)-(\overline{X}-a)]^2\\&=\frac{1}{n-1}E[\sum_{i=1}^n(X_i-a)^2-2(X-a)\sum_{i=1}^n(X_i-a)+n(\overline{X}-a)^2]\\&=\frac{1}{n-1}E[\sum_{i=1}^n(X_i-a)^2-n(\overline{X}-a)^2]\\&=\frac{1}{n-1}[\sum_{i=1}^n E(X_i-a)^2-n\cdot E(\overline{X}-a)^2]\\&=\frac{1}{n-1}[\sum_{i=1}^n b-n\cdot\frac{b}{n}]=\frac{1}{n-1}(nb-b)=b\end{aligned}$$

即 S^2 是 DX 的无偏估计。

由此可见,若样本方差取为 $S^{*2}=\frac{1}{n}\sum_{i=1}^n (X_i-\overline{X})^2$,则

$$E(S^{*2})=E(\frac{n}{n-1}S^2)=\frac{n}{n-1}b$$

即 S^{*2} 不是总体方差的无偏估计,这就是我们取样本方差为 $S^2=\frac{1}{n-1}\sum_{i=1}^n (X_i-\overline{X})^2$ 的原因。当 $n\to+\infty$ 时,$E(S^{*2})\to b$,即 S^{*2} 是总体方差的渐近无偏估计,对大样本问题,即样本容量 n 较大($n>50$)时,S^2 和 S^{*2} 作为总体方差的估计相差无几。

由例 10 可知，对于正态总体 $X \sim N(\mu,\sigma^2)$，由于 $E(X)=\mu, D(X)=\sigma^2$，所以 μ 的矩估计（也即极大似然估计）$\hat{\mu}=\hat{E}(X)=\overline{X}$ 是 μ 的无偏估计，σ^2 的矩估计和极大似然估计 $\hat{\sigma}^2=S^{*2}$ 不是 σ^2 的无偏估计。当总体 $X \sim \pi(\lambda)$ 时，$E(X)=D(X)=\lambda$，因此，λ 的矩估计 $\hat{\lambda}=\hat{E}(X)=\overline{X}$ 是 λ 的无偏估计。

例 11　若给定的 $\alpha_1,\alpha_2,\cdots,\alpha_n$ 满足 $\sum_{i=1}^{n}\alpha_i=1$，则 $\sum_{i=1}^{n}\alpha_i X_i$ 是总体期望 $E(X)$ 的无偏估计。

解　$E(\sum_{i=1}^{n}\alpha_i X_i)=\sum_{i=1}^{n}\alpha_i E(X_i)=\sum_{i=1}^{n}\alpha_i E(X)=E(X)\cdot\sum_{i=1}^{n}\alpha_i=E(X)$

由此可以推出：同一参数的无偏估计并不唯一。

关于无偏性还需说明以下几点：

(1)并非所有参数都具有无偏估计，但要确定某一估计量的无偏性并非都是容易的，因为从根本上来说，必须先求得估计量的分布，才能求估计量的期望，而一般估计量的分布是较难确定的。

(2)若 $\hat{\theta}$ 是未知参数 θ 的无偏估计，除线性函数外，并不能推出 $\hat{\theta}$ 的函数 $g(\hat{\theta})$ 是 $g(\theta)$ 的无偏估计的结论。例如正态总体 $N(\mu,\sigma^2)$，S^2 是 σ^2 的无偏估计，但 S 并不是 σ 的无偏估计。

(3)从实际应用的角度看，无偏估计的意义是：当这个估计量，即多次重复估计的值，经常使用时，尽管对每一个别估计值来说，难免偏高偏低。但平均来说是接近于参数真值的。例如，某厂产品的次品率，从较长期看大体稳定在一个数 P_0 上，若每日进行抽查并用样本均值 $\overline{X}$ 对次品率作一估计，就每日的估计值来说，自然会偏高或偏低于 P_0，但由于 $\overline{X}$ 是次品率的无偏估计，就多日估计值的平均来说，偏高偏低会相互抵销而接近于真值 P_0，这就是无偏性的要求的合理性和必要性。然而应当指出，在不少应用中，既没有估计的经常性，也没有总体的稳定性，而且偏高偏低并不总能抵销，这样，无偏性的意义就不那么大了。因此，既要看到无偏性在估计中的作用，又要根据实际问题的性质对估计的无偏性有适当的评价。

8.2.2　有效性

对同一总体的同一未知参数，利用同一样本，会有不同的但都具有无偏性的估计量，那么，如何评价这些无偏估计的优劣呢？例如，对正态总体 $X\sim N(\mu,\sigma^2)$，有样本 $X_1,\cdots,X_n$，样本均值 $\overline{X}$ 和样本中位数 $\widetilde{X}$ 都是参数 μ 的估计量，且前面已指出：$\overline{X}\sim N(\mu,\sigma^2/n)$，$\widetilde{X}\sim N(\mu,\frac{\pi\sigma^2}{2n})$，即 $E(\overline{X})=\mu, E(\widetilde{X})=\mu$，这表明 $\overline{X}$ 和 $\widetilde{X}$ 都是 μ 的无偏估计，那么，估计量 $\overline{X}$ 与 $\widetilde{X}$ 哪个好些呢？从 $\overline{X}$ 和 $\widetilde{X}$ 的分布看，当 n 固定时，$D(\overline{X})=\sigma^2/n<D(\widetilde{X})=\frac{\pi\sigma^2}{2n}$，这一方差的大小表明，$\overline{X}$ 的取值相对于 μ 有较大偏差的可能性小于 $\widetilde{X}$，即对给定的 $\varepsilon>0$，有

$$P\{\mu-\varepsilon<\overline{X}<\mu+\varepsilon\}>P\{\mu-\varepsilon<\widetilde{X}<\mu+\varepsilon\}$$

即由 $\overline{X}$ 得到的估计值与由 $\widetilde{X}$ 得到的估计值相比，前者接近于真值 μ 的概率大于后者。

一般，若 $\hat{\theta}_1$ 和 $\hat{\theta}_2$ 都是参数 θ 的无偏估计量，则当样本容量 n 一定时，有 $D(\hat{\theta}_1)<D(\hat{\theta}_2)$，此时称估计量 $\hat{\theta}_1$ 较 $\hat{\theta}_2$ 有效。

例 12　设总体 X，有 $E(X)=a$；$D(X)=b$；X_1,X_2,X_3 为样本。试比较 a 的两个估计量

$$\hat{a}_1=\frac{2}{5}X_1+\frac{1}{5}X_2+\frac{2}{5}X_3 \quad 和 \quad \hat{a}_2=\frac{1}{9}X_1+\frac{1}{3}X_2+\frac{5}{9}X_3$$

的有效性。

解 首先，由

$$E(\hat{a}_1)=\frac{2}{5}E(X_1)+\frac{1}{5}E(X_2)+\frac{2}{5}E(X_3)=a$$

$$E(\hat{a}_2)=\frac{1}{9}E(X_1)+\frac{1}{3}E(X_2)+\frac{5}{9}E(X_3)=a$$

知 $\hat{a}_1$ 和 $\hat{a}_2$ 都是 a 的无偏估计。再由

$$D(\hat{a}_1)=\frac{4}{25}D(X_1)+\frac{1}{25}D(X_2)+\frac{4}{25}D(X_3)=0.36b$$

$$D(\hat{a}_2)=\frac{1}{81}D(X_1)+\frac{1}{9}D(X_2)+\frac{25}{81}D(X_3)=0.43b$$

知 $D(\hat{a}_1)<D(\hat{a}_2)$，即估计量 $\hat{a}_1$ 比 $\hat{a}_2$ 有效。

例 13 设总体 X 有 $E(X)=a$；$D(X)=b$；$X_1,X_2,\cdots,X_n$ 是一个样本。试比较总体期望的两个估计量

$$\hat{a}_1=\overline{X} \quad 和 \quad \hat{a}_2=\sum_{i=1}^{n}k_iX_i$$

的有效性，其中 $\sum_{i=1}^{n}k_i=1$。

解 首先，由

$$E(\hat{a}_1)=E(\overline{X})=E(X)=a$$

$$E(\hat{a}_2)=E(\sum_{i=1}^{n}k_iX_i)=\sum_{i=1}^{n}k_iE(X_i)=a\sum_{i=1}^{n}k_i=a$$

知 $\hat{a}_1$ 和 $\hat{a}_2$ 都是总体期望的无偏估计。再看估计量 $\hat{a}_1$ 和 $\hat{a}_2$ 的方差：

$$D(\hat{a}_1)=D(\overline{X})=\frac{1}{n}D(X)=b/n$$

$$D(\hat{a}_2)=D(\sum_{i=1}^{n}k_iX_i)=\sum_{i=1}^{n}k_i^2D(X_i)=b\cdot\sum_{i=1}^{n}k_i^2$$

问题归结为比较 $\frac{1}{n}$ 和 $\sum_{i=1}^{n}k_i^2$ 的大小。利用著名的许瓦兹不等式

$$\left|\sum_{i=1}^{n}A_iB_i\right|\leqslant\sqrt{\sum_{i=1}^{n}A_i^2\cdot\sum_{i=1}^{n}B_i^2}$$

取 $A_i=k_i,B_i=1,i=1,2,\cdots,n$，则由许瓦兹不等式

$$1=\sum_{i=1}^{n}k_i\cdot 1\leqslant\sqrt{\sum_{i=1}^{n}k_i^2\cdot\sum_{i=1}^{n}1}=\sqrt{n\cdot\sum_{i=1}^{n}k_i^2}$$

两边平方，有

$$1\leqslant n\sum_{i=1}^{n}k_i^2 \text{ 即 } \frac{1}{n}\leqslant\sum_{i=1}^{n}k_i^2$$

这表明 $D(\hat{a}_1)\leqslant D(\hat{a}_2)$（当 $k_i=\frac{1}{n}$ 时等号成立），所以估计量 $\hat{a}_1$ 比 $\hat{a}_2$ 有效。

有效性指出，同样是无偏估计量，其方差越小越好，最理想的是方差为零。事实上，这对有限样本来说是不可能的，那么在样本容量 n 固定时，是否有 θ 的方差最小的无偏估计量呢？罗-克拉美(Rao-Cramer)证明了如下结论：在某些条件下，未知参数 θ 的无偏估计 $\hat{\theta}$ 的方差具有下界

$$\frac{1}{nE[\frac{\partial}{\partial\theta}\ln f(x,\theta)^2]}$$

其中 $f(x,\theta)$ 为总体密度函数或分布律，n 为样本容量。显然，当无偏估计量 $\hat{\theta}$ 的方差达到下界时最有效，此时称 $\hat{\theta}$ 为 θ 的有效估计量，或称 $\hat{\theta}$ 为 θ 的达到方差界的无偏估计量。

例 14　设总体 $X\sim N(\mu,\sigma^2)$，σ^2 已知，均值 μ 的无偏估计量 $\hat{\mu}=\overline{X}$，有 $D(\overline{X})=\frac{\sigma^2}{n}$，证明 $\overline{X}$ 是 μ 的有效估计量。

证明
$$f(x,\mu)=\frac{1}{\sqrt{2\pi}\sigma}e^{-\frac{(x-\mu)^2}{2\sigma^2}}$$

$$\ln f(x,\mu)=\ln\frac{1}{\sqrt{2\pi}\sigma}-\frac{(x-\mu)^2}{2\sigma^2}$$

$$\frac{\partial\ln f(x,\mu)}{\partial\mu}=\frac{1}{\sigma^2}(x-\mu)$$

$$E[(\frac{\partial\ln f(x,\mu)}{\partial\mu})^2]=\int_{-\infty}^{+\infty}\frac{1}{\sigma^4}(x-\mu)^2\frac{1}{\sqrt{2\pi}\sigma}e^{-\frac{(x-\mu)^2}{2\sigma^2}}dx$$

令 $\frac{x-\mu}{\sigma}=t$，则

$$E[(\frac{\partial\ln f(x,\mu)}{\partial\mu})^2]=\frac{1}{\sigma^2}\int_{-\infty}^{+\infty}\frac{1}{\sqrt{2\pi}}t^2e^{-\frac{t^2}{2}}dt=\frac{1}{\sigma^2}[\frac{-1}{\sqrt{2\pi}}te^{-\frac{t^2}{2}}\Big|_{-\infty}^{+\infty}+\int_{-\infty}^{+\infty}\frac{1}{\sqrt{2\pi}}e^{-\frac{t^2}{2}}dt]$$
$$=\frac{1}{\sigma^2}[0+1]=\frac{1}{\sigma^2}$$

方差下界为$\frac{\sigma^2}{n}$。可见，估计量 $\overline{X}$ 的方差达到下界，是 $\hat{\mu}$ 的有效估计。

例 15　对于 0－1 两点分布总体，$P(X=1)=p$，证明未知参数 p 的估计 $\hat{p}=\overline{X}$ 是有效估计。

证明　首先求 p 的估计量的方差下界：

$$f(x,p)=p^x(1-p)^{1-x}\qquad x=0,1$$
$$\ln f(x,p)=x\ln p+(1-x)\ln(1-p)$$
$$\frac{\partial\ln f(x,p)}{\partial p}=\frac{x}{p}-\frac{1-x}{1-p}$$

由离散型随机变量的函数的数学期望得

$$E[(\frac{\partial\ln f(x,p)}{\partial p})^2]=(\frac{0}{p}-\frac{1-0}{1-p})^2\cdot(1-p)+(\frac{1}{p}-\frac{1-1}{1-p})^2p=\frac{1}{p(1-p)}$$

于是方差下界为$\frac{p(1-p)}{n}$。因为 p 的估计量 $\overline{X}$ 的方差为

$$D(\overline{X})=D(\frac{1}{n}\sum_{i=1}^{n}X_i)=\frac{1}{n^2}\cdot\sum_{i=1}^{n}D(X_i)=\frac{1}{n^2}\cdot np(1-p)=\frac{p(1-p)}{n}$$

可见 $\hat{p}=\overline{X}$ 是达方差界的估计量。

8.2.3 一致性

前面,我们是在样本容量固定的条件下,讨论估计量的无偏性和有效性。由于 θ 的估计量 $\hat{\theta}$ 是样本的函数,是与样本容量 n 有关的,我们不妨记为 $\hat{\theta}_n$。随着样本容量 n 的增加,样本所包含的信息增加,自然要求估计的质量提高。具体地说,随着 n 的增加,希望估计量 $\hat{\theta}_n$ 充分地接近 θ,这就是下面一致性的概念。

如果对任意的 $\varepsilon>0$,有

$$\lim_{n\to\infty}P\{|\hat{\theta}_n-\theta|<\varepsilon\}=1$$

则称 $\hat{\theta}_n$ 是 θ 的一致估计量。

例 16 样本均值 $\overline{X}$ 是总体期望 $E(X)$的一致估计。

解 由大数定理,对任意的 $\varepsilon>0$,有

$$\lim_{n\to\infty}P\{|\frac{1}{n}\sum_{i=1}^{n}X_i-E(X)|<\varepsilon\}=1$$

即表明 $\overline{X}=\frac{1}{n}\sum_{i=1}^{n}X_i$ 是 $E(X)$ 的一致估计量。

事实上,样本 K 阶原点矩 $A_K=\frac{1}{n}\sum_{i=1}^{n}X_i^K$ 是总体 K 阶原点矩 $E(X^K)$ 的一致估计量。

例 17 设总体 $X\sim N(\mu,\sigma^2)$,证明样本方差 S^2 是 σ^2 的一致估计量。

证明 由 S^2 是 σ^2 的无偏估计知 $E(S^2)=\sigma^2$,又$\frac{(n-1)S^2}{\sigma^2}\sim\chi^2(n-1)$,由 χ^2 分布随机变量的方差知

$$D(\frac{(n-1)S^2}{\sigma^2})=2(n-1)\text{ 即 }\quad D(S^2)=\frac{2\sigma^2}{n-1}$$

利用切比雪夫不等式:若对随机变量 X,$E(X)$和 $D(X)$存在,则对任意的 $\varepsilon>0$ 有

$$P\{|X-E(X)|<\varepsilon\}>1-\frac{D(X)}{\varepsilon^2}$$

于是

$$P\{|S^2-\sigma^2|<\varepsilon\}>1-\frac{2\sigma^4}{(n-1)\varepsilon^2}$$

又当 $n\to\infty$时,有

$$P\{|S^2-\sigma^2|<\varepsilon\}\to 1$$

则 S^2 是 σ^2 的一致估计量。

§8.3　区间估计

8.3.1　参数区间估计的基本方法

在许多实际问题中，我们希望得到的并不是总体未知参数的某个点估计值，而是希望对未知参数的取值范围作出估计。例如每天的气温预报，若预报的不是最低温度和最高温度，而是一个温度值，就没有实际意义。在总体未知参数的点估计中，尽管通过构造合适的估计量，并尽可能地增大样本容量 n，使估计尽可能的精确，即尽量减小估计量与真值之间有较大偏差的可能性，但因为任何一个估计量都是随机变量，所以估计的误差仍是不可避免的。那么，一种估计与真值到底接近到什么程度，出现各种偏差的可能性有多大，即对未知参数估计出一个范围，并给出这个范围包含参数真值的可靠程度，就成为参数区间估计的主要目的。

设总体的密度函数 $f(x,\theta)$（或概率分布 $P(x,\theta)$）中参数 θ 未知，对给定的 $\alpha(0<\alpha<1)$，由样本 $X_1,X_2,\cdots,X_n$ 确定两个统计量 $\theta_1=g_1(X_1,X_2,\cdots,X_n)$ 和 $\theta_2=g_2(X_1,X_2,\cdots,X_n)$，使

$$P\{\theta_1<\theta<\theta_2\}=1-\alpha$$

则称随机区间 (θ_1,θ_2) 为参数 θ 的置信度为 $1-\alpha$ 的置信区间。

下面通过例子来说明参数区间估计的基本方法。

例 18　设总体 $X\sim N(\mu,\sigma^2)$，σ^2 已知，$X_1,X_2,\cdots,X_n$ 为总体的一个样本，试对给定的置信度 $1-\alpha$，求未知参数 μ 的置信区间。

解　我们知道 $\overline{X}$ 是 μ 的无偏估计，且有

$$\overline{X}\sim N(\mu,\frac{\sigma^2}{n})\text{即}\quad U=\frac{\overline{X}-\mu}{\sigma/\sqrt{n}}\sim N(0,1)$$

由标准正态分布的双侧 α 分位点，有 $Z_{\alpha/2}$（见图 8.1），使

$$P\{-Z_{\alpha/2}<U<Z_{\alpha/2}\}=1-\alpha$$

即

$$P\{-Z_{\alpha/2}<\frac{\overline{X}-\mu}{\sigma/\sqrt{n}}<Z_{\alpha/2}\}=1-\alpha$$

这等价于

$$P\{\overline{X}-Z_{\alpha/2}\frac{\sigma}{\sqrt{n}}<\mu<\overline{X}+Z_{\alpha/2}\frac{\sigma}{\sqrt{n}}\}=1-\alpha$$

由此可见，参数 μ 的置信度为 $1-\alpha$ 的置信区间 (θ_1,θ_2) 为

$$(\overline{X}-Z_{\alpha/2}\frac{\sigma}{\sqrt{n}},\quad \overline{X}+Z_{\alpha/2}\frac{\sigma}{\sqrt{n}})$$

当 σ^2,n,α 给定时，例如 $\sigma^2=64,n=25,\alpha=0.05$，即 $1-\alpha=0.95$，由标准正态分布表可得 $Z_{\alpha/2}=Z_{0.025}=1.96$，于是，$\mu$ 的置信度为 0.95 的置信区间为

$$(\overline{X}-3.136,\quad \overline{X}+3.136)$$

这是一个随机区间。进一步地,若有一个具体的样本值 $x_1,x_2,\cdots,x_{25}$,算得 $\bar{x}=52$,则 μ 的置信度为0.95的置信区间为

$$(48.864,55.136)$$

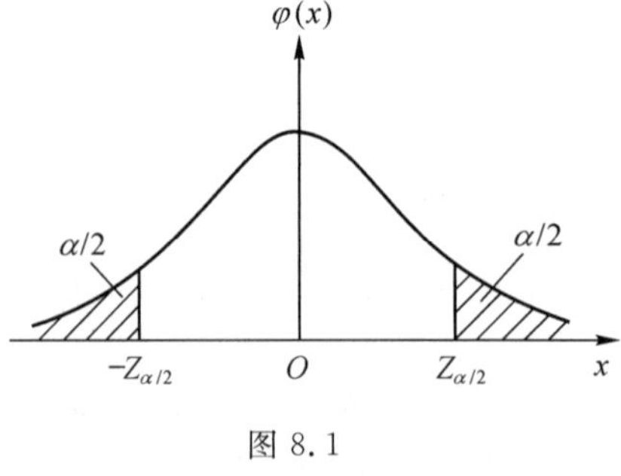

图 8.1

由上例可见,参数区间估计的一般步骤为:首先选择一个包含待估参数 θ 的统计量 T,该统计量不含有其他未知参数,并且它的分布是已知的(不依赖于待估参数和其他未知参数);然后,由给定的置信度 $1-\alpha$ 定出两个常数 a 和 b(一般是分位点),使

$$P\{a<T<b\}=1-\alpha$$

再由不等式 $a<T<b$ 变换为等价的不等式 $\theta_1<\theta<\theta_2$,则区间 (θ_1,θ_2) 就是 θ 的置信度为 $1-\alpha$ 的置信区间。

关于区间估计需要说明以下几点。

(1)随机区间 $(\overline{X}-3.136,\overline{X}+3.136)$ 的置信度为 0.95,其意义是:用同一 n,反复抽得 k 个样本,得到 k 个样本均值 $\overline{X}_i$,$i=1,2,\cdots,k$,于是有 k 个区间 $(\overline{X}_i-3.136,\overline{X}_i+3.136)$,$i=1,2,\cdots,k$,在这 k 个区间中,大致有 95%包含参数 μ 的真值,不包含 μ 的为 5%。对一个具体的样本均值,如 $\bar{x}=52$,区间为(48.864,55.136),我们以 95%的可信程度说它是属于那些包含 μ 真值的区间中的一个。

(2)当 α 给定时,常数 a 和 b 并不是唯一的。如在例 18 中,$\alpha=0.05$,我们取

$$P\left\{-Z_{0.025}<\frac{\overline{X}-\mu}{\sigma/\sqrt{n}}<Z_{0.025}\right\}=0.95$$

也可以取(见图 8.2)

$$P\left\{-Z_{0.01}<\frac{\overline{X}-\mu}{\sigma/\sqrt{n}}<Z_{0.04}\right\}=0.95$$

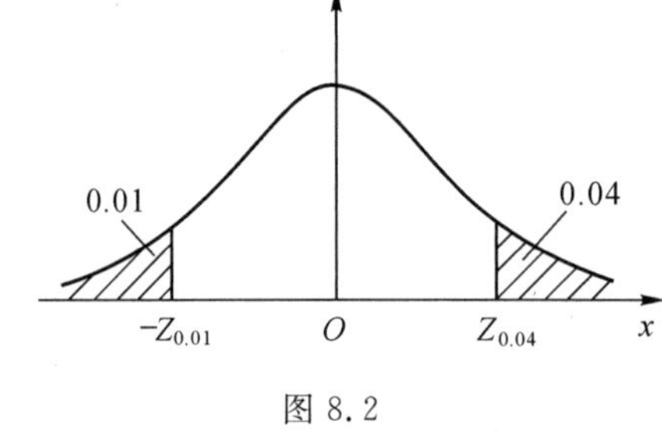

图 8.2

前者得到区间

$$\left(\overline{X}-1.96\frac{\sigma}{\sqrt{n}},\overline{X}+1.96\frac{\sigma}{\sqrt{n}}\right)$$

区间长度

$$L_1=\left(\overline{X}+1.96\frac{\sigma}{\sqrt{n}}\right)-\left(\overline{X}-1.96\frac{\sigma}{\sqrt{n}}\right)=3.92\cdot\frac{\sigma}{\sqrt{n}}$$

后者对应的区间为 $\left(\overline{X}-Z_{0.04}\frac{\sigma}{\sqrt{n}},\overline{X}+Z_{0.01}\frac{\sigma}{\sqrt{n}}\right)$,查表得 $Z_{0.04}=1.75$,$Z_{0.01}=2.33$,其区间长度

$$L_2=\left(\overline{X}+2.33\frac{\sigma}{\sqrt{n}}\right)-\left(\overline{X}-1.75\frac{\sigma}{\sqrt{n}}\right)=4.08\frac{\sigma}{\sqrt{n}}$$

显然,$L_2>L_1$,区间长度的大小反映估计的精度,在置信度 $1-\alpha$ 固定的条件下,自然选择区间长度较小的。利用标准正态分布的对称性可以证明,当对称地取为 $-Z_{\alpha/2}$ 和 $Z_{\alpha/2}$ 时,所得区间长度最小。对于 t 分布也有同样的结论,而对于不具有对称分布的 χ^2 分布和 F 分

布等，就有所区别。

(3)在例 18 中，若取 $1-\alpha=0.90$，即 $\alpha=0.1$，那么区间为

$$(\overline{X}-Z_{0.05}\frac{\sigma}{\sqrt{n}},\quad \overline{X}+Z_{0.05}\frac{\sigma}{\sqrt{n}})$$

其区间长度为

$$L_3=(\overline{X}+Z_{0.05}\frac{\sigma}{\sqrt{n}})-(\overline{X}-Z_{0.05}\frac{\sigma}{\sqrt{n}})=3.29\frac{\sigma}{\sqrt{n}}$$

显然，$L_1>L_3$。这表明，当 n 固定时，随着置信度的降低，区间长度随之减小，这是一个很直观的结果。由区间长度 $L=2\cdot Z_{\alpha/2}\cdot\frac{\sigma}{\sqrt{n}}$ 可见，如果既要具有较小的区间长度，又要保持较高的置信度，必须增大样本容量 n。在实际应用中，要根据对置信度和区间长度的要求及可行性，综合考虑选取 α 和 n。

(4)参数区间估计的关键是选择一个合适的统计量，通常可以从参数的点估计着手考虑。对于正态总体，前一章已给出了几个分布已知的统计量，可以用于正态总体参数的区间估计，这在下面用例子分别说明。对非正态总体来说，要确定某些统计量的分布并不容易，因此，有关未知参数的区间估计也困难一些。对此，常用中心极限定理来解决。

设总体 X 的数学期望 $E(X)$ 存在，方差 $D(X)$ 非零且有穷，$X_1,X_2,\cdots,X_n$ 是一个样本，则由中心极限定理知，当 n 充分大时，统计量 U 渐近地有

$$U=\frac{n\overline{X}-nE(X)}{\sqrt{n\cdot D(X)}}\sim N(0,1)$$

由此，对大样本问题，可以得到与 $E(X)$ 或 $D(X)$ 有关的总体未知参数的渐近区间估计。

(5)上面叙述的是对总体未知参数的区间估计，事实上对总体数字特征的区间估计也可用类似的方法解决。

例 19　设 $X_1,X_2,\cdots,X_n$ 是来自泊松分布总体 $\pi(\lambda)$ 的一个样本，求未知参数 λ 的置信度为 $1-\alpha$ 的近似置信区间。

解　对于泊松分布总体，$E(X)=D(X)=\lambda$，由中心极限定理，渐近地有

$$\frac{\overline{X}-\lambda}{\sqrt{\lambda/n}}\sim N(0,1)$$

于是近似地有

$$P\{|\frac{\overline{X}-\lambda}{\sqrt{\lambda/n}}|<Z_{\alpha/2}\}=1-\alpha$$

解其中的不等式 $|\frac{\overline{X}-\lambda}{\sqrt{\lambda/n}}|<Z_{\alpha/2}$，两边平方后整理为

$$n\lambda^2+(Z_{\alpha/2}^2+2n\overline{X})\lambda+n\overline{X}^2<0$$

这是关于 λ 的二次不等式，其解

$$(\frac{1}{2n}(2n\overline{X}+Z_{\alpha/2}^2-\sqrt{4n\overline{X}Z_{\alpha/2}^2+Z_{\alpha/2}^4}),\quad \frac{1}{2n}(2n\overline{X}+Z_{\alpha/2}^2+\sqrt{4n\overline{X}Z_{\alpha/2}^2+Z_{\alpha/2}^4}))$$

即为参数 λ 的置信度为 $1-\alpha$ 的近似置信区间。

8.3.2 正态总体参数的区间估计

在例17中,总体 $X\sim N(\mu,\sigma^2)$,σ^2 已知,利用统计量

$$\frac{\overline{X}-\mu}{\sigma/\sqrt{n}}\sim N(0,1)$$

得到 μ 的置信度为 $1-\alpha$ 的置信区间为

$$(\overline{X}-Z_{\alpha/2}\frac{\sigma}{\sqrt{n}},\quad \overline{X}+Z_{\alpha/2}\frac{\sigma}{\sqrt{n}})$$

对正态总体另外几个常用的参数区间估计,通过下面几个例子来说明。

例20 为调查某地旅游者的平均消费额,随机访问了40名旅游者,得平均消费额为 $\overline{x}=105$元,样本标准差 $S=28$ 元。设消费额为正态分布,求该地旅游者的平均消费 μ 的置信区间,取 $\alpha=0.05$。

解 该例是 σ^2 未知的条件下,求正态总体参数 μ 的置信区间,选用统计量

$$T=\frac{\overline{X}-\mu}{S/\sqrt{n}}\sim t(n-1)$$

由 t 分布的双侧分位点

$$P\{-t_{\alpha/2}(n-1)<\frac{\overline{X}-\mu}{S/\sqrt{n}}<t_{\alpha/2}(n-1)\}=1-\alpha$$

等价地,

$$P\{\overline{X}-\frac{S}{\sqrt{n}}t_{\alpha/2}(n-1)<\mu<\overline{X}+\frac{S}{\sqrt{n}}t_{\alpha/2}(n-1)\}=1-\alpha$$

于是,μ 的置信度为 $1-\alpha$ 的置信区间为

$$(\overline{X}-\frac{S}{\sqrt{n}}t_{\alpha/2}(n-1),\quad \overline{X}+\frac{S}{\sqrt{n}}t_{\alpha/2}(n-1))$$

把 $S=28$,$\overline{X}=105$,$n=40$ 代入,并由 n 及 α 查 t 分布表得 $t_{0.025}(39)=2.0227$,则 μ 的置信度为0.95的置信区间为(96.05,113.95)。

例21 某车间生产的滚珠直径 X 服从正态分布。若用这种滚珠组装成轴承,对其方差有一定要求,现随机抽查6颗滚珠,测得其直径为(单位:mm)

14.6　15.1　14.9　14.8　15.2　15.1

试求方差 σ^2 的置信区间,取 $\alpha=0.02$。

解 该例是对总体 $X\sim N(\mu,\sigma^2)$,求方差 σ^2 的置信区间。我们已经知道样本方差 $S^2=\frac{1}{n-1}\sum_{i=1}^{n}(X_i-\overline{X})^2$ 是总体方差的无偏估计量,且有

$$\frac{(n-1)S^2}{\sigma^2}\sim\chi^2(n-1)$$

因此对给定的 α,由 χ^2 分布的双侧分位点

$$P\{\chi^2_{1-\alpha/2}(n-1)<\frac{(n-1)S^2}{\sigma^2}<\chi^2_{\alpha/2}(n-1)\}=1-\alpha$$

这等价于

$$P\{\frac{(n-1)S^2}{\chi^2_{\alpha/2}(n-1)}(n)<\sigma^2<\frac{(n-1)S^2}{\chi^2_{1-\alpha/2}(n-1)}\}=1-\alpha$$

于是 σ^2 的置信度为 $1-\alpha$ 的置信区间为

$$(\frac{(n-1)S^2}{\chi^2_{\alpha/2}(n-1)},\frac{(n-1)S^2}{\chi^2_{1-\alpha/2}(n-1)})$$

由样本算得 $S^2=0.051$；由 $n=6$ 及 $\alpha=0.02$ 查 χ^2 分布表，得 $\chi^2_{0.01}(5)=15.086$，$\chi^2_{0.99}(5)=0.554$，则 σ^2 的置信区间为

$$(0.017,0.46)$$

必须指出，这里取 χ^2 分布双侧分位点 $\chi^2_{1-\alpha/2}(n-1)$ 和 $\chi^2_{\alpha/2}(n-1)$，即分位点两外侧的概率都是 $\alpha/2$。由于 χ^2 分布不像标准正态分布那样具有对称性，这样得到的区间长度并不是最短的，这里是为了方便，习惯地延用了标准正态分布的取法。在要求较高的场合，可以求得使区间长度最短的 χ^2 分布的双侧 α 分位点。下面在用到 F 分布时出现类似的问题，我们不再复述。

例 22　设总体 $X\sim N(1,\sigma^2)$ 有容量为 4 的样本：1.30，0.78，0.06，1.98，求 σ^2 的置信度为 0.95 的置信区间。

解　与例 20 相比，其差别是例 21 中总体期望 μ 是已知的，因此，我们不使用例 20 的统计量，而构造一个新的统计量。由 $X\sim N(\mu,\sigma^2)$，则

$$\frac{X-\mu}{\sigma}\sim N(0,1)$$

于是对样本有

$$\frac{X_i-\mu}{\sigma}\sim N(0,1)\qquad i=1,2,\cdots,n$$

根据前一章的定理 3，统计量

$$\sum_{i=1}^{n}(\frac{X_i-\mu}{\sigma})^2\sim\chi^2(n)$$

由 χ^2 分布的双侧分位点

$$P\{\chi^2_{1-\alpha/2}(n)<\sum_{i=1}^{n}(\frac{X_i-\mu}{\sigma})^2<\chi^2_{\alpha/2}(n)\}=1-\alpha$$

这等价于

$$P\{\frac{\sum_{i=1}^{n}(X_i-\mu)^2}{\chi^2_{\alpha/2}(n)}<\sigma^2<\frac{\sum_{i=1}^{n}(X_i-\mu)^2}{\chi^2_{1-\alpha/2}(n)}\}=1-\alpha$$

这表明 σ^2 的置信度为 $1-\alpha$ 的置信区间是

$$(\frac{\sum_{i=1}^{n}(X_i-\mu)^2}{x^2_{\alpha/2}(n)},\quad\frac{\sum_{i=1}^{n}(X_i-\mu)^2}{x^2_{1-\alpha/2}(n)})$$

由样本及 $\mu=1$ 得

$$\sum_{i=1}^{4}(X_i-\mu)^2=1.9824$$

由 χ^2 分布表得 $\chi^2_{0.025}(4)=11.143$，$\chi^2_{0.975}(4)=0.484$，于是 σ^2 的置信度为 0.95 的置信区间为

$$(0.1779,4.0959)$$

例23 设甲、乙两厂生产的同一种电子元件的电阻值分别为$X\sim N(\mu_1,\sigma_1^2)$,$Y\sim N(\mu_2,\sigma_2^2)$,从甲厂中随机抽取4个,乙厂抽取5个,测得电阻(单位Ω)分别为

0.143,0.142,0.143,0.137

0.140,0.142,0.136,0.138,0.140

(1)根据长期生产情况知$\sigma_1^2=7\times10^{-6}$,$\sigma_2^2=6\times10^{-6}$,试在0.99置信度下求$\mu_1-\mu_2$的置信区间。

(2)若σ_1^2,σ_2^2未知,但$\sigma_1^2=\sigma_2^2$,试在0.99置信度下求$\mu_1-\mu_2$的置信区间。

解 (1)这是对两个正态总体在σ_1^2和σ_2^2已知的条件下,求$\mu_1-\mu_2$的区间估计。一般,我们用$\overline{X}-\overline{Y}$作为$\mu_1-\mu_2$的点估计,而且有统计量(见第7章定理8)

$$U=\frac{(\overline{X}-\overline{Y})-(\mu_1-\mu_2)}{\sqrt{\sigma_1^2/n_1+\sigma_2^2/n_2}}\sim N(0,1)$$

由标准正态分布的双侧分位点,对给定的$1-\alpha$,有

$$P\{-Z_{\alpha/2}<U<Z_{\alpha/2}\}=1-\alpha$$

这等价于

$$P\{(\overline{X}-\overline{Y})-Z_{\alpha/2}\sqrt{\frac{\sigma_1^2}{n_1}+\frac{\sigma_2^2}{n_2}}<\mu_1-\mu_2<(\overline{X}-\overline{Y})+Z_{\alpha/2}\sqrt{\frac{\sigma_1^2}{n_1}+\frac{\sigma_2^2}{n^2}}\}=1-\alpha$$

于是$\mu_1-\mu_2$的置信区间为

$$((\overline{X}-\overline{Y})-Z_{\alpha/2}\sqrt{\frac{\sigma_1^2}{n_1}+\frac{\sigma_2^2}{n_2}},\quad(\overline{X}-\overline{Y})+Z_{\alpha/2}\sqrt{\frac{\sigma_1^2}{n_1}+\frac{\alpha_2^2}{n_2}})$$

由样本算得$\bar{x}=0.14125$,$\bar{y}=0.1392$;由$\alpha=0.01$查标准正态分布表得$Z_{0.005}=2.575$与$n_1=4$,$n_2=5$,$\sigma_1^2=7\times10^{-6}$,$\sigma_2^2=6\times10^{-6}$,一并代入,得$\mu_1-\mu_2$的0.99置信度的置信区间为

$$(-0.0024,0.0065)$$

(2)这是对两个正态总体,在只知道σ_1^2和σ_2^2相同的条件下,求$\mu_1-\mu_2$的置信区间,显然,我们用样本方差S_1^2,S_2^2作为总体方差的估计,并利用统计量

$$T=\frac{(\overline{X}-\overline{Y})-(\mu_1-\mu_2)}{S_\omega\sqrt{1/n_1+1/n_2}}\sim t(n_1+n_2-2)$$

其中

$$S_\omega^2=\frac{(n_1-1)S_1^2+(n_2-1)S_2^2}{n_1+n_2-2}$$

由t分布的双侧分位点,对给定的$1-\alpha$,有

$$P\{-t_{\alpha/2}(n_1+n_2-2)<T<t_{\alpha/2}(n_1+n_2-2)\}=1-\alpha$$

这等价于

$$\begin{aligned}P\{(\overline{X}-\overline{Y})-S_\omega\sqrt{1/n_1+1/n_2}\,t_{\alpha/2}(n_1+n_2-2)<\mu_1-\mu_2\\<(\overline{X}-\overline{Y})+S_\omega\sqrt{1/n_1+1/n_2}\,t_{\alpha/2}(n_1+n_2-2)\}\\=1-\alpha\end{aligned}$$

于是$\mu_1-\mu_2$的置信区间为

$$\{(\overline{X}-\overline{Y})-S_\omega\sqrt{1/n_1+1/n_2}\,t_{\alpha/2}(n_1+n_2-2),\quad(\overline{X}-\overline{Y})+S_\omega\sqrt{1/n_1+1/n_2}\,t_{\alpha/2}(n_1+n_2-2)\}$$

由样本算得 $S_1^2=8.25\times10^{-6}$，$S_2^2=5.2\times10^{-6}$，于是 $S_\omega=0.0025$；又由 t 分布表得 $t_{0.005}(7)=3.4995$，最后求得 $\mu_1-\mu_2$ 的 0.99 置信度的置信区间为

$$(-0.0039, 0.008)$$

例 24　为比较两种枪弹速度(单位:米/秒)的波动大小，在相同条件下进行速度测定。对枪弹甲测试 $n_1=25$ 枚，得样本方差 $S_1^2=110.4^2$；对枪弹乙测试 $n_2=21$ 枚，得样本方差 $s_2^2=105.0^2$。设枪弹速度服从正态分布，试在置信度为 0.90 下求两种枪弹方差之比的置信区间。

解　样本方差之比是总体方差之比的点估计，且统计量(见第 7 章定理 9)

$$\frac{S_1^2}{S_2^2}\cdot\frac{\sigma_2^2}{\sigma_1^2}\sim F(n_1-1, n_2-1)$$

由 F 分布的双测分位点，对给定的 $1-\alpha$ 有

$$P\{F_{1-\alpha/2}(n_1-1, n_2-1)<\frac{S_1^2}{S_2^2}\cdot\frac{\sigma_2^2}{\sigma_1^2}<F_{\alpha/2}(n_1-1, n_2-1)\}=1-\alpha$$

这等价于

$$P\{\frac{S_1^2}{S_2^2}\cdot\frac{1}{F_{\alpha/2}(n_1-1, n_2-1)}<\frac{\sigma_1^2}{\sigma_2^2}<\frac{S_1^2}{S_2^2}\cdot\frac{1}{F_{1-\alpha/2}(n_1-1, n_2-1)}\}=1-\alpha$$

于是 σ_1^2/σ_2^2 的置信区间为

$$\left(\frac{S_1^2}{S_2^2}\cdot\frac{1}{F_{\alpha/2}(n_1-1, n_2-1)},\quad \frac{S_1^2}{S_2^2}\cdot\frac{1}{F_{1-\alpha/2}(n_1-1, n_2-1)}\right)$$

由 F 分布表得 $F_{0.05}(24, 20)=2.08$，$F_{1-0.05}(24, 21)=\dfrac{1}{F_{0.05}(21, 24)}=\dfrac{1}{2.03}=0.4926$，用 $S_1^2=110.4^2$，$S_2^2=105.0^2$ 代入得 σ_1^2/σ_2^2 的置信度为 0.90 的置信区间为

$$(0.5315, 2.2442)$$

8.3.3　单侧置信区间

前面讨论的置信区间都是双侧的，即由置信下限 θ_1 和置信上限 θ_2 构成双侧置信区间 (θ_1, θ_2)，但对于许多实际问题只需要考虑单侧。例如对材料的强度来说，一般平均强度偏大是没有问题的，但我们关心的是平均强度是否过小。这时，我们可将平均强度的置信上限取为 $+\infty$，而需要确定置信下限。又如考虑产品的生产成本时，可以将置信下限取为 0，而需要确定置信上限。这类只考虑下限或只考虑上限的区间估计称为置信度是 $1-\alpha$ 的单侧置信区间。

例 25　设某种航天器件的有效工作时间 X 服从正态分布，随机取 5 件进行测试，它们的有效工作时间为(单位:万小时)

4.38　　4.02　　4.75　　3.96　　4.55

试求 μ 的置信度为 0.95 的置信下限。

解　因为 $X\sim N(\mu, \sigma^2)$，求 μ 的置信度为 $1-\alpha$ 的置信下限，即确定 θ_1，使

$$P\{\theta_1<\mu\}=1-\alpha$$

由于 σ^2 未知，我们利用统计量 $\dfrac{\overline{X}-\mu}{S/\sqrt{n}}\sim t(n-1)$，由 t 分布的上侧分位点知

$$P\{\frac{\overline{X}-\mu}{S/\sqrt{n}} < t_{\alpha}(n-1)\} = 1-\alpha$$

这等价于

$$P\{\mu > \overline{X} - \frac{S}{\sqrt{n}} t_{\alpha}(n-1)\} = 1-\alpha$$

由此取 μ 的置信下限为

$$\theta_1 = \overline{X} - \frac{S}{\sqrt{n}} t_{\alpha}(n-1)$$

由样本得 $\bar{x}=4.332, S=0.3392$;由 $\alpha=0.05, n-1=4$,查 t 分布表得 $t_{0.05}(4)=2.1318$,于是 μ 的置信度为 0.95 的置信下限为为 $\theta_1=4.01$。

复习思考题 8

1. 总体未知参数矩估计的思想方法是什么? 试写出 0—1 分布、二项分布 $B(m,p)$、泊松分布 $\pi(\lambda)$、均匀分布 $U(a,b)$、正态分布 $N(\mu,\sigma^2)$ 中有关参数的矩估计式?

2. 极大似然估计的主要步骤是什么?

3. 未知参数的估计量与估计值有什么区别?

4. 总体 X 有容量为 n 的样本,样本均值 $\overline{X} = \frac{1}{n}\sum_{i=1}^{n} X_i$,样本方差 $S^2 = \frac{1}{n-1}\sum_{i=1}^{n}(X_i - \overline{X})^2$,有性质 $E(\overline{X}) = E(X), E(S^2) = D(X)$,这是否只对正态总体成立?

5. 估计量的三个基本评价标准是什么? 你能理解它们的含义吗?

6. 求参数置信区间的一般方法是什么? 对正态总体,试从有关的统计量自行导出几类参数的置信区间?

7. 置信度的含义是什么? 置信度、区间长度和样本容量的关系怎样?

习　题　8

1. 设总体 X 有如下样本值:21,28,25,25,30,23,26,29,试求总体均值和方差的矩估计值。

2. 设总体 X 服从指数分布,其密度函数为

$$f(x) = \begin{cases} \alpha e^{-\alpha x}, & x \geqslant 0 \\ 0, & x < 0 \end{cases}$$

有样本 $X_1, X_2, \cdots, X_n$,求未知参数 α 的矩估计量。

3. 设总体 $X \sim N(\mu,\sigma^2)$,有样本 $X_1,\cdots,X_n$,试求未知参数 μ 和 σ^2 的矩估计量。

4. 给定容量为 n 的样本 $X_1,\cdots,X_n$,求总体未知参数 θ 的矩估计量。设总体密度函数为

(1) $f(x)=\begin{cases} \frac{2}{\theta^2}(\theta-x), & 0<x<\theta \\ 0, & 其他 \end{cases}$　　(2) $f(x)=\begin{cases} (\theta+1)x^{\theta}, & 0<x<1 \\ 0, & 其他 \end{cases}$

5. 设总体 X 服从 (a,b) 上的均匀分布,有样本 $X_1, X_2, \cdots, X_n$,求未知参数 a 和 b 的矩估计量。

6. 给定容量为 n 的样本 $X_1, X_2, \cdots, X_n$,求总体未知参数 θ 的极大似然估计量。设总体密度函数为

(1) $f(x)=\begin{cases}(\theta+1)x^{\theta}, & 0<x<1\\ 0, & \text{其他}\end{cases}$　　(2) $f(x)=\begin{cases}\sqrt{\theta}x^{\sqrt{\theta}-1}, & 0\leqslant x\leqslant 1\\ 0, & \text{其他}\end{cases}$

(3) $f(x)=\begin{cases}\dfrac{x}{\theta^2}e^{-x^2/(2\theta^2)} & x>0\\ 0 & x\leqslant 0\end{cases}$　　(4) $f(x)=\dfrac{1}{2\theta}e^{\theta-|x|}, -\infty<x<+\infty$

7. 设 $X_1,X_2,\cdots,X_n$ 为二项总体 $B(m,p)$ 的样本，m 已知，求 p 的极大似然估计量。

8. 设 $X_1,X_2,\cdots,X_n$ 为 (a,b) 上均匀分布总体的样本，求 a 和 b 的极大似然估计量。

9. 设总体数学期望为 $E(X)=a$，有样本 $X_1,X_2,\cdots,X_n$，试证明统计量 $\dfrac{1}{n}\sum_{i=1}^{n}(X_i-a)^2$ 是总体方差 $D(X)$ 的无偏估计。

10. 设总体为泊松分布，$X\sim\pi(\lambda)$，容量为 n 的样本有样本均值 $\overline{X}$，样本方差 S^2。试证对任意的 $\alpha(0<\alpha<1)$，统计量 $\alpha\overline{X}+(1-\alpha)S^2$ 是参数 λ 的无偏估计。

11. 对总体 X，有样本 $X_1,X_2,\cdots,X_n$，试确定常数 C，使统计量 $C\sum_{i=1}^{n-1}(X_{i+1}-X_i)^2$ 是总体方差 $D(X)$ 的无偏估计。

12. 设 $\hat{\theta}$ 是 θ 的无偏估计，且 $D(\hat{\theta})>0$，试证 $(\hat{\theta})^2$ 不是 θ^2 的无偏估计。

13. 设总体 X 服从 $N(\mu,1)$ 分布，有样本 X_1,X_2,X_3，试对下列三个统计量说明哪些是 μ 的无偏估计，并说明在无偏估计中哪个方差最小：

(1) $\hat{\mu}_1=\dfrac{1}{5}X_1+\dfrac{3}{10}X_2+\dfrac{1}{2}X_3$　　(2) $\hat{\mu}_2=\dfrac{1}{3}X_1+\dfrac{1}{4}X_2+\dfrac{5}{12}X_3$　　(3) $\hat{\mu}_3=\dfrac{1}{3}X_1+\dfrac{1}{5}X_2+\dfrac{1}{12}X_3$

14. 设总体 $X\sim N(\mu,\sigma^2)$，μ 和 σ^2 均未知，S_1^2 为总体的一个容量为 n_1 的样本方差，S_2^2 为同一总体的另一个容量为 n_2 的独立样本的方差，$n_1>n_2$，S_1^2 和 S_2^2 都是 σ^2 的无偏估计，试利用 χ^2 分布证明估计量 S_1^2 比 S_2^2 有效。

15. 总体 $X\sim N(\mu,\sigma^2)$，μ 已知，试证估计量 $T=\dfrac{1}{n}\sum_{i=1}^{n}(X_i-\mu)^2$ 是参数 σ^2 的有效估计。

16. 总体 X 为指数分布，密度函数为

$$f(x,\theta)=\begin{cases}\dfrac{1}{\theta}e^{-X/\alpha}, & x>0\\ 0, & x\leqslant 0\end{cases}$$

试证参数 θ 的估计量 $\hat{X}=\overline{X}$ 是 θ 的有效估计。

17. 纤度是衡量纤维粗细程度的一个量，某厂化纤纤度 X 服从正态分布：$X\sim N(\mu,0.048^2)$。抽取 9 根纤维，测得其纤度为 1.36，1.49，1.43，1.41，1.37，1.40，1.32，1.42，1.47，试求 μ 的置信度为 0.95 的置信区间。

18. 对某一型号飞机的飞行速度进行 15 次独立测试，测得最大飞行速度如下(单位 m/s)：

422.2	418.7	425.6	420.3	425.8	423.1	431.5	428.2
438.3	434.0	412.3	417.2	413.5	441.3	423.7	

设最大飞行速度服从正态分布，试求最大飞行速度的期望的置信区间(置信度为 0.95)。

19. 为分析某自动车床加工零件的精度，抽查 16 个零件测量其长度，得 $\bar{x}=12.075$mm，$s=0.0494$mm，设零件长度 $X\sim N(\mu,\sigma^2)$，试求 σ^2 的置信度为 0.95 的置信区间。

20. 设总体 $X\sim N(13,\sigma^2)$，抽得 $n=7$ 的样本为 11，14，12，12，13，11，11。试求 σ^2 的置信度为 0.90 的置信区间和 σ 的置信区间是什么？

21. 设总体 $X\sim N(\mu,\sigma^2)$，$\sigma^2=100$，若当置信度为 0.95 时 μ 的置信区间长度为 5，则样本容量 n 最小应为多少？若置信度为 0.99，则 n 最小应为多少？

22. 在一次数学统考中,随机抽取甲校70个学生的试卷,平均成绩为85分;又随机抽取乙校50个学生试卷,平均成绩为81分。设两校统考成绩分别为 $N(\mu_1,8^2)$ 和 $N(\mu_2,6^2)$,试求 $\mu_1-\mu_2$ 的置信度为0.95的置信区间。

23. 在饲养了4个月的某一品种的鸡群中,任意抽取12只公鸡和10只母鸡,它们的平均体重分别为 $\overline{X}=2.14\text{kg}$,$\bar{y}=1.92\text{kg}$,标准差分别为 $S_1=0.11\text{kg}$,$S_2=0.18\text{kg}$,设公鸡和母鸡体重分别是正态分布 $N(\mu_1,\sigma^2)$ 和 $N(\mu_1,\sigma^2)$,试求 $\mu_1-\mu_2$ 的置信度为0.95的置信区间。

24. 对两种毛织物的拉力测试结果如下(单位 N/cm^2):

第1种: 96.6　88.9　93.8　87.5　91.5　90.1

第2种: 88.8　95.7　91.0　90.5　93.8

设两种织物拉力都是正态分布,试求方差之比 σ_1^2/σ_2^2 的置信度为0.90的置信区间。

25. 对正态总体 $N(\mu,\sigma^2)$,当样本容量 $n>30$ 时,可以证明样本标准差 S 近似地服从正态分布 $N(\sigma,\sigma^2/2n)$,由此确定 σ 的置信度为 $1-\alpha$ 的置信区间。

26. 设总体 X 服从指数分布,其概率密度为

$$f(x)=\begin{cases}\dfrac{1}{\theta}\mathrm{e}^{-X/\theta}, & x>0\\ 0, & x\leqslant 0\end{cases}$$

从总体中抽取样本 $X_1,X_2,\cdots,X_n$,可以证明统计量 $2n\overline{X}/\theta$ 服从 $\chi^2(2n)$ 分布,由此确定参数 θ 的置信度为 $1-\alpha$ 的置信区间。

27. 设总体 X 为0—1两点分布,$P\{X=1\}=p$,有大样本 $X_1,X_2,\cdots,X_n$,试利用中心极限定理确定 p 的置信度为 $1-\alpha$ 的近似置信区间。

28. 接种某种疫苗后,麻疹发病率明显下降,对接种该疫苗后的8个群体调查,发病率为(人数/10万) 37.3,35.8,40.7,31.9,39.0,36.1,39.9,38.0。设麻疹发病率服从正态分布,试求平均发病率 μ 的置信度为0.95的置信上限。

29. 在谷氨酸生产过程中,需对钝齿棒状杆菌 T_6—13进行多种诱变选育处理,采用铜蒸汽激光照射处理后,谷氨酸产量比原方法有明显提高。现对新方法生产抽查8次,原方法生产抽查7次,得谷氨酸产量(g/100ml)如下:

新方法	7.5	7.4	7.7	7.0	7.6	7.5	7.9	7.4
原方法	5.9	5.3	6.1	5.6	5.9	6.0	5.8	

设以上两种方法下谷氨酸的产量分别是均值为 μ_1 和 μ_2 的正态分布,求 $\mu_1-\mu_2$ 的置信度为0.95的置信上限。

30. (1)对第17题求 μ 的置信度为0.95的置信下限。

(2)对第20题求 σ^2 的置信度为0.90的置信上限。

(3)对第22题求 $\mu_1-\mu_2$ 的置信度为0.95的置信下限。

(4)对第24题求 σ_1^2/σ_2^2 的置信度为0.95的置信上限。

31. (1)对第25题求 σ 的置信度为 $1-\alpha$ 的置信下限。

(2)对第26题求 θ 的置信度为 $1-\alpha$ 的置信上限。

第 9 章　假设检验

前一章讨论了总体参数的估计，在实际中，还有另一类重要的问题，其提法与参数估计不同。现举例说明如下：

例 1　某自动车床加工的零件，长度 X 为正态分布 $N(\mu, 0.1^2)$。按标准，若车床工作正常，μ 应是 $\mu_0=10\text{cm}$，现抽查 $n=16$ 个零件，测量它们的长度，得 $\bar{x}=9.943\text{cm}$，能否认为车床工作是正常的？

例如用两种工艺生产同一化工产品，对两种工艺下的产品分别抽查 n_1 和 n_2 件，检测它们的有效含量，据此判断这两种工艺对有效含量是否有显著差别。

又如对某个指标随机地抽查 n 次，得 n 个数值，需要解答的问题是：这一指标是否服从正态分布。

类似于以上这些问题，是参数估计无法回答的，它们是属于统计推断中的另一类重要问题——假设检验。

统计假设检验分成两类，如例 1 中，总体分布类型已知，只对参数作出假设检验（是否有 $\mu=\mu_0$），这种仅涉及到参数的假设检验称为参数假设检验；此外，对总体分布的假设检验（如是否有 $X\sim N(\cdot,\cdot)$），或对总体的某些特征的假设检验等统称为非参数假设检验。

下面将通过例 1 的参数假设检验问题来说明假设检验的一般方法。

§9.1　假设检验的基本概念

9.1.1　假设检验的基本方法

在例 1 中，即使车床工作是正常的，每一个零件的长度也不可能全等于 μ_0，而是在 μ_0 附近波动。尽管 $\bar{X}$ 是 μ 的无偏估计，由样本的随机性，$\bar{X}$ 的值也不可能正好是 μ_0，而是在 μ_0 附近波动。这种波动是由各种偶然因素影响而产生的随机误差，是不可能避免的。一般来说，这种误差不会太大，但是当车床工作不正常时，就带来了系统误差，要判断工作是否正常，就要判断是否有系统误差。但是，随机误差和系统误差通常是混淆在一起的，除极为明显的情况以外，两者难以区分。假设检验提供了处理这类问题的一种科学方法。

假设车床工作是正常的，即假设 $\mu=\mu_0$，这称为原假设或零假设，记为 $H_0:\mu=\mu_0$；与之相对的是 $\mu\neq\mu_0$，称为备选假设，记为 $H_1:\mu\neq\mu_0$。我们的目的是对上述统计假设进行检验，推断 H_0 是否成立。

在假设 H_0 成立的条件下，由总体的正态性，$\bar{X}\sim N(\mu_0, \frac{\sigma^2}{n})$，即 $\bar{X}$ 在 μ_0 附近取值，$\bar{X}$ 与

μ_0 的偏差纯粹是由随机误差产生,而不含有系统误差,所以偏差不会太大。若偏差较大,我们会怀疑以致否定 H_0。什么是偏差太大,必须定量地描述,即需要确定常数 K_1 和 K_2。当 $K_1<\overline{X}<K_2$ 时,我们认为偏差是适当的,即车床工作是正常的,接受 H_0;否则,认为偏差太大,即车床工作不正常,μ 与 μ_0 有显著的差异,拒绝 H_0。

为确定 K_1 和 K_2,我们利用 $\overline{X}\sim N(\mu_0,\frac{\sigma^2}{n})$,即 $\frac{\overline{X}-\mu_0}{\sigma/\sqrt{n}}\sim N(0,1)$。对给定的 $\alpha(0<\alpha<1)$,由标准正态分布的双侧 α 分位点,

$$P(-Z_{\frac{\alpha}{2}}<\frac{\overline{X}-\mu_0}{\sigma/\sqrt{n}}<Z_{\frac{\alpha}{2}})=1-\alpha$$

即

$$P(\mu_0-\frac{\sigma}{\sqrt{n}}Z_{\frac{\alpha}{2}}<\overline{X}<\mu_0+\frac{\sigma}{\sqrt{n}}Z_{\frac{\alpha}{2}})=1-\alpha$$

于是可取 $K_1=\mu_0-\frac{\sigma}{\sqrt{n}}Z_{\frac{\alpha}{2}}$,$K_2=\mu_0+\frac{\sigma}{\sqrt{n}}Z_{\frac{\alpha}{2}}$。

统计学中称 $\mu_0-Z_{\alpha/2}\frac{\sigma}{\sqrt{n}}$ 和 $\mu_0+Z_{\alpha/2}\frac{\sigma}{\sqrt{n}}$ 为关于 $\overline{X}$ 的临界值,称 $(\mu_0-Z_{\alpha/2}\frac{\sigma}{\sqrt{n}},\mu_0+Z_{\alpha/2}\frac{\sigma}{\sqrt{n}})$ 为该检验问题关于 $\overline{X}$ 的接受域,记为 W;称接受域以外的数值范围为拒绝域,记为 $\overline{W}$;称 α 为显著性水平。当 $\overline{X}$ 的值落在 W 中时,则说 μ 与 μ_0 没有显著差异,即接受 H_0;否则就说 μ 与 μ_0 有显著差异,即拒绝 H_0。

若取显著性水平 $\alpha=0.05$,由标准正态分布表 $Z_{0.05/2}=1.96$,又 $n=16$,$\sigma=0.1$,得 $K_1=10-\frac{0.1}{\sqrt{16}}\times1.96=9.951$,$K_2=10+\frac{0.1}{\sqrt{16}}\times1.96=10.049$,即接受域为(9.951,10.049),现在 $\overline{x}=9.943$ 不在接受域中,而在拒绝域中,结论是拒绝 H_0,即认为车床工作不正常。

从例1可见,这类假设检验的一般步骤是:根据问题的要求,建立原假设 H_0 和备选假设 H_1;在 H_0 为真的前提下,选择合适的统计量,并确定统计量的分布;对给定的显著性水平 α,由统计量的分布确定临界值(即接受域 W 或拒绝域 $\overline{W}$);由样本观察值计算统计量的值,依据统计量的值是否落在接受域内作出接受 H_0 或拒绝 H_0 的判断。

关于假设检验需进一步说明以下几点:

(1)假设检验所依据的是“小概率事件在一次试验中几乎不可能发生”。这称为实际推断原理。这一原理无需也不能证明,是人们在长期生产实践中得到并公认的,它不仅在生产和科学试验中而且在日常生活中被自觉或不自觉地普遍采用,是一条行之有效的原则。当 H_0 成立时,$\overline{X}$ 落在拒绝域中的概率是 α,所以“落在拒绝域中”是一个小概率事件。对于这种只作一次试验(抽取一个样本)就发生的事件,可以认为不是小概率事件,原因是 μ 与 μ_0 有显著差异,从而拒绝 H_0。

(2)在例1中,我们取 $\alpha=0.05$,接受域为(9.951,10.049),因 $\overline{x}=9.943$ 而拒绝 H_0;若取 $\alpha=0.1$,则接受域为(9.959,10.041),更明显地拒绝 H_0;若取 $\alpha=0.01$,则接受域为(9.936,10.064),$\overline{x}=9.943$ 落在接受域内,此时的结论正好与上面相反,是接受 H_0。可见,接受 H_0 还是拒绝 H_0 与 α 的取值有关,α 的取值大小根据实际问题检验的严格程度给定。一般取0.01,0.05,0.1等。这也表明了“接受”和“拒绝”并不是从逻辑上“证明”了命题 H_0

正确或不正确，而是依据目前的样本值，在显著性水平 α 下对命题 H_0 的一种倾向性态度。

(3)既然接受 H_0 或拒绝 H_0 不是绝对的，那么就可能犯错误。第一类错误是 H_0 实际上是真的，但被拒绝了，所谓“弃真”的错误。例如 μ 确实是 μ_0，而抽到的样本点恰巧都是偏小的或都是偏大的，最终拒绝了 H_0，发生这一类错误的概率就是 α，即 P(拒绝 $H_0 \mid H_0$ 真)$=\alpha$。第二类错误是所谓“取伪”的错误，H_0 实际上不真而被接受，犯这类错误的概率记为 β，即 P(接受 $H_0 \mid H_0$ 不真)$=\beta$。犯第二类错误的概率与统计量及其分布有关，即 β 的计算比较复杂(除特殊情形外)。我们自然希望减小犯这两类错误的概率，但当样本容量 n 一定时，要同时减小这两类错误的概率，一般来说是不可能的，唯有给定 α，增大 n，从而减小 β。基于这种情况，奈曼与皮尔逊提出一个原则，即在控制犯第一类错误的概率 α 的前提下，尽量使犯第二类错误的概率小些。因为人们常常把拒绝 H_0 比错误地接受 H_0 看得更重要些，因此，在假设检验中根据问题的性质只给定 α 的值。

(4)在例1中，利用统计量 $\overline{X}\sim N(\mu_0,\frac{\sigma^2}{n})$，给出了关于 $\overline{X}$ 的接受域

$$\left(\mu_0 - Z_{\alpha/2}\frac{\sigma}{\sqrt{n}},\mu_0 + Z_{\alpha/2}\frac{\sigma}{\sqrt{n}}\right)$$

事实上，由统计量

$$U=\frac{\overline{X}-\mu_0}{\sigma/\sqrt{n}}\sim N(0,1)$$

我们可以给出关于 U 的接受域为 $(-Z_{\alpha/2},Z_{\alpha/2})$，当 $\alpha=0.05$ 时即为 $(-1.96,1.96)$，再由样本算得

$$U=\frac{\overline{X}-\mu_0}{\sigma/\sqrt{n}}=\frac{9.943-10}{0.1/4}=-2.28$$

因 $U=-2.28<-1.96$(或 $|U|=2.28>1.96$)，不落在接受域内而拒绝 H_0。事实上，无论关于 $\overline{X}$ 还是关于 U 给出接受域，本质上是相同的，但似乎后者更方便些。

(5)在区间估计和假设检验中，为构造置信区间和确定接受域都需要利用合适的分布已知的统计量，以及 α 分位点，这是区间估计和假设检验相似的地方。但参数的区间估计和假设检验。有本质的区别，在参数的区间估计中，我们对参数的取值知之甚少，希望得到参数的取值范围；而在假设检验中，由生产实际得到的参数的取值(即 H_0)是基本肯定的，是对这种“肯定”的检验，对 H_0 采取“保护”政策(以 $1-\alpha$ 保护 H_0)，一般不轻易否定 H_0。这是在实际问题中区分是区间估计问题还是假设检验问题的原则，也是假设检验中设置 H_0 的原则。

9.1.2 双边假设检验和单边假设检验

在例1中，问题本身就告诉我们 $\mu<\mu_0$ 或 $\mu>\mu_0$ 都表明车床工作不正常，因此，取原假设和备选假设分别为 $H_0:\mu=\mu_0$，$H_1:\mu\neq\mu_0$，其中 H_1 包括了 $\mu<\mu_0$ 和 $\mu>\mu_0$ 两者。这时，临界值有两个，拒绝域是由 $\overline{X}<\mu_0-Z_{\alpha/2}\frac{\sigma}{\sqrt{n}}$ 和 $\overline{X}>\mu_0+Z_{\alpha/2}\frac{\sigma}{\sqrt{n}}$ 两部分组成，这种假设检验称为双边假设检验。实际中还有另一种检验问题，例如采用新工艺生产后，产品的某一指标均值

μ 是否比原来的指标均值 μ_0 提高。这时,我们要检验的是新工艺下总体均值 μ 等于原来总体均值 μ_0,还是大于 μ_0,即要在 $H_0:\mu=\mu_0$ 和 $H_1:\mu>\mu_0$ 之中作一抉择,这称为右边假设检验。若要在“$H_0:\mu=\mu_0$”和“$H_1:\mu<\mu_0$”之中作一抉择,称为左边假设检验,右边假设检验和左边假设检验统称为单边假设检验。

例 2 某发酵过程在原工艺条件下的发酵率服从 $\mu_0=0.80,\sigma_0=0.08$ 的正态分布,改用新工艺后,抽查了 9 个样品,发酵率分别为0.82,0.79,0.84,0.80,0.82,0.79,0.85,0.83,0.84,问采用新工艺后,发酵率有否显著提高?($\alpha=0.05$)

解 该问题是要检验假设

$$H_0:\mu = 0.80, \qquad H_1:\mu > 0.80$$

这是右边假设检验。根据总体的正态性,利用统计量 $U=\dfrac{\overline{X}-\mu_0}{\sigma/\sqrt{n}}$ 作检验。当 H_0 为真时,$U\sim N(0,1)$,对给定的 $\alpha=0.05$,由标准正态分布的上侧分位点知,对 U,H_0 的接受域为 $U<Z_{0.05}=1.645$,由样本算得 $\bar{x}=0.82$,则

$$U=\frac{0.82-0.80}{0.08/\sqrt{9}}=0.75$$

它落在接受域中,故接受 H_0,即认为新工艺下的发酵率没有显著的提高。

例 3 自来水厂将源水经投矾沉淀等处理后成为净水,要求净水浊度均值低于 2.0(单位),现对某自来水厂的净水抽样检测 12 次,其浊度分别为 1.5,0.8,2.0,1.8,2.4,1.7,1.9,2.6,1.0,1.5,1.7,2.1。设净水浊度服从 $\sigma_0^2=0.5^2$ 的正态分布 $N(\mu,\sigma_0^2)$,试以显著性水平 $\alpha=0.05$ 检验假设 $H_0:\mu=\mu_0=2.0$,$H_1:\mu<\mu_0=2.0$。

解 本例为左边假设检验,根据总体的正态性,当 H_0 为真时,统计量

$$U=\frac{\overline{X}-\mu_0}{\sigma_0/\sqrt{n}}\sim N(0,1)$$

由标准正态分布的下侧分位点知,关于 U,H_0 的接受域为 $U>-Z_\alpha=-Z_{0.05}=-1.645$,由样本得 $\bar{x}=1.75$,则

$$U=\frac{1.75-2.0}{0.5/\sqrt{12}}=-1.732$$

可见,$U<-Z_\alpha$,落在拒绝域中,故拒绝 H_0,即可以认为该水厂净水浊度均值低于 2.0。

如何确定检验的假设是双边还是右边或左边呢,这要根据具体问题来确定。在例 1 中,我们要回答的是零件长度均值“等于 μ_0”还是“不等于 μ_0”(包括大于或小于 μ_0),所以要检验的假设是双边的,$H_0:\mu=\mu_0$,$H_1:\mu\neq\mu_0$。当接受 H_0 时,认为“μ 等于 μ_0”;当拒绝 H_0 时,认为“μ 不等于 μ_0”(可能小于 μ_0,也可能大于 μ_0),所以接受或拒绝 H_0 就能明确地回答提出的问题。在例 2 中,要回答的是新工艺下的发酵率比原工艺下的发酵率“没有提高”还是“提高”了,所以要检验的假设是右边的,$H_0:\mu=\mu_0$,$H_1:\mu>\mu_0$,当接受 H_0 时,认为“没有提高”(可能等于 μ_0,也可能小于 μ_0);当拒绝 H_0 时,认为“提高”了,因此,接受或拒绝 H_0 就确切地回答了所要回答的问题。在例 3 中,要回答的问题是浊度均值“不低于 2.0”还是“低于 2.0”,所以要检验的假设是左边的,$H_0:\mu=\mu_0=2.0$,$H_1:\mu<\mu_0=2.0$,故拒绝或接受 H_0 恰好给出了“低于 2.0”或“不低于 2.0”(包括等于 2.0 和高于 2.0)的结论。显然,若例 1、例 2、

例 3 不分别采用双边、右边和左边假设，就不可能给出所需要的答案。

从上面的分析中还可以看到，在右边假设中，H_0 应该是 $\mu \leqslant \mu_0$；在左边假设中，H_0 应该是 $\mu \geqslant \mu_0$，但习惯上我们都写成 $\mu = \mu_0$。另外，在双边假设中，备选假设 H_1 可以省略。

§9.2　参数的假设检验

从§9.1 可见，在对参数作假设检验时，需要借助于分布已知的统计量。在第 7 章中，给出了正态总体的几个常用的统计量及其分布，这一节将利用这些统计量讨论正态总体参数的假设检验，最后讨论在非正态总体场合的参数假设检验方法。

在假设检验中，若是利用标准正态分布统计量进行检验，习惯上称为U 检验；若是利用 t 分布、χ^2 分布、F 分布，则分别称为t 检验、χ^2 检验和F 检验。

9.2.1　单个正态总体的参数假设检验

因为例 1、例 2、例 3 是在正态总体方差 σ^2 已知的条件下，对均值 μ 的假设检验，于是可利用统计量

$$U = \frac{\overline{X} - \mu_0}{\sigma / \sqrt{n}} \sim N(0,1)$$

作 U 检验。

例 4　正常人的脉搏平均为 72 次/分，医生测得 10 例慢性中毒者的脉博为(次/分)54，67，68，78，70，66，67，70，65，69。设中毒者的脉博服从正态分布，问中毒者和正常人的平均脉博有否显著差异？($\alpha = 0.05$)

解　由题意，设 $H_0: \mu = \mu_0 = 72$，$H_1: \mu \neq 72$，这是对正态总体参数 μ 的双边假设检验。由于总体方差 σ^2 未知，故当 H_0 为真时，利用统计量

$$T = \frac{\overline{X} - \mu_0}{S / \sqrt{n}} \sim t(n-1)$$

作 t 检验。由 t 分布的双侧分位点，对统计量 T，H_0 接受域为

$$-t_{\alpha/2}(n-1) < T < t_{\alpha/2}(n-1)$$

或

$$|T| = \left| \frac{\overline{X} - \mu_0}{S / \sqrt{n}} \right| < t_{\alpha/2}(n-1)$$

由样本算得 $\bar{x} = 67.4$，$S = 5.9292$，由 t 分布表得 $t_{0.05/2}(9) = 2.2622$，于是

$$|T| = \left| \frac{67.4 - 72}{5.9292 / \sqrt{10}} \right| = 2.4534 > 2.2622$$

即 T 的值落在拒绝域内，拒绝 H_0。这表明中毒者的脉博与正常人的脉博有显著的差异。

例 5　统计资料表明某市人均年收入为 $\mu = 2150$ 元的正态分布，对该市从事某种职业的职工，调查了 30 人，得平均人均年收入为 $\bar{x} = 2280$ 元，样本标准差 $S = 476$ 元，试检验该种职业家庭的人均年收入是否高于市人均年收入？($\alpha = 0.1$)

解 由题意,需检验假设 $H_0:\mu=\mu_0=2150, H_1:\mu>2150$。这是对正态总体参数 μ 的右边假设检验,总体方差 σ^2 未知,利用统计量

$$T=\frac{\overline{X}-\mu_0}{S/\sqrt{n}}$$

当 H_0 为真时,$T\sim t(n-1)$。由 t 分布的上侧分位点,对统计量 T,H_0 接受域为 $T<t_\alpha(n-1)$,由

$$T=\frac{2280-2150}{476/\sqrt{30}}=1.4959>t_{0.1}(29)=1.3114$$

故拒绝 H_0,即该职业家庭人均年收入高于市人均年收入。

例6 考试成绩的方差是反映命题质量的指标之一,某次统考后,随机抽查了26份试卷,得平均成绩 $\overline{x}=75.5$ 分,样本方差 $S^2=162$,试分析该次考试成绩标准差是否为 $\sigma=12$ 分左右?设考试成绩服从正态分布,取 $\alpha=0.05$。

解 本题需检验假设 $H_0:\sigma=\sigma_0=12, H_1:\sigma\neq12$。这是对正态总体参数 σ 的双边检验,当 H_0 为真时,统计量 $(n-1)S^2/\sigma_0^2\sim\chi^2(n-1)$,由 χ^2 分布的双侧分位点,H_0 的接受域为

$$\chi^2_{1-\alpha/2}(n-1)<\frac{(n-1)S^2}{\sigma_0^2}<\chi^2_{\alpha/2}(n-1)$$

查 χ^2 分布表,$\chi^2_{1-0.05/2}(25)=13.120$,$\chi^2_{0.05/2}(25)=40.646$,而

$$\frac{(n-1)S^2}{\sigma_0^2}=\frac{25\cdot162}{12^2}=28.125$$

显然有 $13.120<28.125<40.646$ 落在接受域中,故接受 H_0,表明考试成绩标准差与12无显著差异。

例7 某化纤厂生产的维尼纶纤度 X 为正态分布 $N(1.405,0.075^2)$,改进生产工艺,旨在保持纤度均值不变而降低方差。为此,随机抽查新工艺下的样品5个,测量纤度,得样本为1.38,1.45,1.36,1.40,1.44,试检验方差有否降低?取 $\alpha=0.05$。

解 本题为检验假设 $H_0:\sigma^2=\sigma_0^2=0.075^2, H_1:\sigma^2<0.075^2$,这是对正态总体参数 σ^2 的左边检验。与例6不同的是总体均值 $\mu_0=1.405$ 为已知,由第7章定理3知,当 H_0 为真时,统计量

$$\frac{\sum_{i=1}^{5}(X_i-\mu_0)^2}{\sigma_0^2}\sim\chi^2(5)$$

由 χ^2 分布的下侧分位点知,拒绝域为

$$\frac{\sum_{i=1}^{5}(X_i-\mu_0)^2}{\sigma_0^2}<\chi^2_{1-\alpha}(5)$$

查 χ^2 分布表得 $\chi^2_{0.95}(5)=1.145$,显然有

$$\frac{\sum_{i=1}^{5}(X_i-1.405)^2}{0.075^2}=1.052<1.145$$

则拒绝 H_0,即新工艺下的维尼纶纤度方差有显著降低。

9.2.2　两个独立正态总体的参数假设检验

两个独立正态总体的参数假设检验主要是对两个均值大小和两个方差大小进行比较的检验，请看下面几个例子。

例8　在纺织品的漂白工艺中，要考虑漂白温度对织物断裂强度的影响。为了比较70℃和80℃的影响有无差别，分别在这两个温度下漂白的织物中随机抽取 $n_1=8$ 和 $n_2=9$ 个样品，测试它们的断裂强力得 $\bar{x}=20.4\text{kg}$，$\bar{y}=19.4\text{kg}$。已知两个温度下织物的断裂强度 X 和 Y 分别为 $N(\mu_1,0.76)$ 和 $N(\mu_2,0.82)$ 分布，X 和 Y 独立，试检验两个断裂强度有否显著差异？($\alpha=0.05$)

解　由题意，这是对两个正态总体均值是否相同的检验，即检验假设

$$H_0:\mu_1=\mu_2,H_1:\mu_1\neq\mu_2;\quad 或\quad H_0:\mu_1-\mu_2=0,H_1:\mu_1-\mu_2\neq 0$$

由于两个总体的方差都已知，$\sigma_1^2=0.76$，$\sigma_2^2=0.82$，故利用统计量

$$U=\frac{(\bar{X}-\bar{Y})-(\mu_1-\mu_2)}{\sqrt{\dfrac{\sigma_1^2}{n_1}+\dfrac{\sigma_2^2}{n_2}}}$$

当 H_0 为真时

$$U=\frac{\bar{X}-\bar{Y}}{\sqrt{\dfrac{\sigma_1^2}{n_1}+\dfrac{\sigma_2^2}{n_2}}}\sim N(0,1)$$

由标准正态分布双侧分位点，接受域为

$$-Z_{\alpha/2}<U<Z_{\alpha/2}\quad 或\quad |U|<Z_{\alpha/2}$$

经计算有

$$|U|=\left|\frac{20.4-19.4}{\sqrt{\dfrac{0.76}{8}+\dfrac{0.82}{9}}}\right|=2.32>Z_{0.05/2}=1.96$$

$|U|$值落在拒绝域中，故拒绝 H_0。这表明两个温度下漂白的织物断裂强度有显著的差别。

例9　某种物品需进行脱脂处理，为分析脱脂效果，对处理前后分别检测了 $n_1=10$，$n_2=11$个样品，其含脂率分别为

处理前：0.19，0.18，0.21，0.30，0.56，0.42，0.15，0.12，0.30，0.27

处理后：0.15，0.13，0.00，0.07，0.24，0.24，0.19，0.04，0.08，0.20，0.12

假定处理前后的含脂率都服从正态分布，且相互独立，问：(1)处理前后含脂率的方差是否相同($\alpha=0.1$)？(2)处理后含脂率的总体期望有否显著减小？($\alpha=0.05$)

解　(1)这是对两个独立正态总体方差是否相同的检验，称为方差齐性检验。设

$$H_0:\sigma_1^2=\sigma_2^2,H_1:\sigma_1^2\neq\sigma_2^2;\quad 或\quad H_0:\frac{\sigma_1^2}{\sigma_2^2}=1,H_1:\frac{\sigma_1^2}{\sigma_2^2}\neq 1$$

利用统计量

$$\frac{S_1^2\cdot\sigma_2^2}{S_2^2\cdot\sigma_1^2}\sim F(n_1-1,n_2-1)$$

当 H_0 为真时，即 $S_1^2/S_2^2\sim F(n_1-1,n_2-1)$。由 F 分布的双侧分位点知，接受域为

$$F_{1-\alpha/2}(n_1-1,n_2-1) < S_1^2/S_2^2 < F_{\alpha/2}(n_1-1,n_2-1)$$

查 F 分布表得

$$F_{0.1/2}(9,10)=3.02,\quad F_{1-0.1/2}(9,10)=\frac{1}{F_{0.1/2}(10,9)}=\frac{1}{3.14}=0.318$$

又由样本得 $S_1^2=0.01816, S_2^2=0.00642$，于是有

$$S_1^2/S_2^2=2.828$$

可见 S_1^2/S_2^2 的值落在接受域中，接受 H_0，即处理前后含脂率的方差没有显著差别。

(2)这是对两个独立正态总体期望差的右边检验，设

$$H_0:\mu_1=\mu_2, H_1:\mu_1>\mu_2 \quad \text{或} \quad H_0:\mu_1-\mu_2=0, H_1:\mu_1-\mu_2>0$$

虽然两个总体的方差都未知，但由(1)的结论，可认为两个总体的方差是相同的，于是利用统计量

$$\frac{(\bar{X}-\bar{Y})-(\mu_1-\mu_2)}{S_\omega\cdot\sqrt{1/n_1+1/n_2}} \sim t(n_1+n_2-2)$$

其中

$$S_\omega^2=\frac{(n-1)S_1^2+(n_2-1)S_2^2}{n_1+n_2-2}$$

当 H_0 为真时，即

$$\frac{\bar{X}-\bar{Y}}{S_w\sqrt{1/n_1+1/n_2}} \sim t(n_1+n_2-2)$$

由 t 分布的上侧分位点，拒绝域为

$$\frac{\bar{X}-\bar{Y}}{S_w\sqrt{1/n_1+1/n_2}} > t_\alpha(n_1+n_2-2)$$

由 t 分布表，$t_{0.05}(19)=1.7291$，由样本，$\bar{x}=0.27$，$\bar{y}=0.1327$，$S_w=0.1095$。于是有

$$\frac{\bar{X}-\bar{Y}}{S_w\sqrt{1/n_1+1/n_2}}=2.8698>t_{0.05}(19)=1.7291$$

成立，故拒绝 H_0，即处理后的含脂率较处理前的含脂率有显著的减小。

9.2.3 基于成对数据的假设检验

例 10 某医院新置两台血色素测定仪，为鉴定它们的测量结果有无显著差异，选取 10 个不同的血液样品。用两台测定仪分别对每一样品测定一次，得 10 对结果如下：

x_i	6.2	8.5	11.3	10.1	5.4	12.8	10.3	9.6	8.9	7.7
y_i	6.0	9.0	10.9	10.4	5.5	13.0	10.1	9.6	8.5	8.0

问能否认为这两台仪器的测量结果没有显著差异？($\alpha=0.05$)

解 我们注意到上述结果是对同一组样品用两台仪器测量的成对结果；一对数据与另一对之间的差异是由样品的不同来源(如人的性别、年令、健康状况等各种因素)引起的，因此，这两组数据不能看成是来自两个总体的独立样本。

在同一对数据中，差异是由两台仪器的性能差异引起的，我们的目的正是要考察两台仪器的差异而排除其他因素引起的差异。为此，作数据对的差 $d_i=x_i-y_i\ i=1,2,\cdots,10$

如下：

d_i：0.2　−0.5　0.4　−0.3　−0.1　−0.2　0.2　0.0　0.4　−0.3

若两台仪器性能相同，则各对数据的差属于随机误差，而随机误差可以认为是均值为零的正态分布，因此本题归结为由来自正态总体 $N(\mu,\sigma^2)$ 的样本 $d_1,d_2,\cdots,d_{10}$，检验假设

$$H_0:\mu=\mu_0=0 \quad H_1:\mu\neq 0$$

用 $\bar{d}$ 和 S^2 表示样本均值和样本方差，由统计量

$$\frac{\bar{d}-\mu_0}{S/\sqrt{n}}\sim t(n-1)$$

当 H_0 为真时，其接受域为

$$\left|\frac{\bar{d}}{S/\sqrt{n}}\right|<t_{\alpha/2}(n-1)$$

$n=10$，$t_{0.05/2}(9)=2.2622$，由样本，$\bar{d}=0.06$，$S=0.306$，于是

$$\left|\frac{\bar{d}}{S/\sqrt{n}}\right|=0.62<t_{0.05/2}(9)=2.2622$$

则应该接受 H_0，即两台仪器测量结果并无显著差异。

在实际问题中，为了比较两种产品或两种设备、两种方法等的差异，我们常在相同的条件下作对比试验，得到一批成对的观测值，则每对数据的差正好反映了两者的差异。以这组差值为样本，对假设 $H_0:\mu=0$，$H_1:\mu\neq 0$ 作 t 检验，以推断两者有否显著差异，就是对成对数据的 t 检验。当接受 H_0 时，表明两者没有显著差异，数据差是随机误差；当拒绝 H_0 时，表明两者之间存在系统误差。

9.2.4　大样本下总体参数的假设检验

前面所讨论的总体都是正态总体，若已知总体不是正态或总体分布未知时，如何对总体的参数作检验呢？

由中心极限定理知，若 $X_1,X_2,\cdots,X_n$ 为独立同分布的随机变量，且 $E(X_i)=E(X)$ 和 $D(X_i)=D(X)$ 存在，$i=1,2,\cdots,n$，则当 n 充分大时，渐近地有

$$U=\frac{\sum_{i=1}^{n}X_i-nE(X)}{\sqrt{nD(X)}}=\frac{\bar{X}-E(X)}{\sqrt{D(X)/n}}\sim N(0,1)$$

利用统计量 U 可对总体参数作近似的假设检验。

例 11　有一批产品，要求其一级品率不得低于 75%。现抽查 100 件，发现有 70 件是一级品，问这批产品是否符合要求（$\alpha=0.05$）？

解　本例所关心的是一级品率 P 是否低于 75%，于是需要检验的假设是

$$H_0:P=P_0=0.75, \qquad H_1:P<P_0=0.75$$

因总体为 0−1 分布，$E(X)=P$，$D(X)=P(1-P)$，$n=100$ 为大样本，设 $\hat{P}$ 为 P 的极大似然估计，由中心极限定理，当 H_0 为真时，渐近地有

$$U=\frac{\hat{P}-P_0}{\sqrt{P_0(1-P_0)/n}}\sim N(0,1)$$

接受域为 $U>-Z_{\alpha}$。由标准正态分布表，$Z_{0.05}=1.645$，由题知 $\hat{P}=70/100=0.70$，则

$$U=\frac{0.70-0.75}{\sqrt{0.75(1-0.75)/100}}=-1.1547>-Z_{0.05}=-1.645$$

故接受 H_0，认为这批产品符合要求。

本例中，当 H_0 为真时，总体方差 $D(X)=P_0(1-P_0)$ 是已知的；当总体方差未知时，用样本方差 S^2 代替总体方差 $D(X)$，由于 n 充分大，仍然认为(渐近地)

$$U=\frac{\overline{X}-E(X)}{\sqrt{S^2/n}}\sim N(0,1)$$

例 12 一批电子元件的电阻要求其总体均值保持在 2.64Ω，现检测 100 个元件的电阻，得样本均值为 $\bar{x}=2.62\Omega$，样本方差为 $S^2=0.0048\Omega^2$，问这批元件的电阻均值是否符合要求($\alpha=0.01$)?

解 本例需要检验的假设为

$$H_0:E(X)=\mu_0=2.64,\qquad H_1:E(X)\neq\mu_0=2.64$$

总体分布和总体方差都未知，由于 $n=100$ 为大样本，由中心极限定理，当 H_0 为真时，渐近地有

$$U=\frac{\overline{X}-\mu_0}{\sqrt{S^2/n}}\sim N(0,1)$$

接受域为 $|U|<Z_{\alpha/2}=2.57$，而

$$|U|=\left|\frac{2.62-2.64}{\sqrt{0.0048/100}}\right|=2.89$$

它落在拒绝域中，于是拒绝 H_0，认为这批元件的电阻均值与要求有显著的差异。

§9.3 分布拟合的 χ^2 检验

设 $X_1,X_2,\cdots,X_n$ 是某总体的一个样本，由样本检验总体的分布 $F(x)$(未知)是否是一已知的分布 $F_0(x)$，称为分布拟合检验。它属于非参数检验问题，本节介绍最常用的分布拟合检验方法——χ^2 检验。

分布拟合检验的假设是

$$H_0:F(x)=F_0(x)$$

当总体是连续型时，相当于

$$H_0:\text{总体密度函数为 } f_0(x)$$

当总体是离散型时，相当于

$$H_0:\text{总体分布律为 } P(X=x_i)=p_i\quad i=1,2,\cdots$$

χ^2 分布检验的基本思想如下：把随机试验的可能结果的全体 S 分成 k 个互不相容的事件 $A_1,A_2,\cdots,A_k$，且有

$$\bigcup_{i=1}^{k}A_i=S,\quad A_iA_j=\Phi,\quad (i\neq j,\quad i,j=1,2,\cdots,k)$$

对一组样本观察值 $x_1,x_2,\cdots,x_n$ 计数，得事件 A_i 发生的频数 $n_i(\sum_{i=1}^{k}n_i=n)$，则事件 A_i 发生的频率为 n_i/n。若总体分布为已知的 $F_0(x)$，则可求得事件 A_i 发生的概率应是 $P(A_i)=p_i,i=1,2,\cdots,k$；当 H_0 为真时，由大数定理，频率 n_i/n 与概率 $p_i(i=1,2,\cdots,k)$ 当 $n\to+\infty$ 时应该完全相同；但由于 n 的有限性和样本的随机性，n_i/n 与 p_i 之间往往有差异，皮尔逊(K. Pearson)用统计量

$$\chi^2=\sum_{i=1}^{k}\frac{(n_i-np_i)^2}{np_i}$$

来衡量综合差异的大小。显然，统计量 χ^2 的值越小，越能说明总体的分布是 $F_0(x)$。皮尔逊进一步证明了如下定理：不论总体分布 $F(x)$ 是什么，当 n 趋向于无穷时，统计量 χ^2 的极限分布是自由度为 $k-1$ 的 χ^2 分布，即当 n 充分大时渐近地有

$$\chi^2=\sum_{i=1}^{k}\frac{(n_i-np_i)^2}{np_i}\sim\chi^2(k-1)$$

由假设检验的思想，对给定的显著性水平 α，当统计量的值 $\chi^2<\chi^2_\alpha(k-1)$ 时，接受假设 H_0，即总体分布可以认为是 $F_0(x)$，否则就拒绝 H_0，即总体分布不能认为是 $F_0(x)$。

关于上述分布拟合的 χ^2 检验还需注意以下几点：

(1)只能在大样本下使用，一般 $n\geqslant 50$。

(2)每个事件 A_i 不能分得太小，应使 $np_i\geqslant 5$，否则应适当就近合并 A_i，以满足这一要求。

(3)p_i 是由 $F_0(x)$ 计算的，所以 $F_0(x)$ 的形式和参数必须完全确知。若 $F_0(x)$ 中有 r 个未知参数，可以由它们的极大似然估计代替，但这时 χ^2 分布的自由度不是 $k-1$ 而是 $k-r-1$。

例 13　设总体 X 有 $n=84$ 个样本观察值如下：

22.3	20.5	20.2	23.0	22.3	21.4	20.6	20.7	21.1	21.0
20.7	21.1	21.5	21.4	20.9	20.5	20.7	21.5	20.5	20.1
21.9	20.9	19.1	20.6	20.3	21.3	20.9	21.1	19.7	21.2
20.9	21.2	21.3	20.5	20.2	20.0	20.6	21.5	20.8	21.0
21.4	21.1	20.3	20.7	20.6	21.2	21.4	20.5	20.8	20.8
21.1	21.2	19.6	20.6	21.4	21.2	20.5	20.9	21.8	20.9
20.8	19.9	20.4	20.8	21.7	20.7	20.8	20.2	21.0	20.2
21.3	20.7	21.7	20.7	21.9	20.0	19.7	21.4	20.2	21.3
21.5	20.5	21.3	20.7						

试以显著性水平 $\alpha=0.05$ 检验假设 H_0：总体 X 服从 $N(\mu,\sigma^2)$ 分布。

解　首先，H_0 中的正态分布有两个参数 μ,σ^2 未知，由样本得 μ 和 σ^2 的极大似然估计为

$$\hat{\mu}=\bar{x}=20.88,\qquad \hat{\sigma}^2=S^{*2}=\frac{1}{n}\sum_{i=1}^{n}(x_i-\bar{x})^2=0.6^2$$

考虑样本中的最小值、最大值分别为 19.1 和 22.3，现取区间(18.95，22.45)，它能包含所有样本值，把该区间等分成 $k=7$ 个小区间，即事件 $A_1,A_2\cdots,A_7$，如表 9.1 中第 1 列(各小

区间不一定等分为相同的长度,分点的精度通常比样本值精度高一位,以避免样本点落在分点上)。根据每一个样本点落在哪一个区间对 A_i 计数,得频数 n_i,如表中第2列。计算

$$p_1=P(A_1)=P\{X\leqslant 19.45\}=\Phi(\frac{19.45-20.88}{0.6})=0.0087$$

$$p_2=P(A_2)=P\{X\leqslant 19.95\}-P\{X\leqslant 19.45\}=\Phi(\frac{19.95-20.88}{0.6})-p_1=0.0519$$

表9.1

A_i	n_i	p_i	np_i	n_i-np_i	$\frac{(n_i-np_i)^2}{np_i}$
$A_1:(-\infty,19.45)$	1	0.0087	0.7308	-0.0904	0.0016
$A_2:(19.45,19.95)$	4	0.0519	4.3596		
$A_3:(19.95,20.45)$	10	0.1752	14.7168	-4.7168	1.5118
$A_4:(20.45,20.95)$	33	0.3120	26.2080	6.7920	1.7602
$A_5:(20.95,21.45)$	24	0.2811	23.6124	0.3876	0.0064
$A_6:(21.45,21.95)$	9	0.1336	11.2224	-2.3724	0.3916
$A_7:(21.95,+\infty)$	3	0.0375	3.1500		
$\sum$	84	1	84		3.6716

类似地计算 $p_3,\cdots,p_7$,如表中第3列;np_i 的值如表中第4列,因 np_1 和 np_2 均小于5,A_1 和 A_2 合并为一组(合并后大于5),np_7 小于5,故把 A_7 并入 A_6,见表中大括号所示。此时实际分组为 $k=7-2=5$ 组。计算 $(n_i-np_i)^2/np_i$ 值,如表中第6列,求和得统计量 χ^2 的值为3.6716,根据自由度 $k-r-1=5-2-1=2$ 及显著性水平 $\alpha=0.05$,查 χ^2 分布表,得 $\chi^2_{0.05}(2)=5.991$,因 $\chi^2<\chi^2_{0.05}(2)$,故接受假设 H_0,即该样本来自正态分布总体。

例14 为检验一颗骰子的均匀性,将这颗骰子连丢243次,各点出现的频数如下表所示,问是否可以认为这颗骰子是均匀的($\alpha=0.1$)?

点　数	1	2	3	4	5	6
频　数	36	42	38	44	41	40

解 本例总体 X 是离散型的,检验这颗骰子是否均匀,即检验假设

$$H_0:P\{X=i\}=1/6,\qquad i=1,2,\cdots,6$$

有 $k=6$,事件 $A_1,A_2,\cdots,A_6$ 即是数 $1,2,\cdots,6$。当 H_0 成立时,$p_i=P\{X=i\}=1/6,np_i=243/6=40.5,i=1,2,\cdots,6$,于是统计量 χ^2 的值为

$$\chi^2=\sum_{i=1}^{6}\frac{(n_i-np_i)^2}{np_i}=1.025$$

由自由度 $k-1=5$ 及显著性水平 $\alpha=0.1$,查 χ^2 分布表得 $\chi^2_{0.1}(5)=9,236$,可见 $\chi^2<\chi^2_{0.1}(5)$,故接受 H_0,即这颗骰子是均匀的。

复习思考题9

1. 假设检验的基本思想是什么?其中使用了一条什么原理?

2. 检验的显著性水平 α 的意义是什么？

3. 比较双边、左边和右边检验的拒绝域。

4. 使用 U 检验法可以进行哪些假设检验？

5. 使用 t 检验法可以进行哪些假设检验？

6. 使用 χ^2 检验法可以进行哪些假设检验？

7. 使用 F 检验法可以进行哪些假设检验？

8. 正态总体期望与方差的区间估计和假设检验两者之间有什么相似之处？

9. 成对数据差的 t 检验适用于哪些特殊场合？

10. 分布拟合的 χ^2 检验的基本步骤是什么？

习　题　9

1. 酒精生产过程中精馏塔中部温度(精中温度)最佳参数为 86.5℃，随机检测 8 次，记录精中温度为 86.4，87.0，87.3，86.1，85.9，86.8，87.5，87.4，问是否可以认为精中温度保持在最佳水平？设精中温度 $X \sim N(\mu, 0.6^2)$，取 $\alpha=0.1$。

2. 某物质有效含量为正态分布 $N(0.75, 0.06^2)$，为鉴别该物质库存两年后有效含量是否下降，检测 30 个样品，得平均有效含量为 $\bar{x}=0.73$。设库存两年后有效含量仍然是方差为 0.06^2 的正态分布，试问有效含量有否显著下降？($\alpha=0.05$)

3. 成年男子肺活量为 $\mu=3750$ml 的正态分布，选取 20 名男子参加某项体育锻炼一定时期后，测定他们的肺活量，得平均值为 $\bar{x}=3808$ml，问肺活量均值的提高是否显著？设方差为 $\sigma^2=120^2$，取 $\alpha=0.02$。

4. 某种心脏病用药旨在适当提高病人的心率，对 16 名服药病人测定其心率增加为(次/分)：8，7，10，3，15，11，9，10，11，13，6，9，8，12，0，4，设心率增加量服从正态分布，问平均心率增加是否符合该药的期望值 $\mu=10$ 次/分？($\alpha=0.1$)

5. 对某矿区钻探取样 32 个，分析有效物质含量，得样本平均含量为 0.36，样本标准差为 0.1。设有效含量为正态分布，问该矿区是否达到具有开采价值的最低平均含量为 0.35 的标准？($\alpha=0.05$)

6. 顾客投拆某厂生产的某袋装食品重量不符合 1kg 的标准，消费者协会抽查了 12 袋，其平均重量为 0.985kg，标准差为 0.02kg，问可否认为该种食品显著低于标准重量？设每袋重量服从正态分布，取 $\alpha=0.05$。

7. 对习题 4，试以显著性水平 $\alpha=0.05$ 检验假设 $H_0: \sigma^2=9$。

8. 由模酸可的松氧化脱氢制取醋酸强的松过程中，要求罐温保持在 30℃左右，方差不得超过 0.5，现检测 10 次，得标准差为 $S=0.75$℃，试以显著性水平 $\alpha=0.1$ 检验方差是否偏大？设罐温为正态分布。

9. 对习题 6，试以显著性水平 $\alpha=0.1$ 检验假设 $H_0: \sigma=0.025$，$H_1: \sigma<0.025$。

10. 已知某设备的供电电源电压为均值 $\mu=220$V 的正态分布，该设备要求电压方差不超过 5V^2，现检测电源电压 5 次，分别为 223，215，220，224，218，问电源电压方差是否显著偏大？($\alpha=0.05$)

11. 设 26.9，25.1，22.9，27.0，25.8 和 23.3，22.4，26.6，23.1，24.0，22.1 为来自总体 $N(\mu_1, 2.5)$ 与 $N(\mu_2, 2.4)$ 的独立样本，试检验假设 $H_0: \mu_1=\mu_2$，$H_1: \mu_1 \neq \mu_2$。($\alpha=0.05$)

12. 设甲、乙两市人均月自来水消费分别为 $N(\mu_1, 1)$ 和 $N(\mu_2, 0.6)$ 分布，现对甲市调查 8 户 25 人，人均月用水 $\bar{x}=2.5\text{m}^3$；乙市调查 6 户 20 人，人均月用水 $\bar{y}=2.1\text{m}^3$，问甲市人均月用水是否显著高于乙市？($\alpha=0.05$)

13. 某医院随机选取 11 个新生男婴，平均体重为 $\bar{x}=3.35$kg，标准差 $S_1=0.69$kg，又随机选取 10 个新生女婴，平均体重 $\bar{y}=3.08$kg，标准差 $S_2=0.64$kg。设男婴和女婴体重为方差相同的正态分布，问男婴和

女婴体重均值有否显著差异？($\alpha=0.05$)

14. 为比较甲、乙两位电脑打字员的出错情况，抽查甲输入的文件 8 页，校对发现各页出错为(单位：字数)3,2,5,0,1,2,2,4；抽查乙输入文件 9 页，发现各页出错为 4,2,3,1,5,5,2,4,6。不妨设甲、乙页出错字数均为正态分布，且方差相同，试检验甲平均出错是否显著少于乙($\alpha=0.05$)？

15. 对习题 13，以显著性水平 $\alpha=0.05$ 检验两总体方差基本相同。

16. 对习题 14，以显著性水平 $\alpha=0.02$ 检验两总体方差齐性。

17. 某厂生产的一种机械手表和一种电子手表的 24 小时走时绝对误差分别为 $N(\mu_1,\sigma_1^2)$ 和 $N(\mu_2,\sigma_2^2)$ 分布(单位：s)，分别测试 6 只机械手表和电子手表，24 小时绝对误差分别为 4,9,4,6,5,7，和 4,2,6,3,1,3。

(1)以 $\alpha=0.1$ 检验两种手表绝对误差方差没有显著差异；

(2)以 $\alpha=0.01$ 检验机械手表的绝对误差均值是否显著大于电子手表？

18. 为校验一台称重计的正确性，随机选取 8 个标准重码(单位 kg)，用这台称重计称重，结果如下：

标准码重 x_i	0.25,0.50,1.00,1.30,1.80,2.10,3.00,5.00
称　　重 y_i	0.25,0.49,0.98,1.32,1.81,2.07,2.98,4.96

设各对数据差 $d_i=x_i-y_i$，$i=1,2,\cdots,8$，来自正态总体，问这台称重计称重有无显著差异？($\alpha=0.05$)

19. 为比较 A 和 B 两种橡胶的耐磨性，用它们分别制造 7 种不同规格的轮胎，安装在 7 辆汽车上。行驶一段时间后，测量它们的磨损量(单位：mm)如下：

A：(x_i)2.5　5.1　6.8　4.3　8.1　10.4　7.2

B：(y_i)2.4　5.2　7.0　4.3　8.3　11.2　7.7

设各对数据差 $d_i=x_i-y_i$，$i=1,2,\cdots,9$，来自正态分布，问能否认为 A 种橡胶的耐磨性显著优于 B($d=0.05$)？

20. 通过某公路路段每分钟的车流量为泊松分布 $\pi(\lambda)$，现随机地从现场检测 120 个分时，平均每个分时车流量为 5.4 辆，以 $\alpha=0.05$ 检验假设 $H_0:\lambda=5, H_1:\lambda>5$。

21. 为分析某地区日用邮量，选取该地区 60 天收发邮件数，得平均日收发 2605 件，标准差 415 件，试以 $\alpha=0.02$ 检验对日收发邮件期望 $E(X)$ 的假设 $H_0:E(X)=2500, H_1:E(X)\neq 2500$。

22. 设总体 X 服从指数分布，其概率密度函数为

$$f(x)=\begin{cases}\lambda e^{-\lambda x}, & x>0\\ 0, & x\leqslant 0\end{cases}$$

有样本 $X_1,X_2,\cdots,X_n$，可以证明统计量 $2n\overline{X}\lambda$ 服从 $\chi^2(2n)$ 分布，其中 $\overline{X}$ 为样本均值。试以显著性水平 α 给出下列假设检验的接受域，λ_0 为给定常数：

(1)$H_0:\lambda=\lambda_0, H_1:\lambda\neq\lambda_0$；

(2)$H_0:\lambda=\lambda_0, H_1:\lambda>\lambda_0$；

(3)$H_0:\lambda=\lambda_0, H_1:\lambda<\lambda_0$。

23. 对正态总体 $N(\mu,\sigma^2)$，当样本容量 $n>30$ 时，可以证明样本标准差 S 近似地服从 $N(\sigma,\sigma^2/2n)$，试以显著性水平 α 给出下列假设检验的接受域，其中 σ_0 为给定常数：

(1)$H_0:\sigma=\sigma_0, H_1:\sigma\neq\sigma_0$；

(2)$H_0:\sigma=\sigma_0, H_1:\sigma>\sigma_0$；

(3)$H_0:\sigma=\sigma_0, H_1:\sigma<\sigma_0$。

24. 设 $X_1,X_2,\cdots,X_{n_1}$ 和 $Y_1,Y_2,\cdots,Y_{n_2}$ 是来自正态总体 $N(\mu_1,\sigma_1^2)$ 和 $N(\mu_2,\sigma_2^2)$ 的独立样本；σ_1^2 和 σ_2^2 已知。试给出一个统计量及其分布，用于检验假设 $H_0:\mu_1=2\mu_2, H_1:\mu_1>2\mu_2$，并写出显著性水平为 α 的拒绝域。

25. 下列论述正确的是(　　)

(1)犯第一类错误的概率是 P(拒绝 H_0)$=\alpha$;

(2)犯第一类错误和第二类错误的概率之和为 1;

(3)给定显著性水平 α,增大样本容量 n,则两类错误的概率都减小;

(4)样本容量 n 一定,增大显著性水平 α,则第二类错误的概率减小。

26. 某厂生产同一型号两种规格的产品,规格 A 的质量指标 $X\sim N(100,25)$ 规格,规格 B 的同一质量指标 $Y\sim N(101.96,25)$。用户向厂方订购一批规格 A 产品,厂方错把规格 B 的产品发给用户,用户随机抽查 25 件用以检验假设:$H_0:\mu=100,H_1\mu\neq100$,求犯第二类错误的概率。(取 $\alpha=0.05$)

27. 某自来水厂水源 1—4 月期间的浊度采样检测了 $n=106$ 次,有 $\bar{x}=10.8$(单位),$S^*=3.2$(单位),分组并计算各组频数如下表所示,问浊度总体可否认为是正态分布?($\alpha=0.1$)

区间	<5.05	(5.05,7.05)	(7.05,9.05)	(9.05,11.05)	(11.05,13.05)	(13.05,15.05)	(15.05,17.05)	>17.05
频数	4	7	18	29	25	13	6	4

28. 用一程序在计算机上产生 5000 个(0,1)区间上均匀分布的伪随机数,分组计算各组频数如下表所示,问这一程序产生的随机数是否可以认为满足均匀性要求($\alpha=0.05$)?

区间	(0.0,0.1)	(0.1,0.2)	(0.2,0.3)	(0.3,0.4)	(0.4.0.5)	(0.5,0.6)	(0.6,0.7)	(0.7,0.8)	(0.8,0.9)	(0.9,1.0)
频数	434	507	491	491	504	488	498	502	502	483

29. 用 X 表示某一随机事件在单位时间内发生的次数。先后共观察 $n=110$ 个单位时间,其中有 13 个单位没有发生,发生 1 次的有 31 个单位,如下表所示,试以显著性水平 $\alpha=0.1$ 检验假设 H_0:X 服从泊松分布 $\pi(\lambda)$。

x_i	0	1	2	3	4	5	6	$\geqslant7$
n_i	13	31	32	19	9	4	2	0

30. 为分析某居民小区日收到快递量(件数)X,对该小区随机抽查了 60 个工作日的快递量,日平均 2605 件,均方差 415,试利用中心极限定理,以 $\alpha=0.02$ 检验该小区日快递件数的期望 $E(X)$ 的假设:H_0:$E(X)=2500$,H_1:$E(X)\neq250$。

第 10 章　方差分析和回归分析

方差分析和回归分析是数理统计中两个极为重要的组成部分。它们都包含非常丰富的内容，都是解决许多实际问题的有效工具。本章仅介绍有关它们的最基本的知识。

§10.1　方差分析的基本概念

在§9.2 中我们曾讨论了两个正态总体在方差相同的条件下，两个均值是否有显著差异的假设检验。简要地说，方差分析是解决多个正态总体在方差相同的条件下，它们的均值是否有显著差异的假设检验。请看下面几个实例。

例 1　为分析钢质弹簧生产的回火工艺中不同的回火温度对弹簧弹性的影响，组织了如下试验：取三个不同的回火温度，分别为 440℃、460℃ 和 500℃，保持其他条件不变，如在同一个回火设备上试验；用同一材料制造的同一型号的弹簧；选用弹簧单件重量相同；保持相同的保温时间；由同一个工人操作；使用同一台仪器测定弹簧弹性等。在三个不同温度下分别独立试验了 $n_1=4, n_2=4, n_3=3$ 只弹簧，测得它们的弹性值如表 10.1。据此，我们要分析不同回火温度对弹簧弹性有否显著影响？若有影响，那么在什么回火温度下弹性较好？

我们把衡量试验结果的指标（弹簧弹性）称为试验指标，它当然应该是可测的（可定量测定的）。影响试验指标的条件称为因素。在上例中，是考察一个因素（回火温度）对试验指标的影响，而保持其他因素不变。当然，所考察的因素是可控的而不是不可控的（如气象条件、测量误差等）。把考察的因素控制在几个不同的状态，称为该因素的不同的水平。上例中，分别在回火温度这一个因素的三个水平（440，460，500）下分别重复试验了 $n_1=4, n_2=4, n_3=3$ 次，我们称这一试验为单因素三水平不等重复试验，当每个水平下重复试验次数相同时，称为单因素等重复试验。

把在三个水平下试验所得的指标结果看作来自三个总体的样本，并假设这三个总体分别是方差相同的正态分布 $N(\mu_1, \sigma^2)$，$N(\mu_2, \sigma^2)$ 和 $N(\mu_3, \sigma^2)$，于是，因素的三个水平对试验指标有无显著影响的问题，可以表示为检验假设：

表 10.1

温度	440℃	460℃	500℃
样本	359	361	353
	360	356	350
	359	357	351
	363	356	

表 10.2

	B_1	B_2	B_3
A_1	362	360	358
A_2	356	356	357
A_3	350	353	351

$$H_0: \mu_1 = \mu_2 = \mu_3$$

显然，备选假设是 $H_1: \mu_1, \mu_2, \mu_3$ 中至少有两个存在显著差异。

例 2　若该弹簧厂有 B_1, B_2, B_3 三台不同的回火设备，在考察三个不同回火温度对弹性有无显著影响的同时，还要进一步考察使用三台不同的回火设备对弹性有无显著影响。于是，在因素 A(回火温度)的三个水平(A_1, A_2, A_3)和因素 B(回火设备)的三个水平(B_1, B_2, B_3)的不同搭配($A_1B_1, A_1B_2, A_1B_3, A_2B_1, A_2B_2, A_2B_3, A_3B_1, A_3B_2, A_3B_3$)下分别进行一次独立试验，测量它们的弹簧弹性如表 10.2 所示。由此分析：不同的回火温度对弹性有无显著影响？若有影响，哪个温度较好？不同的回火设备对弹性有无显著影响？若有影响，哪个设备较好？

例 2 中的试验称为双因素无重复试验。

把在因素 A 的三个水平下试验所得指标结果(不管因素 B 的不同水平)看作来自三个总体的样本，假设这三个总体分别是方差同为 σ^2 的正态分布 $N(\mu_{11}, \sigma^2)$，$N(\mu_{12}, \sigma^2)$ 和 $N(\mu_{13}, \sigma^2)$；而把在因素 B 的三个水平下试验所得指标结果(不分因素 A 的不同水平)看作来自三个总体的样本，也假设这三个总体分别是方差同为 σ^2 的正态分布 $N(\mu_{21}, \sigma^2)$，$N(\mu_{22}, \sigma^2)$ 和 $N(\mu_{23}, \sigma^2)$，于是，我们的问题归结为检验假设

$$H_{01}: \mu_{11} = \mu_{12} = \mu_{13}, H_{11}: \mu_{11}, \mu_{12}, \mu_{13} \text{ 不全相同}$$

$$H_{02}: \mu_{21} = \mu_{22} = \mu_{23}, H_{12}: \mu_{21}, \mu_{22}, \mu_{23} \text{ 不全相同}$$

在实际问题中，会出现下列四种不同的情况：

(1)因素 A 的不同水平和因素 B 的不同水平对指标均无显著影响，即接受 H_{01} 和 H_{02}。

(2)因素 A 对指标无显著影响，而因素 B 对指标有显著影响，即接受 H_{01}，拒绝 H_{02}，并进一步确定 B 因素的哪一个水平下较优(或 A 与 B 的上述结论相反)。

(3)单独考虑因素 A 时，在某一水平(如 A_1)下较优；单独考虑因素 B 时，在某一水平(如 B_1)下较优，简单的情况是 A_1 与 B_1 搭配的条件下就是较优。

(4)比较复杂的情况是：并非 A_1 与 B_1 搭配的条件下较优，因为因素 A 与 B 存在相互影响的作用，只有当 A 的水平与 B 的水平有合理搭配时，才能产生最好的效果。对这种情况，我们称因素 A 与 B 有交互作用。若要分析 A 与 B 是否有交互作用，仅作双因素的不重复试验是无法分析的，必须作双因素的有重复试验。

例 3　在弹簧生产的回火工艺中，除考察不同的回火温度(因素 A)以外，还需考察不同的回火保温时间(因素 B)对弹簧弹性有无显著影响，同时还要进一步考察不同温度和不同回火时间的搭配对弹簧弹性有无显著影响，即因素 A 与 B 是否有交互作用。根据实际经验，保温时间通常为 3 分钟或 4 分钟，也就是因素 B 取两个水平，$B_1 = 3$，$B_2 = 4$。在因素 A 各水平(440℃，460℃，500℃)和 B 各水平的搭配($A_1B_1, A_1B_2, A_2B_1, A_2B_2, A_3B_1, A_3B_2$)下，各分别独立试验了 2 次，各次试验下测得弹簧弹性如表 10.3 所示。

表 10.3

B \ A	B_1	B_2
A_1	363,360	359,355
A_2	362,364	348,346
A_3	351,349	349,350

这是双因素等重复试验。同样假设每次独立试验的结果都是方差相同的正态总体的一次独立抽样,我们的目的是由样本检验:因素 A 各水平下总体均值有无显著差异;因素 B 各水平下的总体均值有无显著差异;还要检验因素 A 与 B 的不同搭配对各均值有无显著影响。

完成上述三个实例中的假设的检验,主要从分析样本的方差着手,所以称为方差分析。

在方差分析中,有三条最基本也是最重要的假定,除上面提到的正态性和方差齐性以外,还有一条是线性性假定,即每一个样本点的值是由各因素的影响的线性叠加组成的,这在下面的具体分析中可以看到。这三条假定是不可分割且必须同时具备的。如果有一条不成立,则方差分析便失去了理论依据,无法进行。

随着因素个数、各因素水平数、不同水平搭配下重复试验次数的增加,总的试验次数将迅速增加,分析难度也将增加。在保证达到试验目的的前提下,如何科学合理地安排试验,尽可能减少试验次数,是正交试验、试验设计等领域讨论的问题。本书在以下两节中分别讨论单因素试验和双因素试验的方差分析。

§10.2 单因素试验的方差分析

一般地,设因素 A 有 r 个水平 $A_1,A_2,\cdots,A_r$,在水平 $A_j(j=1,2,\cdots,r)$下,进行 $n_j(n_j\geqslant 2)$次独立试验,用 $X_{1j},X_{2j},\cdots,X_{n_jj}(j=1,2,\cdots,r)$表示各次试验的指标值,如表 10.4。

表 10.4

水 平	A_1	A_2	$\cdots$	A_r
样 本	X_{11}	X_{12}	$\cdots$	X_{1r}
	X_{21}	X_{22}	$\cdots$	X_{2r}
	$\vdots$	$\vdots$	$\cdots$	$\vdots$
	X_{n_11}	X_{n_22}	$\cdots$	X_{n_rr}
样本总和	$T_{\cdot 1}$	$T_{\cdot 2}$	$\cdots$	$T_{\cdot r}$
样本均值	$\overline{X}_{\cdot 1}$	$\overline{X}_{\cdot 2}$	$\cdots$	$\overline{X}_{\cdot r}$

10.2.1 单因素方差分析的数学模型

在正态性和方差齐性的条件下,把水平 A_j 下的试验结果看成来自第 j 个正态总体 N

(μ_j,σ^2)的样本，于是有

$$X_{ij} \sim N(\mu_j,\sigma^2) \quad i=1,2,\cdots,n_j \quad j=1,2,\cdots,r$$

这里 μ_j 和 σ^2 都是未知参数。我们需要检验的是 r 个同方差的正态总体的均值是否相等，即检验假设

$$H_0:\mu_1=\mu_2=\cdots=\mu_r \tag{10.1}$$
$$H_1:\mu_1,\mu_2,\cdots,\mu_r \text{ 不全相等}$$

由于 $X_{ij}\sim N(\mu_j,\sigma^2)$，故有 $\varepsilon_{ij}=X_{ij}-\mu_j\sim N(0,\sigma^2)$，且 ε_{ij} 相互独立，即

$$X_{ij}=\mu_j+\varepsilon_{ij} \quad \varepsilon_{ij}\sim N(0,\sigma^2),i=1,2,\cdots,n_j, \quad j=1,2,\cdots,r \tag{10.2}$$

引进总均值 μ，即 μ_j 的加权平均

$$\mu=\frac{1}{n}\sum_{j=1}^{r}\sum_{i=1}^{n_j}E(X_{ij})=\frac{1}{n}\sum_{j=1}^{r}\sum_{i=1}^{n_j}\mu_j=\frac{1}{n}\sum_{j=1}^{r}n_j\mu_j$$

记 $\delta_j=\mu_j-\mu$，于是(10.2)式可改写成

$$X_{ij}=\mu+\delta_j+\varepsilon_{ij} \quad \varepsilon_{ij}\sim N(0,\sigma^2) \tag{10.3}$$

各 ε_{ij} 相互独立，$i=1,2,\cdots,n_j,j=1,2,\cdots,r;n=n_1+n_2+\cdots+n_r$，易证 $n_1\delta_1+n_2\delta_2+\cdots+n_r\delta_r=0$。(10.1)式可以改写成

$$H_0:\delta_1=\delta_2=\cdots=\delta_r=0$$
$$H_1:\delta_1,\delta_2,\cdots,\delta_r \text{ 不全为零} \tag{10.4}$$

产生试验结果 X_{ij} 之间差异的原因有两个，一是由各种无法控制的偶然因素引起的随机误差(或试验误差)，即 ε_{ij}；二是由各水平下均值 μ_j 之间的差异 δ_j 引起的，δ_j 称为系统误差或条件误差，在方差分析中称 δ_j 为水平 A_j 的效应。随机误差 ε_{ij} 是不可避免的，关键是分析是否存在系统误差 δ_j，这就是假设(10.4)表达的意义。我们把 X_{ij} 表示为 $\mu,\delta_j,\varepsilon_{ij}$ 的和，这就是上节提到的线性性假定，(10.2)式和(10.3)式称为单因素方差分析的数学模型。

10.2.2　用于检验假设的统计量

检验假设(10.1)的关键是构造一个合适的统计量。

1.总偏差平方和的分解

引进

样本总平均：$\bar{x}=\frac{1}{n}\sum_{j=1}^{r}\sum_{i=1}^{n_j}x_{ij}$

样本总偏差平方和：$S_T=\sum_{j=1}^{r}\sum_{i=1}^{n_j}(x_{ij}-\bar{x})^2$　(10.5)

水平 A_j 下样本均值：$\bar{x}_{\cdot j}=\frac{1}{n_j}\sum_{i=1}^{n_j}x_{ij}, \qquad j=1,2,\cdots,r$

则有

$$\begin{aligned}S_T&=\sum_{j=1}^{r}\sum_{i=1}^{n_j}(x_{ij}-\bar{x})^2=\sum_{j=1}^{r}\sum_{i=1}^{n_j}[(x_{ij}-\bar{x}_{\cdot j})+(\bar{x}_{\cdot j}-\bar{x})]^2\\&=\sum_{j=1}^{r}\sum_{i=1}^{n_j}(x_{ij}-\bar{x}_{\cdot j})^2+\sum_{j=1}^{r}\sum_{i=1}^{n_j}(x_{ij}-\bar{x}_{\cdot j})(\bar{x}_{\cdot j}-\bar{x})+\sum_{j=1}^{r}\sum_{i=1}^{n_j}(\bar{x}_{\cdot j}-\bar{x})^2\end{aligned}$$

注意到上式中间项有

$$\sum_{j=1}^{r}\sum_{i=1}^{n_j}(x_{ij}-\bar{x}_{\cdot j})(\bar{x}_{\cdot j}-\bar{x})^2=\sum_{j=1}^{r}(\bar{x}_{\cdot j}-\bar{x})\left[\sum_{i=1}^{n_j}x_{ij}-n_j\bar{x}_{\cdot j}\right]=0$$

于是总偏差平方和 S_T 就分解为两个平方和之和

$$S_T=S_E+S_A$$

其中

$$S_E=\sum_{j=1}^{r}\sum_{i=1}^{n_j}(x_{ij}-\bar{x}_{\cdot j})^2 \tag{10.6}$$

$$S_A=\sum_{j=1}^{r}\sum_{i=1}^{n_j}(\bar{x}_{\cdot j}-\bar{x})^2=\sum_{j=1}^{r}n_j(\bar{x}_{\cdot j}-\bar{x})^2 \tag{10.7}$$

2. 分解式的意义

样本总平均 $\bar{x}$ 是总均值 μ 的估计，则 $x_{ij}-\bar{x}$ 可作为样本值 x_{ij} 与总均值 μ 之差的估计。它既包含了由随机误差对 x_{ij} 带来的偏差，也包含了由 A_j 水平下的系统误差(即效应 δ_j)对 x_{ij} 带来的偏差，于是由(10.5)式可见，S_T 是各个样本值所包含的总偏差平方和。

由 $E(\bar{X})=\mu, E(\bar{X}_{\cdot j})=\mu_j$，得 $E(\bar{X}_{\cdot j}-\bar{X})=\mu_j-\mu=\delta_j$，即 $\bar{X}_{\cdot j}-\bar{x}$ 是 δ_j 的无偏估计，则 $\bar{X}_{\cdot j}-\bar{X}$ 主要反映了 A_j 下的效应 δ_j 所带来的偏差。由(10.7)式可见，S_A 是 r 个水平下的效应带来的偏差平方和，称 S_A 为因素效应平方和。

A_j 下的样本均值 $\bar{x}_{\cdot j}$ 是 μ_j 的无偏估计，则 $\bar{x}_{ij}-\bar{x}_{\cdot j}$ 反映了随机误差 ε_{ij} 给 x_{ij} 带来的偏差，由(10.6)式可见，S_E 是各样本值由随机误差带来的偏差的平方和，称 S_E 为误差平方和。

因此，分解式 $S_T=S_E+S_A$ 把样本总偏差分解成随机误差产生的偏差和因素的各个水平下均值的差异产生的偏差两部分，其直观的思想是：只要比较 S_E 和 S_A 两者的相对大小，就能检验假设(10.1)。

3. S_E 和 S_A 的统计特性

定理 1 $S_E/\sigma^2\sim\chi^2(n-r)$。

证明 $\dfrac{1}{n_j-1}\sum_{i=1}^{n_j}(x_{ij}-\bar{x}_{\cdot j})^2$ 是水平 A_j 下的样本方差，由第7章定理4，

$$\sum_{i=1}^{n_j}(x_{ij}-\bar{x}_{\cdot j})^2/\sigma^2\sim\chi^2(n_j-1),\qquad j=1,2,\cdots,r$$

由样本的独立性和 χ^2 分布的可加性，

$$S_E/\sigma^2=\sum_{j=1}^{r}\left[\sum_{i=1}^{n_j}(x_{ij}-\bar{x}_{\cdot j})^2\right]/\sigma^2\sim\chi^2\left[\sum_{j=1}^{r}(n_j-1)\right]$$

因 $\sum\limits_{j=1}^{r}(n_j-1)=n-r$，则

$$S_E/\sigma^2\sim\chi^2(n-r)$$

定理 2 1° $E(S_A/(r-1))=\sigma^2+\dfrac{1}{r-1}\sum\limits_{j=1}^{r}n_j\delta_j^2$。

2° 当 H_0 为真时，$S_A/\sigma^2\sim\chi^2(r-1)$。

S_E 与 S_A 相互独立。

证明从略。

由定理 2 及 χ^2 分布可加性知，当 H_0 为真时，$S_T=S_E+S_A\sim\chi^2(n-1)$。

4. 假设(10.1)的统计检验

由定理 1，$E(S_E/\sigma^2)=n-r$，或 $E(S_E/(n-r))=\sigma^2$，即 $S_E/(n-r)$ 是 σ^2 的无偏估计，且与 H_0 是否成立无关。

由定理 2 的 1°，当 H_0 为真时，$\sum_{j=1}^{r}n_j\delta_j^2=0$，有 $E(S_A/(r-1))=\sigma^2$，即 $S_A/(r-1)$ 也是 σ^2 的无偏估计；而当 H_0 不真时，$\sum_{j=1}^{r}n_j\delta_j^2>0$，有 $E(S_A/(r-1))>\sigma^2$，即 $S_A/(r-1)$ 有偏大于 σ^2 的可能。

当 $S_A/(r-1)$ 和 $S_E/(n-r)$ 的值比较接近时，表明样本值的偏差完全是由随机误差造成的，故接受 H_0，当 $S_A/(r-1)$ 偏大于 $S_E/(n-r)$ 时，则认为样本值的偏差除了随机误差外，还是各水平下的效应不同所造成的，故拒绝 H_0。于是，比值

$$F=\frac{S_A/(r-1)}{S_E/(n-r)}$$

当 H_0 不真时，有偏大的趋势。只要给出临界值 a，当 $F>a$ 时，就拒绝 H_0

由定理 1、定理 2 的 2°及第 7 章定理 8 可知，当 H_0 为真时，统计量 $F\sim F(r-1,n-r)$，因此，对给定的显著性水平 α，临界值 $a=F_\alpha(r-1,n-r)$，即当 $F>F_\alpha(r-1,n-r)$时，拒绝 H_0。

10.2.3　单因素方差分析表

称 $S_A/(r-1)$和 $S_E/(n-r)$为 S_A 和 S_E 的均方，分别记为$\overline{S}_A$ 和$\overline{S}_E$。把上述有关量列成表 10.5，称为单因素方差分析表。

表 10.5

方差来源	平方和	自由度	均方	F 比
因素 A	S_A	$r-1$	$\overline{S}_A$	$F=\overline{S}_A/\overline{S}_E$
误　差	S_E	$n-r$	$\overline{S}_E$	
总　和	S_T	$n-1$		

由定义式直接计算 S_T,S_A 和 S_E 不太方便，容易证明如下计算式：

$$\begin{aligned}
S_T&=\sum_{j=1}^{r}\sum_{i=1}^{n_j}x_{ij}^2-\frac{1}{n}\Big(\sum_{j=1}^{r}\sum_{i=1}^{n_j}x_{ij}\Big)^2\\
S_A&=\sum_{j=1}^{r}\frac{1}{n_j}\Big(\sum_{i=1}^{n_j}x_{ij}\Big)^2-\frac{1}{n}\Big(\sum_{j=1}^{r}\sum_{i=1}^{n_j}x_{ij}\Big)^2\\
S_E&=S_T-S_A
\end{aligned}\tag{10.8}$$

例 1　求解 § 10.1 中例 1，取 $\alpha=0.05$。

解　该例中 $r=3$，$n_1=n_2=4$，$n_3=3$，$n=11$。首先由样本直接计算有关值如表 10.6，于

是有

$$\sum_{j=1}^{3}\sum_{i=1}^{n_j}x_{ij}^2 = 519131+510529+370310=1399975$$

$$\sum_{j=1}^{3}\frac{1}{n_j}(\sum_{i=1}^{n_j}x_{ij})^2=\frac{2076481}{4}+\frac{2042041}{4}+\frac{1110916}{3}=1399935.833$$

$$\frac{1}{n}(\sum_{j=1}^{3}\sum_{i=1}^{n_j}x_{ij})^2=\frac{1}{11}(1441+1429+1054)^2=1399797.818$$

则有

$S_T=1399975-1399797.818=172.182$

$S_A=1399935.833-1399797.818$
$=138.015$

$S_E=S_T-S_A=172.182-138.015$
$=34.167$

填入方差分析表，得表 10.7，比值 $F=16.157$。由 $\alpha=0.05$，自由度 $(r-1,n-r)=(2,8)$，查 F 分布表得 $F_{0.05}(2,8)=4.46$，可见 $F>F_{0.05}(2,8)$，则拒绝 H_0，即三种回火温度下的弹簧弹性有较显著的差异。

表 10.6

水　平	440℃	460℃	500℃
样　本	359	361	353
	360	356	350
	359	357	351
	363	356	
$\sum_j x_{ij}$	1441	1429	1054
$(\sum_j x_{ij})^2$	2076481	2042041	1110916
$\sum_j x_{ij}^2$	519131	510529	370310

表 10.7

方差来源	平方和	自由度	均方	F 比
因素 A	138.015	2	69.008	16.157
误　差	34.167	8	4.271	
总　和	172.182	10		

10.2.4　未知参数的估计

在水平 A_j 下的总体均值 $\mu_j, i=1,2,\cdots,r$，或者水平 A_j 下的效应 $\delta_j, j=1,2,\cdots,r$ 都是未知参数，特别当 H_0 被拒绝后，表明各水平下的均值有显著差异，为此需要进一步判断哪个水平下较优，这就必须对上述未知参数进行估计。事实上，由前面的分析可知，它们的无偏估计为

$$\hat{\mu}_j=\bar{x}_{\cdot j},\hat{\delta}_j=\bar{x}_{\cdot j}-\bar{x}\qquad j=1,2,\cdots,r$$

又由

$$\bar{x}_{\cdot j}-\bar{x}_{\cdot k}\sim N(\mu_{\cdot j}-\mu_{\cdot k},\sigma^2(1/n_j+1/n_k))$$

及由定理 1

$$S_E/\sigma^2\sim\chi^2(n-r)$$

且 $\bar{x}_{\cdot j}-\bar{x}_{\cdot k}$ 与 S_E 的独立性，知

$$\frac{(\bar{x}_{\cdot j}-\bar{x}_{\cdot k})-(\mu_{\cdot j}-\mu_{\cdot k})}{\sqrt{S_E(1/n_j+1/n_k)}}=\frac{(\bar{x}_{\cdot j}-\bar{x}_{\cdot k})-(\mu_{\cdot j}-\mu_{\cdot k})}{\sqrt{\sigma^2(1/n_j+1/n_k)}}\Big/\sqrt{\frac{S_E}{\sigma^2}/(n-r)}\sim t(n-r)$$

由此可得 $\mu_{\cdot j}-\mu_{\cdot k}$ 的置信度为 $1-\alpha$ 的置信区间为

$$(\bar{x}_{\cdot j}-\bar{x}_{\cdot k}\pm t_{\alpha/2}(n-r)\sqrt{S_E(1/n_j+1/n_k)})$$

另外，方差 σ^2 也是未知参数。由定理 1 可知，无论 H_0 是否成立，都有 $E(S_E(n-r))=\sigma^2$，即 σ^2 的无偏估计为 $\hat{\sigma}^2=S_E/(n-r)=\bar{S}_E$。

在例 1 中，$\hat{\sigma}^2=4.271$，$\hat{\mu}_1=360.25$，$\hat{\mu}_2=357.25$，$\hat{\mu}_3=351.33$，$\hat{\delta}_1=3.52$，$\hat{\delta}_2=0.53$，$\hat{\delta}_3=-5.4$。对弹簧弹性来说，当然是大的好，于是我们认为在回火温度为 $A_1=440$℃时较优，且 A_1 下均值与 A_3 下，均值之差 $\mu_1-\mu_2$ 的置信度为 0.95 的置信区间为

$$(360.25-351.33\pm1.8595\sqrt{4.271(1/4+1/4)})=(6.2027,\quad 11.6373)$$

§10.3　双因素试验的方差分析

本节讨论双因素无重复试验和等重复试验的方差分析。

10.3.1　双因素无重复试验的方差分析

双因素无重复试验是在因素 A 每一个水平和因素 B 每一个水平的搭配下都作一次独立试验，目的是分析因素 A 的各水平对试验指标有无显著差异，分析因素 B 的各水平对试验指标有无显著差异，其分析方法基本上和单因素试验的分析方法相同，也是通过对总偏差平方和的分解构造检验的统计量。

设因素 A 有 r 个水平 $A_1,A_2,\cdots,A_r$；因素 B 有 s 个水平 $B_1,B_2,\cdots,B_s$；各种搭配下的试验结果如表 10.8 所示。表中还列出了由样本直接计算的量：行总和 $T_{i\cdot}$ 行、平均 $\bar{x}_{i\cdot}$、列总和 $T_{\cdot j}$、列平均 $\bar{x}_{\cdot j}$，以及样本总和 T 与总平均 $\bar{x}$。

假设每一样本点都是方差相同的正态分布。方差分析的目的是检验假设

H_{01}：因素 A 对试验指标无显著影响

H_{02}：因素 B 对试验指标无显著影响

考虑模型：

$$x_{ij}=\mu+\alpha_i+\beta_j+\varepsilon_{ij}$$

各 ε_{ij} 相互独立，且 $\varepsilon_{ij}\sim N(0,\sigma^2)$，$i=1,2,\cdots,r$，$j=1,2,\cdots,s$，而 μ,α_i,β_j 及 σ^2 都是未知参数，但有 $\sum\limits_i\alpha_i=0$，$\sum\limits_j\beta_j=0$，于是上述假设可表示为

$$H_{01}:\alpha_1=\alpha_2=\cdots=\alpha_r=0,\qquad H_{11}:\alpha_1,\alpha_2,\cdots,\alpha_r\text{ 不全为零}$$

$$H_{02}:\beta_1=\beta_2=\cdots=\beta_s=0,\qquad H_{12}:\beta_1,\beta_2,\cdots,\beta_s\text{ 不全为零}$$

表 10.8

因素A \ 因素B	B_1	B_2	…	B_s	行总和 $T_{i0}=\sum_j x_{ij}$	行平均 $\bar{x}_{i\cdot}=T_{i\cdot}/s$
A_1	x_{11}	x_{12}	…	x_{1s}	$T_{1\cdot}$	$\bar{x}_{1\cdot}$
A_2	x_{21}	x_{22}	…	x_{2s}	$T_{2\cdot}$	$\bar{x}_{2\cdot}$
⋮	⋮	⋮	…	⋮	⋮	⋮
A_r	x_{r1}	x_{r2}	…	x_{rs}	$T_{r\cdot}$	$\bar{x}_{r\cdot}$
列总和 $T_{\cdot j}=\sum_i x_{ij}$	$T_{\cdot 1}$	$T_{\cdot 2}$	…	$T_{\cdot s}$	$T=\sum_j T_{\cdot j}=\sum_i T_{i\cdot}$	
列平均 $\bar{x}_{\cdot j}=T_{\cdot j}/r$	$\bar{x}_{\cdot 1}$	$\bar{x}_{\cdot 2}$	…	$\bar{x}_{\cdot s}$		$\bar{x}=\frac{T}{rs}$

需要构造一个统计量,用于检验该假设。事实上,样本总偏差平方和 S_T 可以分解为

$$\begin{aligned}S_T &= \sum_i\sum_j(x_{ij}-\bar{x})^2\\ &= \sum_i\sum_j[(x_{ij}-\bar{x}_{i\cdot}-\bar{x}_{\cdot j}+\bar{x})+(\bar{x}_{i\cdot}-\bar{x})+(\bar{x}_{\cdot j}-\bar{x})]^2\\ &= \sum_i\sum_j(x_{ij}-\bar{x}_{i\cdot}-\bar{x}_{\cdot j}+\bar{x})^2+\sum_i\sum_j(\bar{x}_{i\cdot}-\bar{x})^2+\sum_i\sum_j(\bar{x}_{\cdot j}-\bar{x})^2\end{aligned}$$

上述平方展开式中的两两交叉乘积项皆为0。若记上式右边三项分别为 S_E,S_A 和 S_B,则有

$$S_T=S_E+S_A+S_B$$

它们的计算式分别为

$$\begin{aligned}S_T &= \sum_i\sum_j(x_{ij}-\bar{x})=\sum_i\sum_j x_{ij}^2-\frac{1}{rs}T^2\\ S_A &= \sum_i\sum_j(x_{i\cdot}-\bar{x})^2=s\sum_i(\bar{x}_{i\cdot}-\bar{x})^2=\frac{1}{s}\sum_i T_{i\cdot}^2-\frac{1}{rs}T^2\\ S_B &= \sum_i\sum_j(x_{\cdot j}-\bar{x})^2=r\sum_j(\bar{x}_{\cdot j}-\bar{x})^2=\frac{1}{r}\sum_j T_{\cdot j}^2-\frac{1}{rs}T^2\\ S_E &= S_T-S_A-S_B\end{aligned}\tag{10.9}$$

容易理解,S_E 是由随机误差产生的偏差,称为误差平方和;S_A 主要反映因素 A 的各水平差异产生的偏差,称为因素 A 的效应平方和;S_B 主要反映因素 B 产生的偏差,称为因素 B 的效应平方和。

与单因素方差分析类似地有

$$E(S_E)=\sigma^2(r-1)(s-1)$$

$$E(S_A)=\sigma^2(r-1)+s\sum_i\alpha_i^2$$

$$E(S_B)=\sigma^2(s-1)+r\sum_j\beta_j^2$$

于是,无论 H_{01} 和 H_{02} 是否为真,都有 $S_E/\sigma^2\sim\chi^2((r-1)(s-1))$ 而

当 H_{01} 为真时,$S_A/\sigma^2\sim\chi^2(r-1)$,$E(S_A)=\sigma^2(r-1)$;

当 H_{02} 为真时，$S_B/\sigma^2 \sim \chi^2(s-1)$，$E(S_B)=\sigma^2(s-1)$；

当 H_{01}、H_{02} 都为真时，$S_T/\sigma^2 \sim \chi^2(rs-1)$。

引用均方　$\bar{S}_E = S_E/((r-1)(s-1))$，$\bar{S}_A = S_A/(r-1)$，$\bar{S}_B = S_B/(s-1)$

则

$$F_A = \frac{\bar{S}_A}{\bar{S}_E} \sim F((r-1),(r-1)(s-1))$$

$$F_B = \frac{\bar{S}_B}{\bar{S}_E} \sim F((s-1),(r-1)(s-1))$$

对给定的显著性水平 α，有临界值 $F_\alpha((r-1),(r-1)(s-1))$ 和 $F_\alpha((s-1),(r-1)(s-1))$，当

$F_A > F_\alpha((r-1),(r-1)(s-1))$ 时拒绝 H_{01}；

$F_B > F_\alpha((s-1),(r-1)(s-1))$ 时拒绝 H_{02}。

把上述结果汇总成表 10.9，称为双因素试验方差分析表。

表 10.9

方差来源	平方和	自由度	均方	F 比
因素 A	S_A	$r-1$	$\bar{S}_A$	F_A
因素 B	S_B	$s-1$	$\bar{S}_B$	F_B
误　差	S_E	$(r-1)(s-1)$	$\bar{S}_E$	
总　和	S_T	$rs-1$		

有关未知参数的点估计分别为：

$\hat{\mu}=\bar{x}$，$\hat{\alpha}_i=\bar{x}_{i\cdot}-\bar{x}$，$i=1,2,\cdots,r$

$\hat{\beta}_j=\bar{x}_{\cdot j}-\bar{x}$，$j=1,2,\cdots,s$

$\hat{\sigma}^2=\bar{S}_E$

例 2　求解§10.1 中例 2，取 $\alpha=0.05$。

解　样本及一些初级计算如表 10.10，由(10.9)式计算平方和，汇总成方差分析表如表10.11。由 F 分布表得 $F_{0.05}(2,4)=6.94$，显然，$F_A>6.94$，而$F_B<6.94$，则拒绝 H_{01}，而接受 H_{02}，即不同的回火温度对弹簧弹性有显著影响，而不同的设备对弹簧弹性无显著影响。

表 10.10

	B_1	B_2	B_3	$T_{i\cdot}$	$\bar{x}_{i\cdot}$
A_1	362	360	358	1080	360
A_2	356	356	357	1069	356.33
A_3	350	353	351	1054	351.33
$T_{\cdot j}$	1068	1069	1066	$T=3203$	
$\bar{x}_{\cdot j}$	356	356.33	355.33		

表 10.11

方差来源	平方和	自由度	均方	F 比
因素 A	113.56	2	56.78	$F_A=19.25$
因素 B	1.56	2	0.78	$F_B=0.26$
误　差	11.78	4	2.95	
总　和	126.90	8		

10.3.2　双因素等重复试验的方差分析

双因素等重复试验与双因素无重复试验的区别是：在因素 A 的每一个水平和因素 B 的每一个水平的搭配下，都重复进行了 $t(t>1)$ 次独立试验。样本及有关计算见表 10.12。

表 10.12

$A \backslash B$	B_1	B_2	…	B_s	$T_{i\cdot\cdot}$ $\quad \bar{x}_{i\cdot\cdot}$
A_1	$x_{111}\ x_{112}\ \cdots\ x_{11t}$ $T_{11\cdot}=\sum_{k=1}^{t}x_{11k}$ $\bar{x}_{11\cdot}=T_{11\cdot}/t$	$x_{121}\ x_{122}\ \cdots\ x_{12t}$ $T_{12\cdot}=\sum_{k=1}^{t}x_{12k}$ $\bar{x}_{12\cdot}=T_{12\cdot}/t$	…	$x_{1s1}\ x_{1s2}\ \cdots\ x_{1st}$ $T_{1s\cdot}=\sum_{k=1}^{t}x_{1sk}$ $\bar{x}_{1s\cdot}=T_{1s\cdot}/t$	$T_{1\cdot\cdot}=\sum_{j=1}^{s}T_{1j\cdot}$ $\bar{x}_{1\cdot\cdot}=T_{1\cdot\cdot}/s$
A_1	$x_{211}\ x_{212}\ \cdots\ x_{21t}$ $T_{21\cdot}=\sum_{k=1}^{t}x_{21k}$ $\bar{x}_{21\cdot}=T_{21\cdot}/t$	$x_{221}\ x_{222}\ \cdots\ x_{22t}$ $T_{22\cdot}=\sum_{k=1}^{t}x_{22k}$ $\bar{x}_{22\cdot}=T_{22\cdot}/t$	…	$x_{2s1}\ x_{2s2}\ \cdots\ x_{2st}$ $T_{2s\cdot}=\sum_{k=1}^{t}x_{2sk}$ $\bar{x}_{2s\cdot}=T_{2s\cdot}/t$	$T_{2\cdot\cdot}=\sum_{j=1}^{s}T_{2j\cdot}$ $\bar{x}_{2\cdot\cdot}=T_{2\cdot\cdot}/s$
⋮	⋮	⋮	…	⋮	⋮
A_r	$x_{r11}\ x_{r12}\ \cdots\ x_{r1t}$ $T_{r1\cdot}=\sum_{k=1}^{t}x_{r1k}$ $\bar{x}_{r1\cdot}=T_{r1\cdot}/t$	$x_{r21}\ x_{r22}\ \cdots\ x_{r2t}$ $T_{r2\cdot}=\sum_{k=1}^{t}x_{r2k}$ $\bar{x}_{r2\cdot}=T_{r2\cdot}/t$	…	$x_{rs1}\ x_{rs2}\ \cdots\ x_{rst}$ $T_{rs\cdot}=\sum_{k=1}^{t}x_{rsk}$ $\bar{x}_{rs\cdot}=T_{rs\cdot}/t$	$T_{r\cdot\cdot}=\sum_{j=1}^{s}T_{rj\cdot}$ $\bar{x}_{r\cdot\cdot}=T_{r\cdot\cdot}/s$
$T_{\cdot j\cdot}$ $\bar{x}_{\cdot j\cdot}$	$T_{\cdot 1\cdot}=\sum_{i=1}^{r}T_{i1\cdot}$ $\bar{x}_{\cdot 1\cdot}=T_{\cdot 1\cdot}/r$	$T_{\cdot 2\cdot}=\sum_{i=1}^{r}T_{i2\cdot}$ $\bar{x}_{\cdot 2\cdot}=T_{\cdot 2\cdot}/r$	…	$T_{\cdot s\cdot}=\sum_{i=1}^{r}T_{is\cdot}$ $\bar{x}_{\cdot s\cdot}=T_{\cdot s\cdot}/r$	$T=\sum_{i=1}^{r}T_{i\cdot\cdot}=\sum_{j=1}^{s}T_{\cdot j\cdot}$ $\bar{x}=T/(rst)$

在正态性、方差齐性和线性性假定下,有

$$\begin{cases}x_{ijk}\sim N(\mu_{ij},\sigma^2), & i=1,\cdots,r,j=1,\cdots,s,k=1,\cdots,t\\ \text{各 } x_{ijk} \text{ 相互独立}\end{cases}$$

或写成

$$\begin{cases}x_{ijk}=\mu_{ij}+\varepsilon_{ijk}, & i=1,\cdots,r,j=1,\cdots,s,k=1,\cdots,t\\ \varepsilon_{ijk}\sim N(0,\sigma^2), & \text{各 } \varepsilon_{ijk} \text{ 相互独立}\end{cases} \tag{10.10}$$

引入

总均值 $\quad \mu=\frac{1}{rs}\sum_{i=1}^{r}\sum_{j=1}^{s}\mu_{ij}$

A_i 下均值 $\quad \mu_{i\cdot}=\frac{1}{s}\sum_{j=1}^{s}\mu_{ij}, \quad i=1,\cdots,r$

B_j 下均值 $\quad \mu_{\cdot j}=\frac{1}{r}\sum_{i=1}^{r}\mu_{ij}, \quad j=1,\cdots,s$

A_i 的效应 $\quad \alpha_i=\mu_{i\cdot}-\mu, \quad i=1,\cdots,r$

B_j 的效应 $\quad \beta_j=\mu_{\cdot j}-\mu, \quad j=1,\cdots,s$

这样可以把 μ_{ij} 表示成

$$\mu_{ij}=\mu+\alpha_i+\beta_j+(\mu_{ij}-\mu_{i\cdot}-\mu_{\cdot j}+\mu)=\mu+\alpha_i+\beta_j+\gamma_{ij}, \quad i=1,\cdots,r,j=1,\cdots,s$$

其中 $\gamma_{ij}=\mu-\mu_{i\cdot}-\mu_{\cdot j}+\mu$ 称为水平 A_i 和水平 B_j 的交互效应。显然有

$$\sum_{i=1}^{r}\alpha_i=0,\qquad \sum_{j=1}^{s}\beta_j=0,\qquad \sum_{i=1}^{r}\gamma_{ij}=0,\qquad \sum_{j=1}^{s}\gamma_{ij}=0$$

这样(10.10)式可以写成：

$$\begin{cases}x_{ijk}=\mu+\alpha_i+\beta_j+\gamma_{ij}+\varepsilon_{ijk}, & \varepsilon_{ijk}\sim N(0,\sigma^2)\\ \text{各 }\varepsilon_{ijk}\text{ 相互独立}, & i=1,\cdots,r,j=1,\cdots,s,k=1,\cdots,t\end{cases}\tag{10.11}$$

其中 $\mu,\alpha_i,\beta_j,\gamma_{ij}$ 及 σ^2 都是未知参数。

(10.11)式就是双因素等重复试验的数学模型，针对这一模型，我们要检验的假设是以下三个：

$H_{01}:\alpha_1=\alpha_2=\cdots=\alpha_r=0,\qquad H_{11}:\alpha_1,\alpha_2,\cdots,\alpha_r$ 不全为零

$H_{02}:\beta_1=\beta_2=\cdots=\beta_s=0,\qquad H_{12}:\beta_1,\beta_2,\cdots,\beta_s$ 不全为零

$H_{03}:\gamma_{11}=\gamma_{12}=\cdots=\gamma_{rs}=0,\qquad H_{13}:\gamma_{11},\gamma_{12},\cdots,\gamma_{rs}$ 不全为零

类似地，对这些假设的检验也是建立在总偏差平方和 S_T 的分解上：

$$\begin{aligned}S_T&=\sum_{i=1}^{r}\sum_{j=1}^{s}\sum_{k=1}^{t}(x_{ijk}-\bar{x})^2\\&=\sum_{i=1}^{r}\sum_{j=1}^{s}\sum_{k=1}^{t}[(x_{ijk}-\bar{x}_{ij\cdot})+(\bar{x}_{i\cdot\cdot}-\bar{x})+(\bar{x}_{\cdot j\cdot}-\bar{x})+(\bar{x}_{ij\cdot}-\bar{x}_{i\cdot\cdot}-\bar{x}_{\cdot j\cdot}+\bar{x})]^2\\&=\sum_{i=1}^{r}\sum_{j=1}^{s}\sum_{k=1}^{t}(x_{ijk}-\bar{x}_{ij\cdot})^2+st\sum_{i=1}^{r}(\bar{x}_{i\cdot\cdot}-\bar{x})^2+rt\sum_{j=1}^{s}(\bar{x}_{\cdot j\cdot}-\bar{x})^2\\&\quad+t\sum_{i=1}^{r}\sum_{j=1}^{s}(\bar{x}_{ij\cdot}-\bar{x}_{i\cdot\cdot}-\bar{x}_{\cdot j\cdot}+\bar{x})^2\end{aligned}$$

上述平方展开式中各交叉乘积项都为零。

引用记号：

误差平方和 $\qquad S_E=\sum_{i=1}^{r}\sum_{j=1}^{s}\sum_{k=1}^{t}(x_{ijk}-\bar{x}_{ij\cdot})^2$

因素 A 的效应平方和 $\qquad S_A=st\sum_{i=1}^{r}(\bar{x}_{i\cdot\cdot}-\bar{x})^2$

因素 B 的效应平方和 $\qquad S_B=rt\sum_{j=1}^{s}(\bar{x}_{\cdot j\cdot}-\bar{x})^2$

A 和 B 交互效应平方和 $\qquad S_{A\times B}=t\sum_{i=1}^{r}\sum_{j=1}^{s}(\bar{x}_{ij\cdot}-\bar{x}_{i\cdot\cdot}-\bar{x}_{\cdot j\cdot}+\bar{x})^2$

则总偏差平方和 S_T 可以分解为

$$S_T=S_E+S_A+S_B+S_{A\times B}$$

可以证明，$S_T,S_E,S_A,S_B,S_{A\times B}$ 的自由度分别为 $rst-1,rs(t-1),r-1,s-1$ 和 $(r-1)\times(s-1)$，且有

$$E\left(\frac{S_E}{rs(t-1)}\right)=\sigma^2$$

$$E\left(\frac{S_A}{r-1}\right)=\sigma^2+st\sum_{i=1}^{r}\alpha_i^2/(r-1)$$

$$E(\frac{S_B}{s-1}) = \sigma^2 + rt\sum_{j=1}^{s}\beta_j^2/(s-1)$$

$$E(\frac{S_{A\times B}}{(r-1)(s-1)}) = \sigma^2 + t\sum_{i=1}^{r}\sum_{j=1}^{s}\gamma_{ij}^2/((r-1)(s-1))$$

可以证明：

当 H_{01} 成立时，　　$S_A/\sigma^2 \sim \chi^2(r-1)$

当 H_{02} 成立时，　　$S_B/\sigma^2 \sim \chi^2(s-1)$

当 H_{03} 成立时，　　$S_{A\times B}/\sigma^2 \sim \chi^2((r-1)(s-1))$

当 H_{01},H_{02},H_{03} 都成立时，　　$S_T/\sigma^2 \sim \chi^2(rst-1)$

无论 H_{01},H_{02},H_{03} 是否成立，　　$S_E/\sigma^2 \sim \chi^2(rs(t-1))$

当 H_{01},H_{02},H_{03} 成立时 $S_A,S_B,S_{A\times B},S_E$ 相互独立，于是有统计量

$$F_A = \frac{\bar{S}_A}{\bar{S}_E} = \frac{S_A/(r-1)}{S_E/(rs(t-1))} \sim F(r-1,rs(t-1))$$

$$F_B = \frac{\bar{S}_B}{\bar{S}_E} = \frac{S_B/(s-1)}{S_E/(rs(t-1))} \sim F(s-1,rs(t-1))$$

$$F_{A\times B} = \frac{\bar{S}_{A\times B}}{\bar{S}_E} = \frac{S_{A\times B}/((r-1)(s-1))}{S_E/(rs(t-1))} \sim F((r-1)(s-1),rs(t-1))$$

对给定的显著性水平 α，

当 $F_A > F_\alpha(r-1,rs(t-1))$ 时，拒绝假设 H_{01}；

当 $F_B > F_\alpha(s-1,rs(t-1))$ 时，拒绝假设 H_{02}；

当 $F_{A\times B} > F_\alpha((r-1)(s-1),rs(t-1))$ 时，拒绝假设 H_{03}。

以上结果汇总成双因素等重复试验方差分析表为表 10.13。

表 10.13

方差来源	平方和	自由度	均　方	F 比
因素　A	S_A	$r-1$	$\bar{S}_A=\bar{S}_A/(r-1)$	$F_A=\bar{S}_A/S_E$
因素　B	S_B	$s-1$	$\bar{S}_B=S_B/(s-1)$	$F_B=\bar{S}_B/\bar{S}_E$
交互作用	S_{AXB}	$(r-1)(s-1)$	$\bar{S}_{A\times B}=S_{A\times B}/((r-1)(s-1))$	$F_{A\times B}=\bar{S}_{A\times B}/\bar{S}_E$
误　　差	S_E	$rs(t-1)$	$\bar{S}_E=S_E/(rs(t-1))$	
总　　和	S_T	$rst-1$		

各平方和可用下述简单公式计算

$$\begin{aligned}
S_T &= \sum_{i=1}^{r}\sum_{j=1}^{s}\sum_{k=1}^{t}x_{ijk}^2 - \frac{T^2}{rst} \\
S_A &= \frac{1}{st}\sum_{i=1}^{r}T_{i\cdot\cdot}^2 - \frac{T^2}{rst} \\
S_B &= \frac{1}{rt}\sum_{j=1}^{s}T_{\cdot j\cdot}^2 - \frac{T^2}{rst} \\
S_{A\times B} &= \frac{1}{t}\sum_{i=1}^{r}\sum_{j=1}^{s}T_{ij\cdot}^2 - \frac{T^2}{rst} - S_A - S_B \\
S_E &= S_T - S_A - S_B - S_{A\times B}
\end{aligned} \tag{10.12}$$

例 3　求解§10.1 例 3。假设符合双因素方差分析所需的条件,试在显著性水平 $\alpha=0.005$ 下检验不同的回火温度(因素 A)、不同的保温时间(因素 B)下,对弹簧弹性有否显著影响?交互作用是否显著?

表 10.14

$A \backslash B$	B_1	B_2	$T_{i\cdot\cdot}$
A_1	363,360(723)	359,355(714)	1437
A_2	362,364(726)	348,346(694)	1420
A_3	351,349(700)	349,350(699)	1399
$T_{\cdot j\cdot}$	2149	2107	$T=4256$

解　按照题意需检验假设 H_{01},H_{02},H_{03} 是否为真。样本及初级计算见表 10.14,表中括号内为 $T_{ij\cdot}$,本题 $r=3,s=2,t=2$,根据(10.12)式有

$$S_T=(363^2+360^2+\cdots+350^2)-4256^2/(3\times2\times2)=476.6667$$

$$S_A=(1437^2+1420^2+1399^2)/(2\times2)-4256^2/(3\times2\times2)=181.1667$$

$$S_B=(2149^2+2107^2)/(3\times2)-4256^2/(3\times2\times2)=147.0000$$

$$S_{A\times B}=(723^2+714^2+\cdots+699^2)/(2\times1)-S_A-S_B-4256^2/(3\times2\times2)=129.5000$$

$$S_E=S_T-S_A-S_B-S_{A\times B}=19.0000$$

得方差分析表如表 10.15。

表 10.15

方差来源	平方和	自由度	均方	F 比
因素　A	181.1667	2	90.5834	$F_A=28.6050$
因素　B	147.0000	1	147.0000	$F_B=46.4206$
交互作用	129.5000	2	64.7500	$F_{A\times B}=20.4472$
误　　差	19.0000	6	3.1667	
总　　和	476.6667	11		

由于 $F_A>F_{0.005}(2.6)=14.54$,所以在水平 $\alpha=0.005$ 下拒绝 H_{01},即不同回火温度对弹簧弹性有显著差异。由于 $F_B>F_{0.005}(1.6)=18.63$,所以在水平 $\alpha=0.005$ 下拒绝 H_{02},即不同保温时间对弹簧弹性有显著差异。由于 $F_{A\times B}>F_{0.005}(2,6)=14.54$,所以在水平 $\alpha=0.005$ 下拒绝 H_{03},即交互效应是显著的。

在这里,尽管显著性水平 α 取得比较小,F 比值仍然超过临界值很多,这说明上述三个差异是很显著的。

由表 10.14 可见,对 A 因素是 A_1 水平下较好,对 B 因素是 B_1 水平下较好,但从因素 A 与 B 的搭配来看,是(A_2,B_1)下最好,而(A_1,B_1)下相差不多。考虑到经济效益,应该选择(A_1,B_1),即选择回火温度为 400℃,保温时间为 3min。

§10.4 回归分析的基本概念

无论在自然科学还是社会科学领域中,常常要研究变量之间的关系,这种关系大致可以分为两类。一类是确定性关系,例如,圆半径 x 和圆面积 y 之间的数量关系,可用公式 $y=\pi x^2$ 来表示。当 x 给定某一值时,有确定的 y 值和它对应;当 y 给定某一值时,有确定的 x 值和它对应。这种确定性关系通常称为函数关系,若设 x 为自变量,y 为因变量,则可表示为 $y=f(x)$。另一类是不确定关系,例如人的身高和体重之间的关系,一般来说,个子较高的人体重较大,但对身高为某一值的人来说,体重并不唯一确定;反之,对体重为某一值的人来说,其身高也不唯一确定,但我们不能排除身高与体重之间有某种关系。这类关系称为相关关系,回归分析是研究这种相关关系的一个方法。

虽然把变量之间的关系划分为两类,但它们之间并没有严格的界限,也并不是绝对的,当考虑测量误差、计算误差及其他随机因素的干扰时,确定性关系也可以转化为不确定关系;而当科学发展到一定程度,对造成不确定性的因素认识清楚时,或者忽略某些相对较小的误差时,相关关系也可以转化为确定的函数关系。

事实上,具有相关关系的变量都是随机变量,当身高取为某一值 x 时,体重是一个随机变量 Y,Y 就有它的分布。如图 10.1 中,当身高为 x_i 时,Y 有密度函数 $g_i(y)$(设 Y 是连续型)。容易理解,如果考虑同一身高 x 下体重的均值与 x 的关系,那么这两者的关系比单个体重值与 x 的关系更明朗、更确定。我们自然想到用 Y 的数学期望 $E(Y)$ 来描述平均,于是我们考虑 $E(Y)$ 与 x 之间的函数关系:

$$E(Y)=f(x)\text{①} \tag{10.13}$$

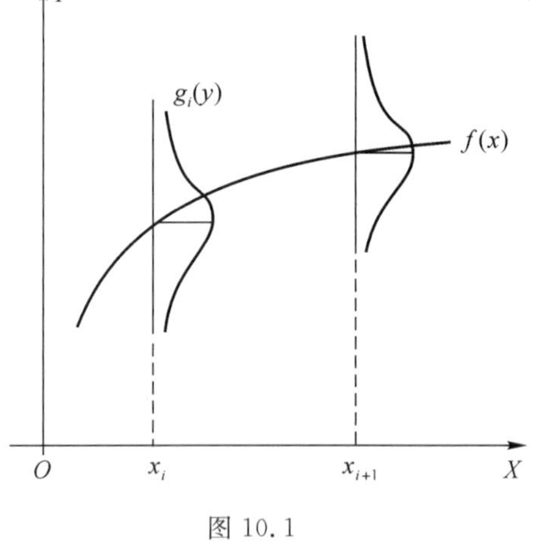

图 10.1

用这种形式来表达变量 Y 与 x 的相关关系称为 Y 关于 x 的回归,式(10.13)称为 Y 关于 x 的理论回归方程,$f(\cdot)$ 称为回归函数。当 $f(x)$ 是线性函数时,称为一元线性回归;当 $f(x)$ 是非线性函数时,称为一元非线性回归;当 $f(\cdot)$ 中变量不是一个,而是多于一个时,称为多元回归(多元线性或多元非线性回归)。

一旦建立了 Y 与 x 之间的回归,那么当 x 为某一定值时,可以估计 Y 的取值情况,这是所谓预测问题;反过来,调节变量 x 的取值,使 Y 在给定的范围内取值,这是所谓控制问题。

两个随机变量之间的相关关系的紧密程度是不同的,有些比较松散,即 X 对 Y 的影响很小;有些比较紧密,即 X 略有变化,Y 马上就有强烈反应。相关关系越松散,回归方程的代表性、真实性就越差,相关关系越紧密,回归方程就越能精确地反应变量之间的真实关系。因此,判明变量之间相关关系的紧密程度,对于指导回归方程的建立具有重要意义,对于评

① 严格地,等号左边应表示为条件期望 $E(Y|X=x)$。

价回归方程的价值也具有重要的意义。研究变量之间的相关关系的问题称为相关分析，相关分析本身是一个内容丰富的独立的领域，在回归分析中的作用是它的一个具体应用。

在实际问题中，一般能获得 n 对数值 $(x_1,y_1)(x_2,y_2)\cdots,(x_n,y_n)$，称它们为一个样本。这一样本可以是对随机变量 X 和 Y 同时进行独立观察而得到的，也可以是把 X 精确地控制在不全相同的 n 个值 $x_1,x_2,\cdots,x_n$ 上，进行独立试验，得到相应的观察值 $y_1,y_2,\cdots,y_n$，此时，把 Y 看作一个随机变量，而把 X 看作一个普通变量更合适。在下面的分析中，我们正是基于这样的观点。

那么，对一个具体问题，如何由样本估计回归函数 $f(\cdot)$ 呢？如何选定参与回归的变量和回归函数 $f(\cdot)$ 的形式呢？这除了借助于专业知识以外，还可利用相关分析以及直觉、经验等。通过使用一定的方法估计回归函数 $f(\cdot)$ 中的有关系数，进而由样本得到回归函数的估计——$\hat{f}(\cdot)$，称为样本回归方程，记为 $\hat{y}=\hat{f}(\cdot)$；由样本估计回归函数的过程就是俗称的“配曲线”。

§10.5　一元回归分析

现在考虑一元线性回归

$$E(Y)=f(x)=a+bx \tag{10.14}$$

假设对于某个范围内的每一个值 x，对应的 Y 是方差同为 σ^2 的正态分布，则由(10.14)式

$$Y\sim N(a+bx,\sigma^2) \tag{10.15}$$

其中 a 和 b 及 σ^2 都是不依赖于 x 的未知参数。这一正态性假设相当于假设

$$Y=a+bx+\varepsilon,\qquad \varepsilon\sim N(0,\sigma^2) \tag{10.16}$$

上式称为一元线性回归模型。它的含义是：Y 由两部分叠加而成，一部分是 x 的线性函数，即回归函数 $f(x)=a+bx$；另一部分是随机误差项 ε。我们的工作在于估计回归函数 $f(x)=a+bx$，即由样本得到 a 和 b 的估计值 $\hat{a}$ 和 $\hat{b}$。样本回归方程是

$$\hat{y}=\hat{a}+\hat{b}x \tag{10.17}$$

下面我们具体讨论一元线性回归函数估计的有关问题。

10.5.1　*a* 和 *b* 的估计

把样本 $(x_1,y_1),(x_2,y_2),\cdots,(x_n,y_n)$ 在坐标上描点而成的图，称为散点图，如图 10.2。由图可见，这些样本点基本上在一条直线附近波动，但这样的直线可以做出不止一条。求一元线性回归方程，就是要确定这一条直线，为此必须建立一个准则。由(10.16)式，对每一 (x_i,y_i) 有

$$y_i=a+bx_i+\varepsilon_i\qquad \varepsilon_i\sim N(0,\sigma^2)\qquad i=1,2,\cdots,n$$

称 $\hat{y}_i=a+bx_i$ 为 y_i 的回归值，则误差为

$$\varepsilon_i=y_i-\hat{y}_i=y_i-a-bx_i$$

自然地，我们要选择这样的 a 和 b，以使误差平方和

$$Q = \sum_{i=1}^{n} \varepsilon_i^2 = \sum_{i=1}^{n} (y_i - a - bx_i)^2 \tag{10.18}$$

达到极小，这称为最小二乘法的准则。

分别对(10.18)式中的 a 和 b 求偏导数，并令其为零，即

$$\frac{\partial Q}{\partial a} = -2\sum_{i=2}^{n}(y_i - a - bx_i) = 0$$

$$\frac{\partial Q}{\partial b} = -2\sum_{i=1}^{n}(y_i - a - bx_i)x_i = 0$$

整理为方程组

$$\begin{cases} na + nb\bar{x} = n\bar{y} \\ an\bar{x} + b\sum_{i=1}^{n} x_i^2 = \sum_{i=1}^{n} x_i y_i \end{cases} \tag{10.19}$$

其中 $\bar{x} = \frac{1}{n}\sum_{i=1}^{n} x_i$，$\bar{y} = \frac{1}{n}\sum_{i=1}^{n} y_i$，方程组(10.19) 称为正规方程，由于 x_i 不完全相同，故正规方程组的系数行 列式

$$\begin{vmatrix} n & n\bar{x} \\ n\bar{x} & \sum_{i=1}^{n} x_i^2 \end{vmatrix} = n\sum_{i=1}^{n} x_i(x_i - \bar{x}) \neq 0$$

方程组有唯一解：

$$\hat{b} = \frac{\sum_{i=1}^{n} x_i y_i - n\bar{x} \cdot \bar{y}}{\sum_{i=1}^{n} x_i^2 - n\bar{x}^2} \tag{10.20}$$

$$\hat{a} = \bar{y} - \hat{b}\bar{x}$$

由上面最小二乘法准则得到的 $\hat{a}$ 和 $\hat{b}$ 称为 a 和 b 的最小二乘估计。将 $\hat{a} = \bar{y} - \hat{b}\bar{x}$ 代入回归方程(10.17)式得

$$\hat{y} = \bar{y} - \hat{b}\bar{x} + \hat{b}x = \bar{y} + \hat{b}(x - \bar{x})$$

即

$$\hat{y} - \bar{y} = \hat{b}(x - \bar{x}) \tag{10.21}$$

当 $x = \bar{x}$ 时，$\hat{y} = \bar{y}$。这表明回归直线 $\hat{y} = \hat{a} + \hat{b}x$ 通过“几何中心”点$(\bar{x}, \bar{y})$，这对于回归直线的理解和作图是有帮助的。

为了计算上的方便，我们引入下述记号：

$$\begin{aligned} S_{xx} &= \sum_{i=1}^{n}(x_i - \bar{x})^2 = \sum_{i=1}^{n} x_i^2 - n\bar{x}^2 \\ S_{yy} &= \sum_{i=1}^{n}(y_i - \bar{y})^2 = \sum_{i=1}^{n} y_i^2 - n\bar{y}^2 \\ S_{xy} &= \sum_{i=1}^{n}(x_i - \bar{x})(y_i - \bar{y}) = \sum_{i=1}^{n} x_i y_i - n\bar{x}\bar{y} \end{aligned} \tag{10.22}$$

这样 a 和 b 的估计可写成

$$\begin{aligned}\hat{b} &= S_{xy}/S_{xx} \\ \hat{a} &= \bar{y}-\hat{b}\bar{x}\end{aligned} \tag{10.23}$$

必须指出：用最小二乘法估计 a 和 b，并不需要对 y 的正态性进行假定，这从上面的推导过程中完全可以看出来。当 y 为正态分布时，a 和 b 也可以用极大似然估计法求得，它的结果与最小二乘法完全相同。

例 4　某乡镇企业 8 年的年产值 x 和年利润 y（单位：万元）如表 10.16 中第 2、第 3 列所示，试进行一元线性回归分析。

表 10.16

年	x	y	x^2	y^2	xy
1	22	4.2	484	17.64	92.4
2	45	6.2	2025	38.44	279.0
3	56	6.8	3136	46.24	380.8
4	80	7.8	6400	60.84	624.0
5	88	9.5	7744	90.25	836.0
6	120	11.0	14400	121.0	1320.0
7	136	12.1	18496	146.41	1645.6
8	152	13.6	23104	184.96	2067.2
$\sum$	699	71.2	75789	705.78	7245.0

解　一般，年利润随着年产值的增加而增加，两者之间是线性关系。作散点图如图 10.2，可见这些点也基本上在一直线附近波动，表明该问题用一元线性回归进行分析是可行的。

表 10.16 中计算了对应的 x^2，y^2，$x\cdot y$ 的值，并对各列求和，以便于下面引用。该例有

$n=8$

$\bar{x}=699/8=87.375$

$\bar{y}=71.2/8=8.9$

由(10.22)式求得

$S_{xx}75789-8\times87.375^2=14713.875$

$S_{yy}=705.78-8\times8.9^2=72.1$

$S_{xy}=7245.0-8\times87.375\times8.9=1023.9$

于是由(10.23)式，$\hat{b}=S_{xy}/S_{xx}=0.0696$，$\hat{a}=\hat{y}-\hat{b}\cdot\bar{x}=2.8187$，则年利润 y 关于年产值 x 的一元线性回归方程为

$\hat{y}=2.8187+0.0696x$

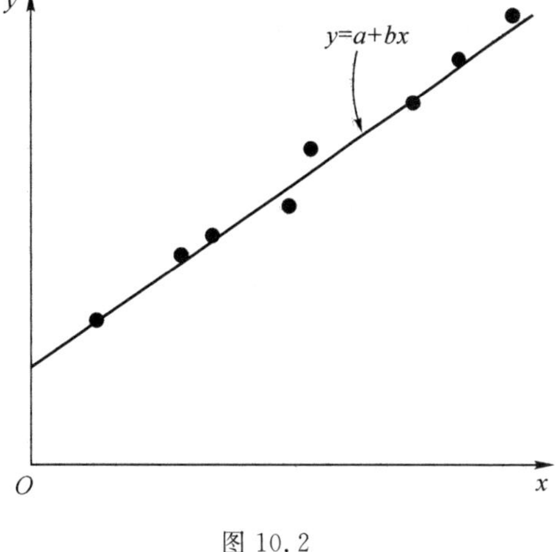

图 10.2

10.5.2　最小二乘估计 $\hat{a}$ 和 $\hat{b}$ 的统计性质

前面讨论了由样本$(x_i,y_i)\,i=1,2,\cdots,n$ 用最小二乘法求得回归直线 $\hat{y}=\hat{a}+\hat{b}x$ 的方法，而且还假设 $y_i\sim N(a+bx_i,\sigma^2)$，$y_i(i=1,2,\cdots,n)$相互独立，现在我们分析由此得到的 $\hat{a}$ 和 $\hat{b}$ 的分布。

由 $y_i\sim N(a+bx_i,\sigma^2)$，$i=1,2,\cdots,n$ 可知，平均值 $\bar{y}$ 也是正态随机变量，其数学期望和方差分别为

$$E(\bar{y})=E(\frac{1}{n}\sum_{i=1}^{n}y_i)=\frac{1}{n}\sum_{i=1}^{n}E(y_i)=\frac{1}{n}\sum_{i=1}^{n}(a+bx_i)=a+b\bar{x}$$

$$D(\bar{y})=D(\frac{1}{n}\sum_{i=1}^{n}y_i)=\frac{1}{n^2}\sum_{i=1}^{n}D(y_i)=\frac{1}{n^2}\cdot n\sigma^2=\frac{\sigma^2}{n}$$

于是 $\bar{y}\sim N(a+b\bar{x},\sigma^2/n)$。

回归系数

$$\hat{b}=\frac{S_{xy}}{S_{xx}}=\frac{\sum_{i=1}^{n}(x_i-\bar{x})(y_i-\bar{y})}{\sum_{i=1}^{n}(x_i-\bar{x})^2}$$

是正态随机变量 y_i 的线性组合,因此 $\hat{b}$ 也是正态随机变量,$\hat{b}$ 的数学期望为

$$E(\hat{b})=\frac{\sum_{i=1}^{n}(x_i-\bar{x})E(y_i-\bar{y})}{\sum_{i=1}^{n}(x_i-\bar{x})^2}=\frac{\sum_{i=1}^{n}(x_i-\bar{x})[E(y_i)-E(\bar{y})]}{\sum_{i=1}^{n}(x_i-\bar{x})^2}$$

$$=\frac{\sum_{i=1}^{n}(x_i-\bar{x})[(a+bx_i)-(a+b\bar{x})]}{\sum_{i=1}^{n}(x_i-\bar{x})^2}=b$$

即 $\hat{b}$ 是 b 的无偏估计,$E(\hat{b})=b$。注意到$\sum_{i=1}^{n}(x_i-\bar{x})=0$,$\hat{b}$ 又可表示为

$$\hat{b}=\frac{\sum_{i=1}^{n}(x_i-\bar{x})(y_i-\bar{y})}{\sum_{i=1}^{n}(x_i-\bar{x})^2}=\frac{\sum_{i=1}^{n}(x_i-\bar{x})y_i-\bar{y}\sum_{i=1}^{n}(x_i-\bar{x})}{\sum_{i=1}^{n}(x_i-\bar{x})^2}=\frac{\sum_{i=1}^{n}(x_i-\bar{x})y_i}{\sum_{i=1}^{n}(x_i-\bar{x})^2} \tag{10.24}$$

于是 $\hat{b}$ 的方差为

$$D(\hat{b})=\frac{\sum_{i=1}^{n}(x_i-\bar{x})^2D(y_i)}{[\sum_{i=1}^{n}(x_i-\bar{x})^2]^2}=\frac{\sigma^2}{\sum_{i=1}^{n}(x_i-\bar{x})^2}=\frac{\sigma^2}{s_{xx}} \tag{10.25}$$

综上所述,$\hat{b}\sim N(b,\sigma^2/s_{xx})$。

下面讨论 $\hat{a}$ 的分布。由于 $\bar{y}$ 和 $\hat{b}$ 都是正态变量,所以 $\hat{a}=\bar{y}-\hat{b}\bar{x}$ 也是正态变量,其数学期望为

$$E(\hat{a})=E(\bar{y})-\bar{x}\cdot E(\hat{b})=a+b\bar{x}-b\bar{x}=a$$

即 $\hat{a}$ 是 a 的无偏估计。为求 $\hat{a}$ 的方差,利用(10.24)式改写 $\hat{a}$ 为

$$\hat{a}=\bar{y}-\hat{b}\bar{x}=\frac{1}{n}\sum_{i=1}^{n}y_i-\frac{\bar{x}\sum_{i=1}^{n}(x_i-\bar{x})y_i}{\sum_{i=1}^{n}(x_i-\bar{x})^2}=\sum_{i=1}^{n}[\frac{1}{n}-\frac{\bar{x}(x_i-\bar{x})}{\sum_{i=1}^{n}(x_i-\bar{x})^2}]y_i$$

于是

$$D(\hat{a})=\sum_{i=1}^{n}[\frac{1}{n}-\frac{\bar{x}(x_i-\bar{x})}{\sum_{i=1}^{n}(x_i-\bar{x})^2}]^2D(y_i)$$

$$=\sigma^2\sum_{i=1}^{n}[\frac{1}{n}-\frac{2\bar{x}(x_i-\bar{x})}{n\sum_{i=1}^{n}(x_i-\bar{x})^2}+(\frac{\bar{x}(x_i-\bar{x})}{\sum_{i=1}^{n}(x_i-\bar{x})^2})^2]$$

$$=\sigma^2[\frac{1}{n}+\frac{\bar{x}^2}{\sum_{i=1}^{n}(x_i-\bar{x})^2}]=\frac{\sum_{i=1}^{n}x_i^2}{nS_{xx}}\sigma^2$$

综上所述，有

$$\hat{a}\sim N(a,\quad\frac{\sum_{i=1}^{n}x_i^2}{nS_{xx}}\sigma^2)\tag{10.26}$$

10.5.3　平方和的分解

在样本(x_i,y_i)中，$y_1,y_2,\cdots,y_n$之间的差异是由两个方面的原因引起的：一是$x_1,x_2,\cdots,x_n$之间的差异；另一个是其他因素，包括x对y的非线性影响及其他随机因素。因为$y_i-\bar{y}=(y_i-\hat{y}_i)+(\hat{y}_i-\bar{y})$，所以

$$\begin{aligned}S_{yy}&=\sum_{i=1}^{n}(y_i-\bar{y})^2\\&=\sum_{i=1}^{n}[(y_i-\hat{y}_i)+(\hat{y}_i-\bar{y})]^2\\&=\sum_{i=1}^{n}(y_i-\hat{y}_i)^2+2\sum_{i=1}^{n}(y_i-\hat{y}_i)(\hat{y}_i-\bar{y})+\sum_{i=1}^{n}(\hat{y}_i-\bar{y})^2\end{aligned}$$

右边中间交叉项为 0，因为

$$\begin{aligned}\sum_{i=1}^{n}(y_i-\hat{y}_i)(\hat{y}_i-\bar{y})&=\sum_{i=1}^{n}[y_i-(\hat{a}+\hat{b}x_i)][(\hat{a}+\hat{b}x_i)-\bar{y}]\\&=\sum_{i=1}^{n}[y_i-(\bar{y}-\hat{b}\bar{x}+\hat{b}x_i)][\bar{y}-\hat{b}\bar{x}+\hat{b}x_i)-\bar{y}]\\&=\sum_{i=1}^{n}[y_i-\bar{y}-\hat{b}(x_i-\bar{x})]\cdot\hat{b}(x_i-\bar{x})\\&=\hat{b}\sum_{i=1}^{n}(x_i-\bar{x})(y_i-\bar{y})-\hat{b}^2\sum_{i=1}^{n}(x_i-\bar{x})^2\\&=\frac{S_{xy}}{S_{xx}}\cdot S_{xy}-(\frac{S_{xy}}{S_{xx}})^2\cdot S_{xx}\\&=0\end{aligned}$$

若记 $S_r=\sum_{i=1}^{n}(\hat{y}_i-\bar{y})^2$，$S_e=\sum_{i=1}^{n}(y_i-\hat{y}_i)^2$，则 S_{yy} 可以分解为

$$S_{yy}=S_r+S_e \tag{10.27}$$

S_{yy} 称为总偏差平方和。S_{yy} 越大，说明 y_i 的数值差异越大，即越分散。S_r 称为回归平方和，且有

$$S_r=\sum_{i=1}^{n}(\hat{y}_i-\bar{y})^2=\sum_{i=1}^{n}(\hat{a}+\hat{b}x_i-\bar{y})^2=\sum_{i=1}^{n}(\bar{y}-\hat{b}\bar{x}+\hat{b}x_i-\bar{y})^2=\hat{b}^2\sum_{i=1}^{n}(x_i-\bar{x})^2$$

可见，S_r 是由于 x_i 数值的差异和线性系数 $\hat{b}$ 引起的，反映了 x 的重要程度。S_e 称为剩余平方和，它是扣除了 x 对 y 的线性影响后的其他差异引起的。因此，(10.27)式表明 y_1，y_2，…，y_n 的分散程度可以分解为 x 对 y 的线性影响和其他(非线性及随机因素)影响两部分。

我们可以证明

$$S_e/\sigma^2\sim\chi^2(n-2) \tag{10.28}$$

10.5.4 σ^2 的估计

由(10.28)式及 χ^2 分布的数学期望知，$E(S_e/(n-2))=\sigma^2$，即 σ^2 有无偏估计

$$\hat{\sigma}^2=S_e/(n-2) \tag{10.29}$$

为了便于计算，S_e 可表示为

$$\begin{aligned}S_e&=\sum_{i=1}^{n}(y_i-\hat{y}_i)^2\\&=\sum_{i=1}^{n}[y_i-(\hat{a}+\hat{b}x_i)]^2=\sum_{i=1}^{n}[y_i-(\bar{y}-\hat{b}\bar{x}+\hat{b}x_i)]^2\\&=\sum_{i=1}^{n}[(y_i-\bar{y})-\hat{b}(x_i-\bar{x})]^2\\&=\sum_{i=1}^{n}(y_i-\bar{y})^2-2\hat{b}\sum_{i=1}^{n}(y_i-\bar{y})(x_i-\bar{x})+\hat{b}^2\sum_{i=1}^{n}(x_i-\bar{x})^2\\&=S_{yy}-2\hat{b}S_{xy}+\hat{b}^2S_{xx}\\&=S_{yy}-\hat{b}S_{xy}\end{aligned} \tag{10.30}$$

例如在例 4 中，有 $n=8$，$S_{yy}=72.1$，$S_{xy}=1023.9$，$\hat{b}=0.0696$，于是 σ^2 的无偏估计为

$$\hat{\sigma}^2=S_e/(n-2)=(S_{yy}-\hat{b}S_{xy})/(n-2)=0.8366$$

10.5.5 直线回归的显著性检验

在前面的讨论中，我们先假定了回归函数 $f(x)$ 为线性形式 $a+bx$，在处理实际问题时，$f(x)$ 是否是线性函数，除了问题的实际背景和从散点图上得到感性认识外，一般还需要由样本对线性性进行检验，若不具有线性性，则 $b=0$。因此，我们要检验的假设为

$$H_0:b=0\qquad H_1:b\neq 0 \tag{10.31}$$

完成这一假设的检验可以用 U 检验、t 检验或 F 检验。

由(10.25)式，$\hat{b}\sim N(b,\sigma^2/S_{xx})$，即 $U=(\hat{b}-b)\sqrt{S_{xx}}/\sigma\sim N(0.1)$。当 H_0 成立时，$U=\hat{b}$

$\sqrt{S_{xx}}/\sigma \sim N(0,1)$，于是，在 σ^2 已知的场合，对给定的显著性水平 α，由准标正态分布的双侧分位点 $Z_{\alpha/2}$，当$|U|>Z_{\alpha/2}$时拒绝 H_0。

在 σ^2 未知的场合，由(10.28)和(10.29)式，

$$(n-2)\hat{\sigma}^2/\sigma^2 = S_e/\sigma^2 \sim \chi^2(n-2) \tag{10.32}$$

又

$$(\hat{b}-b)\sqrt{S_{xx}}/\sigma \sim N(0,1)$$

于是由第 7 章定理 5 知

$$\frac{\hat{b}-b}{\sigma\sqrt{S_{xx}}}\Big/\sqrt{\frac{(n-2)\hat{\sigma}^2}{\sigma^2}\Big/(n-2)} = \frac{(\hat{b}-b)\sqrt{S_{xx}}}{\hat{\sigma}} \sim t(n-2) \tag{10.33}$$

当 H_0 成立时

$$T = \hat{b}\sqrt{S_{xx}}/\hat{\sigma} \sim t(n-2) \tag{10.34}$$

对给定的 α，由 t 分布双侧分位点，当$|T|>t_{\alpha/2}(n-2)$时拒绝 H_0。

由(10.28)式，$S_e/\sigma^2 \sim \chi^2(n-2)$。我们还可以证明，当 H_0 成立时，$S_{yy}/\sigma^2 \sim \chi^2(n-1)$，$S_e/\sigma^2 \sim \chi^2(1)$，且 S_r 与 S_e 相互独立，由第 7 章定理 8 知

$$F = \frac{S_r/1}{S_e/(n-2)} \sim F(1,n-2)$$

于是当 H_0 成立时，对给定的 α，由 F 分布的上侧分位点，当 $F>F_\alpha(1,n-2)$时拒绝 H_0。这一 F 检验用的是方差分析法。

例 5 在例 4 中，σ^2 未知，我们取 $\alpha=0.01$，检验假设 $H_0:b=0$。

解 用 t 检验法，则

$$|T| = |\hat{b}\sqrt{S_{xx}}/\hat{\sigma}| = 0.0696\sqrt{14713.875}/0.3734 = 22.6099 > t_{0.005}(6) = 3.774$$

故拒绝 H_0。

或用 F 检验法，则

$$F = \frac{S_r}{S_e(n-2)} = \frac{S_{yy}-S_e}{S_e/(n-2)} = 511.093 > F_{0.01}(1,6) = 13.75$$

亦拒绝 H_0，即线性回归方程 $\hat{y}=2.8187+0.0696x$ 的效果是显著的。

当假设 $H_0:b=0$ 被拒绝时，认为线性回归效果是显著的；反之就认为线性回归效果不显著，所配制的回归直线没有意义。此时，可能是由于以下几种原因：除 x 外，影响 y 值的还有其他不可忽略的因素；y 与 x 的关系不是线性的，而是其他关系；y 与 x 没有什么关系。所以，需要进一步分析原因，采取其他措施。

10.5.6 系数 b 的置信区间

当回归效果显著时，我们还要考虑系数 b 的置信区间。由(10.33)式，$(\hat{b}-b)\sqrt{S_{xx}}/\hat{\sigma} \sim t(n-2)$，于是 b 的置信度为 $1-\alpha$ 的置信区间为

$$\left(\hat{b}-t_{\alpha/2}(n-2)\cdot\hat{\sigma}/\sqrt{S_{xx}},\quad \hat{b}+t_{\alpha/2}(n-2)\hat{\sigma}/\sqrt{S_{xx}}\right)$$

例如在例 4 中，取置信度为 $1-\alpha=0.95$，则 b 的置信区间为

$$(0.0696 \pm 2.4469 \times 0.3734/\sqrt{14713.875}) = (0.0621,\quad 0.0771)$$

10.5.7 相关系数和相关性检验

对于任何两个变量，无论它们的相关程度密切与否，只要有一个样本(x_i, y_i)，$i=1,2,\cdots,n$，总可以用最小二乘法求得一个线性回归方程。显然，如果变量之间的线性关系不显著，求得的线性回归方程就没有多大意义，因为用这个方程对 y 作出的估计与实际观察值相比，其误差可能很大，因此有必要给出一个描述两变量之间线性关系密切程度的指标，这就是相关系数。在第二篇中，已定义了两个随机变量的相关系数为

$$\rho = \operatorname{cov}(x,y)/\sqrt{D(X)\cdot D(Y)}$$

下面我们定义样本相关系数 γ，作为理论相关系数 ρ 的估计：

$$\gamma = \frac{\sum_{i=1}^{n}(x_i-\bar{x})(y_i-\bar{y})}{\sqrt{\sum_{i=1}^{n}(x_i-\bar{x})^2\cdot\sum_{i=1}^{n}(y_i-\bar{y})}} = \frac{S_{xy}}{\sqrt{S_{xx}\cdot S_{yy}}^{2}} \tag{10.35}$$

现在来分析样本相关系数 γ 的大小与线性回归方程拟合好坏的联系。

由(10.27)式 $S_{yy}=S_r+S_e$，总偏差平方和 S_{yy} 可分解为回归平方和 S_r 及剩余平方和 S_e 两部分，S_r 主要反映了线性回归的效果，而 S_e 反映了除线性关系以外的其他因素的影响，因此可用 S_r 与 S_{yy} 的接近程度或比值 S_r/S_{yy} 与 1 的接近程度来衡量线性关系的密切程度。由(10.29)和(10.23)式

$$\frac{S_r}{S_{yy}} = \frac{S_{yy}-S_e}{S_{yy}} = \frac{\hat{b}S_{xy}}{S_{yy}} = \frac{S_{xy}^2}{S_{xx}S_{yy}} = \gamma^2$$

可见，γ 的大小确实反映了两变量之间的线性相关关系的密切程度，即反映了线性回归效果的好坏。

我们还可以由(10.23)式和(10.35)式得到 $\hat{b}$ 与 γ 的关系为

$$\gamma = \hat{b}\sqrt{S_{xx}/S_{yy}}$$

显然有$|\gamma|\leqslant 1$，即$-1\leqslant\gamma\leqslant 1$。

当$|\gamma|<1$ 时，$|\gamma|$接近 1，$|\gamma|$越小，表示线性相关程度越紧密，散点图中的样本点散布在回归直线近旁。反之，$|\gamma|$越接近于 0，表示线性相关程度越松散，观察点偏离回归直线而较分散。当 $\gamma>0$ 时，$\hat{b}>0$，观察值有 y 随 x 增大而增大的趋势，这时称为 x 与 y 正相关；当 $\gamma<0$ 时，$\hat{b}<0$，观察值有 y 随 x 的增大而减小的趋势，这时称为负相关；当$|\gamma|=1$ 时，$S_e=0$，即所有观察点都在回归直线上，这是高度线性相关的情形；当 $\gamma=0$ 时，表示 x 与 y 不存在线性相关关系，也称为线性无关，此时，S_e 达到极大 S_{yy}，$\hat{b}=0$，回归直线平行于 x 轴，线性回归方程无意义，但并不能说明 x 与 y 之间就没有任何关系了，它们之间可能具有其他关系，如非线性关系(见例 8)。

那么，当 $0<|\gamma|<1$ 时，如何确定线性相关的强弱呢？即，需要检验假设：

$$H_0:\rho=0(x\text{ 与 }y\text{ 不相关})$$

可以证明，统计量 T

$$T = \frac{\gamma\sqrt{n-2}}{\sqrt{1-\gamma^2}} \sim t(n-2) \tag{10.36}$$

由假设检验的思想容易理解，对给定的显著性水平 α，当 $|T|>t_{\alpha/2}(n-2)$ 时，拒绝 H_0，表示 x 与 y 之间有较强的线性相关性，可以建立线性回归方程。反之，则接受 H_0，表示 x 与 y 之间线性相关性不强，建立线性回归方程意义不大。

例 6　在例 4 中，以显著性水平 $\alpha=0.02$ 推断线性相关性的强弱。

解　由 $\hat{b}=0.0696$，$S_{xx}=14913.875$，$S_{yy}=72.1$，得 $\gamma=0.9943$，于是

$$|T|=|\gamma\sqrt{n-2}/\sqrt{1-\gamma^2}|=22.7832>t_{0.01}(6)=3.1427$$

拒绝 H_0，即年产值 x 与年利润 y 之间有较强的线性相关性。

10.5.8　利用回归方程进行预测

建立回归方程的目的之一是用于预测，即当回归方程效果显著时，利用回归方程求 $x=x_0$ 所对应的 y_0 的估计值，或在一定置信度下估计 y_0 的取值范围。

显然，当 $x=x_0$ 时，y_0 的估计值是 $\hat{y}_0=\hat{a}+\hat{b}x_0$。

为求 y_0 的预测区间，先考虑有关的分布。由(10.15)式

$$y_0\sim N(a+bx_0,\sigma^2) \tag{10.37}$$

可以证明：y_0 的预测值 $\hat{y}_0=\hat{a}+\hat{b}x_0$ 的分布为

$$\hat{y}_0\sim N(a+bx_0,\quad [\frac{1}{n}+\frac{(x_0-\bar{x})^2}{S_{xx}}]\sigma^2) \tag{10.38}$$

由(10.24)式知 $\hat{b}$ 是 $y_1,y_2,\cdots,y_n$ 的线性组合；由(10.23)式知 $\hat{a}$ 也是 $y_1,y_2,\cdots,y_n$ 的线性组合；于是由 y_0 和 $\hat{y}_0$ 的独立性，$y_0-\hat{y}_0$ 也是正态随机变量。由(10.37)(10.38)式知

$$y_0-\hat{y}_0\sim N(0,\quad [1+\frac{1}{n}+\frac{(x_0-\bar{x})^2}{S_{xx}}]\sigma^2)$$

即

$$U=\frac{y_0-\hat{y}}{\sigma\sqrt{1+\frac{1}{n}+\frac{(x_0-\bar{x})^2}{S_{xx}}}}\sim N(0,1)$$

结合(10.32)式 $(n-2)\hat{\sigma}^2/\sigma^2\sim\chi^2(n-2)$，且 $y_0,\hat{y}_0,\hat{\sigma}^2$ 相互独立，由第 7 章定理 5 知

$$T=U/\sqrt{\frac{(n-2)\hat{\sigma}^2}{\sigma^2(n-2)}}=\frac{y_0-\hat{y}_0}{\hat{\sigma}\sqrt{1+\frac{1}{n}+\frac{(x_0-\bar{x})^2}{S_{xx}}}}\sim t(n-2)$$

于是对于给定的置信度 $1-\alpha$，$y_0-\hat{y}_0$ 的置信区间是

$$(-\hat{\sigma}\sqrt{1+\frac{1}{n}\frac{(x_0-\bar{x})^2}{S_{xx}}}t_{\alpha/2}(n-2),\quad \hat{\sigma}\sqrt{1+\frac{1}{n}+\frac{(x_0-\bar{x})^2}{S_{xx}}}t_{\alpha/2}(n-2))$$

记

$$\delta(x_0)=\hat{\sigma}\sqrt{1+\frac{1}{n}+\frac{(x_0-\bar{x})^2}{S_{xx}}}t_{\alpha/2}(n-2) \tag{10.39}$$

则 y_0 的置信度为 $1-\alpha$ 的预测区间为

$$(\hat{y}_0-\delta(x_0),\quad \hat{y}_0+\delta(x_0))$$

这是中心在 $\hat{y}_0$，宽度为 $2\delta(x_0)$ 的区间。由(10.39)式可见，在一定的置信度 $1-\alpha$ 下，当 x_0

的值越靠近 $\bar{x}$ 时,预测区间宽度越小,说明预测越精确。如果让 x_0 在一定范围内变化,则区间下限和上限分别构成曲线

$$y_1(x)=\hat{y}-\delta(x),\qquad y_2(x)=\hat{y}+\delta(x)$$

这两条曲线形成一个带域,它包含回归直线 $\hat{y}=\hat{a}+\hat{b}x$,且在 $x=\bar{x}$ 处带宽最小。如图 10.3 所示。

当 n 很大时,式(10.39)根号内的值近似地为 1,且 $t_{\alpha/2}(n-2)=z_{\alpha/2}$,于是 y_0 的预测区间简化为

$$(\hat{y}_0-\hat{\sigma}z_{\alpha/2},\quad \hat{y}_0-\hat{\sigma}z_{\alpha/2})\tag{10.40}$$

预测区间的下限和上限曲线就简化为直线

$$y_1(x)=\hat{y}-\hat{\sigma}z_{\alpha/2}\quad 和\quad y_1(x)=\hat{y}+\hat{\sigma}z_{\alpha/2}$$

即

$$y_1(x)=\hat{a}+\hat{b}x-\hat{\sigma}z_{\alpha/2}\quad 和\quad y_2(x)=\hat{a}+\hat{b}x+\hat{\sigma}z_{\alpha/2}\tag{10.41}$$

这是两条平行于回归直线 $\hat{y}=\hat{a}+\hat{b}x$,且位于回归直线两侧的直线,如图 10.4。

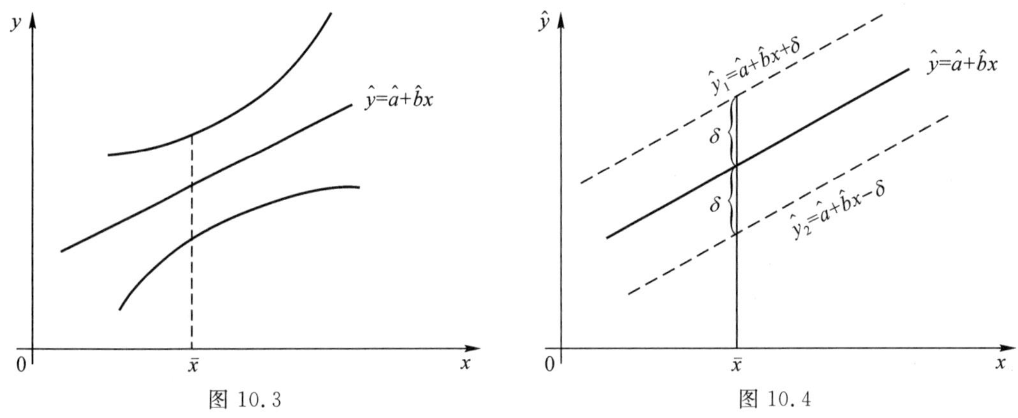

图 10.3　　　　图 10.4

10.5.9　利用回归方程进行控制

建立回归方程的又一目的是用于控制。控制是预测的反问题,即要使 y 的值落在范围 (y'_1,y'_2) 内,必须把 x 的值控制在什么范围内?具体地说就是:对于给定的置信度 $1-\alpha$,确定 x'_1 和 x'_2,使当 $x'_1<x<x'_2$ 时,x 对应的 y 的值落在区间 (y'_1,y'_2) 内的概率不小于 $1-\alpha$。我们仅对 n 很大的情况讨论这个问题。

显然,由(10.41)式,x'_1,x'_2,y'_1,y'_2 满足方程组

$$\begin{cases} y'_1=\hat{a}+\hat{b}x'_1-\hat{\sigma}z_{\alpha/2}\\ y'_2=\hat{a}+\hat{b}x'_2+\hat{\sigma}z_{\alpha/2}\end{cases}\tag{10.42}$$

由给定的 y'_1,y'_2 和 $1-\alpha$ 值,用 $\hat{a},\hat{b},\hat{\sigma}$ 代入,即可解出所需的 x'_1 和 x'_2。必须指出的是:由于上限直线和下限直线(10.41)式的纵向带宽为 $2\hat{\sigma}z_{\alpha/2}$,所以 α,y'_1 和 y'_2 必须满足 $y'_2-y'_1>2\hat{\sigma}z_{\alpha/2}$。

例 7　在例 4 中,求产值 $x=160$ 时的利润预测值;求 $x=160$ 时利润 y 的 $1-\alpha=0.95$ 的预测区间;若要使利润 y 在区间(14,15.5)内,则产值 x 必须在什么范围?($\alpha=0.05$)

解　由回归方程 $\hat{y}=2.8187+0.0696x$，当 $x=160$ 时 y 的预测值 $\hat{y}=13.9547$。

把 $n=8$，$\hat{\sigma}=0.3734$，$\bar{x}=87.375$，$S_{xx}=14713.875$ 及 $t_{0.05/2}(6)=2.4469$ 代入(10.39)式，得 $\delta(160)=1.0007$，于是当 $x=160$ 时利润 y 的置信度为 0.95 的预测区间为(13.9547±1.0007)，即(12.9540，14.9554)。注意到这里 n 较小，故不能用(10.40)式求预测区间。

把 $\hat{a}=2.8187$，$\hat{b}=0.0696$，$\hat{\sigma}=0.3734$，$y_1{}'=14$，$y_2{}'=15.5$ 及 $z_{0.05/2}=1.96$ 代入方程组(10.42)，解得 $x_1{}'=171.17$，$x_2{}'=171.69$，即为使利润 y 以 0.95 的置信度保持在(14，15.5)范围内，则必须把产值控制在(171.17，171.69)范围内。应该指出，(10.42)式是在 n 较大时的近似表达式，这里仅作为一个示例，其结果并无意义。

10.5.10　可化为一元线性回归的例子

前面讨论的是两个变量之间具有线性关系的情况，在实际问题中更大量的是具有非线性关系，而这些非线性关系中有相当一部分可以通过适当的变换化成线性问题来解决(见习题 10)的情况，我们通过下面的例子来说明。

例 8　德国心理学家艾宾浩斯(Hermann Ebbinghaus，1850—1909)对遗忘现象进行研究时发现，当以无意义的音节为材料，识记到恰好能朗诵为止时，所需时间为一单位；间隔时间 x 后，由于遗忘，要恢复到当初恰好能朗诵的水平所需再学习的时间占原来所用时间的百分比为 y，如表 10.17 中第 1、第 2 列所示。试研究 y 关于 x 的回归。

表 10.17

x(min)	y	x'	y'	x'^2	y'^2	$x'y'$
0.33	0.418	−1.1087	−0.1367	1.2291	0.0187	0.1515
1	0.558	0.0	−0.5389	0.0	0.2904	0.0
8	0.642	2.0794	−0.8138	4.3241	0.6623	−1.6922
24(1d)	0.663	3.1781	−0.8892	10.1000	0.7907	−2.8260
48(2d)	0.722	3.8712	−1.1217	14.9862	1.2582	−4.3423
144(6d)	0.746	4.9698	−1.2275	24.6990	1.5067	−6.1003
744(31d)	0.789	6.6120	−1.4397	43.7191	2.0729	−9.5196
$\sum$		19.6019	−6.1675	99.0576	6.5998	−24.3289

解　x(小时)与 y 的散点图如图 10.5，显然两者不是线性关系。进一步由(10.35)式计算 x 和 y 的样本相关系数得 $\gamma=0.5933$。由(10.36)式，作相关性检验($\alpha=0.05$)，$|T|=1.6480<t_{0.025}(5)=2.5706$，这表明 x 与 y 的线性相关性不显著。

由遗忘规律的认识，并考虑到当 $x\to 0$ 时，有 $y\to 0$，当 $x\to\infty$ 时，$y\to 1$，我们认为 y 对 x 的回归函数可用下式描述

$$y=f(x)=\mathrm{e}^{-a/x^b}\qquad (a>0,\quad b>0)\tag{10.43}$$

这是一个非线性函数，其中 a 和 b 为未知常数。为了能化成线性形式，对(10.43)式两边取对数得

$$\ln y=-a/x^b$$

再取对数得

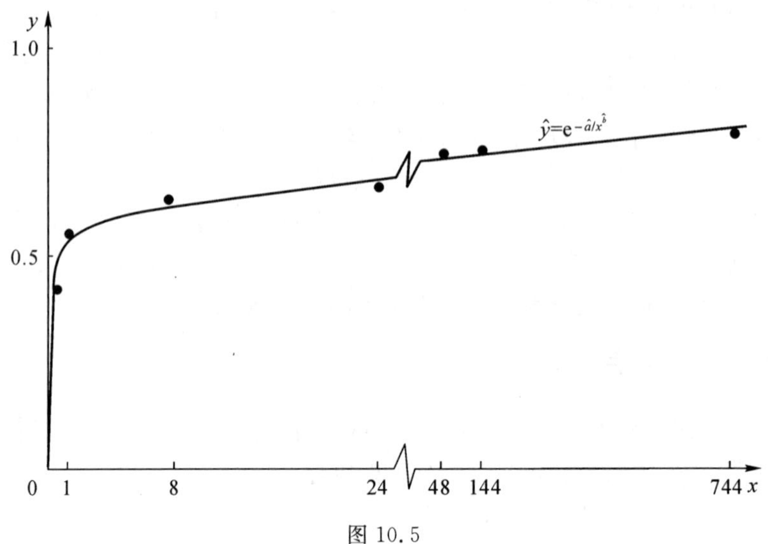

图 10.5

$$\ln(-\ln y) = \ln a - b\ln x$$

令 $y'=\ln(-\ln y)$，$x'=\ln x$，$b'=-b$，于是回归函数化为

$$y' = a' + b'x'$$

这是一元线性函数，它所对应的回归模型是

$$y' = a' + b'x' + \varepsilon', \qquad \varepsilon' \sim N(0,\sigma^2)$$

现在我们对上述模型进行回归分析，有关量的计算见表 10.17，$\bar{x}'=2.8003$，$\bar{y}'=-0.8811$，$n=7$。

由(10.22)式

$$S_{x'x'} = 99.0576 - 7 \times 2.8003^2 = 44.1658$$

$$S_{y'y'} = 6.5998 - 7 \times (-0.8811)^2 = 1.1654$$

$$S_{x'y'} = 24.3289 - 7 \times 2.8003 \times (-0.8811) = -7.0575$$

于是由(10.23)式

$$\hat{b}'=S_{x'y'}/S_{x'x'}=-0.1598, \qquad \hat{a}'=\bar{y}'-\hat{b}\bar{x}'=-0.4336$$

则得一元线性回归方程为

$$\hat{y}'=-0.4336-0.1598x'$$

由(10.29)和(10.30)式得 σ^2 的估计为

$$\hat{\sigma}^2 = S_e/(n-2) = (S_{y'y'} - \hat{b}S_{x'y'})/(n-2) = 0.0075$$

对该回归方程作线性假设 H_0：$b'=0$ 的检验，取 $\alpha=0.01$，由(10.34)式

$$|T|=|\hat{b}'\sqrt{S_{x'x'}}/\hat{\sigma}|=141.5985>t_{0.01/2}(5)=4.0322$$

故拒绝 H_0，这表明线性回归效果是显著的。事实上，由(10.35)式可得 x' 和 y' 的相关系数为 $\gamma'=-0.9837$，即 x' 和 y' 有强的负线性相关性。

由 $a'=\ln a$ 得 $a=e^{a'}=0.6482$，且 $b=-b'=0.15598$，代入(10.43)式，则所需再学习的时间占原来时间的百分比 y 对间隔时间 x 的回归方程为

$$\hat{y} = e^{-0.6482/x^{0.1598}}$$

该回归方程的曲线见图 10.5。

复习思考题 10

1. 方差分析的三个基本假定是什么？能理解总偏差平方和分解的意义吗？

2. 单因素重复试验方差分析的主要步骤有哪几个？

3. 双因素无重复试验和等重复试验的目的有什么不同？它们的方差分析有什么区别？

4. 在单因素和双因素试验中，除考察的因素在几个水平上变化外，为什么要保持其他因素条件不变？

5. 相关系数的符号和大小说明两个变量之间的什么关系？能用散点图直观说明吗？

6. 解析几何中的描点作图与对散点图拟合一条回归曲线，两者之间有什么本质区别？

7. 建立一元非线性回归方程的主要步骤是什么？

8. 试在假设 $Y \sim N(a+bx, \sigma^2)$ 下，用极大似然估计法导出一元线性回归方程的系数 a 和 b 的估计式。

9. 设有样本 $(y_1, x_{11}, x_{21}), (y_2, x_{12}, x_{22}), \cdots, (y_n, x_{1n}, x_{2n})$，试用最小二乘法导出二元线性回归模型 $Y = a_0 + a_1 x_1 + a_2 x_2 + \varepsilon$ 的系数 a_0, a_1, a_2 的估计式。

习　题　10

1. 某饮料厂对同一质量的饮料采用三种包装：拉罐、玻璃瓶和塑料袋，为比较不同包装对销售量的影响，厂方按随机化原则调查了 4 家零售商店，得这种饮料三类包装的日销量如表 1 所示，问这三种包装的销售量有无显著差异（$\alpha=0.05$）？

2. 为比较 5 个省的城市每百人电话的拥有量，分别在这 5 个省中随机抽查 4 个城市，得各市每百人电话拥有量（部）如表 2 所示，试以显著性水平 $\alpha=0.01$ 检验五省中城市电话拥有量有无显著差异？

表 1

包装	拉罐	玻璃瓶	塑料袋
日销售量	30	42	18
	40	48	26
	18	38	40
	24	36	36

表 2

省	A_1	A_2	A_3	A_4	A_5
拥有量	4.3	6.1	6.5	9.3	9.5
	7.8	7.3	8.3	8.7	8.8
	3.2	4.2	8.6	7.2	11.4
	6.5	4.1	8.2	10.1	7.8

3. 某厂通过分析胶压板制造中压力（因素 B）和受压时间（因素 A）对胶压板质量有无显著影响，进一步寻求最佳压力和受压时间。根据经验，取受压时间为 9min 和 2min 两个水平，取压力为 9，10，11，12kg 四个水平，在各种搭配下进行独立试验，对产品质量的综合评定指标值如表 3 所示，试分析因素 A 和 B 对胶压板质量有无显著影响？（取 $\alpha=0.1$）

4. 某化工厂采用甲、乙两种不同的催化剂和含碳分别为 5%，6%，7% 的用碱量，在各种搭配下独立试产 2 次，产品转化率（%）如表 4 所列，试分析不同催化剂、不同用碱量对产品转化率有无显著影响？并分析催化剂和用碱量之间有无交互作用？（取 $\alpha=0.05$）

表 3

A \ B	8	10	11	12
9	22	11	5	10
12	19	13	4	17

表 4

	5%	6%	7%
催化剂甲	41,45	50,52	54,55
催化剂乙	39,41	44,47	53,55

5.在温度为20℃时,不同密度$x(g/cm^3)$的H_2SO_4对应的百分比浓度y如表5所示,求y对x的线性回归,并计算相关系数。

表5

密　　度	1.01	1.07	1.14	1.22	1.30	1.40	1.50	1.61	1.73	1.81	1.84
百分比浓度	1	10	20	30	40	50	60	70	80	90	98

6.某厂采用腐蚀刻线工艺在一种金属板上刻线,为了控制刻线深度,对腐蚀时间和刻线深度进行了10次试验,得数据如表6。试求刻线深度对腐蚀时间的回归方程,如果生产上欲以99%的把握把深度控制在$30\pm3(\mu)$的范围内,那么应把腐蚀时间控制在什么范围内?

表6

时间(s)	5	10	20	30	40	50	60	80	100	120
深度(μ)	6	8	12	15	17	20	25	29	35	42

7.研究表明,男性的年龄x与千人死亡率y符合指数$y=ae^{bx}$的关系,对某地区进行调查,得结果如表7。试对该地区的男性年龄与千人死亡率拟合上述回归模型,并求75岁男性千人死亡率的预测区间。($\alpha=0.1$)

表7

年　　龄	10	20	30	40	50	60	70
千人死亡率	2.1	3.6	4.1	6.8	11.2	24.4	60.6

8.为校验某温度测定仪的特性,对14个标准温度用该温度测定仪进行测定,结果如表8。经分析发现,标准温度在100℃以下时,测定温度与标准温呈线性关系,而在100~200℃时,由于温度传感器的非线性性而使测定温度与标准温度呈$y=a+bx^2$的关系。为了开发二次仪表,试用前8个样本点拟合线性回归,对后7个样本点拟合幂函数回归。($y=100$被试用两次)

表8

标准温度y	33	46	55	61	75	83	92	100	115	121	138	156	173	200
测定温度x	32	45.5	56	60.3	76.1	82.2	92.4	99.3	110.4	114.3	125.4	135.8	145.3	158.8

9.已知变量x和y之间具有强线性相关性,并取得了它们的一组样本,用最小二乘法分别求x对y的回归直线和y对x的回归直线,问两直线是否重合?为什么?如果不重合,试求两直线的交点坐标,并证明两回归直线的斜率的乘积即为相关系数γ的平方。

10.下列回归函数如何线性化?

(1)对数函数$y=a+b\lg x$;

(2)三角函数$y=a+b\sin x$;

(3)双曲函数$1/y=a+b/x$;

(4)S型曲线$y=1/(a+be^{-x})$。

附　概率论与数理统计附表

附表 1　正态分布表

$$\Phi(z)=\int_{-\infty}^{z}\frac{1}{\sqrt{2\pi}}e^{-\frac{u^2}{2}}du=P(Z\leqslant z)$$

z	0	1	2	3	4	5	6	7	8	9
0.0	0.5000	0.5040	0.5080	0.5120	0.5160	0.5199	0.5239	0.5279	0.5319	0.5359
0.1	0.5398	0.5438	0.5478	0.5517	0.5557	0.5596	0.5636	0.5675	0.5714	0.5753
0.2	0.5793	0.5832	0.5871	0.5910	0.5948	0.5987	0.6026	0.6064	0.6103	0.6141
0.3	0.6179	0.6217	0.6255	0.6293	0.6331	0.6368	0.6406	0.6443	0.6480	0.6517
0.4	0.6554	0.6591	0.6628	0.6664	0.6700	0.6736	0.6772	0.6808	0.6844	0.6879
0.5	0.6915	0.6950	0.6985	0.7019	0.7054	0.7088	0.7123	0.7157	0.7190	0.7224
0.6	0.7257	0.7291	0.7324	0.7357	0.7389	0.7422	0.7454	0.7486	0.7517	0.7549
0.7	0.7580	0.7611	0.7642	0.7673	0.7703	0.7734	0.7764	0.7794	0.7823	0.7852
0.8	0.7881	0.7910	0.7939	0.7967	0.7995	0.8023	0.8051	0.8078	0.8106	0.8133
0.9	0.8159	0.8186	0.8212	0.8238	0.8264	0.8289	0.8315	0.8340	0.8365	0.8389
1.0	0.8413	0.8438	0.8461	0.8485	0.8508	0.8531	0.8554	0.8577	0.8599	0.8621
1.1	0.8643	0.8665	0.3686	0.8708	0.8729	0.8749	0.8770	0.8790	0.8810	0.8830
1.2	0.8849	0.8869	0.8888	0.8907	0.8925	0.8944	0.8962	0.8980	0.8997	0.9015
1.3	0.9032	0.9049	0.9066	0.9082	0.9099	0.9115	0.9131	0.9147	0.9162	0.9177
1.4	0.9192	0.9207	0.9222	0.9236	0.9251	0.9265	0.9278	0.9292	0.9306	0.9319
1.5	0.9332	0.9345	0.9357	0.9370	0.9382	0.9394	0.9406	0.9418	0.9430	0.9441
1.6	0.9452	0.9463	0.9474	0.9484	0.9495	0.9505	0.9515	0.9525	0.9535	0.9545
1.7	0.9554	0.9564	0.9573	0.9582	0.9591	0.9599	0.9608	0.9616	0.9625	0.9633
1.8	0.9641	0.9648	0.9656	0.9664	0.9671	0.9678	0.9686	0.9693	0.9700	0.9706
1.9	0.9713	0.9719	0.9726	0.9732	0.9738	0.9744	0.9750	0.9756	0.9762	0.9767
2.0	0.9772	0.9778	0.9783	0.9788	0.9793	0.9788	0.9803	0.9808	0.9812	0.9817
2.1	0.9821	0.9826	0.9830	0.9834	0.9838	0.9842	0.9846	0.9850	0.9854	0.9857
2.2	0.9861	0.9864	0.9868	0.9871	0.9874	0.9878	0.9881	0.9884	0.9887	0.9890
2.3	0.9893	0.9896	0.9898	0.9901	0.9904	0.9906	0.9909	0.9911	0.9913	0.9916
2.4	0.9918	0.9920	0.9922	0.9925	0.9927	0.9929	0.9931	0.9932	0.9934	0.9936
2.5	0.9938	0.9940	0.9941	0.9943	0.9945	0.9946	0.9948	0.9949	0.9951	0.9952
2.6	0.9953	0.9955	0.9956	0.9957	0.9950	0.9960	0.9961	0.9962	0.9963	0.9964
2.7	0.9965	0.9966	0.9967	0.9968	0.9969	0.9970	0.9971	0.9972	0.9973	0.9974
2.8	0.9974	0.9975	0.9976	0.9977	0.9977	0.9978	0.9979	0.9979	0.9980	0.9981
2.9	0.9981	0.9982	0.9982	0.9983	0.9984	0.9984	0.9985	0.9985	0.9986	0.9986
3.	0.9987	0.9990	0.9993	0.9995	0.9997	0.9998	0.9998	0.9999	0.9999	1.0000

附表 2　泊松分布表

$$1-F(x-1)=\sum_{r=x}^{\infty}\frac{e^{-\lambda}\lambda^{r}}{r!}$$

x	$\lambda=0.1$	$\lambda=0.2$	$\lambda=0.3$	$\lambda=0.4$	$\lambda=0.5$	$\lambda=0.6$	$\lambda=0.7$
0	1.0000000	1.0000000	1.0000000	1.0000000	1.000000	1.000000	1.000000
1	0.0951626	0.1812692	0.2591818	0.3296800	0.393469	0.451188	0.503415
2	0.0046788	0.0175231	0.0369363	0.0615519	0.090204	0.121901	0.155805
3	0.0001547	0.0011485	0.0035995	0.0079263	0.014388	0.023115	0.034142
4	0.0000038	0.0000568	0.0002658	0.0007763	0.001752	0.003358	0.005753
5		0.0000023	0.0000158	0.0000612	0.000172	0.000394	0.000786
6		0.0000001	0.0000008	0.0000040	0.000014	0.000039	0.000090
7				0.0000002	0.000001	0.000003	0.000009
8							0.000001

x	$\lambda=0.8$	$\lambda=0.9$	$\lambda=1.0$	$\lambda=1.2$	$\lambda=1.4$	$\lambda=1.6$	$\lambda=1.8$
0	1.000000	1.000000	1.000000	1.000000	1.000000	1.000000	1.000000
1	0.550671	0.593430	0.632121	0.698806	0.753403	0.798103	0.834701
2	0.191208	0.227518	0.264241	0.337373	0.408167	0.475069	0.537163
3	0.047423	0.062857	0.080301	0.120513	0.166502	0.216642	0.269379
4	0.009080	0.013459	0.018988	0.033769	0.053725	0.078813	0.108708
5	0.001411	0.002344	0.003060	0.007746	0.014253	0.023682	0.036407
6	0.000184	0.000343	0.000594	0.001500	0.003201	0.006040	0.010378
7	0.000021	0.000043	0.000083	0.000251	0.000622	0.001336	0.002569
8	0.000002	0.000005	0.000010	0.000037	0.000107	0.000260	0.000562
9			0.000001	0.000005	0.000016	0.000045	0.000110
10				0.000001	0.000002	0.000007	0.000019
11						0.000001	0.000003

x	$\lambda=2.0$	$\lambda=2.5$	$\lambda=3.0$	$\lambda=3.5$	$\lambda=4.0$	$\lambda=4.5$	$\lambda=5.0$
0	1.000000	1.000000	1.000000	1.000000	1.000000	1.000000	1.000000
1	0.864665	0.917915	0.950213	0.969803	0.981684	0.988891	0.993262
2	0.593994	0.712703	0.800852	0.864112	0.908422	0.938901	0.959572
3	0.323324	0.456187	0.576810	0.679153	0.761897	0.826422	0.875348
4	0.142877	0.242424	0.353768	0.463367	0.566530	0.657704	0.734974
5	0.052653	0.108822	0.184737	0.274555	0.371163	0.467896	0.559507
6	0.016564	0.042021	0.083918	0.142386	0.214870	0.297070	0.384039
7	0.004534	0.014187	0.033509	0.065288	0.110674	0.168949	0.327817
8	0.001097	0.004247	0.011905	0.026739	0.051134	0.086586	0.133372
9	0.000237	0.001140	0.003803	0.009874	0.021363	0.040257	0.068094
10	0.000046	0.000277	0.001102	0.003315	0.008132	0.017093	0.034828
11	0.000008	0.000062	0.000292	0.001019	0.002840	0.006669	0.013695
12	0.000001	0.000013	0.000071	0.000289	0.000915	0.002404	0.005453
13		0.000002	0.000016	0.000076	0.000274	0.000805	0.002019
14			0.000003	0.000019	0.000076	0.000252	0.000698
15			0.000001	0.000004	0.000020	0.000074	0.000226
16				0.000001	0.000005	0.000020	0.000069
17					0.000001	0.000005	0.000020
18						0.000001	0.000005
19							0.000001

附表 3　t 分布表

$$P(t(n) > t_{\alpha}(n)) = \alpha$$

n	$\alpha = 0.25$	0.10	0.05	0.025	0.01	0.005
1	1.0000	3.0777	6.3138	12.7062	31.8207	63.6574
2	0.8165	1.8856	2.9200	4.3027	6.9646	9.9248
3	0.7649	1.6377	2.3534	3.1824	4.5407	5.8409
4	0.7407	1.5332	2.1318	2.7764	3.7469	4.6041
5	0.7267	1.4759	2.0150	2.5706	3.3649	4.0322
6	0.7176	1.4398	1,9432	2.4469	3.1427	3.7074
7	0.7111	1.4149	1.8946	2.3646	2.9980	3.4995
8	0.7064	1.3968	1.8595	2.3060	2.8965	3.3554
9	0.7027	1.3830	1.8331	2.2622	2.8214	3.2498
10	0.6998	1.3722	1.8125	2.2281	2.7638	3.1693
11	0.6974	1.3634	1.7959	2.2040	2.7181	3.1058
12	0.6955	1.3562	1.7823	2.1788	2.6810	3.0545
13	0.6988	1.3502	1.7709	2.1604	2.6503	3.0123
14	0.6924	1.3450	1.7613	2.1448	2.6245	2.9768
15	0.6812	1.3406	1.7531	2.1315	2.6025	2.9467
16	0.6901	1.3368	1.7459	2.1199	2.5835	2.9208
17	0.6892	1.3334	1.7396	2.1098	2.5669	2.8982
18	0.6884	1.3304	1.7341	2.1009	2.5524	2.8784
19	0.6876	1.3277	1.7291	2.0930	2.5395	2.8609
20	0.6870	1.3253	1.7247	2.0860	2.5280	2.8453
21	0.6864	1.3232	1.7207	2.0796	2.5177	2.8314
22	0.6858	1.3212	1.7171	.2.0739	2.5083	2.8188
23	0.6853	1.3195	1.7139	2.0687	2.4999	2.8073
24	0.6843	1.3178	1.7109	2.0639	2.4922	2.7969
25	0.6844	1.3163	1.7081	2.0595	2.4851	2.7874
26	0.6840	1.3150	1.7056	2.0555	2.4786	2.7787
27	0.6837	1.3137	1.7033	2.0518	2.4727	2.7707
28	0.6834	1.3125	1.7011	2.0484	2.4671	2.7633
29	0.6830	1.3114	1.6991	2.0452	2.4620	2.7564
30	0.6828	1.3104	1.6973	2.0423	2.4573	2.7500
31	0.6825	1.3095	1.6955	2.0395	2.4528	2.7440
32	0.6822	1.3086	1.6939	2.0369	2.4487	2.7385
33	0.6820	1.3077	1.6924	2.0345	2.4448	2.7333
34	0.6818	1.3070	1.6909	2.0322	2.4411	2.7284
35	0.6816	1.3062	1.6896	2.0301	2.4377	2.7238
36	0.6814	1.3055	1.6883	2.0281	2.4345	2.7195
37	0.6812	1.3049	1.6871	2.0262	2.4314	2.7154
38	0.6810	1.3042	1.6860	2.0244	2.4286	2.7116
39	0.6808	1.3036	1.6849	2.0227	2.4258	2.7079
40	0.6807	1.3031	1.6839	2.0211	2.4233	2.7045
41	0.6805	1.3025	1.6829	2.0195	2.4208	2.7012
42	0.6804	1.3020	1.6820	2.0181	2.4185	2,6981
43	0.6802	1.3016	1.6811	2.0167	2.4163	2.6951
44	0.6801	1.3011	1.6802	2.0154	2.4141	2.6923
45	0.6800	1.3006	1.6794	2.0141	2.4121	2.6896

附表 4 χ^2 分布表

$$P\{\chi^2(n)>\chi^2_\alpha(n)\}=\alpha$$

n	$\alpha=$ 0.995	0.99	0.975	0.95	0.90	0.75	0.25	0.10	0.05	0.025	0.01	0.005
1	—	—	0.001	0.004	0.016	0.102	1.323	2.706	3.841	5.024	6.635	7.879
2	0.010	0.020	0.051	0.103	0.211	0.575	2.773	4.605	5.991	7.378	9.210	10.597
3	0.072	0.115	0.216	0.352	0.584	1.213	4.108	6.251	7.815	9.348	11.345	12.838
4	0.207	0.297	0.484	0.711	1.064	1.923	5.383	7.779	9.488	11.143	13.277	14.860
5	0.412	0.554	0.831	1.145	1.610	2.675	6.626	9.236	11.071	12.833	15.086	16.750
6	0.676	0.872	1.237	1.635	2.204	3.455	7.841	10.645	12.592	14.449	16.812	18.548
7	0.989	1.239	1.690	2.167	2.833	4.255	9.037	12.017	14.067	16.013	18.475	20.278
8	1.344	1.646	2.180	2.733	3.490	5.071	10.219	13.362	15.507	17.535	20.090	21.955
9	1.735	2.088	2.700	3.325	4.168	5.899	11.389	14.684	16.919	19.023	21.666	23.589
10	2.156	2.558	3.247	3.940	4.865	6.737	12.549	15.987	18.307	20.483	23.209	25.188
11	2.603	3.053	3.816	4.575	5.578	7.584	13.701	17.275	19.675	21.920	24.725	26.757
12	3.074	3.571	4.404	5.226	6.304	8.438	14.845	18.549	21.026	23.337	26.217	28.299
13	3.565	4.107	5.009	5.892	7.042	9.299	15.984	19.812	22.362	24.736	27.688	29.819
14	4.075	4.660	5.629	6.571	7.790	10.165	17.117	21.064	23.685	26.119	29.141	31.319
15	4.601	5.229	6.262	7.261	8.547	11.037	18.245	22.307	24.996	27.488	30.578	32.801
16	5.142	5.812	6.908	7.962	9.312	11.912	19.369	23.542	26.296	28.845	32.000	34.267
17	5.697	6.408	7.564	8.672	10.085	12.792	20.489	24.769	27.587	30.191	33.409	35.718
18	6.265	7.015	8.231	9.390	10.865	13.675	21.605	25.989	28.869	31.526	34.805	37.156
19	6.844	7.633	8.907	10.117	11.651	14.562	22.718	27.204	30.144	32.852	36.191	38.582
20	7.434	8.260	9.591	10.851	12.443	15.452	23.828	28.412	31.410	34.170	37.566	39.997
21	8.034	8.897	10.283	11.591	13.204	16.344	24.935	29.615	32.671	35.479	38.932	41.401
22	8.643	9.542	10.982	12.338	14.042	17.240	26.039	30.813	33.924	36.781	40.289	42.796
23	9.260	10.196	11.689	13.091	14.848	18.137	27.141	32.007	35.172	38.076	41.638	44.181
24	9.886	10.856	12.401	13.848	15.659	19.037	28.241	33.196	36.415	39.364	42.980	45.559
25	10.520	11.524	13.120	14.611	16.473	19.939	29.339	34.382	37.652	40.646	44.314	46.928
26	11.160	12.198	13.844	15.379	17.292	20.843	30.435	35.563	38.885	41.923	45.642	48.290
27	11.808	12.879	14.573	16.151	18.114	21.749	31.528	36.741	40.113	43.194	46.963	49.645
28	12.461	13.565	15.308	16.928	18.939	22.657	32.620	37.916	41.337	44.461	48.278	50.993
29	13.121	14.257	16.047	17.708	19.768	23.567	33.711	39.087	42.557	45.772	49.588	52.336
30	13.787	14.954	16.791	18.493	20.599	24.478	34.800	40.256	43.773	46.979	50.892	53.672
31	14.458	15.655	17.539	19.281	21.434	25.390	35.887	41.422	44.985	48.232	52.191	55.003
32	15.134	16.362	18.291	20.072	22.271	26.304	36.973	42.585	46.194	49.480	53.486	56.328
33	15.815	17.074	19.047	20.867	23.110	27.219	38.058	43.745	47.400	50.725	54.776	57.648
34	16.501	17.789	19.806	21.664	23.952	28.136	39.141	44.903	48.602	51.966	56.061	58.964
35	17.192	18.509	20.569	22.465	24.797	29.054	40.223	46.059	49.802	53.203	57.342	60.275
36	17.887	19.233	21.336	23.269	25.643	29.973	41.304	47.212	50.998	54.437	58.619	61.581
37	18.586	19.960	22.106	24.075	26.492	30.893	42.383	48.363	52.192	55.668	59.892	62.883
38	19.289	20.691	22.878	24.884	27.343	31.815	43.462	49.513	53.384	56.896	61.162	64.181
39	19.996	21.426	23.654	25.695	28.196	32.737	44.539	50.660	54.572	58.120	62.428	65.476
40	20.707	22.164	24.433	26.509	29.051	33.660	45.616	51.805	55.758	59.342	63.691	66.766
41	21.421	22.906	25.215	27.326	29.907	34.585	46.692	52.949	56.942	60.561	64.950	68.053
42	22.138	23.650	25.999	28.144	30.765	35.510	47.766	54.090	58.124	61.777	66.206	69.336
43	22.859	24.398	26.785	28.965	31.625	36.436	48.840	55.230	59.304	62.990	67.459	70.616
44	23.584	25.148	27.575	29.787	32.487	37.363	49.913	56.369	60.481	64.201	68.710	71.893
45	24.311	25.901	28.366	30.612	33.350	38.291	50.985	57.505	61.656	65.410	69.957	73.166

附表 5 F 分布表

$$P\{F(n_1,n_2)>F_\alpha(n_1,n_2)\}=\alpha$$

$\alpha=0.10$

n_2 \ n_1	1	2	3	4	5	6	7	8	9	10	12	15	20	24	30	40	60	120	∞
1	39.86	49.50	53.59	55.83	57.24	58.20	58.91	59.44	59.86	60.19	60.71	61.22	61.74	62.00	62.26	62.53	62.79	63.00	63.33
2	8.53	9.00	9.16	9.24	9.29	9.33	9.35	9.37	9.38	9.39	9.41	9.42	9.44	9.45	9.46	9.47	9.47	9.48	9.49
3	5.54	5.46	5.39	5.34	5.31	5.28	5.27	5.25	5.24	5.23	5.22	5.20	5.18	5.18	5.17	5.16	5.15	5.14	5.13
4	4.54	4.32	4.19	4.11	4.05	4.01	3.98	3.95	3.94	3.92	3.90	3.87	3.84	3.83	3.82	3.80	3.79	3.78	3.76
5	4.06	3.78	3.62	3.52	3.45	3.40	3.37	3.34	3.32	3.30	3.37	3.24	3.21	3.19	3.17	3.16	3.14	3.12	3.10
6	3.78	3.46	3.29	3.18	3.11	3.05	3.01	2.98	2.96	2.94	2.90	2.87	2.84	2.82	2.80	2.78	2.76	2.74	2.72
7	3.59	3.26	3.07	2.96	2.88	2.83	2.78	2.75	2.72	2.70	2.67	2.63	2.59	2.58	2.56	2.54	2.51	2.49	2.47
8	3.46	3.11	2.92	2.81	2.73	2.67	2.62	2.59	2.56	2.54	2.50	2.46	2.42	2.40	2.38	2.36	2.34	2.32	2.29
9	3.36	3.01	2.81	2.69	2.61	2.55	2.51	2.47	2.44	2.42	2.38	2.34	2.30	2.28	2.25	2.23	2.21	2.18	2.16
10	3.29	2.92	2.73	2.61	2.52	2.46	2.41	2.38	2.35	2.32	2.28	2.24	2.20	2.18	2.16	2.13	2.11	2.08	2.06
11	3.23	2.80	2.66	2.54	2.45	2.39	2.34	2.30	2.27	2.25	2.21	2.17	2.12	2.10	2.08	2.05	2.03	2.00	1.97
12	3.18	2.81	2.61	2.48	2.39	2.33	2.28	2.24	2.21	2.19	2.15	2.10	2.06	2.04	2.01	1.99	1.96	1.93	1.90
13	3.14	2.70	2.56	2.43	2.35	2.28	2.23	2.20	2.16	2.14	2.10	2.05	2.01	1.98	1.96	1.93	1.90	1.88	1.85
14	3.10	2.73	2.52	2.39	2.31	2.24	2.19	2.15	2.12	2.10	2.05	2.01	1.96	1.94	1.91	1.89	1.86	1.83	1.80
15	3.07	2.70	2.49	2.36	2.27	2.21	2.16	2.12	2.09	2.06	2.02	1.97	1.92	1.90	1.87	1.85	1.82	1.79	1.76
16	3.05	2.67	2.46	2.33	2.24	2.18	2.13	2.09	2.06	2.03	1.99	1.94	1.89	1.87	1.84	1.81	1.78	1.75	1.72
17	3.03	2.64	2.44	2.31	2.22	2.15	2.10	2.06	2.03	2.00	1.96	1.91	1.86	1.84	1.81	1.78	1.75	1.72	1.69
18	3.01	2.62	2.42	2.29	2.20	2.13	2.08	2.04	2.00	1.98	1.93	1.89	1.84	1.81	1.78	1.75	1.72	1.69	1.66
19	2.99	2.61	2.40	2.27	2.18	2.11	2.06	2.02	1.98	1.90	1.91	1.86	1.81	1.79	1.76	1.73	1.70	1.67	1.63
20	2.97	2.59	2.38	2.25	2.16	2.09	2.04	2.00	1.96	1.94	1.89	1.84	1.79	1.77	1.74	1.71	1.68	1.64	1.61
21	2.96	2.57	2.36	2.23	2.14	2.08	2.02	1.98	1.95	1.92	1.87	1.83	1.78	1.75	1.72	1.69	1.66	1.62	1.59
22	2.95	2.56	2.35	2.22	2.13	2.06	2.01	1.97	1.93	1.90	1.86	1.81	1.76	1.73	1.70	1.67	1.64	1.60	1.57
23	2.94	2.55	2.34	2.21	2.11	2.05	1.99	1.95	1.92	1.89	1.84	1.80	1.74	1.72	1.69	1.66	1.62	1.59	1.55
24	2.93	2.54	2.33	2.19	2.10	2.04	1.98	1.94	1.91	1.88	1.83	1.78	1.73	1.70	1.67	1.64	1.61	1.57	1.53
25	2.92	2.53	2.32	2.18	2.09	2.02	1.97	1.93	1.89	1.87	1.82	1.77	1.72	1.69	1.66	1.63	1.59	1.56	1.52
26	2.91	2.52	2.31	2.17	2.08	2.01	1.96	1.92	1.88	1.86	1.81	1.76	1.71	1.68	1.65	1.61	1.58	1.54	1.50
27	2.90	2.51	2.30	2.17	2.07	2.00	1.95	1.91	1.87	1.85	1.80	1.75	1.70	1.67	1.64	1.60	1.57	1.53	1.49
28	2.89	2.50	2.29	2.16	2.06	2.00	1.94	1.90	1.87	1.84	1.79	1.74	1.69	1.66	1.63	1.59	1.56	1.52	1.48
29	2.89	2.50	2.28	2.15	2.06	1.99	1.93	1.89	1.86	1.83	1.78	1.73	1.68	1.65	1.62	1.58	1.55	1.51	1.47
30	2.88	2.49	2.28	2.14	2.05	1.98	1.93	1.88	1.85	1.82	1.77	1.72	1.67	1.64	1.61	1.57	1.54	1.50	1.46
40	2.84	2.44	2.23	2.09	2.00	1.93	1.87	1.83	1.79	1.76	1.71	1.66	1.61	1.57	1.54	1.51	1.47	1.42	1.38
60	2.79	2.39	2.18	2.04	1.95	1.87	1.82	1.77	1.74	1.71	1.66	1.60	1.54	1.51	1.48	1.44	1.40	1.35	1.29
120	2.75	2.35	2.13	1.99	1.90	1.82	1.77	1.72	1.68	1.65	1.60	1.55	1.48	1.45	1.41	1.37	1.32	1.26	1.19
∞	2.71	2.30	2.08	1.94	1.85	1.77	1.72	1.67	1.63	1.60	1.55	1.49	1.42	1.38	1.34	1.30	1.24	1.17	1.00

$\alpha=0.05$

n_2 \ n_1	1	2	3	4	5	6	7	8	9	10	12	15	20	24	30	40	60	120	∞
1	161.4	199.5	215.7	224.6	230.2	234.0	236.8	238.9	240.5	241.9	243.9	245.9	248.0	249.1	250.1	251.1	252.2	253.3	254.3
2	18.51	19.00	19.16	19.25	19.30	19.33	19.35	19.37	19.38	19.40	19.41	19.43	19.45	19.45	19.46	19.47	19.48	19.49	19.50
3	10.13	9.55	9.28	9.12	9.01	8.94	8.89	8.85	8.81	8.79	8.74	8.70	8.66	8.64	8.62	8.59	8.57	8.55	8.53
4	7.71	6.94	6.59	6.39	6.26	6.16	6.09	6.04	6.00	5.96	5.91	5.86	5.80	5.77	5.75	5.72	5.69	5.66	5.63
5	6.61	5.79	5.41	5.19	5.05	4.95	4.88	4.82	4.77	4.74	4.68	4.62	4.56	4.53	4.50	4.46	4.43	4.40	4.36
6	5.99	5.14	4.76	4.53	4.39	4.28	4.21	4.15	4.10	4.06	4.00	3.94	3.87	3.84	3.81	3.77	3.74	3.70	3.67
7	5.59	4.74	4.35	4.12	3.97	3.87	3.79	3.73	3.68	3.64	3.57	3.51	3.44	3.41	3.38	3.34	3.30	3.27	3.23
8	5.32	4.46	4.07	3.84	3.69	3.58	3.50	3.44	3.39	3.35	3.28	3.22	3.15	3.12	3.08	3.04	3.01	2.97	2.93
9	5.12	4.26	3.86	3.63	3.48	3.37	3.29	3.23	3.18	3.14	3.07	3.01	2.94	2.90	2.86	2.83	2.79	2.75	2.71
10	4.96	4.10	3.71	3.48	3.33	3.22	3.14	3.07	3.02	2.98	2.91	2.85	2.77	2.74	2.70	2.66	2.62	2.58	2.54
11	4.84	3.98	3.59	3.36	3.20	3.09	3.01	2.95	2.90	2.85	2.79	2.72	2.65	2.61	2.57	2.53	2.49	2.45	2.40
12	4.75	3.89	3.49	3.26	3.11	3.00	2.91	2.85	2.80	2.75	2.69	2.62	2.54	2.51	2.47	2.43	2.38	2.34	2.30
13	4.67	3.81	3.41	3.18	3.03	2.92	2.83	2.77	2.71	2.67	2.60	2.53	2.46	2.42	2.38	2.34	2.30	2.25	2.21
14	4.60	3.74	3.34	3.11	2.96	2.85	2.76	2.70	2.65	2.60	2.53	2.46	2.39	2.35	2.31	2.27	2.22	2.18	2.13

续附表 5

$\alpha = 0.05$

n_2 \ n_1	1	2	3	4	5	6	7	8	9	10	12	15	20	24	30	40	60	120	∞
15	4.54	3.68	3.29	3.06	2.90	2.79	2.71	2.64	2.59	2.54	2.48	2.40	2.33	2.29	2.25	2.20	2.16	2.11	2.07
16	4.49	3.63	3.24	3.01	2.85	2.74	2.66	2.59	2.54	2.49	2.42	2.35	2.28	2.24	2.19	2.15	2.11	2.06	2.01
17	4.45	3.59	3.20	2.96	2.81	2.70	2.61	2.55	2.49	2.45	2.38	2.31	2.23	2.19	2.15	2.10	2.06	2.01	1.96
18	4.41	3.55	3.16	2.93	2.77	2.66	2.58	2.51	2.46	2.41	2.34	2.27	2.19	2.15	2.11	2.06	2.02	1.97	1.92
19	4.38	3.52	3.13	2.90	2.74	2.63	2.54	2.48	2.42	2.38	2.31	2.23	2.16	2.11	2.07	2.03	1.98	1.93	1.88
20	4.35	3.49	3.10	2.87	2.71	2.60	2.51	2.45	2.39	2.35	2.28	2.20	2.12	2.08	2.04	1.99	1.95	1.90	1.84
21	4.32	3.47	3.07	2.84	2.68	2.57	2.49	2.42	2.37	2.32	2.25	2.18	2.10	2.05	2.01	1.96	1.92	1.87	1.81
22	4.30	3.44	3.05	2.82	2.66	2.55	2.46	2.40	2.34	2.30	2.23	2.15	2.07	2.03	1.98	1.94	1.89	1.84	1.78
23	4.28	3.42	3.03	2.80	2.64	2.53	2.44	2.37	2.32	2.27	2.20	2.13	2.05	2.01	1.96	1.91	1.86	1.81	1.76
24	4.26	3.40	3.01	2.78	2.62	2.51	2.42	2.36	2.30	2.25	2.18	2.11	2.03	1.98	1.94	1.89	1,84	1.79	1.73
25	4.24	3.39	2.99	2.76	2.60	2.49	2.40	2.34	2.28	2.24	2.16	2.09	2.01	1.96	1.92	1.87	1.82	1.77	1.71
26	4.23	3.37	2.98	2.74	2.59	2.47	2.39	2.32	2.27	2.22	2.15	2.07	1.99	1.95	1.90	1.85	1.80	1.75	1.69
27	4.21	3.35	2.96	2.73	2.57	2.46	2.37	2.31	2.25	2.20	2.13	2.06	1.97	1.93	1.88	1.84	1.79	1.73	1.67
28	4.20	3.34	2.95	2.71	2.56	2.45	2.36	2.29	2.24	2.19	2.12	2.04	1.96	1.91	1.87	1.82	1.77	1.71	1.65
29	4.18	3.33	2.93	2.70	2.55	2.43	2.35	2,28	2.22	2.18	2.10	2.03	1.94	1.90	1.85	1.81	1.75	1.70	1.64
30	4.17	3.32	2.92	2.69	2.53	2.42	2.33	2.27	2.21	2.16	2.09	2.01	1.93	1.89	1.84	1.79	1.74	1.68	1.62
40	4.08	3.23	2.84	2.61	2.45	2.34	2.25	2.18	2.12	2.08	2.00	1.92	1.84	1.79	1.74	1.69	1.64	1.58	1.51
60	4.00	3.15	2.76	2.53	2.37	2.25	2.17	2.10	2.04	1.99	1.92	1.84	1.75	1.70	1.65	1.59	1.53	1.47	1.39
120	3.92	3.07	2.68	2.45	2.29	2.17	2.09	2.02	1.96	1.91	1.83	1.75	1.66	1.61	1.55	1.50	1.43	1.35	1.25
∞	3.84	3.00	2.60	2.37	2.21	2.10	2.01	1.94	1.88	1.83	1.75	1.67	1.57	1.52	1.46	1.39	1.32	1.22	1.00

$\alpha = 0.025$

n_2 \ n_1	1	2	3	4	5	6	7	8	9	10	12	15	20	24	30	40	60	120	∞
1	647.8	799.5	864.2	899.6	921.8	937.1	948.2	956.7	963.3	968.6	976.7	984.9	993.1	997.2	1001	1006	1010	1014	1018
2	38.51	39.00	39.17	39.25	39.30	39.33	39.36	39.37	39.39	39.40	39.41	39.43	39.45	39.46	39.46	39.47	39.48	39.49	39.50
3	17.44	16.04	15.44	15.10	14.88	14.73	14.62	14.54	14.47	14.42	14.34	14.25	14.17	14.12	14.08	14.04	13.99	13.95	13.90
4	12.22	10.65	9.98	9.60	9.36	9.20	9.07	8.98	8.90	8.84	8.75	8.66	8.56	8.51	8.46	8.41	8.36	8.31	8.28
5	10.01	8.43	7.76	7.39	7.15	6.98	6.85	6.76	6.68	6.62	6.52	6.43	6.33	6.28	6.23	6.18	6.12	6.07	6.02
6	8.81	7.26	6.60	6.23	5.99	5.82	5.70	5.60	5.52	5.46	5.37	5.27	5.17	5.12	5.07	5.01	4.96	4.90	4.85
7	8.07	6.54	5.89	5.52	5.29	5.12	4.99	4.90	4.82	4.76	4.67	4.57	4.47	4.42	4.36	4.31	4.25	4.20	4.14
8	7.57	6.06	5.42	5.05	4.82	4.65	4.53	4.43	4.36	4.30	4.20	4.10	4.00	3.95	3.89	3.84	3.78	3.73	3.67
9	7.21	5.71	5.08	4.72	4.48	4.32	4.20	4.10	4.03	3.96	3.87	3.77	3.67	3.61	3.56	3.51	3.45	3.39	3.33
10	6.94	5.46	4.83	4.47	4.24	4.07	3.95	3.85	3.78	3.72	3.62	3.52	3.42	3.37	3.31	3.26	3.20	3.14	3.08
11	6.72	5.26	4.63	4.28	4.04	3.88	3.76	3.66	3.59	3.53	3.43	3.33	3.23	3.17	3.12	3.06	3.00	2.94	2.88
12	6.55	5.10	4.47	4.12	3.89	3.73	3.61	3.51	3.44	3.37	3.28	3.18	3.07	3.02	2.96	2.91	2.85	2.79	2.72
13	6.41	4.97	4.35	4.00	3.77	3.60	3.48	3.39	3.31	3.25	3.15	3.05	2.95	2.89	2.84	2.78	2.72	2.66	2.60
14	6.30	4.86	4.24	3.89	3.66	3.50	3.38	3.29	3.21	3.15	3.05	2.95	2.84	2.79	2.73	2.67	2.61	2.55	2.49
15	6.20	4.77	4.15	3.80	3.58	3.41	3.29	3.20	3.12	3.06	2.96	2.86	2.76	2.70	2.64	2.59	2.52	2.46	2.40
16	6.12	4.69	4.08	3.73	3.50	3.34	3.22	3.12	3.05	2.99	2.89	2.79	2.68	2.63	2.57	2.51	2.45	2.38	2.32
17	6.04	4.62	4.01	3.66	3.44	3.28	3.16	3.06	2.98	2.92	2.82	2.72	2.62	2.56	2.50	2.44	2.38	2.32	2.25
18	5.98	4.56	3.95	3.61	3.38	3.22	3.10	3.01	2.93	2.87	2.77	2.67	2.56	2.50	2.44	2.38	2.32	2.26	2.19
19	5.92	4.51	3.90	3.58	3.33	3.17	3.05	2.96	2.88	2.82	2.72	2.62	2.51	2.45	2.39	2.33	2.27	2.20	2.13
20	5.87	4.46	3.86	3.51	3.29	3.13	3.01	2.91	2.84	2.77	2.68	2.57	2.46	2.41	2.35	2.29	2.22	2.16	2.09
21	5.83	4.42	3.82	3.48	3.25	3.09	2.97	2.87	2.80	2.73	2.64	2.53	2.42	2.37	2.31	2.25	2.18	2.11	2.04
22	5.79	4.38	3.78	3.44	3.22	3.05	2.93	2.84	2.76	2.70	2.60	2.50	2.39	2.33	2.27	2.21	2.14	2.08	2.00
23	5.75	4.35	3.75	3.41	3.18	3.02	2.90	2.81	2.73	2.67	2.57	2.47	2.36	2.30	2.24	2.18	2.11	2.04	1.97
24	5.72	4.32	3.72	3.38	3.15	2.99	2.87	2.78	2.70	2.64	2.54	2.44	2.33	2.27	2.21	2.15	2.08	2.01	1.94
25	5.69	4.29	3.69	3.35	3.13	2.97	2.85	2.75	2.68	2.61	2.51	2.41	2.30	2.24	2.18	2.12	2.05	1.98	1.91
26	5.66	4.27	3.67	3.33	3.10	2.94	2.82	2.73	2.65	2.59	2.49	2.39	2.28	2.22	2.16	2.09	2.03	1.95	1.88
27	5.63	4.24	3.65	3.31	3.08	2.92	2.80	2.71	2.63	2.57	2.47	2.36	2.25	2.19	2.13	2.07	2.00	1.93	1.85
28	5.61	4.22	3.63	3.29	3.06	2.90	2.78	2.69	2.61	2.55	2.45	2.34	2.23	2.17	2.11	2.05	1.98	1.91	1.83
29	5.59	4.20	3.61	3.27	3.04	2.88	2.76	2.67	2.59	2.53	2.43	2.32	2.21	2.15	2.09	2.03	1.96	1.89	1.81

续附表 5

$\alpha = 0.025$

n_2 \ n_1	1	2	3	4	5	6	7	8	9	10	12	15	20	24	30	40	60	120	∞
30	5.57	4.18	3.59	3.25	3.03	2.87	2.75	2.65	2.57	2.51	2.41	2.31	2.20	2.14	2.07	2.01	1.94	1.87	1.79
40	5.42	4.05	3.46	3.13	2.90	2.74	2.62	2.53	2.45	2.39	2.29	2.18	2.07	2.01	1.94	1.88	1.80	1.72	1.64
60	5.29	3.93	3.34	3.01	2.79	2.63	2.51	2.41	2.33	2.27	2.17	2.06	1.94	1.88	1.82	1.74	1.67	1.58	1.48
120	5.15	3.80	3.23	2.89	2.67	2.52	2.39	2.30	2.22	2.16	2.05	1.94	1.82	1.76	1.69	1.61	1.53	1.43	1.31
∞	5.02	3.69	3.12	2.79	2.57	2.41	2.29	2.19	2.11	2.05	1.94	1.83	1.71	1.64	1.57	1.48	1.39	1.27	1.00

$\alpha = 0.01$

n_2 \ n_1	1	2	3	4	5	6	7	8	9	10	12	15	20	24	30	40	60	120	∞
1	4052	4999.5	5403	5625	5764	5859	5928	5982	6022	6056	6106	6157	6209	6235	6261	6287	6313	6339	6366
2	98.50	99.00	99.17	99.25	99.30	99.33	99.36	99.37	99.39	99.40	99.42	99.43	99.45	99.46	99.47	99.47	99.48	99.49	99.50
3	34.12	30.82	29.46	28.71	28.24	27.91	27.67	27.49	27.35	27.23	27.05	26.87	26.69	26.60	26.50	26.41	26.32	26.22	26.13
4	21.20	18.00	16.69	15.98	15.52	15.21	14.98	14.80	14.66	14.55	14.37	14.20	14.02	13.93	13.84	13.75	13.65	13.56	13.46
5	16.26	13.27	12.06	11.39	10.97	10.67	10.46	10.29	10.16	10.05	9.89	9.72	9.55	9.47	9.38	9.29	9.20	9.11	9.02
6	13.75	10.92	9.78	9.15	8.75	8.47	8.26	8.10	7.98	7.87	7.72	7.56	7.40	7.31	7.23	7.14	7.06	6.97	6.88
7	12.25	9.55	8.45	7.85	7.46	7.19	6.99	6.84	6.72	6.62	6.47	6.31	6.16	6.07	5.99	5.91	5.82	5.74	5.65
8	11.26	8.65	7.59	7.01	6.63	6.37	6.18	6.03	5.91	5.81	5.67	5.52	5.36	5.28	5.20	5.12	5.03	4.95	4.86
9	10.56	8.02	6.99	6.42	6.06	5.80	5.61	5.47	5.35	5.26	5.11	4.96	4.81	4.73	4.65	4.57	4.48	4.40	4.31
10	10.04	7.56	6.55	5.99	5.64	5.39	5.20	5.06	4.94	4.85	4.71	4.56	4.41	4.33	4.25	4.17	4.08	4.00	3.91
11	9.65	7.21	6.22	5.67	5.32	5.07	4.89	4.74	4.63	4.54	4.40	4.25	4.10	4.02	3.94	3.86	4.78	3.69	3.60
12	9.33	6.93	5.95	5.41	5.06	4.82	4.64	4.50	4.39	4.30	4.16	4.01	3.86	3.78	3.70	3.62	3.54	3.45	3.36
13	9.07	6.70	5.74	5.21	4.86	4.62	4.44	4.30	4.19	4.10	3.96	3.82	3.66	3.59	3.51	3.43	3.34	3.25	3.17
14	8.86	6.51	5.56	5.04	4.69	4.46	4.28	4.14	4.03	3.94	3.80	3.66	3.51	3.43	3.35	3.27	3.18	3.09	3.00
15	8.68	6.36	5.42	4.89	4.56	4.32	4.14	4.00	3.89	3.80	3.67	3.52	3.37	3.29	3.21	3.13	3.05	2.96	2.87
16	8.53	6.23	5.29	4.77	4.44	4.20	4.03	3.89	3.78	3.69	3.55	3.41	3.26	3.18	3.10	3.02	2.93	2.84	2.75
17	8.40	6.11	5.18	4.67	4.34	4.10	3.93	3.79	3.68	3.59	3.46	3.31	3.16	3.08	3.00	2.92	2.83	2.75	2.65
18	8.29	6.01	5.09	4.58	4.25	4.01	3.84	3.71	3.60	3.51	3.37	3.23	3.08	3.00	2.92	2.84	2.75	2.66	2.57
19	8.18	5.93	5.01	4.50	4.17	3.94	3.77	3.63	3.52	3.43	3.30	3.15	3.00	2.92	2.84	2.76	2.67	2.58	2.49
20	8.10	5.85	4.94	4.43	4.10	3.87	3.70	3.56	3.46	3.37	3.23	3.09	2.94	2.86	2.78	2.69	2.61	2.52	2.42
21	8.02	5.78	4.87	4.37	4.04	3.81	3.64	3.51	3.40	3.31	3.17	3.03	2.88	2.80	2.72	2.64	2.55	2.46	2.36
22	7.95	5.72	4.82	4.31	3.99	3.76	3.59	3.45	3.35	3.26	3.12	2.98	2.83	2.75	2.67	2.58	2.50	2.40	2.31
23	7.88	5.66	4.76	4.26	3.94	3.71	3.54	3.41	3.30	3.21	3.07	2.93	2.78	2.70	2.62	2.54	2.45	2.35	2.26
24	7.82	5.61	4.72	4.22	3.90	3.67	3.50	3.36	3.26	3.17	3.03	2.89	2.74	2.66	2.58	2.49	2.40	2.31	2.21
25	7.77	5.57	4.68	4.18	3.85	3.63	3.46	3.32	3.22	3.13	2.99	2.85	2.70	2.62	2.54	2.45	2.36	2.27	2.17
26	7.72	5.53	4.64	4.14	3.82	3.59	3.42	3.29	3.18	3.09	2.96	2.81	2.66	2.58	2.50	2.42	2.33	2.23	2.13
27	7.68	5.49	4.60	4.11	3.78	3.56	3.39	3.26	3.15	3.06	2.93	2.78	2.63	2.55	2.47	2.38	2.29	2.20	2.10
28	7.64	5.45	4.57	4.07	3.75	3.53	3.36	3.23	3.12	3.03	2.90	2.75	2.60	2.52	2.44	2.35	2.26	2.17	2.06
29	7.60	5.42	4.54	4.04	3.73	3.50	3.33	3.20	3.09	3.00	2.87	2.73	2.57	2.49	2.11	2.33	2.23	2.14	2.03
30	7.56	5.39	4.51	4.02	3.70	3.47	3.30	3.17	3.07	2.98	2.84	2.70	2.55	2.47	2.39	2.30	2.21	2.11	2.01
40	7.31	5.18	4.31	3.83	3.51	3.29	3.12	2.99	2.89	2.88	2.66	2.52	2.37	2.29	2.20	2.11	2.02	1.92	1.80
60	7.08	4.98	4.13	3.65	3.34	3.12	2.95	2.82	2.72	2.63	2.50	2.35	2.20	2.12	2.03	1.94	1.84	1.73	1.60
120	6.85	4.79	4.95	3.48	3.17	2.96	2.79	2.66	2.56	2.47	2.34	2.19	2.03	1.95	1.86	1.76	1.66	1.53	1.38
∞	6.63	4.61	3.78	3.32	3.02	2.80	2.64	2.51	2.41	2.32	2.18	2.04	1.88	1.79	1.70	1.59	1.47	1.32	1.00

$\alpha = 0.005$

n_2 \ n_1	1	2	3	4	5	6	7	8	9	10	12	15	20	24	30	40	60	120	∞
1	16211	20000	21615	22500	23056	23437	23715	23925	24091	24224	24426	24630	24836	24940	25044	25148	25253	25359	25465
2	198.5	199.0	199.2	199.2	199.3	199.3	199.4	199.4	199.4	199.4	199.4	199.4	199.4	199.5	199.5	199.5	199.5	199.5	199.5
3	55.55	49.80	47.47	46.19	45.39	44.84	44.43	44.13	43.88	43.69	43.39	43.08	42.78	42.62	42.47	42.31	42.15	41.99	41.83
4	31.33	26.28	24.26	23.15	22.46	21.97	21.62	21.35	21.14	20.97	20.70	20.44	20.17	20.03	19.89	19.75	19.61	19.47	19.32
5	22.78	18.31	16.53	15.56	14.94	14.51	14.20	13.96	13.77	13.62	13.38	13.15	12.90	12.78	12.66	12.53	12.40	12.27	12.14
6	18.63	14.54	12.92	12.03	11.46	11.07	10.79	10.57	10.39	10.25	10.03	9.81	9.59	9.47	9.36	9.24	9.12	9.00	8.88
7	16.24	12.40	10.88	10.05	9.52	9.16	8.89	8.68	8.51	8.38	8.18	7.97	7.75	7.65	7.53	7.42	7.31	7.19	7.08
8	14.69	11.04	9.60	8.81	8.30	7.95	7.69	7.50	7.34	7.21	7.01	6.81	6.61	6.50	6.40	6.29	6.18	6.06	5.95
9	13.61	10.11	8.72	7.96	7.47	7.13	6.88	6.69	6.54	6.42	6.23	6.03	5.83	5.73	5.62	5.52	5.41	5.30	5.19

续附表 5

$\alpha = 0.005$

n_2 \ n_1	1	2	3	4	5	6	7	8	9	10	12	15	20	24	30	40	60	120	∞
10	12.83	9.43	8.08	7.34	6.87	6.54	6.30	6.12	5.97	5.85	5.66	5.47	5.27	5.17	5.07	4.97	4.86	4.75	4.64
11	12.23	8.91	7.60	6.80	6.42	6.10	5.86	5.68	5.54	5.42	5.24	5.05	4.86	4.76	4.65	4.55	4.44	4.34	4.23
12	11.75	8.51	7.23	6.52	6.07	5.76	5.52	5.35	5.20	5.09	4.91	4.72	4.53	4.43	4.33	4.23	4.12	4.01	3.90
13	11.37	8.19	6.93	6.23	5.79	5.48	5.25	5.08	4.94	4.82	4.64	4.46	4.27	4.17	4.07	3.97	3.87	3.76	3.65
14	11.06	7.92	6.68	6.00	5.56	5.26	5.03	4.86	4.72	4.60	4.43	4.25	4.06	3.96	3.86	3.76	3.66	3.55	3.44
15	10.80	7.70	6.48	5.80	5.37	5.07	4.85	4.67	4.54	4.42	4.25	4.07	3.88	3.79	3.69	3.58	3.48	3.37	3.26
16	10.58	7.51	6.30	5.64	5.21	4.91	4.69	4.52	4.38	4.27	4.10	3.92	3.73	3.64	3.54	3.44	3.33	3.22	3.11
17	10.38	7.35	6.16	5.50	5.07	4.78	4.56	4.39	4.25	4.14	3.97	3.79	3.61	3.51	3.41	3.32	3.21	3.10	2.98
18	10.22	7.21	6.03	5.37	4.96	4.66	4.44	4.28	4.14	4.03	3.86	3.68	3.50	3.40	3.30	3.20	3.10	2.99	2.87
19	10.07	7.09	5.92	5.27	4.85	4.56	4.34	4.18	4.04	3.93	3.76	3.59	3.40	3.31	3.21	3.12	3.00	2.89	2.78
20	9.94	6.99	5.82	5.17	4.76	4.47	4.26	4.09	3.96	3.85	3.68	3.50	3.32	3.22	3.12	3.02	2.92	2.81	2.69
21	9.83	6.89	5.73	5.09	4.68	4.39	4.18	4.01	3.88	3.77	3.60	3.43	3.24	3.15	3.05	3.95	2.84	2.73	2.61
22	9.73	6.81	5.65	5.02	4.61	4.32	4.11	3.94	3.81	3.70	3.54	3.36	3.18	3.08	3.98	3.88	2.77	2.66	2.55
23	9.63	6.73	5.58	4.95	4.54	4.26	4.05	3.88	3.75	3.64	3.47	3.30	3.12	3.02	3.92	3.82	2.71	2.60	2.48
24	9.55	6.66	5.52	4.89	4.49	4.20	3.99	3.83	3.69	3.59	3.42	3.25	3.06	2.97	2.87	2.77	2.66	2.55	2.43
25	9.48	6.60	5.46	4.84	4.43	4.15	3.94	3.78	3.64	3.54	3.37	3.20	3.01	2.92	2.82	2.72	2.61	2.50	2.38
26	9.41	6.54	5.41	4.79	4.38	4.10	3.89	3.73	3.60	3.49	3.33	3.15	2.97	2.87	2.77	2.67	2.56	2.45	2.33
27	9.34	6.49	5.36	4.74	4.34	4.06	3.85	3.69	3.56	3.45	3.28	3.11	2.93	2.83	2.73	2.63	2.52	2.41	2.29
28	9.28	6.44	5.32	4.70	4.30	4.02	3.81	3.65	3.52	3.41	3.25	3.07	2.89	2.79	2.69	2.59	2.48	2.37	2.25
29	9.23	6.40	5.28	4.66	4.26	5.98	3.77	3.61	3.48	3.38	3.21	3.04	2.86	2.76	2.66	2.56	2.45	2.33	2.21
30	9.18	6.35	5.24	4.62	4.23	3.95	3.74	3.58	3.45	3.34	3.18	3.01	2.82	2.73	2.63	2.52	2.42	2.30	2.18
40	8.83	6.07	4.98	4.37	3.99	3.71	3.51	3.35	3.22	3.12	2.95	2.78	2.60	2.50	2.40	2.30	2.18	2.06	1.93
60	8.49	5.79	4.73	4.14	3.76	3.49	3.29	3.13	3.01	2.90	2.74	2.57	2.39	2.29	2.19	2.05	1.96	1.83	1.69
120	8.18	5.54	4.50	3.92	3.55	3.28	3.09	2.93	2.81	2.71	2.54	2.37	2.19	2.09	1.98	1.87	1.75	1.61	1.48
∞	7.88	5.30	4.28	3.72	3.35	3.09	2.90	2.74	2.62	2.52	2.36	2.19	2.00	1.90	1.79	1.67	1.53	1.36	1.00

$\alpha = 0.001$

n_2 \ n_1	1	2	3	4	5	6	7	8	9	10	12	15	20	24	30	40	60	120	∞
1	4053+	5000+	5404+	5625+	5764+	5859+	5929+	5981+	6023+	6056+	6107+	6158+	6209+	6235+	6261+	6287+	6313+	6340+	6366+
2	998.5	999.0	999.2	999.2	999.3	999.3	999.4	999.4	999.4	999.4	999.4	999.4	999.4	999.5	999.5	999.5	999.5	999.5	999.5
3	167.0	148.5	141.1	137.1	134.6	132.8	131.6	130.6	129.9	129.2	128.3	127.4	126.4	125.9	125.4	125.0	124.5	124.0	123.5
4	74.14	61.25	56.18	53.44	51.71	50.53	49.66	49.00	48.47	48.05	47.41	46.76	46.10	45.77	45.43	45.09	44.75	44.40	44.05
5	47.18	37.12	33.20	31.09	29.75	28.84	28.16	27.64	27.24	26.92	26.42	25.91	25.39	25.14	24.87	24.60	24.33	24.06	23.79
6	35.51	27.00	23.70	21.92	20.81	20.03	19.46	19.03	18.69	18.41	17.99	17.56	17.12	16.89	16.67	16.44	16.21	15.99	15.75
7	29.25	21.69	18.77	17.19	16.21	15.52	15.02	14.63	14.33	14.08	13.71	13.32	12.93	12.73	12.53	12.33	12.12	11.91	11.70
8	25.42	18.49	15.83	14.39	13.49	12.86	12.40	12.04	11.77	11.54	11.19	10.84	10.48	10.30	10.11	9.92	9.73	9.53	9.33
9	22.86	16.39	13.90	12.56	11.71	11.13	10.70	10.37	10.11	9.89	9.57	9.24	8.90	8.72	8.55	8.37	8.19	8.00	7.81
10	21.04	14.91	12.55	11.28	10.48	9.92	9.52	9.20	8.96	8.75	8.45	8.13	7.80	7.64	7.47	7.30	7.12	6.94	6.76
11	19.69	13.81	11.56	10.35	9.58	9.05	8.66	8.35	8.12	7.92	7.63	7.32	7.01	6.85	6.68	6.52	6.35	6.17	6.00
12	18.64	12.97	10.80	9.63	8.89	8.38	8.00	7.71	7.48	7.29	7.00	6.71	6.40	6.25	6.09	5.93	5.76	5.59	5.42
13	17.81	12.31	10.21	9.07	8.35	7.86	7.49	7.21	6.98	6.80	6.52	6.23	5.93	5.78	5.63	5.47	5.30	5.14	4.97
14	17.14	11.78	9.73	8.62	7.92	7.43	7.08	6.80	6.58	6.40	6.13	5.85	5.56	5.41	5.25	5.10	4.94	4.77	4.60
15	16.59	11.34	9.34	8.25	7.57	7.09	6.74	6.47	6.26	6.08	5.81	5.54	5.25	5.10	4.95	4.80	4.64	4.47	4.31
16	16.12	10.97	9.00	7.94	7.27	6.81	6.46	6.19	5.98	5.81	5.55	5.27	4.99	4.85	4.70	4.54	4.39	4.23	4.06
17	15.72	10.66	8.73	7.68	7.02	6.56	6.22	5.96	5.75	5.58	5.32	5.05	4.78	4.63	4.48	4.33	4.18	4.02	3.85
18	15.38	10.39	8.49	7.46	6.81	6.35	6.02	5.76	5.56	5.39	5.13	4.87	4.59	4.45	4.30	4.15	4.00	3.84	3.67
19	15.08	10.16	8.28	7.26	6.62	6.18	5.85	5.59	5.39	5.22	4.97	4.70	4.43	4.29	4.14	3.99	3.84	3.68	3.51
20	14.82	9.95	8.10	7.10	6.46	6.02	5.69	5.44	5.24	5.08	4.82	4.56	4.29	4.15	4.00	3.86	3.70	3.54	3.38
21	14.59	9.77	7.94	6.95	6.32	5.88	5.56	5.31	5.11	4.95	4.70	4.44	4.17	4.03	3.88	3.74	3.58	3.42	3.26
22	14.38	9.61	7.80	6.81	6.19	5.76	5.44	5.19	4.99	4.83	4.58	4.33	4.06	3.92	3.78	3.63	3.48	3.32	3.15
23	14.19	9.47	7.67	6.69	6.08	5.65	5.33	5.09	4.89	4.73	4.40	4.23	3.96	3.82	3.68	3.53	3.38	3.22	3.05
24	14.03	9.34	7.55	6.59	5.98	5.55	5.23	4.99	4.80	4.64	4.39	4.14	3.87	3.74	3.59	3.45	3.29	3.14	2.97

续附表 5

$\alpha = 0.001$

n_2 \ n_1	1	2	3	4	5	6	7	8	9	10	12	15	20	24	30	40	60	120	∞
25	13.88	9.22	7.45	6.49	5.88	5.46	5.15	4.91	4.71	4.56	4.31	4.06	3.79	3.66	3.52	3.37	3.22	3.06	2.89
26	13.74	9.12	7.36	6.41	5.80	5.38	5.07	4.83	4.64	4.48	4.24	3.99	3.72	3.59	3.44	3.30	3.15	2.99	2.82
27	13.61	9.02	7.27	6.33	5.73	5.31	5.00	4.76	4.57	4.41	4.17	3.92	3.66	3.52	3.38	3.23	3.08	2.92	2.75
28	13.50	8.93	7.19	6.25	5.66	5.24	4.93	4.69	4.50	4.35	4.11	3.86	3.60	3.46	3.32	3.18	3.02	2.86	2.69
29	13.39	8.85	7.12	6.19	5.59	5.18	4.87	4.64	4.45	4.29	4.05	3.80	3.54	3.41	3.27	3.12	2.97	2.81	2.64
30	13.29	8.77	7.05	6.12	5.53	5.12	4.82	4.58	4.39	4.24	4.00	3.75	3.49	3.36	3.22	3.07	2.92	2.76	2.59
40	12.61	8.25	6.60	5.70	5.13	4.73	4.44	4.21	4.02	3.87	3.64	3.40	3.15	3.01	2.87	2.73	2.57	2.41	2.23
60	11.97	7.76	6.17	5.31	4.76	4.37	4.09	3.87	3.69	3.54	3.31	3.08	2.83	2.69	2.55	2.41	2.25	2.08	1.89
120	11.38	7.32	5.79	4.95	4.42	4.04	3.77	3.55	3.38	3.24	3.02	2.78	2.53	2.40	2.26	2.11	1.95	1.76	1.54
∞	10.83	6.91	5.42	4.62	4.10	3.74	3.47	3.27	3.10	2.96	2.74	2.51	2.27	2.13	1.99	1.84	1.66	1.45	1.00

＋表示要将所列数乘以 100

习题答案

复习思考题 1

1.(1) 非;(2) 非;(3) 是;(4) 非;(5) 非;(6) 非;(7) 非;(8) 是;(9) 非;(10) 是

2.(1)b;(2)c;(3)d;(4)b

3. ～5. 略　　6. $|A|=1$　　7. ～10. 略

习　题　1

1.(1)4；(2)5；(3)18；(4) $\frac{n(n-1)}{2}$

2.(1) 不是；(2) 不是；(3)“−”；(4)“+”

3.(1)512；(2)160；(3)-69；(4)$3a-b+2c+d$;(5)93；(6)-483；(7)0；(8)$xyzuv$；(9)$abcd+ab+cd+ad+1$；(10)-84

4.(1)$(-1)^{n-1}x^{n-2}$;(2)$(-1)^{\frac{n(n-1)}{2}}\ \frac{1}{2}(n+1)n^{n-1}$;(3)$n!(n-1)!\cdots 2!$;(4)$(a+b)^n(a-b)^n$

5.略

6. $\begin{pmatrix} 8 & 7 & 3 \\ -7 & 8 & 8 \end{pmatrix}$　　7. $\frac{1}{3}\begin{pmatrix} -3 & -4 & 8 \\ 3 & 4 & -3 \end{pmatrix}$

8.(1)(-7)；(2) $\begin{pmatrix} 2 & 6 & -4 \\ -1 & -3 & 2 \\ 3 & 9 & -6 \end{pmatrix}$；(3) $\begin{pmatrix} -4 \\ 15 \\ 11 \end{pmatrix}$；(4)$[-3,9,2]$

(5) $\begin{pmatrix} 7 & -6 & 3 \\ 7 & 9 & -8 \\ 21 & -3 & -2 \end{pmatrix}$；(6) $\begin{pmatrix} 6 & -7 & 8 \\ & & \\ 4 & 7 & -6 \end{pmatrix}$；(7) $\begin{pmatrix} -2 & 0 \\ 1 & 0 \\ -3 & 0 \end{pmatrix}$；(8) $\begin{pmatrix} -8 & 11 & -6 \\ 2 & 0 & -5 \\ -11 & 7 & 3 \end{pmatrix}$

9.(1) $\begin{pmatrix} 1 & 0 & -1 \\ -1 & -7 & 3 \\ -4 & -3 & -2 \end{pmatrix}$；(2) $\begin{pmatrix} 4 & 4 & -2 \\ 5 & -3 & -3 \\ -1 & -1 & -1 \end{pmatrix}$

(3) $\begin{pmatrix} 0 & -4 & 0 \\ 2 & -14 & 2 \\ -5 & -11 & -5 \end{pmatrix}$；(4) $\begin{pmatrix} -4 & -8 & 2 \\ -3 & -11 & 5 \\ -4 & -10 & -4 \end{pmatrix}$

10.(1) $\begin{pmatrix} 3 & -2 & 2 \\ -1 & 3 & -3 \\ -3 & 4 & -2 \end{pmatrix}$；(2) $\begin{pmatrix} 8 & -3 & 5 \\ 1 & 5 & -4 \\ -5 & 7 & -4 \end{pmatrix}$

11 ～ 13.略　　14.(1) -80；(2)0　　15 ～ 16.略

17.(1) $\dfrac{1}{ad-bc}\begin{pmatrix} d & -b \\ -c & a \end{pmatrix}$；(2) $\begin{pmatrix} 1 & -2 & 7 \\ 0 & 1 & -2 \\ 0 & 0 & 1 \end{pmatrix}$

(3) $\dfrac{1}{2}\begin{pmatrix} 0 & -1 & 1 \\ -2 & 8 & -2 \\ 2 & -5 & 1 \end{pmatrix}$；(4) $\begin{pmatrix} 0 & 0 & 3 \\ 0 & -\frac{1}{2} & 0 \\ 1 & 0 & 0 \end{pmatrix}$　　18.略

19.(1) $\begin{pmatrix} -3 & 2 & 0 & 0 \\ -5 & 3 & 0 & 0 \\ 0 & 0 & -1 & 4 \\ 0 & 0 & 1 & -3 \end{pmatrix}$；(2) $\begin{pmatrix} 0 & 0 & 1 & -1 & 1 \\ 0 & 0 & 0 & 1 & -1 \\ 0 & 0 & 0 & 0 & 1 \\ -3 & 2 & 0 & 0 & 0 \\ 2 & -1 & 0 & 0 & 0 \end{pmatrix}$

20.(1) $\begin{pmatrix} 0 & 1 & -1 \\ 1 & -2 & 1 \\ -1 & 3 & -1 \end{pmatrix}$；(2) $\dfrac{1}{3}\begin{pmatrix} 0 & 0 & 3 \\ -2 & 1 & -1 \\ 1 & 1 & -1 \end{pmatrix}$；(3) $\begin{pmatrix} 1 & -4 & -3 \\ 1 & -5 & -3 \\ -1 & 6 & 4 \end{pmatrix}$；

(4) $\dfrac{1}{3}\begin{pmatrix} 0 & 1 & 1 \\ 0 & 1 & -2 \\ -3 & 2 & -1 \end{pmatrix}$；(5) $\dfrac{1}{10}\begin{pmatrix} 8 & 1 & -11 \\ 14 & -2 & -18 \\ -12 & 1 & 19 \end{pmatrix}$；(6) $\dfrac{1}{2}\begin{pmatrix} -4 & 2 & 0 \\ -13 & 6 & -1 \\ -32 & 14 & -2 \end{pmatrix}$；

(7) $\dfrac{1}{4}\boldsymbol{A}$；(8) $\dfrac{1}{6}\begin{pmatrix} -1 & 3 & -7 & 20 \\ -7 & -3 & 5 & -10 \\ 9 & 3 & -3 & 6 \\ 3 & 3 & -3 & 6 \end{pmatrix}$

21.$\boldsymbol{X}=\begin{pmatrix} 1 & -3 \\ 1 & 2 \\ -1 & 1 \end{pmatrix}$　　22.(1) $a^2\neq\dfrac{1}{mn}$；(2) 略

23.(1)$\boldsymbol{X}=\begin{pmatrix}1\\0\\0\end{pmatrix}$;(2)$\boldsymbol{X}=\begin{pmatrix}1\\2\\3\\-1\end{pmatrix}$;(3)$\boldsymbol{X}=\begin{pmatrix}5\\0\\3\end{pmatrix}$;(4)$\boldsymbol{X}=\begin{pmatrix}1\\2\\2\\-1\end{pmatrix}$

24.(1)$\boldsymbol{X}=\begin{pmatrix}2 & -23\\0 & 8\end{pmatrix}$; (2)$\boldsymbol{X}=\frac{1}{6}\begin{pmatrix}11 & 3 & 18\\-1 & -3 & -6\\4 & 6 & 6\end{pmatrix}$; (3)$\boldsymbol{X}=\begin{pmatrix}4 & 5\\1 & 2\\3 & 3\end{pmatrix}$

(4)$\boldsymbol{X}=\begin{pmatrix}-6 & 2 & -3\\-8 & 5 & -6\end{pmatrix}$; (5)$\boldsymbol{X}=\frac{1}{3}\begin{pmatrix}-6 & 6 & 3\\-8 & 15 & -2\\-10 & 9 & 5\end{pmatrix}$;

(6)$\boldsymbol{X}=\frac{1}{4}\begin{pmatrix}0 & 1 & 3 & -2\\0 & 3 & 1 & -2\\4 & -5 & -3 & 6\end{pmatrix}$

25.(1)$\boldsymbol{X}=\frac{1}{3}\begin{pmatrix}3 & 0 & 3\\3 & -9 & -3\\-3 & 10 & 4\end{pmatrix}$; (2)$\boldsymbol{X}=\begin{pmatrix}3 & -8 & -6\\2 & -9 & -6\\-2 & 12 & 9\end{pmatrix}$

26.(1)$k=-6$; (2)$k\neq-6$ 的任何数; (3) 没有适当的数使 $\mathrm{R}(\boldsymbol{A})=3$

27.(1)$\mathrm{R}(\boldsymbol{A}_1)=3$; (2)$\mathrm{R}(\boldsymbol{A}_2)=4$

28.(1)$\mathrm{R}(\boldsymbol{A}_1)=2$; (2)$\mathrm{R}(\boldsymbol{A}_2)=2$; (3)$\mathrm{R}(\boldsymbol{A}_3)=3$; (4)$\mathrm{R}(\boldsymbol{A}_4)=5$

29. $-\frac{1}{8}$ 30.(1)128;(2) $\frac{1}{512}$

复习思考题 2

1.(1) 是; (2) 非; (3) 是; (4) 非; (5) 是; (6) 非; (7) 非; (8) 是

2.(1)c; (2)d; (3)d; (4)b

3.略

4.(1) 当 $a=-1,b\neq0$ 时; (2) 当 $a=-1,b=0$ 时,

(3) 当 $a\neq-1$ 时,且 $\boldsymbol{\beta}=-\frac{2b}{a+1}\boldsymbol{\alpha}_1+\frac{a+b+1}{a+1}\boldsymbol{\alpha}_2+\frac{b}{a+1}\boldsymbol{\alpha}_3$

5.当 n 为奇数时,$\boldsymbol{BX}=0$ 有唯一零解,当 n 为偶数时,$\boldsymbol{BX}=0$ 有非零解

6. ~ 8.略 9.$\mathrm{R}(\boldsymbol{A})=1$ 10.略

习　题　2

1.(1) 无解；　(2)$\begin{cases}x_1=-2\\x_2=x_3+4\\x_4=1-1\end{cases}$；　(3)$X=\begin{pmatrix}-1\\-1\\0\\1\end{pmatrix}$；　(4)$\begin{cases}x_1=-2x_3-1\\x_2=x_3+2\end{cases}$

(5)$\begin{cases}x_1=0\\x_2=x_4\\x_3=2x_4\end{cases}$；　(6)$X=\begin{pmatrix}-8\\3\\6\\0\end{pmatrix}$；　(7) 无解；　(8)$\begin{cases}x_1=3-2x_2+x_4\\x_3=1\end{cases}$

2.(1) 当 $\lambda\neq-1$ 时,有唯一零解。

(2) 当 $\lambda=-1$ 时,有无穷多个解$\begin{cases}x_1=-x_4\\x_2=0\\x_3=x_4\end{cases}$

3.(1) 当 $\lambda\neq1,\lambda\neq-2$ 时有唯一解：　$x_1=\dfrac{-\lambda-1}{\lambda+2}$,　$x_2=\dfrac{1}{\lambda+2}$,　$x_3=\dfrac{(\lambda+1)^2}{\lambda+2}$;

(2) 当 $\lambda=-2$ 时,无解；

(3) 当 $\lambda=1$ 时有无穷多个解:$x_1=1-x_2-x_3$

4.当 $\lambda\neq1$ 时,无解;(2) 不论 λ 取何值,本题无唯一解；

(3) 当 $\lambda=1$ 时,有无穷多个解:$\begin{cases}x_1=\dfrac{1}{5}(3x_3+2)\\x_2=\dfrac{1}{5}(x_3+5x_4-1)\end{cases}$

5.(1) 不论 λ 取何值,本题恒有解,但没有唯一解。

(2) 当 $\lambda=4$ 时,有无穷多个解:$\begin{cases}x_1=x_2+x_4-4\\x_3=3-x_4\end{cases}$

当 $\lambda\neq4$ 时,有无穷多个解:$\begin{cases}x_1=0\\x_2=4-x_4\\x_3=3-x_4\end{cases}$

6.(1)$\boldsymbol{\beta}=-\boldsymbol{\alpha}_1-2\boldsymbol{\alpha}_2+4\boldsymbol{\alpha}_3$;　(2)$\boldsymbol{\beta}=10\boldsymbol{\alpha}_1-11\boldsymbol{\alpha}_2+9\boldsymbol{\alpha}_3$;

(3)$\boldsymbol{\beta}=\boldsymbol{\alpha}_1+\boldsymbol{\alpha}_2-3\boldsymbol{\alpha}_3+2\boldsymbol{\alpha}_4$;　(4)$\boldsymbol{\beta}=-\boldsymbol{\alpha}_1-2\boldsymbol{\alpha}_2+3\boldsymbol{\alpha}_3+\boldsymbol{\alpha}_4$

7.$\boldsymbol{\eta}_1=\boldsymbol{\xi}_1+\boldsymbol{\xi}_3$;$\boldsymbol{\eta}_2=\boldsymbol{\xi}_1+\boldsymbol{\xi}_2$;　$\boldsymbol{\eta}_3=-\boldsymbol{\xi}_1-\boldsymbol{\xi}_2+\boldsymbol{\xi}_3$

8. ～9.略

10.(1) 当 $\lambda\neq0,\lambda\neq-3$ 时,表达式唯一,$\boldsymbol{\beta}=-\dfrac{\lambda+1}{\lambda+3}\boldsymbol{\alpha}_1+\dfrac{2}{\lambda+3}\boldsymbol{\alpha}_2+\dfrac{\lambda^2+2\lambda-1}{\lambda+3}\boldsymbol{\alpha}_3$

(2) 当 $\lambda=0$ 时,$\boldsymbol{\beta}$ 可由向量组 $\boldsymbol{\alpha}_1,\boldsymbol{\alpha}_2,\boldsymbol{\alpha}_3$ 线性表示,但表达式不唯一。

(3) 当 $\lambda=-3$ 时,$\boldsymbol{\beta}$ 不能由向量组 $\boldsymbol{\alpha}_1,\boldsymbol{\alpha}_2,\boldsymbol{\alpha}_3$ 线性表示。

11.(1) 线性相关；(2) 线性无关；(3) 线性相关；(4) 线性无关。

12.(1) 当 $\lambda = 3$ 时,线性相关；(2) 当 $\lambda \neq 3$ 时,线性无关。

13.(1) 向量组的秩等于 2,可取 $\boldsymbol{\alpha}_1,\boldsymbol{\alpha}_2$ 为向量组的一个极大线性无关组。

(2) 向量组的秩等于 2,可取 $\boldsymbol{\alpha}_1,\boldsymbol{\alpha}_2$ 为向量组的一个极大线性无关组。

(3) 向量组的秩等于 4,只能取 $\boldsymbol{\alpha}_1,\boldsymbol{\alpha}_2,\boldsymbol{\alpha}_3,\boldsymbol{\alpha}_4$ 为向量组的极大线性无关组。

(4) 向量组的秩等于 3,可取 $\boldsymbol{\alpha}_1,\boldsymbol{\alpha}_2,\boldsymbol{\alpha}_4$ 为向量组的一个极大线性无关组。

14. ～ 16. 略

17.(1) 通解 $\begin{cases} x_1 = -x_4 \\ x_2 = -x_3 + 2x_4 \end{cases}$;基础介系 $\boldsymbol{\eta}_1 = \begin{pmatrix} 0 \\ -1 \\ 1 \\ 0 \end{pmatrix}$,$\boldsymbol{\eta}_2 = \begin{pmatrix} -1 \\ 2 \\ 0 \\ 1 \end{pmatrix}$

(2)$\begin{cases} x_1 = \dfrac{5}{9}x_3 \\ x_2 = -\dfrac{2}{9}x_3 \\ x_4 = 0 \end{cases}$;$\boldsymbol{\eta} = \begin{pmatrix} 5 \\ -2 \\ 9 \\ 0 \end{pmatrix}$　　(3)$\begin{cases} x_1 = 4x_3 - x_4 \\ x_2 = -2x_3 - 2x_4 \end{cases}$;$\boldsymbol{\eta}_1 = \begin{pmatrix} 4 \\ -2 \\ 1 \\ 0 \end{pmatrix}$;$\eta_2 = \begin{pmatrix} -1 \\ -2 \\ 0 \\ 1 \end{pmatrix}$

(4)$\begin{cases} x_1 = x_3 + x_4 + 5x_5 \\ x_2 = -2x_3 - 2x_4 - 6x_5 \end{cases}$;$\boldsymbol{\eta}_1 = \begin{pmatrix} 1 \\ -2 \\ 1 \\ 0 \\ 0 \end{pmatrix}$,$\boldsymbol{\eta}_2 = \begin{pmatrix} 1 \\ -2 \\ 0 \\ 1 \\ 0 \end{pmatrix}$,$\boldsymbol{\eta}_3 = \begin{pmatrix} 5 \\ -6 \\ 0 \\ 0 \\ 1 \end{pmatrix}$

18. ～ 21. 略

复习思考题 3

1.　(1) 是；(2) 非；(3) 是；(4) 非；(5) 是；(6) 非；(7) 非；(8) 是

2.　b

3　$\boldsymbol{A}$ 的特征值为 $1,1,-5$;$\boldsymbol{A}^{-1} + \boldsymbol{E} - 2\boldsymbol{A} - \boldsymbol{A}^2$ 的特征值为 $-1,-1,-\dfrac{71}{5}$

4.　-12　　5.　$m = 1, m = -2$　　6.　$\boldsymbol{P}^{-1}\boldsymbol{X}_0$

7.　(1)$x = 0, y = 1$；(2)$\boldsymbol{P} = \begin{pmatrix} 0 & 0 & 1 \\ -1 & 1 & 0 \\ 1 & 1 & 0 \end{pmatrix}$　　8. ～ 10. 略

习　题　3

1.(1)$\lambda_1 = 2, \lambda_2 = 3$；　$\boldsymbol{\eta}_1 = \begin{pmatrix} 1 \\ -1 \end{pmatrix}$；　$\boldsymbol{\eta}_2 = \begin{pmatrix} 1 \\ -2 \end{pmatrix}$

(2)$\lambda_1=7,\lambda_2=-2$；　$\boldsymbol{\eta}_1=\begin{pmatrix}1\\1\end{pmatrix}$；　$\boldsymbol{\eta}_2=\begin{pmatrix}-4\\5\end{pmatrix}$

(3)$\lambda_1=-1,\lambda_2=9,\lambda_3=0$；　$\boldsymbol{\eta}_1=\begin{pmatrix}1\\-1\\0\end{pmatrix}$，　$\boldsymbol{\eta}_2=\begin{pmatrix}1\\1\\2\end{pmatrix}$，　$\boldsymbol{\eta}_3=\begin{pmatrix}1\\1\\-1\end{pmatrix}$

(4)$\lambda_1=\lambda_2=\lambda_3=-1$；　$\boldsymbol{\eta}=\begin{pmatrix}1\\1\\-1\end{pmatrix}$

(5)$\lambda_1=\lambda_2=1,\lambda_3=-1$；　$\boldsymbol{\eta}_1=\begin{pmatrix}1\\0\\1\end{pmatrix}$，　$\boldsymbol{\eta}_2=\begin{pmatrix}0\\1\\0\end{pmatrix}$，　$\boldsymbol{\eta}_3=\begin{pmatrix}1\\0\\-1\end{pmatrix}$

(6)$\lambda_1=-2,\lambda_2=\lambda_3=1$；$\eta_1=\begin{pmatrix}0\\0\\1\end{pmatrix}$，$\eta_2=\begin{pmatrix}3\\-6\\20\end{pmatrix}$

(7)$\lambda_1=3,\lambda_2=\lambda_3=-1$；$\eta_1=\begin{pmatrix}1\\2\\2\end{pmatrix}$，$\eta_2=\begin{pmatrix}1\\2\\1\end{pmatrix}$

(8)$\lambda_1=9,\lambda_2=\lambda_3=0$；$\eta_1=\begin{pmatrix}1\\2\\-2\end{pmatrix}$，$\eta_2=\begin{pmatrix}-2\\1\\0\end{pmatrix}$，$\eta_3=\begin{pmatrix}2\\0\\1\end{pmatrix}$

2.～3.略　　4.$x=3,x=4$

5.(1) 可以对角化；$\boldsymbol{B}=\text{diag}[1,2,2]$；$\boldsymbol{M}=\begin{pmatrix}1&1&1\\1&1&0\\1&0&-3\end{pmatrix}$　　(2) 不可以对角化

(3) 可以对角化；　$\lambda_1=\lambda_2=1,\lambda_3=\lambda_4=-1$；　$\boldsymbol{B}=\text{diag}[1,1,-1,-1]$

$$\boldsymbol{M}=\begin{pmatrix}1&0&0&-1\\0&1&-1&0\\0&1&1&0\\1&0&0&1\end{pmatrix}$$

(4) 可以对角化；　$\lambda_1=\lambda_2=\lambda_3=2,\lambda_4=-2$；　$\boldsymbol{B}=\text{diag}[2,2,2,-2]$

$$\boldsymbol{M}=\begin{pmatrix}1&1&1&-1\\1&0&0&1\\0&1&0&1\\0&0&1&1\end{pmatrix}$$

6. $\boldsymbol{A}=\frac{1}{3}\begin{pmatrix}-1&0&2\\0&1&2\\2&2&0\end{pmatrix}$　　7. (1) -8；　(2) $\sqrt{187}$；　(3) $\cos\theta=\frac{-2}{2\sqrt{105}}$　　8. 略

9. $\boldsymbol{\eta}_1=\frac{1}{\sqrt{6}}\begin{pmatrix}1\\2\\1\end{pmatrix}$；　$\boldsymbol{\eta}_2=\frac{1}{\sqrt{66}}\begin{pmatrix}1\\-4\\7\end{pmatrix}$；　$\boldsymbol{\eta}_3=\frac{1}{\sqrt{11}}\begin{pmatrix}3\\-1\\-1\end{pmatrix}$　　10. $\pm\frac{1}{\sqrt{21}}\begin{pmatrix}1\\2\\4\end{pmatrix}$

11. $\boldsymbol{\eta}_1=\frac{1}{\sqrt{5}}\begin{pmatrix}0\\2\\1\\0\end{pmatrix}$；　$\boldsymbol{\eta}_2=\frac{1}{\sqrt{30}}\begin{pmatrix}5\\-1\\2\\0\end{pmatrix}$；；　$\boldsymbol{\eta}_3=\frac{1}{\sqrt{10}}\begin{pmatrix}1\\1\\-2\\-2\end{pmatrix}$；　$\boldsymbol{\eta}_4=\frac{1}{\sqrt{15}}\begin{pmatrix}1\\1\\-2\\3\end{pmatrix}$

12. $\pm\frac{1}{\sqrt{26}}\begin{pmatrix}4\\0\\1\\-3\end{pmatrix}$　　13. (1) 不是；(2) 是　　14. ～17. 略

18. (1) $\boldsymbol{P}=\frac{1}{3}\begin{pmatrix}2&-2&1\\2&1&-2\\1&2&2\end{pmatrix}$；　$\boldsymbol{B}=\text{diag}[-1,2,5]$

(2) $\boldsymbol{P}=\frac{1}{3\sqrt{5}}\begin{pmatrix}\sqrt{5}&6&2\\2\sqrt{5}&0&-5\\-2\sqrt{5}&3&-4\end{pmatrix}$；$\boldsymbol{B}=\text{diag}[10,1,1]$

(3) $\boldsymbol{P}=\frac{1}{\sqrt{5}}\begin{pmatrix}1&2&0\\0&0&\sqrt{5}\\-2&1&0\end{pmatrix}$；$\boldsymbol{B}=\text{diag}[-9,1,1]$

(4) $\boldsymbol{P}=\frac{1}{3\sqrt{5}}\begin{pmatrix}2\sqrt{5} & 3 & 4\\ \sqrt{5} & -6 & 2\\ 2\sqrt{5} & 0 & -5\end{pmatrix}$；$\boldsymbol{B}=\mathrm{diag}[-2,7,7]$

(5) $\boldsymbol{P}=\frac{1}{\sqrt{2}}\begin{pmatrix}1 & 0 & 1 & 0\\ 1 & 0 & -1 & 0\\ 0 & 1 & 0 & 1\\ 0 & 1 & 0 & -1\end{pmatrix}$；$\boldsymbol{B}=\mathrm{diag}[0,0,2,2]$

(6) $\boldsymbol{P}=\frac{1}{2}\begin{pmatrix}1 & 1 & \sqrt{2} & 0\\ -1 & 1 & 0 & \sqrt{2}\\ -1 & -1 & \sqrt{2} & 0\\ 1 & -1 & 0 & \sqrt{2}\end{pmatrix}$；$\boldsymbol{B}=\mathrm{diag}[1,5,3,3]$

19. 略　　20. (1)3；(2)2

21. (1) $f(x_1,x_2,x_3)=y_1^2+y_2^2-2y_3^2$；　　(2) $f(x_1,x_2,x_3)=y_1^2+y_2^2$；

$$\begin{pmatrix}x_1\\ x_2\\ x_3\end{pmatrix}=\begin{pmatrix}1 & -1 & 2\\ 0 & 1 & -1\\ 0 & 0 & 1\end{pmatrix}\begin{pmatrix}y_1\\ y_2\\ y_3\end{pmatrix}\qquad \boldsymbol{X}=\begin{pmatrix}1 & -1 & 2\\ 0 & 1 & -2\\ 0 & 0 & 1\end{pmatrix}\boldsymbol{Y}$$

(3) $f(x_1,x_2,x_3)=y_1^2-y_2^2-y_3^2$

$$\boldsymbol{X}=\begin{pmatrix}1 & 1 & -1\\ 1 & -1 & -1\\ 0 & 0 & 1\end{pmatrix}\boldsymbol{Y}$$

22. (1) $f(x_1,x_2,x_3)=2y_1^2+y_2^2+5y_3^2$；　(2) $f(x_1,x_2,x_3)=2y_1^2+3y_2^2$

$$\boldsymbol{X}=\frac{1}{\sqrt{2}}\begin{pmatrix}\sqrt{2} & 0 & 0\\ 0 & 1 & 1\\ 0 & -1 & 1\end{pmatrix}\boldsymbol{Y};\quad \boldsymbol{X}=\frac{1}{\sqrt{6}}\begin{pmatrix}0 & \sqrt{2} & 2\\ \sqrt{3} & \sqrt{2} & -1\\ \sqrt{3} & -\sqrt{2} & 1\end{pmatrix}\boldsymbol{Y}$$

(3) $f(x_1,x_2,x_3,x_4)=y_1^2+y_2^2-y_3^2-y_4^2$；　(4) $f(x_1,x_2,x_3,x_4)=y_1^2+y_2^2-y_3^2+3y_4^2$

$$\boldsymbol{X}=\frac{1}{\sqrt{2}}\begin{pmatrix}1 & 0 & 0 & 1\\ 1 & 0 & 0 & -1\\ 0 & 1 & 1 & 0\\ 0 & -1 & 1 & 0\end{pmatrix}\boldsymbol{Y};\boldsymbol{X}=\frac{1}{2}\begin{pmatrix}\sqrt{2} & 0 & 1 & 1\\ 0 & \sqrt{2} & -1 & 1\\ \sqrt{2} & 0 & -1 & -1\\ 0 & \sqrt{2} & 1 & -1\end{pmatrix}\boldsymbol{Y}$$

23. (1) $\boldsymbol{\Delta}_1=2,\boldsymbol{\Delta}_2=6,\boldsymbol{\Delta}_3=10$，正定；(2) $\boldsymbol{\Delta}_1=5,\boldsymbol{\Delta}_2=1,\boldsymbol{\Delta}_3=-12$，不是正定的

(3) $\boldsymbol{\Delta}_1=-2,\boldsymbol{\Delta}_2=11,\boldsymbol{\Delta}_3=-38$，负定；(4) $\boldsymbol{\Delta}_1=1,\boldsymbol{\Delta}_2=2,\boldsymbol{\Delta}_3=6,\boldsymbol{\Delta}_4=24$，正定

24. (1) $-\sqrt{2}<t<\sqrt{2}$；(2) $t>3$；(3) 不论 t 取何值，所给二次型不可能是正定的

25. $t=2$；$X=\frac{1}{\sqrt{2}}\begin{pmatrix}0 & \sqrt{2} & 0\\ 1 & 0 & 1\\ -1 & 0 & 1\end{pmatrix}Y$

复习思考题 4

1.错　2.错　3.对　4.错　5.见 §4.2 定义 3　6.错　7.略　8.略　9.成立

10.见定义 5,定义 6　11.不成立　12.(1)$a+b-ab$,(2)$a+b$　13.见定义 7　14.没有意义　15.成立

习　题　4

1.(1)$S=\{1,2,3,4,5,6\}$；(2)$S=\{0,1,2,\cdots,10\}$；(3)$S=\{1,2,3,\cdots\}$；

(4) ①$S=\{0,1,2\}$；②$S=\{(1,2),(1,3),(1,4),(1,5),(2,3),(2,4),(2,5),(3,4),(3,5),(4,5)\}$.

(5)$S=\{x\mid 0<x<10\}$

2.(1)$A\cup B$；(2)AB；(3)$\bar{A}\,\bar{B}$ 或 $\overline{A\cup B}$，(4)$\bar{A}\cup\bar{B}$ 或 $\bar{A}\,\bar{B}\cup A\bar{B}\cup\bar{A}B$

3.$B=A_1\bar{A}_2$，$C=A_1\bar{A}_2\cup\bar{A}_1A_2$，$D=A_1A_2A_3\bar{A}_4\cup A_1A_2\bar{A}_3A_4\cup A_1\bar{A}_2A_3A_4\cup\bar{A}_1A_2A_3A_4$，

$E=\bar{A}_1\bar{A}_2\bar{A}_3\bar{A}_4$

4.$P(AB)\leqslant P(A)\leqslant P(A\cup B)\leqslant P(A)+P(B)$　5.(1)0.2；(2)0.8,0.4

6.$0.1\leqslant P(AB)\leqslant 0.4$　7.(4)　8.$\frac{2mn}{(m+n)(m+n-1)}$

9.(1)$\frac{37}{260}\approx 0.1423$；(2)$\frac{19}{130}\approx 0.1462$　10.0.2

11.0.3024　12.0.781　13.$25/114\approx 0.2193$　14.(1)1/4；(2)1/2；(3)1/5；(4)1

15.(1)4/7；(2)0.3　16.3/8　17.(1)1/9；(2)1/2　18.0.35　19.$1-C_{95}^5/C_{100}^5=0.23$

20.(1)3/7；(2)2/21；(3)10/21；(4)2/3；(5)10/19　21.(1)0.94；(2)0.38

22.$p+p^2-p^3$　23.$\frac{20}{47}$　24.(1)0.02；(2)0.26；(3)0.72；(4)0.28

25.(1)0.512；(2)0.992；(3)0.384　26.0.915　27.(1)2/75；(2)3/8，3/8，2/8

28.16/17　29.(1)0.81；(2)8/9　30.(1)26/45；(2)27/52,25/52　31.15/20

提示：设 $A_i=\{$已经取走的2件中有 i 件正品$\}$，$i=0,1,2$，$B=\{$取到1件正品$\}$，则 $P(B)=\sum_{i=0}^{2}P(A_i)\cdot P(B\mid A_i)$

习　题　5

1.

X	0	1	2
p_k	0.1	0.6	0.3

2.不放回抽样时:26/51;放回时:0.5

3.当采用不放回抽样时,$P\{X=k\}=\dfrac{C_{13}^{k}C_{39}^{4-k}}{C_{52}^{4}}$,$k=0,1,2,3,4$,即

X	0	1	2	3	4
p_k	0.304	0.439	0.213	0.041	0.003

当采用放回抽样时,$P\{X=k\}=C_4^k(\dfrac{1}{4})^k(\dfrac{3}{4})^{4-k}$,$k=0,1,2,3,4$

4.$P\{X=k\}=C_n^k(0.5)^n$,$k=0,1,2,\cdots,n$

5.(1)0.3456; (2)0.4; (3)0.3456; (4)0.16; (5)0.8704

6.(1)0.0081; (2)0.9995; (3)0.00856

7.3/8 8.(1)$C_5^2(\dfrac{1}{12})^2(\dfrac{11}{12})^3\approx 0.0535$, (2)$(\dfrac{1}{2})^5$ 9.(1)$1-(\dfrac{5}{6})^3$; (2)0.824

10.0.658 11.(1)0.175; (2)0.1334 12.$4e^{-2}/3$ 13.0.0047

14.(1)$k=2$; (2)$F(x)=\begin{cases}0, & x\leqslant 1\\ (x-1)^2 & 1<x<2\\ 1 & x\geqslant 2\end{cases}$; (3)0.25

15.(1)1/4; (2)$f(x)=\begin{cases}\dfrac{x}{2}, & 0\leqslant x\leqslant 2\\ 0, & \text{其他}\end{cases}$; (3) $\dfrac{1}{4}$,0

16.(1)$F(x)=\begin{cases}0, & x<-a\\ \dfrac{x+a}{2a}, & |x|\leqslant a\\ 1, & x>a\end{cases}$; (2) $\dfrac{1}{4}$,$\dfrac{1}{2}$

17.$f(x)=\begin{cases}1, & 0<x<1\\ 0, & \text{其他}\end{cases}$; 0.8; 0.5904

18.(1)0.4054; (2)0.9544,0.9974; (3)0.8836

19.(1)0.6826; (2)0.6915; (3)0.7734 20.0.1587

21.(1)$(0.5)^5$; (2)0.1701; (3)0.9950 22.$\sigma\leqslant 15.5$

23.(1)0.7333; (2)0.0398 24.(1)$e^{-0.95}\approx 0.3867$; (2)$1-e^{-1}\approx 0.6321$

25.(1)$e^{-0.95}(1-e^{-1})\approx 0.2444$; (2)$2e^{-1}(1-e^{-1})\approx 0.4651$

26.$f(z)=\begin{cases}(\lambda_1+\lambda_2)e^{-(\lambda_1+\lambda_2)z}, & z>0\\ 0, & \text{其他}\end{cases}$

27. (1)

Y	1	2	3	4	4.5
p_k	$\frac{1}{8}$	$\frac{1}{4}$	$\frac{1}{8}$	$\frac{1}{6}$	$\frac{1}{3}$

;

(2)

Y	0.5	1	2	3	4
p_k	$\frac{1}{3}$	$\frac{1}{6}$	$\frac{1}{8}$	$\frac{1}{4}$	$\frac{1}{8}$

(3)

Y	0	1	2.25	4
p_k	$\frac{1}{8}$	$\frac{5}{12}$	$\frac{1}{3}$	$\frac{1}{8}$

28. (1) $f_Y(y)=\begin{cases}\frac{2}{3}\left(1-\frac{y}{3}\right), & 0<y<3\\ 0, & \text{其他}\end{cases}$；　(2) $f_Y(y)=\begin{cases}2(y-2), & 2<y<3\\ 0, & \text{其他}\end{cases}$

(3) $f_Y(y)=\begin{cases}\frac{1}{\sqrt{y}}(1-\sqrt{y}), & 0<y<1\\ 0, & \text{其他}\end{cases}$

29. (1) $F_Y(y)=\begin{cases}1-e^{-y}, & y>0\\ 0, & y\leqslant 0\end{cases}$；　(2) $f_Y(y)=\begin{cases}e^{-y}, & y>0\\ 0, & y\leqslant 0\end{cases}$

30. 当 $k>0$ 时，$f_Y(y)=\frac{1}{\sqrt{2\pi}k\sigma}e^{-\frac{[x-(k\mu+b)]^2}{2(k\sigma)^2}}$，当 $k<0$ 时，$f_Y(y)=\frac{-1}{\sqrt{2\pi}k\sigma}e^{-\frac{[x-(k\mu+b)]^2}{2(k\sigma)^2}}$

31. $P\{X=i,Y=j\}=\frac{1}{12}, i,j=1,2,3,4, i\neq j$

32. (1) $a=0.3, b=0.1$；　(2) 0.4；　(3)

X	1	2
p_k	0.7	0.3

Y	0	1	2
p_k	0.4	0.2	0.4

33. (1)

X	0	1	2
p_k	0.35	0.25	0.4

Y	0	10	20
p_k	0.35	0.30	0.35

；　(2) $\frac{5}{7}$

34. (1) 0.01；　(2) 0.4816；　(3) 0.4073　　35. (1) $A=\frac{1}{3}$；　(2) $\frac{3}{4}$；　(3) $\frac{65}{72}$

36. (1) $K=3$；(2) 5/8；(3) $f_X(x)=\begin{cases}3x^2, 0<x<1\\ 0, & \text{其他}\end{cases}$，$f_Y(y)=\begin{cases}\frac{3}{2}(1-y^2), & 0<y<1\\ 0 & \text{其他}\end{cases}$；(4) 7/8

37. 0.3056

38. (1) $f_x(x)=\begin{cases}2x, & 0<x<1\\ 0 & \text{其他}\end{cases}$；$f_y(y)=\begin{cases}1-|y|, |y|<1\\ 0 & \text{其他}\end{cases}$；　(2) $\pi/4$

39. (1) $A=\frac{1}{63\pi}$；　(2) $\frac{r^2}{63}\left(9-\frac{2r}{3}\right)$

40.

X \ Y	y_1	y_2	y_3	
x_1	1/12	1/3	1/4	2/3
x_2	1/24	1/6	1/8	1/3
	1/8	1/2	3/8	1

41. 略

42.

X	0	1	2
p_k	0.01	0.18	0.81

；

Y	0	1	2
p_k	0.0784	0.4032	0.5184

X,Y 不独立(应说明理由)

43. X,Y 独立,$P\{X>1,Y<1\}=P\{X>1\}\cdot P\{Y<1\}=e^{-1}(1-e^{-1})\approx 0.2326$

44. $e^{-0.6}/2\approx 0.2744$

习　题　6

1. $E(X)=2.2$,　$E(Y)=1.7$,机器乙较机器甲好

2. (1) $\frac{13}{12}$;　(2) $\frac{37}{12}$;　(3) $\frac{34}{12}$　　3. $E(X)=\frac{1}{p}$　　4. $\frac{37}{12}$

5. (1) $E(X)=\frac{2}{\ln 3}$,$E(X^2)=\frac{4}{\ln 3}$,$E(X^3)=\frac{26}{3\ln 3}$;　(2) $\frac{68}{3\ln 3}+1$

6. $\frac{3}{2}$,$\frac{1}{2}$,$\frac{5}{4}$　　7. 8　　8. 18　　9. 5000

10. (1) $E(X-Y)=\mu_1-\mu_2$;　(2) $D(X-Y)=\sigma_1^2+\sigma_2^2$;　(3) $X-Y\sim N(\mu_1-\mu_2,\sigma_1^2+\sigma_2^2)$

12. 0.9207　　13. 818.5　　14. (1) $E(\bar{X})=\mu$,$D(\bar{X})=\frac{\sigma^2}{n}$　　15. 0.8714

16. $\operatorname{cov}(X,Y)=-\frac{1}{9}$,$\rho_{XY}=\frac{-1}{2}$

17. (1) $E(X)=\frac{2}{3}$,$E(Y)=0$,$\operatorname{cov}(X,Y)=0$;

(2) $\because f(x,y)\neq f_X(x)\cdot f_Y(y)$,$0<|y|<x<1$,$\therefore X,Y$ 不独立

18. (1) $\rho_{XY}=0$,$\therefore X,Y$ 不相关;(2) $\because P(X=0,Y=0)\neq P(X=0)\cdot P(Y=0)$,$\therefore X,Y$ 不独立

19. -0.02　　21. (2)　　22. (1) $E(Z)=-\frac{1}{2}$,$D(Z)=3$;(2) $\rho_{XZ}=\sqrt{3}/2$

23. 0.1814　　24. 0.8556　　25. 0.1788　　26. 0.9192　　27. 0.9357　　28. (1) 1;　(2) 0.0062

习　题　7

2. 0.285,0.0011,0.00098　　5. 9.236,　63.055,　-1.3722,　2.52,0.3030

6. $N(0,\sigma^2/2)$　　7. p,　pq/n,　pq　　8. $(a+b)/2$,　$\frac{(b-a)^2}{12n}$,　$\frac{(b-a)^2}{12}$　　9. $\bar{X}$　　10. 1537

11. $\prod_{i=1}^{n}\frac{1}{\sqrt{2\pi}\sigma}e^{-\frac{(x_i-\mu)^2}{2\sigma^2}}$,　$f(\bar{x})=\frac{\sqrt{n}}{\sqrt{2\pi}\sigma}e^{-\frac{(\bar{x}-\mu)^2}{2\sigma^2/n}}$　　12. 0.75　　13. 0.80

14. 0.681,0.2　　15. 0.1　　16. 0.94　　17. $t(9)$;　　18. $K=\frac{1}{3}$;

19. $E(\bar{x}\cdot S^2)=\mu\cdot\sigma^2$,　$D(\bar{x}\cdot S^2)=\frac{1}{h}(\frac{2}{n-1}+1)\sigma^6+\frac{2\mu^2\sigma^4}{n-1}$;

习　题　8

1.25.875，9.27　2.$1/\overline{X}$　3.$\overline{X}$，S^{*2}　4.$3\overline{X}$，(2)$\dfrac{1-2\overline{X}}{\overline{X}-1}$　5.$\overline{X}-\sqrt{3}S^*$，$\overline{X}+\sqrt{3}S^*$

6.(1)$\dfrac{-n}{\sum\limits_{i=1}^{n}\ln X_i}-1$，(2)$\dfrac{n^2}{(\sum\limits_{i=1}^{n}\ln X_i)^2}$，(3)$\sqrt{\dfrac{\sum\limits_{i=1}^{n}X_i^2}{2n}}$，(4)$\hat{\theta}=\dfrac{1}{n}\sum\limits_{i\neq 0}^{n}|X_i|$　7.$\dfrac{\overline{X}}{m}$

8.$\hat{a}=\min(X_1.X_2,\cdots,X_n)$，$\hat{b}=\max(X_1,X_2,\cdots,X_n)$　11.$\dfrac{1}{2(n-1)}$

13.$\hat{\mu}_1$ 和 $\hat{\mu}_2$ 为无偏估计，$\hat{\mu}_2$ 方差最小　17.(1.377,1.439)　18.(420.351,429.743)

19.(0.0013,0.0058)　20.(1.0663,6.9316),(1.0326,2.6328)

21.62,106　22.(1.49,6.51)　23.(0.09,0.35)　24.(0.235,7.640)

25.$\left(\dfrac{S}{1+Z_{\alpha/2}/\sqrt{2n}},\ \dfrac{S}{1-Z_{\alpha/2}/\sqrt{2n}}\right)$　26.$\left(\dfrac{2n\overline{X}}{\chi^2_{\alpha/2}(2n)},\ \dfrac{2n\overline{X}}{\chi^2_{1-\alpha/2}(2n)}\right)$

27.$\left(\dfrac{-b-\sqrt{b^2-4ac}}{2a},\dfrac{-b+\sqrt{b^2-4ac}}{2a}\right)$，其中 $a=n+Z^2_{\alpha/2}$，$b=-(2n\overline{X}+Z^2_{\alpha/2})$，$C=n\overline{X}^2$

28.39.2　29.1.94　30.(1)1.3815；(2)3.63；(3)1.897；(4)7.6399

31.(1)$\sigma>S\sqrt{2n}/(Z_\alpha+\sqrt{2n})$；(2)$\theta<2n\overline{X}/\chi^2_{1-\alpha}(2n)$

习　题　9

1.接受 H_0　2.拒绝 H_0　3.拒绝 H_0　4.接受 H_0　5.接受 H_0　6.拒绝 H_0

7.接受 H_0　8.接受 H_0　9.拒绝 H_0　10.接受 H_0　11.拒绝 H_0　12.接受 H_0

13.接受 H_0　14.拒绝 H_0　15.接受 H_0　16.接受 H_0　17.(1) 接受 H_0；(2) 接受 H_0

18.接受 H_0　19.拒绝 H_0　20.拒绝 H_0　21.接受 H_0

22.(1)$\chi^2_{1-\alpha/2}(2n)<2n\overline{X}\lambda_0<\chi^2_{\alpha/2}(2n)$；(2)$2n\overline{X}\lambda_0<\chi^2_\alpha(2n)$；(3)$\chi^2_{1-\alpha}(2n)<2n\overline{X}\lambda_0$

23.(1)$\left|\dfrac{S-\sigma_0}{\sigma_0/\sqrt{n}}\right|<Z_{\alpha/2}$；(2)$\dfrac{S-\sigma_0}{\sigma_0/\sqrt{n}}<Z_\alpha$；(3)$\dfrac{S-\sigma_0}{\sigma_0/\sqrt{n}}>-Z_\alpha$

24.$U=(\overline{X}-2\overline{Y})/\sqrt{\sigma_1^2/n_1+4\sigma_2^2/n_2}\sim N(0,1)$，$U<Z_\alpha$。　25.(4)　26.0.5

27.$\chi^2=1.324$，接受 H_0　28.$\chi^2=3.656$，接受 H_0　29.$\chi^2=1.42$，接受 H_0　30.接受 H_0

习　题　10

1.接受 H_0　2.拒绝 H_0　3.接受 H_{01}，拒绝 H_{02}　4.接受 H_{01} 和 H_{03}，拒绝 H_{02}

5.$\hat{y}=-105.3117+109.2412x$，$r=0.9967$　6.$\hat{y}=5.236+0.304x$，$78.3<x<84.5$

7.$\hat{y}=1.0204e^{0.0533x}$，(45.97,67.19)　8.$\hat{y}=0.6122+0.9932x$，$\hat{y}=35.9321+0.0065x^2$

9.不重合，$(\bar{x},\bar{y})$

10.(1) 令 $x'=\lg x$；(2) 令 $x'=\sin x$　(3) 令 $y'=1/y$，$x'=1/x$；(4) 令 $y'=1/y$，$x'=e^{-x}$